Genetische Anthropologie

Jochen Graw

Genetische Anthropologie

Springer Spektrum

Jochen Graw
Privat
Unterschleißheim, Deutschland

ISBN 978-3-662-72245-9 ISBN 978-3-662-72246-6 (eBook)
https://doi.org/10.1007/978-3-662-72246-6

Die Deutsche Nationalbibliothek verzeichnet diese Publikation in der Deutschen Nationalbibliografie; detaillierte bibliografische Daten sind im Internet über https://portal.dnb.de abrufbar.

Planung/Lektorat: Stefanie Wolf
Springer Spektrum ist ein Imprint der eingetragenen Gesellschaft Springer-Verlag GmbH, DE und ist ein Teil von Springer Nature.
Die Anschrift der Gesellschaft ist: Heidelberger Platz 3, 14197 Berlin, Germany

Vorwort

Die Genetik hat in den letzten Jahrzehnten immense Fortschritte gemacht – nicht nur in Bezug auf Modellorganismen wie Viren, Bakterien, Hefen, Pflanzen, Würmer, Fliegen und Mäuse, sondern auch in Bezug auf das Wissen über uns Menschen und unsere nächsten Verwandten. Dieses Buch fasst entsprechend viele genetische Aspekte der letzten Jahre zusammen, um aus der Sicht der Genetik einen Beitrag zur Antwort auf die Frage zu leisten, was das Wesen des Menschen ausmacht.

Mithilfe der Genetik wurde die lang diskutierte Frage geklärt, ob es für den modernen Menschen mehrere Ursprungsorte gibt („multiregionale Hypothese") oder vielmehr nur einen – Afrika, wo die genetischen Stammbäume aller modernen Menschen zusammenlaufen. Die Denisova-Menschen, eine Geschwisterpopulation der Neandertaler, konnte nur aufgrund von DNA-Sequenzen als eigene Art definiert werden. Genetische Untersuchungen zeigten auch, dass es zwischen modernen Menschen, Neandertalern und Denisova-Menschen zu Vermischungen kam, deren Folgen heute noch in unseren Genomen sichtbar sind.

Genetische Analysen haben die Fragen zur weltweiten Ausbreitung der modernen Menschen weitgehend gelöst, wenngleich einige Aspekte immer noch unklar sind: so beispielsweise, welcher Gruppe die kleinwüchsigen Flores-Menschen zuzurechnen sind – es gibt bislang leider keine genetischen Untersuchungen dazu. Wanderungsbewegungen verschiedener Populationen sind offensichtlich nicht immer konfliktfrei verlaufen – das wird besonders dann deutlich, wenn sich in Skeletten einer Region die genetische Struktur des Y-Chromosoms in kurzer Zeit gründlich verändert hat: dann wurden die Männer der ursprünglichen Population durch die Neuankömmlinge vernichtet und hatten keinen weiteren Einfluss auf nachfolgende Generationen. Wir können durch die genetischen Untersuchungen aber auch feststellen, wann sich wo eine hellere Hautfarbe entwickelt hat und wie sie sich ausbreitete; ähnliches gilt für Haar- und Augenfarben sowie die Laktose-Toleranz.

Ein zentrales Merkmal des modernen Menschen ist sein großes Gehirn. Vergleichende genetische Untersuchungen machen deutlich, welche Gene sich seit der evolutionären Trennung von Mensch und Schimpanse verändert haben, sich neu gebildet haben oder verloren gegangen sind, und wir kennen jetzt viele, die an der Vergrößerung unseres Gehirns (d. h. besonders der Großhirnrinde) und deren zunehmender Komplexität beteiligt sind. Wir können in einigen Fällen auch schon erkennen, welche Gene an der Entwicklung menschlichen Sprechenkönnens beteiligt waren; die Entwicklung der verschiedenen Sprachen (und auch der Schrift) lässt sich dagegen zwar teilweise nachvollziehen, aber nicht direkt auf genetische Faktoren zurückführen.

Unter evolutionären Gesichtspunkten spielen nur die beiden Geschlechter Mann und Frau eine Rolle, da nur sie zu Nachkommen führen. Die Unterschiede in Größe und Kraft zwischen Frauen und Männern sind Ergebnis langer sexueller Selektion – des Kampfes gegen Konkurrenten einerseits und des Kampfes um Paarungspartner anderseits. Sexuelle Selektion ist als Triebfeder zur Entwicklung der Unterschiede zwischen Männern und Frauen weitgehend akzeptiert. Welche genetischen Faktoren dabei welche Rolle spielen, ist im Einzelfall aber oft noch schwer zu erkennen; das gilt auch für Nuancen in den Unterschieden der Gehirnentwicklung zwischen Frauen und Männern.

Aber Menschen sind Individuen, und das zeigt sich auch auf genetischer Ebene. Die Vielzahl von Polymorphismen weist oft eine unterschiedliche relative Häufigkeit in verschiedenen Populationen auf und führt in vielen Fällen zu Normalverteilungen von Eigenschaften und Verhaltensweisen, wobei der genetische Einfluss jeweils unterschiedlich stark ist. Bei Intelligenz und Gewalt sind genetische Einflüsse jedoch sehr groß.

Dieses Buch versucht eine Darstellung des Menschen und seiner Entwicklung aus **genetischer** Sicht. Deshalb werden andere Facetten zur *conditio humana* nur am Rande erwähnt. Das Buch soll zur besseren Kenntnis beitragen, was unsere evolutionären Wurzeln sind, und warum sich manche erwünschten gesellschaftlichen Vorstellungen nicht so einfach erreichen lassen – weil sie eben den genetischen Bedingungen des Menschen nicht entsprechen, die in den vergangen tausenden von Jahren in relativ kleinen menschlichen Populationen entstanden sind. Diese genetischen Bedingungen ändern sich bei heute ~8 Mrd. Menschen unter veränderten Selektionsbedingungen nicht so schnell.

Mein besonderer Dank gebührt der Projektmanagerin Dr. Meike Barth und Stefanie Wolf von der Programmplanung des Springer-Verlages, ohne deren Unterstützung das Projekt einer „Genetischen Anthropologie" nicht möglich gewesen wäre.

Jochen Graw
Unterschleißheim, Deutschland
Oktober 2025

Interessenkonflikt Der Autor hat keine für den Inhalt dieses Manuskripts relevanten Interessenkonflikte.

Inhaltsverzeichnis

1 **Biologie und Anthropologie** 1
1.1 **Anthropologie als biologisches Thema** 2
1.2 **Rasse, Rassismus und Eugenik** 3
1.3 **Die genomweite Vielfalt des Menschen** 6
1.4 **Das humane Pangenom** 13
Literatur 17

2 **Woher wir kommen** 19
2.1 **Evolution der Primaten** 20
2.2 **Genetische Unterschiede zwischen Schimpansen und Menschen** 21
2.2.1 Das menschliche Chromosom 2 22
2.2.2 Das Y-Chromosom 25
2.2.3 Weitere humanspezifische Veränderungen im Genom 29
2.3 **Die Evolution der frühen Menschen** 38
2.4 **Von *Australopithecus afarensis* bis *Homo erectus*** 44
2.5 **Neandertaler und Denisova-Menschen** 46
Literatur 52

3 **Der moderne Mensch: *Homo sapiens*** 55
3.1 **Der moderne Mensch (*Homo sapiens*) ist Afrikaner** 56
3.2 **Moderne Menschen, Neandertaler und Denisova-Menschen: zur gleichen Zeit am gleichen Ort** 65
3.3 **Weitere Ausbreitung und Diversifizierungen** 73
3.4 **Ausbreitung von Bauern aus dem Nahen Osten nach Europa** 79
3.5 **Die Invasion aus der Steppe** 83
3.6 **Genetik der Bronze- und Eisenzeit im Mittelmeerraum und in Europa** 88
3.7 **Amerika** 91
Literatur 102

4 **Anpassungsfähigkeit und Kreativität** 107
4.1 **Genetische Aspekte der Anpassungsfähigkeit des Menschen** 109
4.1.1 Evolution der Haut-, Haar- und Augenfarbe 110
4.1.2 Die Entwicklung der Lactase-Persistenz 118
4.1.3 Genetische Aspekte der Höhenanpassung 123
4.1.4 Anpassung an Pathogene 126
4.1.5 Genetik des Alterns 131
4.2 **Gene, Kultur und menschliche Evolution** 138
4.2.1 Koevolution von Genen und Kultur 138
4.2.2 Steine, Feuer und Pech 140
4.2.3 Händigkeit 144
4.3 **Vom Sprechen, von Sprachen und vom Schreiben** 147
4.3.1 Vom Sprechen – und was wir von Sprachstörungen lernen können 147
4.3.2 Die Evolution der Sprachen 154
4.3.3 Die Entwicklung der Schrift 159
Literatur 161

5 **Das menschliche Gehirn** 165
5.1 **Evolution des Gehirns des modernen Menschen** 166
5.1.1 Kortikale Neurogenese des Menschen 167
5.1.2 Humanspezifische genetische Veränderungen zur Regulation der Neurogenese 174
5.1.3 Mikrozephalie und Mikrozephalie-assoziierte Gene 183
5.1.4 Geschlechtsunterschiede in der Gehirnentwicklung 189
5.2 **Intelligenz** 196
5.3 **Von Sinneswahrnehmungen zu Bewusstsein** 200
5.3.1 Geruchswahrnehmungen 200
5.3.2 Visuelle Wahrnehmung 206
5.3.3 Bewusstsein 213
Literatur 218

6 **Genetik menschlichen Verhaltens** 221
6.1 **Soziales Verhalten** 224
6.1.1 Neuronale Korrelate eines sozialen Netzwerkes 224
6.1.2 Genetik extremer Soziabilität 228
6.1.3 Das Oxytocin/Vasopressin-System 232
6.1.4 Das Dopamin-System 240
6.1.5 Der Opioid-Rezeptor μ und seine endogenen Liganden 243
6.2 **Sexualität** 246
6.2.1 Geschlechtschromosomen und ihre Variabilität 246
6.2.2 Festlegung des biologischen Geschlechts bei Menschen 252
6.2.3 Sexuelle Orientierung und sexuelle Identität 254
6.2.4 Paarungsverhalten von Menschen 261
6.3 **Aggressives Verhalten** 264
6.4 **Religion** 272
Literatur 276

Serviceteil
Stichwortverzeichnis 283

Biologie und Anthropologie

Die Vielfältigkeit der Menschheit (© Gideon Mendel/Corbis Historical/Getty)

Inhaltsverzeichnis

1.1 Anthropologie als biologisches Thema – 2

1.2 Rasse, Rassismus und Eugenik – 3

1.3 Die genomweite Vielfalt des Menschen – 6

1.4 Das humane Pangenom – 13

Literatur – 17

J. Graw, *Genetische Anthropologie*, https://doi.org/10.1007/978-3-662-72246-6_1

1

Überblick

Anthropologie als Wissenschaft vom Menschen kann von verschiedenen Blickpunkten aus betrachtet werden. Biologische Anthropologie berücksichtigt dabei vor allem äußere morphologische Merkmale und wie sie sich in der Evolution herausgebildet haben. Genetische Anthropologie stellt vor allem die Evolution von DNA-Sequenzen und deren Polymorphismen in Populationen in den Mittelpunkt. Als eine Ausformung biologischer Anthropologie war Rassismus als Herabminderung anderer Populationen unter Biologen, aber auch gesellschaftlich über Jahrhunderte weit verbreitet. Eugenische Methoden zur genetischen Verbesserung der Menschen gehörten international zum Zeitgeist der ersten Hälfte des 20. Jahrhunderts und mündeten in der Ermordung von hunderttausenden Menschen. Das Humangenom-Projekt beendete diese Diskussion über die genetische Ungleichheit von Menschen. Nach Abschluss des Humangenom-Projekts wurden in verschiedenen internationalen Projekten weltweit Unterschiede in den menschlichen Genomen untersucht. Ein typisches Genom unterscheidet sich dabei von dem Referenzgenom an etlichen Mio. Stellen, häufige Polymorphismen haben eine Allelhäufigkeit von > 1 % in den Populationen. Über 99,9 % davon sind Einzelnukleotidpolymorphismen und kurze Insertionen oder Deletionen. Strukturelle Polymorphismen sind deutlich seltener; dazu gehören große Deletionen und Kopienzahl-Variationen, aber auch einige retrovirale Insertionen und ganz wenige Inversionen. Das humane Pangenom versucht, alle Polymorphismen menschlicher Genome darzustellen.

1.1 Anthropologie als biologisches Thema

Anthropologie (zusammengesetzt aus dem griechischen ἄνθρωπος, Mensch, und λόγος, Wort, Sinn, Vernunft) bezeichnet die „Wissenschaft vom Menschen". Der Begriff wurde erstmals von dem Leipziger Professor Magnus **Hundt** (1449–1519) verwendet, der 1501 sein Buch „Antropologium" (ohne „th") über die Würde, das Wesen und die Eigenschaften des Menschen schrieb – mit den weiteren Untertiteln über die Elemente, Teile und Glieder des menschlichen Körpers. Kurz darauf (1533) erschien die „Anthropologia" von Galeazzo Flavio **Capra** (Namensvariante: **Capella**), eines Ministers des damaligen Herzogs von Mailand. In Hundt's Werk wird die menschliche Natur in allen ihren Bedeutungen betrachtet und stellt die Bedeutung des Menschen durch seine verschiedenen geistigen und körperlichen Aspekte dar. Capra's Werk richtet seine Aufmerksamkeit eher auf die Untersuchung der Menschheit, indem es die verschiedenen Facetten der menschlichen Existenz beleuchtet. Dennoch unterscheidet sich die Gesamtaussage nur geringfügig: Beide Autoren bevorzugen einen ganzheitlichen Ansatz beim Blick auf die menschliche Natur. Sie arbeiten heraus, was es heißt, ein Mensch zu sein. Aus diesem Grund versuchen sie, das Rätsel des Menschseins mithilfe der Theologie, der Moralphilosophie, der Naturphilosophie, der Anatomie und Physiologie sowie der Literatur zu erklären (nach Santing 2020).

Heute kennen wir eine Vielzahl von Zugängen zu anthropologischen Fragen: der Zugang von der Biologie her ist vielleicht derjenige, der dem ursprünglichen Hundt'schen Ansatz am nächsten kommt. Aber auch eine Reihe von geisteswissenschaftlichen Disziplinen bearbeitet anthropologische Fragestellungen. Die „Wissenschaft vom Menschen in der Gesellschaft" wird häufig als Sozialanthropologie, Ethnosoziologie oder Kulturanthropologie bezeichnet. Weiterhin kennen wir philosophische Anthropologien und auch eine theologische/christliche Anthropologie; letztere erklärt das Menschsein aus der Beziehung des Menschen zu Gott.

Wir wollen uns jedoch auf Anthropologie als ein biologisches Thema beschränken. Eine biologische Anthropologie betrachtet „den" Menschen, also *Homo sapiens*, (primär) unter einem biologisch-evolutionärem Blickwinkel, d. h. als ein höheres Säugetier, als einen Primaten oder als einen Menschenaffen. Von dem gemeinsamen Stammbaum der Menschenaffen trennten sich zunächst die Orang-Utans und später die Gorillas. Der letzte gemeinsame Vorfahre der Schimpansen und der Menschen lebte vor etwa 6–8 Mio Jahren, und danach trennten sich auch unsere evolutionären Wege. Das Wissen um diese evolutionären Prozesse, verbunden mit ständigen Mutationen und der Selektion für sich immer wieder verändernde Umweltbedingungen, ist essenziell für ein biologisches Verständnis der Menschen und ihrer Vielfalt.

In diesem Buch „Genetische Anthropologie" soll Anthropologie aus der Sicht der **Genetik** des Menschen betrachtet werden. Dies ist sicherlich „nur" ein Teilaspekt einer biologischen Anthropologie, aber wie später im Detail gezeigt werden wird, liefert die Genetik den Rahmen, innerhalb dessen die Menschen sich entfalten können. In der Genetik wird die Möglichkeit eines Organismus, auf unterschiedliche Umwelteinflüsse in entsprechender Weise zu reagieren, als **Reaktionsnorm** bezeichnet. Dazu gehören beim Menschen auch soziale Faktoren, und die Reaktionen können auch unterschiedlich ausfallen. Allerdings ist diese Variationsbreite nicht unendlich, und deshalb wird es interessant sein, diese genetisch vorgegebenen Reaktionsnormen etwas auszuleuchten – und dabei auch zu sehen, wie sich die genetischen Rahmenbedingungen des Menschen unter sich wandelnden kulturellen und Umweltbedingungen über die Jahrtausende verändert haben. Und die wissenschaftliche Entwicklung der Genetik in den letzten Jahrzehnten hat unser Wissen über die genetischen Grundlagen des Menschen, seine Evolution und die Vielfalt der heute lebenden Menschen in einer Weise revolutioniert, dass es Sinn macht, kurz innezuhalten und sich dieses neuen Wissens zu vergewissern.

! Anthropologie als Wissenschaft vom Menschen kann von verschiedenen Blickpunkten aus betrachtet werden. Biologische Anthropologie berücksichtigt dabei vor allem äußere morphologische Merkmale und wie sie sich in der Evolution herausgebildet haben. Genetische Anthropologie stellt vor allem die Evolution von DNA-Sequenzen und deren Polymorphismen in Populationen in den Mittelpunkt.

1.2 Rasse, Rassismus und Eugenik

Allerdings soll am Anfang ein kurzer Blick zurück erfolgen, denn ein großer Teil biologischer Anthropologie bestand lange Zeit darin, Menschen anhand äußerlicher Merkmale zu unterscheiden und zu kategorisieren – und in eine hierarchische Ordnung zu bringen. Die früheste wissenschaftliche Klassifikation von Menschen benutzte die Hautfarbe als hauptsächliches Unterscheidungsmerkmal und wurde von Carl **von Linné** (1707–1778) eingeführt. Er publizierte dies in seiner ersten Auflage der *Systema Natura* 1735 und unterteilte darin die Menschen in vier Gruppen entsprechend ihrer Hautfarbe und geografischen Herkunft: *Homo Europaeus albescens*, *Homo Americanus rubescens*, *Homo Asiaticus fuscus*, und *Homo Africanus niger* (später fügte er noch eine fünfte Gruppe hinzu, den *Homo sapiens monstrosus*, in der er alle menschliche Sonderlichkeiten zusammenfasste). Linnés Nebeneinanderstellung der einzelnen menschlichen Subspezies mit spezifischen Hautfarben und daneben ihre Veranlagungen entsprechend der antiken Lehre der Körpersäfte – *Americanus* mit rot und cholerisch, *Europaeus* mit weiß und sanguinisch, *Asiaticus* mit gelb und melancholisch, und Afer (*Africanus*) mit schwarz und phlegmatisch – hatte einen nachhaltigen Einfluss auf nachfolgende Wissenschaftler (nach Jablonski 2021).

Neben Linné war Charles **Darwin** (1809–1882) einer der prägendsten Biologen der Neuzeit. Er begründete die Abstammungslehre, aber der vollständige Titel seines berühmten Buches lautete: *On the Origin of Species by Means of Natural Selection, or the* ***Preservation of Favoured Races*** *in the Struggle for Life* (hervorhebung durch den Autor). In Deutschland war Ernst **Haeckel** (1834–1919) in Jena einer der ersten und wichtigsten Vertreter der Darwin'schen Abstammungslehre und wandte sie auf die Evolution des Menschen an. Haeckel postulierte einen monophyletischen Ursprung der Menschen in Lemuria, dem fiktiven Kontinent zwischen Madagaskar und Indien (◘ Abb. 1.1; Natürliche Schöpfungsgeschichte, 4. Aufl., 1873); in späteren Auflagen verschwand Lemuria, und der von ihm angenommene Ursprungsort der Menschheit lag dann im westlichen Hinterindien. Haeckel erweiterte Linnés Eingruppierung der Menschen um weitere Kategorien; dazu gehörten neben der Hautfarbe der Haartyp (wollhaarig oder schlichthaarig) und die Geometrie des Schädels (langköpfig oder kurzköpfig). Im Ergebnis führten Heckel's Arbeiten zur Definition von 12 menschlichen Arten, die **kulturell** unterschiedlich weit entwickelt seien. Die beiden herrschenden Menschenarten (Mittelländer und Mongolen) unterteilte er wiederum in jeweils 4 Rassen. Und er stellte bei den Mittelländern die indogermanische Rasse an die Spitze der Evolution und die „affenähnlichen" Papua (Marks 2012) auf die unterste Stufe. Haeckel deutete die kulturelle Entwicklung als Fortschritt im Sinne Darwins und dessen Kampf um das Dasein – und damit hatte er die kulturelle Überlegenheit der kaukasischen Menschenarten wiederum ins Biologische zurückbegründet. In seinem Stammbaum der Menschen gab es auch die Hottentotten und Kaffer – Begriffe, die sich bis heute mit ihrer abwertenden Konnotation erhalten haben. Einer von Haeckel's Schülern, Nikolai Nikolajewitsch **Miklucho-Maclay** (1846–1888), hat allerdings durch Feldstudien bei den Papua die Haeckel'sche Ansicht widerlegt (nach Levit und Hoßfeld 2020; Marks 2012; Hoßfeld und Levit 2023).

Nicht alle Naturforscher teilten Haeckels Ansichten. So gewann Johann Friedrich **Blumenbach** (1752–1840) von seinen Betrachtungen zur Variation bei Menschen, einschließlich der Hautfarbe, der Schädelform und anderer äußerlicher Merkmale die Einsicht, dass alle Menschen gemeinsamen Ursprungs seien („Monogenismus"), dass es nur natürliche, graduelle Abstufungen zwischen den Rassen gäbe, und dass eine rassische Klassifizierung willkürlich sei. Er begründete den Begriff „kaukasisch" für weiße Menschen, da er deren Ursprung im Kaukasus vermutete. Blumenbach wurde auch als wissenschaftlicher Begründer des Antirassismus bezeichnet (siehe auch Universität Göttingen „über uns": ▶ https://www.uni-goettingen.de/de/650077.html). Ähnliche Ansichten wie Blumenbach vertraten auch Johann Gottfried von **Herder** (1744–1803) und Rudolf **Virchow** (1821–1902) (nach Jablonski 2021; Haspel et al. 2023). Die Herder'sche Position in seinen „Ideen zur Philosophie der Menschheit" (erschienen zwischen 1784 und 1791 in Riga) soll hier exemplarisch kurz zitiert werden:

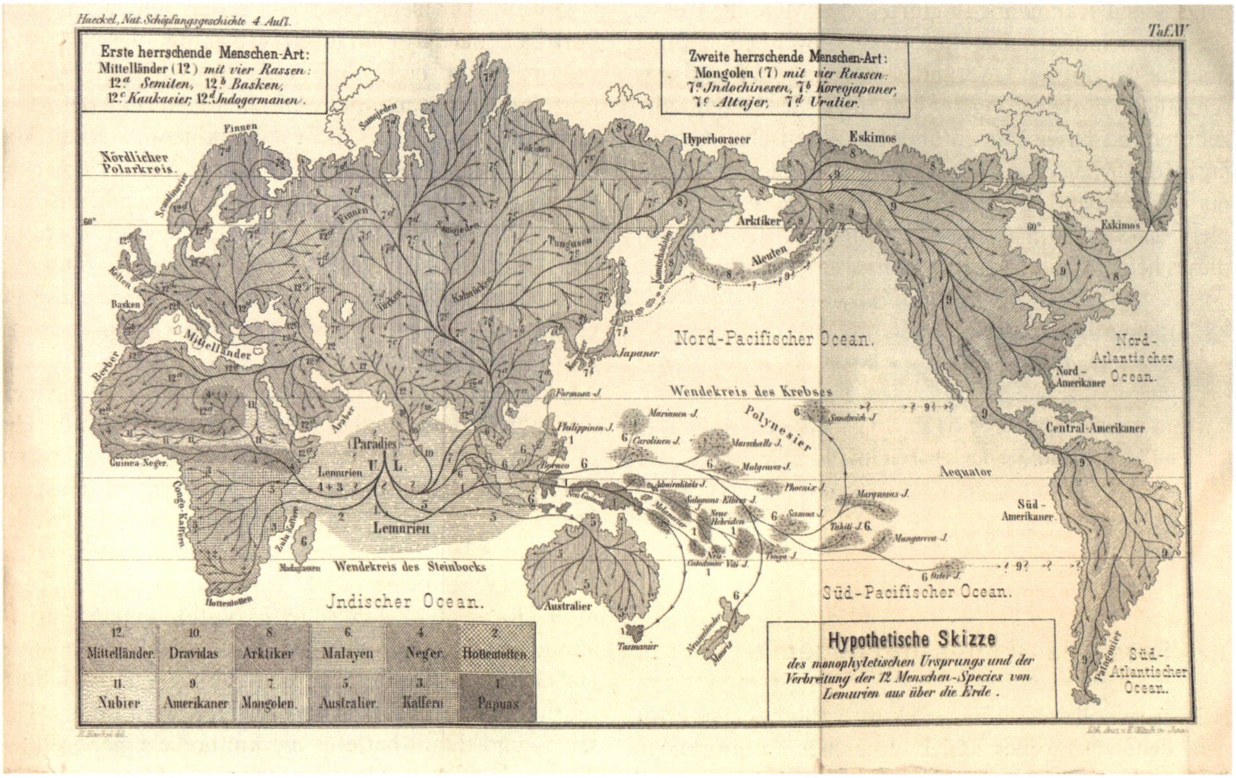

Abb. 1.1 Ernst Haeckels hypothetische Skizze des monophyletischen Ursprungs und der Verbreitung der 12 Menschenspezies aus dem Paradies, dem Urkontinent Lemurien, über die Erde. In unterschiedlicher Schraffur sind die 12 Menschen-Spezies angegeben: 1. Papua, 2. Hottentotten, 3. Kaffer, 4. Neger, 5. Australier, 6. Malayen, 7. Mongolen, 8. Arktiker, 9. Amerikaner, 10. Draviden, 11. Nubier und 12. Mittelländer. Zu den Mittelländern als erste herrschende Menschenart zählte Haeckel die Semiten, die Basken, die Kaukasier und die Indogermanen; zur zweiten herrschenden Menschenart (den Mongolen) zählte er die Indochinesen, die Koreojapaner, die Altaier und die Uralier. (Haeckel 1873) (mit freundlicher Genehmigung durch das Ernst-Haeckel-Haus, Jena)

» „Endlich wünschte ich auch die Unterscheidungen, die man aus rühmlichem Eifer für die überschauende Wissenschaft dem Menschengeschlecht zwischengeschoben hat, nicht über die Grenzen erweitert. So haben einige z. B. vier oder fünf Abteilungen desselben, die ursprünglich nach Gegenden oder gar nach Farben gemacht waren, *Rassen* zu nennen gewaget; ich sehe keine Ursache dieser Benennung. Rasse leitet auf eine Verschiedenheit der Abstammung, die hier entweder gar nicht stattfindet oder in jedem dieser Weltstriche unter jeder dieser Farben die verschiedensten Rassen begreift. Denn jedes Volk ist Volk: es hat seine Nationalbildung wie seine Sprache. Zwar hat der Himmelsstrich über alle bald ein Gepräge, bald nur einen linden Schleier gebreitet, der aber das ursprüngliche Stammgebilde der Nation nicht zerstöret. Bis auf Familien sogar verbreitet sich dieses, und seine Übergänge sind so wandelbar als unmerklich. Kurz, weder vier oder fünf Rassen noch ausschließende Varietäten gibt es auf der Erde. Die Farben verlieren sich ineinander, die Bildungen dienen dem genetischen Charakter, und im ganzen wird zuletzt alles nur Schattierung eines und desselben großen Gemäldes, das sich durch alle Räume und Zeiten der Erde verbreitet. Es gehöret also auch nicht sowohl in die systematische Naturgeschichte als in die physisch-geographische Geschichte der Menschheit."

(Johann Gottfried von Herder: Ideen zur Philosophie der Menschheit, Zweiter Teil, Siebentes Buch, 1. Kapitel: ► http://www.zeno.org/Literatur/M/Herder,+Johann+Gottfried/Theoretische+Schriften/Ideen+zur+Philosophie+der+Geschichte+der+Menschheit/Zweiter+Teil/Siebentes+Buch/1.+In+so+verschiedenen+Formen+das+Menschengeschlecht)

Allerdings gewannen im Gegensatz dazu gegen Ende des 19. Jahrhunderts und zu Beginn des 20. Jahrhunderts überall in der westlichen Welt Ansichten an Popularität, die die Überlegenheit der weißen Rasse postulierten. In den USA vertrat Charles **Davenport** (1866–1944) die Meinung, dass menschliche Gruppen und soziale Klassen sich in ihrem genetischen Wert grundsätzlich unterscheiden, was seinerseits wieder ihren politischen und ökonomischen Status erkläre. Davenport war über viele Jahre Leiter des Instituts für Biologie und des eugenischen Archivs (engl. *Eugenic Record Office*) in Cold Spring Harbor (New York), bis das eugenische Archiv 1939 geschlossen wurde. Der Begriff „Eugenik" wurde durch den Engländer Francis **Galton** (1822–1911) ~1890 geprägt und Galton gründete – ebenso wie später Davenport in den USA – 1904 ein eugenisches Archiv in London (an dem *University College London*, UCL), das ab 1907 als Galtons eugenisches Labor firmierte (Rutherford 2021). Es ist im Übrigen interessant zu sehen, dass dieser „Zeitgeist" auch Maria **Montessori** (1870–1952) erfasst hat, die Begründerin der Montessori-Pädagogik. In ihrem Werk „Pädagogische Anthropologie" von 1910 (deutsche Übersetzung 2019) bezieht sie sich auch auf Francis Galton und Charles Davenport (nach Holzer 2020). Im Jahr 1907 erließ der US-Bundesstaat Indiana als erste Regierungsbehörde der Welt ein Gesetz zur unfreiwilligen Sterilisation. Zwischen 1907 und 1939 erließen etwa 30 weitere US-Bundesstaaten Gesetze, die es den Behörden erlaubte, geistig Behinderte und psychisch Kranke zu sterilisieren. Diese Gesetze basierten im Wesentlichen auf Vorlagen von Harry Hamilton **Laughlin** (1880–1943), einem Mitarbeiter Davenports. In den USA wurden aufgrund dieser Gesetze bis zum Ende des 2. Weltkrieges ~60.000 Menschen in Heimen ohne ihre Einwilligung sterilisiert; das Gesetz in Indiana wurde erst 1974 aufgehoben. In der kanadischen Provinz Alberta wurde ein ähnliches Gesetz 1928 erlassen; dort wurden in den darauf folgenden 6 Jahrzehnten ~2800 Menschen zwangsweise sterilisiert (nach Reilly 2015).

Diese Gesetze in den USA dienten auch als Vorlage für das „Gesetz zur Verhütung erbkranken Nachwuchses", das auch als „Erbgesundheitsgesetz" bezeichnet wurde und 1934 im nationalsozialistischen Deutschland in Kraft trat; Laughlin erhielt für seine Unterstützung der Eugenik und Rassenhygiene von der Universität Heidelberg 1936 die Ehrendoktorwürde. Rassenhygiene und Eugenik waren in Deutschland aber auch schon vor der Machtergreifung der Nationalsozialisten ein bestimmendes Thema. Deutsche Ärzte und Wissenschaftler lieferten entscheidende intellektuelle Rechtfertigungen für die Doktrin der rassischen Überlegenheit und für eugenische Sterilisationsprogramme: 1895 veröffentlichte der Arzt Alfred **Ploetz** (1860–1940) „Grundlagen der Eugenik" und gründete 1905 die erste die erste deutsche eugenische Gesellschaft, die Gesellschaft für Rassenhygiene. Im Jahr 1921 verabschiedete diese Gesellschaft ein umfassendes Eugenikprogramm und setzte sich für dessen Umsetzung ein. 1923 wurde in Bayern als erstem deutschen Bundesland ein Lehrstuhl für Eugenik eingerichtet. Im Jahr 1921 veröffentlichten Erwin **Baur** (1875–1933), Eugen **Fischer** (1874–1967) und Fritz **Lenz** (1887–1976) ihr Buch „Grundriß der menschlichen Erblichkeitslehre und Rassenhygiene". Das Buch erschien bis zum Ende des 2. Weltkriegs in mehreren Auflagen und wurde zur Grundlage rassenhygienischer Bestrebungen in Deutschland. Auf dieser Basis wurden in den Jahren zwischen 1934 und 1944 in Deutschland ~400.000 Menschen zwangsweise sterilisiert (Reilly 2015), und ca. 300.000 Menschen mit einer geistigen oder körperlichen Behinderung wurden ermordet („Euthanasie"). Eine lesenswerte Darstellung des Geistes dieser Zeit findet sich bei Hoßfeld (2014). Und schließlich wurden in Deutschland (und in den im 2. Weltkrieg besetzten Gebieten) ~6 Mio. Menschen bis zum Ende des 2. Weltkrieges umgebracht, weil sie „minderwertigen" Rassen angehörten.

Neben dem Vermessen menschlicher Schädel und anderer Bestandteile des Skeletts (physische Anthropologie) entwickelt sich zu Beginn des 20. Jahrhunderts ein anderer Wissenschaftszweig der Anthropologie, nämlich die Seroanthropologie. Nachdem Karl **Landsteiner** (1868–1943) 1900 das AB0-Blutgruppensystem etabliert hatte, wurden in der Folgezeit entsprechende Nachweise verwendet, um Unterschiede zwischen den Menschen zu dokumentieren. Während des 1. Weltkrieges untersuchten Ludwik (1884–1954) und Hanka **Hirszfeld** (Hirschfeld) (1884–1964) in Serbien 8000 Soldaten der alliierten Truppen aus verschiedenen Regionen der Welt. Sie kamen zu dem Schluss, dass die Blutgruppe A im Westen entstanden sei und die Blutgruppe B im Osten; sie entwarfen sogar einen „biochemischen Index", um Menschen in 3 Typen einzuteilen (Europäer: Index 2–4,5), asio-afrikanische Gruppen (< 1) und Dazwischenliegende (Araber, Türken, Russen und Juden). Diese Klassifizierungen wurden später verfeinert – aber sie waren außerordentlich willkürlich, manchmal in sich widersprüchlich und schwierig zu vereinbaren mit den allgemeinen rassischen Klassifikationen, mit denen die physischen Anthropologien vertraut waren.

Auch nach dem 2. Weltkrieg wurden die serologischen Untersuchungen fortgesetzt, allerdings entwickelten sie sich in eine andere Richtung. Mehr und mehr Ergebnisse, vor allem zu den AB0-Blutgruppen, zeigten, dass es keine wesentlichen Unterschiede in der Verteilung zwischen menschlichen Populationen gibt. 1954 publizierte Arthur **Mourant** (1904–1994) eine Übersicht über die Verteilung der menschlichen Blutgruppen in über 60 Populationen. Luigi **Cavalli-Sforza** (1922–2018) benutzte in den 1960er-Jahren diese Daten, um einen ersten Stammbaum mit genetischen Daten der Blutgruppenanalysen zu erstellen (nach Marks 2012; Haspel et al. 2023). Den Schlussstein in diese Entwicklung setzte schließlich das Humangenomprojekt mit der Erkenntnis über die genetische Einheit der Menschheit: menschliche Populationen sind genetisch nicht eigenständig (Marks 2012; Fischer und Krause 2023)

! Rassismus als Herabminderung anderer Populationen war unter Biologen, aber auch gesellschaftlich über Jahrhunderte weit verbreitet. Eugenische Methoden zur genetischen Verbesserung der Menschen gehörten international zum Zeitgeist der ersten Hälfte des 20. Jahrhunderts und mündeten in der Ermordung von hundertausenden Menschen. Das Humangenom-Projekt beendete diese Diskussion über die genetische Ungleichheit von Menschen.

Wir haben oben gesehen, dass Hautfarbe eines der wichtigste Kriterien für die Einteilungen der Rasse war; die Hautfarbe wurde dann mit entsprechenden anderen körperlichen und kulturellen Eigenschaften sowie mit charakteristischen Verhaltenseigenschaften verknüpft (Jablonski 2021). Dem liegt auch ein interessantes Phänomen zugrunde, das in der Sozialpsychologie unter dem Stichwort *other-race effect* bekannt ist. Es meint, dass Menschen besser darin sind, Gesichter ihrer eigenen Ethnie wiederzuerkennen als Gesichter einer fremden Ethnie (Stelter und Schweinberger 2023). So wurden in einer aktuellen Studie aus (dem multikulturellen) Malaysia junge Erwachsene (Malaien, Chinesen und Inder) daraufhin untersucht, Gesichter der drei Ethnien entsprechend zuzuordnen. In Übereinstimmung mit vielen ähnlichen früheren Untersuchungen zeigen auch diese Ergebnisse, dass Gesichter der eigenen Ethnie wesentlich besser erkannt werden als die anderer Ethnien (Wong et al. 2023). Dieser Effekt kann auch schon an Kindern im Alter von ~9 Monaten beobachtet werden; hier äußert sich der Effekt darin, dass Gesichter der eigenen Ethnie länger betrachtet werden als Gesichter anderer Ethnien (Krasotkina et al. 2020). Diese Fähigkeit der Kinder zur Unterscheidung erscheint universal und durch die Wahrnehmung gesteuert (Timeo et al. 2017).

Die Gehirnregion, die für die Gesichtserkennung „zuständig" ist, wird als fusiformes Gesichtsareal bezeichnet (engl. *fusiform face area*, FFA). Diese Region befindet sich im *Gyrus fusiformis* des *Lobus temporalis* (Schläfenlappen), einem Teil der Großhirnrinde. Elektrophysiologische Untersuchungen an Kindern zeigen, dass das FFA auch schon im Alter von 3–4 Monaten aktiv ist, wenn Bilder von Gesichtern gezeigt werden; im Alter von ~4 Jahren ist das elektrophysiologische Muster dem von Erwachsenen dann schon sehr ähnlich (Chen et al. 2022).

Erste genetische Untersuchungen zeigen, dass an diesem Prozess der Gesichtserkennung auch genetische Faktoren beteiligt sind. Es wurde dabei an Erwachsenen aus Singapur untersucht, ob neben einem SNP im Gen für den Oxytocin-Rezeptor (*OXTR*) auch die Ethnie möglicher Betreuungspersonen im Kindesalter einen Einfluss auf den *other-race effect* hat. ◻ Abb. 1.2 zeigt, dass sich homozygote Träger des A-Allels des SNPs

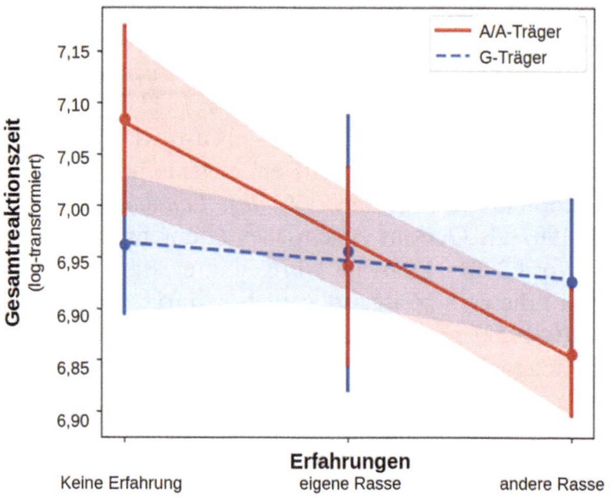

◻ **Abb. 1.2** Auf der Basis einer multiplen, linearen Regressionsanalyse zeigen die Regressionslinien den Zusammenhang zwischen der Gesamtreaktionszeit (als Maß für die Gesichtserkennung) und der Erfahrung der zwei genetischen Gruppen mit Betreuungspersonen. Punkte geben den Durchschnittswert an und die vertikalen Balken die 95 %-Vertrauensgrenzen. Die schattierten Bereiche geben die 95 % Vertrauensintervalle an. Die Unterschiede zwischen den beiden genetischen Gruppen ist statistisch signifikant ($p < 0,05$; A/A-Träger, rot; G-Träger, blau-gestrichelt für den SNP rs53576). (Nach Neoh et al. 2022, CC-by 4.0, ▸ http://creativecommons.org/licenses/by/4.0)

rs53576 des *OXTR*-Gens in ihrer Antwort auf andere Ethnien unterscheiden (hier Chinesen vs. Javaner in Singapur). Der SNP rs53576 liegt innerhalb des 3. Introns des *OXTR*-Gens. Unter Europäern hat das A-Allel eine Häufigkeit von 32,6 % und das G-Allel eine Häufigkeit von 67,4 %; unter Ost-Asiaten ist das Verhältnis eher umgekehrt (Häufigkeit A: 58,1 %; G: 41,9 %; Daten von dbSNP: *ALFA-Allele Frequency*, Version 20230706150541). Der SNP wird mit sozialem und emotionalem Verhalten bei Kindern und Heranwachsenden in Verbindung gebracht (Kohlhoff et al. 2022). Weitere Aspekte über das Phänomen der Gesichtserkennung diskutieren wir im Zusammenhang mit der Sehbahn (▸ Abschn. 5.3.2), und die Rolle des Oxytocin-Systems insgesamt in ▸ Abschn. 6.1.3.

! Ein interessantes Phänomen wird in der Sozialpsychologie unter dem Stichwort *other-race effect* diskutiert, wenn Kinder Angehörige anderer Ethnien als fremd erkennen. Eine mögliche genetische Ursache liegt im Bereich des Oxytocin-Rezeptors.

1.3 Die genomweite Vielfalt des Menschen

Die Entwicklung der Genetik der letzten Jahrzehnte hat unser Bild vom Menschen revolutioniert. Das Humangenomprojekt brachte die erste vollständige Sequenz des menschlichen Genoms, die Sequenzierung der Genome von Neandertalern zeigte die Unterschiede zu unseren nächsten Verwandten im Stammbaum der Menschen, und die Sequenzierung des Genoms eines Denisova-Menschen definierte zum ersten Mal eine eigene Population der Gattung *Homo* (für Details siehe ▶ Abschn. 2.5). DNA-Sequenzierungen erlaubten auch, die Ausbreitung des *Homo sapiens* aus Afrika nachzuvollziehen und so eine alte Frage zu klären, ob der *Homo sapiens* in verschiedenen Regionen der Welt aus Vorfahren entstanden sei, oder ob es nur einen Ursprung gäbe – eben in Afrika (für Details siehe ▶ Abschn. 3.1).

Mit Hilfe genetischer Methoden konnte auch der Unterschied zu den anderen heute lebenden Großen Affen beschrieben werden – auf cytogenetischer Ebene, aber auch in Details der DNA-Sequenzen: welche Gene sind seit dem letzten gemeinsamen Vorfahren auf beiden Seiten der getrennten Entwicklung verloren gegangen, welche Gene haben sich wie neu entwickelt und welche Funktionen haben sie? Die direkten Vergleiche genomischer DNA-Sequenzen sind dagegen aus technischen Gründen bisher auf die letzten ~45.000 Jahre beschränkt (vgl. Box 2.1; eine Datenbank enthält alle bisher bekannten alten genomischen DNA-Sequenzen: ▶ https://dataverse.harvard.edu/dataset.xhtml?persistentId=doi:10.7910/DVN/FFIDCW). Damit bleiben wir in vielen Fällen archäologischer Funde (noch) auf Interpretationen auf der Basis der äußeren Merkmale der Skelette angewiesen.

Sequenzierungen zeigen auch, wann, wo und wie sich bestimmte Merkmale des Menschen entwickelt und dann verbreitet haben. Und sie zeigen, wie solche genetischen Entwicklungen (z. B. die Lactase-Persistenz; ▶ Abschn. 4.1.2) mit kulturellen Entwicklungen einhergehen. Sequenzierungen menschlicher Genome aus Skeletten (oder Teilen davon) zeigen, wie sich die Menschen zunächst in verschiedene geografische Regionen ausgebreitet haben – sie zeigen auch, wie sich später verschiedene Gruppen immer wieder neu vermischt oder auch ausgerottet haben. Letzteres lässt sich vor allem am (plötzlichen) Verschwinden bestimmter Haplotypen des Y-Chromosoms nachweisen. Mit Hilfe von DNA-Sequenzierungstechniken konnten auch die Fragen um isolierte Bevölkerungsgruppen wie der Etrusker und der Basken geklärt werden. Wir wollen im Folgenden in den verschiedenen Kapiteln diese Fragen im Detail diskutieren. Zunächst soll es aber darum gehen, die heutige genomweite Vielfalt des Menschen zu betrachten, wie wir sie seit dem Abschluss des Humangenomprojekt kennengelernt haben.

Im Jahr 2001 wurde der Entwurf der menschlichen Genomsequenz veröffentlicht (Lander et al. 2001; Venter et al. 2001). Damit kam nach 13 Jahren das internationale Humangenomprojekt zu seinem vorläufigen Ende – vorläufig, weil zunächst nur ein großer Teil (~94 %; Lander et al. 2001), aber doch nicht das gesamte Genom sequenziert war; es fehlten zunächst noch einige Bereiche, die durch viele Wiederholungselemente charakterisiert waren (~10 % der euchromatischen Bereiche). 2004 wurde dann durch das *International Human Genome Sequencing Consortium* eine fast vollständige Version veröffentlicht, die etwa 99 % des Gesamtgenoms darstellt. Allerdings dauerte es noch bis 2022, bis dann auch alle heterochromatischen Bereiche und die Wiederholungselemente im Euchromatin sequenziert werden konnte (Nurk et al. 2022). Doch auch hier fehlte noch das vollständige Y-Chromosom, dessen Sequenz durch das *Telomer-toTelomer-Consortium* ein Jahr später veröffentlicht wurde (Rhie et al. 2023).

Das menschliche Genom umfasst 3.099.750.718 Basenpaare (also über 3 Mrd. Basenpaare), die 19.869 Protein-kodierende Gene und 42.124 nicht-kodierende Gene enthalten. Die Sequenz des menschlichen Genoms (wie übrigens auch das der Neandertaler und vieler Modellorganismen) ist öffentlich zugänglich und wird weiterhin fortgeschrieben (▶ https://www.ensembl.org/Homo_sapiens/Info/Index); die beim Druck dieses Buches aktuelle Version der Daten stammt vom September 2025 und wird als GRCh38.p14 bezeichnet.

Durch moderne Sequenzierungstechniken wurde es jetzt immer einfacher und billiger, menschliche Genome zu sequenzieren – mit dem Ergebnis, dass sowohl die Unterschiede als auch die Gemeinsamkeiten zwischen einzelnen Menschen innerhalb bestimmter Gruppen und Populationen in das Blickfeld der Genetik kamen. Schon der erste Entwurf der menschlichen Genomsequenz zeigte, dass darin mehr als 1,4 Mio. einzelne Basen enthalten sind, die innerhalb der Menschheit polymorph sind (engl. *single nucleotide polymorphisms*, SNPs). Die Zahl der bekannten SNPs hat sich in der Zwischenzeit deutlich erhöht, und darauf beruhen viele der populationsgenetischen Untersuchungen – auch solche, die wir in den nächsten Kapiteln über Wanderungsbewegungen, über die Hautfarbe und die Lactasepersistenz besprechen werden. Wir wollen nun jetzt zunächst die Ergebnisse einiger Projekte diskutieren, die bei der übergroßen Gemeinsamkeit der menschlichen Genomsequenzen trotzdem die verschiedenen Polymorphismen genauer charakterisieren – auch im Hinblick auf unterschiedliche Gesundheitsrisiken einzelner Populationen.

! Das humane Genom enthält ca. 3 Mrd. Basenpaare, die für knapp 20.000 Proteine codieren (ohne Spleißvarianten) und für mehr als 42.000 Gene, die nicht für Proteine codieren.

Die ersten größeren, weltweiten Bemühungen zum Verständnis genomweiter Vielfältigkeit innerhalb von Populationen und zwischen Populationen begannen schon zu Beginn der 1990er-Jahre, als Luigi **Cavalli-Sforza** (1922–2018) zu einer weltweiten Erhebung der genetischen Vielfalt der Menschen aufrief (Cavalli-Sforza et al. 1991). In diesem ***Human Genome Diversity Project*** wurden ~1000 Proben von zunächst 52 (später 54) geografisch, linguistisch und kulturell verschiedenen Populationen aus allen Kontinenten gesammelt und als lymphoblastoide Zelllinien in Paris am Zentrum zur Studie menschlicher Polymorphismen (franz. *Centre d'Etude du Polymorphisme Humain*, CEPH; heute: *Fondation Jean Dausset-CEPH*) aufbewahrt (Cavalli-Sforza 2005). Die Proben sind anonym, enthalten keine persönlichen Informationen der Spender (auch keine Krankheitsdaten) und sind allgemein zugänglich (▶ https://cephb.fr/en/); durch die Sammlung der Zelllinien ist eine qualitativ hochwertige Sequenzierung möglich. Es wurden in diesem Projekt insgesamt 67,3 Mio. SNPs, 8,8 Mio. kleine Insertionen oder Deletionen („Indels") und 40.736 Kopienzahlvariationen (engl. *copy number variants*; CNVs) identifiziert. Die Häufigkeiten der Polymorphismen sind dabei unterschiedlich: ~1 Mio. Varianten haben eine Häufigkeit von 20 %; ~100.000 Varianten eine Häufigkeit von 50 % und ~1000 Varianten kommen sogar in mindestens einer Population zu 100 % vor (Bergström et al. 2020). Ein weiterer Datensatz betrifft strukturelle Varianten – das sind Mutationen, die mehr als 50 Basenpaare umfassen: Insertionen, Deletionen, Duplikationen oder Inversionen. Insgesamt wurden in den CEPH-Proben 126.018 solcher struktureller Varianten relativ zu dem Referenzgenom GRCh38 identifiziert; davon sind ~20 % kleiner als 100 bp. Besonders die Deletionen zeigen eine klare Trennung der kontinentalen Gruppen, und in vielen Fällen können sogar einzelne Populationen unterschieden werden. Das betrifft vor allem die Populationen der Mbuti, Biaka, und San, die ihr eigenes Cluster unabhängig von den anderen afrikanischen Populationen bilden. Bei den Insertionen wurden insgesamt 1,9 Mio. bp identifiziert, die im humanen Referenzgenom GRCh38 nicht vorhanden waren (Almarri et al. 2020).

Das **Internationale HapMap-Projekt** begann im Jahr 2003 und hatte zum Ziel, in 270 Proben die Polymorphismen einzelner Basen (engl. *single nucleotide polymorphisms*; SNPs; ◘ Abb. 1.3), ihre Häufigkeiten und Korrelationen untereinander zu bestimmen, und zwar in verschiedenen Populationen aus Teilen von Afrika, Asien und Europa. Dazu gehören 90 Proben, d. h. 30 „Trios" (beide Eltern und ein Kind) einer Population aus dem US-Bundesstaat Utah mit nord- und westeuropäischer Abstammung aus der CEPH-Sammlung, dazu 30 Trios aus der Yoruba-Population (aus Ibadan, Nigeria), 45 nicht verwandte Japaner aus Tokio und 45 nicht verwandte Chinesen aus Peking. Die Proben werden beim Coriell-Institut in Camden, New Jersey (USA; Homepage: ▶ https://www.coriell.org/) aufbewahrt und sind für wissenschaftliche Zwecke frei zugänglich.

Ausgangspunkt bei diesem Projekt war der Befund, dass zwei beliebige menschliche Genome (des gleichen Geschlechts) sich in 0,1 % der Nukleotide unterscheiden – das ist im Durchschnitt ein SNP auf ~1000 Basen (The International HapMap-Consortium 2003). SNPs sind in einer öffentlichen Datenbank gelistet (dbSNP; ▶ https://www.ncbi.nlm.nih.gov/snp/); dazu gehören auch Angaben über die Allel-Frequenzen in verschiedenen Populationen und mögliche Funktionen, abhängig vom Kontext in der DNA-Sequenz. Solche annotierten SNPs werden als „Referenz-SNPs" bezeichnet und erhalten deshalb eine rs-Nummer, mit der sie eindeutig identifizierbar sind und entsprechend gesucht werden können. Beispiele dazu werden wir unter anderem in den Abschn. 4.1.1 und 4.1.2 im Zusammenhang mit Hautfarben und der Lactase-Persistenz kennenlernen.

Ein wesentliches Ziel des HapMap-Projekts war es, mehrere SNPs zu Haplogruppen zusammen zu fassen, um so bei genomweiten Assoziationsstudien (GWAS) nicht alle SNPs zu testen, sondern nur solche, die für eine ganze Gruppe einzelner SNPs (ein Haplotyp) stehen – ein Beispiel dazu ist in ◘ Abb. 1.3c gezeigt. Haplotypen enden oft an Stellen im Chromosom, an denen häufig Rekombinationen stattfinden; ◘ Abb. 1.4 gibt dazu ein Beispiel aus einer genreichen Region des menschlichen Chromosoms 19q13.

In einer späteren Phase wurde die Probenanzahl um knapp 1200 aus 11 zusätzlichen Populationen erhöht. Insgesamt wurde durch das HapMap-Projekt 1,6 Mio. SNPs mit einer Häufigkeit von mindestens 5 % in den untersuchten Populationen identifiziert; dazu kamen noch 856 Kopienzahlvariationen mit einer Häufigkeit von mindestens 10 % (The International HapMap Consortium 3, 2010). Das HapMap-Projekt gab die Basis für das ***1000-Genome Project***. Hier wurden ab 2008 zunächst die Proben des HapMap-Konsortiums vollständig sequenziert, um genetische Varianten im humanen Genom mit einer Häufigkeit von 1 % zu identifizieren; die endgültigen Datensammlung enthält Sequenzen von 2504 Individuen aus insgesamt 26 Populationen (für Details siehe auch ▶ https://www.internationalgenome.org/1000-genomes-summary). Es wurde ein breites Spektrum von genetischen Variationen charakterisiert: 84,7 Mio. SNPs, 3,6 Mio. kleine Insertionen/Deletionen (Indels) und ~60.000 strukturelle Varianten. Einen

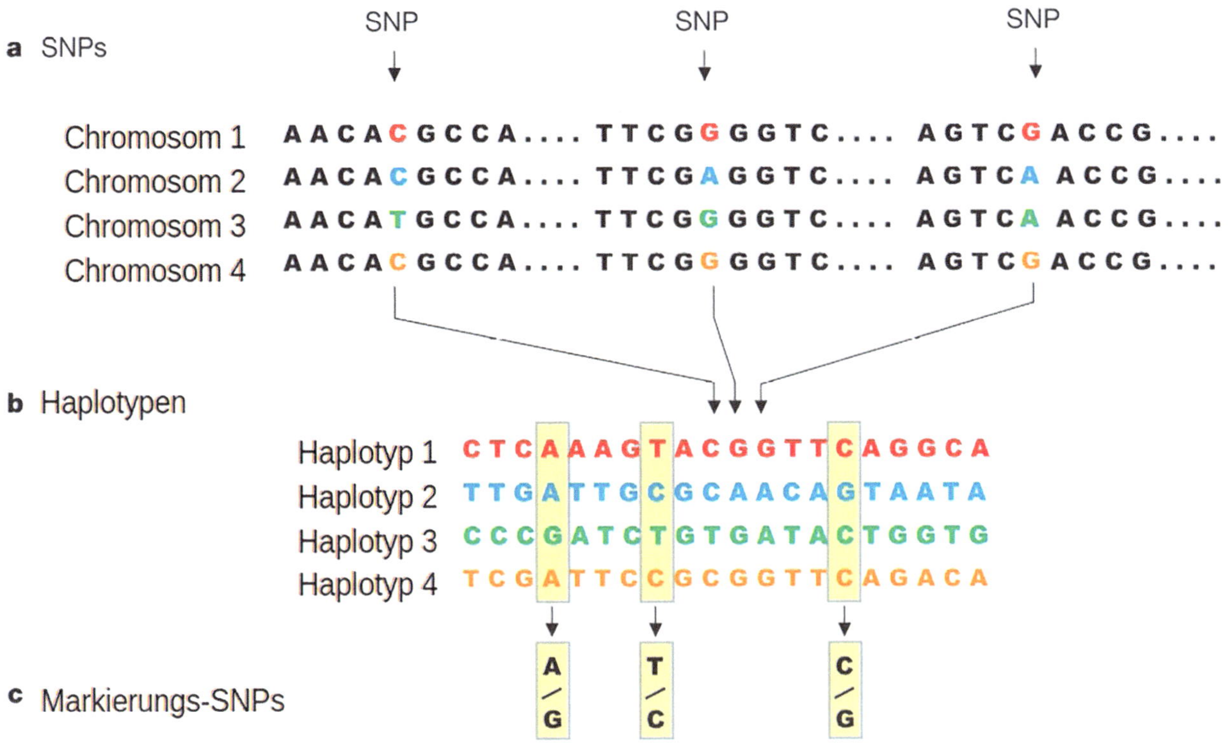

Abb. 1.3 SNPs und Haplotypen. **a** Hier ist ein kurzer DNA--Abschnitt von vier verschiedenen Versionen desselben DNA--Abschnitts in verschiedenen Personen gezeigt. Der größte Teil der DNA-Sequenzen in diesen Chromosomen ist identisch, aber es sind hier drei Basen gezeigt, an denen Variationen (engl. *single nucleotide polymorphism*; SNP) vorkommen. Jeder SNP hat zwei mögliche Allele: der erste SNP hat die Allele C oder T; der zweite G oder A und der dritte ebenfalls G oder A. **b** Ein Haplotyp besteht aus einer bestimmten Allel-Kombination von benachbarten SNPs. Im Bild sind hier die beobachteten Genotypen von 20 SNPs gezeigt, die innerhalb von 6000 bp vorkommen. Es sind hier nur die variablen Basen gezeigt, einschließlich der 3 SNPs aus **a** (*Pfeile*). Eine populationsgenetische Untersuchung hat gezeigt, dass für diese Region die meisten Chromosomen die Haplotypen 1–4 aufweisen. **c** Wenn nur die 3 *gelb* markierten SNPs aus dieser Region genotypisiert werden, ist das ausreichend, um einen der vier Haplotypen zweifelsfrei zu bestimmen. Wenn beispielsweise ein bestimmtes Chromosom das Muster A-T-C bei diesen drei Markierung-SNPs (engl. *Tag SNPs*) aufweist, dann passt dieses Muster auf den Haplotyp 1. Man beachte, dass viele Chromosomen diese häufigen Haplotypen in einer Population aufweisen. (Nach The International HapMap Consortium 2003; Springer Nature)

Überblick über die weltweite Verteilung der Polymorphismen gibt ◘ Abb. 1.5. Man sieht deutlich, dass die afrikanischen Populationen eine wesentlich höhere Variabilität aufweisen als andere; danach kommen karibische Populationen mit einem hohen Anteil an Menschen afrikanischer Herkunft aus der Zeit der Sklaverei, dann die asiatischen Populationen und zum Schluss die westeuropäischen – letzteres entspricht in etwa den Hauptwanderungsbewegungen des *Homo sapiens*, wie wir das in ▶ Kap. 3 genauer sehen werden.

Im Rahmen des 1000-genom-Projekts wurden insgesamt ~68.000 strukturelle Varianten charakterisiert. Dazu gehören 42.279 Deletion, 6025 Dupklikationen, 2929 Kopienzahlvariationen, 786 Inversionen, 168 Insertionen mitochondrialer DNA in den Zellkern (engl. *nuclear mitochondrial insertions*; NUMTs), und 16.631 Insertionen von mobilen Elementen (darunter 12.748 Insertionen von Alu-Elementen, 3048 Insertionen von L1-Elementen und 835 Insertionen von zusammengesetzten Elementen aus SINE-R, VNTR und Alu-Sequenzen). Eine Übersicht über die Größen der einzelnen Gruppen und ihre Verteilung in den kontinentalen Gruppen gibt ◘ Abb. 1.6. Aus den Daten kann man abschätzen, dass Individuen ~18,4 Mbp (Median) an strukturellen Variationen pro diploidem genom beherbergen, was im Wesentlichen durch die Kopienzahlvariationen und Deletionen hervorgerufen wird. Diese strukturellen Varianten betreffen damit etwa 2,5 mal so viele Basenpaare im Genom wie SNPs (Sudmant et al. 2015) (8,9:3,6). Die Variationen hinsichtlich der Inser-

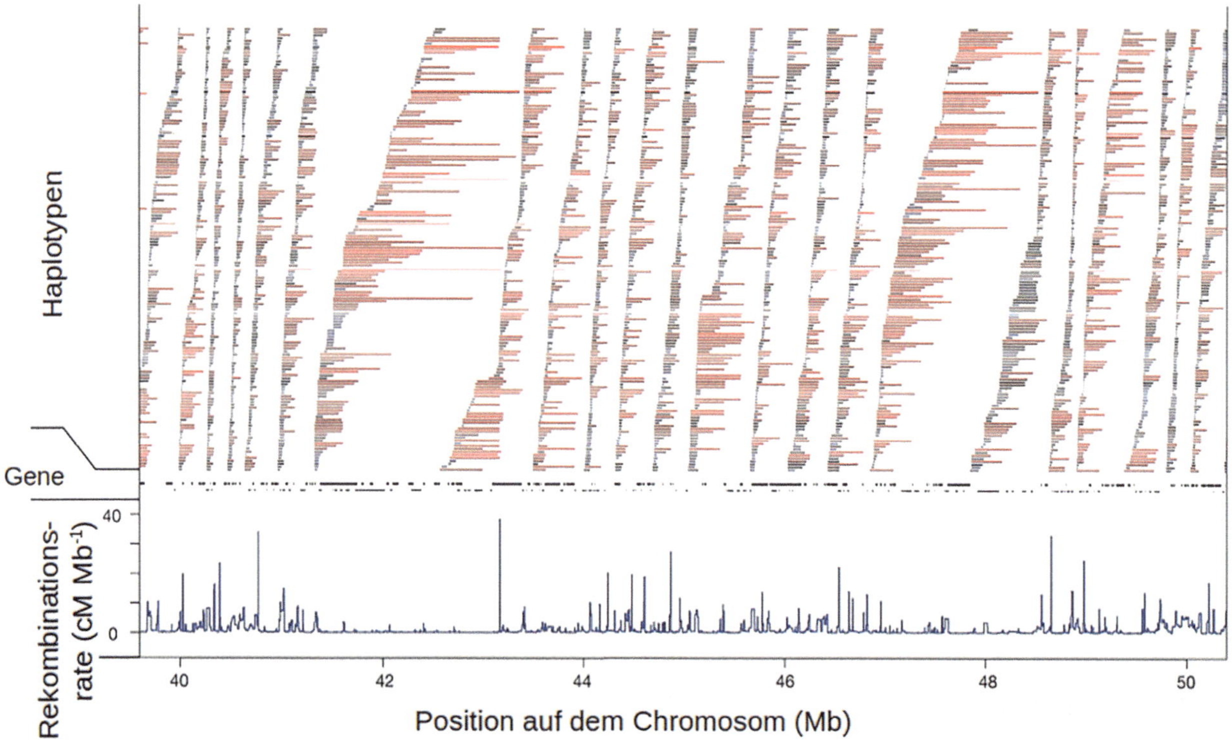

Abb. 1.4 Der Zusammenhang zwischen Rekombinationsraten, der Länge von Haplotypen und der Lage von Genen. Nicht-redundante Haplotypen mit einer Häufigkeit von mindestens 5 % sind dargestellt; die Farbe gibt die Zahl der entdeckten Rekombinationsereignisse an (*rot*: viele; *blau*: wenig). Die Haplotypen überspannen eine genreiche Region des Chromosoms 19q13; die Gene sind durch *schwarze Segmente* charakterisiert. Die Rekombinationsrate ist in cM/Mb angegeben (*blau*). (Nach The International HapMap Consortium 2005; Springer Nature)

tionen mitochondrialer DNA in den Zellkern ist überraschend, da man lange Zeit davon ausgegangen war, dass es sich hierbei um einen Vorgang gehandelt hat, der lange vor der Herausbildung des *Homo sapiens* stattgefunden und abgeschlossen ist. Neuere Arbeiten zeigen aber, dass es sich hierbei um einen andauernden Prozess handelt, der mit einer Häufigkeit von 1:10.000 bei Neugeborenen auftritt. Für Details zu diesem Prozess sei auf die Arbeit von Wei et al. (2022) verwiesen.

Das ***Simons Genome Diversity Project*** ist das neueste Projekt dieser Art und enthält den größten Datensatz, nämlich qualitativ besonders hochwertige genomweite Sequenzen (34–83-fache Abdeckung) von 300 Individuen aus 142 unterschiedlichen Populationen. Bei der Auswahl der zu untersuchenden Menschen wurde besonderer Wert auf möglichst große anthropologische, linguistische und kulturelle Vielfalt gelegt, und so kam eine Probensammlung zustande, die viele Populationen enthält, die in früheren Projekten dieser Art eher unterrepräsentiert waren (▶ https://www.simonsfoundation.org/simons-genome-diversity-project/). Im Rahmen des Projekts wurden 34,4 Mio. SNPs und 2,1 Mio. Insertions-/Deletions-Polymorphismen identifiziert; das sind 5–11 % zusätzliche Polymorphismen je Population. Dazu kommen 1,6 Mio. charakterisierte Mikrosatelliten (engl. auch *short tandem repeats*, STR) (Mallick et al. 2016).

Die größere Vielfalt in diesem Projekt führte auch zur Identifizierung von neuen polymorphen Insertionen durch mobile Elemente, etwa die Hälfte davon war neu gegenüber dem 1000-Genom-Projekt (5742 Alu-, 1045 Line-1- und 316 zusammengesetzte Insertionen aus SINE, VNTR und Alu-Sequenzen). Die Daten zeigen deutlich, dass etwa 80 % der Alu-Insertionen vor der Ex-

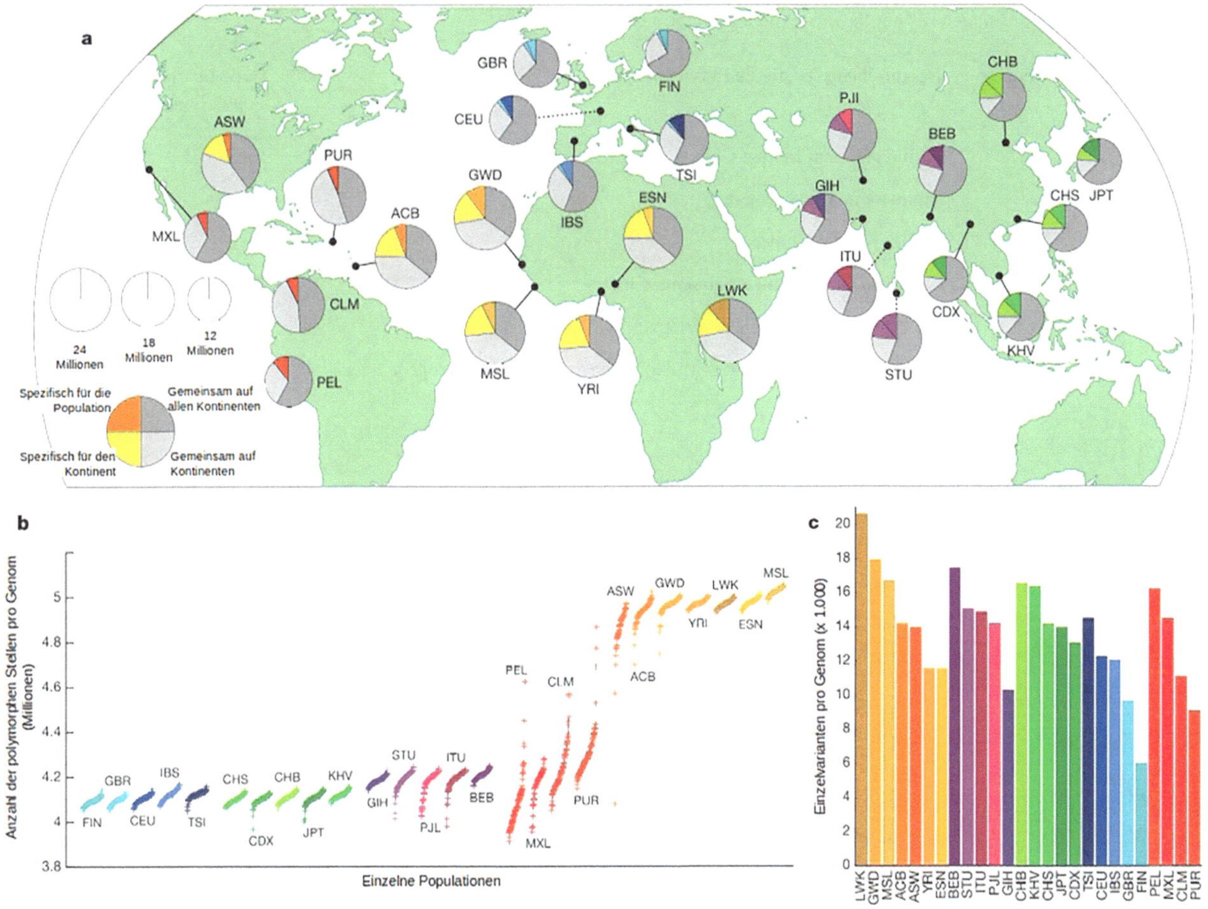

Abb. 1.5 Weltweite genomische Variabilität. Der Populationscode ist in Tab. 1.1 erläutert. **a** Polymorphe Varianten innerhalb der ausgewählten Populationen. Die Fläche jedes Kreisdiagramms ist proportional zur Zahl der Polymorphismen innerhalb einer Population. Die Kreisdiagramme sind in vier Bereiche eingeteilt und repräsentieren Varianten, die spezifisch für eine Population sind (*dunklere Farbe* spezifisch für die Population), die spezifisch für einen Kontinent sind (*hellere Farbe* gemeinsam über kontinentale Gruppen), gemeinsam über Kontinente (*hellgrau*) und gemeinsam über alle Kontinente (*dunkelgrau*). Gestrichelte Linien zeigen Populationen an, die außerhalb ihrer ursprünglichen kontinentalen Region gesammelt wurden. **b** Anzahl der polymorphen Stellen pro Genom. **c** Durchschnittliche Anzahl von Einzelvarianten pro Genom. (Nach Auton et al. 2015; Springer Nature)

pansion des modernen Menschen aus Afrika entstanden sind (▶ Abschn. 3.1); andere Insertionen mobiler Elemente zeigen zwar ein ähnliches Muster, aber nicht in dieser Deutlichkeit. Insgesamt zeigen die Daten, dass diese Insertionen keinen abgeschlossenen Prozess darstellen, sondern weiterhin im Gange sind (Watkins et al. 2020). Eine Übersicht über die Verteilung zwischen den kontinentalen Populationen und einen Vergleich mit SNPs gibt Abb. 1.7. Man kann diese Analyse auch noch weiter treiben, und so lassen sich auf der Basis dieser SNPs 14 genomische Gruppen definieren, die im Wesentlichen das Evolutionsprofil moderner Menschen widerspiegeln: die ersten vier dieser genomischen Gruppen befinden sich in Afrika, und alle nicht-afrikanischen Gruppen erscheinen als eine Art Ausbruch und teilten sich schnell in verschiedene Linien auf. Im Durchschnitt aller Autosomen stimmen aber zwei beliebige Menschen durchschnittlich zu 99,8 % in ihrer DNA-Sequenz überein – und zwar unabhängig von ihrer ethnischen Zugehörigkeit (Kim et al. 2023).

1

Tab. 1.1 Abkürzungen für häufig verwendete Populationen

Code für Populationen	Beschreibung (englische Bezeichnungen)	Code für zusammen-gefasste Populationen
CHB	Han Chinese in Bejing, China	EAS
JPT	Japanese in Tokyo, Japan	EAS
CHS	Southern Han Chinese	EAS
CDX	Chinese Dai in Xishuanagbanna, China	EAS
KHV	Kinh in Ho Chi Minh City, Vietnam	EAS
CEU	Utah Residents (CEPH)* with Northern and Western European ancestry	EUR
TSI	Toscani in Italia	EUR
FIN	Finnish in Finland	EUR
GBR	British in England and Scotland	EUR
IBS	Iberian population in Spain	EUR
GWD	Gambian in Western Division, The Gambia	AFR
YRI	Yoruba in Ibadan, Nigera	AFR
LWK	Luhya in Webuye, Kenya	AFR
MAG	Mandinka in The Gambia	AFR
MSL	Mende in Sierra Leone	AFR
ESN	Esan in Nigera	AFR
ASW	American's of African Ancestry in SW USA	AFR
ACB	African Carribean in Barbados	AFR
MXL	Mexican Ancestry from Los Angeles USA	AMR
PUR	Puerto Rican from Puerto Rica	AMR
CLM	Colombian from Medellian, Colombia	AMR
PEL	Peruvian from Lima, Peru	AMR
GIH	Gujarati Indian from Houston, Texas	SAS
PJL	Punjabi from Lahore, Pakistan	SAS
BEB	Bengali from Bangladesh	SAS
STU	Sri Lankan Tamil from the UK	SAS
ITU	Indian Telugu from the UK	SAS

Diese Populationen können in 5 große Populationsgruppen zusammengefasst werden: **AFR**: afrikanische Population; **AMR**: Population amerikanischer Mischlinge; **EAS**: ostasiatische Population; **EUR**: europäische Population; **SAS**: südasiatische Population. *CEPH-Panel: Centre d'Etude du Polymorphisme Humain; ► https://cephb.fr/en/familles_CEPH.php. (nach ENSEMBL: ► https://www.ensembl.org/Help/Faq?id=532)

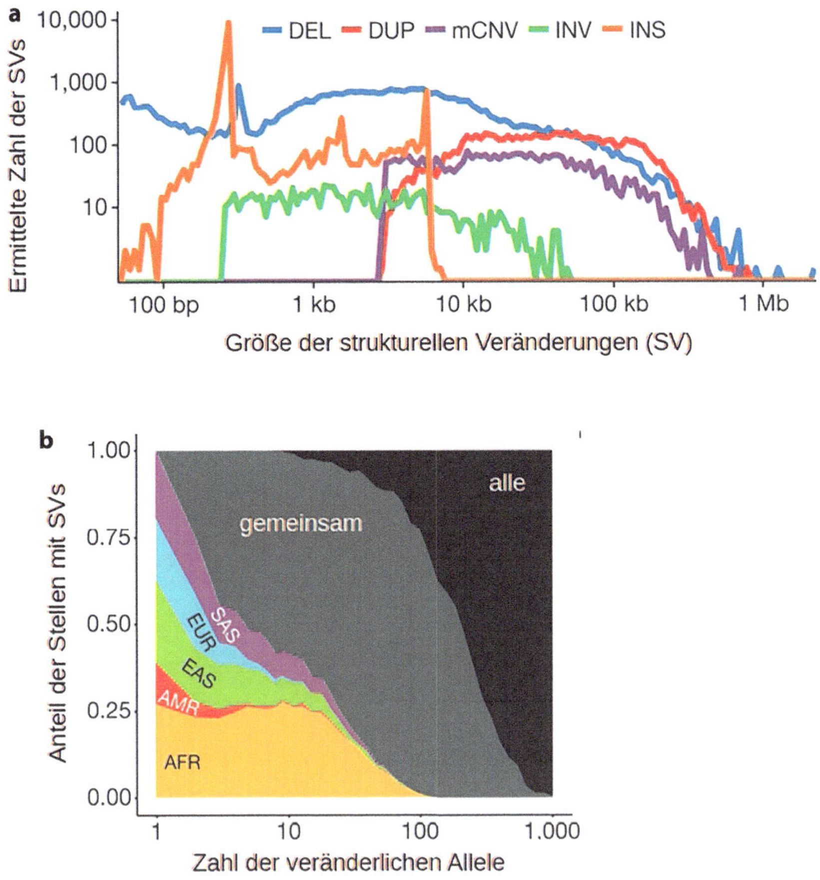

Abb. 1.6 Strukturelle Variationen des 1000-Genom-Projekts. **a** Größenverteilung der erfassten strukturellen Varianten (SV). *DEL*, biallelische Deletionen; *DUP*, biallelische Duplikationen; *mCNV*, multiallelische Kopienzahlvariationen; *INV*, Inversionen; *INS*, neue Insertionen (incl. Insertionen mobiler Elemente und Insertionen mitochondrialer DNA in den Zellkern). **b** Aufteilung der Allele über kontinentale Gruppen. (Nach Sudmant et al. 2015; Springer Nature)

! In verschiedenen internationalen Projekten wurden weltweit Unterschiede in den menschlichen Genomen untersucht. Ein typisches Genom unterscheidet sich dabei von dem Referenzgenom an etlichen Mio. Stellen. Über 99,9 % davon sind SNPs und kurze Insertionen oder Deletionen. Strukturelle Polymorphismen sind deutlich seltener, aber größer; dazu gehören insbesondere große Deletionen und Kopienzahl-Variationen, aber auch einige Alu-Insertionen, Line-1-Insertionen, SVA-Insertionen sowie ganz wenige Inversionen. Häufige Polymorphismen haben eine Allelhäufigkeit von > 1 % in den Populationen; man kann aber auch andere Grenzen definieren.

1.4 Das humane Pangenom

Im vorangegangenen Kapitel haben wir viel über die Vielfalt des menschlichen Genoms erfahren, und so gibt es jetzt Versuche, diese Vielfalt auch in einem Gesamt-Genom darzustellen – eben einem „Pangenom" (von altgriechisch τα πάντα [ta pánta] = alles). Das bisherige humane Referenzgenom (GRCh38) entstand aus Proben, die ursprünglich von 20 Personen stammten (57 % mit europäischer, 37 % mit afrikanischer und 6 % mit ostasiatischer Abstammung; Sherman und Salzberg, 2020). In dieses Referenzgenom sind inzwischen viele der Varianten, die wir im vorherigen Kapitel besprochen haben, eingearbeitet und können gesucht werden (Tab. 1.2).

Allerdings haben diese Untersuchungen auch gezeigt, dass bis zu 10 % an genomischen Informationen fehlen, wenn wir die weltweite Variabilität betrachten. Deswegen hat sich unter der Führung der Nationalen Gesundheitsinstitute der USA (engl. *National Institutes of Health*) eine wissenschaftliche Initiative gebildet, um das menschliche Pangenom zu etablieren (▶ https://humanpangenome.org). Bis jetzt wurde allerdings noch kein Computerprogramm so weit entwickelt, dass es in großem Maßstab ein vollständiges humanes Pangenom von Tausenden oder Millionen von Individuen darstellen und analysieren könnte. Interessant sind Möglichkeiten, kurze Abschnitte des Genoms mit sei-

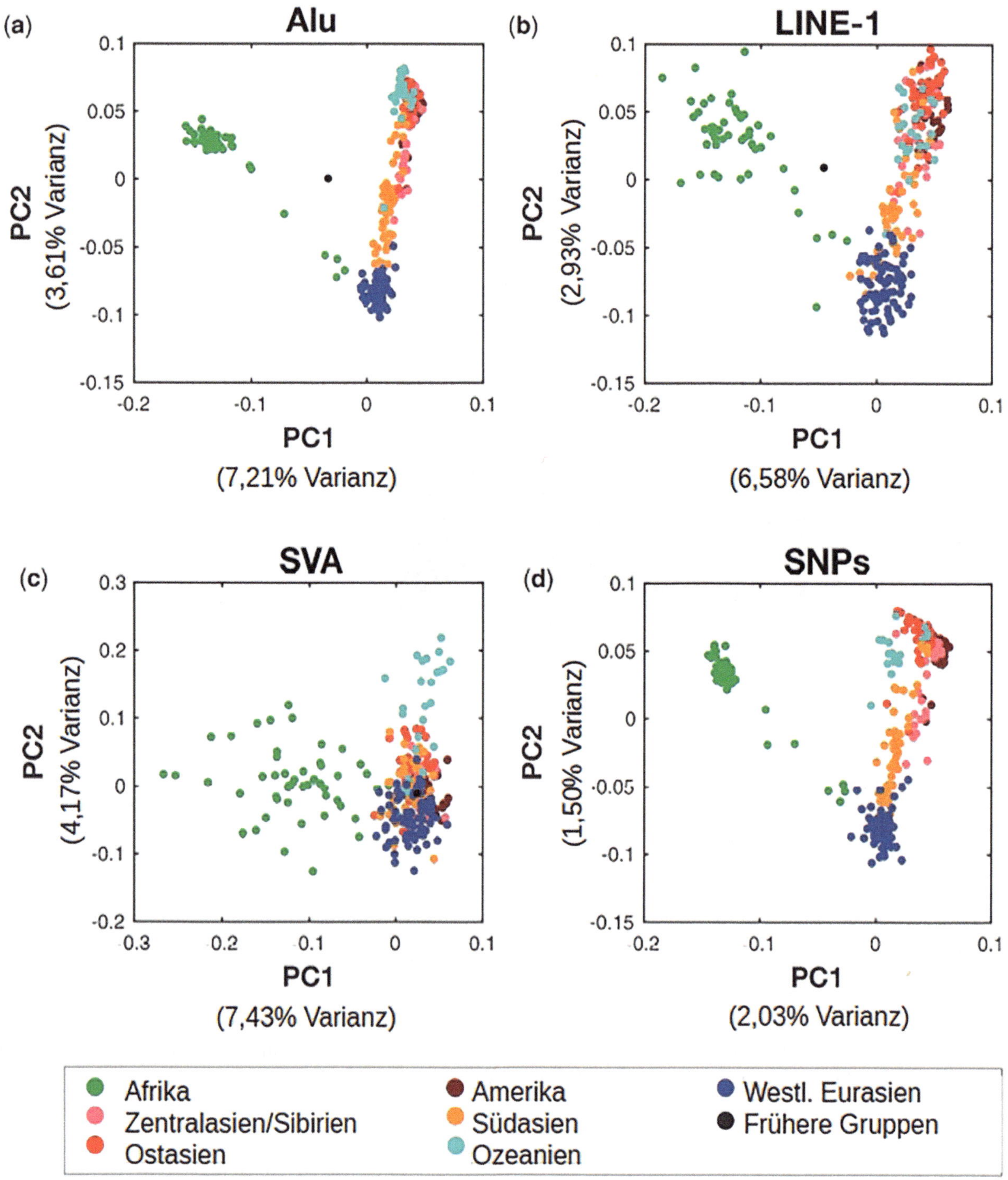

Abb. 1.7 Genetische Beziehungen zwischen Individuen basierend auf polymorphen Insertionen mobiler Elemente der Alu- und Line-1-Familien sowie von zusammengesetzten Insertionen aus SINE, VNTR und Alu-Sequenzen (SVA-Insertionen). Mit der Hauptkomponentenanalyse wird der genetische Abstand zwischen 296 Individuen aus sieben verschiedenen Populationen der Welt und früheren Gruppen sichtbar gemacht. Die Punkte sind farbcodiert für die sieben Hauptpopulationen im Rahmen des *Simons Genome Diversity Project*. **a** Neue Alu-Marker (n = 2561) trennen afrikanische Populationen und solche außerhalb Afrikas entlang der Hauptkomponente 1; die Populationen außerhalb Afrikas sind entlang der Hauptkomponente 2 verteilt. Ein hypothetisches Ur-Individuum ohne Alu-Elemente ist zentral lokalisiert. **b** Neue Line-1-Insertionen (n = 310) ergeben ähnliche genetische Abstände wie die Alu-Elemente, aber innerhalb der afrikanischen Populationen gibt es eine deutlich größere Streuung. **c** Die genetischen Beziehungen basierend auf der Basis von polymorphen SVA-Insertionen ist weniger stark strukturiert als bei den polymorphen Alu- und Line-1-Insertionen. Das kann an der vergleichsweise niedrigen Zahl (65) dieser Marker liegen. **d** Die genetischen Beziehungen zwischen den Individuen auf der Basis von SNPs (n = 347.532; CpG-Stellen ausgenommen) sind nahezu deckungsgleich mit denen auf der Basis der polymorphen Alu- und Line-1-Insertionen. Alle untersuchten Stellen schließen Allele mit einer Häufigkeit von 2 % ein. (Nach Watkins et al. 2020; CC-by 4.0, ► http://creativecommons.org/licenses/by/4.0)

Tab. 1.2 Humane Genomdatenbanken

Referenzgenom GRCh38	▶ https://www.ncbi.nlm.nih.gov/datasets/genome/GCF_000001405.40/
	▶ https://www.ensembl.org/Homo_sapiens/Info/Index
SNP-Datenbank	▶ https://www.ncbi.nlm.nih.gov/snp/
Variationen mit möglicherweise klinischer Relevanz	▶ https://www.ncbi.nlm.nih.gov/clinvar/ ▶ https://gnomad.broadinstitute.org/
Datenbank struktureller Variation	▶ https://www.ncbi.nlm.nih.gov/dbvar/ ▶ http://dgv.tcag.ca/dgv/app/home?ref=GRCh38/hg38

(Links zuletzt überprüft am 20.2.2026)

nen Varianten in einer Grafik darzustellen und dabei den besten Pfad durch das Genom zu finden. Ein Vorteil dieser grafischen Darstellung ist die Möglichkeit, auch verschachtelte Variationen zu zeigen, z. B. SNPs innerhalb von Insertionen, oder mehrfache Variationen einer Insertion, die einige Regionen gemeinsam haben, aber andere nicht. Beispiele dazu zeigt Abb. 1.8 (Sherman und Salzberg 2020).

Ein klarer Vorteil einer Pangenom-Analyse des Menschen besteht darin, Varianten zu entdecken, die in einem einzelnen Referenzgenom fehlen. Diese neuen Varianten können dann mit Phänotypen verknüpft werden, die vorteilhafte oder schädliche Eigenschaften aufweisen. So ist beispielsweise jede längere Sequenz, die in der Referenzsequenz GRCh38 fehlt, für die meisten Analyse-Programme unsichtbar, und zwar unabhängig davon, wie viele Individuen sequenziert wurden, denn jede Sequenz, die dieses Fragment enthält, kann nicht an das Referenzgenom angepasst werden. Wenn ein solches Fragment eine Variante enthält, die eine Krankheit verursachen oder verhindern kann, dann wird diese Variante solange unerkannt bleiben, bis diese Sequenz in die Analyse einbezogen wird. Ein Beispiel dazu gibt Abb. 1.9. Eine Veranschaulichung dieses Punkts zeigte das isländische Humansequenzierungsprojekt: hier trat bei der Untersuchung von über 15.000 isländischen Individuen eine Insertion von 766 bp auf, die eine hohe Allelfrequenz von 65 % aufweist. Die Anwesenheit der Insertion korreliert signifikant mit einem verminderten Risiko für Herzinfarkt (Sherman und Salzberg 2020).

Im Mai 2023 wurde vom ***Human Pangenome Reference Consortium*** ein erster Entwurf eines menschlichen Pangenoms vorgestellt (Liao et al. 2023). Es basiert auf 47 diploiden Genomen von genetisch verschiedenen Individuen. Gegenüber der aktuellen humanen Referenzsequenz enthält dieser Datensatz zusätzlich 119 Mio. Basenpaare an polymorphen euchromatischen Sequenzen und 1115 Genduplikationen (Beispiele für Datensätze findet man unter ▶ https://humanpangenome.org/data/). Wenn der Entwurf für die humane

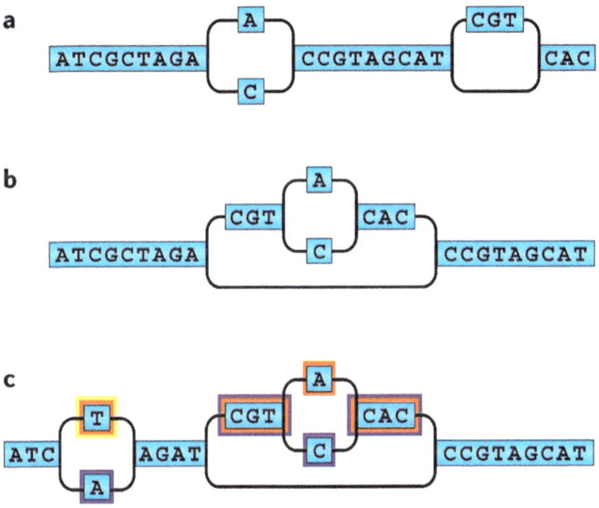

Abb. 1.8 Grafische Darstellung von Pangenomen. **a** Ein SNP oder Insertionen/Deletionen können als unterschiedliche Pfade (schwarze Linien) durch das Genom dargestellt werden. Computerprogramme können für eine Sequenzierung bestimmen, welcher Pfad die beste Übereinstimmung ergibt. **b** Verschachtelte Variationen können grafisch dargestellt werden. Hier zeigen Sequenzierungen eine Insertion und andere nicht; sie können grafisch ohne Fehlpaarung dargestellt werden. Sequenzierungen mit der Insertion können auf der Basis des A/C-SNPs an einen der beiden Pfade angepasst werden und ergeben so weniger Fehlpaarungen. **c** Um bei der Anpassung der Sequenzen ein Durchlesen zu vermeiden, das nicht jedes Individuum repräsentiert, kann ein Farbcode verwendet werden, der jede Population bzw. jedes Individuum repräsentiert (hier: *gelb*, *orange* und *violett*). Segmente ohne Farbe entsprechen allen Farben, da sie auf allen Pfaden durchgangen werden müssen. In dieser Grafik wäre ein Pfad verboten, der die Base A an der ersten SNP-Position, die Insertion, und ein A als SNP in der Insertion enthält, da die Farben nicht übereinstimmen: Der erste A-SNP ist nur in *violett*, und der zweite ist nur in *orange*. (Nach Sherman und Salzberg, 2020, Springer Nature)

Pangenom-Sequenz bei der Analyse von kleinen Varianten angewendet wird, sinkt die Fehlerrate um 34 % und die Erfassung struktureller Varianten verdoppelt sich.

Aufgrund der bisherigen Daten des humanen Pangenoms erscheinen auch Genkonversionen zwischen

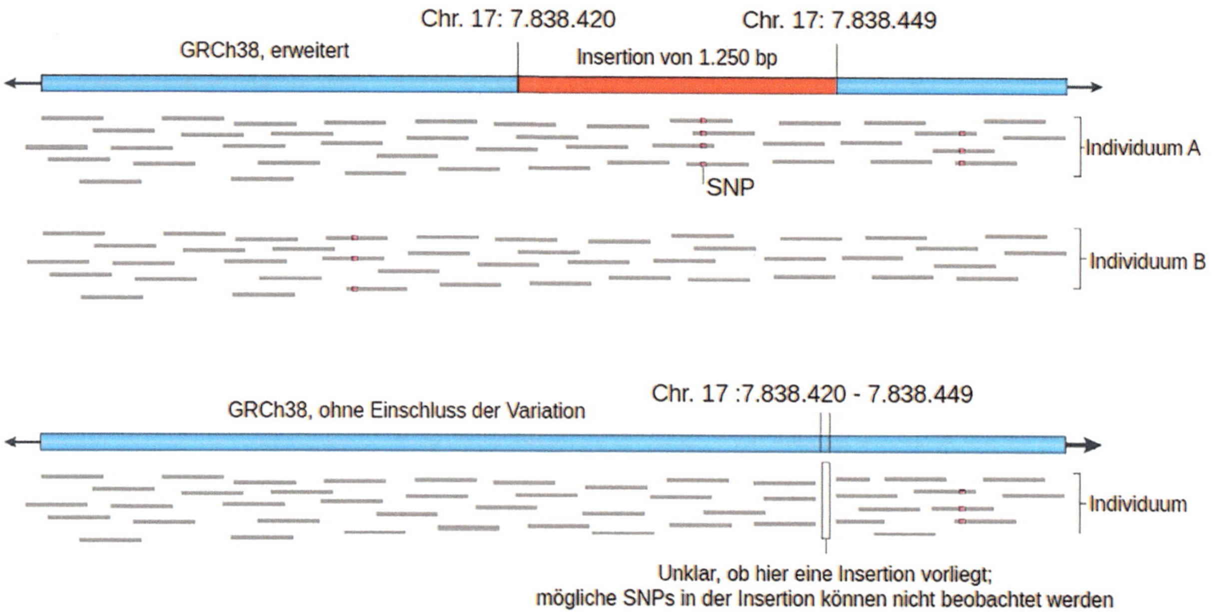

Abb. 1.9 Entdeckung einer Variante durch eine Pangenom-Referenz-Sequenz. Wenn die Referenz-Sequenz durch eine bekannte Insertionssequenz ergänzt wird, werden Sequenzierungen von Individuen, die diese Insertion tragen, zu dieser Sequenz passen. Diese 1250 bp-Insertion auf dem Chromosom 17 liegt innerhalb des *KDM6B*-Gens (kodiert für die Lysin-Demethylase 6B) und wurde in mehreren Untersuchungen nachgewiesen. Wenn diese Insertion in das Pangenom integriert wird, passen Sequenzen von Individuen sich an diese Region an und ermöglichen dann auch den Nachweis eines SNPs. *Oben*: Hier kann ein SNP nachgewiesen werden, der im Individuum A vorhanden ist, aber nicht im Individuum B. *Unten*: hier ist die Insertion nicht ins Referenzgenom integriert, und so kann ein möglicher SNP nicht identifiziert werden. (Nach Sherman und Salzberg 2020, Springer Nature)

verschiedenen Genorten in segmentalen Duplikationen weiter verbreitet als das ursprünglich angenommen wurde, und zwar in mehr als 32.000 Regionen, die knapp 800 Protein-codierende Gene betreffen. Diese Genkonversions-Ereignisse sind durchschnittlich 6,26 Kb lang; die „Top-10" sind größer als 14,4 Kb. Die Auswirkungen dieser Umlagerungen auf die Genregulation ist noch unbekannt (Vollger et al. 2023).

Ausgedehnte segmentale Duplikationen, einschließlich der Wiederholungseinheiten der ribosomalen DNA, finden sich auf den kurzen Armen der akrozentrischen Chromosomen 13, 14, 15, 21 und 22 innerhalb langer homologer Regionen. Im Rahmen der Analysen des Entwurfs des menschlichen Pangenoms zeigte sich, dass diese akrozentrischen Chromosomen pseudohomologe Regionen enthalten, die Rekombinationsereignisse zwischen nicht-homologen Sequenzen ermöglichen. Diese pseudo-homologe Regionen enthalten auch Sequenzen, von denen man weiß, dass sie an Bruchpunkten von Robertson'schen Translokationen liegen, und ihr Arrangement stimmt mit Rekombinationssignalen in invertierten Duplikationen auf den Chromosomen 13, 14 und 21 überein. Die Häufigkeit, mit der man diese Rekombinationssignale zwischen heterologen akrozentrischen Chromosomen im Entwurf des humanen Pangenoms findet, lässt vermuten, dass diese gemeinsamen Sequenzen die Grundlage für wiederholt auftretende Robertson'schen Translokationen bilden und damit eine sequenz- und populationsgenetische Bestätigung einer Hypothese darstellen, die vor über 50 Jahren aufgrund cytogenetischer Befunde formuliert wurde (Guarracino et al. 2023).

Wie oben schon erwähnt, konnte erst kürzlich das menschliche Y-Chromosom vollständig sequenziert werden (Rhie et al. 2023). Die besonderen Schwierigkeiten liegen in den langen Palindromen, den Wiederholungseinheiten und segmentalen Duplikationen. Diese Vielfältigkeit zeigt sich auch bei den Bemühungen um das humane Pangenom. Abb. 1.10 gibt ein Beispiel für diese Vielfalt, die vor allem α-Satelliten (DYZ3-Array) in der Zentromer-Region und die amplikonischen Sequenzen auf dem langen Arm des Y-Chromosoms betreffen. Hier treten auch in großem Maß Inversionen auf. Die Hälfte der männlich-spezifischen euchromatischen Region enthält große Inversionen mit einer Wiederholungsrate, die mehr als doppelt so hoch ist wie in allen anderen Chromosomen. Die amplikonischen Sequenzen, die mit diesen Inversionen zusammenhängen, zeigen unterschiedliche Mutationsraten, die vom Kontext der Sequenzen abhängig sind (Hallast et al. 2023).

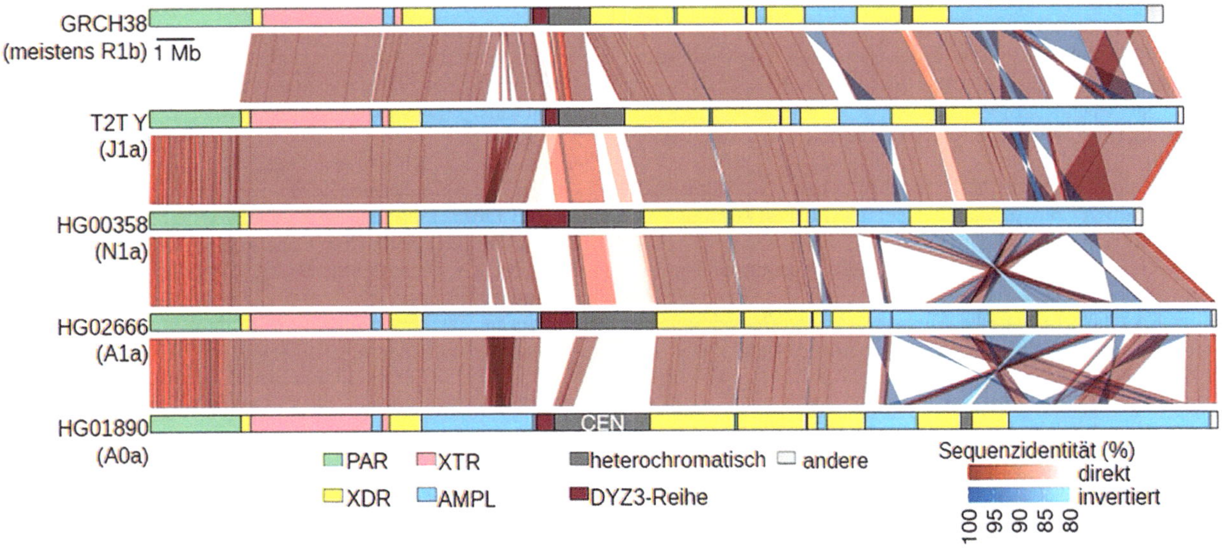

Abb. 1.10 Vergleich von drei durchgehend sequenzierten Y-Chromosomen (HG mit Probennummern) mit der Referenzsequenz GRCh38 und der Referenzsequenz des Telomer-zu-Telomer-Konsortiums (T2T-Y; ohne Yq12 und die pseudoautosomale Region 2). Die Y-chromosomale Haplogruppen sind angegeben: R1b ist häufig bei Menschen mit westeuropäischen Vorfahren; J1a ist eine seltene Haplogruppe, die bei aschkenasischen Juden und Europäern vorkommt; N1a kommt in Skandinavien und Sibirien häufig vor; A1a und A0b sind afrikanischen Ursprungs. Die Segmente sind farbcodiert; PAR: pseudoautosomale Region 1; XDR: Überreste der ursprünglichen Autosomen, aus denen sich die X- und Y-Chromosomen entwickelt haben (~8,6 Mb; engl. *X-degenerate region*); XTR: vom X-Chromosom transponierte Region (~3,6 Mb; engl. *X-transposed region*); AMP: amplikonische Sequenzen (~9,9 Mb); DYZ3: α-Satellitensequenzen der Zentromer-Region des Y-Chromosoms. Zur Evolution und Nomenklatur der Haplogruppen des menschlichen Y-Chromosoms siehe Box 3.2. (Nach Hallast et al. 2023; Springer Nature)

Am Schluss dieses Kapitel sei allerdings darauf hingewiesen, dass die Variabilität des menschlichen Genoms begrenzt ist. Nicht alle Varianten sind neutral oder positiv wie die Lactase-Persistenz – viele haben auch negative Auswirkungen und verursachen Krankheiten, manche davon sind tödlich. Die **Mukoviszidose** (auch zystische Fibrose genannt) wird meistens durch eine kleine Deletion von 3 bp im *CFTR*-Gen verursacht, das für ein Membranprotein kodiert (engl.: *cystic fibrosis transmembrane conductance regulator*). Die Mukoviszidose ist eine rezessive Erkrankung mit einer Heterozygotenhäufigkeit von ~4 %. Diese Deletion ist vermutlich zur Zeit des Neolithikums in Dänemark/Nordeuropa entstanden; die Häufigkeit nimmt von Nord nach Süd in einem Gradienten ab. Die **Hämophilie A (Bluterkrankheit)** kommt unter Männern mit einer Häufigkeit von ~1:5000 vor und wird häufig durch eine große Inversion auf dem X-Chromosom im *F8*-Gen hervorgerufen, das für den Blutgerinnungsfaktor 8 kodiert. Im Gegensatz zu diesen monogenen Erkrankungen, die den Mendel'schen Gesetzen gehorchen, werden aber viele Krankheiten durch Kombinationen von Mutationen in mehreren Genen hervorgerufen – diese komplexen Erkrankungen sind entsprechend schwierig zu erkennen. Solche Aspekte werden im Detail in einschlägigen Lehrbüchern der Humangenetik behandelt und werden deshalb hier nicht weiter vertieft.

! Das humane Pangenom versucht, alle Polymorphismen menschlicher Genome darzustellen, denn bisher werden bei der Suche in entsprechenden Referenzgenomen größere Insertionen nicht gefunden. Man beachte, dass auch manche häufigen Polymorphismen negative Wirkungen haben.

Literatur

Almarri MA, Bergström A, Prado-Martinez J et al (2020) Population structure, stratification, and introgression of human structural variation. Cell 182:189–199

Auton A, Brooks LD, Durbin RM et al (2015) A global reference for human genetic variation. Nature 526:68–74

Baur E, Fischer E, Lenz F (1921) Grundriß der menschlichen Erblichkeitslehre und Rassenhygiene. Lehmann, München

Bergström A, McCarthy SA, Hui R et al (2020) Insights into human genetic variation and population history from 929 diverse genomes. Science 367:eaay5012

Capra GF (1533) L'Anthropologia. Nelle case delli heredi d'Aldo Romano, et d'Andrea d'Asola, Venice

Cavalli-Sforza LL (2005) The human genome diversity project: past, present and future. Nat Rev Genet 6:333–340

Cavalli-Sforza LL, Wilson AC, Cantor CR et al (1991) Call for a worldwide survey of human genetic diversity: a vanishing opportunity for the Human Genome Project. Genomics 11:490–491

Chen Y, Allison O, Green HL et al (2022) Maturational trajectory of fusiform gyrus neural activity when viewing faces: from 4 months to 4 years old. Front Hum Neurosci 16:917851

Fischer MS, Krause J (2023) Human populations are not biologically and genetically discrete. Br J Psychol 114(Suppl 1):14–16
Guarracino A, Buonaiuto S, de Lima LG et al (2023) Recombination between heterologous human acrocentric chromosomes. Nature 617:335–343
Haeckel E (1873) Natürliche Schöpfungsgeschichte, 4. Aufl. Reimer, Berlin
Hallast P, Ebert P, Loftus M et al (2023) Assembly of 43 human Y chromosomes reveals extensive complexity and variation. Nature 621:355–364
Haspel RL, Schneider WH, Vege S (2023) Blood group serology and „race": looking back to move forward. Transfus Med Rev 37:150749
Holzer LA (2020) Eugenik bei Montessori – Eine Betrachtung von Maria Montessoris Werk „Pädagogische Anthropologie" aus der Perspektive der Eugenik. Universität Salzburg, Salzburg
Hoßfeld U (2014) Institute, Geld, Intrigen: Rassenwahn in Thüringen, 1930 bis 1945. Landeszentrale für politische Bildung Thüringen, Erfurt
Hoßfeld U, Levit GS (2023) Ernst Haeckel und die Frage nach der Herkunft und dem Stammbaum des Menschengeschlechts. In: Porges K (Hrsg) Den Begriff „Rasse" überwinden. Die „Jenaer Erklärung" in der (Hoch-)Schulbildung. Verlag Julius Klinkhardt, Bad Heilbrunn, S 123–145
Hundt M (1501) Antropologium de hominis dignitate et natura. Wolfgang Stöckl, Leipzig
International Human Genome Sequencing Consortium (2004) Finishing the euchromatic sequence of the human genome. Nature 431:931–945
Jablonski NG (2021) Skin color and race. Am J Phys Anthropol 175:437–447
Kim BJ, Choi J, Kim SH (2023) On whole-genome demography of world's ethnic groups and individual genomic identity. Sci Rep 13:6316
Kohlhoff J, Cibralic S, Hawes DJ et al (2022) Oxytocin receptor gene (OXTR) polymorphisms and social, emotional and behavioral functioning in children and adolescents: a systematic narrative review. Neurosci Biobehav Rev 135:104573
Krasotkina A, Götz A, Höhle B et al (2020) Infants' gaze patterns for same-race and other-race faces, and the other-race effect. Brain Sci 10:331
Lander ES, Linton LM, Birren B et al (2001) Initial sequencing and analysis of the human genome. Nature 409:860–921
Levit GS, Hossfeld U (2020) Ernst Haeckel, Nikolai Miklucho-Maclay and the racial controversy over the Papuans. Front Zool 17:16
Liao WW, Asri M, Ebler J et al (2023) A draft human pangenome reference. Nature 617:312–324
Mallick S, Li H, Lipson M et al (2016) The Simons genome diversity project: 300 genomes from 142 diverse populations. Nature 538:201–206
Marks J (2012) Why be against Darwin? Creationism, racism, and the roots of anthropology. Am J Phys Anthropol 149(Suppl 55):95–104
Neoh MJY, Setoh P, Bizzego A et al (2022) Gene-environment interactions in face categorization: oxytocin receptor genotype x childcare experience shortens reaction time. Front Psychol 13:873676
Nurk S, Koren S, Rhie A et al (2022) The complete sequence of a human genome. Science 376:44–53
Reilly PR (2015) Eugenics and involuntary sterilization: 1907-2015. Annu Rev Genomics Hum Genet 16:351–368
Rhie A, Nurk S, Cechova M et al (2023) The complete sequence of a human Y chromosome. Nature 621:344–354
Rutherford A (2021) Race, eugenics, and the canceling of great scientists. Am J Phys Anthropol 175:448–452
Santing C (2020) Early anthropological interest: Magnus Hundt's and Galeazzo Capra's quest for humanity. Hist Anthropol 31:462–490
Sherman RM, Salzberg SL (2020) Pan-genomics in the human genome era. Nat Rev Genet 21:243–254
Stelter M, Schweinberger SR (2023) Understanding the mechanisms underlying the other-‚race' effect: an attempt at integrating different perspectives. Br J Psychol 114(Suppl 1):1–9
Sudmant PH, Rausch T, Gardner EJ et al (2015) An integrated map of structural variation in 2,504 human genomes. Nature 526:75–81
The International HapMap 3 Consortium (2010) Integrating common and rare genetic variation in diverse human populations. Nature 467:52–58
The International HapMap Consortium (2003) The international HapMap project. Nature 426:789–796
The International HapMap Consortium (2005) A haplotype map of the human genome. Nature 437:1299–1320
Timeo S, Farroni T, Maass A (2017) Race and color: two sides of one story? Development of biases in categorical perception. Child Dev 88:83–102
Venter JC, Adams MD, Myers EW et al (2001) The sequence of the human genome. Science 291:1304–1351
Vollger MR, Dishuck PC, Harvey WT et al (2023) Increased mutation and gene conversion within human segmental duplications. Nature 617:325–334
Watkins WS, Feusier JE, Thomas J et al (2020) The Simons genome diversity project: a global analysis of mobile element diversity. Genome Biol Evol 12:779–794
Wei W, Schon KR, Elgar G et al (2022) Nuclear-embedded mitochondrial DNA sequences in 66,083 human genomes. Nature 611:105–114
Wong HK, Keeble DRT, Stephen ID (2023) Do they ‚look' different(ly)? Dynamic face recognition in Malaysians: Chinese, Malays and Indians compared. Br J Psychol 114(Suppl 1):134–149

Woher wir kommen

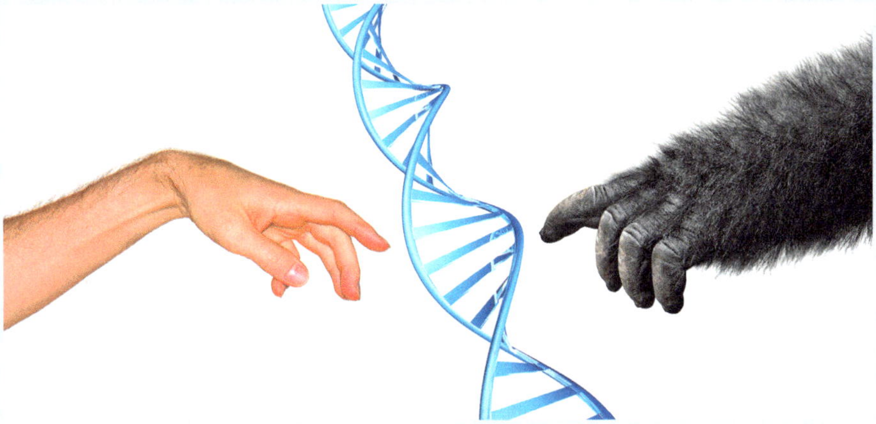

Der Mensch – ein nackter Affe? Ein wesentlicher Unterschied zwischen Menschen und Affen ist der weitgehende Verlust der Körperbehaarung. Die Genetik zeigt wesentliche Unterschiede zwischen Menschen und Affen auf (© Kagenmi/iStock/Getty Images Plus).

Inhaltsverzeichnis

2.1 Evolution der Primaten – 20

2.2 Genetische Unterschiede zwischen Schimpansen und Menschen – 21

2.2.1 Das menschliche Chromosom 2 – 22

2.2.2 Das Y-Chromosom – 25

2.2.3 Weitere humanspezifische Veränderungen im Genom – 29

2.3 Die Evolution der frühen Menschen – 38

2.4 Von *Australopithecus afarensis* bis *Homo erectus* – 44

2.5 Neandertaler und Denisova-Menschen – 46

Literatur – 52

J. Graw, *Genetische Anthropologie*, https://doi.org/10.1007/978-3-662-72246-6_2

Überblick

Die Menschen bilden mit Gorillas, Schimpansen und Orang-Utans die Familie der Menschenaffen (Hominiden) innerhalb der Primaten. Die nächsten Verwandten des Menschen in dieser Familie sind die Schimpansen; die entwicklungsgeschichtlichen Wege trennten sich vor etwa 5,7–10 Mio. Jahren. Auf genetischer Ebene ist dabei besonders bedeutsam, dass 2 akrozentrische Chromosomen der Schimpansen fusionierten und heute das große metazentrische Chromosom 2 der Menschen bilden. Auf cytogenetischer Ebene ist weiterhin auffällig, dass das menschliche Y-Chromosom fast doppelt so groß ist wie das der Schimpansen, obwohl es weniger Gene enthält. Daneben gibt es in vielen Chromosomen Inversionen, Deletionen, und Insertionen, die Unterschiede zu den Schimpansen markieren und so insgesamt eine genetische Speziesgrenze begründen. Besonders interessant sind solche Regionen, in denen das menschliche Genom sich besonders schnell verändert hat. Oft sind dies Regionen, die regulatorische Funktionen haben und mit der Größenentwicklung des Gehirns und der Entwicklung des Immunsystems in Verbindung stehen. Wir sehen auch in einer Reihe von Protein-codierenden Genen humanspezifische Mutationen, die einen ähnlichen Funktionsbereich abdecken.

Die Trennung der menschlichen Entwicklungslinie von den Entwicklungslinien der Affen erfolgte über einen langen Zeitraum. Aufgrund „unvollständiger Sortierung" dieser Abstammungslinien haben Menschen gemeinsame Allele mit Gorillas und Schimpansen. Die ersten Vorfahren der Menschen wurden in Afrika gefunden. Die Gattung Homo wurde zuerst mit einem Unterkiefer-Fund Äthiopien beschrieben, dessen Alter auf etwa 2,8 Mio. Jahren geschätzt wird. Ähnliches gilt für eine Unterkiefer-Zahnreihe, die in Kenia gefunden wurde. Es erscheint als sehr wahrscheinlich, dass sich frühe Formen der Gattung *Homo* aus *Australopithecus afarensis* entwickelt haben. Die menschlichen Funde aus dieser Zeit sind selten, und Sequenzierungen der DNA aus solch alten Knochen ist bis jetzt nicht möglich, so dass wir über die genetischen Veränderungen in diesem langen Prozess der Menschwerdung nichts sagen können. Wir wissen aber aus archäologischen Funden, dass der *Homo erectus* sich schon weit über Afrika hinaus ausgebreitet hat, vor allem auch nach Europa und Asien. Genome der Neandertaler, wahrscheinlich eine Seitenlinie des *Homo erectus* in Europa, sind sequenziert; aufgrund von Sequenzdaten wurde eine Geschwisterlinie der Neandertaler in Sibirien identifiziert und definiert: die Denisova-Menschen. Die Neandertaler und Denisova-Menschen sind vor ~40.000 Jahren ausgestorben – wahrscheinlich aufgrund einer zu geringen effektiven Populationsgröße und einer zu geringen genetischen Heterogenität.

2.1 Evolution der Primaten

Seit dem 18. Jahrhundert (Carl von **Linné**) wird der Mensch der zoologischen Ordnung der Primaten zugerechnet (von Linné, 1735). Unsere nächsten Verwandten sind dabei die Großen Menschenaffen (*Hominidae*), also Gorilla (*Gorilla*), Orang-Utan (*Pongo*) und Schimpansen (*Pan*). Während die Affen in ihrem Lebensraum heute nur noch auf wenige kleine Regionen beschränkt sind (mittleres Afrika für Gorillas, Schimpansen und Bonobos; Borneo und Sumatra für Orang-Utans), haben sich die Menschen über die ganze Welt ausgebreitet. Wir Menschen unterscheiden uns von Affen durch eine Vielzahl von Eigenschaften – dazu gehören vor allem die Größe des Gehirns und damit verbundene kognitive Fähigkeiten, Sprache und entwickelte und stabile Sozialsysteme, sowie der intensive Gebrauch von Werkzeugen. Ein weiterer wichtiger Unterschied zu Schimpansen sind veränderte Lebenslaufparameter (z. B. verlängerte Kindheits- und Jugendphase). Weiterhin gehören zu den besonderen menschlichen Merkmalen charakteristische Formen des Gesichtsschädels, Bipedie mit damit verbundenen Veränderungen des Skeletts einschließlich des Verlustes des Schwanzes, eine weitgehend haarlose Haut, Verlust der Pigmentierung der Sclera (Lederhaut), und ein (im Verhältnis zum Dickdarm) verlängerter Dünndarm (Pollen et al. 2023).

Das menschliche Genom wurde in seinem ersten Entwurf im Jahr 2001 publiziert und immer weiter verfeinert; die wissenschaftlichen Bemühungen um das menschliche Pangenom auf der Basis des Telomer-zu-Telomer-Consortiums haben wir im ► Abschn. 1.4 bereits diskutiert. Im Rahmen vieler internationaler DNA-Sequenzierungsprojekte in den folgenden Jahren konnten auch die Genome der Menschenaffen vollständig entschlüsselt werden (Yoo et al. 2025). Durch Sequenzvergleiche lassen sich die jeweils letzten gemeinsamen Vorfahren errechnen. In frühen Veröffentlichungen (Pääbo 2003) wurde angenommen, dass sich die Entwicklung der Menschen von der Entwicklung der Schimpansen vor etwa 4–6 Mio. Jahren getrennt hat; allerdings ist diese Abschätzung nicht vereinbar mit solchen fossilen Daten, die einerseits der menschlichen Linie zugerechnet werden, aber andererseits älter als 6 Mio. Jahre sind. Dazu kommt, dass mit der starken Zunahme von Sequenzdaten auch innerhalb der verschiedenen Affenspezies deutlich wurde, dass die Mutationsraten der Primaten nicht gleich und auch nicht konstant sind, sondern in evolutionären Zeiträumen variieren. So ist die Mutationsrate bei Schimpansen um 2 % und bei Gorillas 7 % höher als bei Menschen (Moorjani et al. 2016; Scally 2016). Außerdem unterscheiden sich auch die Generationszeiten. Damit müssen unterschiedliche Laufzeiten der evolutionären Uhr einberechnet werden. Unter Berücksichtigung dieser Aspekte zeigen neuere Daten deutlich frühere Aufspaltungszeiträume zwischen den Schimpansen und den Menschen, nämlich ein Zeitrahmen vor 5,7–10 Mio. Jahren; die Trennung der Bonobos und den Schimpansen erfolgte demnach vor 1,7–2,1 Mio. Jahren. Die Gorillas haben sich von der Linie der Menschen und Schimpansen vor etwa 7,2–11,2 Mio. Jahren getrennt, die Orang-Utans vor 16,2–18,1 Mio. Jahren und die Gibbons vor 18–20 Mio. Jahren. Dieser evolutionäre Rahmen ist in Abb. 2.1 schematisch dargestellt.

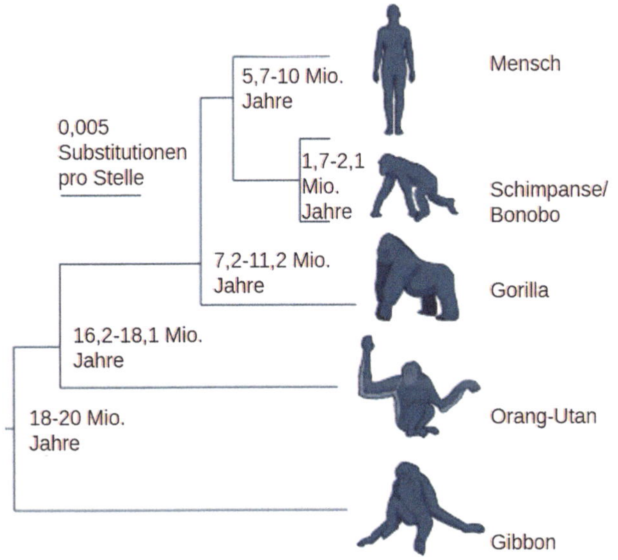

Abb. 2.1 Gemeinsamer Stammbaum des Menschen und der großen Affen. Der gemeinsame Stammbaum der Evolution von großen Affen und Menschen zeigt auch den ungefähren Zeitrahmen an, ab wann von einer getrennten Entwicklung der verschiedenen Spezies ausgegangen werden kann. In den vergangenen ~20 Mio. Jahren hat sich die Linie der Affen mehrfach verzweigt und begründete so die Entstehung der heutigen Gibbons, Orang-Utans, Gorillas, Schimpansen/Bonobos und Menschen. Die Phylogenie der großen Affen ist mit ihren Verzweigungspunkten dargestellt, die auf Substitutionen pro Stelle normiert sind; die Abschätzungen der Divergenzzeit sind angegeben. (Nach Pollen et al. 2023, Springer Nature)

Die meisten genetischen Unterschiede zwischen Menschen und den Großen Affen sind in den nichtcodierenden Regionen des Genoms lokalisiert, und nur ein kleinerer Teil führt zu Veränderungen in der Aminosäuresequenz von Proteinen. Die auffälligsten Unterschiede in unserem Genom betreffen chromosomale Veränderungen (siehe ▶ Abschn. 2.2), Inversionen, Insertionen und Deletionen – sie betreffen ~3 % des Genoms.

Auch wenn sich die Entwicklungslinie der Menschen zuletzt von den Schimpansen getrennt hat, so zeigen die Genome der Großen Affen allerdings eine unvollständige Sortierung der Abstammungslinien (engl. *incomplete lineage sorting*) und Vermischung unter den Hominiden (Abb.2.2). So weisen ~64 % des menschlichen Genoms eine engere Verwandtschaft mit den Schimpansen als mit Gorillas auf, aber ~17 % des menschlichen Genoms sind näher mit den Gorillas verwandt und bei ~18 % des menschlichen Genoms kann man keinen Unterschied in den Verwandtschaftsbeziehungen feststellen. Die entsprechenden Bereiche mit einer unvollständigen Sortierung der Abstammungslinien sind aber nicht zufällig verteilt, sondern sind in Gruppen lokalisiert, die offensichtlich evolutionär von Vorteil waren. Die meisten betreffen das Immunsystem und den Stofftransport.

! Der Mensch gehört zur Familie der Menschenaffen; seine Entwicklungslinie trennte sich von der Entwicklungslinie der Schimpansen vor 5,7–10 Mio. Jahren und von der Entwicklungslinie der Gorillas vor 7,2–11,2 Mio. Jahren.

2.2 Genetische Unterschiede zwischen Schimpansen und Menschen

In den 5,7–10 Mio. Jahren der getrennten Entwicklung von Menschen und Schimpansen haben sich eine Reihe genetischer Unterschiede herausgebildet. Auf cytogenetischer Ebene sticht das menschliche Chromosom 2 heraus, das durch die Fusion zweier akrozentrischer Chromosomen entstanden ist, die bei allen Menschenaffen noch in dieser Form vorhanden sind. Wir werden also zunächst diese Fusion betrachten, die zu dem menschlichen Chromosom 2 geführt haben. Wir werden uns dann der getrennten Entwicklung des männlichen Y-Chromosoms zuwenden, um dann im letzten Abschnitt weitere genetische Unterschiede im Genom zu diskutieren.

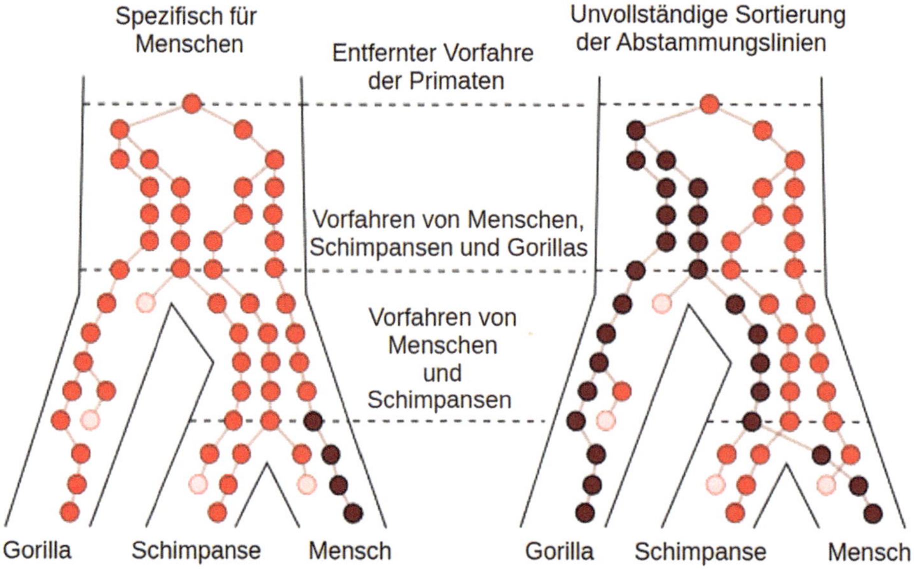

Abb. 2.2 Mögliche Szenarien zur Trennung der Entwicklungslinien von Gorillas, Schimpansen und Menschen. *Links:* Humanspezifische Allele (*dunkelrot*) haben sich erst nach der Trennung der menschlichen Entwicklungslinie und der Entwicklungslinie der Schimpansen (*rot*; *hellrot*: ausgestorben) entwickelt. *Rechts:* Aufgrund unvollständiger Sortierung der Abstammungslinien haben Menschen gemeinsame Allele (*dunkelrot*) mit Gorillas und Schimpansen (*rot*; *hellrot*: ausgestorben). Das bedeutet, dass einige der beobachteten Unterschiede, die wir in menschlichen Populationen beobachten, nicht erst nach der Trennung von den Schimpansen entstanden sind, sondern einen wesentlich früheren Ursprung haben können. (Nach Pollen et al. 2023, mit freundlicher Genehmigung von Springer Nature)

2.2.1 Das menschliche Chromosom 2

Unter genetischen Gesichtspunkten ist zunächst hervorzuheben, dass sich der Chromosomensatz des Menschen von denen aller Menschenaffen unterscheidet: der Mensch besitzt einen Karyotyp mit 2n = 46, wohingegen alle Menschenaffen einen Karyotyp von 2n = 48 haben. Die Ursache dafür ist, dass in der Evolution des Menschen zwei akrozentrische Chromosomen der Affen (die Chromosomen 12 und 13 der Schimpansen) an den beiden Enden der sehr kurzen Arme so miteinander verschmolzen sind (zentrische Fusion oder auch Robertson'sche Translokation), dass sie jetzt das große metazentrische Chromosom 2 des Menschen bilden (Abb. 2.3).

Die ersten Hinweise zu dieser zentrischen Fusion zweier akrozentrischer Chromosomen stammen aus Vergleichen menschlicher Chromosomen und der von Schimpansen, Gorillas und Orang-Utans mit Hilfe der klassischen G-Bänderung (Yunis und Prakash 1982). Durch Fluoreszenz-*in-situ*-Hybridisierung (FISH) von Mikrobibliotheken des langen Arms des menschlichen Chromosoms 2 (2q) wurde später gezeigt, dass der lange Arm des menschlichen Chromosoms 2 dem vollständigen Chromosom 13 des Schimpansen und zusätzlich dem akrozentrischen Bereich des Chromosoms 12 der Schimpansen entspricht; der kurze Arm des menschlichen Chromosoms (2p) entspricht dem Rest des Chromosoms 12 der Schimpansen (Wienberg et al.

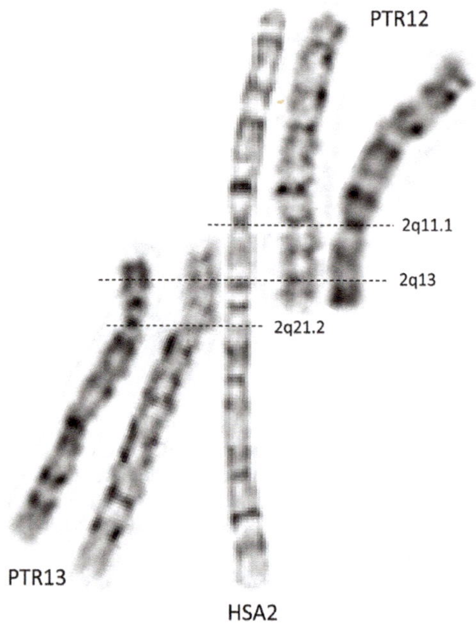

Abb. 2.3 Der Vergleich eines menschlichen metazentrischen Chromosoms 2 (HSA2) und der entsprechenden akrozentrischen Chromosomen eines Schimpansen (PTR12 und PTR13) (G-Bänderung) zeigt, dass wenige Megabasen der Subtelomer-Regionen der Schimpansen (hauptsächlich repetitive Satelliten-DNA) im menschlichen Genom fehlen. (Nach Stankiewicz 2016; CC-by 4.0, ▶ http://creativecommons.org/licenses/by/4.0)

1994) . Das Muster war bei Bonobos identisch und bei anderen Affen sehr ähnlich. Das Ergebnis zeigte darüber hinaus, dass der Bereich der Fusion der beiden akrozentrischen Chromosomen der Affen innerhalb des langen Arms des menschlichen Chromosoms 2 liegt, und zwar in der Nähe der Bande 2q13.

Der Bereich, in dem die Fusion der beiden ursprünglichen Chromosomen erfolgte, ist auch heute noch durch degenerierte Überreste der typischen Telomer-Sequenzen (GGGGTT) im menschlichen Chromosom 2 (2q13–q14.1) nachweisbar. Die Fusionsregion wird von segmentalen Duplikationen flankiert (größer als 1 kb); erstaunlicherweise finden sich verwandte Sequenzen auch an anderen Stellen im menschlichen Genom und in orthologen Regionen der Großen Affen. Man vermutet deshalb, dass diese segmentalen Duplikationen schon vor der Fusion zum menschlichen Chromosom 2 aufgetreten sind und wahrscheinlich die Fusion der ursprünglichen Chromosomen erleichtert haben. In der menschlichen Fusionsregion gibt es nur in Ausnahmefällen weitere Amplifikationen und Kopienzahl-Variationen. Im Gegensatz dazu finden sich in den Linien der Gorillas und Schimpansen im Bereich der subtelomeren Regionen der ursprünglichen Chromosomen gattungsspezifische Wiederholungen; bei Schimpansen erreicht eine solche Amplifikation die Größe von ~36 kb (Kehrer-Sawatzki und Cooper 2008). Eine Übersicht über die vermutete Evolution des Fusionsbereichs zum menschlichen Chromosom 2 gibt ◘ Abb. 2.4.

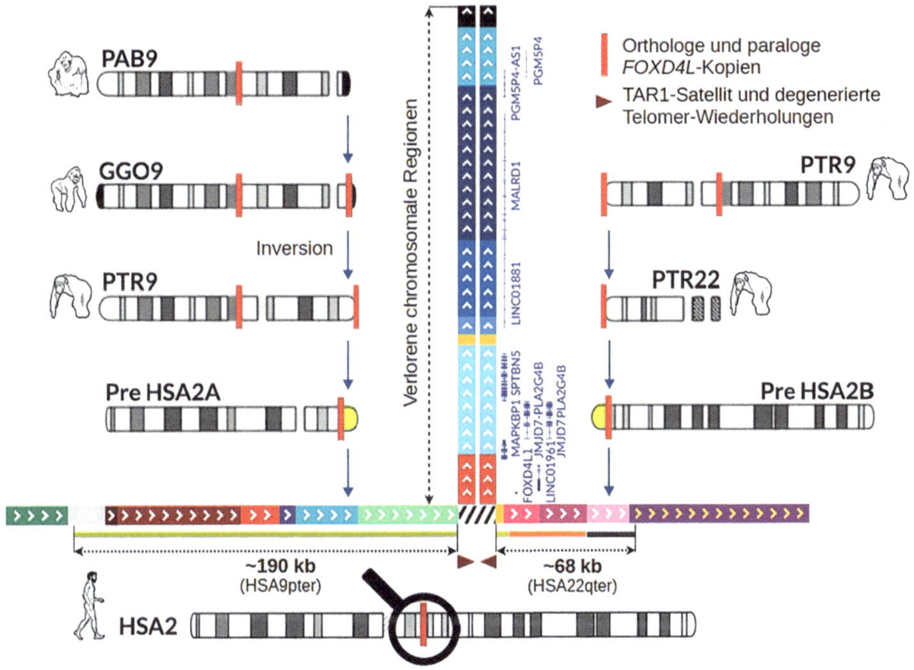

◘ **Abb. 2.4** Evolution des Fusionsbereichs des menschlichen Chromosoms 2q13. Der Fusionsbereich wird proximal von ~190 kb und ~68 kb von Sequenzen flankiert, die homolog sind zu segmentalen Duplikationen der menschlichen Chromosomen 9p24 und 22q13 (Sequenzidentität 98,9 % bzw. 97,8–99,1 %). Das größere Fragment enthält *FOXD4L1*, das für einen Transkriptionsfaktor codiert (*Forkhead Box D4 Like 1*; *rotes* Rechteck) und wahrscheinlich von einem ursprünglichen Genort abstammt, der dem menschlichen Chromosom 9q21 entspricht. Nachdem sich die gemeinsame Entwicklungslinie von Schimpansen und Menschen von der Linie der Gorillas getrennt hatte, wurde dieser Abschnitt nach einer Duplikation auf das Chromosom PTR2Ater transponiert. Beide Kopien flankieren die evolutionäre perizentrische Inversion in der Linie der menschlichen Genome und der Genome der Schimpansen. Vor der Trennung der Schimpansen- und Gorilla-Entwicklungslinie wurde offensichtlich auch ein Teil der PTR9pter-Kopie auf das Chromosom PTR22qter und später auf PTR2Bter kopiert. Die DNA-Zusammenstellung zeigt außerdem eine große Homologie (~190 kb) zwischen verlorenen Fragmenten (innerhalb der *gelben* Bande) der ursprünglichen Chromosomen 2Apter (PreHSA2A) und 2Bpter (PreHSA2B), die als Substrat für die Fehlpaarung während der Meiose gedient haben könnte. Die Fusion fand innerhalb von TAR1-Satelliten und degenerierten Telomer-Wiederholungseinheiten statt, die in beiden akrozentrischen Chromosomen 2A und 2B vor der Fusion vorhanden waren. Durch das Fusionsereignis sind wahrscheinlich zwei Kopien von sechs Protein-codierenden Genen (*FOXD4L1; JMJD7-PLA2G4B*: *Jumonji Domain containing 7-Phospholipase A2, group IVB*; *MAPKBP1*: *Mitogen-activated protein kinase binding protein 1; SPTBN5*: *Spectrin beta, non-erythrocytic 5*; *CBWD2*: *Cobalamin synthase W domain-containing protein 2*; *MALRD1: MAM and LDL receptor Class A domain containing 1*), einem Pseudogen (*PGM5P4*: *Phosphoglucomutase 5 pseudogene 4*) und drei langen, nicht-codierenden RNA-Gene (*lncRNAs*; *LINC01881. long intergenic non protein coding RNA 1881; LINC01961: long intergenic non-protein coding RNA 1961; PGM5P4-AS1*: *PGM5P4 antisense RNA 1*) verloren gegangen. GGO9: Chromosom 9 des Gorillas; PAB9: Chromosom 9 des Orang-Utans; HSA2: Chromosom 2 des Menschen; PREHSA2A/B: Chromosom 2A bzw. 2B vor der Fusion zum menschlichen Chromosom 2; PTR9, PTR22: Chromosom 9 bzw. 22 des Schimpansen; TAR1: *Telomere Associated Repeat 1*. (Nach Poszewiecka et al. 2023; CC-by 4.0, ▸ http://creativecommons.org/licenses/by/4.0)

In der Fusions-Region befinden sich innerhalb eines Abschnitts von 614 kb 11 Gene; einige davon sind Pseudogene und/oder Kopien, die noch an anderen Stellen des Genoms vorkommen. Die Gene *TIC* (*telomeric of interleukin 1 cluster,* auch als *PSD4*-Gen bezeichnet; engl. *Pleckstrin and Sec7 domain containing 4*) und *PAX8* (*paired box gene 8*) sind Einzelkopie-Gene, die im menschlichen Genom sonst nicht gefunden werden. Die aktiven Gene *CBDW* (*Cobalamin synthetase W domain*) und *FOXD4* (*forkhead box D4*) sind Bestandteil einer segmentalen Duplikation und kommen daher auch auf anderen Chromosomen vor (9pter, 9q13 und 9p11.2); das *PGM5*-Gen (Phosphoglucomutase 5) in der Fusionsregion ist dagegen verkürzt und nicht aktiv. Das *CHLR1*-Gen (*CHL1-related helicase gene 1*) ist ebenso verkürzt und daher nicht aktiv; es ist außerdem an mehreren Stellen im Genom vorhanden. Das *F379*-Gen wurde ursprünglich als ein Retina-spezifisches Gen mit mehreren Kopien im Genom beschrieben. Heute wissen wir, dass es zu einer Familie von Genen gehört, die für lange, nicht-codierende RNAs (lncRNA) codieren (*Fam138B*). Das *RPL23A*-Gen (ribosomales Protein L23A) der Fusionsregion auf dem Chromosom 2 ist eines von ~50 Pseudogenen dieser Genfamilie; das funktionelle Gen befindet sich auf Chromosom 17q11. Das Gen *SNRPA1* (*small nuclear ribonucleoprotein A*) ist ebenfalls ein Pseudogen. Das aktive Gen befindet sich auf Chromosom 15qter; man vermutet, dass das prozessierte Pseudogen durch eine Retrotransposition von Chromosom 15qter nach Chromosom 22qter entstanden ist, der dann eine segmentale Duplikation zwischen Chromosom 22 und dem Vorläufer des fusionierten Chromosoms 2 folgte.

Bei einer zentrischen Fusion zweier akrozentrischer Chromosomen entstehen zunächst zwei Zentromere innerhalb desselben Chromosoms – dieser Zustand eines dizentrischen Chromosoms ist grundsätzlich instabil. Diese Instabilität wird dadurch überwunden, dass eines der beiden Zentromere verloren geht oder epigenetisch inaktiviert wird. Dies ist deswegen wichtig, weil während der Mitose die Spindeln am Zentromer angreifen und dafür Sorge tragen, dass die Chromosomen korrekt auf die beiden Tochterzellen verteilt werden. Grundbestandteile aller Zentromerbereiche sind repetitive DNA-Elemente. Bei Primaten werden sie als α-Satelliten bezeichnet und sind beim Menschen in der monomeren Form 171 bp lang. Üblicherweise umfassen vollständige α-Satelliten des Menschen 250–5000 kb und repräsentieren damit etwa 10 % des gesamten menschlichen Genoms; die Muster sind dabei jeweils chromosomenspezifisch (Feliciello et al. 2020).

Die ursprüngliche Zentromer-Region im Bereich von 2q21 die zeichnet sich dagegen durch einen sehr kurzen α-Satellitenbereich aus – er umfasst nur 40 kb. Man geht daher davon aus, dass das Zentromer des ursprünglichen Affen-Chromosoms deletiert wurde. Das aktive Zentromer auf dem menschlichen Chromosom 2 zeigt dagegen chromosomenspezifische α-Satelliten von vielen Megabasen („*multimegabase array*"); es ist allerdings auch nicht identisch mit dem Zentromer des Schimpansen-Zentromers auf dem Chromosom 13. Dieses aktive Zentromer des menschlichen Chromosoms 2 hat sich erst nach dem letzten gemeinsamen Vorfahren von Menschen und Schimpansen entwickelt und findet sich in ähnlicher Form auch bei Neandertalern und Denisova-Menschen (▶ Abschn. 3.2) (Miga 2017; Chiatante et al. 2017).

Ein Vorgang wie die oben beschriebene zentrische Fusion zweier akrozentrischer Chromosomen kann auch verstanden werden als der letzte evolutionäre Schritt in der Trennung zweier Spezies. Die Zentromer-Region eines metazentrischen Chromosoms, das die neue Population definiert, unterscheidet sich von den homologen akrozentrischen Chromosomen von dem Augenblick an, wenn das metazentrische Chromosom gebildet wird. Heterozygote für ein solches metazentrisches Chromosom können während der Meiose eine Unterdrückung der Crossover in der Umgebung des metazentrischen Zentromers zeigen. Das bedeutet, dass es in diesem Bereich keinen genetischen Austausch zwischen dem metazentrischen Chromosom und den homologen akrozentrischen Chromosomen gibt. In anderen Worten: diese Bereiche sind genetisch isoliert und können insgesamt zu einer reproduktiven Isolation führen, d. h. Kreuzungen zwischen Trägern eines metazentrischen Chromosoms und der ursprünglichen akrozentrischen Chromosomen sind steril (Searle 1998).

Es ist seit langem bekannt, dass Veränderungen in der Zahl der Chromosomen in starkem Ausmaß reproduktive Barrieren beeinflussen können, da Individuen, die für bestimmte Karyotypen heterozygot sind, entweder (zumindest teilweise) steril sind oder eine verminderte Rekombination zeigen. Deshalb basieren viele klassische Modelle der Speziesbildung auf chromosomalen Veränderungen, und die Fusion oder auch Teilung von Chromosomen ist dabei ein bedeutender Mechanismus (de Vos et al. 2020). Bei Säugetieren ist bekannt, dass Heterozygote von Robertson'schen Fusionen, die den Karyotyp sichtbar verändern, meiotische Probleme an der Synapsis und in den Stadien der Segregation und Orientierung aufweisen. Diese Situation kann zu Ungleichgewichten bei der Keimzellentwicklung und zu Verlust der Fertilität führen, was ihre Übertragung auf zukünftige Generationen erschwert. Reproduktive Isolation ist dann die Folge (Martinez et al. 2017; Mackintosh et al. 2023). Eine interessante Hypothese, wie sich in einem Clan von Vormenschen homozygote Formen des „neuen" menschlichen Chromosoms 2 trotz der oben geschilderten Widrigkeiten gebildet haben könnte, diskutiert Stankiewicz (2016; ◘ Abb. 2.5). Da keine Fusions-Polymorphismen

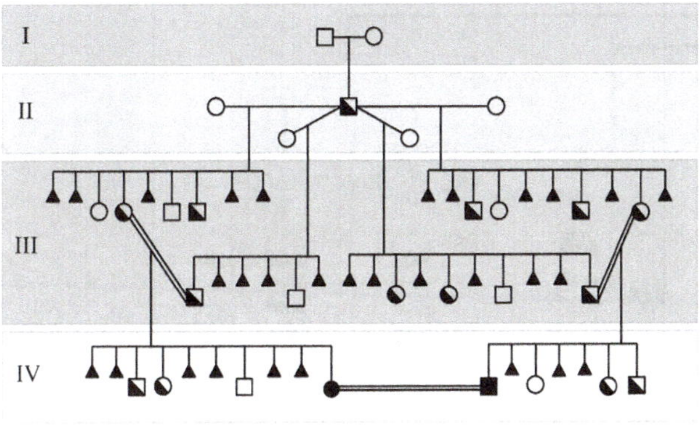

Abb. 2.5 Ein möglicher (Gorilla-ähnlicher) polygamer Stammbaum eines möglichen frühen modernen menschlichen Clans, in dem das menschliche Chromosom 2 (HSA2) übertragen, eingeführt und von seinem heterozygoten Zustand in einen homozygoten Zustand überführt wird. Ein männlicher Träger des *de novo* heterozygoten HSA2 (halbgefülltes Quadrat, 2. Generation) hatte mit einigen wenigen weiblichen Partnern mehrere Kinder (3. Generation). Analog zu Trägern einer Robertson'schen Translokation wird erwartet, dass er gesunde Nachkommen mit balancierten 48 (offene Kreise bzw. Quadrate) und 47 Chromosomen (halbgefüllte Kreise bzw. Quadrate) hatte; zusätzlich dazu kam es aufgrund unbalancierter Chromosomenstörungen zu einer Reihe von Fehlgeburten (gefüllte Dreiecke). Man beachte, dass die Verbindung zwischen Individuen mit 47 Chromosomen, die heterozygot für HSA2 sind, wahrscheinlich sowohl gesunde Kinder mit balancierten 48 und 47 Chromosomen hervorgebracht haben als auch gesunde Kinder mit 46 Chromosomen, die dann homozygot für HSA2 waren (4. Generation). (Nach Stankiewicz 2016; CC-by 4.0, ► http://creativecommons.org/licenses/by/4.0)

vorkommen, wird vermutet, dass sich diese Fusion nur einmal ereignet hat. Nachdem sich die Fusion in dem Clan von Vormenschen als homozygot etabliert hat, hat sie sich in der Evolution des Menschen vollständig durchgesetzt. Der evolutionäre Vorteil muss erheblich gewesen sein – ist aber derzeit noch unklar. Die Abschätzungen für den Zeitpunkt, wann eine derartige Fusion stattgefunden haben könnte, sind sehr heterogen und schwanken zwischen vor ~4,5 Mio. Jahren und vor ~1 Mio. Jahren. Andere Gruppen berechnen für die Zeit vor ~1 Mio. Jahren einen sehr engen Flaschenhals in der menschlichen Evolution, der aber auf jeden Fall vor der Trennung des *Homo sapiens* von den Neandertalern und Denisova-Menschen liegt. Dieser Flaschenhals ist durchaus mit der Ausbildung der Fusion der beiden akrozentrischen Chromosomen zum neuen metazentrischen Chromosom 2 des Menschen erklärbar (Hu et al. 2023, Poszewiecka et al. 2023; siehe auch ► Abschn. 3.2).

! Der größte cytogenetische Unterschied zwischen Menschen und Affen ist die Fusion zweier akrozentrischer Chromosomen zum großen metazentrischen Chromosom 2 des Menschen. Dies führt zu reproduktiver Isolation, d. h. zur Trennung der beiden Spezies.

2.2.2 Das Y-Chromosom

Ein weiteres Chromosom zeigt interessante Unterschiede zwischen Menschen und Schimpansen: das männliche Y-Chromosom. Das menschliche Y-Chromosom ist zwar fast doppelt so groß wie das der Schimpansen – allerdings enthält es deutlich weniger codierende Gene (Tab. 2.1). Wesentlichen Anteil an der Größe des menschlichen Y-Chromosoms hat ein heterochromatischer Block von etwa 30 Mb auf dem langen Arm (Yq), der aber in seiner Länge bei verschiedenen Individuen beträchtlich schwanken kann.

Im Gegensatz zu dem wesentlich größeren X-Chromosom hat sich das Y-Chromosom der Großen Affen während der Evolution der Gorillas, Schimpansen, Bonobos und Menschen stark verändert (Abb. 2.6). Die entsprechenden Y-Chromosomen unterscheiden sich deutlich hinsichtlich ihrer Größe, der Anordnung der Sequenzgruppen und auch ihres genetischen Inhalts. Cytogenetische Untersuchungen legen nahe, dass Gorillas und Menschen die größten Y-Chromosomen haben, beide unterscheiden sich aber hinsichtlich der Länge des heterochromatischen Bereichs auf dem langen Arm. Während das Heterochromatin auf dem menschlichen Y-Chromosom in einem großen Block organisiert ist, ist es bei den Gorillas durch Euchromatin unterbrochen, so dass sich insgesamt 3 heterochromatische Blöcke ergeben. Bei Schimpansen, Bonobos und Orang-Utans ist der heterochromatische Anteil auf dem Y-Chromosom geringer, so dass deren Y-Chromosom insgesamt kürzer ist.

Die Y-Chromosomen der beiden Orang-Utan-Arten unterscheiden sich ebenfalls deutlich (Abb. 2.6). Das betrifft eine perizentrische Inversion, eine Y-Satelliten-Sequenz (Yqs) der Sumatra-Orang-Utans und eine Nukleolus-Organisator-Sequenz (NOR) auf der distalen Seite von Yq. In diesem Zusammenhang ist es bemerkenswert, dass auch bei einigen menschlichen Y-Chromosomen solche Satelliten bzw. NOR-Strukturen gefunden werden – offensichtlich als neutrale Polymorphismen.

Tab. 2.1 Vergleich der Y-Chromosomen der Menschen und Schimpansen

	Schimpanse	Mensch
Länge (Mb)	26,3	57,2
Anzahl codierender Gene	96	63
Anzahl nicht-codierender Gene	57	219

Daten aus ENSEMBL (► https://www.ensembl.org): Menschliches Y-Chromosom (GRCh38.p14; 8. April 2025); Schimpansen-Y-Chromosom (Pan Tro 3.0; 8. April 2025)

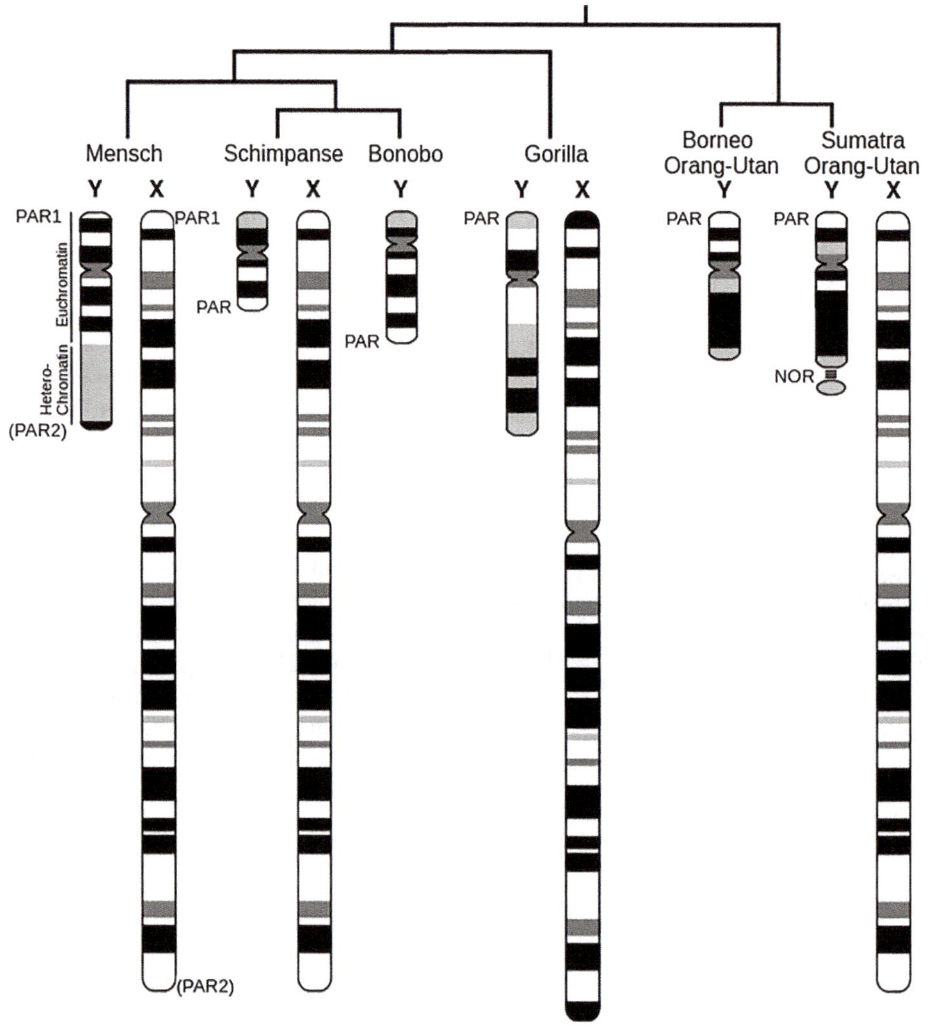

▫ **Abb. 2.6** Cytogenetischer Vergleich der Geschlechtschromosomen der Großen Affen (Giemsa Färbung; für Bonobos ist leider kein Ideogramm des X-Chromosoms verfügbar; das Ideogramm der Orang-Utans kann keiner Art direkt zugeordnet werden). PAR: Pseudoautosomale Region; man beachte, dass die Y-Chromosomen entsprechend der cytogenetischen Regel dargestellt sind, den kurzen Arm des Chromosoms nach oben zu zeichnen. Allerdings liegt bei Schimpansen und Bonobos PAR an der Spitze des langen Arms. NOR: Nucleolus-Organisator im Y-Chromosom der Orang-Utans aus Sumatra. (Nach Hallast und Jobling 2017, Springer)

Obwohl häufig darüber spekuliert wird, dass das Y-Chromosom wegen der geringen Rekombinationsmöglichkeit mit dem X-Chromosom langfristig degenerieren würde, zeigt die Evolution der Y-Chromosomen der Großen Affen eine erstaunlich große Variabilität und Heterogenität. Mutationen in den einzelnen Genen des Y-Chromosoms führen zwar häufig zu Störungen in der Geschlechtsdifferenzierung und/oder der Fertilität und gehen dadurch evolutionär verloren – Mutationen in den Bereichen zwischen den Genen oder auch Amplifikationen von Bereichen, die Gene einschließen, ohne die Fertilität zu beeinträchtigen, erhöhen aber die genetische Vielfalt und können deswegen unter bestimmten Umwelteinflüssen von Vorteil sein. Die in ▫ Abb. 2.6 dargestellte hohe Variation unter den Hominiden stellt ebenso eine wirksame Barriere gegen Hybridisierungen dar wie die oben erwähnte zentrische Fusion, die zum menschlichen Chromosom 2 geführt hat.

Das Y-Chromosom von Großen Affen enthält zwei wesentliche strukturelle Elemente, die wir unterscheiden können:

- Das Y-Chromosom hat im Laufe seiner langen Evolution als männliches Geschlechtschromosom viele seiner ursprünglichen Gene verloren. Allerdings gibt es bei allen Hominiden eine Region an einem Ende des Y-Chromosoms, die noch mit dem X-Chromosom rekombinieren kann; wir nennen sie deshalb **pseudoautosomale Region** (PAR); sie umfasst bei Menschen etwa 2,7 Mb am Ende des kurzen Arms (PAR1). Allerdings hat sich bei Menschen nach der Abspaltung von der Schimpansen-Linie eine zweite pseudoautosomale Region (PAR2) am Ende des langen Arms

des Y-Chromosoms entwickelt, die etwa 320 kb umfasst (◻ Abb. 2.6). Hier sind 4 Gene enthalten: *SPRY3* (engl. *sprouty RTK signaling antagonist 3*), *SYBL1* (engl. *synaptobrevin-like 1*), *IL9R* (Interleukin-9-Rezeptor) und *CXYorf1* (engl. *chromosomes X and Y open reading frame 1*). Die Gene *SPRY3* und *SYBL1* sind auf dem Y-Chromosom stillgelegt, während die beiden anderen auf beiden Geschlechtschromosomen aktiv sind.
- Die **spezifisch männliche Region** (engl. *male specific region of the Y chromosome*, MSY): enthält das *SRY*-Gen (engl. *sex-related gene of the Y chromosome*), das für die Ausprägung des männlichen Phänotyps verantwortlich ist, und viele Gene, die mit der Fertilität des Mannes verbunden sind. Hier finden keine Rekombinationen mit dem X-Chromosom statt.

Der Übergang zwischen den pseudoautosamalen Regionen (PAR) und der spezifisch männlichen Region ist offensichtlich hoch konserviert; die Sequenzen bei Makaken, Menschen und Schimpansen sind identisch und offensichtlich stabil seit der Abspaltung der Großen Affen von den Altweltaffen. Innerhalb der spezifisch männlichen Region können wir bei Menschen drei Klassen von Sequenzen unterscheiden:
- Degenerierte X-chromosomale Sequenzen (XDG) enthalten Überreste alter homologer Chromosomen, aus denen sich die Geschlechtschromosomen der Großen Affen entwickelt haben.
- Amplikonische Segmente sind aus Sequenzen mit hoher Ähnlichkeit zu anderen Sequenzen in der MSY-Region zusammengesetzt. Sie bestehen aus zwei sehr ähnlichen spiegelbildlichen Wiederholungssequenzen mit einem kurzen Zwischenstück; wir bezeichnen solche Strukturen als Palindrome. Die menschliche MSY-Region enthält 8 Palindrome, die des Schimpansen 19.
- Eine Region auf dem kurzen Arm (Xp) des menschlichen Y-Chromosoms enthält etwa 3,4 Mb eines DNA-Fragments, das nach der Trennung von der Schimpansen-Linie von dem langen Arm des X-Chromosoms auf das Y-Chromosom der neuen menschlichen Linie übertragen wurde (engl. *X-transposed region*, XTR). Diese Region enthält die Gene *PCDH11Y* (engl. *Protocadherin 11 Y-linked*) und *TGIF2LY* (engl. *TGFB induced factor homeobox 2 like Y-linked*), die den Genen *PCDH11X* und *TGIF2LX* auf dem X-Chromosom entsprechen. Da ~2 % der menschlichen Bevölkerung hier Anzeichen einer Rekombination zwischen X- und Y- Chromosomen zeigen, wird diese Region manchmal auch als PAR3 bezeichnet.

Wenn wir nun die Sequenzbereiche der MSY-Regionen von Schimpansen und Menschen vergleichen (◻ Abb. 2.7),

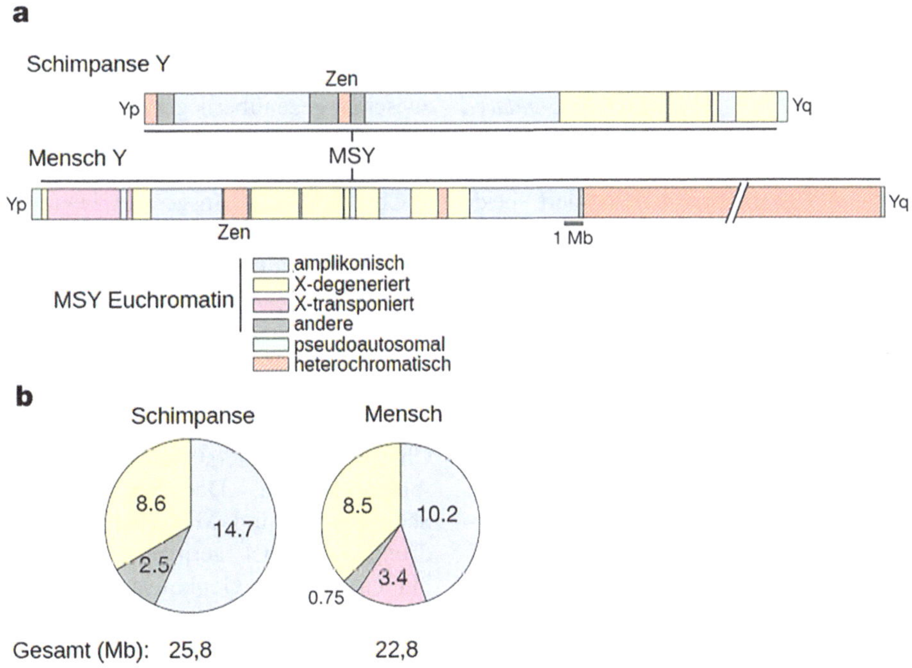

◻ **Abb. 2.7** Vergleich der Y-Chromosomen von Schimpansen und Menschen. **a** Schematische Darstellung der Chromosomen. Zen, Zentromer; Yp, kurzer Arm; Yq, langer Arm. Für beide Chromosomen ist die MSY-Region angegeben (MSY: *male-specific region on the Y chromosome*). Es sind sechs Sequenz-Klassen gezeigt; davon sind vier euchromatische Sequenz-Klassen der MSY-Region („andere" bezeichnet Einzelkopie-Gene in der MSY-Region, die nicht ursprünglich vom X-Chromosom stammen). Die Chromosomen sind *maßstäblich gezeichnet* (ausgenommen der große heterochromatische Block auf Yq). **b** Größe (in Mb) der vier euchromatischen Sequenz-Klassen bei Schimpansen und Menschen (ohne den variablen heterochromatischen Bereich). (Hughes et al. 2010; Springer Nature)

so stellen wir fest, dass sie sich grundsätzlich in ihrer Sequenzstruktur und in ihrem Gen-Inhalt unterscheiden, was auf eine schnelle Evolution innerhalb der letzten ~6–10 Mio. Jahre hindeutet. Zwar enthält die Schimpansen-Region des MSY viele große Palindrome, es ist aber andererseits ein Teil der Protein-codierendem Gene und Genfamilien verloren gegangen, die noch in unserem letzten gemeinsamen Vorfahren vorhanden waren. Heute enthält das Y-Chromosom der Schimpansen 41 Gene (= 53 %) weniger als das menschliche Y-Chromosom (78 Gene).

- Aus der Gruppe der degenerierten früheren X-chromosomalen Sequenzen fehlen den Schimpansen die Gene *TXLNGY* (engl. *Taxilin gamma pseudogene, Y-linked*), *TBL1Y* (engl. *Transducin beta like 1 Y-linked*), *TMSB4Y* (engl. *Thymosin beta 4 Y-linked*) und *USP9Y* (engl. *Ubiquitin specific peptidase 9 Y-linked*);
- aus der Gruppe der amplikonischen Gene fehlen den Schimpansen die Gene *HSFY* (engl. *Heat shock transcription factor Y-linked 1*), *PRY* (engl. *protein tyrosine phosphatase, non-receptor type 13 like Y-linked*) und *XKRY* (engl. *X Kell blood group precursor-related, Y-linked*), die beim menschlichen Y-Chromosom jeweils 2-fach vorhanden sind (das Gen *TSPY* [engl. *testis-specific protein Y-linked*] existiert auf dem männlichen Y-Chromosom in etwa 35 Kopien, bei Schimpansen sind es nur 6 Kopien). Dabei sind die Gene *HSFY* und *PRY* bei Schimpansen vollständig verschwunden, während die anderen zu Pseudogenen mutierten.
- Die beiden Gene *TGIF2LY* (engl. *TGF-beta-induced transcription factor 2-Like Y-linked*) und *PCDH11Y* (engl. *Protocadherin 11 Y-linked*) wurden vom X-Chromosom auf das Y-Chromosom transponiert; beide fehlen auf dem Y-Chromosom der Schimpansen.

Obwohl genetischer Abbau die grundsätzlich treibende Kraft bei der Evolution neu entstandener Y-Chromosomen sein kann, sind umfangreiche Erneuerungen das Hauptthema bei der fortlaufenden Evolution der MSY-Regionen bei Schimpansen und Menschen (Hughes et al. 2010). Allerdings sind die Konsequenzen dieser bisher beobachteten Unterschiede unklar: so ist beispielsweise das Gen *USP9Y* bei Schimpansen und Bonobos ein Pseudogen, aber bei Menschen für die Spermatogenese notwendig – Mutationen führen zu Oligospermie oder Azoospermie (daher auch die frühere Bezeichnung des entsprechenden Proteins als Azoospermie Factor A [AZFA]).

Im Gegensatz zu allen anderen Chromosomen wird das Y-Chromosom ausschließlich in der männlichen Linie vom Vater auf den Sohn weitergegeben. Deshalb können hier evolutionär alle Veränderungen akkumulieren, die der erhöhten männlichen Fitness bei der Fortpflanzung dienen, ohne dass eine Gegenselektion durch mögliche Nachteile bei der weiblichen Fitness möglich ist. Die Amplifikation vieler Bereiche des Y-Chromosoms der Großen Affen hat offensichtlich einen solchen evolutionären Vorteil. Beim Menschen kennen wir heute acht große Palindrome, die in variabler Größe (30 kb–2,9 Mb) stabil in den menschlichen Populationen vorkommen. Davon zeigen sieben Palindrome Entsprechungen zu einem der 19 Palindrome der Schimpansen (■ Abb. 2.8). Viele dieser durch Amplifikation entstandenen Palindrome enthalten Fertilitätsgene, z. B. *DAZ* (engl. *deleted in azoospermia*). Aufgrund der häufigen cytogenetische Untersuchungen (vor allem in Zentren der Reproduktionsmedizin) wurden weitere (seltene) Varianten in der Kopienzahl entdeckt: so sind für *DAZ* zwischen zwei und zwölf Kopien auf den Y-Chromosomen fertiler Männer beschrieben (in der Regel sind es aber vier – wie bei Schimpansen). Insgesamt zeigen etwa 5 % der Y-Chromosomen Variationen in ihrer Länge.

Aufgrund der großen Sequenzähnlichkeit in den Armen der Palindrome wirken die Palindrome häufig als Vermittler nicht-allelischer homologer Rekombination und können dabei Deletionen, Duplikationen oder Inversionen verursachen oder zu isodicentrischen Chromosomen führen. Abhängig von ihrem Ausmaß können solche Ereignisse bedeutsame phänotypische Konsequenzen haben. Wegen der möglichen Auswirkungen auf die männliche Reproduktion gibt es eine Reihe von Studien, die sich mit den humanen Palindromen beschäftigen. So führen offensichtlich manche isodicentrischen Y-Chromosomen, die durch homologe Crossover zwischen gegenüberliegenden Armen von Palindromen bei Schwesterchromatiden entstanden sind, zu Fehlern in der Spermatogenese oder zu strukturell fehlerhaften Y-Chromosomen. Insgesamt liegt die Häufigkeit von Rearrangements beim menschlichen Y-Chromosom in der Größenordnung von 10^{-4} Ereignissen pro Vater-zu-Sohn Übertragungen! Untersuchungen zu den Palindromen der Affen sind dagegen eher selten.

Die Palindrome auf dem Y-Chromosom sind vermutlich vorteilhaft, da die amplifizierten Gene in den Palindromen dadurch dem evolutionären Abbau des Y-Chromosoms widerstehen oder ihn zumindest verlangsamen können. Der Sequenzunterschied zwischen Schimpansen und Menschen ist innerhalb der Palindrome wesentlich geringer als außerhalb, was darauf hindeutet, dass Genkonversionen in diesem Bereich stattfinden und dazu tendieren, das ursprüngliche Allel zu erhalten. Genkonversionen in diesen Bereichen des Y-Chromosoms treten beim Menschen mit einer Häufigkeit von 10^{-3}–10^{-4} Ereignissen pro Generation auf.

Interessante Einsichten in das Paarungsverhalten der Großen Affen erlaubt der Vergleich von STRs (engl. *short tandem repeats*) des väterlichen Y-Chromosoms

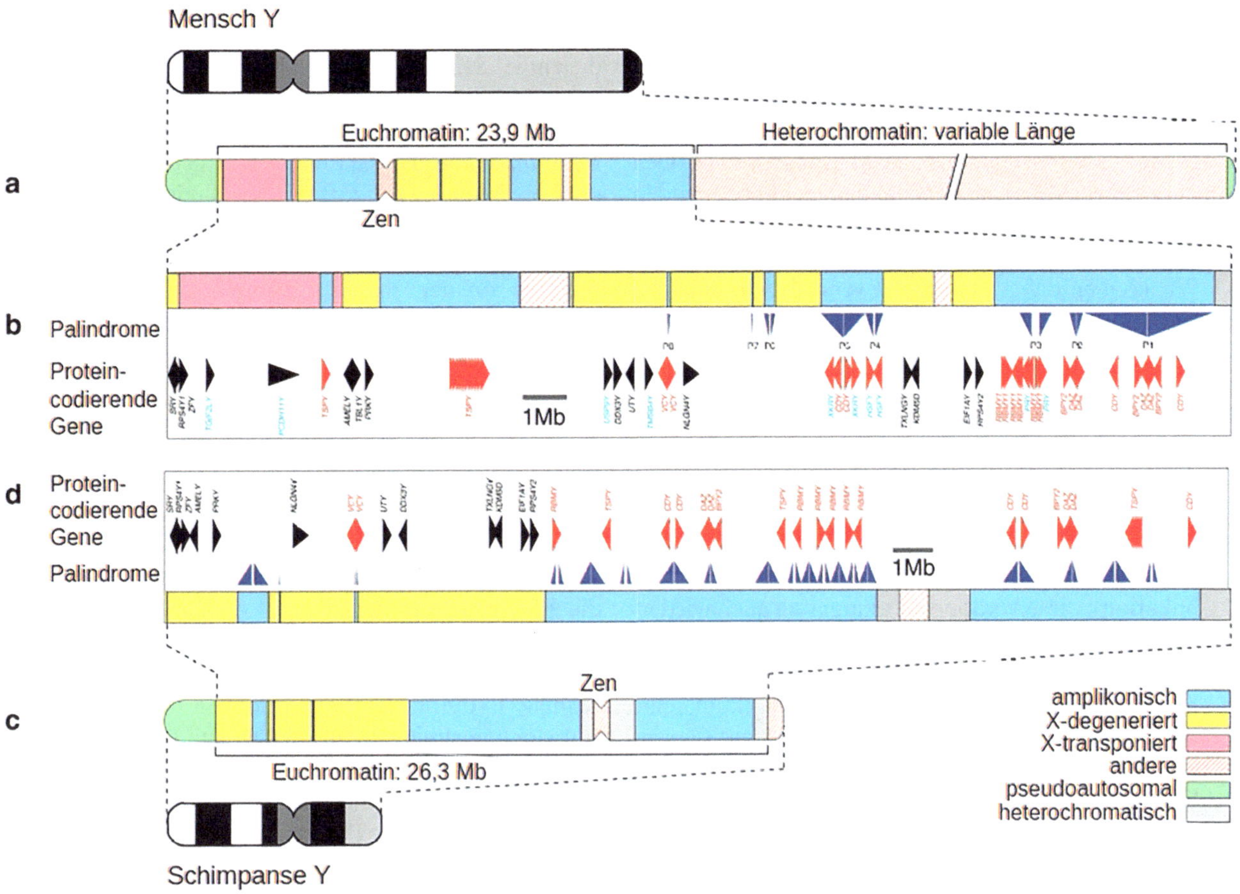

Abb. 2.8 Strukturen und genetischer Inhalt der Referenz-Sequenzen des Menschen und Schimpansen. **a** Ideogramm des humanen Y-Chromosoms, und darunter eine schematische Darstellung der verschiedenen Sequenz-Klassen, wie sie *rechts unten* definiert sind. **b** Die Vergrößerung zeigt das menschliche MSY-Euchromatin mit den entsprechenden Palindromen (jeder Arm ist als *blaues Dreieck* dargestellt und Gene als *Pfeilspitzen*, die in die Richtung ihrer Transkription zeigen). Gene, die *schwarz* dargestellt sind, sind Einzelkopie-Gene, und Gene in *rot* sind Multikopie-Gene. Die Namen der Gene sind jeweils darunter angegeben; Gene in *blaugrün* sind bei Schimpansen abwesend oder Pseudogene. **c** Ideogramm des Y-Chromosoms des Schimpansen, und darüber eine schematische Darstellung der verschiedenen Sequenz-Klassen, wie sie *rechts unten* definiert sind. **d** Vergrößerung der MSY-Region der Schimpansen mit den entsprechenden Palindromen und Genen wie in **b**. Zen: Zentromer. (Nach Hallast und Jobling 2017; Springer)

und mitochondrialer DNA, die über die Mütter vererbt wird. Diese Marker sind gut etabliert und ermöglichen eine PCR-basierte, nicht-invasive Analyse von Umweltproben (wie Fäzes und Haaren) in Wild-Populationen. Bonobos und Schimpansen zeigen ein Verteilungsmuster, das von den weiblichen Tieren geprägt ist (engl. *female-biased dispersal pattern*), wohingegen bei Gorillas und Orang-Utans die männlichen Tiere größere geografische Distanzen zurücklegen. In menschlichen Gesellschaften ist dagegen Patrilokalität das häufigere Muster.

All diese Untersuchungen bezüglich der Evolution des Y-Chromosoms in Großen Affen einschließlich des Menschen stehen noch am Anfang, da die große Zahl von amplifizierten Sequenzen und Multi-Kopie-Genen die Sequenzierungen schwierig gemacht haben. Wir werden sehen, welche zusätzlichen neuen Erkenntnissen die nahe Zukunft bringen wird.

! Das Y-Chromosom des Menschen ist größer als das der Schimpansen. Ursache dafür sind viele Palindrome im Männlichkeits-spezifischen Bereich des Y-Chromosoms (MSY). Diese Palindrome ermöglichen nicht-allelische homologe Rekombinationen und damit eine Variabilität innerhalb des Y-Chromosoms.

2.2.3 Weitere humanspezifische Veränderungen im Genom

Nach der vollständigen Sequenzierung der Genome der Großen Affen und des Menschen ist es möglich geworden, nicht nur auffällige cytogenetische Veränderungen zu beobachten (z. B. Fusion zum humanen Chromosom 2 oder Umbildungen am Y-Chromosom), wie wir das in den vorangegangenen Abschnitten gesehen haben, sondern auch Inversionen, Insertionen und Deletionen.

Die genetischen Variationen können durch verschiedene Mechanismen erfolgen und eine große Anzahl von Nukleotiden betreffen oder auch nur eine einzelne Base. Die meisten Mutationen, die Menschen von Großen Affen unterscheiden, sind dabei in den nicht-codierenden Bereichen des Genoms zu finden – und nur ein kleinerer Teil verändert die Aminosäure-Sequenz eines Proteins.

Wir können dabei vereinfacht verschiedene Klassen unterscheiden, die isoliert oder in Kombinationen auftreten können (◘ Abb. 2.9). In Regionen, die üblicherweise innerhalb der Primaten konserviert sind,

- treten häufig Substitutionen innerhalb der menschlichen Entwicklungslinie auf; dies sind Regionen mit beschleunigter Evolution (engl. *human accelerated region*, HAR);
- gehen Bereiche verloren (humanspezifische Deletionen) oder werden verdoppelt (humanspezifische Duplikation); diese Verdopplung kann sich auch wiederholen und führt dann zu Kopienzahlveränderungen (engl. *copy number variation*, CNV). Die zusätzlichen Kopien des DNA-Abschnitts stellen dann eine „Spielwiese der Evolution" dar, da sie – im Gegensatz zur ursprünglichen Sequenz – zunächst keinem Selektionsdruck unterliegen.

Als die humanen Regionen mit beschleunigter Evolution (HARs) 2006 entdeckt wurden, blieb ihre Funktion zunächst unklar. HARs kommen vor allem in nicht-codierenden Regionen vor, und dazu gab es zunächst nur wenige funktionelle Annotationen. Heute wissen wir, dass HARs vor allem als Enhancer wirken; sie sind dabei im Wesentlichen mit Genen verbunden, die an der neuronalen Entwicklung (Zelladhäsion, Differenzierung oder Morphologie) beteiligt sind (Whalen und Pollard 2022; Juan et al. 2023).

Wir wollen dies am Beispiel von *HAR1* diskutieren. *HAR1* war unter den zunächst identifizierten 49 HARs diejenige Sequenz mit der höchsten Mutationsrate: unter den 118 Basenpaaren sind 18 zwischen den Menschen im Vergleich zu den Schimpansen ausgetauscht – wenn man dagegen die durchschnittliche Mutationsrate seit der Trennung der Entwicklungslinie von Schimpansen und Menschen heranzieht, würde man nur 0,27 Substitutionen erwarten. *HAR1* ist eine nicht-codierende Sequenz auf dem menschlichen Chromosom 20q13.33; sie ist die überlappende Region zweier gegenläufiger langer, nicht-codierender RNAs (lncRNAs), die heute als *HAR1A* und *HAR1B* bezeichnet werden (ältere Bezeichnung *HAR1F* und *HAR1R*) (◘ Abb. 2.10a). Die Struktur der 118-Nukleotide in den humanen lncRNAs wird als eine stabile Kleeblatt-Struktur beschrieben (◘ Abb. 2.10b), wohingegen diese lncRNAs in den Schimpansen eher eine instabile Haarnadelstruktur ausbilden. Ursache für die stabilere humane Struktur sind die häufigen Austausche von AT-Paaren durch GC-Paare, wodurch sich die Wechselwirkung der Basenpaarungen verstärkt. Man nimmt an, dass sich die schnelle Evolution dieser Sequenz in der menschlichen Entwicklungslinie erst in der letzten 1 Mio Jahre entfaltet hat. Die Evolutionsgeschichte der *HAR1*-Region reicht allerdings weiter zurück als bis zur Trennung der menschlichen Entwicklungslinie von der der Schimpansen, nämlich ca. 310 Mio. Jahre – bis zu einem gemeinsamen Vorfahren mit den Hühnern. Die Schimpansen-Sequenz und die des Huhns unterscheidet sich an dieser Stelle aber nur in 2 Basen!

Von Beginn an wurde für *HAR1* eine wichtige Rolle bei der neuronalen Entwicklung diskutiert. Die Expression von *HAR1A* wurde speziell in den Cajal-Retzius-Zellen während der Entwicklung des menschlichen Neocortex und des dorsalen Telenzephalons gefunden (während der 7. – 9. Schwangerschaftswoche) und bis zur 19.

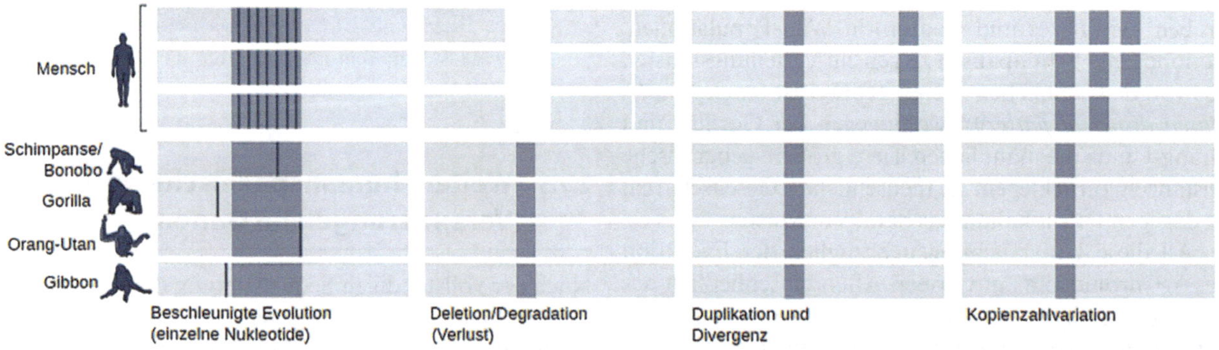

◘ **Abb. 2.9** Die Genome von modernen Menschen und Großen Affen wurden verglichen, um bestimmte Klassen human-spezifischer Eigenschaften zu erkennen. *Hellgraue Blöcke* repräsentieren die DNA; *mittelgrau* repräsentiert allgemein ein Gen oder ein regulatorisches Element von Interesse, und einzelne Nukleotidaustausche sind *dunkelgrau* dargestellt. Die obersten Reihen zeigen schematisch human-spezifische Veränderungen gegenüber den Großen Affen. (Nach Pollen et al. 2023; Springer Nature)

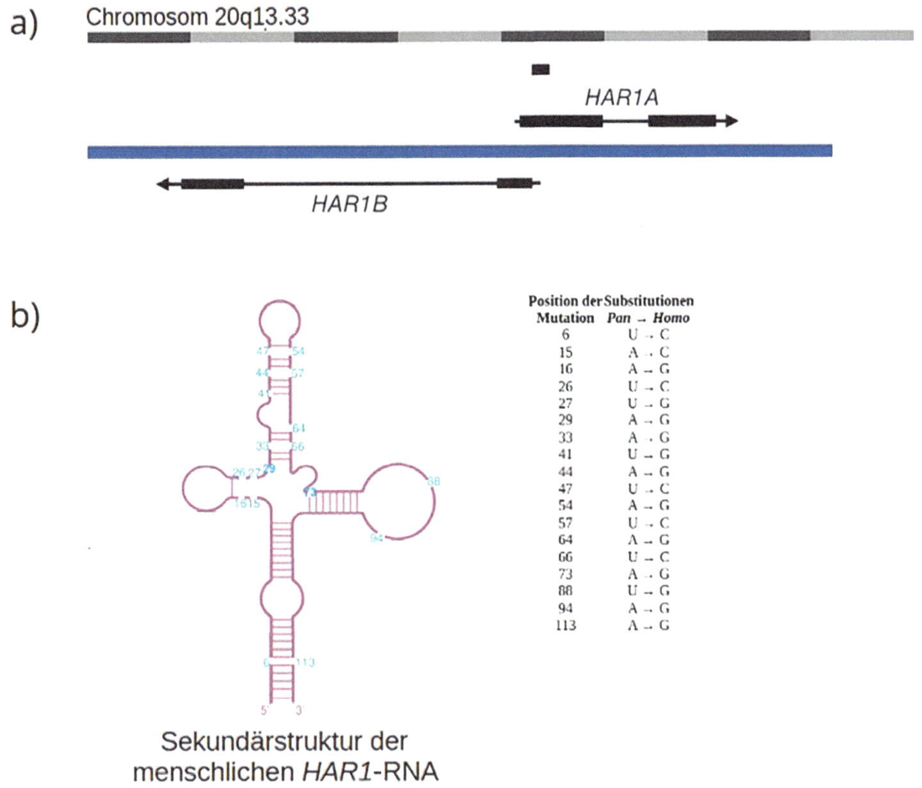

Position der Mutation	Substitutionen *Pan* → *Homo*
6	U → C
15	A → C
16	A → G
26	U → C
27	U → G
29	A → G
33	A → G
41	U → G
44	A → G
47	U → C
54	A → G
57	U → C
64	A → G
66	U → C
73	A → G
88	U → G
94	A → G
113	A → G

Abb. 2.10 Struktur und Funktion von HAR1. **a** Vereinfachte Darstellung des *HAR1*-Locus (Chr. 20q13). Die lange, nicht-codierende RNA *HAR1A* befindet sich auf dem Sinn-Strang, und die lange, nicht-codierende RNA *HAR1B* liegt auf dem Gegenstrang von Chromosome 20. Die unterschiedlich transkribierten, nicht-codierenden RNAs überlappen in einen Bereich, der die „beschleunigte Region" *HAR1* (118 bp) enthält. Es gibt außerdem eine weitere, sehr kurze RNA, die mit *HAR1A* überlappt. **b** Die Sekundärstruktur der humanen *HAR1* Region; es sind die 18 Mutationen eingezeichnet, die die humane Sequenz von der des Schimpansen unterscheidet. (Nach Waters et al. 2021; CC-by 4.0, ► http://creativecommons.org/licenses/by/4.0)

Schwangerschaftswoche auch in der subpialen äußeren Körnerschicht (unterhalb der *Pia mater*). *HAR1B* ist im Gehirn ausgedehnter exprimiert. Das Expressionsmuster von *HAR1A* überlappt deutlich mit dem von Reelin (Gensymbol: *RELN*) in den Cajal-Retzius-Zellen; RELN ist wesentlich an der Ausbildung der 6 exzitatorischen Schichten im Cortex des Gehirns verantwortlich. Andererseits werden weitere Mutationen in *HAR1A* bzw. *HAR1B* auch mit der Entstehung neurologischer und psychiatrischer Erkrankungen in Verbindung gebracht; dazu gehören die Huntington'sche Erkrankung, die Alzheimer'sche Erkrankung, und Schizophrenie; wir werden auf die menschliche Gehirnentwicklung und verschiedene spezifische genetische Veränderungen, auch gegenüber Neandertalern, im ► Abschn. 5.1 genauer eingehen.

HAR1A ist offensichtlich auch an Krebserkrankungen beteiligt, z. B. beim Voranschreiten des Mundhöhlenkrebses. HAR1A bindet dabei an die Alphakinase 1 (Gensymbol: *ALPK1*) im Zellkern einer oralen Plattenepithelkarzinom-Zelllinie. Die Reduzierung des HAR1A-Spiegels erhöhte die Proteinkonzentrationen der proinflammatorischen Zytokine TNF-α (Tumornekrosefaktor a) und CCL2 (engl. *C-C Motif Chemokine Ligand 2*). Außerdem kann die Reduzierung des HAR1A-Spiegels dazu führen, dass das ALPK1-Protein in den Zellkern transloziert, BRD7 bindet und herunterreguliert, was zu Entzündungen und zur Progression von Mundkrebs führt. Das Ausschalten von HAR1A erhöht die Proliferation und Migration von Mundhöhlenkrebszellen und fördert die Apoptose. Das deutet darauf hin, dass HAR1A ein Tumorsuppressor ist. Die Ausschaltung von HAR1A kann auch die Metastasierung verstärken, was anhand von epithelial-mesenchymalen Übergangsmarkern (EMT) untersucht wurde. Mesenchymale Marker wie N-Cadherin, Fibronektin und Vimentin wurden durch das Ausschalten von HAR1A hochreguliert, während der epitheliale Marker E-Cadherin nicht hochreguliert wurde. Diese Ergebnisse deuten darauf hin, dass HAR1A eine tumorsuppressive Funktion hat (Abb. 2.11). Eine ausführliche Übersicht über diese Funktionen findet sich bei Waters et al. (2021) und bei Guardiola-Ripoll und Fatjó-Vilas (2023).

Wir haben oben gesehen, dass es viele verschiedene Mechanismen gibt, die zu Mutationen führen können –

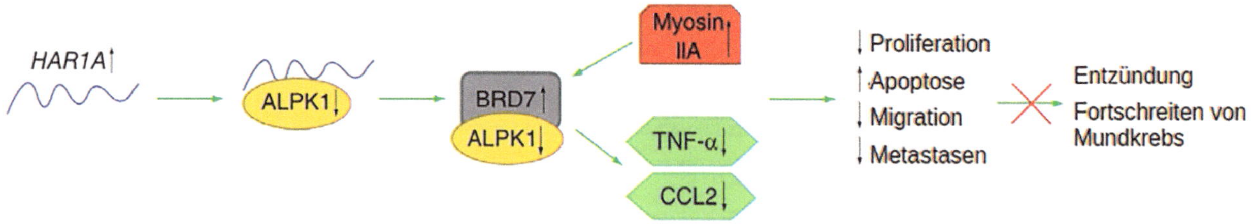

Abb. 2.11 Der Wirkmechanismus von *HAR1A* in oralen Krebszelllinien weist *HAR1A* als Tumorsuppressor aus. Wenn *HAR1A* hochreguliert wird, sinkt der Spiegel der Alphakinase (Gensymbol: *ALPK1*). Dies führt zu erhöhten Spiegeln eines Proteins, das eine Bromodomäne enthält (Gensymbol: *BRD7*), und von Myosin IIA, was zu einer Tumorunterdrückung führt. Geringere Spiegel von TNF-α (Tumornekrosefaktor-α) und CCL2 (engl. *C-C motif chemokine ligand 2*) bei Hochregulierung von *HAR1A* lassen vermuten, dass *HAR1A* eine entzündungshemmende Rolle spielt und den Fortschritt von Mundkrebs vermindert. (Nach Waters et al. 2021; CC-by 4.0, ▸ http://creativecommons.org/licenses/by/4.0)

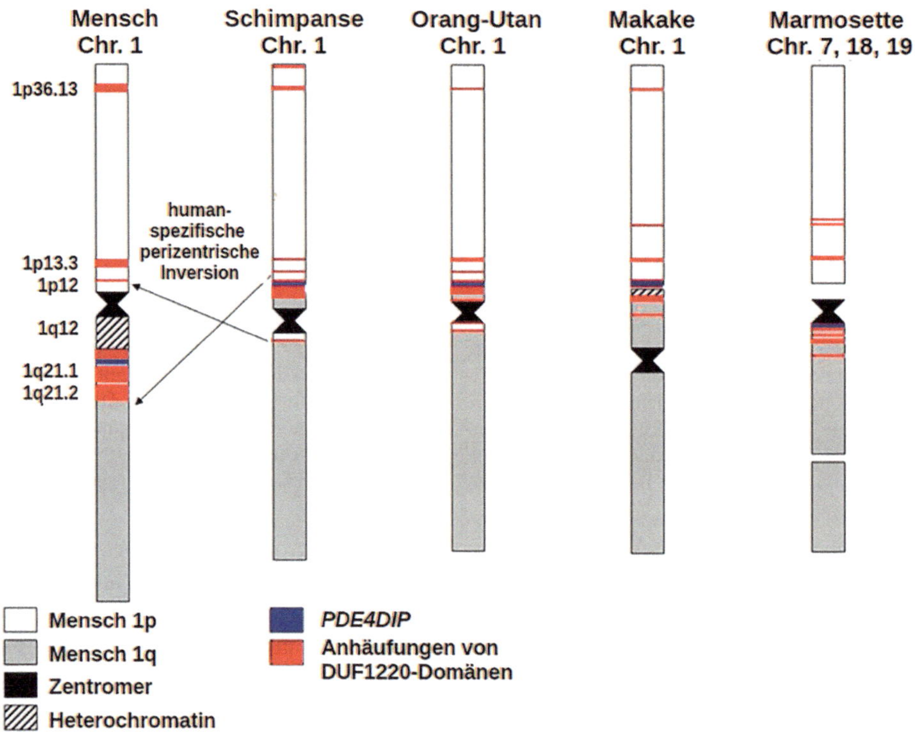

Abb. 2.12 Evolutionärer Ursprung der perizentrischen Inversion des menschlichen Chromosoms 1q21. Die Abbildung zeigt eine schematische Darstellung des Chromosom 1 von Mensch, Schimpanse, Orang-Utan, Makake und den entsprechenden Bereichen bei Marmosetten, wobei die Armfarben in Bezug auf das menschliche Chromosom 1p (*weiß*) und 1q (*grau*) dargestellt sind. Das Zentromer ist durch einen *schwarzen* Block gekennzeichnet, und die Heterochromatinbänder sind *schwarz gestrichelt*. Die Position des *PDE4DIP*-Gens (Phosphodiesterase-4D-interagierendes Protein) ist durch eine *blaue* Linie gekennzeichnet, und Anhäufungen von Genen mit Olduvai- (DUF1220)-Domänen sind *rot* dargestellt. (Nach O'Bleness et al. 2012a, CC-by 3.0, ▸ http://creativecommons.org/licenses/by/3.0)

und wenn sie für die menschliche Entwicklung vorteilhaft waren, haben sie sich auch entsprechend angehäuft. Ein besonderes Beispiel für eine human-spezifische Evolution stellt die Region 1q21.1 auf dem Chromosom 1 dar (Abb. 2.12). Sie liegt in der humanspezifischen perizentrische Inversion und neben der humanspezifischen Zentromer-Bande (C-Bande) 1q12. Die Region 1q21.1 wurde in der humanen Evolutionslinie aufgrund vieler Kopienzahlmutationen bedeutend vergrößert; dazu gehört vor allem die Zunahme der Kopien von DUF1220. Diese „Domäne mit unbekannter Funktion" (engl. *domain of unknown function*; DUF) wird heute als Olduvai-Domäne bezeichnet; der neue Name bezieht sich auf die Olduvai Schlucht in Tansania, in der wichtige Fossilien von frühen Verwandten des anatomisch modernen Menschen gefunden wurden (Sikela und van Roy 2018). Die Olduvai-Domäne kommt in aufeinander folgenden Wiederholungseinheiten fast ausschließlich in Genen der *NBPF*-Familie (engl. *neuroblastoma breakpoint family*) vor; eine andere Form der Olduvai-Domänen findet sich als einzelne, wahrscheinlich ursprüngliche Domäne in einzelnen oder wenigen Kopien des *PDE4DIP*-Gens (kodiert für das Phosphodiesterase-4D-interagierende Protein, das auch als Myomegalin bezeichnet wird). Es ist aber nur die Form, die in den *NBPF*-Genen vorkommt, die die außergewöhnlich duplikationsreiche genomische Architektur im Bereich von 1q21 auszeichnet (nach O'Bleness et al. 2012a).

Die Olduvai-Domäne besteht aus jeweils zwei Exons (ein kürzeres und ein längeres), die zusammen für etwa 65 Aminosäuren kodieren (Variationsbreite 61–74 Aminosäuren). Die Zunahme der Kopienzahl wird von 3 hintereinanderliegenden Kopien getrieben, die als Triplett immer wieder kopiert werden. Der gemeinsame Vorfahre von Schimpansen und Menschen hatte 102 dieser Domänen in der entsprechenden chromosomalen Region; die Schimpansen besitzen heute 126 Kopien und die Menschen ~300 Kopien. Die Zunahme beträgt bei Menschen ~28 Kopien pro 1 Mio Jahre oder ~165 Kopien seit der Trennung von der Entwicklungslinie der Schimpansen. Auch heute noch ist diese Region offensichtlich genetisch instabil, denn es kommt auch weiterhin zu Duplikationen, aber auch Deletionen in diesem Bereich. Bei Menschen ist die Kopienzahl der Olduvai-Domänen in gesunden Populationen mit der Gehirngröße, dem Volumen der Grauen Substanz im Gehirn und mit kognitiven Fähigkeiten verknüpft, aber auch mit Krankheitsbildern wie Mikro- bzw. Makrozephalie. Veränderungen der Kopienzahl sind aber auch mit Erkrankungen aus dem Autismus-Spektrum und mit Schizophrenie assoziiert (siehe auch ▶ Abschn. 5.1.2). So können Variationen in der Kopienzahl der Olduvai-Domänen sowohl positive als auch negative Konsequenzen in Bezug auf die Gehirnfunktion haben (nach O'Bleness et al. 2012b).

Die Olduvai-Domänen können aufgrund ihrer Sequenzähnlichkeiten in sechs Untergruppen gegliedert werden: Con1–3 (engl. *conserved*) und HLS1–3 (engl. *human lineage-specific*). Sequenzen, die für die verschiedenen Subtypen codieren, werden in den *NBPF*-Genen meistens in derselben Reihenfolge gefunden: zunächst eine oder mehrere CON1-Domäne, gefolgt von einer CON2-Domäne, dann ein oder mehrere HLS1-HLS2-HLS3-Tripletts, und schließlich am C-Terminus eine einzelne CON3-Domäne. Jedes dieser HLS-Tripletts umfasst etwa 4,7 kb. Ursache dieser humanspezifischen Amplifikation der Olduvai-Sequenzen ist vermutlich eine G-Quadruplex-Struktur, die sich in allen *NBPF*-Genen mit mehr als einem HLS-Triplett findet; wir können auch sagen, die G-Quadruplex-Struktur unterscheidet die amplifizierten von den ursprünglichen Tripletts. Da G-Quadruplex-Strukturen während der Transkription sensitiv für Nukleasen sind, können sich hier Doppelstrangbrüche entwickeln, die entsprechend repariert werden – und diese Reparaturprozesse können zu den erwähnten Duplikationen bzw. auch Deletionen führen (nach Heft et al. 2020).

Weitere Untersuchungen zeigten, dass die *NBPF*-Gene nicht immer alleine dupliziert wurden, sondern manche zusammen mit dem benachbarten *NOTCH2NL*-Gen (*Notch 2 N-terminal like*), so dass wir aufgrund der DNA-Sequenzanalysen beim Menschen heute insgesamt vier solcher *NBPF*/*NOTCH2NL*-Genpaare kennen. Ausgangspunkt war wohl das Genpaar *NBPF26*/*NOTCH2NL-R* auf dem kurzen Arm des Chromosoms 1 (1p12), das zu dem Genpaar *NBPF14*/*NOTCH2NL-B* dupliziert wurde und als Ergebnis der perizentrischen Inversion auf den langen Arm des Chromosoms (1q21) übertragen wurde. Hier entstanden dann zwei weitere Kopien dieses Genpaares, *NBPF10*/*NOTCH2NL-A* und *NBPF19*/*NOTCH2NL-C* (sowie die extremen Ausweitungen der Olduvai-Domänen, die in den Genen *NBPF10*, *NBPF14* und *NBPF19* beobachtet werden; ◘ Abb. 2.13). Zusätzlich zu diesen drei stark expandierten *NBPF*-Genen gibt es in dieser chromosomalen Region noch ein viertes stark expandiertes *NBPF*-Gen, *NBPF20*, dem allerdings kein *NOTCH2NL*-Gen benachbart ist. *NBPF20* erscheint auch phylogenetisch weiter entfernt von den anderen *NBPF*-Expansionen und hat sich wohl eher unabhängig davon entwickelt (nach Fiddes et al. 2019).

Als Ursache genomischer Duplikationen dürfen wir aber mobile genetische Elemente nicht vergessen (oft auch als transponierbare Elemente bezeichnet); die meisten Unterschiede betreffen die Gruppe der *Alu*- und *Line1*-Elemente. Die zahlenmäßig größte Gruppe ist die *Alu*-Gruppe; sie umfasst einen DNA-Abschnitt von ~300 bp, der 300.000- bis 600.000-mal verteilt im Genom von Primaten vorkommt und keine Protein-codierende Information trägt. Die Sequenz kann durch das Restriktionsenzym *Alu*I herausgeschnitten werden (daher der Name). Es gibt etwa 5000 human-spezifische *Alu*-Insertionen; *Alu*-Insertionen proliferieren im humanen Genom etwa dreimal schneller als bei Schimpansen. Aber *Alu*-Elemente können über *Alu*-*Alu*-Rekombinationsereignisse auch zu Deletionen führen. Wir kennen im Humangenom knapp 300 Deletionen, die insgesamt ~400 kb umfassen. So ging beispielsweise im Gen *CMAHP* (kodiert für Cytidinmonophosphat-N-Acetylneuraminsäure-Hydroxylase) das 6. Exon aufgrund eines Rekombinationsereignisses in der humanen Entwicklungslinie verloren; das Gen wurde dadurch zu einem Pseudogen und das kodierte Enzym wird nicht

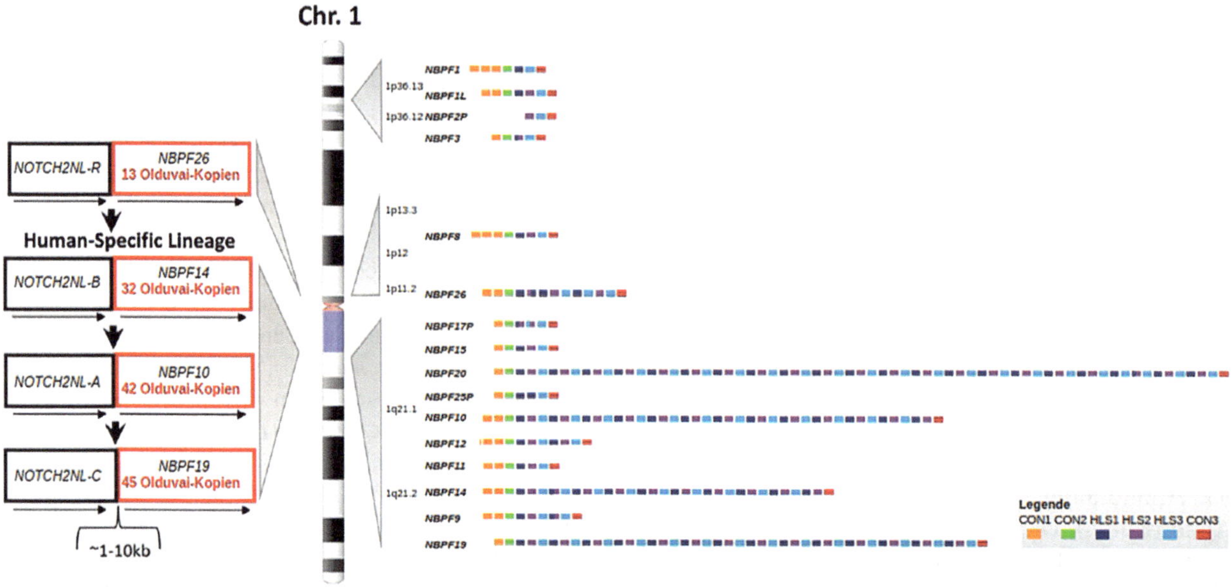

Abb. 2.13 Genomorganisation, Phylogenie und jüngste Entwicklung der menschlichen *NBPF*-Gene und Olduvai-Proteindomänen. Rechts von Chromosom 1 sind die Genompositionen der *NBPF*-Gene und die Anzahl und Anordnung der Olduvai-Domänen-Subtypen auf der Grundlage der jüngsten Zusammenstellung des menschlichen Genoms (hg38) dargestellt. Jeder Block steht für eine Olduvai-Proteindomäne; jeder der sechs primären Olduvai-Subtypen ist durch eine andere Farbe dargestellt. Auf der linken Seite von Chromosom 1 ist die jüngste Evolutionsgeschichte der *NOTCH2NL*/*NBPF*-Genpaare und der Olduvai-Proteindomänen gezeigt. Das Modell beschreibt die Reihenfolge und den Zeitpunkt der wahrscheinlichen Duplikationsereignisse, die zu mehreren humanspezifischen Kopien von *NOTCH2NL*- und *NBPF*-Genen und zur humanspezifische Hyperamplifikation der Olduvai-Domänen führten. Die Pfeile unter jedem Gen zeigen die Richtung der Orientierung an. Con: konservierte Subtypen; HLS: humanspezifische Subtypen. (Nach Fiddes et al. 2019, Springer)

gebildet. Umgekehrt haben *Alu-Alu*-Rekombinationen auch einen wichtigen Einfluss auf die Entwicklung des Schimpansengenoms: 663 solchen Schimpansen-spezifischen Deletionen führen zu einem Verlust von ~770 kb DNA; etwa die Hälfte der Deletionen erfolgte innerhalb von Genen.

Die Aktivität des *Line1*-Elements (engl. *long interspersed nuclear element*) ist in der Entwicklungslinie der Menschen und der Schimpansen vergleichbar und führte zu über 2000 spezies-spezifischen Integrationen. *LINE1*-Elemente umfassen 4–10 kb; sie sind für mindestens 73 humanspezifische Deletionen verantwortlich, die in der Summe etwa 450 kb des Genoms betreffen (nach Suntsova und Buzdin 2020).

Eine entwicklungsgeschichtlich relativ junge Klasse transponierbarer Elemente sind die SVA-Retrotransposons (SINE-VMTR-Alu; Abb. 2.14), die nur bei Primaten einschließlich des Menschen vorkommen. Sie befinden sich Genabschnitten mit einem hohen GC-Gehalt und werden deshalb auch als „mobile CpG-Inseln“ bezeichnet. Im humanen Genom fand man etwa 1000 Spezies-spezifische Kopien – das sind etwa doppelt so viele wie bei Schimpansen. Sie kommen besonders häufig in Gruppen von Genen vor, die für Zinkfinger-Transkriptionsfaktoren codieren (nach Suntsova und Buzdin 2020, Gianfrancesco et al. 2019).

Segmentale Duplikationen im menschlichen Genom sind aber nicht auf die chromosomale Region 1q21 beschränkt, sondern finden sich an vielen Stellen des Genoms. Viele menschliche Duplikationen finden sich gehäuft um gemeinsame Sequenzen; dieser Bereich wird auch als „Kernduplikon“ (engl. *core duplicon*) bezeichnet. Diese Kernduplica entsprechen der Ausdehnung von Genfamilien, von denen einige Anzeichen von positiver Selektion zeigen und die keine Orthologe in anderen Säugetierarten haben. Diese genomische Architektur prädisponiert Affen und Menschen zu ausgedehnter genetischer Vielfalt, die auch auf vielfältigen strukturellen Möglichkeiten zu nicht-allelischer homologer Rekombination beruht (nach Marques-Bonet und Eichler 2009). Wir wollen hier noch einige wichtige Stellen hervorheben:

Auf dem menschlichen Chromosom 2 wurden mehrere Duplikationen identifiziert, die mit einem Kernduplikon assoziiert sind und die durch die Duplikation und Aneinanderreihung von zwei Vorläufergenen, *RANBP2* (kodiert für das RAN-bindende Protein 2) und *GCC2* (*GRIP and Coiled-Coil domain containing 2*), in einem Zeitraum von weniger als 15 Mio. Jahren entstanden sind; die Gene dieser Genfamilie werden auch als *RGPD*-Gene bezeichnet (*RANBP2-like and Grip-domain containing protein*). Wir finden davon beim Menschen 8 Kopien (2p11.2–q13); das ursprüng-

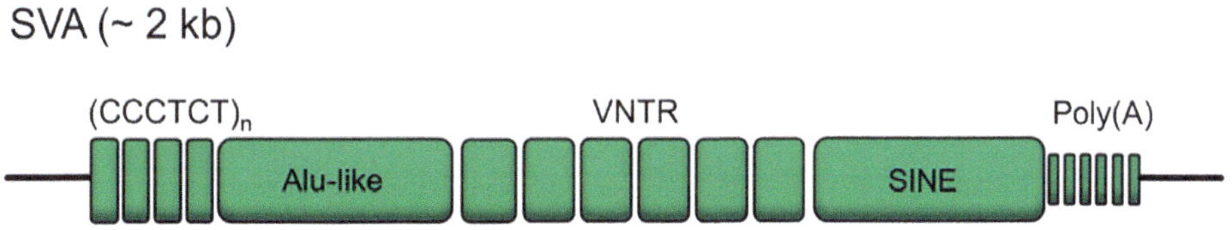

Abb. 2.14 Die typische SINE-VNTR-Alu (SVA)-Struktur: SVAs enthalten üblicherweise fünf verschiedene Regionen: eine $(CCCTCT)_n$-Hexamer-Wiederholungseinheit am 5′-Ende, eine *Alu*-ähnliche Domäne, eine Einheit mit unterschiedlichen Wiederholungen (engl. *variable number tandem repeat*; VNTR), eine von SINE-Elemente abgeleitete Region, und einen Poly-A-Schwanz. Die SVA-F1-Unterfamilie weicht von der typischen Struktur ab und enthält statt des $(CCCTCT)_n$-Hexamers eine 5′-Transduktion des ersten Exons des *MAST2*-Gens (engl. *microtubule-associated Serine/Threonine-protein kinase 2*). SVAs haben üblicherweise eine Länge von ~2 kb; sie können aber wegen der Veränderungen in der Zahl der Wiederholungseinheiten in der Länge variieren. (Nach Gianfrancesco et al. 2019; CC-by 4.0, ▶ http://creativecommons.org/licenses/by/4.0)

liche Gen *RANBP2* ist auf Chr. 2q13 lokalisiert. Es gibt keine Hinweise auf *RGPD*-Gene bei Makaken, Marmosetten oder Nachtaffen, wo nur die ursprünglichen Gene *RANBP2* und *GCC2* Gene zu finden sind. Phylogenetische Analysen bestätigen die Entstehung von *RGPD*-Genen und die Ausdehnung der Kopienzahl in der Abstammungslinie der Großen Affen (Schimpansen, Bonobos, Gorilla, Orang-Utan und Gibbon). Sowohl die Phylogenie als auch die Integrationsorte zeigen jedoch, dass die meisten Duplikationen unabhängig sind – als Ergebnis von segmentalen Duplikationen oder Genkonversionsereignissen. Es gibt nur ein paraloges Gen des Menschen, *RGPD2*, das syntenisch und ortholog zu dem entsprechenden Gen der afrikanischen Großen Affen ist. Insgesamt gibt es bei den fünf Linien der Großen Affen 20 unabhängige Mutationsereignisse (mit einer Gesamtlänge von ~1,2 Mbp) und ist damit ein Extrembeispiel für eine Homoplasie. Die meisten segmentalen Duplikationen der *RGPD*-Gene gehen mit größeren strukturellen Veränderungen der flankierenden Regionen auf dem Chromosom 2, besonders mit größeren Inversionen einher. Daraus kann man dann beispielsweise schließen, dass die menschlichen Gene *RGPD3* und *RGPD4* keine echten orthologen Gene zu den Genen *RGPD3* und *RGPD4* des Schimpansen sind, obwohl sie als syntenisch erscheinen. *RGPD1* ist ein human-spezifisches Paralog, das vor ~570.000 Jahren in der human Linie entstanden ist. Noch jünger ist das menschliche *RGPD6*-Gen, das vor ~5200 Jahren durch segmentale Duplikation oder Genkonversion aus *RGDP5* entstanden ist. Der Bereich zwischen diesen beiden human-spezifischen Kopien beinhaltet auch das *NPHP1*-Gen (Nephrocystin 1); hier kann es aufgrund von nicht-allelischen homologen Rekombinationen zwischen invertierten und direkten Wiederholungseinheiten auch zu Inversionen und Mikrodeletionen kommen, die mit seltenen Erkrankungen wie dem Joubert-Syndrom und juveniler Nephronophthise einhergehen können (nach Mao et al. 2024). Eine Übersicht über segmentale Duplikationen im ganzen menschlichen Genom und die damit verbundenen Regionen möglicher genetischer Instabilität gibt ◘ Abb. 2.15.

Wir wollen jetzt abschließend noch einige human-spezifische Mutationen in Protein-kodierenden Genen betrachten; sie repräsentieren etwa 1,2 % der Unterschiede im Genom zwischen Menschen und Schimpansen (wir haben oben gesehen, dass die Zahl größerer Deletionen und Insertionen etwa 3 % unseres Genoms betreffen) (nach Suntseva und Buzdin 2020). Ein wichtiges molekulares Maß für die Evolutionsgeschwindigkeit Protein-kodierender Regionen ist das Verhältnis nicht-synonymer (K_A) zu synonymen Basenaustauschen (K_S) in den codierenden Regionen; ein Wert über 1 deutet dabei eine positive Selektion an. Wenn wir Gene betrachten, bei denen human-spezifische Veränderungen zu beobachten sind, so betreffen sie vor allem die Entwicklung des Gehirns und die kognitiven Fähigkeiten des Menschen, das Immunsystem, den Metabolismus, die morphologischen Veränderungen und das Reproduktionssystem. Eine große Gruppe von ~800 Genen codiert für Geruchsrezeptoren, und für knapp 700 dieser Gene gibt es bei Schimpansen und Menschen orthologe Gene. Allerdings haben in beiden Spezies etwa die Hälfte davon ihre Aktivität verloren und sind zu Pseudogenen mutiert. So haben zwar Schimpansen und Menschen etwa die gleiche Anzahl von olfaktorischen Rezeptorgenen, aber jeweils 25 % der aktiven Gene sind spezies-spezifisch; wir werden das in ▶ Abschn. 5.3.1 noch genauer diskutieren. Einige Beispiele mit positiven Veränderungen bei Menschen sind in ◘ Tab. 2.2 aufgeführt.

Daneben gibt es aber auch Gene, die in der humanen Entwicklungslinie durch Punktmutationen inaktiviert und damit zu Pseudogenen wurden. Dazu gehören *TCRGV10* (engl. *T cell receptor gamma variable 10*; Chr. 7p14) und *MBL1* (engl. *mannose-binding lectin*; Chr. 10q22); die Pseudogenisierung von *CMAH* hatten wir oben in anderem Zusammenhang bereits diskutiert. Durch die Inaktivierung dieses Gens und dem damit verbundenen Verlust der entsprechenden Enzymaktivität gibt es auf menschlichen Zelloberflächen keine N-Glycolylneuraminsäure (Neu5Gc). Andere Gene, die im

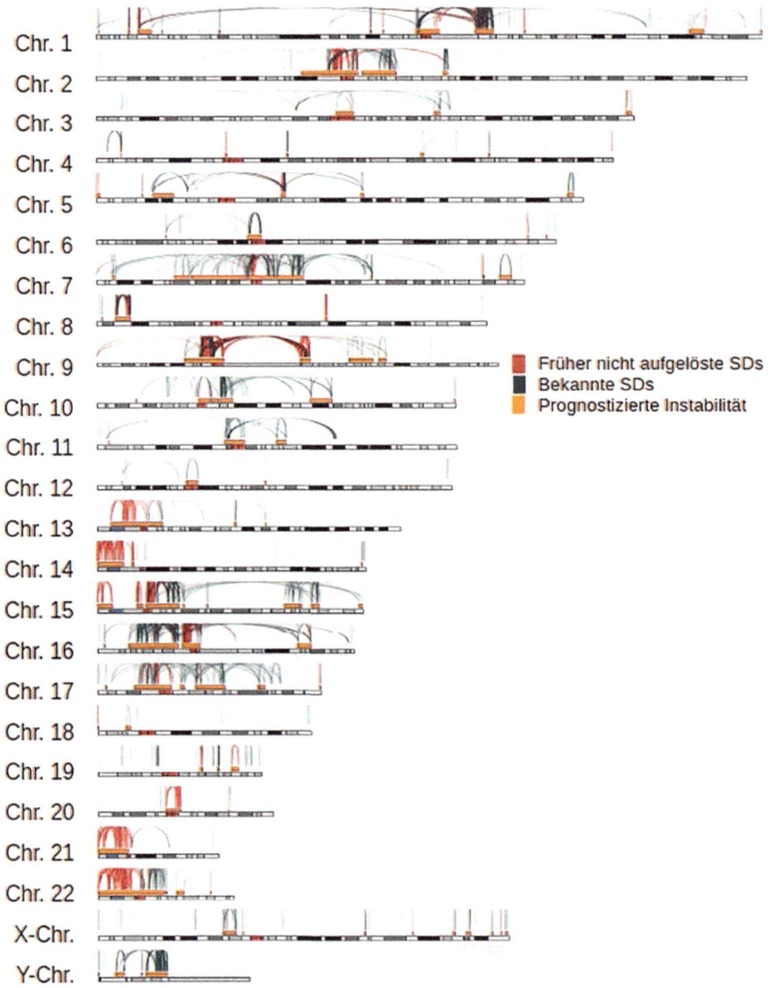

Abb. 2.15 Segmentale Duplikation (SD) im menschlichen Genom auf der Basis des Telomer-to-Telomer-Konsortiums (T2T). Das Muster der bisher nicht aufgelösten oder strukturell abweichenden intrachromosomalen Duplikationen im T2T (*rot*) ist im Vergleich zu bekannten Duplikationen in GRCh38 (*blau-grau*) dargestellt. Auf dieser Basis sind Hotspots genomischer Instabilität (*gold*) vorausgesagt, die von großen segmentalen Duplikationen (> 10 kb) flankiert sind und die eine hohe Identität (> 95 %) aufweisen. (Nach Vollger et al. 2022, mit freundlicher Genehmigung durch die Autoren)

Metabolismus von N-Acetylneuraminsäure (auch bekannt als Sialinsäure) eine Rolle spielen, sind ebenfalls von speziesspezifischen Mutationen betroffen.

Eine interessante Evolution bietet das Gen für Caspase 12 (Gensymbol: *CASP12*; OMIM 608633; Chr. 11q22), denn es hat mehrere Mutationen entwickelt. Darunter befindet sich ein Basenaustausch (engl. *single nucleotide polymorphism*, kurz: SNP), der im Exon 4 ein vorzeitiges Stoppcodon einführt. Dieser Polymorphismus entstand wahrscheinlich vor 100.000–500.000 Jahren in Afrika und war wohl zunächst neutral; positive Selektion begann vor etwa 60.000–100.000 Jahren. Der Verlust der Caspase-12 Aktivität führt zu Sepsis-Resistenz, sodass Populationen, die vermehrt Infektionskrankheiten ausgesetzt waren, in ihrer Größe zunehmen konnten.

Wir haben bis jetzt im Wesentlichen die Genome Großer Affen mit denen des Menschen verglichen und dabei wichtige Unterschiede gesehen. Dabei wurde allerdings oft das menschliche Genom als Referenz verwendet, was natürlich zu einer gewissen Verzerrung führt und Besonderheiten im Genom der Großen Affen leicht übersieht. Zur Genomanalyse wurden bisher auch nur eine relativ kleine Zahl von Affen herangezogen, wenn wir es mit den großen Zahlen von Menschen vergleichen, deren Genom inzwischen bekannt ist. Bei Menschen wissen wir, dass es sehr viele Polymorphismen gibt, die auch regional sehr unterschiedlich häufig auftreten. Diese Daten sind bei Affen noch sehr selten.

Auch die funktionelle Interpretation der bisher bekannten genetischen Unterschiede zwischen Menschen und Großen Affen ist schwierig, denn häufig fehlen von

Tab. 2.2 Beispiele für Gene mit positiven human-spezifischen Veränderungen

Gen	OMIM (Chr.)	Veränderung	Funktion
AMY1 (Amylase)	104700 (1p21)	Kopienzahlvariationen	Erhöhter Stärkeabbau
AQP7 (Aquaporin)	602974 (9p13)	Kopienzahlvariationen	Erhöhter Wasser- und Glycerin-Transport
ARHGAP11B (Rho-GTPase-aktivierendes Protein 11B)	616310 (15q13)	Segmentale Duplikation	Vergrößerung des Neocortex
ASPM (engl. *abnormal spindle-like; microcephaly associated*)	605481 (1q31)	Positive Selektion	Vergrößertes Gehirn
BOLA2 (engl. *BolA family member 2*)	613182 (16p11)	Segmentale Duplikation	Eisen-Homöostase
CCL3L1 (engl. *chemokine, CC-motif, ligand 3-like 1*)	601395 (17q11)	Segmentale Duplikation	Immunsystem
CHRM3 (engl. *cholinergic receptor, muscarinergic, 3*)	118494 (1q43)	Neues Exon	Reproduktion
CHRFAM7A (*CHRNA7*: engl. *cholinergic receptor, neuronal nicotinic, α7-subunit*; FAM7A: engl. *family with sequence similarity 7*)	609756 (15q13)	Fusionsgen aus partieller Duplikation von *CHRNA7* und *FAM7A*	Höhere Gehirnfunktion
FOXP2 (engl. *forkhead box* P2)	605317 (7q31)	Aminosäureaustausche	Sprache
GHR (Wachstumshormon-Rezeptor)	600946 (5p13)	Deletion von Exon 3	Polymorphismus; assoziiert mit Reaktion auf Mangelernährung
HACNS1 (engl. *human-accelerated conserved noncoding sequence-1*)	608651 (2q37)	Schnelle Evolution	Musterbildung an Kiemenbogen, Gliedmaßen und Fingern
HAR1 (engl. *human accelerated region 1*)	610556 (20q13)	Schnelle Evolution	Entwicklung des Neocortex
MCPH1 (Microcephalin)	607117 (8p23)	Positive Selektion	Vergrößertes Gehirn
NOTCH2NL (*engl.* Notch 2 N-terminal like)	618023 618024 (1q21)	Segmentale Duplikation	Vergrößerter Neocortex
PRM1, *PRM2* (Protamin-1 bzw. -2)	182880 182890 (16p13)	Positive Selektion	Spermien
SPANXB, *SPANXC* (engl. *sperm protein associated with the nucleus, X chromosome, family B, C*)	300669, 300330 (Xq27)	Kopienzahl	Postmeiotische Spermatogenese
SRGAP2 (engl. *slit-robo RHO-GTPase activating protein 2*)	606524 (1q32)	Kopienzahl	Neuronale Verzweigung

Nach O'Bleness et al. (2012b), Suntsova und Buzdin (2020), Pollen et al. (2023), OMIM: ► www.omim.org

den untersuchten Affen detailliertere Angaben zu Geschlecht, Alter, Krankheitsstatus und Medikation, Bluttests, genauere Morphologie oder auch Verhalten. Auch primäre Zell- und Organkulturen sind aus vielerlei Gründen nicht praktikabel. Eine Alternative, die sich aktuell abzeichnet, sind induzierte pluripotente Stammzellen (engl. *induced pluripotent stem cells, iPS cells*). Sie werden aus isolierten differenzierten somatischen Zellen gebildet, wenn diese durch vier Faktoren (Oct4, Sox2, Klf4 und c-Myc) in einen Stammzell-ähnlichen Zustand zurückversetzt werden. Aus diesen iPS-Zellen können sich dann durch geeignete weitere Faktoren alle relevanten Organe gebildet werden. In diesen Organkulturen, aber auch in einzelnen Zellen, können dann vergleichende funktionelle Untersuchungen durchgeführt werden, wobei es moderne Methoden erlauben, die gesamten Transkripte („Transkriptomics"), Metabolite („Metabolomics") oder alle Proteine („Proteomics") zu untersuchen. Einen Überblick über aktuelle Möglichkeiten von „OMIC"-Studien zum funktionellen genomweiten Vergleich zwischen Affen und Menschen gibt ◘ Abb. 2.16. Wir werden dazu sicherlich bald viele spannende Ergebnisse erhalten, die ein tieferes Verständnis der genetischen Unterschiede zwischen Großen Affen und uns Menschen ermöglichen.

! Wir kennen viele Bereiche des menschlichen Genoms, das sich im Vergleich mit dem Schimpansen-Genom besonders schnell verändert. Hier finden sich häufig regulatorische Sequenzen, von denen man annimmt, dass sie die Gehirnentwicklung beeinflussen. Da funktionelle Untersuchungen an Menschen und Menschenaffen nicht möglich sind, werden entsprechende Experimente an Kulturen von induzierten pluripotenten Stammzellen (iPS) durchgeführt.

2.3 Die Evolution der frühen Menschen

Wie wir oben gesehen haben, erfolgte die Trennung der menschlichen Entwicklungslinie von der Linie der Schimpansen am Ende des Miozäns vor etwa 5,7–10 Mio. Jahren Die Verteilung der heutigen (und auch der fossilen; ◘ Abb. 2.17) Affen erlaubt es aber nicht unbedingt, auf die Ursprünge der ersten Menschen zurückzuschließen.

Das Verständnis des Ursprungs der menschlichen Linie (der Homininen) verlangt die Rekonstruktion der Morphologie, des Verhaltens und der Umwelt des letzten gemeinsamen Vorfahrens von Schimpansen und Menschen; moderne Hominoide (das sind Menschen und die Großen Affen) haben zwar viele Eigenschaften gemeinsam (z. B. einen orthograden Körperplan, der aufrechte Haltungen ermöglicht) – allerdings zeigen fossile Funde, dass heute lebende Hominoide nahe Verwandte einer alten Auffächerung (Radiation) von weiter verbreiteten Spezies darstellen; von denen keine das vollständige Muster von lokomotorischen Anpassungen zeigt wie es in den übrig gebliebenen Verwandten vorhanden ist. So mögen sich Ähnlichkeiten der modernen Affen parallel als Antwort auf ähnliche Formen eines Selektionsdrucks entwickelt haben.

Im Vergleich zu einem pronograden Affen (mit horizontal gehaltenem Rücken) ist der Körperbauplan von modernen Hominoiden durch das Fehlen eines äußeren Schwanzes charakterisiert (das Steißbein ist ein verkümmerter Überrest); der Brustkorb ist mediolateral breit und dorsoventral flach; die Schulterblätter sind dorsal platziert und cranial erhöht; der untere Rücken verkürzt und die Beckenschaufeln vergrößert. Moderne Hominoide haben eine größere Bandbreite der Gelenkbeweglichkeit; die volle Ausbreitung der Ellenbogen wird durch einen kurzen Ellenbogenhöcker erleichtert. Der orthograde Körperplan (mit senkrecht gehaltenem Rücken) erleichtert bei modernen Menschen das Gehen auf zwei Beinen und verschiedene Formen des Kletterns auf Bäumen und bei Affen das Hängen unter den Ästen. Der Knöchelgang bei landlebenden Affen wird als ein Verhaltenskompromiss bei orthograden Affen mit langen Vorderarmen (verglichen mit den Hinterbeinen) angesehen; ein orthograder Körperplan kann von spezifischen Anpassungen an das Hängen an Ästen getrennt werden. Andere fossile Affen zeigen eher Körperpläne mit Vorderarmen, die eher modernen Affen ähneln (nach Almécija et al. 2021). So zeigt ◘ Abb. 2.18 schematisch verschiedene Unterschiede zwischen verschiedenen heutigen Primaten mit kurzen oder langen Rücken in Bezug auf die Fähigkeit (und Häufigkeit), auf zwei Beinen zu gehen.

Die Zweibeinigkeit (Bipedie) erlaubt es Menschen, sich lange und ausdauernd mit relativ hoher Geschwindigkeit in warmen und trockenen Regionen fortzubewegen; der Mensch ist dabei ~20 % schneller als sein nächster Verwandter, der Schimpanse. Die Entwicklung der Zweibeinigkeit mag dabei der initiale Funke gewesen sein, der die menschliche Linie auf einen anderen evolutionären Pfad als die afrikanischen Großen Affen gesetzt hat. Umgekehrt sind Hinweise auf Zweibeinigkeit in fossilen Funden Anlass, diese als Hominine zu klassifizieren – möglicherweise ein Zirkelschluss. Neben der Zweibeinigkeit gibt es noch weitere wichtige äußere Unterscheidungsmerkmale zwischen Menschenaffen und modernen Menschen, die allerdings durchaus auch mit dem Laufverhalten assoziiert sind. Dazu gehört vor allem der Verlust des Fells an den meisten Stellen des Körpers, was mit der Umstellung der Schweißdrüsen, der Entwicklung des Schwitzens und damit der besseren

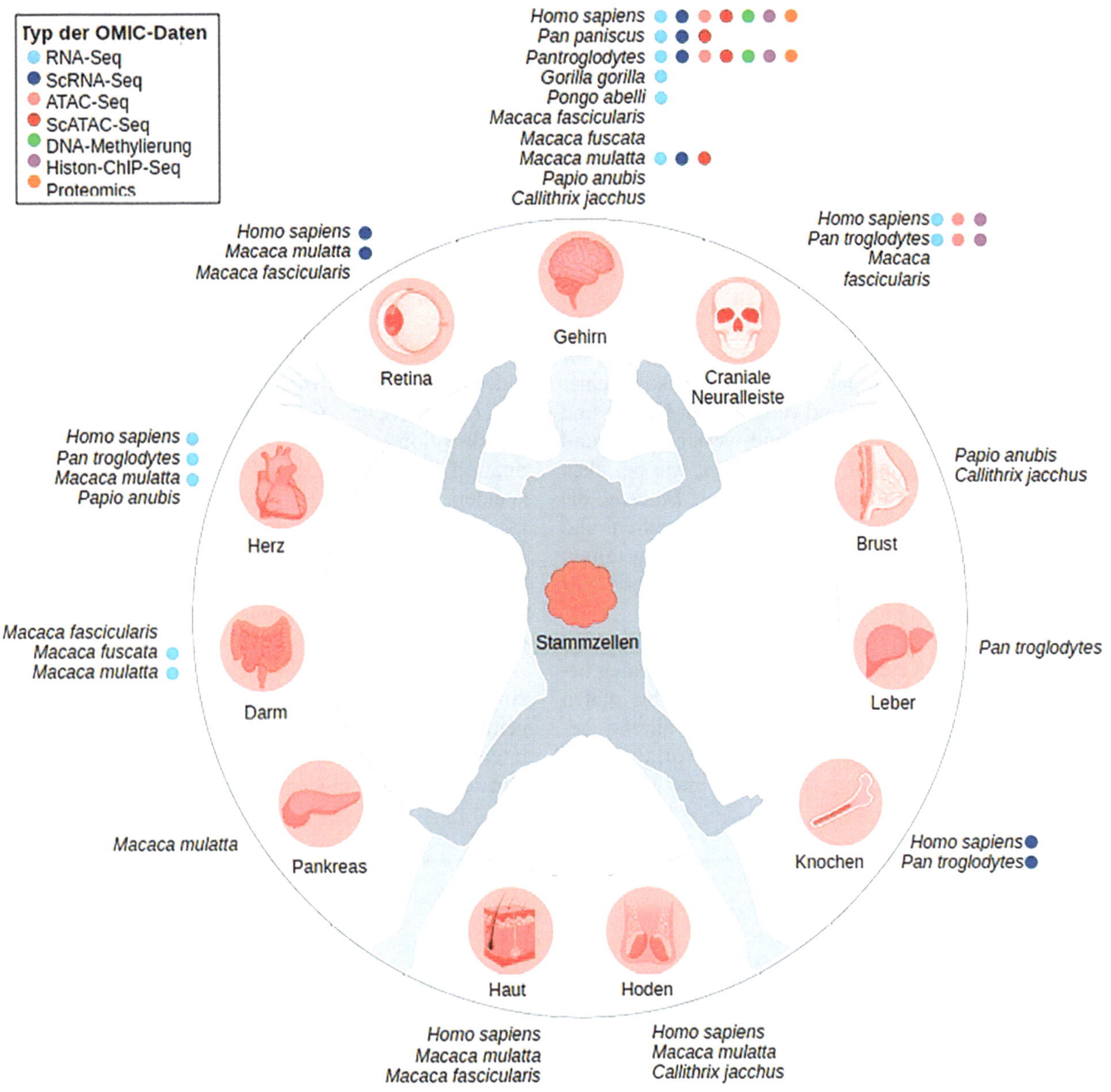

Abb. 2.16 Funktionelle Vergleiche zwischen DNA-Sequenzen verschiedener Primaten durch „OMIC"-Studien an Geweben und Organen, die aus induzierten pluripotenten Stammzellen (iPS Zellen) hergestellt wurden. Viele funktionelle Genomstudien benutzen diese *in-vitro* Differenzierungssysteme, die in verschiedenen experimentellen Modellen durchgeführt werden. Dazu gehören Rhesusaffen, Seidenaffen und unsere nächsten Verwandten, die Schimpansen. Wenn bei einer Spezies kein Punkt angegeben ist, gibt es von dieser Spezies (noch) keine OMIC-Daten. Menschliche Gewebe sind hier nur aufgeführt, wenn es sich dabei um vergleichende Analysen handelt. ATAC-Seq: engl. *assay for transposase-accessible chromatin using sequencing*; ChIP-Seq: engl. *chromatin immunoprecipitation followed by sequencing*; RNA-Seq: RNA-Sequenzierung; scATAC: Einzelzell-ATAC-Seq; scRNA-Seq: Einzelzell-RNA-Sequenzierung. (Nach Juan et al. 2023; Springer Nature)

Möglichkeit zur Kühlung auf der Hautoberfläche zusammenhängt. Diese Entwicklung bietet offensichtlich große evolutionäre Vorteile beim schnellen Laufen über größere Strecken (nach Lieberman 2015).

Bei der Frage nach dem Ursprung des zweifüßigen Gehens stellt sich natürlich die Frage nach möglichen gemeinsamen Vorläufern von heutigen Großen Affen und dem Menschen, aus denen heraus sich die Menschenaffen einerseits und die Menschen andererseits in Bezug auf ihre Fortbewegung entwickelt haben könnten. Interessante Fossilien dazu wurden auch in Europa nördlich der Alpen gefunden (◘ Abb. 2.17), und zwar im Allgäu: *Danuvius guggenmosi* lebte dort vor ~11,6 Mio. Jahren: mit einem breiten Brustkorb, einer langen Lendenwirbelsäule und verlängerten Hüften und Knien, wie bei Zweibeinern, und verlängerten und vollständig ausgestreckten Vorderbeinen, wie bei allen Menschenaffen (Hominoiden), kombiniert *Danuvius* die Anpassungen von Zweibeinern und Hängeaffen und bietet damit ein Modell für den gemeinsamen Vorfahren von Menschenaffen und Menschen und insbesondere der Zweibeinigkeit (Böhme et al. 2019).

Die Zähne von *D. guggenmosi* weisen ihn als ein Mitglied fossiler Affenarten aus, die als Dryopithecinen bezeichnet werden, und die aus dem mittleren bis späten Miozän in Europa gefunden wurden. Während bestimmter Zeiten des Miozäns lebten viele Vorfahren der Großen Affen in ganz Europa und Asien und wanderten sowohl nach Afrika als auch aus Afrika heraus. Dryopithecinen weisen manche Merkmale auf, die heute bei Schimpansen und Gorillas zu finden sind und daher gute Kandidaten für die Vorfahren der heute lebenden afrikanischen Menschenaffen sind (Kivell 2019).

Es wurde oft darüber spekuliert, dass der aufrechte, zweibeinige Gang auch mit dem Verlust des Schwanzes verbunden ist, wie wir es übrigens auch bei den Menschenaffen finden. Der Verlust des Schwanzes wird auf einen Zeitraum vor ~25 Mio. Jahren geschätzt, als sich die Linie der Hominoiden von den ursprünglichen Altweltaffen trennte. Hierfür gibt es inzwischen auch eine molekulare Hypothese: In der hominoiden Linie findet man eine *Alu*-Insertion im sechsten Intron des *TBXT*-Gen (Chr. 6q27; kodiert für den T-Box Transkriptionsfaktor T). Diese Insertion führt in Kombination mit einem anderen, benachbarten *Alu*-Element zu einem veränderten Spleißvorgang und zu einem Verlust des Exon 6 – und in der Folge zu einem Verlust des Schwanzes, wie Modellexperimente in Mäusen zeigen (nach Xia et al. 2024). Wir werden sehen, ob es für diese Hypothese weitere experimentelle Argumente geben wird.

Die Trennung der Entwicklungslinien von Schimpansen und frühen Menschen können wir genetisch nicht direkt nachvollziehen: die älteste DNA, die bisher untersucht wurde, ist etwa 2 Mio. Jahre alt (von verschiedenen Tieren in Grönland; Kjaer et al. 2022). Und

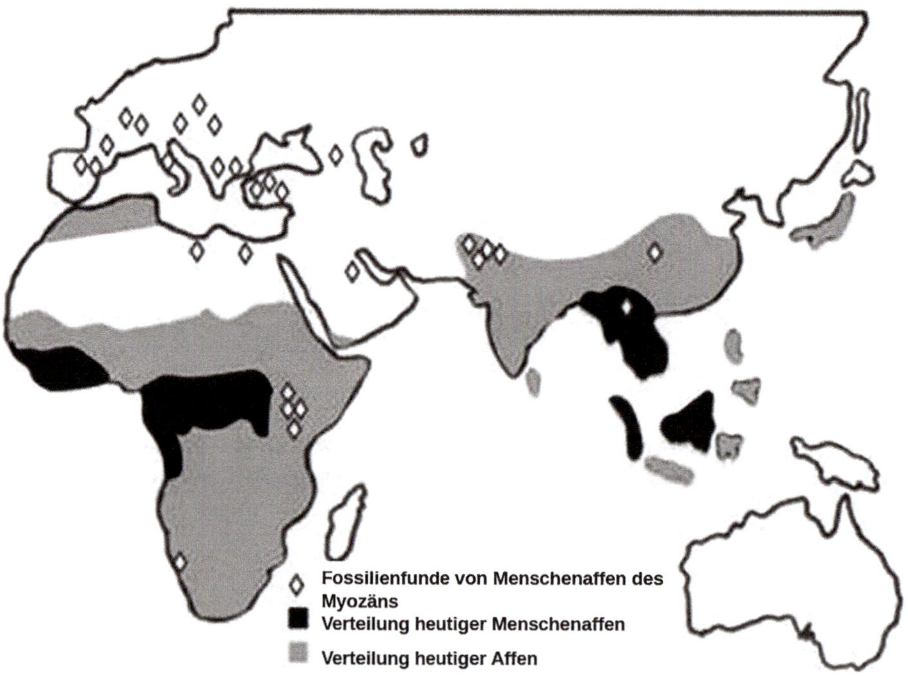

◘ **Abb. 2.17** Der Vergleich der Verteilung von Menschenaffen des Miozäns und heutigen Menschenaffen und Altweltaffen zeigt die deutliche Verringerung des Verbreitungsgebiets von Menschenaffen und die Verdrängung durch die jüngste Ausbreitung der Altweltaffen. Nur die am weitesten entwickelten hominoiden Arten haben es geschafft, im ökologischen Wettbewerb mit den Altweltaffen zu überleben. (Nach Reno 2014; Wiley)

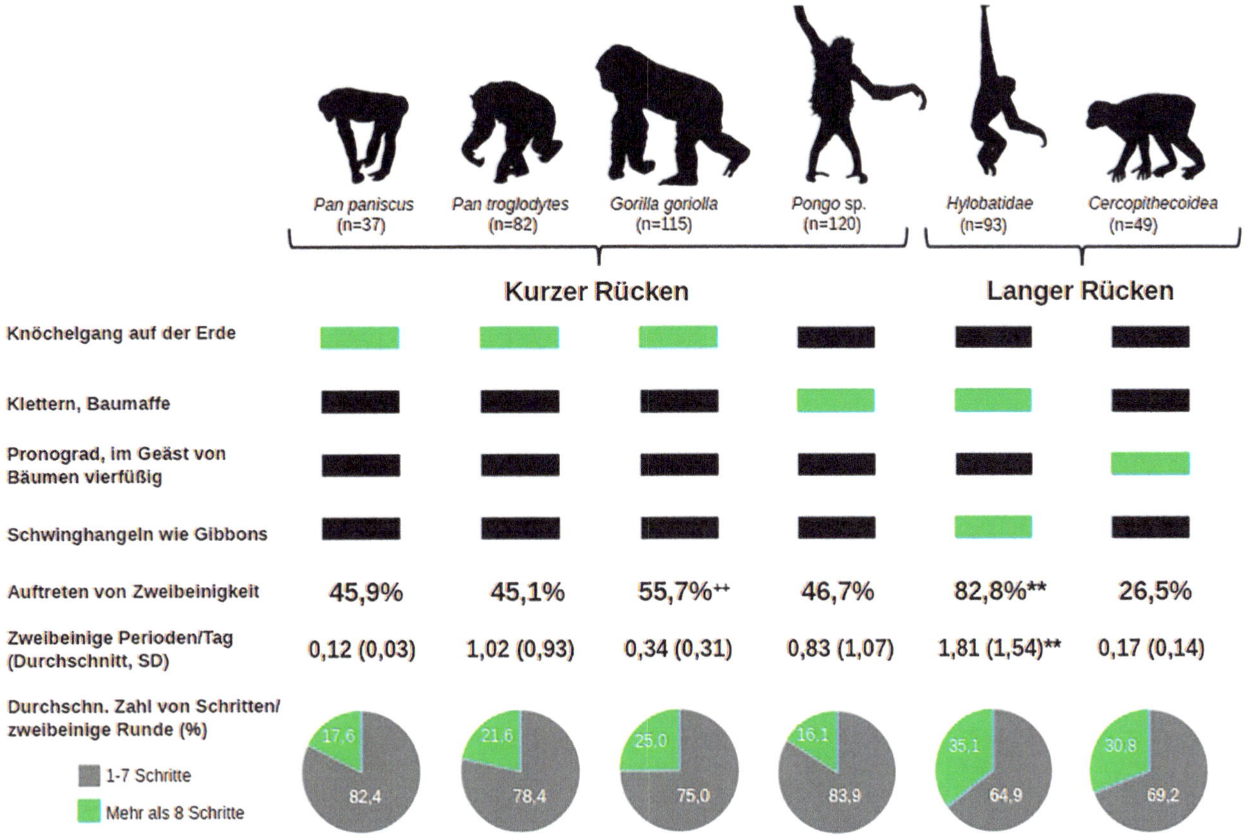

Abb. 2.18 Zweibeiniges Verhalten bei lebenden Primaten. Die heutigen Menschenaffen haben einen orthograden Körperbau, während die Affen pronograd sind. Unterschiede bestehen auch in der Anzahl der Lendenwirbel, wobei die Menschenaffen drei bis vier Lendenwirbel besitzen (kurzer Rücken) und Hylobatiden (Gibbons) und Cercopithecinen (Meerkatzen) fünf bis sieben (langer Rücken). Menschen und fossile Homininen haben ebenfalls fünf Lendenwirbel. Die Auswertung verschiedener Modelle für die Entstehung der Zweibeinigkeit (*linke* Spalte) zeigt für lebende Menschenaffen die jeweils höchste Häufigkeit als *grüne* Rechtecke. In der gezeigten Stichprobe bewegten sich 82,8 % der Hylobatiden (n = 77/93) zweibeinig – ein Wert, der deutlich höher ist als bei allen anderen Taxa. Außerdem bewegten sich die Hylobatiden von allen Tieren, die sich zweibeinig fortbewegten, am häufigsten: 1,81-Mal pro Tag. Im Gegensatz dazu zeigt ein zweibeiniger Gorilla dieses Verhalten im Durchschnitt einmal alle drei Tage. Die Primaten mit langem Rücken – Hylobatiden und Cercopithecinen – machen auch die meisten Schritte pro Zweibeiner. ** $p < 0{,}01$: Hylobatiden waren signifikant häufiger zweibeinig und hatten signifikant mehr zweibeinige Perioden pro Tag im Vergleich zu allen anderen Arten. ++ $p < 0{,}01$: Gorillas waren im Vergleich zu Cercopithecinen signifikant häufiger zweibeinig. (Nach Rosen et al. 2022; CC-by 4.0, ▶ http://creativecommons.org/licenses/by/4.0)

so müssen wir uns an dieser Stelle (noch) mit fossilen Funden zufriedengeben und entsprechend interpretieren. Wir wollen daher diese frühe Zeit der Menschwerdung nur kurz streifen – und vielleicht gelingt es in naher Zukunft, auch aus diesen fossilen Funden Proben zu isolieren, die erfolgreich sequenziert werden können.

Der fossile Fund des *Sahelanthropus tchadensis* wird in die Zeit von vor 7,4–6,5 Mio. Jahren datiert und gilt als einer der frühesten Hominiden; ähnliches gilt für den *Orrorin tugenensis* (vor ca. 5,8 Mio. Jahren). Die bisherige Zuordnung basiert im Wesentlichen auf morphologischen Kriterien, wie unterschiedliche Zahnformen und Bipedie, die für Schimpansen nicht zutreffen. ◻ Abb. 2.19 gibt zunächst einen Überblick über die Hominiden in dem Zeitraum vor ~7 – ~2 Mio. Jahren; die wichtigsten Gruppen sind hier *Ardipithecus*, *Australopithecus* und *Paranthropus* – bis dann die ersten Funde auftauchten, die dem Menschen (*Homo*) direkt zugerechnet werden können.

Die Gattung ***Australopithecus*** ist für die menschliche Entwicklung von besonderer Bedeutung. Sie erscheint im Pliozän und dehnt sich bis in das frühe Pleistozän aus – und führt sehr wahrscheinlich sowohl zu Menschen (*Homo*) als auch zu *Paranthropus*. Der bisher früheste Fund aus Kanapi, südwestlich des Turkana-Sees in Kenia, datiert aus der Zeit von vor ~4,2 Mio. Jahren. Allerdings ist aufgrund fehlender früherer Funde unklar, wann *Australopithecus* tatsächlich entstanden ist. *Australopithecus* war eine sehr erfolgreiche Gattung, die sich über weite Teile Afrikas ausgebreitet hatte. Die Australopithecinen bestehen aus mehreren Arten, die in der Zeit vor 4,2 bis 2 Mio. Jahren erfolgreich Zentral-, Ost-

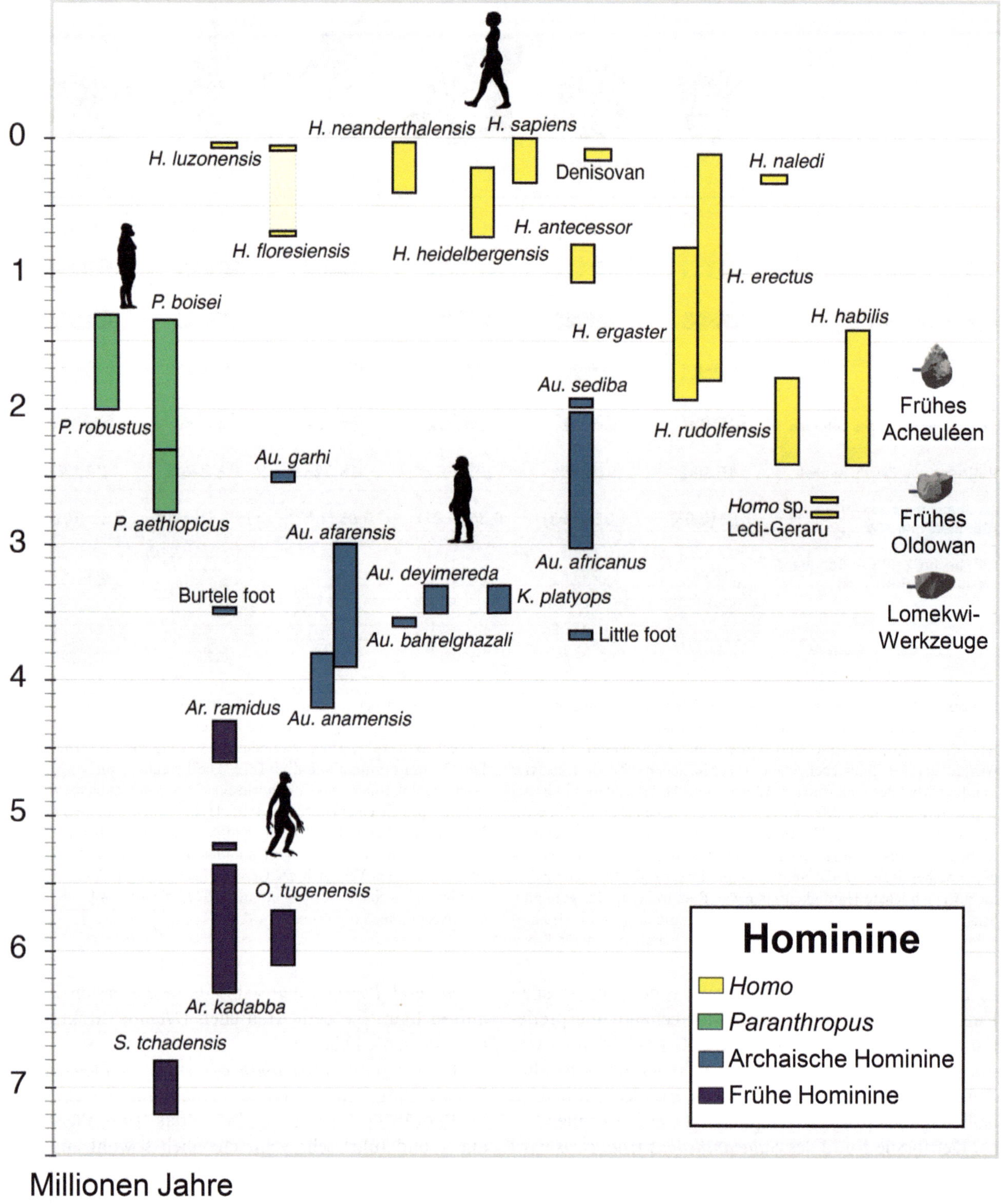

Abb. 2.19 Chronologie der Homininen. Die Zeitskala der menschlichen Evolution wird geschätzt, indem man das Alter verschiedener Arten in fossilen Datensätzen betrachtet und dann registriert, wann eine bestimmte Art zum ersten Mal auftaucht und wann sie das letzte Mal beobachtet wurde. Dieser Ansatz hat seine Grenzen, da er nur das lokale erste und letzte Auftreten einer bestimmten Art abschätzt, was aber nicht mit den tatsächlichen Ursprungs- und Aussterbedaten der betreffenden Art übereinstimmen muss. Es sind hier auch keine Linien angegeben, die Verwandtschaftsbeziehungen darstellen können. *Rechts* sind frühe kulturelle Epochen aufgrund von Funden von Steinwerkzeugen angegeben. Ar: *Ardipithecus*; Au: *Australopithecus*; H: *Homo*; *O: Orrorin;* P: *Paranthropus*; S: *Sahelanthropus*. Die Umrisse der Hominine stammen von ► http://phylopic.org. (Nach Püschel und Püschel 2021; mit freundlicher Genehmigung durch die Autoren)

und Südafrika besiedelten. Sowohl vor als auch nach der Eiszeit in der nördlichen Hemisphäre vor ~3 Mio. Jahren lebten die verschiedenen Gruppen der Australopithecinen in komplexen paleoökologischen Umgebungen. Die südliche Verteilung und Isolation der Populationen von *A. afarensis* scheint zur Entstehung des *A. africanus* geführt zu haben, der seinerseits *A. sediba* in Südafrika hervorbrachte. In Ostafrika kann *A. afarensis* zur Entstehung von *A. platyops*, *A. garhi*, *Paranthropus* und frühen Menschen (*Homo*) geführt haben. Die Ausbreitung der *A. afarensis*-Population nach Zentralafrika scheint nicht zu einer Speziesbildung geführt zu haben (allerdings gibt es nur wenige Fundstücke). Mit der enormen Ausbreitung zeigt sich *Australopithecus* als sehr anpassungsfähig und besiedelte unterschiedliche Lebensräume von Wäldern und Baumsavannen bis zu Gebieten mit eher offener Vegetation. Diese Flexibilität kann es den Populationen ermöglicht haben, sich auszubreiten und sich an eine Vielzahl von ökologischen Nischen in vielen Teilen Afrikas anzupassen und schließlich zur Entstehung verschiedener Arten beizutragen. Offensichtlich zeigen die männlichen und weiblichen Australopithecinen einen ausgeprägten Dimorphismus hinsichtlich der Körpergröße (nach Alemseged 2023). Einen Überblick über wichtige Fundstellen von frühen Homininen in Afrika gibt ◻ Abb. 2.20.

Ein bekanntes Beispiel der Australopithecinen ist „Lucy", die – entsprechend der Analyse der gebrochenen Knochen – vor ~3,2 Mio. Jahren im Alter von ~25 Jahren im heutigen Äthiopien vermutlich aus etwa 12 m Höhe von einem Baum fiel (Kappelman et al. 2016). Das Gehirn von Australopithecinen war nur unwesentlich größer als das heute lebender Affen, das Gesicht zeichnet sich durch ein vorstehendes Kinn und einen dominanten Unterkiefer aus. Das übrige Skelett verbindet affenähnliche Charakteristika (z. B. lange Vorderarme und gekrümmte Finger) mit eher abgeleiteten Formen; dies betrifft vor allem die Füße, die für einen gewohnheitsmäßigen Gang auf zwei Beinen ausgelegt sind.

Die Rekonstruktion der Umweltbedingungen, in denen Australopithecinen gefunden wurden, ergibt eine große Vielfältigkeit. Offensichtlich konnten sich Australopithecinen an einen Mix von Habitaten anpassen, dazu gehören Waldgebiete, Buschland und Grassavannen mit jeweils beachtlichen saisonalen Temperaturschwankungen – und das alles in einer gewaltigen geografischen Verteilung. Australopithecinen ernährten sich einerseits von Früchten, Blättern und Gräsern, aber auch von (rohem) Fleisch, das sie mit scharfen Steinklingen von den Knochen erlegter Tiere (oder von frischem Aas) abschabten. Sie waren auch in der Lage, sich Zugang zu Knochenmark zu verschaffen (nach Alemseged 2023).

Die Gattung ***Paranthropus*** ist deutlich jünger als *Australopithecus*; das älteste Fundstück stammt aus dem Gebiet des Omo-Flusses in Äthiopien und ist etwa 2,7 Mio. Jahre alt; die jüngsten Funde sind etwa 1,4 Mio. Jahre alt. Wir können drei Arten des *Paranthropus* unterscheiden: *P. robustus* (in Südafrika), *P. boisei* (in Ostafrika) und *P. aethiopicus* (in Äthiopien). Besonders die frühen Formen von *Paranthropus* sind morphologisch von *Australopithecus* schwer zu unterscheiden.

Zwar konnten bisher keine DNA-Proben all dieser Vormenschen sequenziert werden – die DNA ist einfach zu instabil. Allerdings scheinen Protein-Proben stabiler zu sein und dadurch Analysen eher zugänglich. So ist offensichtlich die Proteinanalytik des Zahnschmelzes möglich und bietet erste interessante Daten (Madupe et al. 2025). Die Zahn-Analyse von vier Skeletten von *P. robustus*, die in Südafrika gefunden wurden und etwa 2 Mio. Jahre alt sind, beinhaltete zunächst vier Proteine, die in allen Zahnproben identifiziert wurden (Albumin, Collagen-17α1, Enamelin und Matrixmetalloproteinase-20). Interessant ist aber das Protein Amelinogen. Dieses Protein wird durch zwei Gene codiert – eines auf dem X-Chromosom (*AMELX*) und das andere in der nicht-rekombinierenden Region auf dem Y-Chromosom (*AMELY*). Dadurch sind beide Gene evolutionär getrennt und haben sich auch unterschiedlich entwickelt. Auf Proteinebene zeichnet sich AMELY durch ein zusätzliches Methionin an Pos. 59 aus, das bei AMELX nicht vorkommt. Auf diese Weise konnten zwei der vier Proben als männlich klassifiziert werden. Die Untersuchung des Enamelin-Proteins zeigte noch eine weitere Auffälligkeit, nämlich einen Polymorphismus an der Position 137 zwischen Arginin und Glutamin. Dieser Befund deutet auf eine unerwartete genetische Heterogenität der vier Individuen hin. Wir werden später sehen, welche weitere interessante Befunde die Analyse der Proteine des Zahnschmelzes noch für uns bereithält.

Die Gattung ***Homo*** wurde zuerst mit einem Unterkiefer-Fund Äthiopien beschrieben, dessen Alter auf ~2,8 Mio. Jahren geschätzt wird. In die gleiche Zeit fällt eine Unterkiefer-Zahnreihe, die in Kenia gefunden wurde. Da die menschlichen Funde aus dieser Zeit aber sehr selten sind, bleiben die ersten Schritte des Menschen noch im Dunkeln. Es gilt aber als sehr wahrscheinlich, dass sich frühe Formen der Gattung *Homo* aus *A. afarensis* entwickelt haben. Für detaillierte Ergebnisse hinsichtlich hochauflösender bildgebender Verfahren und biomechanischer Analysen des Kau- und Bewegungsapparates sowie der Untersuchung der Umwelt und Geografie in diesem vorgeschichtlichen Zeitraum sei auf die einschlägigen Veröffentlichungen hingewiesen. Genetische Analysen der Fundstücke aus dieser Zeit liegen nicht vor.

! Von den frühen Vorfahren der Menschen gibt es nur fossile Funde. Sie lassen sich zwar mit vielen biophysikalischen Methoden untersuchen; DNA-Sequenzierungen

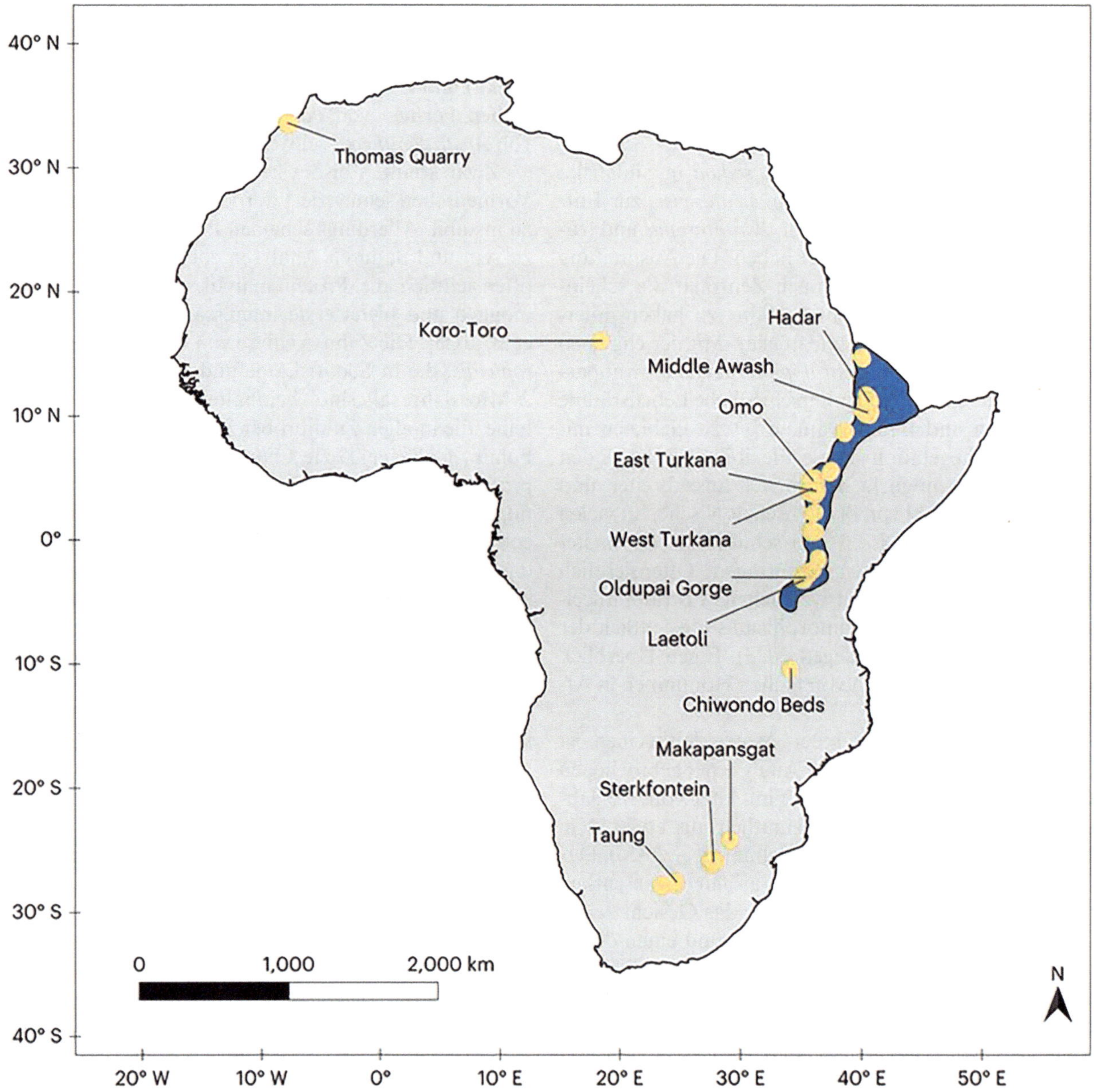

Abb. 2.20 Wichtige Fundstellen von Fossilen früher Hominine in Afrika sind durch gelbe Punkte markiert. Der östliche Zweig des ostafrikanischen Grabens ist blau dargestellt. Die Standorte sind mit Hilfe von Google Earth annäherungsweise und nur für illustrative Zwecke angegeben. (Nach Barr und Wood 2024, Springer Nature)

daraus waren bisher nicht möglich. Man nimmt an, dass sich die ersten Menschen der Gattung *Homo* aus dem *Australopithecus afarensis* entwickelt haben.

2.4 Von *Australopithecus afarensis* bis *Homo erectus*

Im vorigen Abschnitt haben wir die genetischen Unterschiede des modernen Menschen zu den modernen Affen beschrieben und wahrscheinliche erste Schritte in der menschlichen Entwicklungslinie grob skizziert. Wenn wir in der Evolution jetzt weitergehen, dann ist auch das mit Unsicherheiten verknüpft: denn außer fossilen Fundstücken, ihrer Einordnung in bestimmte Erdschichten und den Kontext, in dem sie gefunden werden, steht uns nicht viel zur Verfügung. DNA, das Erbmaterial, ist leider sehr vergänglich, und so können aus diesem Zeitrahmen von *Australopithecus afarensis* (vor ca. 3 Mio. Jahren), *Paranthropus* (vor ca. vor ca. 2,8 Mio Jahren) bis zum Auftreten von *Homo erectus* bzw. *Homo habilis* (vor ca. 2 Mio. Jahren) keine DNA-Proben sequenziert werden, um Verwandtschaftsbeziehungen aufzuklären und klare genetische Stammbäume zu etablieren. Die Analysen der Zahnproteine von *Paranthropus robustus*, die wir im letzten Abschnitt kurz gestreift hatten, geben jedoch Anlass zur Hoffnung, dass unsere Vorstellungen bald konkreter werden könnten.

Obwohl der Übergang von *Australopithecus* zu *Homo* als wichtig angesehen wird, ist in diesem Fall sogar der fossile Befund über die früheste Evolution von *Homo* nur sehr schlecht dokumentiert. Im Ergebnis werden die Pole dieses Übergangs häufig eigenen Gruppen (*Taxa*) zugeordnet – so z. B. *A. afarensis* (vor ca. 3. Mio. Jahren) und *H. habilis* oder *H. erectus* (vor ca. 2,0–1,7 Mio. Jahren). Ein Blick auf die Größe der Gehirne, die Anatomie der Hände und die frühesten Technologien lassen aber vermuten, dass die wichtigsten Attribute der Gattung *Homo* schon bei generalisierten Arten wie *Australopithecus* vorhanden waren, und dass die adaptiven Unterschiede bei *Homo* Verstärkungen bzw. Ausweitungen der Trends sind, die wir schon bei den alten Homininen beobachten konnten (Kimbel und Villmoare 2016). Dazu gehört natürlich auch vor allem die Vergrößerung der Gehirnvolumina, was wir im ► Abschn. 5.1 im Detail auch unter genetischen Gesichtspunkten diskutieren wollen.

Das älteste Fossil, das *Homo erectus* zugerechnet wird, wurde in Südafrika entdeckt (ein Kinderschädel); das Kind hat wohl vor ca. 2 Mio. Jahren gelebt. Nur unwesentlich jünger (ca. 1,9 Mio. Jahre alt) ist ein Fund aus Kenia, der ebenfalls *H. erectus* zugerechnet wird. Weitere Funde in Afrika stammen aus Äthiopien und Tansania, aber auch aus Marokko. Überraschenderweise in einer ähnlichen Altersgruppe ist ein Fund aus Dmanisi/Georgien, der auf ein Alter von ~1,8 Mio. Jahren geschätzt wird. Damit wurde erstmals ein Fund der Gattung *Homo* außerhalb von Afrika beschrieben! Etwas jüngere Funde des *H. erectus* stammen aus Indonesien (vor ca. 1,6 Mio. Jahren), aber danach gibt es nur noch spärliche Funde.

Insofern muss man immer wieder auf Sequenzvergleiche von heute lebenden Menschen mit Schimpansen zurückgehen und versuchen auszurechnen, wann die Unterschiede wohl entstanden sein können und welche morphologischen Konsequenzen aus den Unterschieden der DNA-Sequenz folgen. Eine interessante Korrelation zwischen einer Genmutation und morphologischen Veränderungen bei der Auseinanderentwicklung von Affen und Menschen betrifft das Gen *MYH16* (Chr. 7q22; kodiert für die schwere Kette des Myosins, engl. *myosin heavy chain*). Im Gegensatz zu allen Affen hat das *MYH16*-Gen beim Menschen im Exon 18 eine Deletion von zwei Basen, die zu einer Rasterverschiebung und kurz darauf zu einem vorzeitigen Stoppcodon führt. Die Mutation ist wahrscheinlich vor ~2,4 Mio. Jahren entstanden, als sich die ersten Mitglieder der Gattung *Homo* entwickelten. Die vorher existierenden Arten *Australopithecus* und *Paranthropus* zeichnen sich dagegen alle noch durch einen mächtigen Kaumuskel aus – und das ist genau der Muskel, in dem *MYH16* exprimiert wird. Im Gegensatz dazu ist dieser Muskel bei den modernen und fossilen Menschen deutlich kleiner; der Verlust dieses Muskelproteins ist also mit einer deutlichen Verminderung der Größe der individuellen Muskelfasern und des ganzen Kaumuskels verbunden (Stedman et al. 2004).

Auf der Basis von DNA-Sequenzanalysen heute lebender Menschen wird diskutiert, dass es in der Zeit vor ~930.000 Jahren und ~813.000 Jahren einen Flaschenhals gegeben haben soll, bei dem nur noch ~3200 Menschen gelebt haben sollen; die effektive Populationsgröße habe weniger als 1300 Menschen betragen, die zur Fortpflanzung beigetragen haben. Eine Interpretation geht dahin, dass sich in dieser Zeit die Robertson'sche Fusion zum humanen Chromosom 2 vollzogen haben soll (vgl. ► Abschn. 2.2.1) (Hu et al. 2023).

Nach dieser Zeit gibt es wieder Funde des *H. erectus* aus China und Spanien, die beide ~800.000 Jahre alt sind. Die spanischen Funde aus der Sierra de Atapuerca werden auch als *H. antecessor* bezeichnet und beinhalten auch die bisher ältesten Gesichtsschädel von Homininen in Westeuropa (Huguet et al. 2025). Als „Brückenglied" zwischen den Skeletten in Georgien (Alter ~1,8 Mio. Jahren) und den Skeletten in Spanien (Alter ~800.000 Jahren) gelten von Menschen behauene Steine (Alter ~1,4 Mio. Jahre), die bei Korolevo in der westlichen Ukraine gefunden wurden; sie gelten als die ältesten Hinweise auf die Anwesenheit von Homininen in Europa (Garba et al. 2024).

Die jüngsten Funde des *H. erectus* stammen aus Asien in der Nähe von Ngandong (Java) und werden auf ein Alter von ca. 110.000 Jahren geschätzt. Auch die kleinen Flores-Menschen werden *H. erectus* zugerechnet; das Alter dieser Fossilien wird auf 100.000 bis 60.000 Jahre geschätzt. Eine sehr detaillierte Übersicht über die morphologischen Veränderungen in diesem langen Zeitraum von ca. 2 Mio. Jahren und über die regionalen Ausformungen in Afrika und Asien findet sich bei Antón und Middleton (2023).

In Südafrika wurden vor einigen Jahren im Höhlensysten *Rising Star* mehrere Skelette ausgegraben, die durch eine Mischung von eher altertümlichen und eher modernen Formen des Menschen auszeichnen. Sie haben ein relativ kleines Gehirn; Rumpf, Schulter, Becken und der proximale Oberschenkel sind ähnlich wie bei Australopithecinen, aber Hände, Handgelenke und Füße ähneln eher modernen Menschen. Diese Gattung wird als *Homo naledi* bezeichnet und lebte dort etwa vor 335.000–236.000 Jahren. Genetische Analysen, die diese Mischung unterschiedlicher anatomischer Merkmale erklären könnte, liegen bisher nicht vor (Berger et al. 2017).

Der Unterkiefer aus einer Sandgrube in Mauer bei Heidelberg ging als *Homo heidelbergensis* in die Literatur ein und soll ~610.000 Jahre alt sein (er wurde 1907 entdeckt). Heute werden viele Funde in Europa, die ~600.000–200.000 Jahre alt sind, als *H. heidelbergensis* bezeichnet; entsprechend gilt *H. heidelbergensis* häufig als europäische Spätform des *H. erectus* und gleichzeitig als Vorfahr der Neandertaler (*Homo neanderthalensis*) und der Denisova-Menschen (diese beiden Gruppen werden wir im nächsten Abschnitt ausführlicher besprechen).

In Anbetracht der Tatsache, dass alte DNA sehr instabil ist, gibt es verschiedene Ansätze, aus heutiger DNA Rückschlüsse für die Vergangenheit zu erhalten. Wir haben im letzten Kapitel viel über den Vergleich zwischen heute lebenden Schimpansen und heute lebenden Menschen gesehen. Eine andere Möglichkeit besteht darin, Genome heute lebender Menschen zu vergleichen, um zu erfahren, wann ein letzter gemeinsamer Vorfahre gelebt hat. Besonders weit in die Vergangenheit zurück reichen dabei Vergleiche mobiler DNA-Elemente wie Alu-Sequenzen. Sie werden auch als *short interspersed nucleotide elements* (SINEs) bezeichnet und kommen im menschlichen Genom sehr häufig vor; sie können mit dem Restriktionsenzym *Alu*I in zwei Fragmente gespalten werden (daher die Bezeichnung „Alu-Sequenzen"). Die Analyse ergab eine Koaleszenzzeit von ca. 1 Mio. Jahren und eine effektive Populationsgröße der Gattung *Homo* zur damaligen Zeit von etwa 14.500–26.000 Individuen. Zwar ist die effektive Populationsgröße immer kleiner als die tatsächliche Populationsgröße, aber dennoch erscheint die Zahl sehr gering, wenn man sie mit der effektiven Populationsgröße heute lebender Schimpansen (ca. 21.000) und Gorillas (ca. 25.000) vergleicht (Huff et al. 2010).

Im Gegensatz zur DNA sind Proteine stabiler – wir haben die Analyse der Zahnproteine bereits bei *Paranthropus* kennengelernt. In ähnlicher Weise wurde auch der Zahnschmelz von Zähnen von *H. erectus* aus Atapuerca in Spanien (Alter ca. 800.000 Jahre) und Dmanisi in Georgien (Alter ~1,77 Mio. Jahre) verglichen. Die Zahnschmelz-spezifischen Proteine enthielten Amelogenin (sowohl die AMELX- als auch die AMELY-Isoform), Enamelin, Ameloblastin, Ameloton und die Zahnschmelz-spezifische Matrix-Metallproteinase 20 (MMP20). Serum-Albumin und Kollagene konnten ebenso nachgewiesen werden. Allerdings konnte aus der geringen Zahl von Proben und der geringen Zahl an Polymorphismen in den Proteinsequenzen die Abstammungsfragen nicht gelöst werden (Welker et al. 2020).

Ein weiterer Versuch, genetisch Zusammenhänge zwischen den *H. erectus*-Populationen in Europa aufzuklären, wurde mit der Analyse mitochondrialen DNA von einem Individuum aus Atapuerca unternommen – allerdings lebte dieses Individuum schon etwa 400.000 Jahre später, also vor ~430.000 Jahren. Die Überreste des Skeletts zeigten einerseits einige Übereinstimmungen mit dem *H. heidelbergensis*, aber auch mit Neandertalern. Die Überraschung war groß, als die fast vollständige mitochondriale Sequenz mehr Übereinstimmung mit der Sequenz der Denisova-Menschen als mit der Sequenz der Neandertaler zeigte (Meyer et al. 2014). Später konnten auch Bruchstücke genomischer Sequenzen aus diesen Knochen isoliert und sequenziert werden – diese waren dann aber eher mit Sequenzen der Neandertaler verwandt. Da mitochondriale DNA immer nur über die mütterliche Linie vererbt wird, spiegelt sich hier nicht das volle Bild der genetischen Verwandtschaft (Meyer et al. 2016). Möglicherweise haben wir es hier ebenso mit einer „unvollständigen Trennung der Entwicklungslinien" (engl. *incomplete lineage sorting*) zu tun (Orlando 2014), wie wir das bei der Trennung der Gorillas, Schimpansen und Menschen bereits gesehen haben.

Abschließend muss hier nochmals betont werden, dass die Altersbestimmungen und auch die Klassifikationen der verschiedenen Arten und Gattungen in verschiedenen Quellen variieren können – das ist Ausdruck der schwierigen Altersbestimmungen und auch die Unsicherheiten in der Interpretation der Daten aufgrund der oft fragmentarischen Funde und auch eines häufig lückenhaften Fossilberichts.

! Die genetische Datenlage für die Entwicklung von *Australopithecus* zu *Homo erectus* ist unbefriedigend und erlaubt keine wirklichen Rückschlüsse auf Entwicklungslinien.

2.5 Neandertaler und Denisova-Menschen

1856 wurde im Neandertal bei Düsseldorf ein (Teil)Skelett gefunden und auf ein Alter von ~42.000 Jahren geschätzt. Die Form des Skeletts passte nicht in das bis dahin bekannte Schema – daher nannte man diesen Menschen „Neandertaler" (damals schrieb man das Neandertal noch „Neanderthal"; diese Schreibweise hat sich im angelsächsischen Sprachraum und in der wissenschaftlichen Bezeichnung als *Homo neanderthalensis* bis heute erhalten).

Die Neandertaler entwickelten sich wahrscheinlich aus dem *Homo heidelbergensis* und besiedelten Europa in der Zeit vor ~400.000 bis vor ~40.000 Jahren. Das große Verbreitungsgebiet zeigt ◘ Abb. 2.21. Im östlichen Bereich lebte zur gleichen Zeit eine Geschwisterpopulation, die heute nach dem Fundort in einer Höhle des Altai-Gebirges als Denisova-Menschen oder Denisovaner bezeichnet wird.

Die Neandertaler waren große Homininen, die einen höheren Energiebedarf hatten als die meisten heutigen Jäger und Sammler; ihre primäre Proteinquelle waren

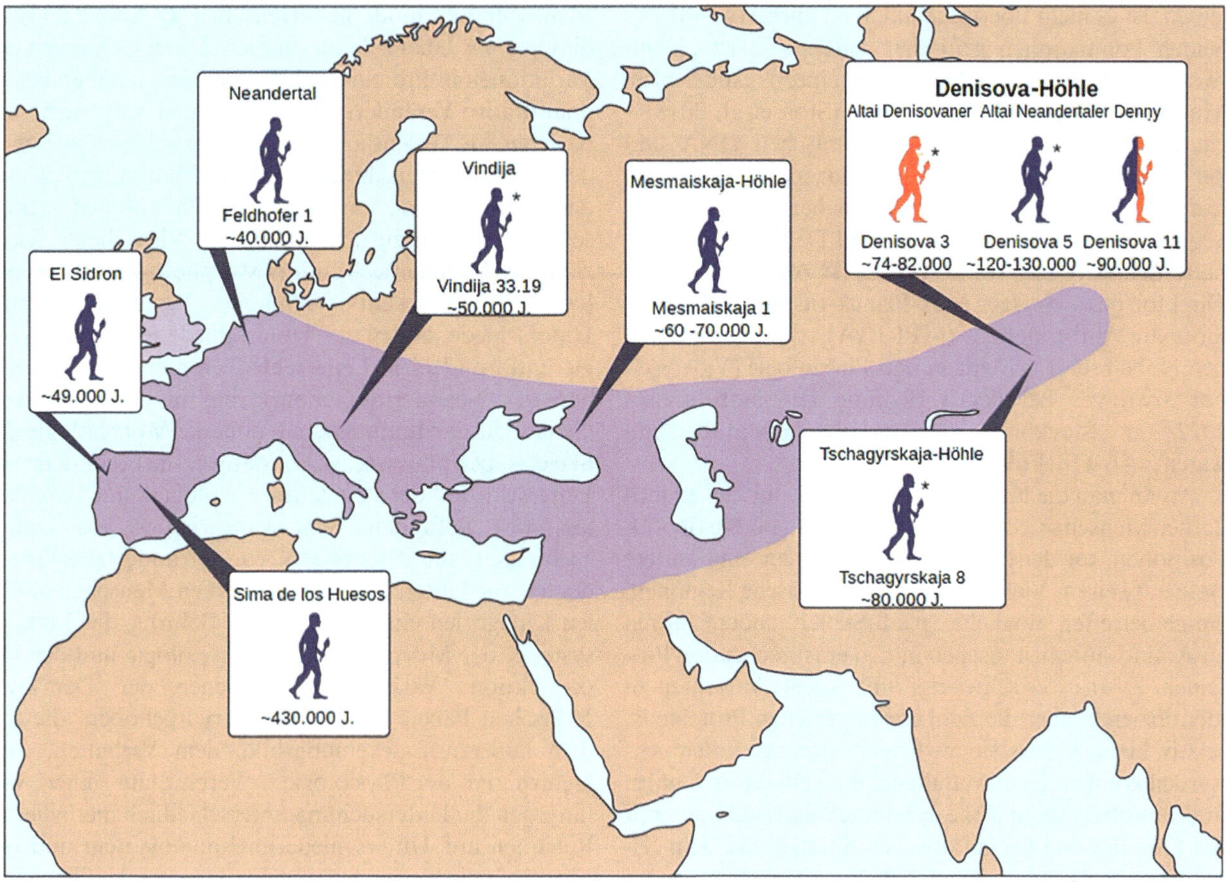

Abb. 2.21 Datierung und Lage einiger archaischer Hominine, von denen alte nukleäre DNA zugänglich ist. Sterne (*) bezeichnen solche Genome, die mit hoher Abdeckung (engl. *high coverage*) sequenziert wurden. Das Alter der Skelette ist in Jahren (J) angegeben; *schwarz*: Neandertaler; *rot*: Denisova-Menschen; *schwarz/rot*: heterozygot zwischen Neandertaler und Denisova-Mensch. (Nach Reilly et al. 2022, Elsevier)

wohl Tiere. Die archäologischen Funde zeichnen uns ein Bild von effizienten Jägern, die sich auf mittelgroße und große Säugetiere konzentrierten, um so ihren Bedarf an Fleisch und Fett zu decken. Sie lebten in sehr verschiedenen Klimazonen – von kalt über kühl bis gemäßigt. Allerdings waren sie oft nur ungenügend an die kalten Regionen angepasst, denn offensichtlich starben sie bei klimatischen Schwankungen in den kalten Gebieten aus und konnten diese Regionen erst in späteren, wärmeren Phasen wieder neu besiedeln. Neandertal-Populationen waren in der Regel klein und hatten nur eine begrenzte Widerstandskraft. Die anatomischen Unterschiede zwischen den Neandertalern und dem modernen Menschen betreffen vor allem den Kopf- und Gesichtsschädel (nach Hublin 2009).

Die genetische Analyse der Neandertaler scheiterte lange an den geringen Mengen von DNA, die aus den Skelett-Resten noch gewonnen werden konnte, an dem Abbau der DNA und an der Kontamination mit DNA heutiger Menschen. Trotz dieser Schwierigkeiten ist die DNA der Neandertaler und Denisova-Menschen die einzige der früheren Menschengruppen, die bisher umfangreich sequenziert werden konnte. Das begann 1997 mit der Teilsequenzierung mitochondrialer DNA (Krings et al. 1997). 10 Jahre später konnten Teile der genomischen DNA von Neandertalern sequenziert werden (Wall und Kim 2007), und schon 2010 wurde der erste Entwurf des Neandertaler-Genoms veröffentlicht (Green et al. 2010). Das Neandertaler-Genom kann heute in einer Datenbank öffentlich abgerufen werden (▶ https://neandertal.ensemblgenomes.org/index.html).

Die mitochondriale DNA eines Denisova-Menschen wurde 2010 publiziert (Krause et al. 2010) und überraschenderweise zeigten sich deutlich Unterschiede zur mitochondrialen DNA von Neandertalern! Genomische DNA-Sequenzen eines Denisova-Menschen wurden ebenfalls 2010 veröffentlicht (Reich et al. 2010) – auch diese Sequenzdaten zeigten deutlich, dass die Neandertaler und Denisova-Menschen zwar einen gemeinsamen Ursprung hatten, aber sich früh in ihrer jeweiligen Populationsgeschichte getrennt hatten. Die Denisova-Menschen sind also die erste Gruppe, die aufgrund ihrer DNA-Sequenz klassifiziert wurde! Da Neandertaler und Denisova-Menschen in überlappenden Regionen lebten, ist es nicht überraschend, dass auch Hybride aus beiden Populationen gefunden wurden: so ist „Denisova11“ (Abb. 2.21) die Tochter einer Neandertaler-Mutter und eines Denisova-Vaters (Slon et al. 2018) – charakterisiert aufgrund der genomischen DNA und der mitochondrialen DNA (die ja nur in der weiblichen Linie vererbt wird). Einen wesentlichen Anteil an der Sequenzierung der Neandertal- und Denisova-Genome hatte der Schwede Svante **Pääbo** (Abb. 2.22) – der Direktor des Leipziger Max-Planck-Institutes für Evolutionäre Anthropologie (MPI-EVA) erhielt dafür 2022 den Nobelpreis für Medizin und Physiologie (Video seines Vortrages bei der Verleihung des Nobelpreises 2022 in Stockholm: ► https://www.youtube.com/watch?v=A-QBtFd9yrY).

Wenn man die Neandertaler-Genome mit denen moderner Menschen vergleicht, gibt es ~32.000 Nukleotid-Positionen, an denen moderne Menschen eine andere Base aufweisen. Viele fallen in regulatorische Regionen, einige betreffen mögliche Spleiß-Stellen, andere führen zu Aminosäureaustauschen in den entsprechenden Proteinen. Zwar ist es schwierig, funktionelle Varianten zu identifizieren, aber die Zahl der betroffenen Proteine ist relativ klein, sodass sie im Prinzip genauer untersucht werden können. Es ist auffallend, dass etliche im Gehirn in der ventrikulären Zone exprimiert sind und auch mit der Orientierung der mitotischen Spindel und dem Kinetochor assoziiert sind (nach Pääbo 2014). Wir werden das später (► Abschn. 5.1) noch im Detail betrachten.

Aufgrund der Genom-Analysen der Neandertaler und der Denisova-Menschen gibt es erste Hinweise auf phänotypische Unterschiede zwischen den archaischen Menschen und modernen Menschen. Abb. 2.23 fasst dies in einer Übersicht zusammen. Untersuchungen der Variationen in Protein-codierenden Genen haben bisher quantitative Veränderungen weitgehend umgangen und basieren im Wesentlichen auf Assoziationen zwischen den Sequenzunterschieden und den Phänotypen in modernen Menschen, um so auf die Phänotypen archaischer Menschen zurückzuschließen. Viele dieser Assoziationen beziehen sich auf die Morphologie (z. B. Hypolordose/Flachrücken). Andere Protein-codierende Unterschiede deuten auf Unterschiede in der Physiologie und im Gehirn. Unterschiedlich methylierte Regionen des Neandertal-Genoms sind in der Nähe von Genen, die das Immunsystem oder die Morphologie des Skeletts beeinflussen; sie bestätigen insbesondere die Unterschiede der Skelettmorphologie aus archäologischen Befunden. Schlussfolgerungen aus Untersuchungen zur Expression von Neandertaler-Genen deuten auf Unterschiede zu modernen Menschen in vielen Kategorien einschließlich des Gehirns, des Immunsystems, der Morphologie, der Physiologie und der Reproduktion. Variationen in Genen der Denisova-Menschen haben Phänotypen hervorgehoben, die mit dem äußeren Erscheinungsbild, dem Verhalten, dem Gehirn, und der Physiologie in Verbindung stehen, wohingegen die Untersuchung unterschiedlich methylierter Regionen auf Unterschiede im Immunsystem und der Morphologie hindeuten, was durch unterschiedliche Expressionen der entsprechenden Gene unterstützt wird (Brand et al. 2022).

Eine Untersuchung zweier Neandertaler-Fundstätten in Sibirien aus der Zeit vor ~51.000–59.000 Jahren gibt

Abb. 2.22 Svante Pääbo mit dem Kopf eines Neandertalerskeletts. (© Frank Vinken für Max-Planck-Gesellschaft)

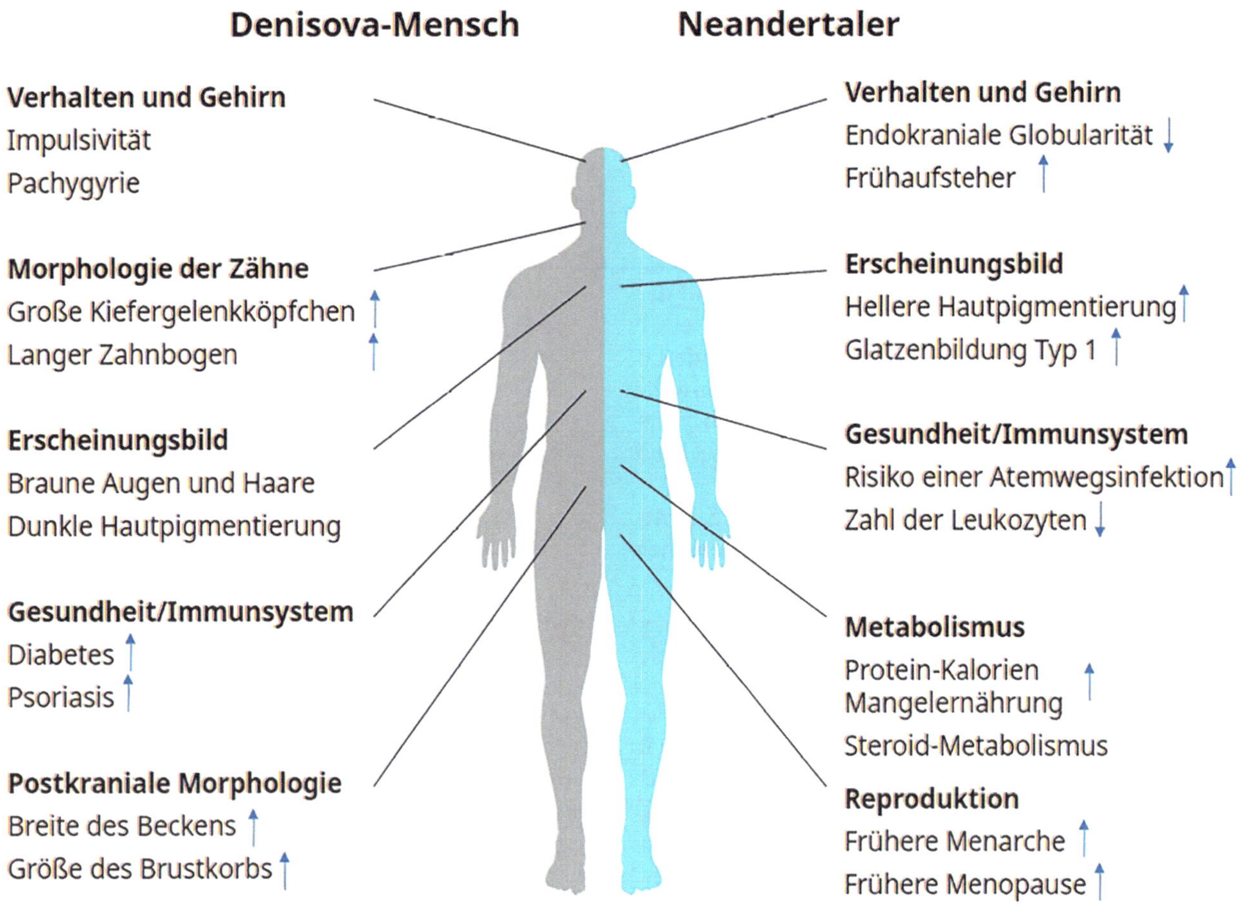

Abb. 2.23 Beispiele von Phänotyp-Kategorien moderner Menschen, die vermutlich mit den genetischen Variationen bei Neandertalern und Denisova-Menschen assoziiert sind. Die Pfeile geben die Richtung der Veränderungen der Eigenschaften an, soweit sie bekannt sind. (Nach Brand et al. 2022; CC-by 4.0, ▸ http://creativecommons.org/licenses/by/4.0)

einen gewissen Einblick in die soziale Organisation der Neandertaler. Es handelt sich dabei um 17 Individuen – zum Teil Kinder und Jugendliche; 11 waren männlich und sechs weiblich. Darunter befand sich ein Vater mit seiner Tochter sowie weitere Individuen mit wahrscheinlich engen Verwandtschaftsverhältnissen. Die genetischen Daten lassen den Schluss zu, dass die Gruppen der Neandertaler klein waren (~20 Personen); interessanterweise zeigen die Daten der untersuchten Y-Chromosomen eine kurze Koaleszenzzeit von ~446 Jahren, wohingegen die Koaleszenzzeit der mitochondrialen DNA etwa 10-fach länger ist (~4348 Jahre). Dieser Unterschied wird so interpretiert, dass die Frauen Migranten aus anderen Gemeinschaften der Neandertaler gewesen seien und damit der genetische Unterschied größer – ob diese Migration freiwillig war, geht aus den genetischen Daten natürlich nicht hervor (nach Skov et al. 2022).

Die genomischen Sequenzdaten sowohl der Neandertaler als auch der Denisova-Menschen zeigen ein erstaunlich geringes Maß an Heterozygotie: So enthält das autosomale Neandertaler-Genom etwa 1,7–1,8 heterozygote Stellen pro 10.000 bp. Das entspricht etwa 84 % der Zahl an heterozygoten Stellen bei den Denisova-Menschen, 22–30 % der heterozygoten Stellen heutiger nicht-afrikanischer Populationen und 16–18 % der heterozygoten Stellen in afrikanischen Populationen. Die Heterozygotie der Neandertaler und auch der Denisova-Menschen ist also deutlich niedriger als die Heterozygotie heutiger Menschen und ist sogar eine der niedrigsten, die bei irgendeinem Organismus je gemessen wurde (Prüfer et al. 2014). Darin liegt eine sehr große Wahrscheinlichkeit für das Aussterben der Neandertaler, wie es im Falle einer Neandertaler-Familie aus dem spanischen El Sidrón gezeigt wurde. Die dort untersuchten Überreste von 13 Neandertalern (ca. 49.000 Jahre alt) zeigten eine große Anzahl von angeborenen Skelettanomalien (Ríos et al. 2019). Man kann davon ausgehen, dass die Anhäufung schädlicher Mutationen, zusammen mit einer abnehmenden effektiven Populationsgröße und Inzucht-Praktiken unter den Neandertalern schließlich wesentlich zu ihrem endgültigen Aussterben vor ~40.000 Jahren beigetragen haben (Sánchez-Quinto und Lalueza-Fox 2015). Ein ähnlich hohes Maß an Homozygotie ergaben auch spätere Untersuchungen an Neandertalern aus der Grotte

Mandrin in Südfrankreich (Slimak et al. 2024) und aus dem Altai-Gebirge in Südsibirien (Skov et al. 2022). Hier betragen die Regionen langer Homozygotie (> 10 cM) zwischen 1,6 und 14,9 % des gesamten Genoms und die Regionen mittlerer Homozygotielänge (2,5–10 cM) 9,5–20,5 % des Gesamtgenoms. Die Gruppengröße betrug zu dieser Zeit (vor ~44.000–59.000 Jahren) ~20 Individuen; sowohl der Grad an Homozygotie im Genom als auch die Gruppengröße entsprechen damit etwa dem heute lebender Berggorillas – und das ist eine vom Aussterben bedrohte Spezies (Skov et al. 2022). Zwar war der Umfang der gesamten Neandertaler-Population in Eurasien groß, aber sie zerfiel in viele kleine Gruppen, die räumlich – und damit auch genetisch – immer wieder über lange Zeiträume weitgehend voneinander isoliert waren (Rogers et al. 2017).

Für das Aussterben des *Homo erectus* in Südost-Asien gibt es noch keine entsprechenden genetischen Daten. Es erfolgte in etwa zur gleichen Zeit, als der Neandertaler und die Denisova-Menschen in Europa und Asien ausgestorben sind. Man vermutet, dass sich die südost-asiatischen Formen des *Homo erectus* nicht an die klimatischen Veränderungen von Graslandschaften zum tropischen Regenwald anpassen konnten (Louys und Roberts 2020).

! Genome der Neandertaler und der Denisova-Menschen sind vollständig sequenziert. Die Sequenzvergleiche zeigen, dass sich ihre Evolutionslinien früh getrennt haben, obwohl Sequenzdaten aus sterblichen Überresten zeigen, dass es noch vor ~50.000 Jahren Vermischungen von Neandertalern und Denisova-Menschen gegeben hat. Die Denisova-Menschen sind die erste Gruppe, die aufgrund molekulargenetischer Daten definiert wurde.

Box 2.1: Sequenzierung alter DNA

Die Sequenzierung alter DNA (engl. *ancient DNA*, aDNA) aus den sterblichen Überresten lange vergangener Zeiten stellt eine besondere Herausforderung dar. Alte DNA ist in unterschiedlichem Ausmaß degradiert, was hauptsächlich durch zwei Prozesse ausgelöst wird: Hydrolyse und Oxidation. In lebenden Zellen werden diese Prozesse enzymatisch repariert – das wird aber nach dem Tod gestoppt. Stattdessen können noch aktive zelluläre Nukleasen oder Enzyme von Mikroorganismen die DNA fragmentieren (Einzel- oder Doppelstrangbrüche). Außerdem werden Basen hydrolytisch abgespalten (vor allem Adenin und Guanin: Depurinierung) oder oxidieren. Diese Prozesse sind stark abhängig von Temperatur und pH. Als ein konkretes Beispiel können wir den Abbau eines bakteriellen Genoms betrachten, das aus $3x10^6$ bp bestehen möge: es wird bei einer Umgebungstemperatur von 15°C in „nur" 500 Jahren in Fragmente einer durchschnittlichen Länge von ~100 bp zerlegt – bei – 10 °C dauert dieser Prozess dagegen ~81.000 Jahre!

Alte DNA wird überwiegend aus Zähnen und verdichteten Knochen (Oberschenkelknochen, Schienbein und Felsenbein), gewonnen, die zwar oft nur in geringem Umfang zur Verfügung stehen, aber über Nischen verfügen, die die DNA vor schnellem Abbau schützen. Ein Durchbruch gelang der Sequenzierung von alter DNA durch die Anwendung moderner Hochdurchsatz-Sequenzierverfahren (*next generation sequencing*), wodurch die Ziel-DNA stark vermehrt wird und dadurch auch aus kleinen Mengen verlässliche Informationen gewonnen werden können. Besondere Beachtung verdient aber die spontane Desaminierung der Basen in der Probe über den langen Zeitraum im Boden: so wird z. B. aus Cytosin Uracil, und aus 5-Methyl-Cytosin Thymin. Es ist offensichtlich, dass dies nur einen der beiden Doppelstränge betrifft, und muss bei der Interpretation der Sequenzierergebnisse entsprechend berücksichtigt werden.

Besondere Vorsichtsmaßnahmen sind allerdings bei der Isolierung der DNA und während des gesamten Sequenzierprozesses notwendig, um mögliche Kontaminationen zu vermeiden. Personen, die an dem Projekt beteiligt sind (z. B. bei Ausgrabungen, im Museum, im Labor) dürfen nicht direkt mit der Probe in Berührung kommen und so ihre DNA auf die Probe übertragen. Derartige DNA wird wegen ihrer Integrität in den verschiedenen Amplifikationsprozessen wesentlich besser vervielfältigt und könnte so das Ergebnis deutlich verfälschen. Ähnliches gilt für Mikroorganismen, die an der Probe haften und sorgfältig entfernt werden müssen (nach Kirsanow und Burger 2012; Gaeta 2021; Childebayeva und Zavala 2023).

Box 2.2: ***Selective Sweep*** **/ Positive Selektion**

Wenn in einem Individuum eine vorteilhafte Mutation auftritt, kann sie sich schnell ausbreiten und fixiert werden (positive Selektion; Prävalenz 100%). Das neue (adaptive) Allel nimmt aber auch benachbarte Allele auf demselben Chromosom mit und hinterlässt dabei charakteristische Kennzeichen der Selektion, die sich aus dem Hintergrund der neutralen Gendrift hervorheben; im internationalen Sprachgebrauch hat sich dafür der Begriff *selective sweep* („selektives Auskehren") eingebürgert. Einige dieser charakteristischen Kennzeichen sind:

- Ereignisse mit selektivem Auskehren tendieren dazu, die genetische Vielfalt in der entsprechenden chromosomalen Region zu vermindern. Das liegt daran, dass auch die benachbarten Regionen mit angereichert werden und so die Homogenität dieser Region in der Population ansteigt. Folglich sind längere Abschnitt mit ungewöhnlich wenigen SNPs ein deutlicher Hinweis für selektives Auskehren.
- Die mitgenommenen Regionen in der Umgebung des adaptiven Allels entwickeln auch einige neue Allele an benachbarten Genorten; diese Allele werden als abgeleitete Allele bezeichnet (im Gegensatz zu den ursprünglichen). Sie kommen in der Population meistens selten vor (geringe Allelfrequenz), da es für neue Allele eine längere Zeit braucht, um sich in Abwesenheit von Selektion anzureichern.
- Wenn sich ein Allel über Generationen in der Population ausbreitet, brechen zufällige Rekombinationsereignisse die weiträumigen Verbindungen dieses Allel mit den anderen auf. Wenn sich unter Selektionsdruck ein Allel in der Population rasch ausbreitet, ist nicht viel Zeit vergangen, um diese Verbindungen aufzubrechen. Entsprechend ist eine Region mit langen Haplotypen ein Hinweis darauf, dass positive Selektion vorliegt.
- Relativ große Unterschiede in den Allelfrequenzen zwischen verschiedenen Populationen liefern weitere Hinweise auf Selektion – wenn ein adaptives Allel in einer Population unter Selektionsdruck steht und in einer anderen nicht.

Für weitere Details siehe Stephan (2019)

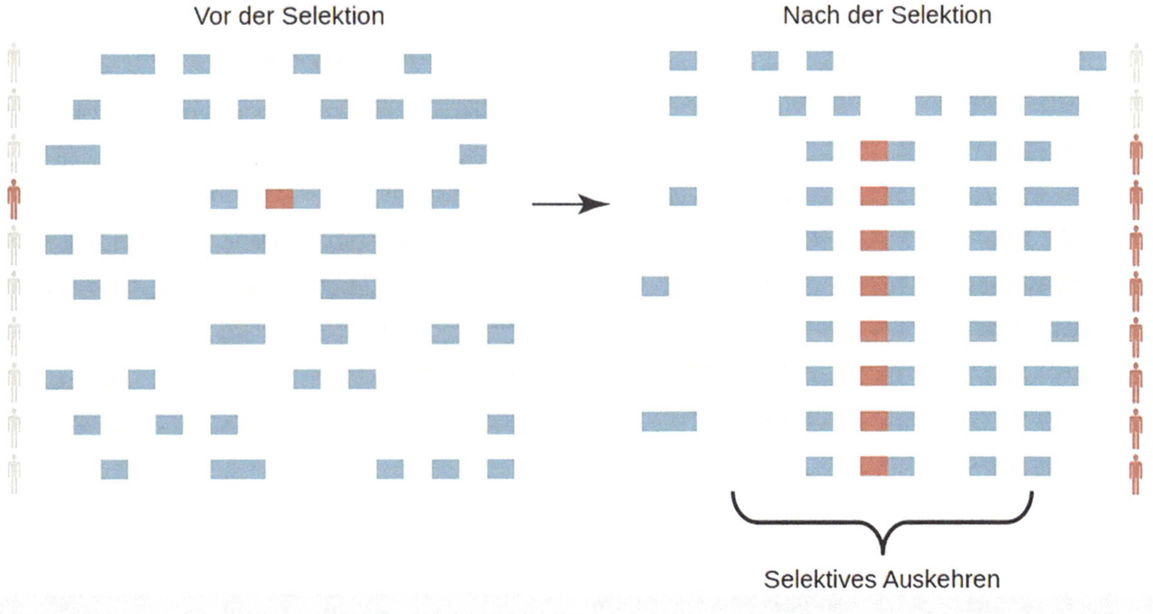

Das klassische Modell des selektiven Auskehrens. Durch Zufall entsteht eine vorteilhafte Mutation (in *rot*) und reichert sich über Generationen in der Population an. Benachbarte Allele auf dem Chromosom werden bei diesem Anreicherungsprozess mitgenommen; dazu gehören dann ursprüngliche Allele (in *grau*) und neue Allele oder SNPs (in *blau*). Diese gemeinsame chromosomale Region zeigt ein charakteristisches Muster im Genom, das durch geeignete Computerprogramme erkannt werden kann. (Nach Vitti et al. 2012; Elsevier)

Literatur

Alemseged Z (2023) Reappraising the palaeobiology of *Australopithecus*. Nature 617:45–54

Almécija S, Hammond AS, Thompson NE et al (2021) Fossil apes and human evolution. Science 372:eabb4363

Antón SC, Middleton ER (2023) Making meaning from fragmentary fossils: early *Homo* in the early to early middle pleistocene. J Hum Evol 179:103307

Barr WA, Wood B (2024) Spatial sampling bias influences our understanding of early hominin evolution in eastern Africa. Nat Ecol Evol 8:2113–2120

Berger LR, Hawks J, Dirks PH et al (2017) *Homo naledi* and Pleistocene hominin evolution in subequatorial Africa. Elife 6:e24234

Böhme M, Spassov N, Fuss J et al (2019) A new Miocene ape and locomotion in the ancestor of great apes and humans. Nature 575:489–493

Brand CM, Colbran LL, Capra JA (2022) Predicting archaic hominin phenotypes from genomic data. Annu Rev Genomics Hum Genet 23:591–612

Chiatante G, Giannuzzi G, Calabrese FM et al (2017) Centromere destiny in dicentric chromosomes: New insights from the evolution of human chromosome 2 ancestral centromeric region. Mol Biol Evol 34:1669–1681

Childebayeva A, Zavala EI (2023) Review: computational analysis of human skeletal remains in ancient DNA and forensic genetics. Iscience 26:108066

Feliciello I, Pezer Ž, Kordiš D et al (2020) Evolutionary history of alpha satellite DNA repeats dispersed within human genome euchromatin. Genome Biol Evol 12:2125–2138

Fiddes IT, Pollen AA, Davis JM et al (2019) Paired involvement of human-specific Olduvai domains and *NOTCH2NL* genes in human brain evolution. Hum Genet 138:715–721

Gaeta R (2021) Ancient DNA and paleogenetics: risks and potentiality. Pathologica 113:141–146

Garba R, Usyk V, Ylä-Mella L et al (2024) East-to-west human dispersal into Europe 1.4 million years ago. Nature 627:805–810

Gianfrancesco O, Geary B, Savage AL et al (2019) The role of SINE-VNTR-Alu (SVA) retrotransposons in shaping the human genome. Int J Mol Sci 20:5977

Green RE, Krause J, Briggs AW et al (2010) A draft sequence of the Neandertal genome. Science 328:710–722

Guardiola-Ripoll M, Fatjó-Vilas M (2023) A systematic review of the human accelerated regions in schizophrenia and related disorders: where the evolutionary and neurodevelopmental hypotheses converge. Int J Mol Sci 24:3597

Hallast P, Jobling MA (2017) The Y chromosomes of the great apes. Hum Genet 136:511–528

Heft IE, Mostovoy Y, Levy-Sakin M et al (2020) The driver of extreme human-specific Olduvai repeat expansion remains highly active in the human genome. Genetics 214:179–191

Hu W, Hao Z, Du P et al (2023) Genomic inference of a severe human bottleneck during the Early to Middle Pleistocene transition. Science 381:979–984

Hublin JJ (2009) The origin of Neandertals. Proc Natl Acad Sci USA 106:16022–16027

Huff CD, Xing J, Rogers AR et al (2010) Mobile elements reveal small population size in the ancient ancestors of *Homo sapiens*. Proc Natl Acad Sci USA 107:2147–2152

Hughes JF, Skaletsky H, Pyntikova T et al (2010) Chimpanzee and human Y chromosomes are remarkably divergent in structure and gene content. Nature 463:536–539

Huguet R, Rodríguez-Álvarez XP, Martinón-Torres M et al (2025) The earliest human face of Western Europe. Nature 640:707–713

Juan D, Santpere G, Kelley JL (2023) Current advances in primate genomics: novel approaches for understanding evolution and disease. Nat Rev Genet 24:314–331

Kappelman J, Ketcham RA, Pearce S et al (2016) Perimortem fractures in Lucy suggest mortality from fall out of tall tree. Nature 537:503–507

Kehrer-Sawatzki H, Cooper DN (2008) Molecular mechanisms of chromosomal rearrangement during primate evolution. Chromosome Res 16:41–56

Kimbel WH, Villmoare B (2016) From *Australopithecus* to *Homo*: the transition that wasn't. Philos Trans R Soc Lond B Biol Sci 371:2015024

Kirsanow K, Burger J (2012) Ancient human DNA. Ann Anat 194:121–132

Kivell TL (2019) Fossil ape hints at how walking on two feet evolved. Nature 575:445–446

Kjaer KH, Winther Pedersen M, De Sanctis B et al (2022) A 2-million-year-old ecosystem in Greenland uncovered by environmental DNA. Nature 612:283–291

Krause J, Fu Q, Good JM et al (2010) The complete mitochondrial DNA genome of an unknown hominin from southern Siberia. Nature 464:894–897

Krings M, Stone A, Schmitz RW et al (1997) Neandertal DNA sequences and the origin of modern humans. Cell 90:19–30

Lieberman DE (2015) Human locomotion and heat loss: an evolutionary perspective. Compr Physiol 5:99–117

von Linné C (1735) Systema Naturae. Leiden

Louys J, Roberts P (2020) Environmental drivers of megafauna and hominin extinction in Southeast Asia. Nature 586:402–406

Mackintosh A, Vila R, Laetsch DR et al (2023) Chromosome fissions and fusions act as barriers to gene flow between *Brenthis* fritillary butterflies. Mol Biol Evol 40:msad043

Madupe PP, Koenig C, Patramanis I (2025) Enamel proteins reveal biological sex and genetic variability within southern African *Paranthropus*. Science 388:969–973

Mao Y, Harvey WT, Porubsky D et al (2024) Structurally divergent and recurrently mutated regions of primate genomes. Cell 187:1547–1562

Marques-Bonet T, Eichler EE (2009) The evolution of human segmental duplications and the core duplicon hypothesis. Cold Spring Harb Symp Quant Biol 74:355–362

Martinez PA, Jacobina UP, Fernandes RV et al (2017) A comparative study on karyotypic diversification rate in mammals. Heredity 118:366–373

Meyer M, Fu Q, Aximu-Petri A et al (2014) A mitochondrial genome sequence of a hominin from Sima de los Huesos. Nature 505:403–406

Meyer M, Arsuaga JL, de Filippo C et al (2016) Nuclear DNA sequences from the Middle Pleistocene Sima de los Huesos hominins. Nature 531:504–507

Miga KH (2017) Chromosome-specific centromere sequences provide an estimate of the ancestral chromosome 2 fusion event in hominin genomes. J Hered 108:45–52

Moorjani P, Amorim CE, Arndt PF et al (2016) Variation in the molecular clock of primates. Proc Natl Acad Sci USA 113:10607–10612

O'Bleness MS, Dickens CM, Dumas LJ et al (2012a) Evolutionary history and genome organization of DUF1220 protein domains. G3 2:977–986

O'Bleness M, Searles VB, Varki A et al (2012b) Evolution of genetic and genomic features unique to the human lineage. Nat Rev Genet 13:853–866

Orlando L (2014) A 400,000-year-old mitochondrial genome questions phylogenetic relationships amongst archaic hominins. Bioessays 36:598–605

Pääbo S (2003) The mosaic that is our genome. Nature 421:409–412
Pääbo S (2014) The human condition – a molecular approach. Cell 157:216–226
Pollen AA, Kilik U, Lowe CB et al (2023) Human-specific genetics: new tools to explore the molecular and cellular basis of human evolution. Nat Rev Genet 24:687–711
Poszewiecka B, Gogolewski K, Karolak JA et al (2023) PhaseDancer: a novel targeted assembler of segmental duplications unravels the complexity of the human chromosome 2 fusion going from 48 to 46 chromosomes in hominin evolution. Genome Biol 24:205
Prüfer K, Racimo F, Patterson N et al (2014) The complete genome sequence of a Neanderthal from the Altai Mountains. Nature 505:43–49
Püschel HP, Püschel TA (2021) A timeframe for human evolution. https://communities.springernature.com/posts/a-timeframe-for-human-evolution
Reich D, Green RE, Kircher M et al (2010) Genetic history of an archaic hominin group from Denisova Cave in Siberia. Nature 468:1053–1060
Reilly PF, Tjahjadi A, Miller SL et al (2022) The contribution of Neanderthal introgression to modern human traits. Curr Biol 32:R970–R983
Reno PL (2014) Genetic and developmental basis for parallel evolution and its significance for hominoid evolution. Evol Anthropol 23:188–200
Ríos L, Kivell TL, Lalueza-Fox C et al (2019) Skeletal anomalies in the Neandertal family of El Sidrón (Spain) support a role of inbreeding in Neandertal extinction. Sci Rep 9:1697
Rogers AR, Bohlender RJ, Huff CD (2017) Early history of Neanderthals and Denisovans. Proc Natl Acad Sci USA 114:9859–9863
Rosen KH, Jones CE, DeSilva JM (2022) Bipedal locomotion in zoo apes: revisiting the hylobatian model for bipedal origins. Evol Hum Sci 4:e12
Sánchez-Quinto F, Lalueza-Fox C (2015) Almost 20 years of Neanderthal palaeogenetics: adaptation, admixture, diversity, demography and extinction. Philos Trans R Soc B 370:20130374
Scally A (2016) The mutation rate in human evolution and demographic inference. Curr Opin Genet Dev 41:36–43
Searle JB (1998) Speciation, chromosomes, and genomes. Genome Res 8:1–3
Sikela JM, van Roy F (2018) Changing the name of the NBPF/DUF1220 domain to the Olduvai domain. F1000Res 6:2185
Skov L, Peyrégne S, Popli D et al (2022) Genetic insights into the social organization of Neanderthals. Nature 610:519–525
Slimak L, Vimala T, Seguin-Orlando A et al (2024) Long genetic and social isolation in Neanderthals before their extinction. Cell Genom 4:100593
Slon V, Mafessoni F, Vernot B et al (2018) The genome of the offspring of a Neanderthal mother and a Denisovan father. Nature 561:113–116
Stankiewicz P (2016) One pedigree we all may have come from – did Adam and Eve have the chromosome 2 fusion? Mol Cytogenet 9:72
Stedman HH, Kozyak BW, Nelson A et al (2004) Myosin gene mutation correlates with anatomical changes in the human lineage. Nature 428:415–418
Stephan W (2019) Selective sweeps. Genetics 211:5–13
Suntsova MV, Buzdin AA (2020) Differences between human and chimpanzee genomes and their implications in gene expression, protein functions and biochemical properties of the two species. BMC Genomics 21(Suppl 7):535
Vitti JJ, Cho MK, Tishkoff SA et al (2012) Human evolutionary genomics: ethical and interpretive issues. Trends Genet 28:137–145
Vollger MR, Guitart X, Dishuck PC et al (2022) Segmental duplications and their variation in a complete human genome. Science 376:eabj6965
de Vos JM, Augustijnen H, Bätscher L et al (2020) Speciation through chromosomal fusion and fission in Lepidoptera. Philos Trans R Soc Lond B Biol Sci 375:20190539
Wall JD, Kim SK (2007) Inconsistencies in Neanderthal genomic DNA sequences. Plos Genet 3:1862–1866
Waters E, Pucci P, Hirst M et al (2021) *HAR1*: an insight into lncRNA genetic evolution. Epigenomics 13:1831–1843
Welker F, Ramos-Madrigal J, Gutenbrunner P et al (2020) The dental proteome of *Homo antecessor*. Nature 580:235–238
Whalen S, Pollard KS (2022) Enhancer function and evolutionary roles of human accelerated regions. Annu Rev Genet 56:423–439
Wienberg J, Jauch A, Lüdecke HJ et al (1994) The origin of human chromosome 2 analyzed by comparative chromosome mapping with a DNA microlibrary. Chromosome Res 2:405–410
Xia B, Zhang W, Zhao G et al (2024) On the genetic basis of tail-loss evolution in humans and apes. Nature 626:1042–1048
Yoo D, Rhie A, Hebbar P et al (2025) Complete sequencing of ape genomes. Nature 641:401–418
Yunis JJ, Prakash O (1982) The origin of man: a chromosomal pictorial legacy. Science 215:1525–1530

Der moderne Mensch: *Homo sapiens*

Der moderne Mensch: vom Jäger und Sammler (*oben links*) über die ersten Städte in Mesopotamien (*oben rechts*) bis hin zu den modernen Großstädten (*unten*) (© gorodenkoff/iStock/Getty Images Plus, oben links; estt/iStock/Getty Images Plus, oben rechts; gollykim/+/Getty Images, unten)

Inhaltsverzeichnis

3.1 Der moderne Mensch (*Homo sapiens*) ist Afrikaner – 56

3.2 Moderne Menschen, Neandertaler und Denisova-Menschen: zur gleichen Zeit am gleichen Ort – 65

3.3 Weitere Ausbreitung und Diversifizierungen – 73

3.4 Ausbreitung von Bauern aus dem Nahen Osten nach Europa – 79

3.5 Die Invasion aus der Steppe – 83

3.6 Genetik der Bronze- und Eisenzeit im Mittelmeerraum und in Europa – 88

3.7 Amerika – 91

Literatur – 102

J. Graw, *Genetische Anthropologie*, https://doi.org/10.1007/978-3-662-72246-6_3

3

Überblick

Der *Homo sapiens* ist in Afrika vor über 300.000 Jahren entstanden; die afrikanische Bevölkerungsstruktur war allerdings so dynamisch, dass der moderne Mensch möglicherweise mehrere Wurzeln hat. Vor ~70.000 breitete sich der moderne Mensch über Afrika hinaus aus, wobei es Migrationsbewegungen auch wieder nach Afrika zurück gegeben hat. In der Zeit, als Neandertaler, Denisova-Menschen und moderne Menschen zusammen in Europa und Sibirien lebten, kam es immer wieder zu Kontakten zwischen den Populationen. Diese Vermischung können wir einerseits in der DNA von archaischen Skelettresten als auch in der DNA heute lebender Menschen nachweisen. Nach dem letzten eiszeitlichen Maximum breiteten sich moderne Menschen über die ganze Welt aus. Dabei bildeten sich immer neue Populationsgruppen, die sich vermischten, wieder trennten und miteinander um Lebensräume konkurrierten. Dabei gab es Gewinner und Verlierer, so dass manche genetischen Marker in bestimmten Regionen nach einiger Zeit nicht mehr vorkommen und durch andere ersetzt wurden. Vor ~5000 Jahren breiteten sich Populationen aus der pontisch-kaspischen Steppe nach Westen aus und führten dadurch zu starken Umwälzungen der Bevölkerungsstruktur in Europa. Vor allem die Y-chromosomale Haplogruppe R1b dominiert seither in Europa. In der Bronze- und Eisenzeit entwickelten sich um das Mittelmeer viele Hochkulturen mit zeitweisen regionalen genetischen Isolationen, aber auch mit häufigem genetischen Austausch. Klimatische Veränderungen (Dürre) erzwangen im östlichen Mittelmeerraum am Ende der Bronzezeit Wanderungsbewegungen und führten zu beachtlichen politischen Verwerfungen. Amerika wurde nach der letzten großen Eiszeit von Sibirien ausgehend besiedelt, wobei neben der Route an der Pazifik-Küste auch eisfreie Korridore im Landesinneren möglich waren. Während die Populationen im Norden überwiegend als Jäger, Fischer und Sammler lebten, entwickelten sich in Mittel- und Südamerika bald sesshafte, bäuerliche Kulturen als Vorstufen zu späteren Hochkulturen. Die Eroberung Amerikas durch die Europäer veränderte die Populationen in Nord-, Mittel- und Südamerika erheblich.

3.1 Der moderne Mensch (*Homo sapiens*) ist Afrikaner

Basierend auf fossilen, archäologischen und auch genetischen Daten wissen wir heute, dass sich der moderne Mensch, *Homo sapiens*, in Afrika entwickelte. Die ältesten fossilen Funde des *H. sapiens* werden auf ein Alter von 300.000–200.000 Jahre geschätzt (Schädel aus Florisbad, Südafrika, und verschiedene Fundstücke in Jebel Irhoud, Marokko). Jüngere Funde sind etwa 160.000 Jahre alt und stammen aus Äthiopien (~195.000 Jahre bei Omo und ~160.000 Jahre bei Herto). Ein Schädeldach von Iwo Eleru (Nigeria) wird dagegen auf ein Alter von nur 12–16.000 Jahre geschätzt und zeigt ein Mosaik von archaischen und späteren Formen des *H. sapiens*. Eine Übersicht über frühe fossile und archäologische Fundstellen des *H. sapiens* in Afrika gibt ◘ Abb. 3.1; dabei fällt auf, dass sich die Fundstätten an zwei Bereichen häufen: an der Nordwest-Küste Afrikas und entlang dem ostafrikanischen Graben bis nach Südafrika.

Für die Interpretation der fossilen Funde ist dabei zunächst die morphologische Interpretation wichtig. Hier steht vor allem das Neurocranium (Gehirnschädel) im Mittelpunkt: bei *H. sapiens* ist es hoch und im seitlichen Profil rund. Das Gesicht ist unter dem zurückgezogenen Stirnbein eher klein und hat ein echtes Kinn. Eine vergleichende Front- und Seitenansicht des Knochengerüsts des Schädels von Neandertalern und von modernen Menschen zeigt ◘ Abb. 3.2; dabei zeigen sich auch deutliche Unterschiede zwischen den jeweils frühen und späteren Formen.

Wenn wir uns nun den genetischen Aspekten zuwenden, war das Mitochondriengenom aufgrund seiner geringen Größe, aber auch wegen der vielen Mitochondrien in den Zellen, natürlich das erste Untersuchungsobjekt. Mitochondrien (und damit auch die mitochondriale DNA) werden nur über die mütterliche Linie (matrilinear) vererbt, da die Mitochondrien der Samenzelle nicht in die befruchtete Eizelle gelangen. In einer klassischen Arbeit berichteten Cann und Mitarbeiter 1987 von ihren Untersuchungen an 147 lebenden Personen, die aus fünf geografisch verschiedenen Populationen stammten. Sie isolierten die mitochondriale DNA (mtDNA) und untersuchten sie auf unterschiedliche Restriktionsschnittstellen. Sie konnten zeigen, dass alle Mitochondrien auf eine Frau zurückgehen, die vermutlich vor weniger als 200.000 Jahren in Afrika gelebt hat („afrikanische Eva"). Alle untersuchten Populationen – mit Ausnahme der afrikanischen – sind nur ~50.000 Jahre alt. Das bedeutet, dass alle archaischen Populationen in den Mitochondrien keine Spuren hinterlassen haben – jedenfalls soweit man das mit dieser Methode damals nachweisen konnte. Heutige Analysen der mitochondrialen DNA geben einen früheren Zeithorizont für die gemeinsame Abstammung von der „afrikanischen Eva" an, er liegt bei ~130–170.000 Jahren (Wallace 2015). Auf der Basis von Sequenzdaten des Y-Chromosoms ergab sich übrigens auch für die männliche Linie eine ähnliche Zeitspanne bis zum letzten gemeinsamen Vorfahren; man kann also annehmen, dass sich Adam und Eva tatsächlich in

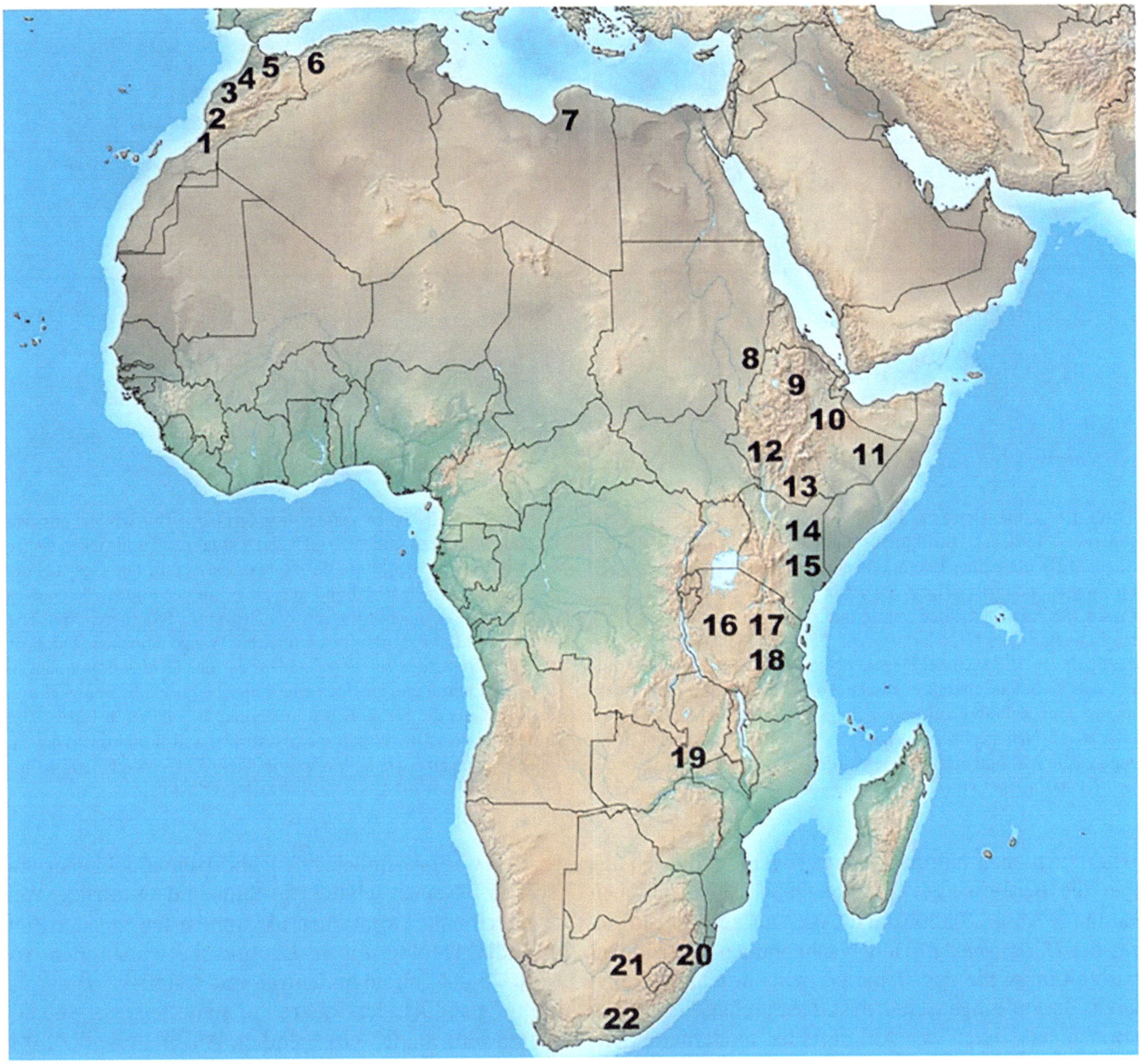

Abb. 3.1 Wichtige Stellen früher *Homo sapiens*-Funde in Afrika: 1: Jebel Irhoud; 2: Sidi Abderrahaman; 3: Témara; 4: Mugharet el-Aliya; 5: Dar-es Soltan; 6: Tighenif; 7: Haua Fteah; 8: Singa; 9: Bodo; 10: Aduma und Bouri; 11: Herto; 12: Omo Kibish; 13: Eliye Springs; 14: Baringo, Kapthurin Formation; 15: Guomde; 16: Ndutu; 17: Eyasi; 18: Ngaloba; 19: Kawbe; 20: Border Cave; 21: Florisbad; 22: Klasies River Mouth. (Nach Bermúdez de Castro und Martinón-Torres 2022; Elsevier)

der gleichen Zeit am gleichen Ort getroffen haben können – zwar nicht im Paradies zwischen Euphrat und Tigris, aber stattdessen irgendwo in Afrika (Poznik et al. 2013).

Durch die Analyse der mitochondrialen DNA können heute Kombinationen verschiedener Basenaustausche (SNPs) zur Definition von Haplotypen verwendet werden (siehe ▶ Box 3.1), die damit zu einem Stammbaum der heute lebenden Menschen führen. Dabei stellen wir fest, dass es in Afrika nicht nur die ältesten Haplotypen gibt, sondern auch, dass sich alle anderen mitochondrialen Haplotypen aus einem einzigen afrikanischen Haplotyp, nämlich L3, entwickelt haben. Dieser Befund ist die genetische Grundlage für die Hypothese, dass der moderne Mensch seinen **Ursprung in Afrika** hat („*Out-of-Africa*-Hypothese"), wie sie Ende der 1980er-Jahre formuliert wurde (Cann et al. 1987).

Die genetischen Untersuchungen wurden in der Folgezeit verfeinert: Zunächst umfassten sie das gesamte Mitochondriengenom, später nicht-rekombinierende Stellen auf dem Y-Chromosom, variable Bereiche auf dem X-Chromosom und einiger Autosomen. Sie belegen im Kern den Ursprung des modernen Menschen in Afrika und seine Ausbreitung vor 65–70.000 Jahren aus Afrika zunächst nach Südasien, Europa und Australien,

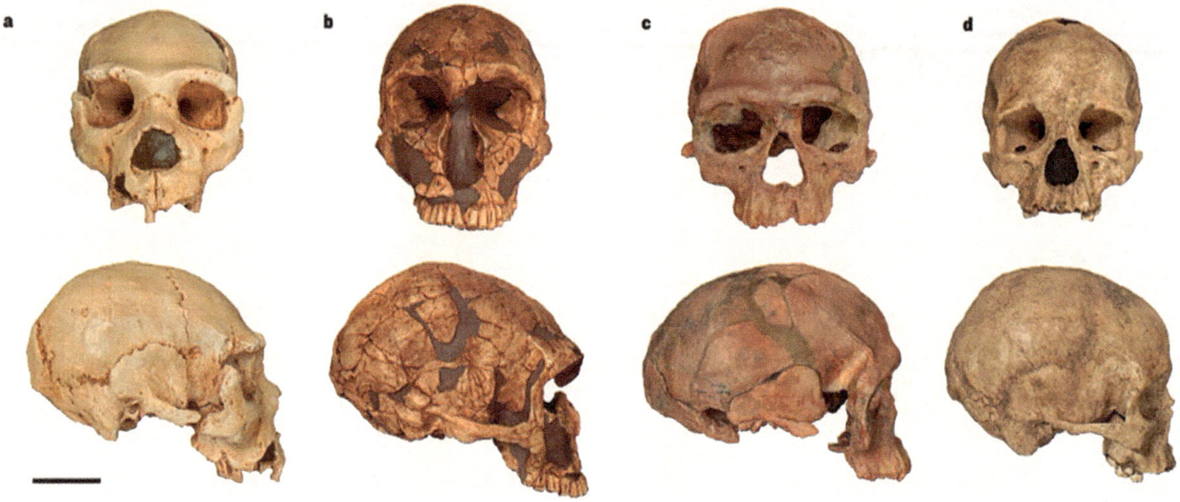

Abb. 3.2 Unterschiede in der Schädelform von Neandertalern und modernen Menschen. Strukturelle Unterschiede in alten Schädeln können Aufschluss über Evolutionsschritte geben. Hier sind Abgüsse von Originalschädeln dargestellt. **a** Ein Schädel, der in Sima de los Huesos (Spanien) gefunden wurde und ~430.000 Jahre alt ist, stellt eine frühe Form des Neandertalers dar. Der Sima-Schädel weist einige Merkmale auf, die auch bei jüngeren Neandertalern beobachtet wurden, wie z. B. die charakteristische Form des Neandertaler-Stirnkamms; er enthält aber auch noch einige urtümlichere Merkmale, die bei späteren Neandertalern nicht mehr zu finden sind, wie z. B. ein breiteres Gesicht und eine geringere durchschnittliche Gehirngröße. **b** Der ~60.000–40.000 Jahre alte Schädel aus La Ferrassie (Frankreich) ist ein Beispiel für einen späten Neandertaler. **c** Die Schädel aus Jebel Irhoud (Marokko) sind ~350.000–280.000 Jahre alt und stellen ein frühes Stadium der Evolution des *Homo sapiens* dar. Die Gesichtsform eines Fossils von Jebel Irhoud, das zuvor an der Fundstelle entdeckt wurde, weist Ähnlichkeiten mit der Struktur modernerer Menschen auf, wie z. B. das Vorhandensein zarter Wangenknochen. Die Form der Hirnschale (der Teil des Schädels, der das Gehirn umschließt) ist jedoch archaisch und hat noch eine längliche Form, die weniger kugelförmig ist als die Struktur des modernen *H. sapiens*. **d** Ein ~20.000 Jahre altes Fossil des *H. sapiens* aus Abri Pataud (Frankreich) hat eine kugelförmige Hirnschale. Maßstabsbalken: 5 cm. (Nach Stringer und Galway-Witham 2017, NHM LONDON (CC-BY)

später auch nach Nordasien, Amerika (von Sibirien aus über die Beringstraße) und zuletzt in den pazifischen Raum (Abb. 3.3). Sowohl in Asien als auch in Europa traf der *H. sapiens* dabei auf Nachkommen der früheren Ausbreitungswelle des *Homo erectus* – wir haben oben bereits darauf hingewiesen, dass diese archaischen Populationen bald nach der Ankunft der modernen Menschen ausgestorben sind. Was wir aber über die Zeit des Zusammenlebens dieser verschiedenen Menschenarten wissen, soll im ▶ Abschn. 3.2 besprochen werden.

Eine Detail-Analyse der Daten der mitochondrialen DNA zeigt ziemlich klar, dass die afrikanische Eva aus der Khoisan-Bevölkerung kam – eine Population, die noch in der Neuzeit als Jäger und Sammler lebten. Allerdings war diese Population nicht homogen, sondern spaltete sich in viele Untergruppen auf, die wohl auch über längere Zeiten genetisch isoliert waren. Diese Bevölkerungsgruppen zeichnen sich auch durch besondere Sprachen aus, die durch Klick- und Schnalzlaute charakterisiert sind und als älteste Sprachen der Welt gelten. Wir werden darauf im ▶ Abschn. 4.3 noch einmal im Detail zurückkommen.

Die geschilderten Aufspaltungen in Afrika korrespondieren mit veränderten Mustern mitochondrialer Haplogruppen. Die phylogenetische Aufspaltung der L0–L1'6 Haplogruppen vor ~130–170.000 Jahren repräsentiert wahrscheinlich eine frühe Trennung kleiner und isolierter Gemeinschaften in Süd- und Ostafrika. Weitere regionale Variationen akkumulierten mit der Zeit, und die Haplogruppen L2 und L3 entstanden vor ~100–75.000 Jahren in Zentral- und Ostafrika. Ihre Ausbreitung südlich der Sahara vor spätestens vor ~60.000 Jahren verdrängte weitgehend die Ausbreitung der L0'1-Haplogruppe, die heute auf die südafrikanischen Khoisan und die zentralafrikanischen Pygmäen beschränkt ist. Die zyklische Expansion des Regenwaldes und sein wiederholter Rückzug in der Zeit vor ~40.000 Jahren und der maximalen Trockenheit der letzten Eiszeit verminderten die genetische Vielfalt der modernen Menschen. Einige überlebende regionale Linien entwickelten sich aus den Rückzugsgebieten der Sahel-Zone, bevölkerten die Region erneut und trugen so zu einer genetischen Gleichartigkeit in Westafrika bei. Insbesondere die L1–L3-Linien der mitochondrialen Haplogruppen spiegeln das beträchtliche Bevölkerungswachstum wider, das durch das feuchtere und wärmere Klima in der regnerischen Phase der Sahara möglich wurde (nach Rosa und Brehm 2011).

Ein ähnliches Bild ergibt sich, wenn man die Evolutionsdaten des Y-Chromosoms und seine Verteilung über die Kontinente betrachtet. Der ursprünglichste Ast des Y-chromosomalen Stammbaums (Haplo-

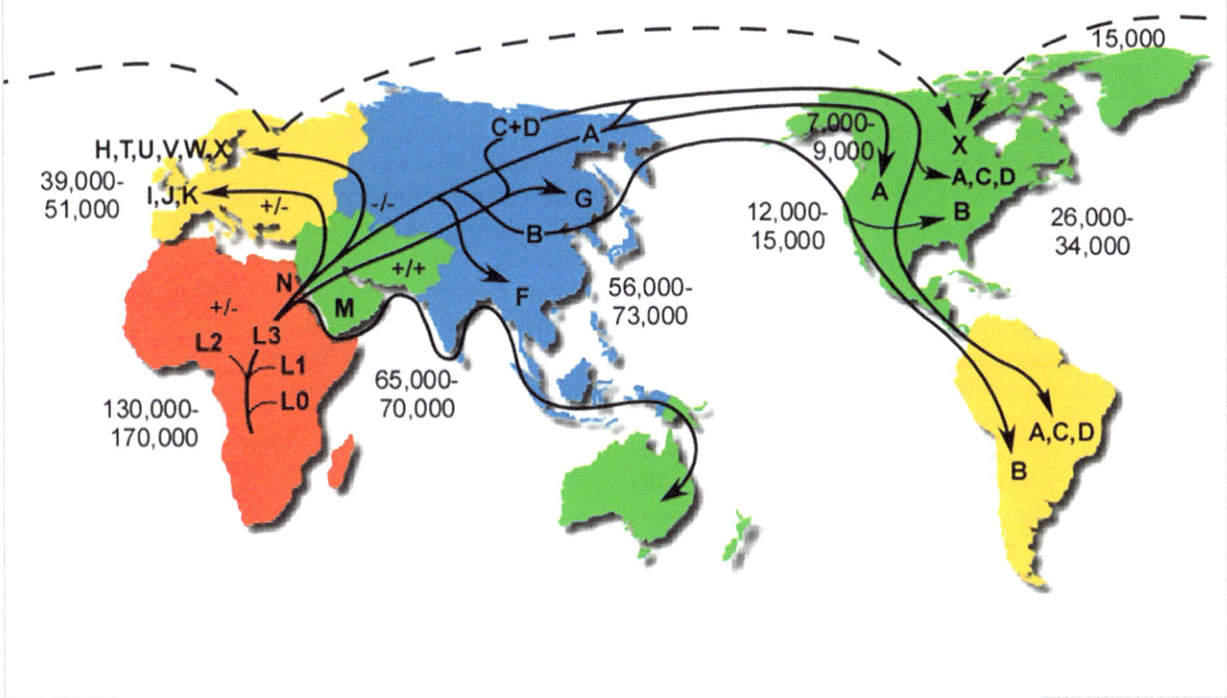

Abb. 3.3 Regionale Ausbreitung menschlicher mitochondrialer DNA (mtDNA) von ihrem Ursprung in Afrika und die Besiedelung von Eurasien, Nord- und Südamerika. Alle afrikanischen mtDNAs sind unter der Makrohaplogruppe L zusammengefasst und verschmelzen in einem einzigen Ursprung vor etwa 130–170.000 Jahren. Die afrikanische Haplogruppe L0 ist die älteste mtDNA-Abstammungslinie; sie wurde bei der Bevölkerung der Khoisan gefunden. Die Haplogruppen L1 und L2 finden sich bei den Pygmäen. Die M- und N-mtDNA-Linien entwickelten sich im Nordosten Afrikas aus der afrikanischen Subsahara-Linie L3, und nur Abkömmlinge der M- und N- mtDNA-Linie verließen erfolgreich Afrika und führten zu den Makrohaplogruppen M und N. Die N-Haplogruppe breitete sich bei den Ureinwohnern Europas und Asiens aus, wohingegen die mtDNA-Haplogruppe M auf Asien beschränkt bleibt. Die Haplogruppen A, C und D häuften sich im Nordosten Sibiriens an und wanderten vor ~20.000 Jahren über die Landbrücke der Beringstraße nach Amerika und begründeten die dortigen Ureinwohner. Weitere Migrationsbewegungen aus Eurasien brachten auch die Haplogruppen B und X nach Amerika. Schließlich besiedelte die Haplogruppe B die pazifischen Inseln. Die Symbole +/–, +/+ und –/– beziehen sich auf die An- oder Abwesenheit der Restriktionsschnittstellen für *Dde*I an der Position 10.394 bzw. von *Alu*I an der Position 10.397 des menschlichen Mitochondriengenoms. Die Zeitangaben sind in Jahren vor heute; die Mutationsrate wird mit 2,2–2,9 % pro Million Jahre abgeschätzt. (Nach ▶ www.mitomap.org; CC-By 3.0, ▶ http://creativecommons.org/licenses/by/3.0)

gruppe A) ist unter den Khoisan-Völkern weitverbreitet, kommt aber in anderen Populationen nur selten vor (zu den Haplotypen des Y-Chromosoms siehe ▶ Box 3.2). Diese zentralafrikanischen Bevölkerungsgruppen sind durch die größte genetische Vielfalt aller heute noch lebenden menschlichen Populationen gekennzeichnet; sie repräsentieren die grundlegende Abstammungslinie der uniparental vererbten Marker (maternale mtDNA und paternales Y-Chromosom) und den tiefsten Ast unserer Spezies, wenn wir die Autosomen betrachten (nach Lorente-Galdos et al. 2019).

Wenn man die Ergebnisse genomweiter Untersuchungen heute lebender Menschen betrachtet, fällt aber auf, dass ~25 % der Varianten der Khoisan-Völker evolutionsbiologisch betrachtet relativ jung sind; die entsprechenden Gene betreffen die Immunität und die Eigenschaften von Spermien, des Gehirns und der Muskeln. Die effektive Populationsgröße der Vorfahren heute lebender Individuen kann anhand von Genomdaten geschätzt werden, wobei die Auflösung für bestimmte Zeiträume durch die Auswertung einer größeren Anzahl von Genomen verbessert werden kann. Für alle menschlichen Gruppen wurde für die Zeit vor ~300.000 Jahren eine effektive Populationsgröße von ~30.000 Menschen abgeschätzt, wobei sich diese effektive Populationsgröße vor ~150–100.000 Jahren deutlich verringerte (unter der Annahme einer Mutationsrate von $1{,}25 \times 10^{-8}$ pro Basenpaar pro Generation und einer Generationsdauer von 30 Jahren). Die nichtafrikanischen Populationen erreichten den niedrigsten Stand mit ~2000 Menschen vor ~80.000 Jahren, was mit der Auswanderung aus Afrika zeitlich zusammenfällt.

Überraschenderweise zeigen die meisten afrikanischen Populationen auch eine Verminderung der abgeschätzten effektiven Populationsgröße während dieses Zeitraums und erreichen nur noch ~1/3 der vorherigen effektiven Populationsgröße. Der Rückgang der effektiven Populationsgrößen scheint bei ostafrikanischen Populationen am stärksten zu sein, gefolgt von den Westafrikanern und von den Jäger- und Sammlerpopulationen im Regenwald. Die Khoisan-Gruppen scheinen am wenigsten betroffen zu sein (nach Schlebusch et al. 2020).

Aus den bisherigen Darstellungen geht zwar hervor, dass die Wiege der modernen Menschheit in Afrika stand und dass sich ein Teil der modernen Menschen über die Levante und/oder über die arabische Halbinsel nach Osten ausgebreitet hat. Allerdings gibt es nur wenig Daten, um die Entwicklung des modernen Menschen in Afrika genau nachzeichnen: wir haben nur aus wenigen Regionen Afrikas fossile Funde (siehe oben ◘ Abb. 3.1), und es gibt auch keine archaische DNA, die den Zeitrahmen der Entstehung von *Homo sapiens* widerspiegelt. Auch die Sammlung genetischer Daten heute lebender afrikanischer Populationen ist noch lückenhaft. Auf der Basis von uniparentalen Markern (mtDNA und Y-Chromosom), von einigen vollständigen Genomsequenzen heute lebender Gruppen und von sterblichen Überresten (aus jüngerer Zeit) kann man zusammenfassend vermuten, dass die älteste Spaltung in der menschlichen Population zwischen den Jägern und Sammlern der Khoisan und anderen menschlichen Gruppen wahrscheinlich vor über 300.000 Jahren stattgefunden hat. Die nächste größere Abspaltung geschah zwischen den Jägern und Sammlern des Regenwaldes und anderen menschlichen Linien vor ~200.000 Jahren. Später (vor ~170.000 Jahren) differenzierten sich die Khoisan in nördliche und südliche Gruppen, und vor ~130.000 Jahren trennten sich die Jäger und Sammler des Regenwaldes in östliche und westliche Gruppen. Es gab allerdings immer wieder Wechselwirkungen zwischen den einzelnen Gruppen, die sich auch in einem entsprechenden Genfluss manifestieren. Einige dieser Gruppen sind in der Zwischenzeit auch ausgestorben; ihre frühere Anwesenheit lässt sich aber in den genetischen Untersuchungen nachweisen. Dazu gehören auch genetische Analysen von sterblichen Überresten von Menschen aus jüngerer Zeit, wie beispielsweise aus Shum Laka, einer Ausgrabung in Kamerun (nach Hollfelder et al. 2021). Der ~7-jährige Junge, dessen Schädel ~2000 Jahre nach seinem Tod in Ballito Bay (Südafrika) gefunden wurde, starb – wie wir heute aus genetischen Untersuchungen wissen – an einer Infektion mit *Rickettsia felis*, einem Erreger, der durch Flöhe übertragen wird und zu einer Typhus-ähnlichen Erkrankung führt (Rickettsiose) (nach Rifkin et al. 2023). Eine Zusammenfassung dieser möglichen Entwicklungsgeschichte des *Homo sapiens* in Afrika zeichnet ◘ Abb. 3.4.

Die Analyse heute in Afrika lebender Menschen würde aber auch bei besserer Datenlage keine vollständigen Rückschlüsse auf die Populationsstruktur archaischer Menschen in Afrika zulassen, denn demografische Transformationen haben die Bevölkerungsstruktur in Afrika innerhalb der letzten ~5000 Jahre sehr stark verändert (dazu gehören auch die Ausbreitung der Nahrungsproduktion, Kolonialismus, Imperialismus, Sklaverei und moderne soziopolitische Umorganisationen) (nach Lipson et al. 2022).

Wie wir jetzt schon mehrfach gesehen haben, gab es innerhalb von Afrika offensichtlich schon früh Wanderungs- und Expansionsbewegungen verschiedener Gruppen des *Homo sapiens* mit vorübergehender genetischer Isolation und erneuten Vermischungen. Man kann den Stammbaum in ◘ Abb. 3.4 aber auch so darstellen, dass es vor ~250.000 Jahren mehrere (ähnliche) Wurzeln des modernen Menschen gegeben hat, die sich dann über längere Zeiträume zu dem entwickeln, was wir heute als *Homo sapiens* bezeichnen. ◘ Abb. 3.5 zeigt dazu ein Modell, das sich von einem üblichen Stammbaum unterscheidet. Wahrscheinlich müssen wir uns von dem Bild eines Adams und einer Eva als Stammeltern der modernen Menschen verabschieden, die zu einer bestimmten Zeit und an einem bestimmten Platz in Afrika gelebt haben. Wir können wahrscheinlich davon ausgehen, dass es in Afrika vor ~125.000 Jahren in West- und Zentralafrika, in Ostafrika und in Südafrika drei Stammpopulationen gegeben hat, die durch Wanderungsbewegungen (möglicherweise aufgrund klimatischer Veränderungen) zusammenkamen und sich zum modernen Menschen entwickelt haben. Beobachtete Polymorphismen, die nicht mit der Hypothese eines einzigen Ursprungs des modernen Menschen in Einklang stehen, können am besten durch ein derartiges Modell erklärt werden, das die Vereinigung von mehreren Stammpopulationen berücksichtigt (Scerri, 2023).

Die geschilderten Aufspaltungen in Afrika korrespondieren aber auch mit unterschiedlichen Sprachfamilien. Insgesamt kennen wir in Afrika mehr als 2000 ethnolinguistische Gruppen, die etwa 1/3 der weltweit gesprochenen Sprachen repräsentieren. So finden wir im Norden und Osten Afrikas afro-asiatisch sprechende Populationen, die sich von anderen afrikanischen Populationen südlich der Sahara vor ~50.000 Jahren getrennt haben. Außerdem gibt es drei weitere große Sprachfamilien (vgl. ▸ Abschn. 4.3.2): die nilosaharanischen Sprachen, die Niger-Kongo-Sprachen (mit den Bantu-Sprachen als größte Untergruppe) sowie Khoisan, das

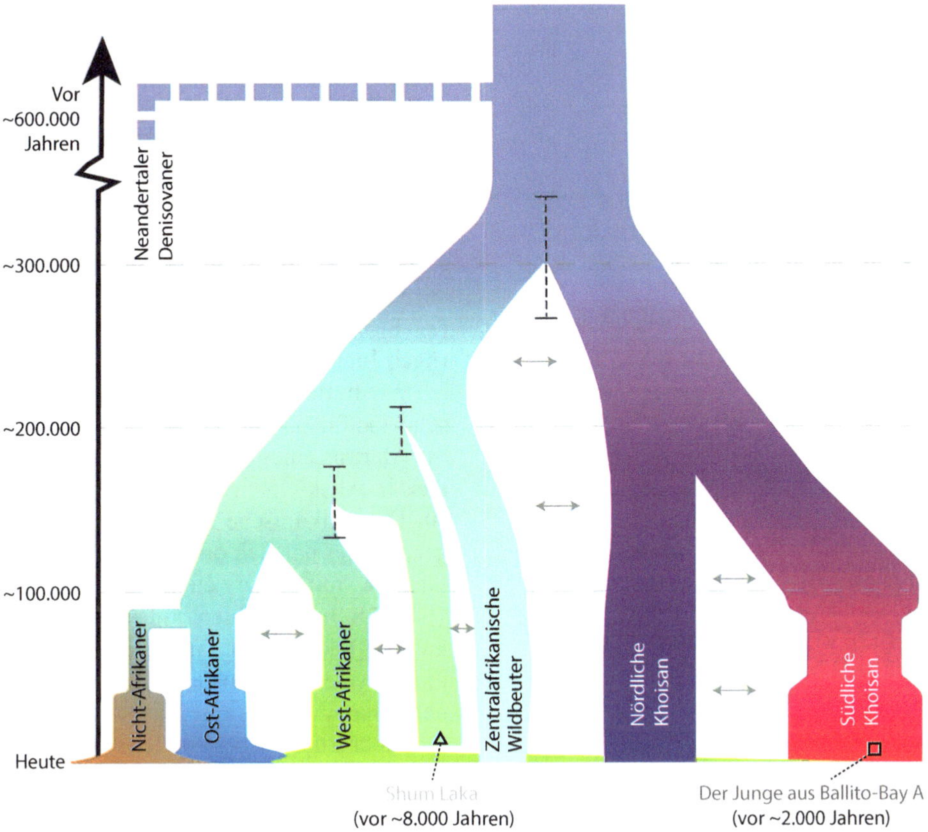

Abb. 3.4 Frühe Populationsstrukturen in Afrika. Ein demografisches Modell früher afrikanischer Populationen zeigt geschätzte Divergenzzeiten, Hierarchien und Populationsgrößen (Breite der Äste). Vertikale gestrichelte Linien geben die Konfidenzintervalle an. Doppelpfeile zeigen Vermischungen an. Die Abschätzung des Shum-Laka-Individuums basiert auf genomischen Sequenzdaten eines ~8000 Jahre alten Skeletts aus Westafrika; es hat neben westafrikanische Vorfahren auch Vorfahren der Jäger und Sammler des Regenwaldes. Der Junge aus Ballito Bay ist vor ~ 2000 Jahren gestorben; auch hier wurden seine Genomdaten verwendet. Die Abspaltung der Neandertaler und der Denisova-Menschen vor ~600.000 Jahren ist angedeutet. (Nach Hollfelder et al. 2021; CC-by 4.0, ▶ http://creativecommons.org/licenses/by/4.0)

sich durch seine Klicklaute auszeichnet. In einer neueren Studie führten Fan et al. (2023) entlang dieser Hauptsprachfamilien genomweite Sequenzanalysen bei 180 Individuen von 12 indigenen afrikanischen Populationen durch. Dabei bestätigten sie zunächst die Abspaltung der südafrikanischen Khoisan-Populationen von denen der zentralafrikanischen Jäger und Sammler des Regenwaldes vor über 200.000 Jahren (Abb. 3.4) und Vermischungen früherer afrikanischer Populationen. In der Zeit vor ~200.000 Jahren bis vor ~50.000 Jahren hatten die Jäger und Sammler des Regenwaldes und die Khoisan die größten effektiven Populationsgrößen (mit jeweils ~20.000 fortpflanzungsfähige Individuen). Interessant sind darüber hinaus genetische Signaturen lokaler Anpassungen für Eigenschaften im Zusammenhang mit Hautfarbe, Immunantwort, Größe und verschiedenen metabolischen Prozessen. Abb. 3.6 gibt dazu einen Überblick einschließlich der Gene, die mit den entsprechenden Eigenschaften assoziiert sind. Es wurden dabei immer nur di-allelische Einzelnukleotid-Polymorphismen (Di-SNPs) betrachtet. Die detaillierte Auswertung zeigt allerdings, dass viele dieser SNPs die Expression der jeweiligen Gene betreffen können; außerdem sind jeweils viele Gene an der Ausprägung der Eigenschaften beteiligt, so dass es sich um komplexe Auswirkungen der genetischen Unterschiede handelt.

Eine der frühesten genetischen Entwicklungen des modernen Menschen betrifft die Zahl der α-Amylase-Gene (Gensymbol *AMY*). Die Kopien der *AMY1*-Gene werden in der Speicheldrüse exprimiert und ermöglichen eine Verdauung von Kohlenhydraten in einfache Zucker. Die Kopien der *AMY2*-Gene werden in der Bauchspeicheldrüse exprimiert und dienen demselben Zweck

3

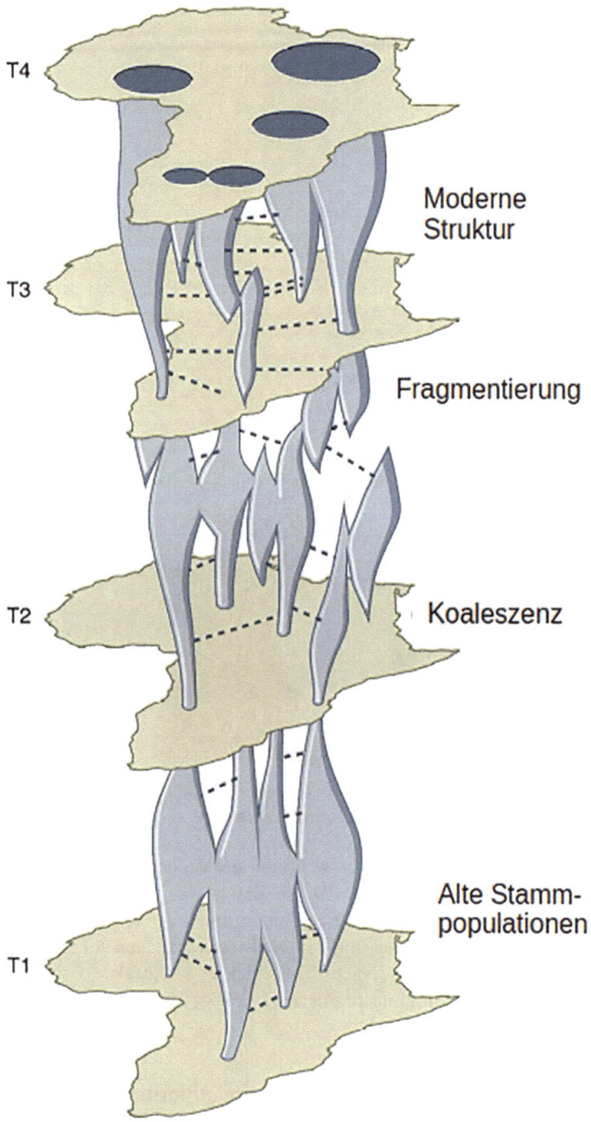

Abb. 3.5 Ein gesamtafrikanisches Modell schlägt zu Beginn der Spezies *Homo sapiens* (T1) eine gewisse Anzahl von schwach strukturierten Stammpopulationen vor, die in verschiedenen Regionen Afrikas lokalisiert waren. Genfluss zwischen diesen Stammpopulationen war relativ häufig (T2), bevor eine Periode der Fragmentierung (T3) einsetzte, die zu der heutigen Populationsstruktur führte und durch einen ausgeprägten Anstieg der Populationsgröße begleitet war. Die Populationen sind durch „Korallen" mit wechselnden Standorten symbolisiert, um so neue, gemischte Populationen anzudeuten. Das Ausmaß des Genflusses ist durch Verbindungen und Linien angedeutet. (Nach Scerri, 2023; Springer Nature)

im Zwölffingerdarm. Die Amylase-Gene liegen in einer Gruppe innerhalb von ~200 kb auf dem Chromosom 1 (1p21). Die großen Affen, aber auch Neandertaler und Denisova-Menschen, haben jeweils 2 Kopien der *AMY1*, *AMY2A* und *AMY2B*-Gene, wohingegen heutige moderne Menschen auf allen Kontinenten mehr Kopien des *AMY1*-Gens besitzen – im Durchschnitt etwa 6–7 Kopien. Wir finden allerdings in menschlichen Überresten aus dem Mesolithikum und dem Neolithikum 13–16 Kopien, sodass man davon ausgeht, dass die Zahl der *AMY1*-Kopien heute eher sinkt. Die Ursache für diesen genetischen Umschwung nach der Trennung von den Neandertalern ist unklar – möglicherweise ist dies verbunden mit veränderten Ernährungsgewohnheiten (z. B. Verzehr von stärkehaltigen Knollenpflanzen) (nach Inchley et al. 2016).

Wir hatten oben davon gesprochen, dass die genetische Vielfalt in Afrika größer ist als sonst auf der Welt und daraus eines von mehreren Argumenten abgeleitet, dass in Afrika auch der „Geburtsort" des *Homo sapiens* ist. Die afrikanische Bevölkerung war groß und heterogen, und es hat sich offensichtlich nur eine relativ kleine Gruppe mit einer effektiven Populationsgröße von 1000–2500 Individuen auf den Weg nach Asien gemacht. Diese Zahl lässt sich aus Daten über Polymorphismen in Autosomen ableiten. Den Verlust der genetischen Vielfalt kann man so erklären: die Jäger- und Sammlergruppen besiedelten zunächst ein neues Habitat. Nachdem sich die neue Population etabliert hat, spalteten sich neue Gruppen ab, die in der Nähe siedelten und so weiter. Auf diese Weise entstanden immer neue Gründerpopulationen aus einer alten heraus. Abb. 3.7 fasst diese „seriellen Gründereffekte" zusammen – und so ist die große Expansion, die sich nach der Expansion aus Afrika vollzogen hat, (zunächst) mit einem immer stärkeren Verlust der genetischen Vielfalt einhergegangen, der sich auch heute noch im Vergleich der Vielfalt zwischen Populationen außerhalb und innerhalb Afrikas feststellen lässt (hier dargestellt als Sequenzunterschiede pro Basenpaar; Abb. 3.7b).

Wenn man allerdings die *Out-of-Africa*-Hypothese genauer betrachtet, ergibt sich die Frage, in welchen Richtungen die Ausbreitung aus Afrika stattgefunden hat. Es werden im wesentlichen zwei Routen diskutiert: eine nördliche entlang des Nils über den Sinai und die Levante, und eine südliche über das Horn von Afrika und die Bab el-Mandeb-Straße. Die ersten Arbeiten mit mtDNA legten die südliche Route nahe, da die mtDNA-Haplogruppe M in Äthiopien, dem Süden der arabischen Halbinsel, dem indischen Subkontinent und Ostasien nachgewiesen wurde. Allerdings ergaben sich bei weiteren genetischen Untersuchungen Widersprüche: So waren einige N-Haplogruppen in Süd-China älter als die ältesten Abstammungslinien von N-Haplogruppen in West-Asien, und einige M-Haplogruppen in Melane-

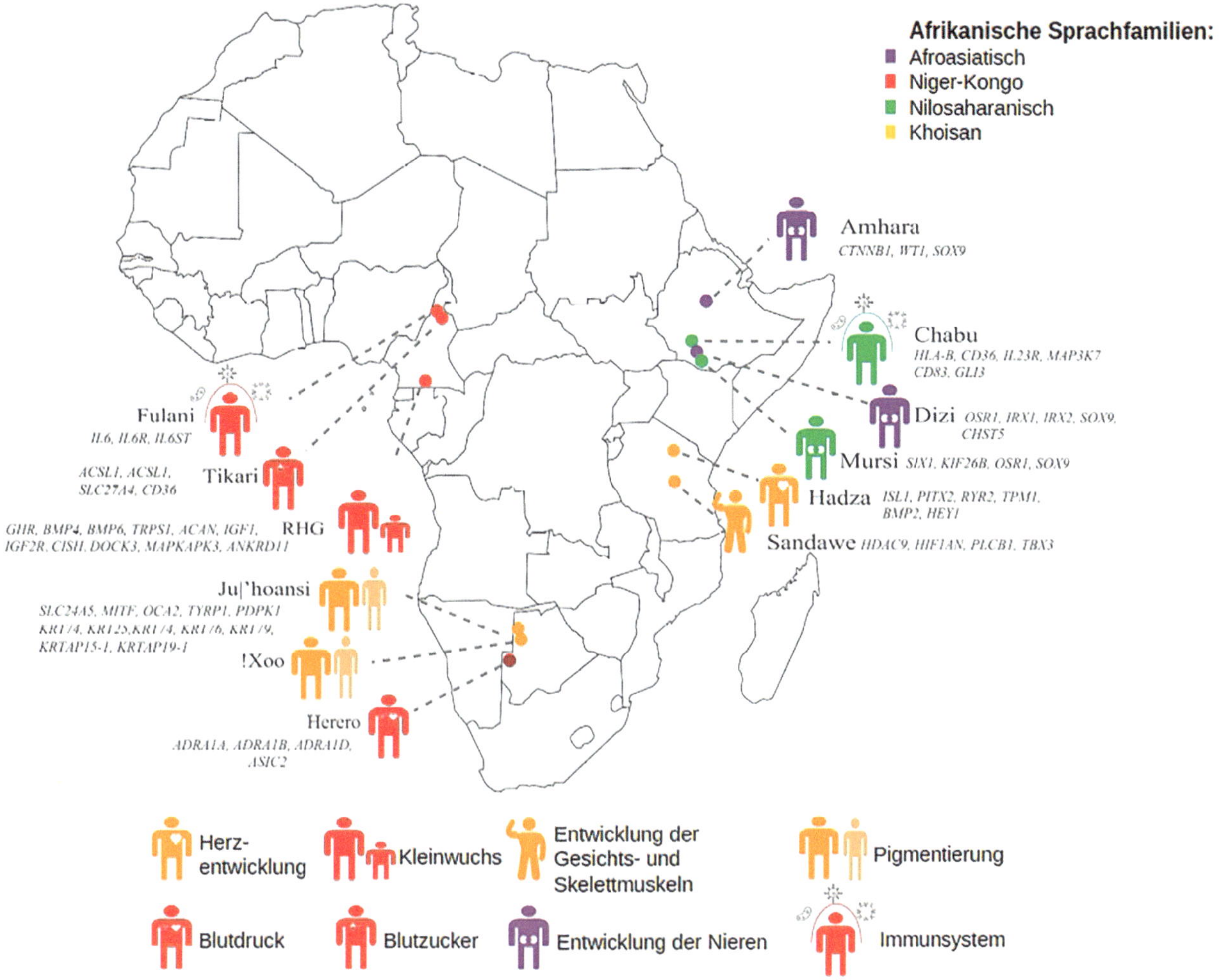

Abb. 3.6 Repräsentative phänotypische und physiologische Eigenschaften, die durch positive Selektion aufgrund lokaler Anpassungen gestaltet wurden. Die entsprechenden Eigenschaften sind durch Symbole gekennzeichnet; die jeweiligen Gensymbole sind angegeben. Die Sprachfamilien sind farbcodiert. (Nach Fan et al. 2023; Elsevier)

sien waren älter als die ältesten Linien von M-Haplogruppen in Indien. Man kann also zunächst nur sagen, dass die Ausbreitungsrichtung der eurasischen Zweige M und N der basalen Haplogruppe L3 in Asien von Ost nach West verläuft und nicht umgekehrt, wie es zu erwarten wäre. Das führt zu einem Dilemma in der Interpretation, denn wir haben offensichtlich zwei „Gravitationszentren" zur Entstehung von L3: eines in Afrika, aber noch ein weiteres in Südostasien.

Ähnlich widersprüchliche Daten gibt es für die Ausbreitung des Y-Chromosoms. Hier zeigen die Daten, dass die Y-chromosomale Haplogruppe E, die in Afrika vorkommt, jünger ist als die Haplogruppe D, die in Asien vorkommt und ihren Ursprung offensichtlich in Tibet hat: hier hat diese Haplogruppe die größte Häufigkeit, aber auch die größte Vielfalt. Aufgrund dieser zunächst widersprüchlich erscheinenden Szenarien wird deshalb diskutiert, dass moderne Menschen in mehreren Wellen aus Afrika heraus und wieder nach Afrika zurückgewandert sind – auch abhängig von klimatischen Erfordernissen. Abb. 3.8 fasst diese Überlegungen schematisch zusammen. Es wird jedoch noch etwas dauern, bis die genetischen Daten ausgefeilter sind und auch in ihrer zeitlichen Abfolge besser mit den archäologischen Befunden abgestimmt werden können. Wir haben schon bei der Trennung der Entwicklungslinien der Schimpansen und der Menschen darauf hingewiesen, dass unterschiedliche Annahmen über Mutationsraten und Generationszeiten die Zeitfenster deutlich verschieben können.

3

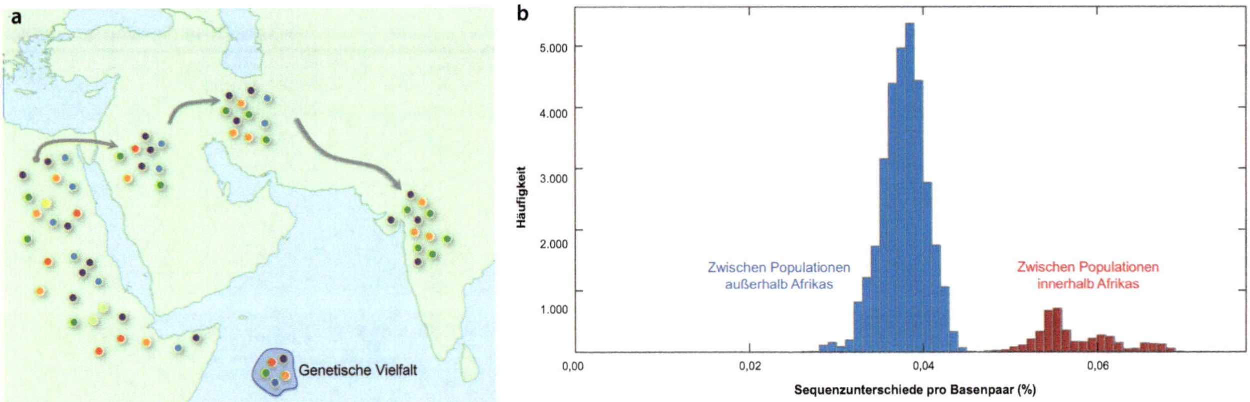

Abb. 3.7 **a** Schematische Darstellung serieller Gründereffekte, hier dargestellt im Zusammenhang mit der Ausbreitung nach dem Auszug aus Afrika. Die farbigen Punkte illustrieren die genetische Vielfalt. Jede neue Gruppe außerhalb von Afrika repräsentiert eine Auswahl der genetischen Vielfalt, die in der jeweils ursprünglichen Gruppe vorhanden war. Die ursprüngliche Population in Afrika war groß genug, um die genetische Vielfalt aufzubauen und zu erhalten. Die erste Auswandergruppe auf der arabischen Halbinsel ist deutlich kleiner (Flaschenhals-Effekt), enthält aber noch alle Elemente der ursprünglichen Population. In der zweiten Gruppe sind die *roten* Elemente verloren gegangen, und in der dritten zusätzlich die *blauen*. **b** Sequenzunterschiede zwischen zwei Chromosomen von heutigen modernen Menschen innerhalb und außerhalb von Afrika. Dabei wurden Positionen benutzt, bei denen unter allen Genomen des *Simons Genome Diversity Projects* weniger als 1 % Daten fehlen und jeweils ein Allel von heterozygoten Positionen in die Stichprobe einbezogen wurde. (a: Nach Henn et al. 2012; PNAS; b: nach Skoglund und Mathieson 2018, Annu Rev)

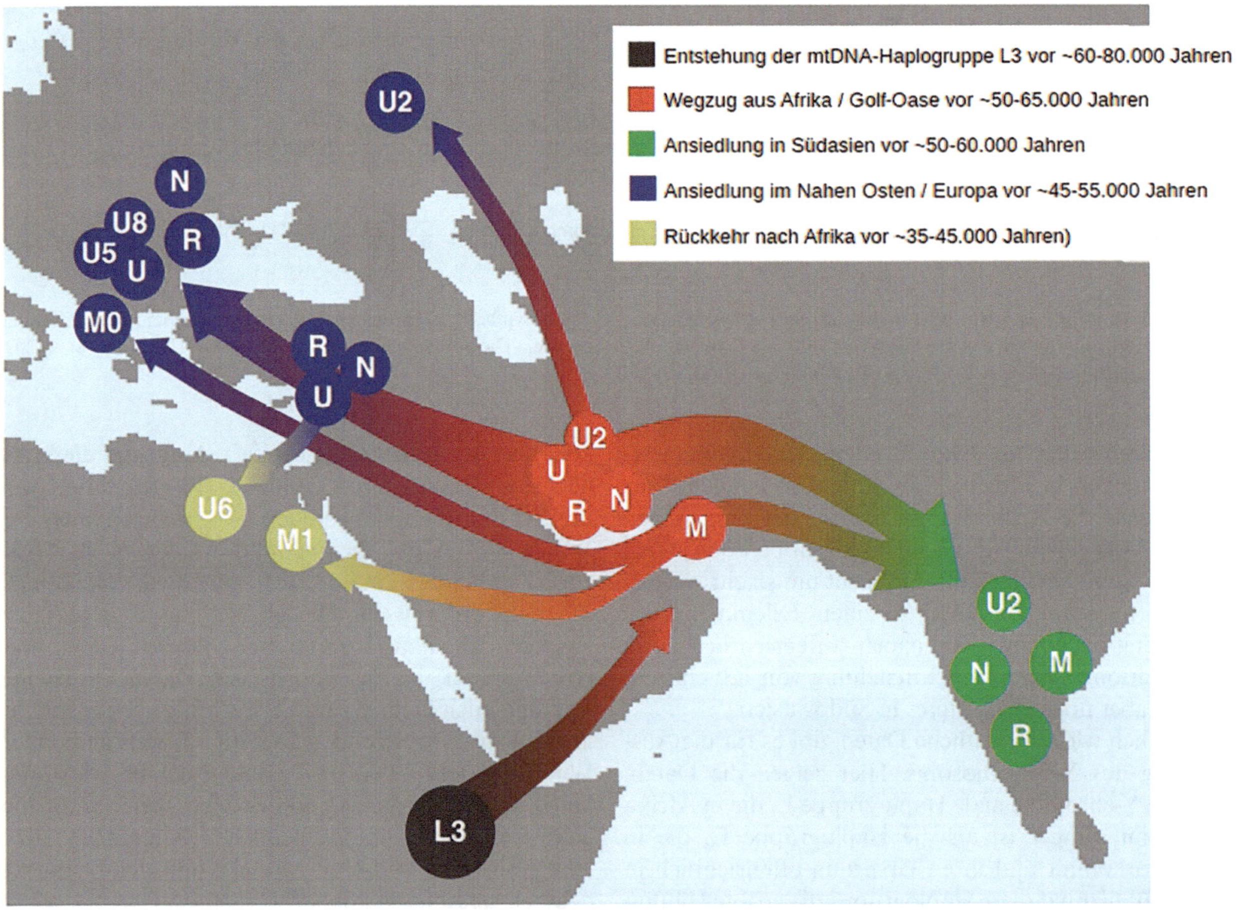

Abb. 3.8 Das dargestellte Szenario fasst verschiedene Mitogenom-Nachweise zusammen. Es zeigt die Ausbreitung der afrikanischen mtDNA-Haplogruppe L3 aus Afrika heraus, gefolgt von der Entstehung der großen Haplogruppen M und N (und den Nachkommen von N, nämlich R und U) in der Nähe einer mutmaßlichen „Golf-Oase". Von dort werden weitere Ausbreitungswege aufgezeigt: ostwärts nach Südasien und nordwestwärts nach Europa und auch zurück nach Nordafrika. (Nach Richards et al. 2016; Elsevier)

Was unternahmen aber die modernen Menschen, nachdem sie Afrika den Rücken gekehrt hatten? Zogen sie einfach immer weiter und verteilten sich entsprechend über die Erde, oder blieben sie (zumindest teilweise) in einer Region – und wenn ja, wo? Es scheint so, dass sich moderne Menschen nach ihrem Auszug aus Afrika vor ~60–70.000 Jahren nicht sofort über ganz Eurasien ausgebreitet haben, sondern dass diese weitere Expansionswelle erst vor ~45.000 Jahren begann. Genetische Evidenz basierend auf DNA von Fossilien und heute lebenden Menschen sowie paläoökologische Modelle deuten darauf hin, dass die Auswanderer in dieser frühen Phase der Kolonialisierung für ~20.000 Jahre ihren Mittelpunkt im persischen Plateau hatten, das auch als iranisches Hochland bezeichnet wird und östlich des Zweistromlandes und westlich des Hindukusch liegt. Die Gruppen aus dieser Region besiedelten vor ~45.000 Jahren sowohl das östliche wie auch das westliche Eurasien. Im östlichen Eurasien lässt sich diese Urpopulation in Fossilien von Bacho Kiro (Bulgarien) und Tianyuan (China) nachweisen, aber auch in den meisten Populationen Ostasiens und Ozeaniens. Die erste Welle ins westliche Eurasien ist wohl ausgestorben und wurde später von einer zweiten Welle assimiliert; sie hat Nachfahren hinterlassen, die in den Fundstellen von Kostenki und Sunghir (beide in Russland) und nachfolgend in den westlichen Eurasiern und paläolithischen Sibirern nachzuweisen sind (nach Vallini et al. 2024).

Eine der ältesten Fundstellen moderner Menschen in Europa befindet sich in der Ilsenhöhle in Ramis (Thüringen). Hier wurden Überreste anatomisch moderner Menschen gefunden, deren Alter auf ~48.000 Jahre bestimmt wurde; damit handelt es sich um einige der frühesten modernen Menschen Europa. Zusammen mit den Fossilien wurden auch klingenförmige, teilweise beidseitig bearbeitete Steingeräte gefunden, die bisher den Neandertalern zugerechnet wurden (nach Mylopotamitaki et al. 2024). Damit können diese Fundstücke kulturell dem Aurignacien zugerechnet werden, das mit dem Auftreten des modernen Menschen in Europa assoziiert ist.

Wir sehen allerdings aus den Diskussionen dieser verschiedenen Arbeiten, dass die Altersbestimmungen insgesamt mit einem gewissen Rahmen angegeben werden müssen. ◘ Abb. 3.9a gibt diese Unsicherheiten in Bezug auf die Ausbreitung der modernen Menschen nach Europa wider; dabei ist auch zu bedenken, dass starke klimatische Schwankungen die Ausbreitungen sowohl begünstigt als auch eingeschränkt haben können; ◘ Abb. 3.9b zeigt die effektiv wichtigsten Ausbreitungsrouten des modernen Menschen nach Europa.

! Der Homo sapiens ist in Afrika vor über 300.000 Jahren entstanden; die afrikanische Bevölkerungsstruktur war allerdings dynamisch, sodass der moderne Mensch möglicherweise mehrere Wurzeln hat. Vor ~50.000 breitete sich der moderne Mensch über Afrika hinaus aus, wobei es Migrationsbewegungen in beide Richtungen gegeben hat.

3.2 Moderne Menschen, Neandertaler und Denisova-Menschen: zur gleichen Zeit am gleichen Ort

Wir haben oben (▶ Abb. 2.21) gesehen, dass Neandertaler und Denisova-Menschen den westlichen Teil Eurasiens bis vor ~40.000 Jahren besiedelten – und in diese Regionen strömte nun nach dem Auszug aus Afrika und dem persischen Plateau der moderne Mensch. In der Folge haben diese drei Populationen gemeinsam über mehrere Jahrtausende in Europa und Asien gelebt. Dabei ist es nicht nur zu Kreuzungen zwischen Neandertalern und Denisova-Menschen gekommen (▶ Abb. 2.21: „Denisova 11“: Tochter einer Neandertal-Mutter und eines Denisova-Vaters), sondern auch zwischen modernen Menschen und Neandertalern und Denisova-Menschen. Die ersten Untersuchungen basierend auf mitochondrialer DNA ergaben zwar zunächst keinen Hinweis auf derartige Vermischungen, aber die vergleichenden Untersuchungen der DNA des Kerngenoms zeigen klar, dass die Genome moderner Menschen außerhalb Afrikas südlich der Sahara einzelne Abschnitte des Genoms von Neandertalern enthalten – in der Summe etwa 1,5–2,1 %. Noch ausgeprägter ist das bei den Denisova-Menschen, deren DNA wir als Fragmente zu etwa 3–6 % in den Genomen moderner Ureinwohner in Melanesien, Papua und Australien finden; in Ostasien ist der relative Anteil der Denisova-DNA im Genom deutlich niedriger (0,2 %; Racimo et al. 2015). Die moderne Genetik hat also gezeigt, dass dieses Zusammenleben vor ~40.000–50.000 Jahren Konsequenzen hatte, die wir auch heute noch in unserem Erbgut finden können.

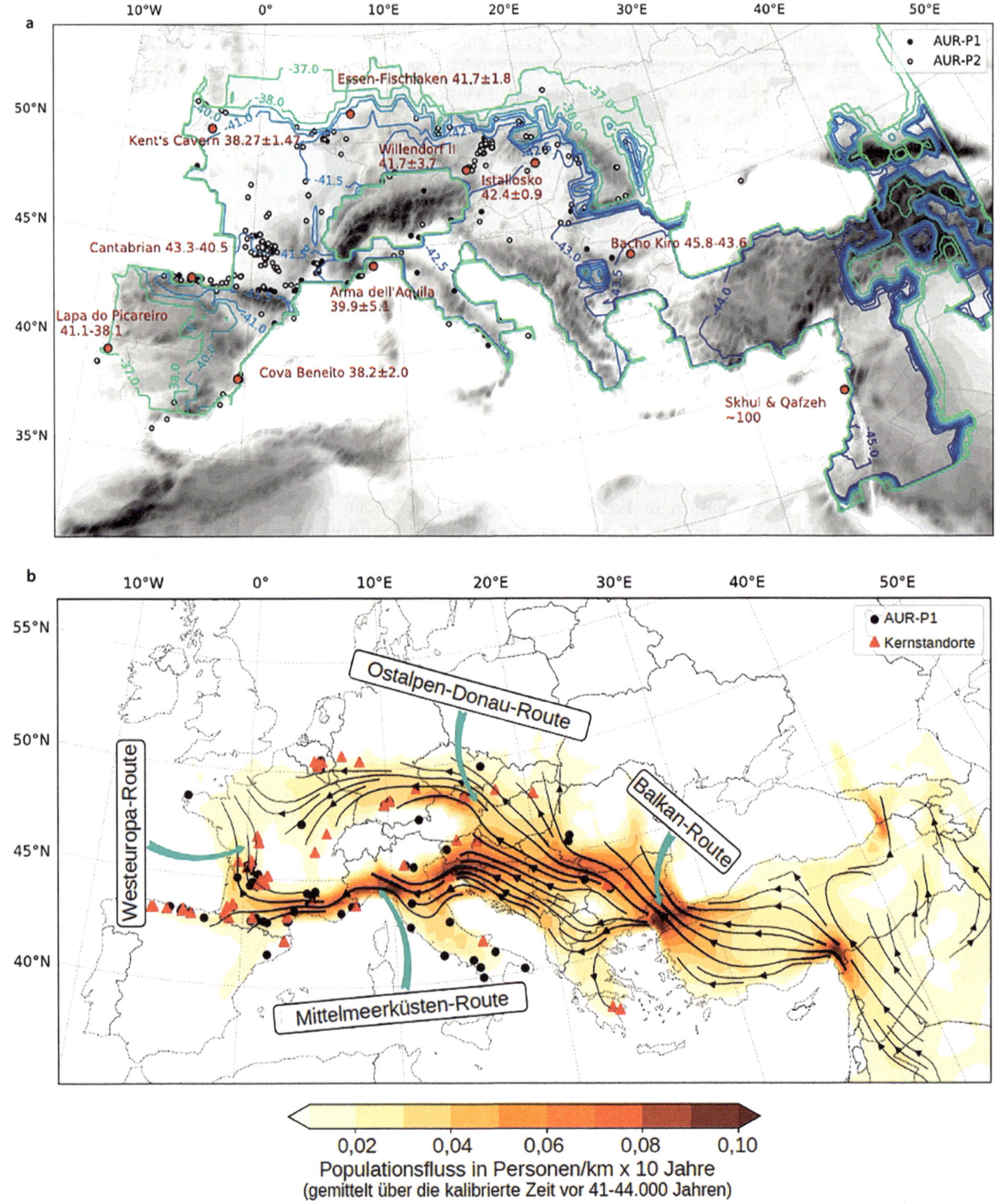

Abb. 3.9 Ausbreitung des modernen Menschen nach Europa. **a** Konturen der Ankunftszeiten der menschlichen Expansion in 1000 Jahren, definiert durch eine erstmalig erreichte Populationsdichte von 0,4 Personen pro km². Die roten Punkte sind dabei solche archäologischen Stellen, bei denen ^{14}C-Daten zum Abgleich vorhanden sind (Bacho Kiro, Istállós-kö, Willendorf, Essen-Fischlaken, Arma dell Aquila, Cantabrian, Cova Beneito und Kent's Cavern). AUR-P1: Aurignacien, Phase 1 (vor 38–43.000 Jahren); AUR-P2: Aurignacien, Phase 2 (vor 32–38.000 Jahren). **b** Es sind die wichtigsten Ausbreitungsrouten nach Europa angegeben; dazu gehören die Balkan-Route, die Ostalpen-Donau-Route, die Route entlang der Mittelmeerküste, und die Westeuropa-Route. Der Populationsfluss ist in Personen pro km angegeben, gemittelt jeweils über 10 Jahre für den Zeitraum vor 44–41.000 Jahren. Kernstandorte sind solche, die in beiden Phasen des Aurignaciens vorkommen. (Nach Shao et al. 2024; CC-by-4.0; ► http://creativecommons.org/licenses/by/4.0)

In Bezug auf die Einkreuzung von Neandertaler-Genen in das Genom moderner Menschen können wir den Zeitrahmen wegen der Fragmentlänge einigermaßen genau bestimmen. Jede Runde der Rekombination während der meiotischen Teilung der Keimzellen verkürzt das eingekreuzte Fragment (◘ Abb. 3.10). Deshalb sind die Fragmente von kürzlich eingekreuzter DNA länger als solche aus früheren Ereignissen. Aus entsprechenden Untersuchungen der Fragmentlängen lässt sich der Zeitrahmen der letzten Einkreuzung auf etwa 50–60.000 Jahre abschätzen. Dieser Zeitrahmen ist dabei zu neu, um das Szenario einer uralten Populationsstruktur zu unterstützen, denn die Linien der Neandertaler und der modernen Menschen haben sich schon vor ~600.000 Jahren getrennt. Und die Einkreuzungen fanden auch in einem Zeitrahmen statt, der nach der Trennung der afrikanischen und der eurasischen Populationen von *H. sapiens* erfolgte – das erklärt auch, warum man keine Einkreuzungen von Neandertalern in Genomen indigener Populationen Afrikas südlich der Sahara findet. Interessanterweise finden wir in den bisher untersuchten Genomen der Neandertaler keine DNA-Fragmente des modernen Menschen – vermutlich stammen diese untersuchten Genome aus einer Zeit, bevor es zu den Kontakten mit modernen Menschen kam. Und deshalb beobachten wir heute nur einen Genfluss von Neandertalern zu modernen Menschen.

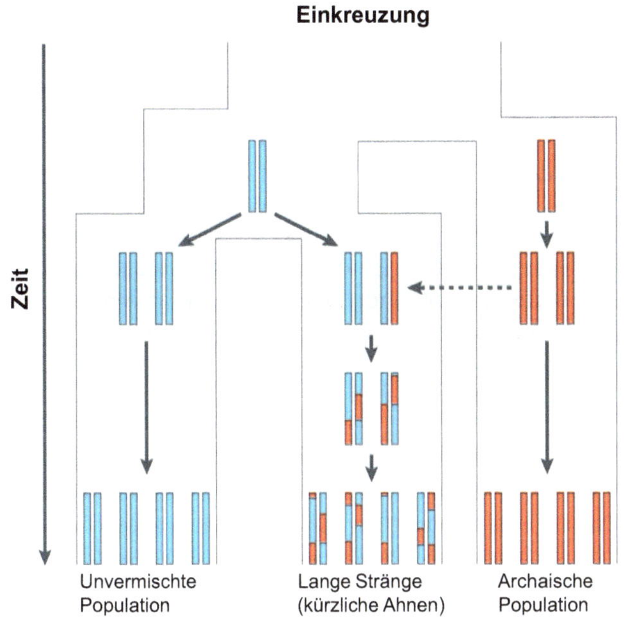

◘ **Abb. 3.10** Noch nicht lange zurückliegende Einkreuzung einer archaischen Population (*rot*) in eine bisher unvermischte Population (*blau*). Aufgrund von Rekombinationen in den auf die Einkreuzung folgenden Generationen verkürzen sich die eingekreuzten DNA-Fragmente (*mittleres Szenario*). Die Fragmente werden umso kürzer, je länger das Ereignis der Einkreuzung zurückliegt. (Nach Racimo et al. 2015, Springer Nature)

Wenn wir nun die beobachteten eingekreuzten Fragmentlängen in der Verteilung der Welt betrachten (◘ Abb. 3.11), dann stellen wir fest, dass sich in Afrika südlich der Sahara – wie wir das oben schon besprochen haben – keine DNA-Fragmente von Neandertalern oder Denisova-Menschen befinden. Wir sehen weiterhin eine deutliche Verlängerung der beobachteten Fragmente in einer West->Ost Richtung, mit den längsten Fragmenten in Sibirien und dann in Südamerika. Die kürzesten Fragmente finden sich dagegen in der Levante und in Westeuropa. Möglicherweise haben sich Neandertaler und moderne Menschen in diesen Regionen getroffen

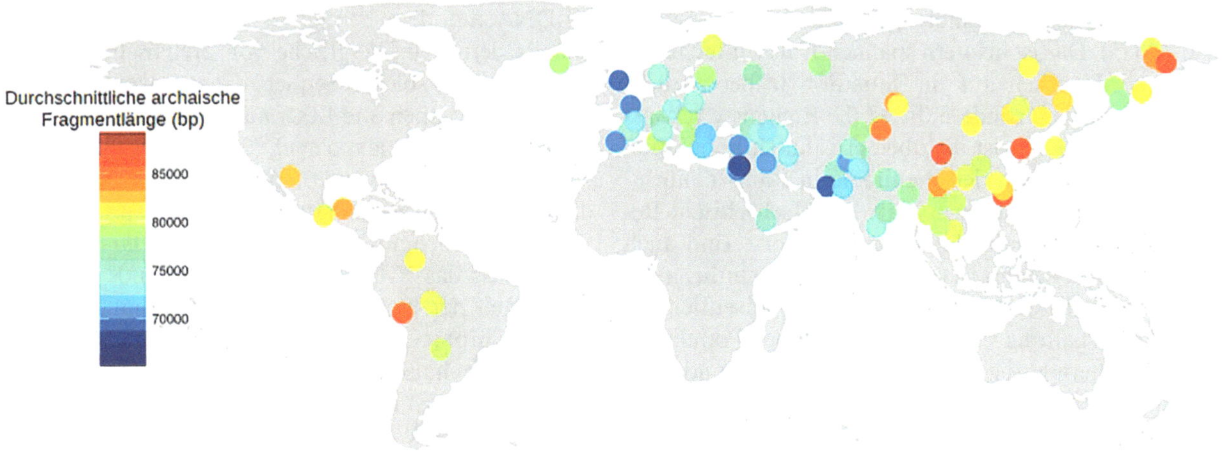

◘ **Abb. 3.11** Verteilung archaischer Fragmente unterschiedlicher Länge in der Weltbevölkerung. Die Weltkarte zeigt als Kreise die Proben des *Simons Genome Diversity Project* (Mallick et al. 2016); die Farbcodierung deutet die durchschnittliche Länge der archaischen Fragmente im Genom der untersuchten modernen Menschen an. (Nach Coll Macià et al. 2021; CC-by-4.0; ▸ http://creativecommons.org/licenses/by/4.0)

und vermischt. Eine andere Erklärungsmöglichkeit sind aber auch unterschiedliche Generationszeiten, die sich in Westeuropa und Ostasien entwickelt haben. Auch dafür gibt es Hinweise aus spezifischen Untersuchungen an X- und Y-Chromosomen der jeweiligen Regionen.

Die Frage nach dem Ort der Kreuzung zwischen Neandertalern und anatomisch modernen Menschen ist natürlich eine der zentralen Fragen in der gemeinsamen Geschichte der beiden menschlichen Gruppen. Wenn man die vorhandenen Daten über die Verteilung der Neandertaler und der modernen Menschen sowie entsprechende Daten über die Umweltbedingungen verbindet, ergibt sich das Zagros-Gebirge als ein wahrscheinlicher Ort für die Kreuzung von Neandertalern und modernen Menschen. Dieses Gebiet liegt im Westen und Südwesten des Persischen Plateaus, das wir bereits als „Zentrum" der modernen Menschen außerhalb Afrikas kennengelernt hatten. Das Zagros-Gebirge kann als Korridor für die Ausbreitungsbewegungen der Neandertaler nach Süden einerseits und der modernen Menschen nach Norden andererseits gedient haben (nach Guran et al. 2024). Diese Einkreuzung wird auf die Zeit vor ~45–49.000 Jahren datiert, und diese eingekreuzten Neandertal-Segmente sind allen nicht-afrikanischen Genomen moderner Menschen gemeinsam (nach Sümer et al. 2025).

Aus all diesen Darstellungen wird klar, dass auch die Entwicklung des modernen Menschen außerhalb von Afrika verzweigt ist und von vielen Vermischungen mit unterschiedlichen Formen von Menschen charakterisiert ist – die Vermischungen mit den Neandertalern und mit den Denisova-Menschen sind dabei sicherlich nur die Spitze des Eisbergs, die wir mit unseren genetischen Methoden heute nachweisen können. Es bleibt sehr zu wünschen, dass es noch stärker als bisher möglich sein wird, DNA-Sequenzanalysen bei alten Skelettfunden durchzuführen.

Eine solche Detailanalyse veröffentlichten Sümer et al. (2025). Das ist insofern spannend, als wir nicht von heutigen Menschen auf die Situation früher zurückschließen müssen, sondern direkt die Ereignisse rekonstruieren können. So ist die oben erwähnten Population moderner Menschen der Ilsenhöhle in Ranis (Thüringen) mit einer Population in Zlatý kůň (Tschechische Republik) eng verwandt; die beiden Fundorte sind auch nur ~230 km voneinander entfernt. Die (vermutlich relativ kleine) Zlatý kůň/Ranis-Population repräsentiert die früheste Abspaltung von der ursprünglichen Population aus Afrika heraus, die bisher gefunden wurde, und diese Abspaltung trat kurz nach der Einkreuzung von Neandertaler-DNA auf (nach ~80 Generationen) (nach Sümer et al. 2025).

In anderen modernen Menschen können wir ebenfalls Spuren von Genen der Neandertaler finden. So findet man in Überresten moderner Menschen des beginnenden Jungpaläolithikums im Gebiet des heutigen Rumänien („Oase") und Bulgarien (*Bacho Kiro Cave*) deutliche Spuren von Neandertal-Allelen (■ Abb. 3.12), deren Einkreuzungen noch nicht lange zurückliegen (Individuen F6-620, CC7-335 und BB7-240). Es fällt außerdem auf, dass die chromosomalen Integrationsorte sehr unterschiedlich sind. Wenn wir das jüngste Beispiel betrachten (BK 1653), sehen wir, dass sich hier der Neandertal-Anteil schon dem Niveau heutiger Menschen von ~2 % angenähert hat und die verbliebenen Neandertal-Fragmente deutlich kürzer geworden sind. Es bleibt anzumerken, dass das Oase1-Individuum mit einem relativ hohen Neandertal-Anteil (6,4 %) keinen Beitrag zu späteren Populationen geleistet hat. Das Individuum BK 1653 ist dagegen mit westeuropäischen Populationen verwandt, wohingegen die anderen Individuen eher verwandtschaftliche Verhältnisse zu Populationen in Asien aufweisen (nach Hajdinjak et al. 2021).

Da Neandertal- und Denisova-DNA immer noch in den Genomen heute lebender Menschen zu finden sind, stellt sich natürlich die Frage, wo sich diese Fragmente archaischer DNA finden lassen. In einer frühen Arbeit haben Vernot und Akey (2014) Sequenzen aus Genomdatenbanken von 379 Menschen aus Europa und von 286 Menschen aus Ostasien mit Sequenzen von Neandertalern und Denisova-Menschen verglichen. Dabei zeigte es sich, dass archaische Fragmente im Wesentlichen über das ganze Genom und alle Chromosomen verstreut sind – mit ein paar Ausnahmen, die als violette Bereiche in ■ Abb. 3.13 zu erkennen sind. Für diese Bereiche wird allgemein angenommen, dass eine negative Selektion entsprechend eingekreuzte DNA-Fragmente von Neandertalern eliminiert hat. Diese Elimination erfolgte wohl innerhalb der ersten ~10 Generationen, und danach stabilisierte sich der Anteil der eingekreuzten Neandertal-DNA auf dem heutigen Niveau. Für methodische Details derartiger Vergleiche von archaischen Genom-Sequenzen aus solchen Sequenzdatenbanken seien interessierte Leserinnen und Leser auf Arbeiten von Ahlquist et al. (2021) und Racimo et al. (2015) hingewiesen.

An ■ Abb. 3.12 und 3.13 fällt natürlich sofort auf, dass nur die Autosomen dargestellt sind und die beiden Geschlechtschromosomen fehlen. Die Ursache liegt darin, dass das X-Chromosom weitgehend frei ist von Sequenzen der Neandertaler. Man vermutet, dass auf dem X-Chromosom besondere Selektionsmechanismen gegen die archaischen Sequenzen wirksam waren (Skov et al. 2023). Es ist im Übrigen interessant, dass dies nicht nur für fehlende Neandertal-Sequenzen auf dem X-Chromosom gilt, sondern auch für fehlende Denisova-Sequenzen. Eine etablierte Erklärungsmöglichkeit (bekannt als „Dobzhansky-Muller Inkompatibilität")

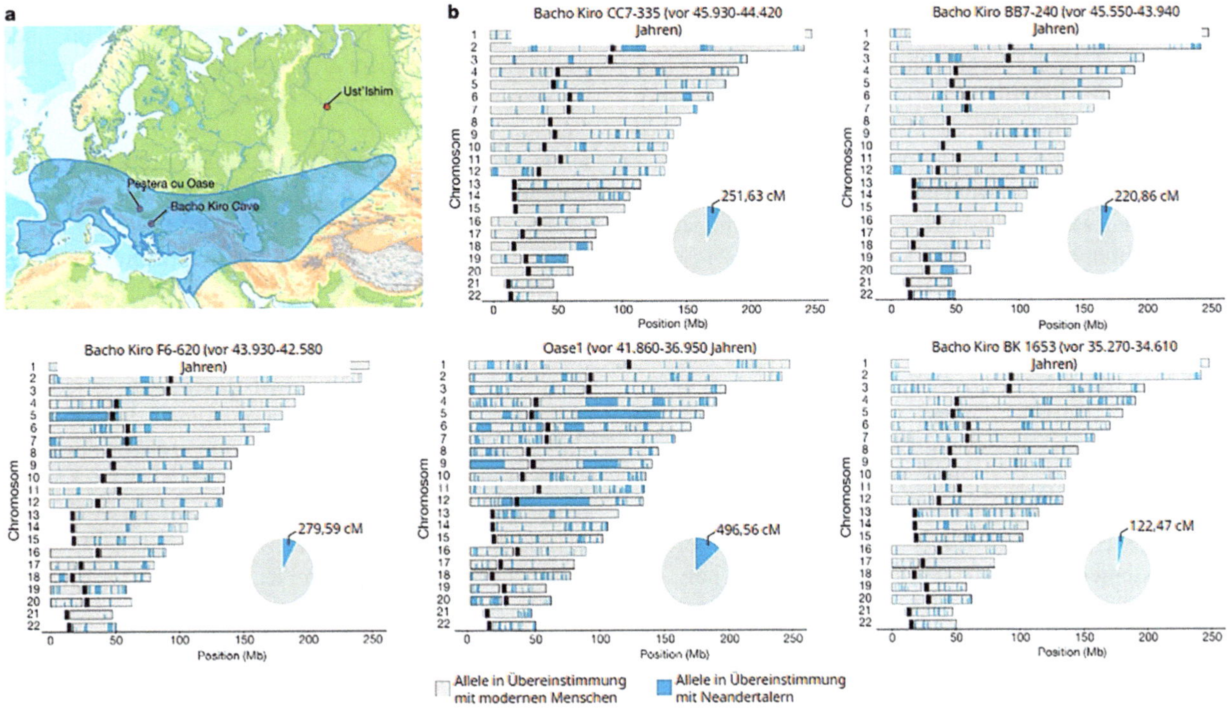

Abb. 3.12 Geografische Verteilung und genomweite Verteilung von Neandertal-Allelen in den Genomen einiger früher moderner Menschen. **a** Verbreitungsgebiet der Neandertaler (*blau*) und Lage der Fundorte *Peştera cu Oase*, *Bacho Kiro Cave* und *Ust'Ishim*. **b** Verteilung der Neandertal-DNA in Genomen alter moderner Menschen (das Alter ist jeweils über den Chromosomensätzen angegeben). Die DNA-Segmente der Neandertaler (länger als 0,2 cM) sind *blau*. Tortendiagramme geben den Gesamtanteil der Neandertal-DNA in jedem Genom an. Zentromere sind *schwarz*. (Nach Hajdinjak et al. 2021; CC-BY-4.0; ► http://creativecommons.org/licenses/by/4.0)

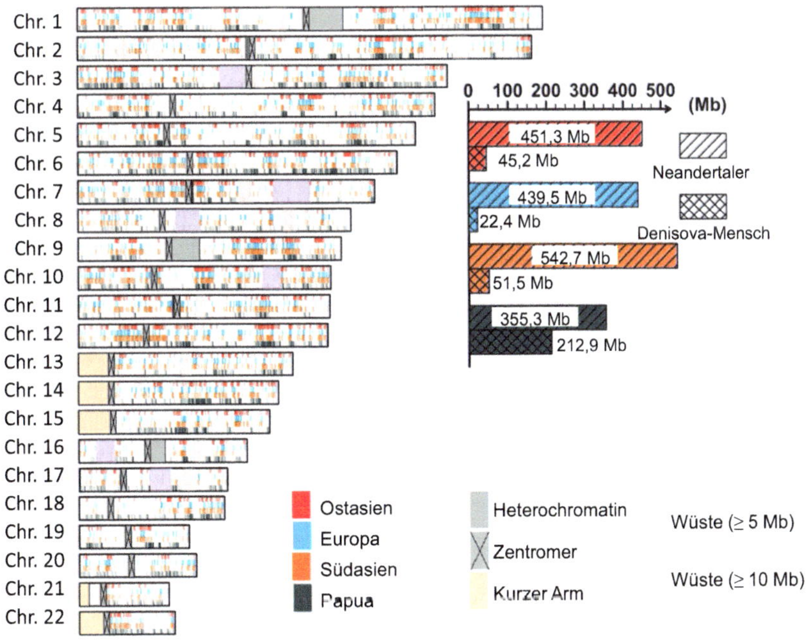

Abb. 3.13 Die Abbildung zeigt die genomische Abdeckung der archaischen Introgression in vier verschiedenen kontinentalen/regionalen Populationen. Regionen mit einer Introgressionsfrequenz von mehr als 0,02 wurden als durch Introgression abgedeckte Regionen definiert. *Rot*: ostasiatische Populationen; *hellblau*: europäische Populationen, *orange*: südasiatische Populationen, *dunkelblau*: papuanische Population. Der Boxplot zeigt die Gesamtlänge der eingeführten Fragmente der Neandertaler und Denisova-Menschen für die vier verschiedenen Populationen. Regionen mit extrem seltenen Introgressionssegmenten (Wüsten) sind angegeben. (Nach Yuan et al. 2021; CC-BY-4.0; ► http://creativecommons.org/licenses/by/4.0)

besagt, dass sich auf den X-Chromosomen Allele befinden, die bei einer Einkreuzung nicht miteinander verträglich sind. In der Regel führt das zu rezessiven Effekten, die im heterogametischen Geschlecht (also bei Männern) zu Sterilität führen können (engl. *hybrid male sterility*). Eine homozygote Anhäufung bei Frauen ist dagegen wesentlich seltener. Als weitere Erklärungsmöglichkeit werden die unterschiedlichen Vorlieben der Geschlechter (engl. *sex bias*) diskutiert: dass nämlich Neandertal-Männer moderne Frauen bevorzugt haben (oder moderne Frauen Neandertal-Männer) (Reilly et al. 2022). Eine 3-fach häufigere Paarung von Neandertal-Männern mit modernen Frauen gegenüber dem umgekehrten Paarungsschema (moderne Männer mit Neandertal-Frauen) kann die Beobachtung ebenfalls erklären (Wolf und Akey 2018). Wir müssen bei allen derartigen Überlegungen aber immer mitbedenken, dass die (effektive) Populationsgröße der Neandertaler immer kleiner war als die der modernen Menschen.

Umgekehrt verhält es sich mit dem Y-Chromosom: hier deuten die bisherigen Daten darauf hin, dass es zu einer Einkreuzung von Vorfahren moderner Menschen in die Neandertaler gegeben hat, und zwar vor ~370–100.000 Jahren. Es wird in gleicher Weise diskutiert, dass in demselben Zeitrahmen auch die mitochondriale DNA der Neandertaler durch die Mitochondrien von weiblichen Vorfahren moderner Menschen ersetzt wurde (Petr et al. 2020). Es wird spannend zu sehen, ob sich diese ersten Befunde bestätigen.

Wenn wir die Populationsdaten der Einkreuzung von Neandertalern in die Population der modernen Menschen, die sich aus Afrika heraus ausgebreitet haben, zusammenfassen, dann hat dieses Ereignis vor ~45.000–49.000 Jahren stattgefunden. Die Population aus Ranis/Zlatý kůň war diesem Ereignis mit „nur" ~80 Generationen Abstand am nächsten. Die Analyse der DNA alter moderner Menschen in Asien (Ust´-Ishim und Tianyuan) weisen ebenfalls die Menge an Neandertal-Anteil auf, wie wir das bei heute lebenden Menschen vorfinden; allerdings zeigte die DNA der Skelettknochen aus Ust´-Ishim zusätzliche Einkreuzungen von Neandertalern etwa 30–50 Generationen vor deren Lebzeiten. Die etwas jüngere Gruppen aus Bacho Kiro und Oase weisen ebenfalls zusätzlich neuere Einkreuzungen von Neandertaler-DNA auf (vor ~10–20 Generationen). ◘ Abb. 3.14 zeigt eine Zusammenfassung der Entwicklungslinien dieser frühen Gruppen moderner Menschen außerhalb von Afrika und ihre Verteilung auf heute lebende Menschen in West-Eurasien und Ost-Asien (nach Sümer et al. 2025).

Wir haben bis jetzt nur die Vermischung der Neandertaler mit modernen Menschen betrachtet. Was aber war

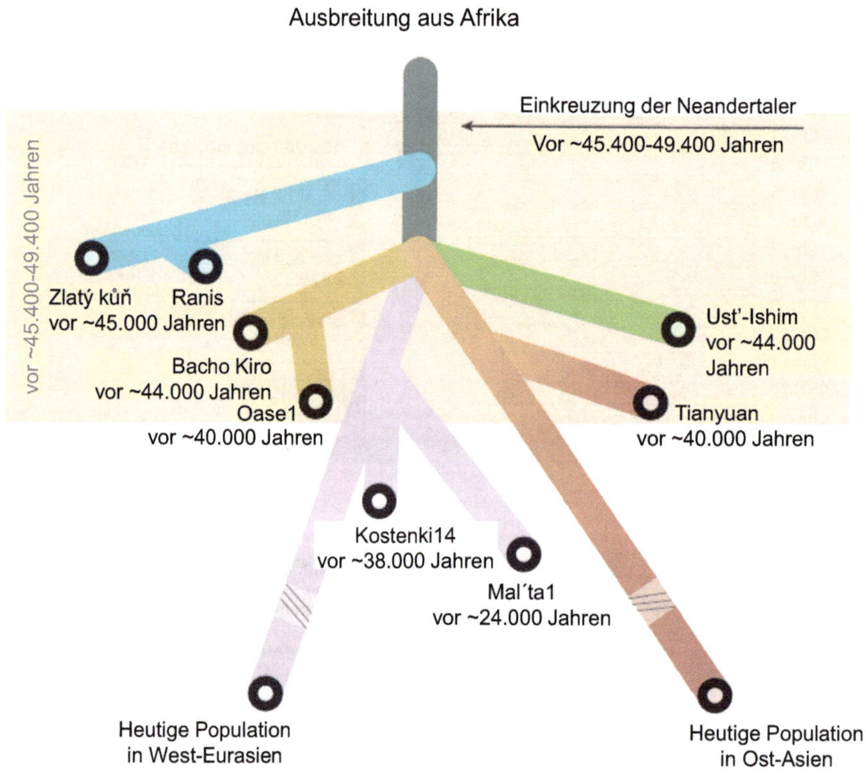

◘ **Abb. 3.14** Die Abbildung zeigt die zeitliche Anpassung der hauptsächlichen Einkreuzung von Neandertalern in das Genom moderner Menschen in die Population, die sich aus Afrika heraus ausgebreitet hat. Die Abfolge der bisher untersuchten daraus folgenden Populationen ist dargestellt. (Nach Sümer et al. 2025; CC-BY-4.0; ► http://creativecommons.org/licenses/by/4.0)

mit den Denisova-Menschen, mit denen sich die Neandertaler über eine lange Zeit überlappende Siedlungsgebiete in der Altai-Region teilten? Die genetischen Daten zeigen, dass die beiden Linien sich vor ~400.000 Jahren trennten – aber ~300.000 Jahre später kam es wohl wieder zu Vermischungen (◘ Abb. 3.15). Ein spektakulärer Befund war, dass „Denisova 11" die Tochter eines Denisova-Vaters und einer Neandertal-Mutter war (▶ Abb. 2.21; Slon et al. 2018). „Denisova 3" ist der jüngste vollständig sequenzierte Vertreter der Denisova-Menschen.

Wir wollen uns nun abschließend der positiven Selektion zuwenden, also denjenigen Allelen der Neandertaler, die sich bis heute erhalten haben, und von denen man annehmen kann, dass sie sich „bewährt" haben, also eine bessere Anpassung an bestimmte Umweltbedingungen ermöglichen – weshalb solche Vorgänge auch als adaptive Einkreuzung beschrieben werden. Positive Selektion führt schließlich dazu, dass das betreffende Allel mit hoher Frequenz in der aufnehmenden Population vorkommt. Einige dieser Fragmente sind mit möglichen Funktionen in ◘ Tab. 3.1 zusammengefasst. Daneben gibt es noch eine Reihe weiterer kleinerer Fragmente, die von Neandertalern stammen. Dazu gehören auch Kopienzahlveränderungen, einzelne Basenaustausche innerhalb der Fragmente, die regulatorische Stellen (Promotor, Enhancer) oder Spleißstellen beeinflussen können. Diese führen in der Summe dazu, dass Gene unterschiedlich stark exprimiert werden. Eine aktuelle Arbeit zeigt, dass mehr als 700 Gene zwischen Neandertalern und modernen Menschen unterschiedlich reguliert werden und zu Unterschieden im Immunsystem führen, aber auch bei Genen, die mit der Skeletts- und Zahnmorphologie assoziiert sind – was in guter Übereinstimmung mit den archäologischen Funden ist (Colbran et al. 2019). Insgesamt sind aber nur wenige Sequenzen betroffen, die zu Aminosäureaustauschen in Proteinen führen. Für weiterführende Details seien interessierte Leserinnen und Leser auf weitere aktuelle Übersichtsarbeiten verwiesen (McCoy et al. 2017; Reilly et al. 2022; Wei et al. 2023).

Interessante Aspekte können wir in Südostasien in Bezug auf das Zusammenleben der Denisova-Menschen und der modernen Menschen entdecken. Während der letzten Eiszeit vor ~50.000 Jahren lag der Meeresspiegel in Südostasien ~50 m tiefer als heute; die Inseln Wallaceas (im heutigen Ostindonesien östlich der Wallace-Linie und westlich der Lydekker-Linie), der frühere Kontinent Sahul (wegen des niedrigeren Meeresspiegels waren Neu-Guinea und Australien vereint) und Sunda (wegen des niedrigeren Meeresspiegels gab es eine zusammenhängende Landmasse, die die heutigen Inseln Borneo, Java und Sumatra enthält) markieren die weiteste Ausdehnung der Menschen auf ihrem Weg von Afrika nach Südosten – nicht erst durch die modernen Menschen: auch *Homo erectus* siedelte hier vor 1,5 Mio Jahren bis vor ~110.000 Jahren, und die kleinwüchsigen *H. floresienses* überlebten auf der Insel Flores (Teil der

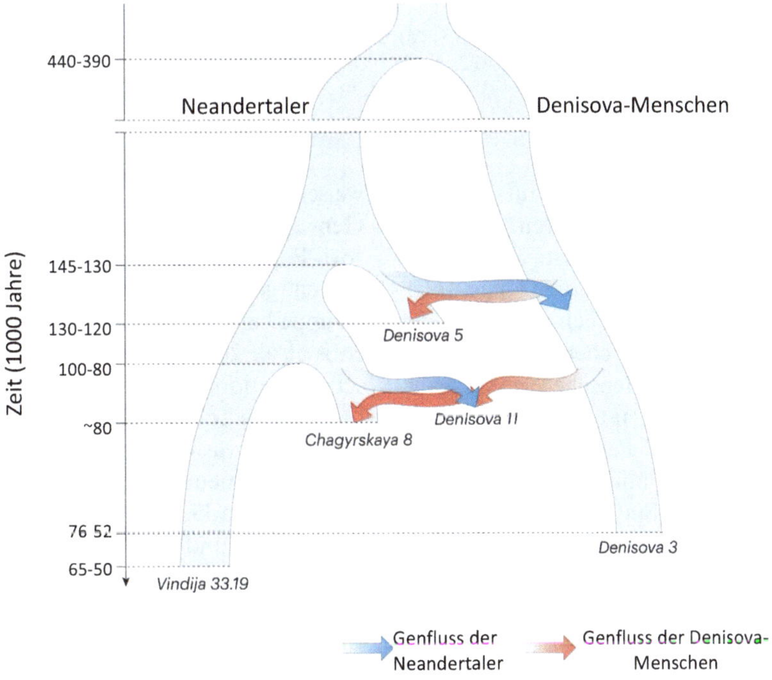

◘ **Abb. 3.15** Verwandtschaftliche Beziehungen zwischen Neandertalern und Denisova-Menschen. Einzelne wichtige Individuen aus den verschiedenen Linien sind angegeben. (Nach Peyrégne et al. 2024; Springer Nature)

Tab. 3.1 Allele der Neandertaler im Genom moderner Menschen mit positiver Selektion

Größe des archaischen Haplotyps (kb)	Beteiligte Gene	Allelfrequenz	Chromosom	Mögliche Funktion
250	*STAT2*	54 % in Melanesien 5 % in Eurasien	12	Immunsystem
200	*HYAL2*	50 % in Ostasien	3	Sonnenbrand
185	*OAS1-3*	30 % in Europa & Südasien; 20 % in Ostasien & Amerika	12	Angeborenes Immunsystem
143	*TLR1/6/10*	11–51 % in allen nicht-afrikanischen Populationen	4	Angeborenes Immunsystem
100	*TBC1D1*	20–40 % in Asien 70 % in Ozeanien	4	Glucose-Aufnahme
100	*KRT71*	65 % in Europa 52 % in Ostasien 38 % in Südasien	12	Pigmentierung der Haare
73	*SLC16A11*	50 % amerik. Ureinwohner, 10 % Asien	17	Fettsäure- und Lipidstoffwechsel; Risiko Diabetes Typ2
56	*PGR*	Bis zu 21 %	11	Erhöhtes Risiko für Frühgeburt, vermindertes Risiko für Fehlgeburt
50	*BNC2*	70 % in Europa 0 % in Ostasien	9	Zinkfinger-Protein Hautpigmentierung
49	*LZTFL1*	60 % in Südasien	3	Vermindertes Risiko für HIV-Infektionen
30	*OCA2*	50 % in Ostasien 20–30 % in Europa	15	Pigmentierung der Haut, Iris und Haare
24	*POU2F3*	66 % in Ostasien > 1 % in Europa	11	Transkriptionsfaktor Keratinocyten
18	*KRT80*	60 % in Ozeanien	12	Haare

Nach Dannemann et al. 2016; Mendez et al. 2013; Racimo et al. 2015; Reilly et al. 2022; Vernot und Akey, 2014; Zeberg et al. 2024; OMIM (▸ https://www.omim.org/) #600556 (für *STAT2*; Abruf 03.06.2025)

Kleinen Sundainseln) und *H. luzonensis* auf der Insel Luzon (Philippinen) bis vor > 50.000 Jahren.

Diese Region ist kulturell und linguistisch sehr vielfältig – trotzdem blieb sie in Genomstudien lange unterrepräsentiert, obwohl in diesen Regionen eine der ersten Spuren anatomisch moderner Menschen gefunden wurden. Die kleinwüchsigen Flores-Menschen lebten wahrscheinlich mit modernen Menschen zusammen, und die Menschen in Ost-Indonesien, auf Papua und die kleinen schwarzen Menschen auf den Philippinen („Negritos") sowie andere Populationen in Südostasien gehören zu den wenigen überlebenden Gruppen, die substanzielle Spuren der Einkreuzung von Denisova-Menschen in ihrem Genom tragen. Bei ausgeweiteten genetischen Untersuchungen der indigenen Populationen zeigte sich, dass in den heute dort lebenden Menschen auch viele lange Fragmente vorkommen, was mit einer einmaligen Einkreuzung nicht zu erklären ist. Besonders in Papua weisen die heute dort lebenden Menschen hunderte von Genvarianten auf, die von zwei sehr verschiedenen Denisova-Populationen abstammen, die sich vor ~350.000 Jahren getrennt haben sollen. Eine dritte Denisova-Gruppe befand sich demnach im heutigen Ostasien (Jacobs et al. 2019). Möglicherweise hat auch eine genetische Isolation der Populationen in Australien und Neu-Guinea den hohen Anteil der genetischen Komponenten von Denisova-Menschen konserviert (O'Connell et al. 2018). Eine neuere Arbeit zeigt einen noch etwas höheren Anteil an Denisova-DNA bei den Negritos auf den Philippinen, und man vermutet, dass die Skelette von *H. florensis* und *H. luzonensis* möglicherweise zur Gruppe der Denisova-Menschen gehören (Larena et al. 2021); eine DNA-Untersuchung der Skelette der Flores-Menschen wurde bisher (Februar 2026) nicht publiziert. Einen substanziellen Anteil einer „superarchaischen" Einkreuzung in der heute dort lebenden Bevölkerung konnte nicht nachgewiesen werden (Teixeira et al. 2021). Einen Überblick über mögliche Wanderungsbewegungen der Denisova-Menschen nach Südostasien und ihre Vermischung mit den dortigen modernen Menschen zeigt die ◘ Abb. 3.16.

Die fossilen Funde der Denisova-Menschen sind nur sehr spärlich: ein Fingerglied, drei Backenzähne, ein Schädelfragment, vier Knochenstücke und ein halber Unterkiefer mit zwei weiteren Backenzähnen. Allerdings erlauben die genomischen Sequenzen der Denisova-Menschen sowie die DNA-Fragmente der Denisova-Menschen in den Genomen heute lebender Menschen einige weitere Rückschlüsse – wenn auch mit einer gewissen Vorsicht. So enthält das Genom von „Denisova-3" Allele, die in modernen Menschen mit einer dunklen Hautfarbe, braunen Augen und braunen Haaren assoziiert sind (▶ Abschn. 4.1.1) – aber eben auch Allele in Pigment-Genen, die mit unbekannten Effekten verbunden sind. So ist es noch schwierig, schlüssige Informationen über diesen Phänotyp zu erhalten. Genetische Varianten können direkt Genfunktionen zugeordnet werden, wenn sie die Proteinsequenz verändern, z. B. durch Einfügen eines vorzeitigen Stopp-Codons, Spleiß-Varianten, oder Basenaustausche, die zu veränderten Aminosäuren führen. Letztere betreffen vor allem die Signaltransduktion in Zellen (engl. *cell signaling*), Spermatogenese und Immunantwort. Eine Übersicht gibt ◘ Abb. 3.17.

! In der Zeit, als Neandertaler, Denisova-Menschen und moderne Menschen zusammen in Europa und Sibirien lebten, kam es immer wieder zu Kontakten zwischen den Populationen. Diese Vermischung können wir einerseits in der DNA von archaischen Skelettresten als auch in der DNA heute lebender Menschen nachweisen.

3.3 Weitere Ausbreitung und Diversifizierungen

Wir haben gesehen, dass sich Populationen des *H. sapiens* über die ganze Welt verbreitet haben, sich dabei mit Neandertalern, mit Denisova-Menschen und vielleicht auch noch mit anderen Vormenschen-Gruppen (teilweise) vermischt haben, aber vor allen Dingen: der moderne Mensch hat alle anderen Hominine überlebt und seine Zahl gegenüber den Zeiten vor ~50.000 Jahren immens vervielfacht. Die moderne Genetik mit den enormen Fortschritten der Sequenziertechnik, besonders auch für archaische DNA, erlaubt es heute, diese weitere Ausbreitung in immer genauerer Auflösung nachzuzeichnen (siehe dazu auch ▶ Box 3.3). Wir wollen dies für einige Teile der Welt für die Zeit nach der letzten Eiszeit nachvollziehen.

Wir wollen unseren Überblick in **Afrika** beginnen; frühe Wanderungen hatten wir ja bereits besprochen (◘ Abb. 3.4). Wir haben weiter oben auch schon diskutiert, dass Afrika die größte genetische Vielfalt unter allen Populationen moderner Menschen beherbergt. Allerdings ist aufgrund der klimatischen Bedingungen archaische DNA häufig gar nicht oder nur schlecht erhalten, sodass insgesamt nur wenige Daten aus alter DNA vorliegen. Diese Untersuchungen legen nahe, dass einige frühe Nord-Afrikaner genetisch mit Menschen aus dem Nahen Osten/Westasien verwandt waren (Funde in Marokko mit einem Alter von ~15.000 Jahren). Spätere Wanderungsbewegungen (vor ~5000 Jahren) aus der iberischen Halbinsel über Gibraltar fügten Nordafrika eine weitere Bevölkerungskomponente hinzu. Über lange Zeit bildete die Sahara eine geografische Barriere zwischen Nordafrika und dem Rest des Kontinents; einzig während der letzten Grünphase (vor ~5–12.000 Jahren) waren hier Wanderungsbewegungen möglich. In Ostafrika stammt die älteste DNA aus Mota in Äthiopien und ist ~4500 Jahre alt; im Gegensatz zu weiten Teilen der heutigen Bevölkerung in Ostafrika gibt es in dieser Probe aber noch keinen Hinweis auf Rückwanderung aus Euroasien nach Afrika (nach Vicente und Schlebusch 2020).

Innerhalb von relativ kurzen Zeiträumen nach der Erfindung der Landwirtschaft in Afrika kam es zu großen Wanderungsbewegungen. Zwar sind die Ursprünge landwirtschaftlicher Tätigkeiten in Afrika unklar, aber man nimmt an, dass sie sich in mindestens drei Regionen unabhängig voneinander entwickelt haben: in der Sahara/Sahel-Zone vor ~7000 Jahren, im äthiopischen Hochland vor ~4–7000 Jahren und in Westafrika vor ~3–5000 Jahren. Von diesen Zentren breiteten sich die Landwirtschaft über den Rest von Afrika aus: frühe Weidehirten mit ostafrikanisch-eurasischem Ahnenanteilen breiteten sich ins südliche Afrika aus, und mit ihnen erreichten domestizierte Tiere den Süden Afrikas vor ~2000 Jahren und kultivierte Pflanzen vor ~1800 Jahren (nach Vicente und Schlebusch 2020).

Eines der wichtigsten Ereignisse in der neueren afrikanischen Populationsgeschichte war aber die Ausbreitung westafrikanischer Menschen (Bantu-Expansion) – eine der größten bekannten Expansionen weltweit. Dadurch breitete sich Landwirtschaft (und westafrikanische Populationen) über weite Teile Afrikas südlich der Sahara aus. Die Bantu-Expansion begann vor ~3–5000 Jahren in Westafrika. Archäologische Aufzeichnungen zeigen, dass auf die zunehmende Sesshaftigkeit die Verbreitung landwirtschaftlicher Tätigkeiten und später die Verwendung von Eisen folgte. Heute stellen die Bantusprachen in den meisten Ge-

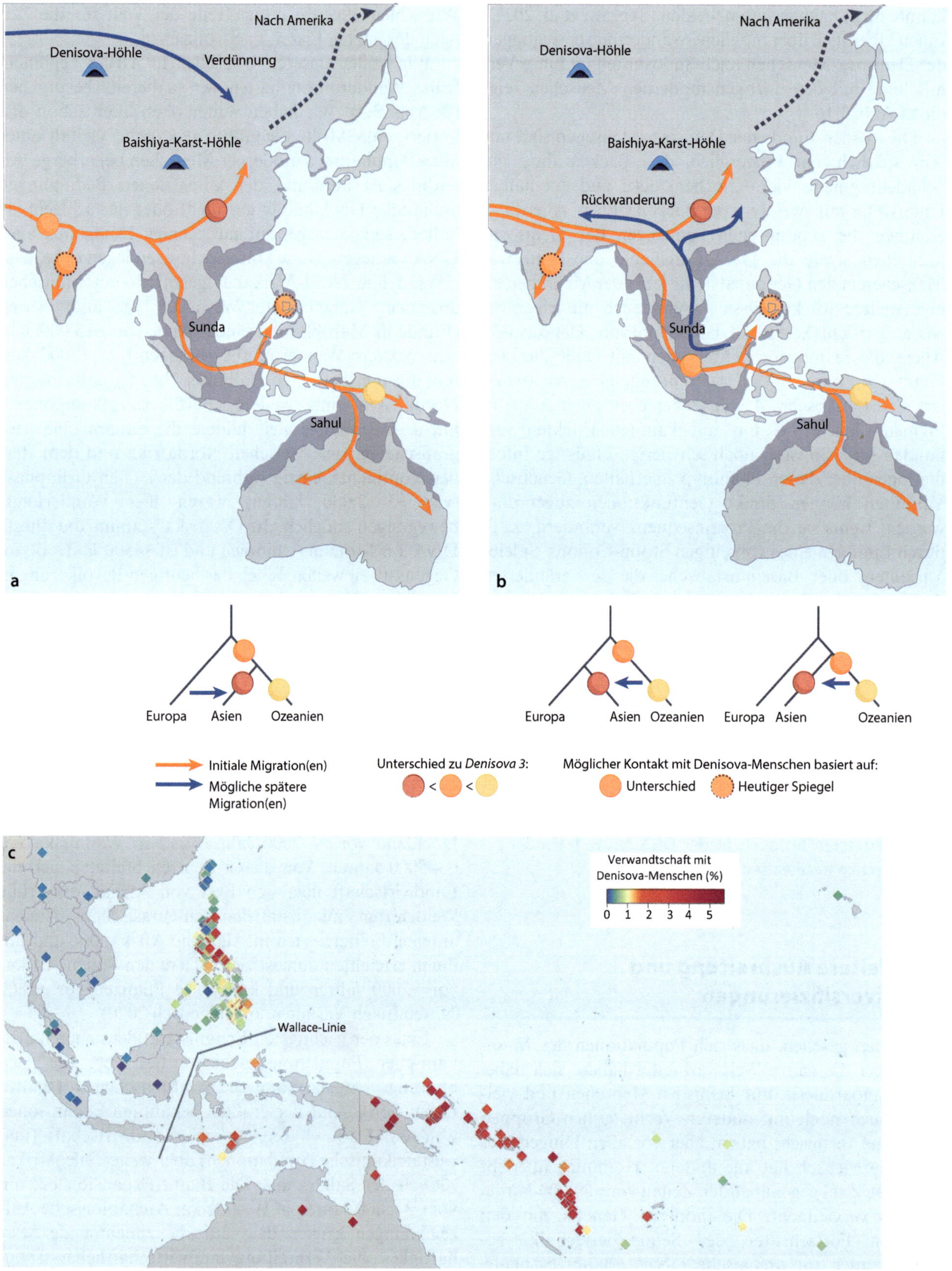
Nach Amerika
Denisova-Höhle
Verdünnung
Baishiya-Karst-Höhle
Sunda
Sahul
a
Nach Amerika
Denisova-Höhle
Baishiya-Karst-Höhle
Rückwanderung
Sunda
Sahul
b
Europa
Asien
Ozeanien
Europa
Asien
Ozeanien
Europa
Asien
Ozeanien
Initiale Migration(en)
Mögliche spätere Migration(en)
Unterschied zu *Denisova 3*:
Möglicher Kontakt mit Denisova-Menschen basiert auf:
Unterschied
Heutiger Spiegel
c
Verwandtschaft mit Denisova-Menschen (%)
0 1 2 3 4 5
Wallace-Linie

bieten Afrikas südlich der Sahara die Mehrheit der Sprachen. Frühere genetische Studien haben gezeigt, dass die heutige Verteilung der Bantu-sprechenden Bevölkerungen weitgehend auf die Bewegung von Menschen (demische Diffusion) und weniger auf die Verbreitung der Sprache und landwirtschaftlicher Tätigkeiten zurückzuführen ist. Dies wurde durch Untersuchungen alter DNA bestätigt; alte Überreste, die in eisenzeitlichen Kontexten im östlichen und südlichen Afrika gefunden wurden, stimmen genetisch mit der heutigen westafrikanischen Gruppe überein (nach Vicente und Schlebusch 2020; Liu et al. 2021). Eine Zusammenfassung dieser Wanderungsbewegungen in Afrika zeigt ◘ Abb. 3.18; detailliertere Darstellungen von Wanderungsbewegungen und genetischen Vermischungen in Afrika beschreiben Choudhury et al. (2021) und Pfennig et al. (2023).

Untersuchungen an Menschen, die heute im zentralafrikanischen Gürtel leben (zwischen dem Kongo-Becken und dem Victoria-See), bieten einen weiteren Schlüssel zum Verständnis der afrikanischen Urgeschichte, seiner Populationsstruktur und Bevölkerungsdynamik, da es sowohl die größte noch lebende Gruppe von Jägern und Sammlern (die Jäger und Sammler des Regenwaldes) als auch die Bantu-sprechenden landwirtschaftlichen Gemeinschaften beherbergt (zu den genetischen Methoden der Bestimmung von Abstammungen in Populationen und ihren Darstellungsformen siehe auch ▶ Box 3.4). Dieses Gebiet ist weitgehend von dichten Regenwäldern bedeckt und ist durch ein sehr hohes Maß an Biodiversität charakterisiert. Die Jäger und Sammler des afrikanischen Regenwaldes werden aufgrund ihrer kleinen Statur als „Pygmäen" bezeichnet; ihre Körpergröße ist oft geringer als 155 cm. Populationsgenetische Studien haben gezeigt, dass sich die heutigen Jäger und Sammler des Regenwaldes von den heutigen bäuerlichen Populationen vor etwa 155–90.000 Jahren getrennt haben. Zumindest in Afrika hat der kleinwüchsige Phänotyp auch eine genetische Basis und erscheint als eine Anpassung an die Umwelt des Regenwaldes; eine positive Selektion betrifft beispielsweise die Gene *FLNB* (kodiert Filamin B) und *EPHB1* (kodiert Ephrin-Rezeptor B1) – beide beeinflussen die Körpergröße in Modellorganismen oder sind mit der menschlichen Körpergröße assoziiert (nach Patin und Quintana-Murci 2018).

Wir betrachten nun auch größere Bevölkerungsbewegungen in **Ost-** und **Südostasien**, sowie in **Melanesien** und **Ozeanien** und auch in **Sibirien**. In **Südasien** stellt das Genom eines ~5000 Jahre alten Individuums der Indus-Kultur (eine der ältesten Kulturen mit Großstädten) eine Population vor, die die größte urzeitliche Quelle der heutigen Bevölkerung Südindiens darstellt. Später mischte sich diese Population mit nordwestlichen Gruppen, mit Vorfahren aus der pontischen Steppe (einer Mischung von Jäger-und Sammler-Kulturen aus dem heutigen Russland und aus dem Kaukasus) sowie mit südöstlichen Gruppen und bildeten die ursprünglichen Nord- bzw. Südinder. Die Mischung dieser beiden Gruppen führte zum wichtigsten Merkmalsgefälle im heutigen Südasien. Die Steppe-Vorfahren in Südasien, die bis zu 30 % der Vorfahren heutiger Gruppen in der Region beitragen, liefern einen zusätzlichen Hinweis auf die Ausbreitung Proto-indoeuropäischer Sprachen durch die Steppe-Expansion (siehe weiter unten) (nach Liu et al. 2021).

◘ **Abb. 3.16** Die Vermischung der Denisova-Menschen mit modernen Menschen. **a**, **b**. Zwei mögliche Szenarien sind dargestellt: das Verdünnungs-Szenario **a** und das Szenario mit Rückwanderung **b**. Die Stammbäume darunter entsprechen zunächst der Trennung der nichtafrikanischen Populationen, was mit beiden Szenarien vereinbar ist. Die Lage der Denisova- und Baishiya-Höhlen sind angegeben. Die Pfeile geben die Mindestanzahl von Wanderungsbewegungen an, die für jedes Szenario nötig sind; die Farben zeigen die Reihenfolge an. Die möglicherweise späteren Wanderungen (*blaue* Pfeile) schließen sich nicht gegenseitig aus. Der *schwarze* Pfeil nach Amerika stellt die letzte Ausbreitungsrichtung dar. Kreise zeigen mögliche Kontaktzonen mit Denisova-Menschen. Die Farben zeigen das Ausmaß der Abweichung der sich einkreuzenden Denisova-Menschen zu Denisova-3, und die unterschiedlichen Umrisse repräsentieren das verwendete Signal, das auf die Kontaktzone zurückschließen lässt. Die Abweichung der Denisova-Abstammung in modernen menschlichen Genomen von Denisova-3 bietet eine schlüssigere Begründung als das heutige Ausmaß der Denisova-Herkunft, da letztere leicht auf die Populationsgeschichte nach dem Kontakt mit den Denisova-Menschen reagiert. Einem ersten Genfluss von den Denisova-Menschen zu den gemeinsamen Vorfahren der Ozeanier und Asiaten folgte eine Verdünnung der Denisova-Vorfahren in Asiaten durch eine Vermischung mit westlichen Eurasiern **a**. Die Vorfahren der Ozeanier (und Gruppen der Negritos auf den Inseln in Südost-Asien) erbten Denisova-Vorfahren und trugen später durch die Rückwanderung von Ozeanien und/oder den Inseln Südost-Asiens zu den Vorfahren von Asiaten bei **b**. Beide Modelle deuten auf mindestens drei unabhängige Kontakte mit Denisova-Menschen hin. In beiden Szenarien **a**, **b** wurde die spezifisch ostasiatische Abstammungskomponente der Denisova-Menschen nach der Abstammungskomponente vererbt, die allen Populationen gemeinsam ist (*orange*). **c** Die regionale Karte zeigt die Verteilung der Denisova-Vorfahren in heutigen Populationen; jede Raute entspricht einer Population und ihre Farbe entspriocht dem Ausmaß der Denisova-Vorfahren in der Population. Die Wallace-Linie trennt Asien und die Wallacea, eine Übergangszone zwischen Asien im Westen und Australien und Neu-Guinea im Osten. Die Abstammung von den Denisova-Menschen ist in Prozent angegeben. (Nach Peyrégne et al. 2024; Springer Nature)

3

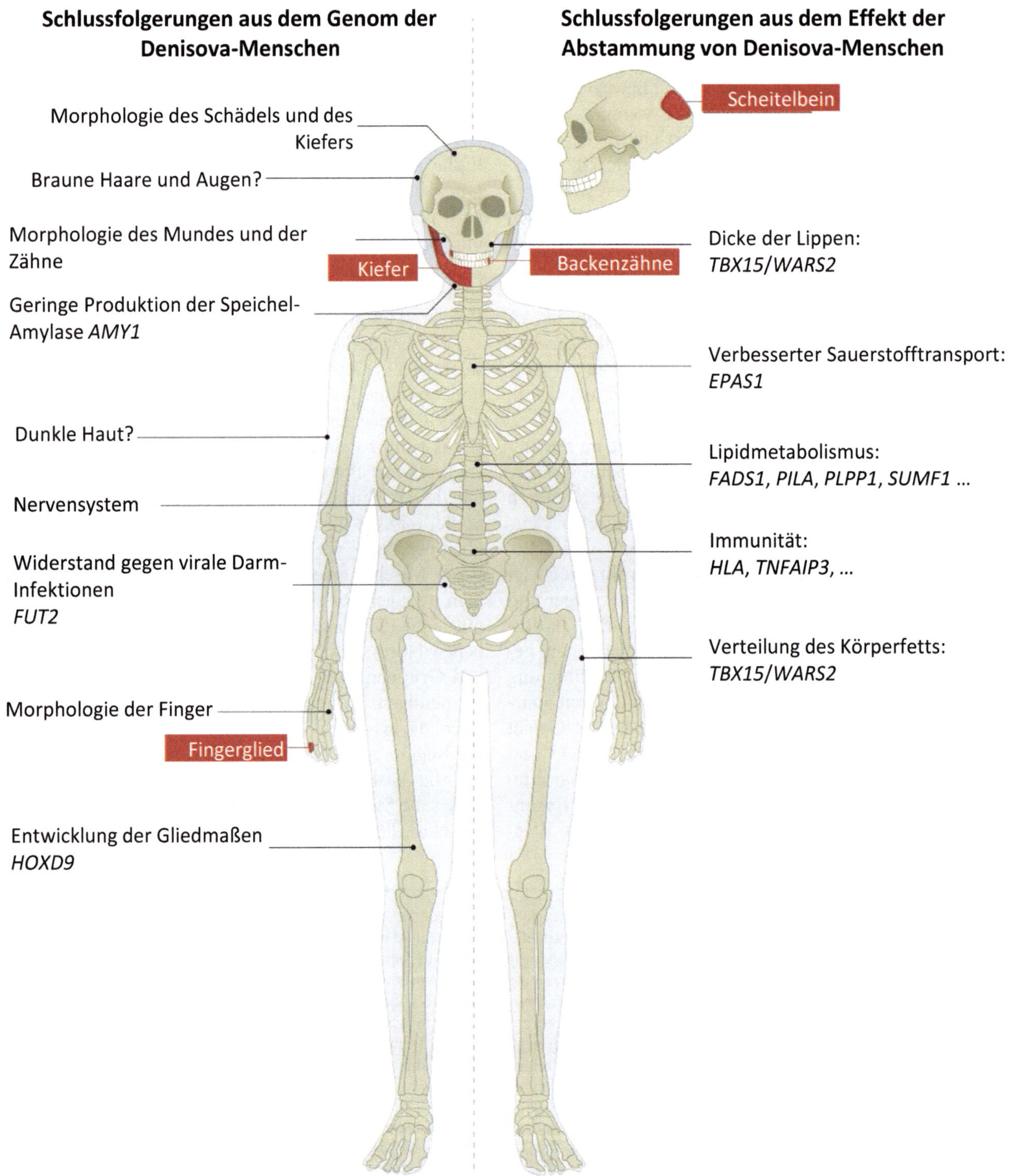

Abb. 3.17 Schlussfolgerungen zum Phänotyp der Denisova-Menschen. *Rote* Skelettelemente sind von fossilen Funden; der Rest des Skeletts ist eine Rekonstruktion. Die Rekonstruktion zeigt prognostizierte Unterschiede zwischen einem Denisova-Menschen und dem Skelett eines modernen Menschen; Regionen, für die es keine Rekonstruktion gibt, sind eher allgemein dargestellt. Weitere Schlussfolgerungen zum Phänotyp des Denisova-Menschen basieren auf der Genomsequenz von Denisova-3 (*links*); die Auswirkungen der Denisova-Abstammung bei heute lebenden Menschen sind *rechts* erläutert. (Nach Peyrégne et al. 2024; Springer Nature)

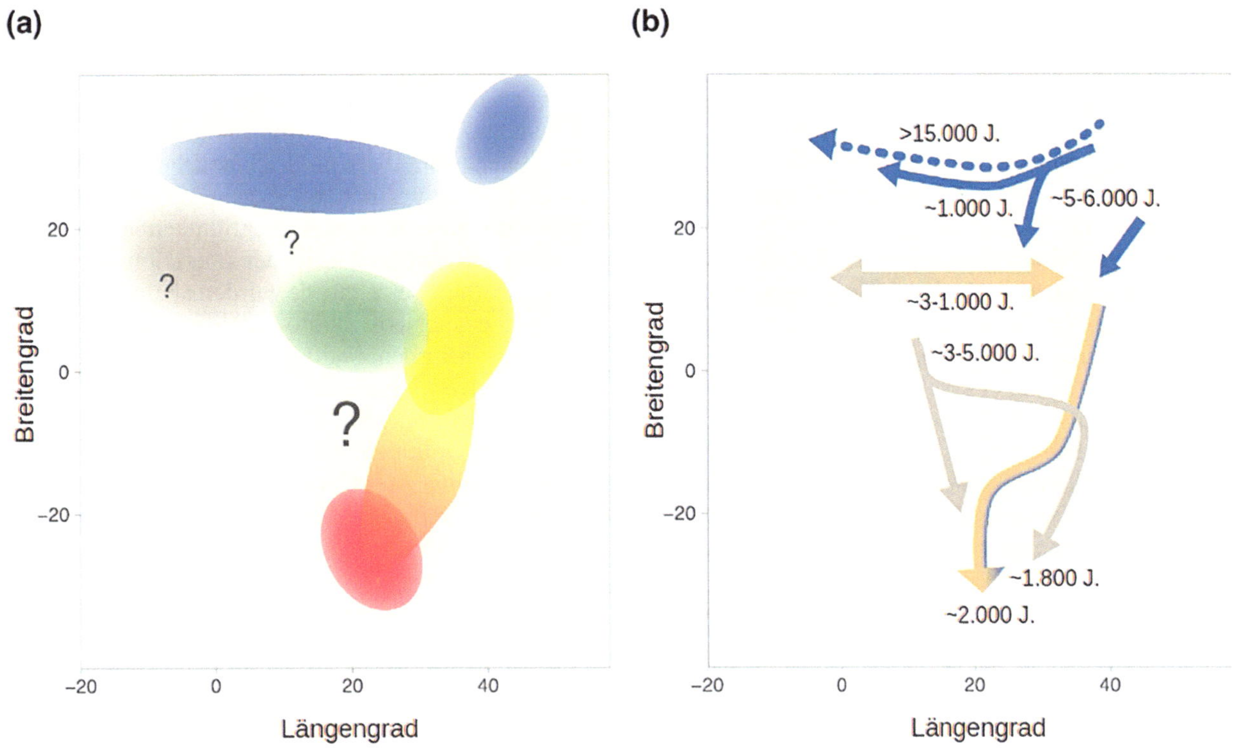

Abb. 3.18 Populationbewegungen in Afrika. **a** Karte der wichtigsten Populationen auf dem afrikanischen Kontinent vor dem Ackerbau. *Blau*: Nicht-Afrikaner und Nordafrikaner; *gelb*: Ostafrikaner; *grau*: Westafrikaner; *grün*: Jäger und Sammler aus dem zentralafrikanischen Regenwald; *rot*: Khoisan-Jäger und -Sammler aus dem südlichen Afrika. **b** Migrationsrouten im Zusammenhang mit der Ausbreitung von Hirten und Ackerbauern während des Holozäns. Die *grauen* Pfeile zeigen die Bantu-Expansion an, die *blauen* Pfeile die eurasischen Rückwanderungen, der *braun/blaue* Pfeil für die südwärts gerichtete Ausbreitung der ostafrikanisch-eurasischen Hirtenvölker nach Süden, und der *grau-braune* Pfeil steht für die bidirektionale Migration entlang des Sahelgürtels. J: vor Jahren. (Nach Vicente und Schlebusch 2020; CC-BY-4.0; ▶ http://creativecommons.org/licenses/by/4.0)

In der **Mongolei** sind wichtige genetische Fluktuationen mit der Expansion und Migration von Weidehirten der Steppe (wie die Träger der Afanassjewo-Kultur) und Kuhhirten (wie die Xiongnu und Mongolen) verbunden. Dabei waren neolithische Populationen (vor ~6500–8000 Jahren) überwiegend ostasiatischer Abstammung. Vorfahren der Weidehirten der Steppe wurden durch deren Expansion vor ~5000 Jahren eingefügt. Später (vor ~3400 Jahren) zeigten mongolische Populationen Mischungen ihrer Abstammung, die auf Individuen zurückgehen, die mit der Jamnaja-Kultur und mit europäischen Bauern assoziiert waren. Historische Mongolen haben einen hohen Anteil an osteurasischen Vorfahren (nach Liu et al. 2021).

Auf dem **ostasiatischen Festland** und den vorgelagerten Inseln gab es während des Neolithikums verschiedene genetische Abstammungslinien. Dazu gehörten Populationen mit ostasiatischen Vorfahren, vorzeitliche Jäger und Sammler von Südostasien, die zur Hòa Bình-Kultur gehörten, und schließlich zwei verschiedene Abstammungslinien, die am besten durch Individuen charakterisiert sind, die der Jomon-Kultur auf den japanischen Inseln zugerechnet werden. Nach dem Neolithikum breiteten sich Populationen des nördlichen Ostasiens nach Süden aus, und im südlichen Ostasien zeigte sich eine zunehmende genetische Affinität nach Norden – ein entsprechender Genfluss von Süden in den Norden kann in nördlichen Han-Populationen nachgewiesen werden. Die Verbindungen des südlichen Ostasiens nach Südostasien sind komplex. Asiaten auf dem Festland von Ostasien und den Inseln in der Taiwanstraße sind vermutlich Vorfahren der neolithischen Austronesier. Diese seefahrende Population breitete sich schnell bis nach Ozeanien aus (nach Liu et al. 2021).

Ozeanien wurde schon vor über 50.000 Jahren durch archaische Menschen besiedelt (siehe ▶ Abschn. 3.2) und die Ost- und Westküsten Australiens durch eine schnelle Ausbreitungswelle vor ~45–49.000 Jahren. Weder die mitochondrialen Genome noch die Y-Chromosomen der australischen Ureinwohner deuten allerdings darauf hin, dass es bis in die jüngere Vergangenheit einen weiteren Genfluss nach Australien gegeben hat. Auf den Inseln Ozeaniens sahen sich die indigenen Bewohner Papuas den Austronesiern gegenüber, die sich von Taiwan aus ausbreiteten; verschiedene Wanderungswellen und Vermischungen sind aus mehreren Tausend Jahren der Vergangenheit bekannt (nach Liu et al. 2021).

Vor ~3200 Jahren expandierte die Lapita-Kultur bis in das ferne Ozeanien; diese Expansion wurde im Wesentlichen von Menschen austronesischer Herkunft getragen. Allerdings wurden diese auf den meisten westlichen Inseln Ozeaniens vor ~2700–2300 Jahren fast vollständig durch Populationen ersetzt, die von einer Bevölkerung aus Papua abstammen – wahrscheinlich infolge eines kontinuierlichen Genflusses von den Bismarck-Inseln nordöstlich von Neu-Guinea. In den letzten 1000 Jahren zeichnen sich komplexe Wanderungsbewegungen in der Besiedelung Ozeaniens ab, und es bleibt eine offene Frage, ob Menschen aus dieser Region sogar Kontakt mit der indigenen Bevölkerung Südamerikas hatten (siehe für Details ► Abschn. 3.7) (nach Liu et al. 2021; Oliveira et al. 2022; Nägele et al. 2025).

In **Sibirien** wird die Linie der alten Paläo-Sibirer am besten durch zwei Funde gekennzeichnet: ein Individuum am Fluss Kolyma in Ostsibirien (~9800 Jahre alt) und ein ~14.000 Jahre altes Individuum vom Baikalsee. Eine andere Abstammungslinie wird durch eine Mischung aus Ostasiaten und früheren Nordeurasiern gebildet – diese bilden die Basis für die Populationen, die dann über die Beringstraße nach Amerika kamen. Vor ~10.000 Jahren war die Beringstraße eine Landbrücke und verband Sibirien und Alaska; diese Landbrücke wird auch als Beringia bezeichnet. Die alten Paleo-Sibirer sind die Vorfahren der heutigen indigenen Gruppen in Nordostsibirien (Tschuktschen, Korjaken und Itelmenen) und repräsentieren die nächsten Verwandten zu den Ureinwohnern Amerikas außerhalb von Amerika. Während des frühen bis mittleren Holozäns wurden die alten Paleo-Sibirer in Ostsibirien durch Neusiberer ersetzt, die im Wesentlichen von Ostasiaten mit unterschiedlichen westeurasischen Steppe-Vorfahren abstammen (nach Liu et al. 2021).

Die Besiedelung **Amerikas** erfolgte von Ostsibirien aus über Beringia; die eingewanderten Ostsibirer spalteten sich vor ~14.600–17.500 Jahren in zwei Äste auf, die sich zu den nördlichen bzw. südlichen Ureinwohnern Amerikas entwickelten. Die ältesten Funde in Amerika gehören zur Clovis-Kultur, die in Nordamerika vor ~11.000 Jahren weit verbreitet war. Ein Kind, das vor ~12.800 Jahren in Anzick (Montana) begraben wurde, zeigt in seiner DNA-Sequenz deutliche Ähnlichkeit zu den ostsibirischen Populationen. Die Besiedelung Nord- und Südamerikas erfolgte schnell, was auch durch deutliche Sequenzähnlichkeiten der Ureinwohner in Nord- und Südamerika nachweisbar ist und auf eine Zeit vor ~10–13.000 Jahren hindeutet. Die Verbreitung nach Südamerika erfolgte wahrscheinlich in mindestens zwei Wellen, worauf die unterschiedlichen Ähnlichkeitsgrade der Ureinwohner von Argentinien, Brasilien und Chile mit dem Kind von Anzick hindeuten. Vor ~5000 Jahren war das größte Gebiet der amerikanischen Arktis von Paläo-Inuit bewohnt; sie wurden aber vor ~800 Jahren durch eine „Neo-Eskimo" Linie ersetzt, die die Vorfahren der heutigen Inuit und Yupik darstellen. Eine ausführlichere Darstellung der Besiedelung Amerikas findet sich in ► Abschn. 3.7.

Wenden wir uns zuletzt **Europa** zu. Einer der ältesten Funde moderner Menschen in Europa stammt aus Kostenki („K14") im westlichen Russland; er lebte vor ~37.000 Jahren. Die Analyse der mitochondrialen DNA ergab die Zugehörigkeit zur Haplogruppe U2, das Y-Chromosom wird der Haplogruppe C M130 zugeordnet, und die genomische DNA den westeurasischen Populationen und nicht den ostasiatischen. „K14" ist also ein frühes Mitglied der späteren Linie, die als westeurasische Jäger und Sammler bezeichnet werden und für lange Zeit die vorherrschende Population in Eurasien war. „K14" hatte einen gewissen Anteil an Neandertal-Allelen in seinem Genom – er war mit ~2,4 % etwas höher als wir das in den heutigen Populationen in Europa finden. Die eingekreuzten Fragmente waren auch noch etwas länger als bei heute lebenden Menschen – der längste Bereich umfasst immerhin 3 Mb auf dem Chromosom 6 (siehe auch ◘ Abb. 3.14) (nach Seguin-Orlando et al. 2014).

Allerdings überlebten diese Populationen die Eiszeit nur in den südwesteuropäischen Rückzugsgebieten in Südfrankreich und auf der iberischen Halbinsel – sogar Italien war nicht mehr bewohnt. Nach der letzten Eiszeit breiteten sich die Populationen wieder nach Norden und Osten aus; insgesamt war aber durch den eiszeitlichen Flaschenhalseffekt die genetische Vielfalt der europäischen Jäger und Sammler deutlich vermindert. Italien wurde vom Balkan her wieder besiedelt; die neuen Bewohner Italiens unterscheiden sich genetisch stark von denen vor der Eiszeit. Vor ~14.000 Jahren breiteten sich die Populationen aus Italien über ganz Europa aus und verdrängten die bisherigen Populationen. Diese Bevölkerungsstruktur blieb dann offensichtlich über ~6000 Jahre relativ konstant (nach Posth et al. 2023).

Im Neolithikum breitet sich vor ~8500 Jahren die Landwirtschaft in Europa aus. Lange wurde darüber diskutiert, ob die Ausbreitung durch die Verbreitung der Ideen und Kultur oder durch die Verbreitung der ent-

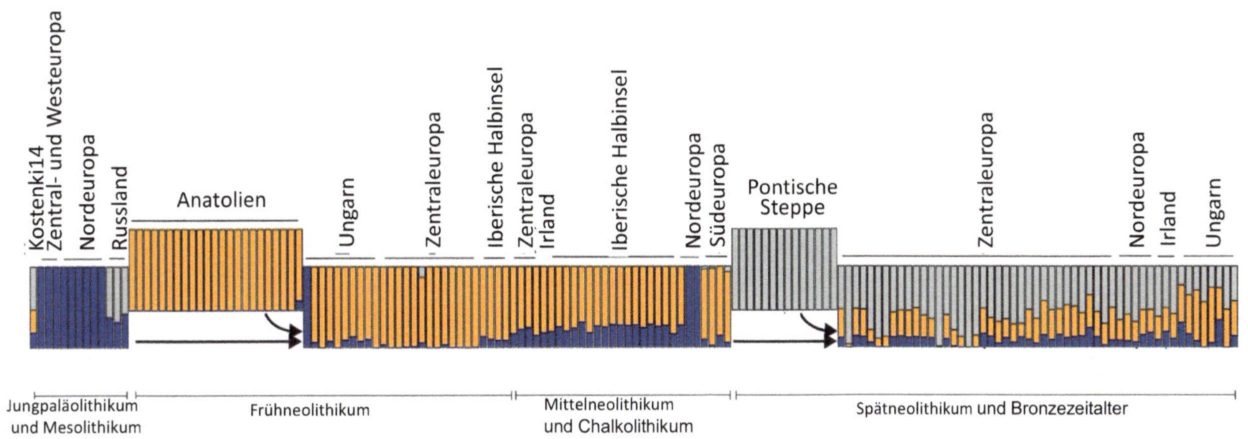

Abb. 3.19 Analyse der genetischen Vermischung in Europa vom Jungpaläolithikum (vor ~45.000 Jahren) bis zur Jungsteinzeit/Bronzezeit (vor ~3000 Jahren). *Blau*: westliche Jäger und Sammler; *orange*: anatolische neolithische Bauern; *grau*: Weidehirten aus der pontischen Steppe. (Nach Günther und Jakobsson 2016, Elsevier)

sprechenden Bevölkerung getrieben war. Die Analyse alter DNA zeigt deutlich, dass neolithische Populationen, die Landwirtschaft betrieben haben, sich vom Nahen Osten (Anatolien) aus in ganz Europa ausgebreitet und in den darauf folgenden Jahrtausenden mit mesolithischen Jägern und Sammlern vermischt haben (mehr dazu in ▶ Abschn. 3.4).

In einer späteren Welle wanderten Populationen aus der pontischen Steppe nach Westen und Osten und erreichte Zentraleuropa vor ~4900 Jahren. Vor ~4600 Jahren erreichten die Populationen mit Vorfahren aus der Steppe auch die Britischen Inseln; innerhalb weniger hundert Jahre wurden dadurch etwa 90 % des lokalen Genpools ersetzt. (mehr dazu in ▶ Abschn. 3.5).

Diese großen Wanderungsbewegungen führten dazu, dass heutige Europäer im Wesentlichen drei genetische Komponenten in unterschiedlichem Ausmaß aufweisen: Anteile von Vorfahren europäischer Jäger und Sammler, von Vorfahren früherer Bauern aus Anatolien sowie von Vorfahren aus der Steppe. Eine erste Übersicht über die Verschiebung der genetischen Hauptkomponenten in Europa vom Jungpaläolithikum bis zur Jungsteinzeit/Bronzezeit zeigt Abb. 3.19. Wir werden diese Aspekte in den nächsten Kapiteln weiter vertiefen.

! Nach dem letzten eiszeitlichen Maximum breiteten sich moderne Menschen über die ganze Welt aus. Dabei bildeten sich immer neue Populationsgruppen, die sich vermischten, wieder trennten und miteinander um Lebensräume konkurrierten. Dabei gab es Gewinner und Verlierer, sodass manche genetischen Marker in bestimmten Regionen nach einiger Zeit nicht mehr vorkommen und durch andere ersetzt wurden.

3.4 Ausbreitung von Bauern aus dem Nahen Osten nach Europa

Der „fruchtbare Halbmond“ (engl. *fertile crescent*) umfasst einen Bereich im Nahen Osten, der sich vom Persischen Golf über das Zweistromland (Mesopotamien – gebildet durch die Flüsse Euphrat und Tigris), über den Süden Anatoliens bis in die Levante (heutiges Jordanien, Libanon, Israel und den Osten Ägyptens) erstreckt. Hier vollzog sich vor ~9000–10.000 Jahren die neolithische Revolution und damit der Übergang von den Jäger-Sammler-Kulturen zu einer bäuerlichen Landwirtschaft mit Ackerbau und Viehzucht; dazu entwickelte sich Sesshaftigkeit und eine Vorratshaltung, die sich zunächst in keramischen Gegenständen ausdrückte.

Die Bevölkerung des fruchtbaren Halbmondes war unter genetischer Sicht zunächst durchaus heterogen: so lebte in der Levante eine Population, die im englischen als „*Basal Eurasians*“ bezeichnet wird. Diese Gruppe enthielt keine Spuren von Neandertaler-Genomen; man nimmt deswegen an, dass sie sich wohl von allen anderen eurasischen Linien des *Homo sapiens* vor deren Vermischung mit Neandertalern abgespalten hat. Auf der anderen Seite gibt es vorzeitliche Spuren aus der Gegend des heutigen Iran, die genetisch sehr verschieden von denen aus der Levante sind. Dazu kommen westliche und östliche Jäger und Sammler. Jüngere Funde aus der Region zeigen dann eine zunehmende Vermischung der Populationen, wobei auch Spuren von Menschen aus dem südlichen Kaukasus und Anatolien dazu kommen. Dabei hatten aber die Populationen des westlichen Irans einen besonderen Anteil, denn Spuren ihres Erbguts finden sich in unterschiedlichem Ausmaß in späteren Bevölkerungen in der Levante (44 %) und in Anatolien

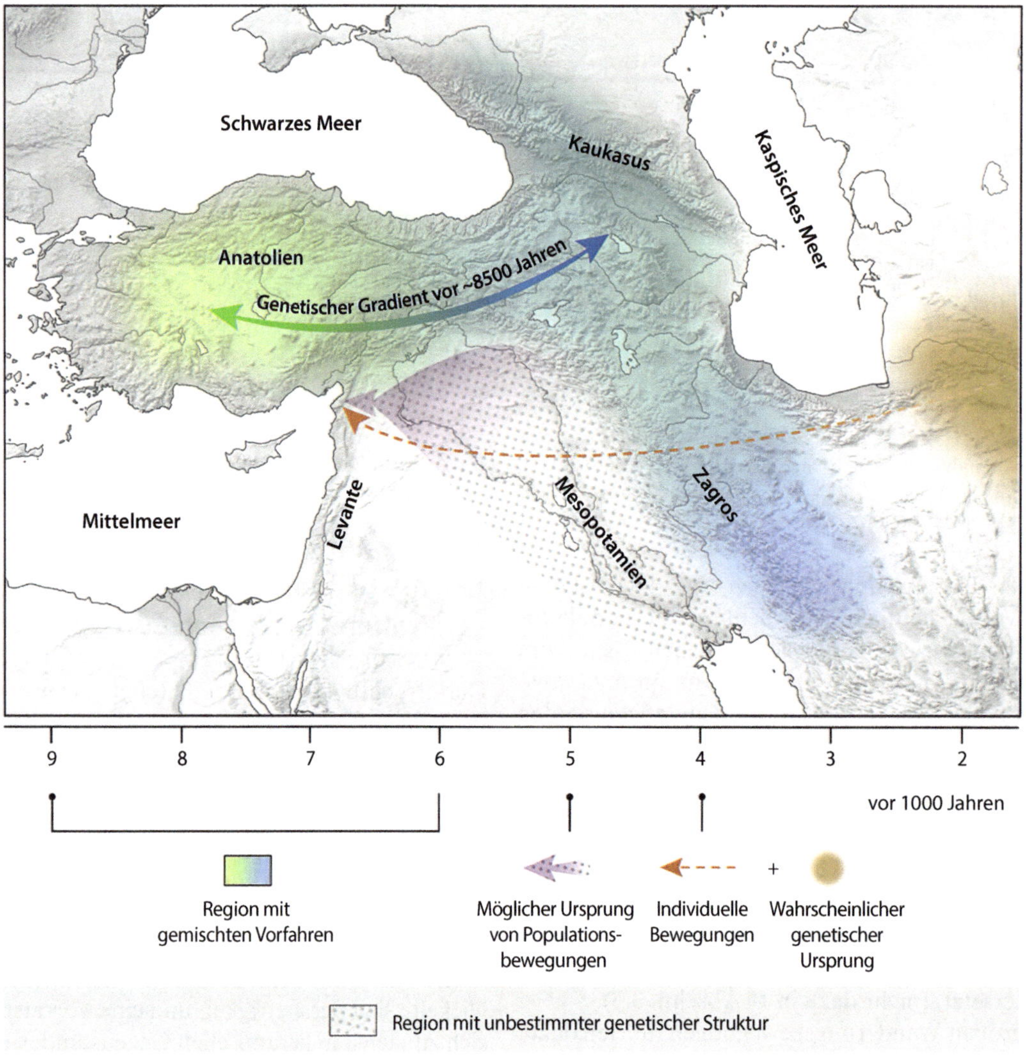

Abb. 3.20 Vor ~8500 Jahren waren die Genpools von Anatolien und Georgien verbunden. Vor ~5.000 Jahren gab es einen nennenswerten Genfluss von benachbarten Populationen in die nördliche Levante. (Nach Skourtanioti et al. 2020; Elsevier)

(33 %), aber auch in Armenien. Einen groben Überblick dazu gibt Abb. 3.20. In den folgenden Jahrtausenden breiteten sich die frühen Bauern-Populationen des Nahen Ostens in alle Richtungen aus und vermischten sich mit der jeweiligen lokalen Bevölkerung (Lazaridis et al. 2016).

Die neolithische Expansion nahm ihren Ausgang in Anatolien. Aber keine der neolithischen Populationen im Nahen Osten war einfach eine Folgepopulation der vorherigen präneolithischen Vorfahren. Vielmehr zeigen die genetischen Daten von sterblichen Überresten damaliger Menschen, dass die neolithischen Populationen Mischungen aus verschiedenen Ursprüngen darstellen. Die lokale Population in Anatolien, für die es die meisten Daten gibt, besteht in der präkeramischen Zeit aus einem variablen Anteil von 30–70 % Vorfahren aus Mesopotamien, wo die Landwirtschaft als erstes entstand. Dazu kommt ein Anteil von 6–23 % Vorfahren aus der Levante, sodass zwei unabhängige Einflüsse aus dem fruchtbaren Halbmond auf die neolithische anatolische Population angenommen werden müssen (Lazaridis et al. 2022a).

In den folgenden Zeitabschnitten (Kupfersteinzeit: in Anatolien vor ~8000 – ~5000 Jahren; Bronzezeit: in Anatolien bis vor ~3300 Jahren) zeigt sich ein etwas anderes Bild: die Populationen in Anatolien waren einheitlicher und hatten etwa 30 % Vorfahren aus der Gruppe der kaukasischen Jäger und Sammler, die vorher im westlichen Teil Anatoliens nicht vorhanden waren (das gilt in ähnlicher Weise für die Levante). Umgekehrt finden sich im Osten Anatoliens mehr westanatolische neolithische Vorfahren und weniger Vorfahren aus dem Kaukasus. Diese Vereinheitlichung der anatolischen Population ist insofern bemerkenswert, da sich die Region offensichtlich gegenüber Genfluss von außen abgeschottet hatte. Die Asymmetrie des Genflusses zwischen Anatolien und seinen Nachbarn ist offensichtlich, denn Menschen mit Vorfahren der kaukasischen Jäger und Sammler breiteten sich nach Westen in Richtung Balkan und in Richtung Norden in die eurasische Steppe aus. Umgekehrt gelangten Menschen mit Vorfahren der Jäger und Sammler des Balkans nicht nach Anatolien, und Menschen mit Vorfahren der östlichen Jäger und Sammler erreichten im Süden nur Armenien und zu einem geringeren Teil den Iran (Lazaridis et al. 2022a).

Wir haben oben schon die Ausbreitung der neolithischen Bauern aus dem Nahen Osten nach Europa kurz angedeutet, und wir wollen diesen Aspekt etwas vertiefen. Jäger und Sammler besiedelten vor ~14.000 Jahren einen großen Teil West- und auch Südeuropas. Diese Population wurde im Laufe der Zeit weitgehend durch anatolische Bauern ersetzt: eine Wanderungsroute verlief wahrscheinlich vor ~8000 Jahren über die Ägäis nach Serbien, den Balkan und den Donau-Korridor und erreichten Österreich und Süddeutschland vor ~7500 Jahren und führte schließlich auch nach Skandinavien. Die andere Ausbreitungsroute verlief über die Ägäis nach Italien und von dort über Südfrankreich auf die iberische Halbinsel, aber auch nach Nordafrika. Dabei erfolgte die genetische Durchmischung offensichtlich relativ langsam entlang der Ausbreitungsroute, wobei es auch „Inseln“ mit relativ homogenen alten Jäger-und Sammler-Genomen gab (Lazaridis 2018; Marchi et al. 2022; Choin und Quintara-Murci 2022). ◻ Abb. 3.21 gibt einen Überblick über die Ausbreitung der Landwirtschaft in der Zeit ~9600–4000 Jahre v. Chr.; die entsprechenden Veränderungen der genetischen Zusammensetzung der Populationen ist bereits oben in ◻ Abb. 3.19 dargestellt.

Die Ausbreitung der Landwirtschaft blieb nicht auf Europa beschränkt, sondern erstreckte sich auch auf Nordafrika. Auch hier brachten wohl Menschen die neue Technologie mit, zumindest was den Maghreb angeht. Die ersten sterblichen Überreste aus dem Neolithikum waren europäischer Abstammung, d. h. Migranten aus Spanien brachten Ackerbau und Viehzucht nach Nordwest-Afrika. Im mittleren Neolithikum breiteten sich außerdem Weidehirten aus der Levante bis in

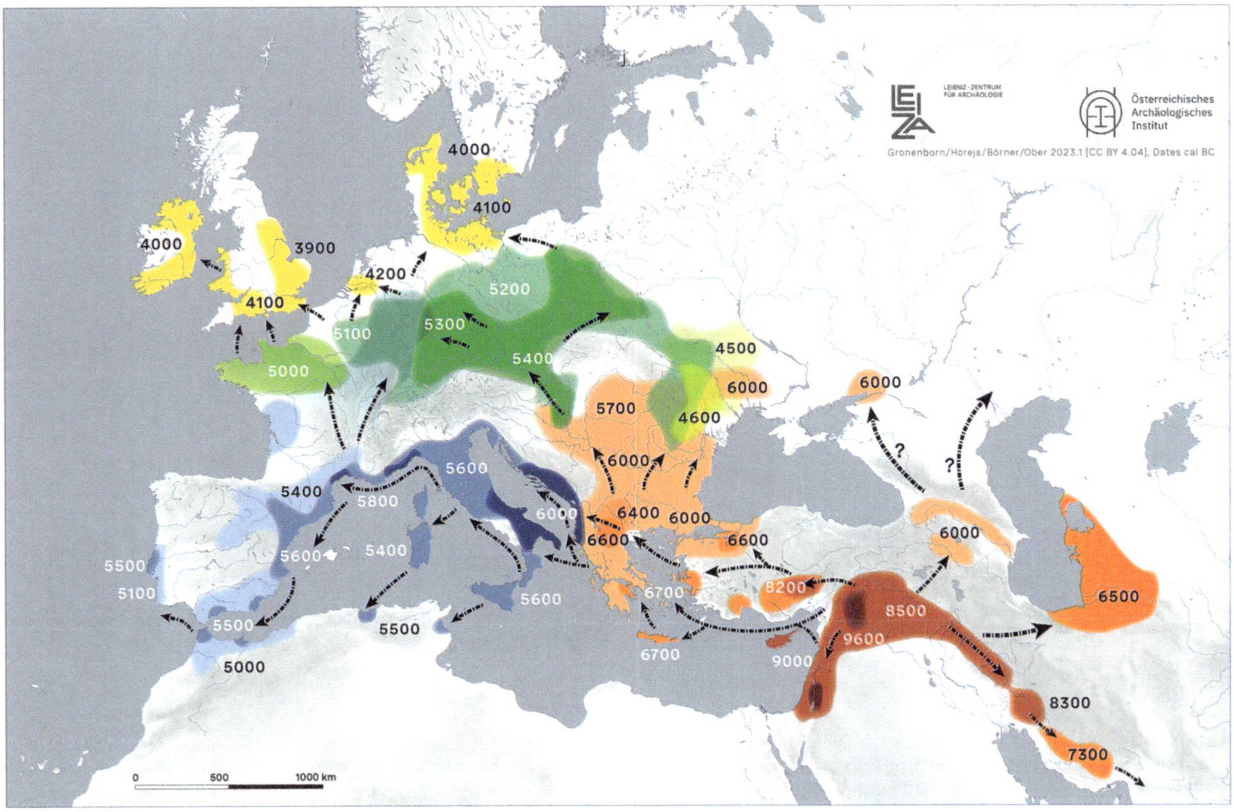

◻ **Abb. 3.21** Vereinfachte Darstellung der Ausbreitung der Landwirtschaft im westlichen Eurasien in der Zeit 9600–4000 Jahre v. Chr. Der „fruchtbare Halbmond“ ist *dunkelbraun* dargestellt. Man beachte bei den Wanderungsrouten auch, dass der Meeresspiegel im Mittelmeer zu Beginn des Holozäns ~36 m tiefer lag als heute. (Nach Gronenborn und Horejs 2023; CC-BY-4.0; ▸ http://creativecommons.org/licenses/by/4.0)

den Maghreb aus, sodass sich hier im Folgenden drei Abstammungslinien vermischten (Simões et al. 2023).

Der Übergang von der Lebensweise als Jäger und Sammler zu der sesshaften, bäuerlichen Lebensweise ist auch verbunden mit einer veränderten Ernährungsweise, einer erhöhten Populationsdichte, einer erhöhten Fruchtbarkeit, einer früheren Abstillzeit und kürzeren Geburtsintervallen. Andererseits führt die Abhängigkeit von saisonaler Ernährung auch (teilweise) zu Mangelernährung, und die Nähe zu Tieren kann zu Infektionskrankheiten führen, die durch Tiere übertragen werden (z. B. *Salmonelle enterica*) (Childebayeva et al. 2022).

Wir hatten oben schon darauf hingewiesen, dass sich auch eine gewisse Vorratshaltung in keramischen Gegenständen entwickelte. Die erste Form der Verzierungen dieser keramischen Gefäße, die man entweder in Wohnhäusern und/oder Gräbern gefunden hat, waren mit einfachen Bandmustern aus verschiedenartigen Linien verziert; deshalb wird diese Form als Linearbandkeramik bezeichnet. Ihre Ausbreitung erfolgte parallel mit der beobachteten Expansion der anatolischen Bauern über den Balkan und dann entlang der Flüsse und Küsten; in Mitteleuropa kam die Linearbandkeramik vor ~7500 Jahren an – die älteste bäuerliche Kultur des Neolithikums in Mitteleuropa, und breitete sich weiter nach Süd-, West- und Nordeuropa aus.

Verbunden mit der bäuerlichen Lebensweise veränderte sich auch der Metabolismus und die Immunfunktion der Menschen – die Neolithisierung wird heute als die größte natürliche Selektionskraft betrachtet, die auf das menschliche Genom eingewirkt hat. Dieser Selektionsdruck führte in den höheren Breitengraden zu schwächerer Hautpigmentierung und wegen häufiger Infektionskrankheiten aufgrund der größeren Gruppen in den sesshaften, bäuerlichen Siedlungsformen und der Nähe zu Tieren zu Resistenzen gegen Infektionskrankheiten. Schon neolithische Populationen der Ägäis trugen Allele, die mit verminderter Hautpigmentierung (▶ Abschn. 4.1.1) und einer erhöhten Anfälligkeit für Diabetes Typ II assoziiert waren. Eine Übersicht über betroffene Genorte aufgrund des starken Selektionsdrucks zeigt ◻ Abb. 3.22. Insgesamt ist dabei festzustellen, dass die genetische Information der Individuen der Linearbandkeramik-Kultur sehr stark der genetischen Information der neolithischen Bauern aus Westanatolien ähnelt (Childebayeva et al. 2022).

Bei diesen Untersuchungen (◻ Abb. 3.22) wurden verschiedene Genorte identifiziert, die unter starkem Selektionsdruck stehen. Dazu gehören vor allem Gene,

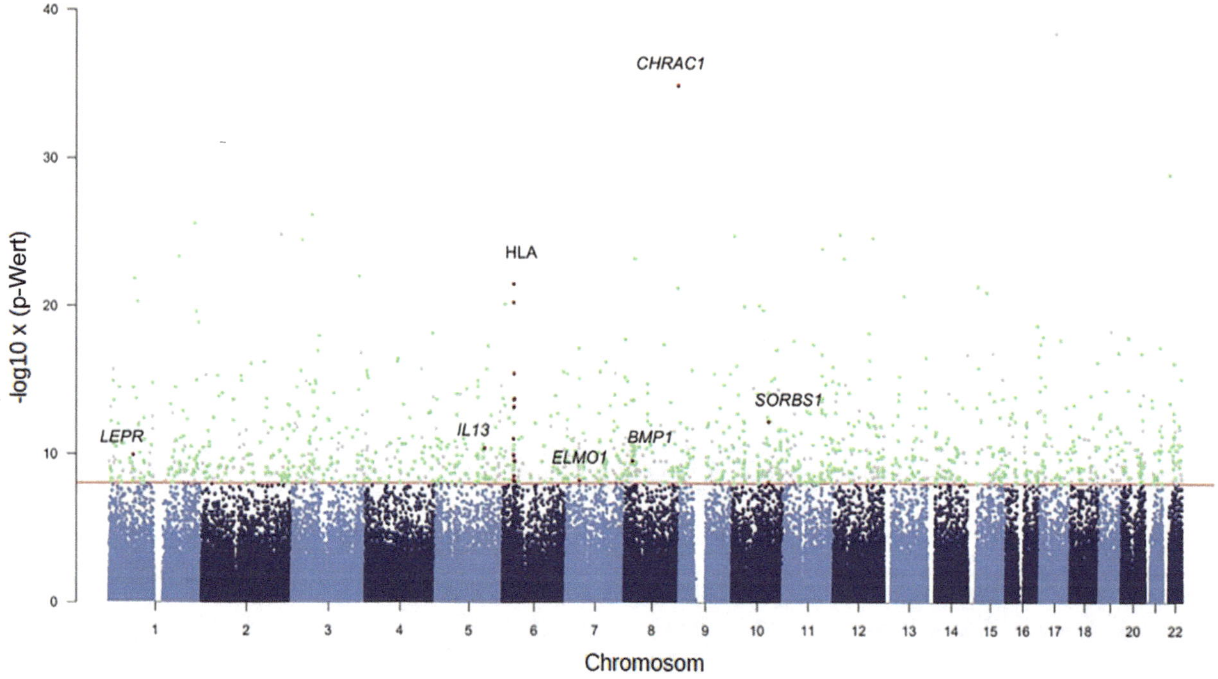

◻ **Abb. 3.22** Manhattan-Plot der Ergebnisse der Selektions-Scans, bei denen Individuen der Linearbandkeramik-Kultur mit Individuen des neolithischen West-Anatoliens und mit einheimischen Jägern und Sammlern verglichen wurden. Die autosomalen Chromosomen sind auf der X-Achse dargestellt und -log10(p-Werte) auf der Y-Achse. Signifikante Genorte sind in *grün* hervorgehoben. Genorte, die in verschiedenen statistischen Tests nicht überlappen, sind *grau*. Genorte, die mit Immunität und metabolischen Stoffwechselwegen signifikant in Verbindung stehen, sind als *rote* Punkte mit den entsprechenden Gensymbolen dargestellt. (Nach Childebayeva et al. 2022; CC-BY-4.0; ▶ http://creativecommons.org/licenses/by/4.0)

die für die Funktion des Immunsystems wichtig sind (*Major histocompatibility complex*, Gensymbol *HLA*; Interleukin-13, Gensymbol *IL13*) und solche, die für die Regulation des Stoffwechsels wichtig sind (Leptin-Rezeptor, Gensymbol *LEPR*; *Sorbin and SH3-domains containing protein 1*, Gensymbol *SORBS1*). Weitere signifikante Genorte betreffen das *Bone morphogenic protein* (Gensymbol *BMP1*), das *Engulfment and cell motility protein 1* (Gensymbol *ELMO1*) und die *Chromatin Accessibility Complex Subunit 1* (Gensymbol: *CHRAC1*). Bei der Selektion, die das Immunsystem betrifft, ist interessant, dass später in der resultierenden Mischbevölkerung nach einiger Zeit die HLA-Gene der lokalen Jäger und Sammler überwiegen; Allele, die für die hellere Hautfarbe verantwortlich sind, stammen in der Mischbevölkerung dagegen von den neolithischen Bauern (Davy et al. 2023). Die Ausbreitung der frühen neolithischen Bauern hat übrigens auch dazu beigetragen, dass das Ausmaß der Einkreuzung von Neandertaler-DNA in europäische Populationen abgenommen hat. Ursache dafür war der geringere Anteil an Neandertal-DNA in den Genomen neolithischer Bauern aus Anatolien als in den Genomen paläolithischer Jäger und Sammler (Quilodrán et al. 2023).

3.5 Die Invasion aus der Steppe

Nachdem sich die bäuerliche Kultur in Europa etabliert hatte, erlebte Europa eine zweite Migrationswelle – dieses Mal aus der pontisch-kaspischen Steppe („pontisch" leitet sich von der altgriechischen Bezeichnung für das Schwarze Meer ab: Πόντος Εὔξεινος = Póntos Eúxeinos = das gastliche Meer). Hier, im Norden des Schwarzen und des Kaspischen Meers, kamen vor ~7000 Jahren Nachfahren kaukasische Jäger- und Sammler zu einzelnen Steppe-Populationen hinzu. In der Kupfersteinzeit und Bronzezeit bildete sich eine Population von Weidehirten heraus, die eine Mischung von Menschen aus dem Gebiet des heutigen Russlands und aus der Kaukasus-Region darstellten: die Bewohner der pontisch-kaspischen Steppe. Diese Populationen enthielten allerdings keine genetischen Elemente der neolithischen Bauern aus Anatolien; es hatte sich vielmehr eine recht scharfe Grenze herausgebildet, die vom Schwarzen Meer zum Baltikum reichte (◘ Abb. 3.21; Allentoft et al. 2024b) Vor ~7000–5000 Jahren bewegten sich Menschen mit kaukasischen Vorfahren westwärts nach Anatolien und nordwärts in die Steppe. Einige dieser Migranten haben wahrscheinlich ursprüngliche Formen anatolischer und indo-europäischer Sprachen gesprochen. Vor ~5000 Jahren begann die Expansion der Jamnaja-Population und führte osteuropäische Vorfahren in die Populationen des Balkans, nach Griechenland und östlich über den Kaukasus nach Armenien. Allerdings wirkte sich das nicht auf Anatolien aus (Lazarides et al. 2022b). Bis vor ~5000 Jahren gab es jedoch keinen genetischen Einfluss aus Anatolien und/oder der Levante auf die Bewohner der Steppe. Ihre nächsten Vorfahren waren vielmehr Menschen der Jamnaja-Kultur (deutsch auch Grubengrab-Kultur); diese Population breitete sich in der ganzen pontisch-kaspischen Ural-Region aus, expandierte weiter in östliche und westliche Richtung und erreichten Zentraleuropa vor ~4900 Jahren; damit verschwand auch die oben erwähnte Grenze der verschiedenen Populationen. Einen Überblick über Ursprünge und Ausbreitungsrichtungen der Jamnaja-Populationen gibt ◘ Abb. 3.23.

Die Kultur dieser Populationen, die Zentraleuropa vor ~4900 Jahren erreichte, wird wegen der besonderen Art der Gefäßverzierungen als „Schnurkeramik" bezeichnet werden. Es wird vermutet, dass mit der Einwanderung der Steppe-Populationen auch die indo-europäische Sprachfamilie nach Europa kam. Vor ~4600 Jahren erreichten die Populationen mit Vorfahren aus der Steppe auch die Britischen Inseln, was zeitlich mit der Ausbreitung der Glockenbecherkultur zusammenfällt. Besonders deutlich wird der Einfluss der Einwanderer auf den Genpool der jeweiligen Populationen am Beispiel Britanniens. Die Ausbreitung der Glockenbecherkultur führte einen sehr hohen Anteil von genetischen Markern von Populationen aus der Steppe (vor allem der Y-chromosomalen Haplogruppe R1b) in die dortige Bevölkerung ein und war schließlich mit einem Verlust von ~90 % des Genpools Britanniens und fast aller neolithischen Marker des Y-Chromosoms innerhalb von wenigen hundert Jahren verbunden (◘ Abb. 3.24) (Olalde et al. 2018). Ein ähnliches Bild zeigt sich im Übrigen im Baskenland (Luis et al. 2021).

Dieser „Austausch der Y-Chromosomen", wie wir das unter genetischen Gesichtspunkten neutral formulieren können, wird in der Realität sicherlich nicht friedlich erfolgt sein. Als ein erstes Beispiel dafür mag das Massengrab bei Koszyce an der oberen Weichsel im südlichen Polen dienen. Hier wurde 2011 ein Grab mit 15 Personen aus der Zeit vor ~5000 Jahren gefunden – Frauen, Männer und Kinder, die alle durch Schläge auf den Kopf (Schädelbruch) getötet wurden, vermutlich, nachdem sie vorher gefangen genommen wurden. Die Vorfahren der Toten stammten zu 30 % aus den Populationen der westlichen Jäger und Sammler und zu 70 % aus den neolithischen Bauern, aber es gab keine aus dem Bereich der Steppe. Die Toten waren sorgfältig mit Kugelamphoren bestattet und – wie die genetische Analyse ergab – entsprechend ihrer Familienzusammengehörigkeit gruppiert. Die acht männlichen Mitglieder

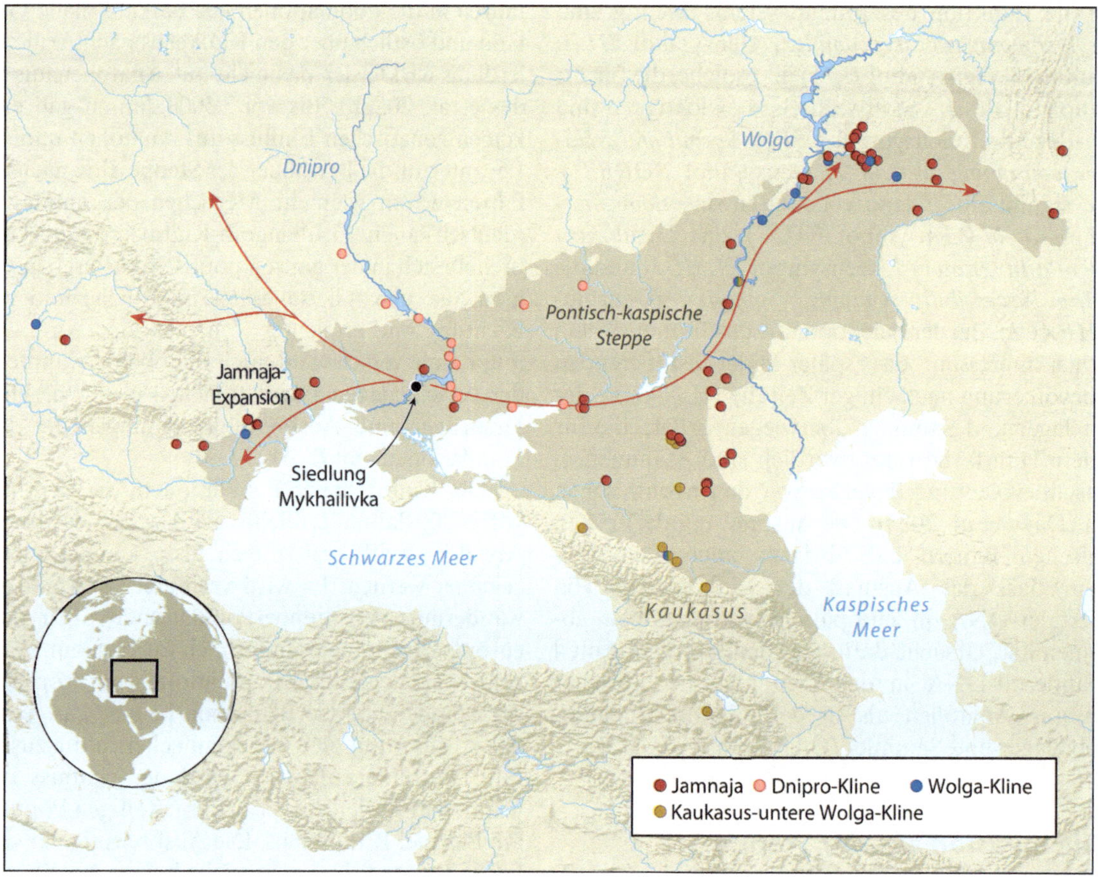

Abb. 3.23 Die Ursprünge und Ausbreitungsrichtungen der Jamnaja-Kultur. Die Jamnaja-Kultur hat sich in der pontisch-kaspischen Steppe (die sich über Teile des heutigen Russland und der Ukraine erstreckt) entwickelt und hat sich vor ~5000 Jahren über Westeuropa ausgebreitet; man nimmt an, dass dabei auch die indoeuropäischen Sprachen nach Europa kamen. Untersuchungen alter DNA aus archäologischen Stätten zeigen, dass die Prä-Jamnaja-Populationen, die während des Neolithikums und Äneolithikums (Kupfersteinzeit) in dieser Region lebten (vor ~12.000–5000 Jahren), drei genetischen Gradienten (Klinen) angehörten, die mit geografischen Standorten korreliert sind: einer entlang der Wolga, einer entlang des Dnipro und einer, der sich über die untere Wolga und das Kaukasusgebirge erstreckt. Die Jamnaja-Population stammt genetisch gesehen aus dem unteren Wolga-Ende der Dnipro-Kline und geografisch gesehen möglicherweise aus der unteren Dnipro-Region, die durch die Siedlung Mykhailivka in der Ukraine (bei Saporischschja) repräsentiert wird. Die anschließende Ausbreitung eines einheitlichen Jamnaja-Stammbaums über ein großes Gebiet ist ein Hinweis auf eine rasche Expansion im späten Äneolithikum und in der frühen Bronzezeit. (Nach Saag und Metspalu 2025; Springer Nature)

hatten alle die Y-chromosomale Haplogruppe I2a-L801, wohingegen es sechs verschiedene mitochondriale Haplogruppen gab. Dies spricht dafür, dass die neolithischen Populationen in Zentraleuropa zur Zeit der Kugelamphoren-Kultur weitgehend patrilinear organisiert waren und die Frauen von außerhalb der eigenen Gruppe gekommen sind (engl. *female exogamy*). In dem Grab „fehlen“ allerdings einige erwachsene Männer; man nimmt an, dass diese nach dem Massaker die Leichen begraben haben. Über die Ursache des Massenmords kann man allerdings nur spekulieren (nach Schroeder et al. 2019). Ähnliche Interpretation ergeben sich bei der Analyse der Daten aus Dänemark in dieser Zeit: auch hier gibt es Hinweise auf bewaffnete Konflikte und Verteidigungsanstrengungen gegen Eindringlinge (nach Allentoft et al. 2024a).

Ein weiteres Beispiel ist ein Schlachtfeld in Mecklenburg-Vorpommern im Tal der Tollense. Hier fanden vor ~3200 Jahren ~140 Menschen den Tod; es ist das bisher älteste Schlachtfeld nördlich der Alpen. Die genetische Untersuchung von 14 Individuen zeigte allerdings, dass sie eine einzige, unstrukturierte zentral- bzw. nordeuropäische Population repräsentieren; unter den untersuchten 14 Toten sind auch zwei Frauen. Die Ursachen der Auseinandersetzung und auch die beteiligten Konfliktparteien lassen sich noch nicht bestimmen (nach Burger et al. 2020).

Die Ausbreitung der Steppe-Populationen erfolgte von Ost nach West über Mittel- und Nordeuropa bis

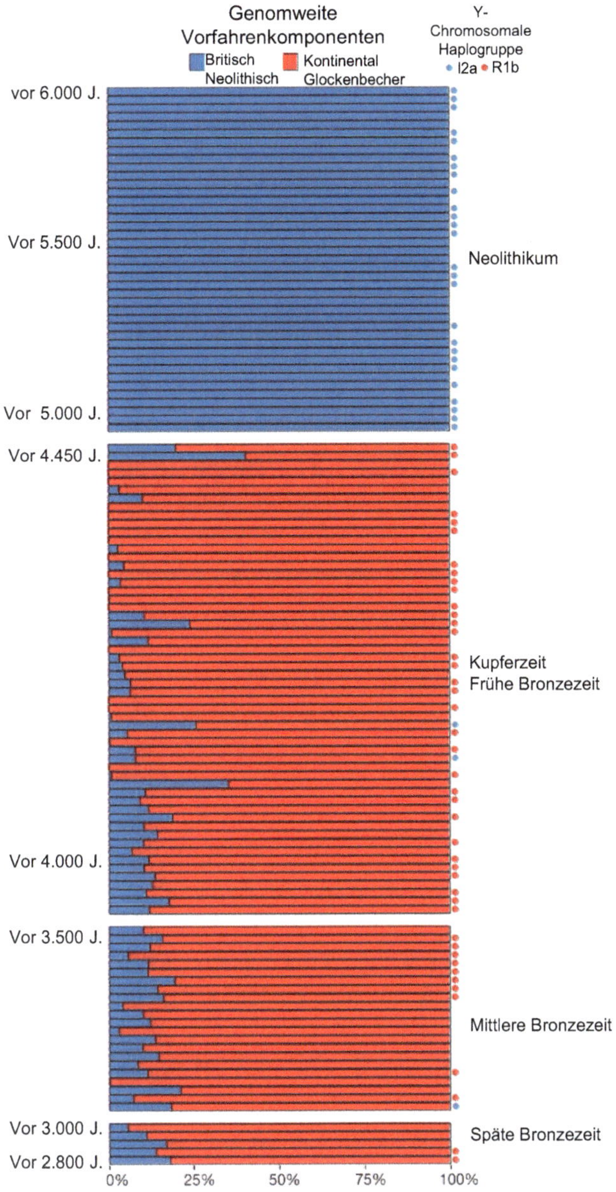

Abb. 3.24 Populationsveränderungen in Britannien durch die Ankunft der Glockenbecher-Kultur. Modellierung der Individuen von Britannien aus der neolithischen, der Kupfer- und der Bronzezeit als Mischung von Individuen der kontinentalen Glockenbecher-Kultur (*rot*) mit der neolithischen Population von Britannien (*blau*). Jeder Balken repräsentiert das genomweite Mischungsverhältnis für ein Individuum. Die Individuen sind chronologisch angeordnet und in der Grafik berücksichtigt, wenn sie durch mehr als 100.000 SNPs repräsentiert sind. Die *Kreise* am rechten Rand zeigen die Y-Haplogruppen für männliche Individuen an; J: Jahre. (Nach Olalde et al. 2018; Springer Nature)

nach Britannien und setzte sich auch bis nach Nordwest-Spanien fort. Die genetischen Daten zeigen, dass auch die Ausbreitung der Glockenbecher-Kultur – wie auch die Ausbreitung der neolithischen bäuerlichen Lebensweise – im Wesentlichen durch die Expansion der jeweiligen Populationen getrieben ist und weniger durch eine Diffusion der Ideen.

Während sich die Einwanderung der neolithischen Bauern aus Anatolien wenige Jahrtausende vorher weitgehend unter gleichmäßiger Beteiligung von Männern und Frauen vollzog (wie man anhand der uniparentalen Marker sehen kann: der maternal weitergegebenen Mitochondrien-DNA und den paternal weitergegebenen, männlich-spezifischen Regionen der Y-Chromosomen), verlief die Einwanderung der Populationen aus der Steppe vor ~5000 Jahren offensichtlich anders: obwohl die mitochondrialen Marker über die Zeit hin im Wesentlichen konstant blieben, veränderte sich das Spektrum der Y-Chromosomen plötzlich und sehr deutlich. Offensichtlich war aber die Verbreitung der Steppe-Populationen in Europa nicht gleichmäßig: Überraschenderweise wurde eine genetische Komponente der Steppe-Populationen bei den Mykenern gefunden, aber nicht bei den Minoern (s. ▶ Abschn. 3.6). Vorfahren aus der Steppe sind auch in Italien und Portugal selten und auf Sardinien nicht nachweisbar. Eine Übersicht über die Verteilung des Steppe-Anteils in der europäischen Bevölkerung der Bronzezeit gibt ◻ Abb. 3.25.

Die Ausbreitung des (überwiegend männlichen) Genpools der Steppe-Populationen war auch verbunden mit deutlichen kulturellen Veränderungen (Glockenbecher-Kultur); dazu gehörten aber auch das Reiten von Pferden und die Ausbreitung indogermanischer Sprachen. Die Bestattungspraxis erinnert stark an die Jamnaja-Kultur (nach Scorrano et al. 2021). Eine grobe Zusammenfassung der kulturellen Entwicklungen und die Verschiebung der Einflusszonen in Europa vor und nach der Zeit vor 5000 Jahren gibt ◻ Abb. 3.26.

Zum Schluss wenden wir uns noch dem **Eismann vom Tisenjoch** zu, der nach seinem Fundort in den Ötztaler Alpen auch als „Ötzi" bekannt wurde. Dieser Mann starb vor ~5300 Jahren und wurde 1991 als gut erhaltene Gletschermumie gefunden. Um seinen Tod ranken sich viele Spekulationen; wir wenden uns aber den genetischen Daten zu, die von „Ötzi" bekannt sind. Aufgrund seines gut erhaltenen Zustandes konnte das Genom des Eismannes vollständig sequenziert werden. Sein Y-Chromosom gehört zur Haplogruppe G2a4, die bisher in nennenswerten Mengen nur auf Sardinien und Korsika gefunden wurde; auch die weitere Analyse zeigte, dass „Ötzi" mit den heute lebenden Menschen in Sardinien am engsten verwandt ist. Die Untersuchung mehrerer SNPs für die Haut- und Augenfarbe ergab, dass der Eismann dunkle Augen und eine eher dunklere Hautfarbe hatte (▶ Abschn.

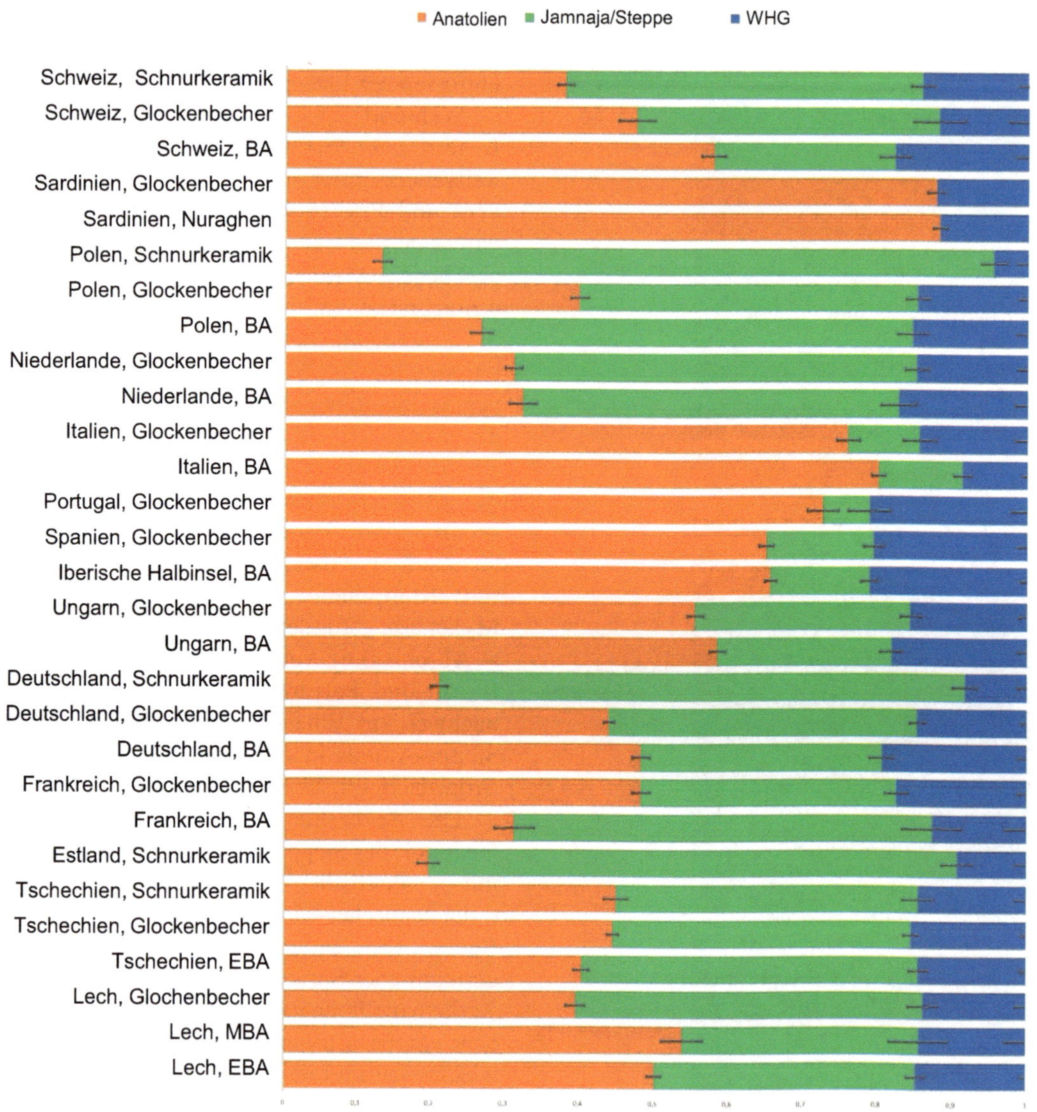

Abb. 3.25 Die Vorfahren der zentraleuropäischen Populationen setzten sich währende der Bronzezeit aus einer Mischung der früheren Jäger und Sammler (*blau*), der anatolischen neolithischen Bauern (*braun*) und der Populationen der Jamnaja-Kultur als Stellvertreter für die Weidehirten der Steppe (*grün*) zusammen. Man beachte, dass die letzteren in Italien und Portugal selten sind und auf Sardinien nicht vorkommen. Die Fehlerbalken geben die Standardabweichung der jeweiligen Komponenten dar. BA: Bronzezeit; EBA: frühe Bronzezeit; MBA: mittlere Bronzezeit; WHG: westliche Jäger und Sammler. (Nach Scorrano et al. 2021; Taylor & Francis)

4.1.1); außerdem verfügte er über keine Lactose-Persistenz (▶ Abschn. 4.1.2). Es gab im Genom des Eismanns auch keinen Hinweis auf eine Verwandtschaft aus der Steppe (wie auch in anderen Funden aus Sardinien); vielmehr enthielt sein Erbgut den höchsten Anteil von Vorfahren anatolischer Bauern innerhalb der zeitgenössischen europäischen Bevölkerung. Außerdem enthält sein Erbgut Hinweise auf Risiko-Allele für eine typische männliche Glatze, für Diabetes Typ 2 und für das metabolische Syndrom (nach Keller et al. 2012; Wang et al. 2023). „Ötzi" ist im Südtiroler Archäologiemuseum in Bozen ausgestellt (▶ https://www.iceman.it/de/).

! Vor ~5000 Jahren breiteten sich Populationen aus der pontisch-kaspischen Steppe nach Westen aus und führten dadurch zu starken Umwälzungen der Bevölkerungsstruktur in Europa. Vor allem die Y-chromosomale Haplogruppe R1b dominiert seither in Europa.

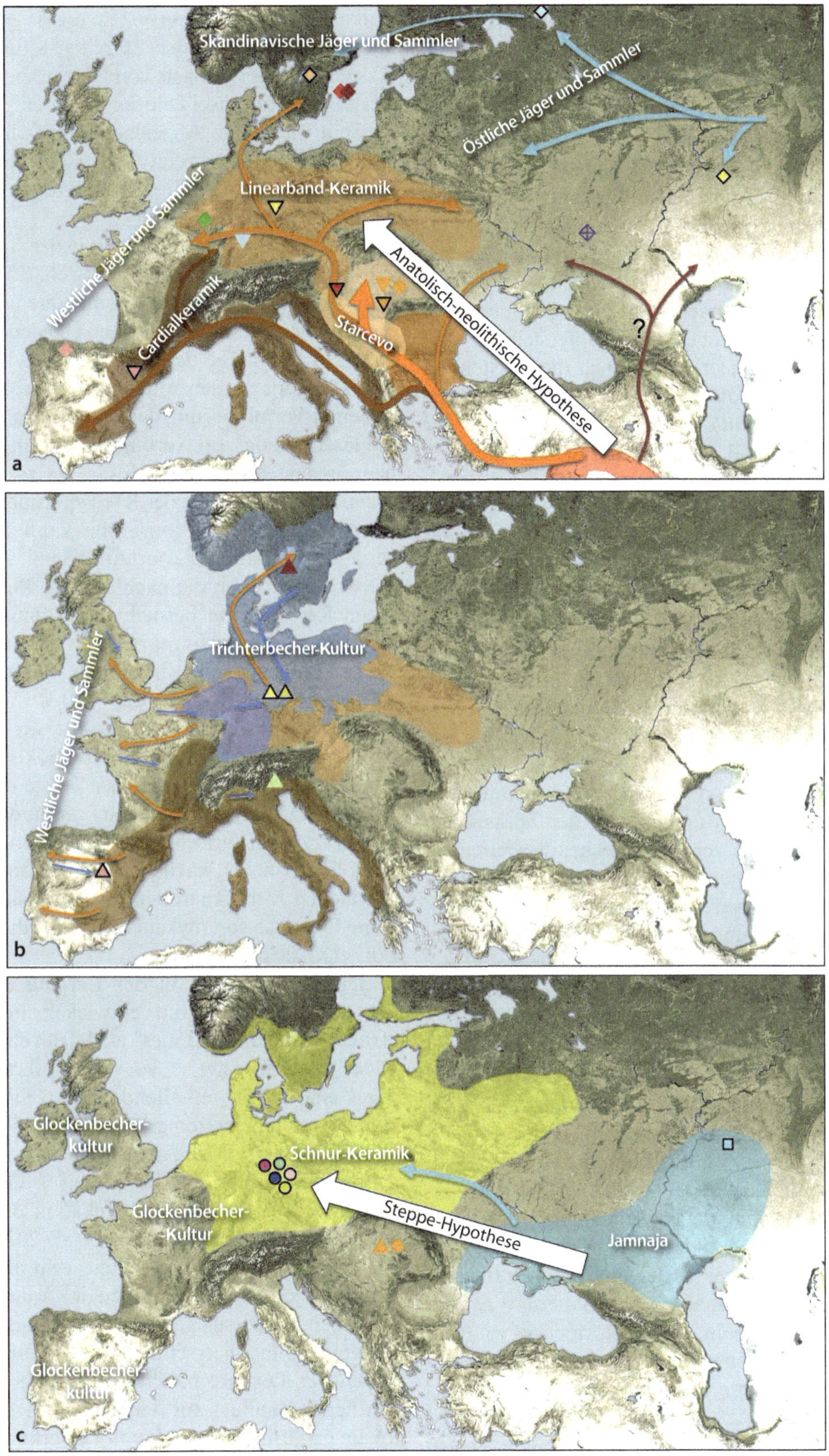

Abb. 3.26 Geografische Verteilung archäologischer Kulturen und grafische Illustration der Bevölkerungsbewegungen in Europa. **a** Ausbreitungsrichtungen durch frühe Bauern in der Zeit vor ~7000–9000 Jahren. **b** Wiederaufstieg der Jäger und Sammler währen des mittleren Neolithikums vor ~5000–7000 Jahren. **c** Ankunft der Steppe-Population in Mitteleuropa während des späten Neolithikums vor ~4500 Jahren. Die weißen Pfeile deuten mögliche Szenarien über die Ankunft der indoeuropäischen Sprachen in Europa an: über die anatolisch-neolithischen Bauern (a) oder über die Populationen aus der Steppe (b). Symbole geben verschiedene Fundstätten an, die den jeweiligen Zeitperioden zugeordnet werden. (Nach Haak et al. 2015, Springer Nature)

3.6 Genetik der Bronze- und Eisenzeit im Mittelmeerraum und in Europa

In den letzten beiden Kapiteln haben wir uns mit den zwei großen Expansionsbewegungen beschäftigt, die Mitteleuropa erreicht haben: die Einwanderung neolithischer Bauern aus Anatolien und der Invasion aus der ponto-kaspischen Steppe. Damit verbunden war der kulturelle Übergang von der Linearbandkeramik über die Schnurkeramik zu den Glockenbechern, die Ausbreitung der indoeuropäischen Sprache und auch der Übergang von der Jungsteinzeit über die Kupfersteinzeit zur Bronzezeit. In die Bronzezeit fällt auch die Entstehung der ersten großen Städte in Griechenland (minoische und mykenische Kultur) sowie die Entwicklung der Schrift in Griechenland (die Hieroglyphen in Ägypten und die Keilschrift in Mesopotamien und bei den Hethitern entwickelten sich wesentlich früher; ▶ Abschn. 4.3.3). Die Eisenzeit beginnt im Nahen Osten im Großreich der Hethiter ~1200 v. Chr., in Griechenland ~1000 v. Chr. und in Mitteleuropa ~800 v. Chr. Damit sind wir dann schon in historischen Zeiten und können manche überlieferten Berichte mit genetischen Befunden kontrastieren. In diesem Kapitel wollen wir uns damit beschäftigen, wie sich diese wichtigen Populationen untereinander verhalten haben und welchen Einfluss sie auf den Mittelmeerraum und Europa hatten.

Südosteuropa bildet geografisch eine Schnittstelle sowohl mit Anatolien als auch mit der eurasischen Steppe, und die Genetik zeigt entsprechende Spuren für beide Verbindungen. Die Bronzezeit stellte in Anatolien eine Phase der Homogenisierung der Bevölkerung dar, ohne dass Einwanderungen von außen die Population beeinflussten. In Südosteuropa war das Gegenteil der Fall: der Hauptantrieb der bronzezeitlichen Heterogenität in Südosteuropa ist die Anwesenheit von Menschen mit östlichen Jäger-und Sammler-Vorfahren – etwa 31–44 % in Moldawien, ~15 % im Rest des Balkans und nur ~4 % im mykenischen Griechenland und vernachlässigbarer Menge im minoischen Kreta. Die beiden großen Kulturen im Griechenland der Bronzezeit, die minoische (auf Kreta, ~3500–1100 v. Chr.) und später die mykenische (auf dem Festland, ~1750–1050 v. Chr.) wurden von genetisch ähnlichen Populationen getragen, nämlich Nachkommen der neolithischen Bauern, die wiederum mit den anatolischen Bauern verwandt waren; die Minoer weisen zusätzlich noch etwa 30 % Vorfahren aus der Levante auf. Beide Populationen weisen außerdem Vorfahren aus dem östlichen Kaukasus aus; dieser Anteil steigt in Griechenland auf bis zu ~20 % in der Bronzezeit an, wobei der Anteil der anatolischen Vorfahren entsprechend sinkt. Vorfahren aus der Steppe hat man bisher nur bei den Mykenern gefunden, nicht aber bei den Minoern. Der Anteil an Vorfahren aus der Steppe und der Jamnaja-Kultur ist bei den Mykenern allerdings deutlich niedriger als im nördlichen Balkan und in Mitteleuropa zu dieser Zeit. Es gibt aber auch Beispiele wie der „Greifen-Krieger" (aus dem Kriegergrab des „Palasts von Nestor" bei Pylos, im Südwesten der Halbinsel Peloponnes), der ~1500 v. Chr. gelebt hat und keine Anzeichen von östlichen Jäger-und Sammler-Vorfahren zeigt – wahrscheinlich kam er oder seine direkten Vorfahren aus Kreta (nach Lazaridis et al. 2022c).

Andererseits beobachten wir in der Ägäis der Bronzezeit ein nahezu beispielloses Szenario von Blutsverwandtschaft. Das zeigt sich in mehreren Proben auf dem griechischen Festland und verschiedenen Inseln, aber nicht auf Kreta. Ein deutlicher Hinweis ist ein Verlust an Heterozygotie in den untersuchten Proben, verbunden mit einer Verminderung der genetischen Vielfalt. Im Detail lässt sich das auf Verbindungen von Cousins/Cousinen des ersten und zweiten Grades zurückführen. Die sozialen Hintergründe der Kreuzcousinenheirat sind unklar; geringe Populationsgröße kann aber wohl ausgeschlossen werden (Skourtanioti et al. 2023).

Wenn wir noch die nachfolgende Phase der griechischen Kolonisation betrachten, so finden wir sogar in Nordostspanien (Empúries) Individuen, die den Mykenern genetisch sehr ähnlich waren; Empúries war eine griechische Kolonie, die ~600 v. Chr. von Phokaia aus besiedelt wurde. Phokaia selbst war wohl von Athenern und Bewohnern der Stadt Phokis als griechische Kolonie an der kleinasiatischen Küste der Ägäis in der Nähe von Smyrna (heute Izmir) gegründet worden. Umgekehrt zeigen griechische Siedler im Süden Westanatoliens (in Halikarnassos, heute Bodrum) oder im nördlichen Mittelanatolien (in Amisos, heute Samsun) keine Einflüsse von mykenischen Vorfahren (nach Lazaridis et al. 2022c).

Die Populationen in der **Levante** expandierte vor ~15–20.000 Jahren und entwickelt im Rahmen des „fruchtbaren Halbmondes" auch früh eine sesshafte und bäuerliche Lebensweise. Vor ~4200 Jahren begann allerdings eine länger anhaltende starke Dürreperiode, die viele Herrschaftssysteme im östlichen Mittelmeerraum, im Mittleren Osten und auch in Südasien kollabieren lies („Zusammenbruch der Bronzezeit"). Genetisch macht sich dies als „Flaschenhalseffekt" in der Populationsstruktur bemerkbar (Almarri et al. 2021). Im Norden der Levante wurde in dieser Zeit mehr als die Hälfte des Genpools ersetzt, wohingegen in Anatolien und dem südlichen Kaukasus genetische Kontinuität mit nur geringem Genfluss herrschte (Skourtanioti et al. 2020). Im Süden der Levante machte sich in der Bronzezeit ein deutlicher Genfluss aus dem südlichen Kaukasus in die lokale neolithische Population bemerkbar; insgesamt ist die genetische Struktur in der südlichen Levante am Ende der Bronzezeit relativ ähnlich und kann unter der Bezeichnung „Kanaaniter" zusammengefasst werden (Agranat-Tamir et al. 2020). Zwischen der späten Bronzezeit und der frühen Eisenzeit erlebte die Region um Aschkelon (eine Hafenstadt der Philister) bedeutsame kulturelle Veränderungen, die offensichtlich auch mit – kurzfristigem – Genfluss aus Europa verbunden war. In sterblichen Überresten von Personen aus der späten Eisenzeit ist das Signal europäischer Herkunft aber nicht mehr nachweisbar (Feldmann et al. 2019).

Die Hochkultur des alten **Ägypten** ist natürlich durch seine Mumien genetisch hochinteressant; es war schließlich eine Mumie, deren DNA der spätere Nobelpreisträger Svante Pääbo während seiner Doktorarbeit analysierte und damit die erste „alte" menschliche DNA sequenzierte (Pääbo 1985). Ein interessantes Beispiel für genetische Untersuchungen an altägyptischen Mumien ist die Aufstellung eines Stammbaums der Pharaonenfamilie von Tutanchamun aus der 18. Dynastie (~1550–1295 v. Chr.). Verwendet wurden dazu Mikrosattelitenmarker der Autosomen und der Y-Chromosomen der untersuchten Mumien. Die Y-chromosomale Haplogruppe R1b wurde dabei von dem Großvater Amenophis III. über den Vater Echnaton auf Tutanchamun übertragen. Die maternale Linie über die mitochondriale Haplogruppe K verlief über die Urgroßmutter Tuya zur Großmutter Teje und die historisch bisher nicht identifizierte Mutter (KV35: „jüngere Dame") zu Tutanchamon. Damit konnten einige der Fragen im Stammbaum Tutanchamuns geklärt werden (nach Gad et al. 2021). Auch wenn die mumifizierten Leichname eher die Elite des alten Ägyptens und weniger das Volk widerspiegeln, so zeigen die bisherigen (wenigen) genetischen Untersuchungen, dass die Vorfahren der alten Ägypter eher aus dem Nahen Osten und der Levante kamen. Heutige Ägypter zeigen dagegen zusätzlich eine Beimischung von Populationen südlich der Sahara, was auf entsprechenden Genfluss in neuerer Zeit zurückzuführen ist (nach Schuenemann et al. 2017).

Die Eisenzeit war für den Mittelmeerraum insgesamt eine dynamische Periode, in der sich griechische und phönizische Kolonien ausbreiteten und sich Karthago zur vorherrschenden Seemacht des Mittelmeerraums entwickelte. Das wurde durch Fortschritte in der Seefahrt begünstigt, die es möglich machten, lange Strecken zurückzulegen und dabei Güter und Menschen zu transportieren. ◘ Abb. 3.27 gibt einen groben Überblick über die Situation im Mittelmeerraum um 550 v. Chr.

In **Nordafrika** breiteten sich vor ~17.000 Jahren Jäger und Sammler entlang der Mittelmeerküste von Ost nach West aus und erreichten nach ~3000 Jahren die Atlantikküste; das Atlas-Gebirge war die südwestliche Grenze. Man geht davon aus, dass danach für lange Zeit eine genetische Stabilität in der Region herrschte, bis sich zu Beginn historischer Zeiten die Sahara ausbreitete und eine Wanderung der Menschen in das östliche Gebiet Nordafrikas, in das Nil-Tal, erzwang – wo sich dann vor ~5000 Jahren in Ägypten die erste Hochkultur der Region entwickelt. In historischen Zeiten haben wir verschiedene Populationen des Mittelmeers gesehen, darunter die Phönizier (~900–200 v. Chr.; die möglicherweise von den Kanaanitern und den „Seevölkern" der Levante abstammen), später die Römer (bis ~5. Jahrhundert n. Chr.), die Vandalen (5. Jahrhundert), die Byzantiner (6. Jahrhundert), die Araber (7.–16. Jahrhundert), die Ottomanen (18. Jahrhundert) und schließlich die kolonialisierenden Europäer. Heutige Populationen in Nordafrika sind deshalb genetisch sehr heterogen; sie haben im wesentliche eine maghrebinische Abstammungskomponente (s. ▶ Abschn. 3.4), die von West nach Ost abnimmt, und eine Abstammungskomponente aus dem mittleren Osten mit einem gegenläufigen Gradienten. Daneben gibt es noch west- und ostafrikanische sowie europäische Komponenten. Interessanterweise gibt es einige Gene, die in Nordafrika offensichtlich positiv selektioniert wurden; dazu gehören Allelvarianten für hellere Haut (*SLC24A5*, *KITLG*: ▶ Abschn. 4.1.1), aber auch solche, die auf das

◘ **Abb. 3.27** Karte der Regionen, die von Menschen besiedelt waren, die ~550 v. Chr. phönizisch (*violett*), griechisch (*grün*) oder etruskisch (*blau*) gesprochen haben. (Nach Moots et al. 2023, Springer Nature)

Immunsystem wirken und den Hämoglobin-Phänotyp beeinflussen (wahrscheinlich unter einer starken Belastung durch Malaria und Sichelzellenanämie) (nach Caro-Consuegra et al. 2023).

Die **Etrusker** sind ein Volk, um dessen Herkunft sich seit dem Altertum verschiedene Hypothesen gebildet haben. Sie haben in der Eisenzeit in Italien in den heutigen Regionen der Toskana, Latium und Umbrien gelebt und sind für ihre besondere Kultur bekannt; ihre Sprache unterscheidet sich aber von allen umgebenden und ist bis heute nicht vollständig entschlüsselt. Genetische Studien aus der Zeit vor ~800 v. Chr. werden dadurch erschwert, dass die Etrusker ihre Leichen verbrannt und in Urnen bestattet haben. Erst danach setzte sich die Erdbestattung durch. Die genetischen Analysen der sterblichen Überreste der Etrusker aus der Zeit nach 800 v. Chr. zeigen ein homogenes Muster, das aber für die gesamte Region typisch ist. Das genetische Profil enthält keine Hinweise auf eine kürzlich erfolgte Einwanderung aus dem Nahen Osten, sondern zeigt vielmehr die üblichen Hinweise auf Vorfahren aus der Steppe, wie sie sich im Prinzip für den gesamten Mittelmeerraum dieser Zeit darstellt. Im Übrigen gilt dasselbe genetische Profil auch für Rom und seine Umgebung. Erst später, als das römische Reich die Vorherrschaft im gesamten Mittelmeerraum übernommen hatte, änderten sich auch die genetischen Signaturen der Menschen in Mittelitalien und mischten sich mit denen anderer Völkern innerhalb des römischen Reiches, insbesondere aus dessen östlichen Teilen (nach Antonio et al. 2019; Posth et al. 2021).

Auch die Bewohner der Mittelmeerinsel **Sardiniens** sind für Genetiker von besonderem Interesse, da hier in der Bronzezeit die einzigartige Nuraghenkultur (Turmbauten) entstand. Die Population Sardinien bestand zu dieser Zeit – wie andere Populationen im westlichen Mittelmeerraum – im Wesentlichen aus Nachkommen früher europäischer Bauern und westlichen Jäger- und Sammlergruppen. Dieses Bild entspricht weitgehend der schon diskutierten Ausbreitung neolithischer Population nach Westen. Überraschenderweise gibt es aber keine genetischen Hinweise auf einen Genfluss aus der zweiten Expansionsbewegung aus der Steppe, so dass der Anteil an Vorfahren westlicher Jäger-und Sammler bei der Population Sardiniens in der Bronzezeit konstant bei ~17 % liegt. Auch die Y-chromosomale Haplogruppe R1b-M269, die durch die Steppe-Populationen vor allem nach Britannien und auf die iberische Halbinsel gebracht wurde, fehlt in sardischen Proben aus der Zeit der Nuraghenkultur (~1200–1000 v. Chr.). Offensichtlich war Sardinien während dieser Phase genetisch isoliert; erst später finden sich Spuren eines Genflusses aus nördlichen und östlichen Regionen des Mittelmeerraums, aber auch aus Nordafrika (nach Marcus et al. 2020). Anders als auf Sardinien wurde auf den **Balearen** und auf **Sizilien** sehr wohl der genetische Einfluss von Nachkommen der Steppe-Bevölkerung nachgewiesen (Fernandes et al. 2020).

In ähnlicher Weise sind auch die **Basken** eine Population, die als eine isolierte und einzigartige Gruppe betrachtet werden. Sie leben am Westrand der Pyrenäen sowohl auf der heute spanischen als auch auf der französischen Seite. Ihre Sprache – das Baskische (Euskara) – ist die einzige nicht-indoeuropäische Sprache in Europa. Ihr Ursprung ist unklar, aber offensichtlich Ursache für eine gewisse Isolation der Population in einem indoeuropäischen Umfeld. Genetisch unterscheiden sich die Basken durchaus von den umgebenden Populationen; allerdings können diese Unterschiede nicht auf äußere Einflüsse zurückgeführt werden. Sowohl die Herrschaft der Römer im gesamten Mittelmeerraum als auch die spätere islamische Periode in Südwesteuropa haben zu keinem nennenswerten Genfluss im Baskenland geführt. Vielmehr zeigen die Basken eine genetische Kontinuität seit der Eisenzeit. Die Basken sind also kein Überrest einer ursprünglichen paläolithischen Population (nach Flores-Bello et al. 2021; Izagirre und Alonso 2021).

! In der Bronze- und Eisenzeit entwickelten sich um das Mittelmeer viele Hochkulturen mit zeitweisen regionalen genetischen Isolationen und umgekehrt häufigem genetischen Austausch. Klimatische Veränderungen (Dürre) erzwangen im östlichen Mittelmeerraum ebenfalls Wanderungsbewegungen und führten zu beachtlichen politischen Verwerfungen.

Wir hatten bereits früher darauf hingewiesen, dass die genetischen Daten häufig darauf hindeuten, dass Patrilokalität bei Weitem das häufigste soziale Prinzip ist, d. h. dass Partnerinnen überwiegend mit oder in der Nähe der Familie ihrer Männer leben. Das galt für die Neandertaler, aber auch für die meisten europäischen Populationen im Neolithikum, in der Kupfer- und in der Bronzezeit. Die Genetik kann aber auch andere soziale Strukturen erkennen, so beispielsweise im Süden Englands während der Eisenzeit. Der Durotriges-Stamm lebte in der Zeit von ~100 v. Chr. bis ~100 n. Chr. an der südenglischen Küste, und die genetische Untersuchung der sterblichen Überreste auf dortigen Friedhöfen dieser Zeit zeigte, dass mehr als 2/3 der damals dort begrabenen Menschen zu einer großen Familie gehörten (Identität aufgrund der Abstammung). Die weitere Untersuchung ergab, dass die mitochondriale DNA dieser Personen zu der seltenen Haplogruppe U5b1 gehörten, die auch sonst in alten DNA-Proben nicht vorkommt; nach Modellrechnungen waren mindestens 420 weibliche Geburten nötig, um diese hohe Zahl der Haplogruppe U5b1 zu erreichen. Im Gegensatz zu der Homogenität der mitochondrialen DNA waren die Y-Chromosomen aus den Proben dieser Friedhöfe sehr heterogen und deuten darauf hin, dass sie von außerhalb zu diesem matrilokal organisierten Familienclan hinzugestoßen waren. Ähnliche Regionen mit Matrilokalität während der Eisenzeit wurden in England in Worlebury (Somerset), Bottle Knap (Dorset), Gravelly Guy (Oxfordshire), Trethellan Farm und Tregunnel (Cornwall) sowie in Pocklington (Yorkshire) gefunden (nach Cassidy et al. 2025).

Ähnlich überraschende Befunde zeigt die genetische Analyse von Opfern in Pompeji, die durch den Ausbruch des Vesuvs 79 n. Chr. ums Leben kamen. Da die Asche sich um die Toten verdichtete, wurde die Form der Körper bewahrt, obwohl die Weichteile verwesten. So konnten die Hohlräume nach den Ausgrabungen mit Gips gefüllt werden und so die Umrisse der Körper erhalten bleiben. Durch genetische Analyse aus Material der Skelette in diesen Gußformen war es möglich, die genetischen Beziehungen von fünf Menschen untereinander, ihr Geschlecht, die Anteile ihrer Vorfahren und auch ihre Mobilität zu charakterisieren. Die Ergebnisse stimmen nicht mit traditionellen Interpretationen überein. So wurde ein Mensch, der ein goldenes Armband und ein Kind auf dem Arm trug, oft als Mutter und Kind interpretiert – genetisch handelt es sich aber um einen erwachsenen Mann, der mit dem Kind biologisch nicht verwandt war. In ähnlicher Weise wurde ein Paar, das scheinbar mit einer Umarmung starb, als zwei Schwestern interpretiert: genetisch ist mindestens eine der Personen ein Mann. Alle Menschen in Pompeji weisen ein hohes Maß an Anteilen von Vorfahren aus dem östlichen Mittelmeerraum auf, was die kosmopolitische Bedeutung der Großstadt Pompeji unterstreicht (nach Pilli et al. 2024).

3.7 Amerika

Wir haben bereits im ▶ Abschn. 3.5 einen oberflächlichen Eindruck von der ursprünglichen Besiedelung Amerikas bekommen und wollen hier die Evolution der Populationen in Nord-, Mittel- und Südamerika noch etwas weiter im Detail verfolgen. Der erste zweifelsfreie archäologische Nachweis von modernen Menschen in Amerika wird auf die Zeit vor ~14–15.000 Jahren datiert und war die Konsequenz der Einwanderung aus Beringia. Hier gab es im Pleistozän wegen des niedrigeren Meeresspiegels eine häufig eisfreie Landverbindung zwischen Sibirien und Alaska – mit einer Breite von ca. 1800 km in Nord-Süd-Richtung. Nach der letzten großen Eiszeit zog sich auch vor ~16.000 Jahren das Eis von Teilen der pazifischen Küste zurück, und so eröffnete sich innerhalb von wenigen tausend Jahren zwischen den vereisten Rocky Mountains und dem Laurentidischen Eisschild ein bewohnbarer Korridor, der die Ausbreitung in das Zentrum des Kontinents ermöglichte.

Die Auswertung von mitochondrialer DNA deutete darauf hin, dass nur eine kleine Anzahl von Individuen an der Ausbreitung nach Amerika beteiligt war und zu einer großen Zahl von heutigen Nachkommen führte: alle mitochondrialen DNA-Linien der heute lebenden amerikanischen Ureinwohner leiten sich von nur fünf Gründerlinien ab, die einen gemeinsamen Ursprung vor ~15–18.000 Jahren hatten. Dies deutet darauf hin, dass es zu Beginn der Besiedelung Amerikas einen „Flaschenhals-Effekt" gab, der auf die genetische Isolation einer kleinen Population zurückzuführen war – möglicherweise aufgrund klimatischer Effekte, die diese Gründerpopulation in Beringia von der eurasischen Population abgeschnitten hatte („Stillstand in Beringia"; engl. *Beringia standstill*). Zusätzlich zur Ausbreitung über das Land wird zunehmend auch eine Expansion über das Meer entlang der pazifischen Küsten diskutiert. Diese Route war vor ~16.000 Jahren eisfrei, wobei die Frage offen bleibt, wie weit südlich die Menschen gekommen sind (nach Mendes et al. 2020; Skoglund und Reich 2016; Willerslev und Meltzer 2021).

Die Auswertung von Daten aus genomischer DNA von sterblichen Überresten amerikanischer Ureinwohner zeigen, dass es mehrere verschiedene Ströme von asiatischen Vorfahren gab, die bisher durch archäologischen Untersuchungen nicht bekannt waren. Die genetischen Daten zeigen außerdem, dass alle nord-, mittel- und südamerikanischen Ureinwohner von einer Linie abstammen; allerdings muss für Populationen, die zur eskimo-aleutischen Sprachfamilie gehören, eine zusätzliche, wesentlich jüngere Abstammungslinie angenommen werden (nach Skoglund und Reich 2016). Eine Übersicht über die archäologischen Funde, aus denen Material für genetische Analysen gewonnen werden konnte, zeigt ◘ Abb. 3.28.

Die vorzeitliche Urpopulation Amerikas teilte sich aber schon sehr früh, nämlich vor ~16–21.000 Jahren: da die *Big Bar*-Linie nur vom pazifischen Nordwesten, aber nicht aus Alaska bekannt ist, nimmt man an, dass diese Linie unabhängig aus dem Osten Beringias in Nordamerika angekommen ist und sich dort ausgebreitet hat. Danach erfolgte vor ~16.000 Jahren die Trennung der Urpopulationen Nord- und Südamerikas. Die nördliche Urpopulation blieb lange Zeit im Norden, wohingegen sich die südliche Urpopulation rasch nach Süden ausbreitete: vor ~10.000 Jahren lebten Angehörige dieser beiden Gruppen schon tausende Kilometer voneinander entfernt in Nord- und Südamerika. Die geringe Gruppengröße und die Weite des zunächst noch menschenleeren Kontinents begünstigte diese schnelle Zersplitterung der Populationen (nach Willerslev und Meltzer 2021).

Auch die südliche Urpopulation teilte sich schon bald wieder, was sich in unterschiedlicher genetischer Nähe zu dem Referenzgenom „Anzick" zeigt. Dabei

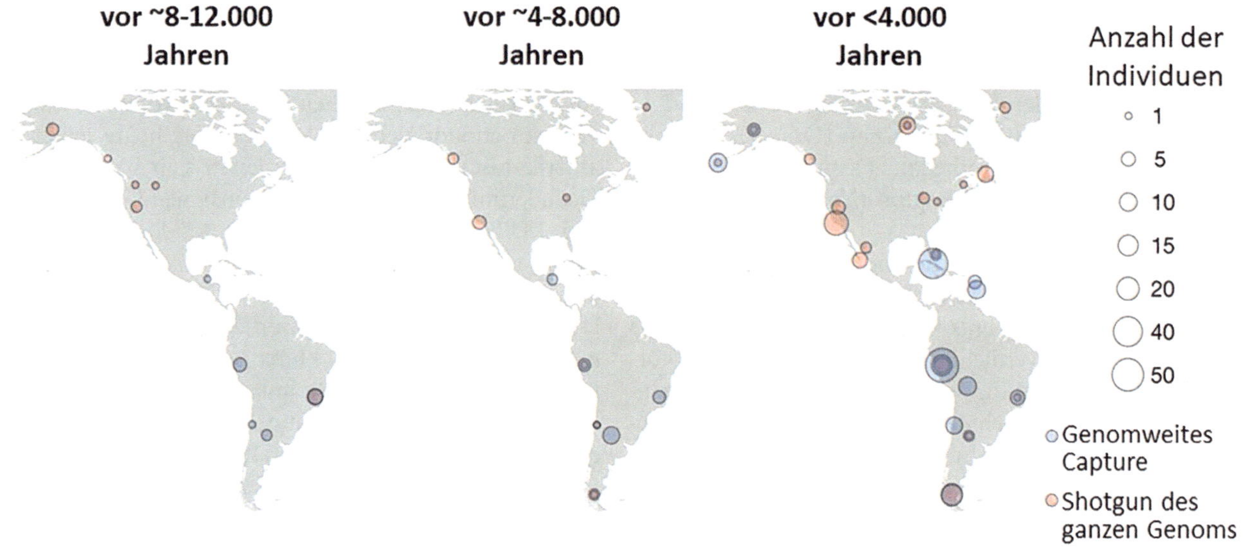

Abb. 3.28 Sequenzierung (*rote Kreise*) und SNP-Analyse (*blaue Kreise*) alter Genome in Amerika. Die Fundstätten sind nach Alter und geografischer Region geordnet. Die Größe der Kreise entspricht der Anzahl der untersuchten Individuen (siehe Legende rechts). (Nach Willeslev und Meltzer, 2021; Nature)

handelt es sich um das erste vorzeitliche amerikanische Genom; es stammt von dem ältesten bisher gefundenen Skelett, einem Kind der Clovis-Kultur, das vor ~12.600 Jahren im Gebiet des heutigen Montana gelebt hat. Die Clovis-Kultur ist durch die charakteristische Form der Pfeilspitzen charakterisiert. Die genetische Untersuchung dieses Genoms zeigte, dass seine Vorfahren von derselben Gründerpopulation abstammten, die die Urpopulationen Nord-und Südamerikas darstellen. Damit hat die Genetik die Möglichkeit eines europäischen Einflusses auf die ursprüngliche Besiedelung des amerikanischen Kontinents ausgeschlossen, was aufgrund der Form der Clovis-Pfeilspitzen zwischenzeitlich diskutiert wurde. Einen Überblick über die Ausbreitungsrouten der verschiedenen Populationen gibt ◘ Abb. 3.29.

Der **Norden** und **Nordosten Nordamerikas** sowie **Grönland** wurden später bevölkert als die pazifische Küste. Auch hier erfolgte die Besiedelung aus Sibirien heraus über die offene Bering- und Tschuktschensee; die ersten archäologischen Hinweise stammen aus der Zeit vor ~5200 Jahren. Ein Teil der nordamerikanischen Urpopulation breitete sich auch von Alaska nach Osten aus und bildete die Gruppen der Athabasken. Diese Gruppe kam vor ~5000–4400 Jahren mit ebenfalls aus Sibirien eingewanderten Populationen zusammen; dadurch weisen die Athabasken heute einen höheren Anteil an ostasiatischen Vorfahren in ihren Genomen auf als andere indigene Populationen in Amerika. Ähnliches gilt für das Genom eines Menschen, der in Saqqaq auf Grönland gefunden wurde und dort vor ~4000 Jahren lebte. Die Hauptkomponente dieses ostasiatischen Anteils der Vorfahren findet sich vor allem bei heute lebenden Korjaken auf der Insel Kamtschatka und den Tschuktschen im äußersten Nordosten Russlands. Die Daten deuten außerdem darauf hin, dass die Wanderungsbewegungen nicht nur einmal und in eine Richtung nach Osten erfolgten, sondern immer wieder auch Rückwanderungen nach Sibirien stattfanden. In Nordamerika und Grönland verschwanden diese Paläo-Eskimo-Populationen vor ~700 Jahren und wurden durch Menschen der Thule-Kultur ersetzt, die allgemein als Vorfahren der heutigen Inuit betrachtet werden. Genetisch gibt es dabei auch Hinweise auf Vermischungen zwischen den Paläo-Inuit, den Thule-Inuit und den Athabasken, die allerdings aufgrund der geografischen Situation und der geringen Gruppengröße begrenzt waren. In dieser Zeit (~1000 n. Chr.) landeten auch die Wikinger von Grönland aus an der Ostküste Nordamerikas. Wie wir aus archäologischen Funden norwegischer Waren wissen, hatten sie Kontakt mit der indigenen Bevölkerung; es gibt allerdings keinen genetischen Hinweis auf eine Vermischung der Populationen (nach Willerslev und Meltzer 2021).

Nachdem Christopher Columbus 1492 auf den Bahamas gelandet war, kam es im Folgenden zu einer Eroberung und Unterwerfung der indigenen Populationen – zuerst durch Spanien und Portugal in Mittel- und Südamerika (siehe weiter unten), und später durch England, Frankreich und die Niederlande in Nordamerika. Durch den Sklavenhandel aus Afrika kam neben der indigenen Bevölkerung und den Europäern noch eine dritte Hauptkomponente der heutigen nordamerikanischen Bevölkerungen hinzu (◘ Abb. 3.29).

Südamerika wurde durch eine sehr schnelle Ausbreitung der Populationen entlang den Küsten besiedelt. Die Gruppen, die über Mittelamerika nach Südamerika

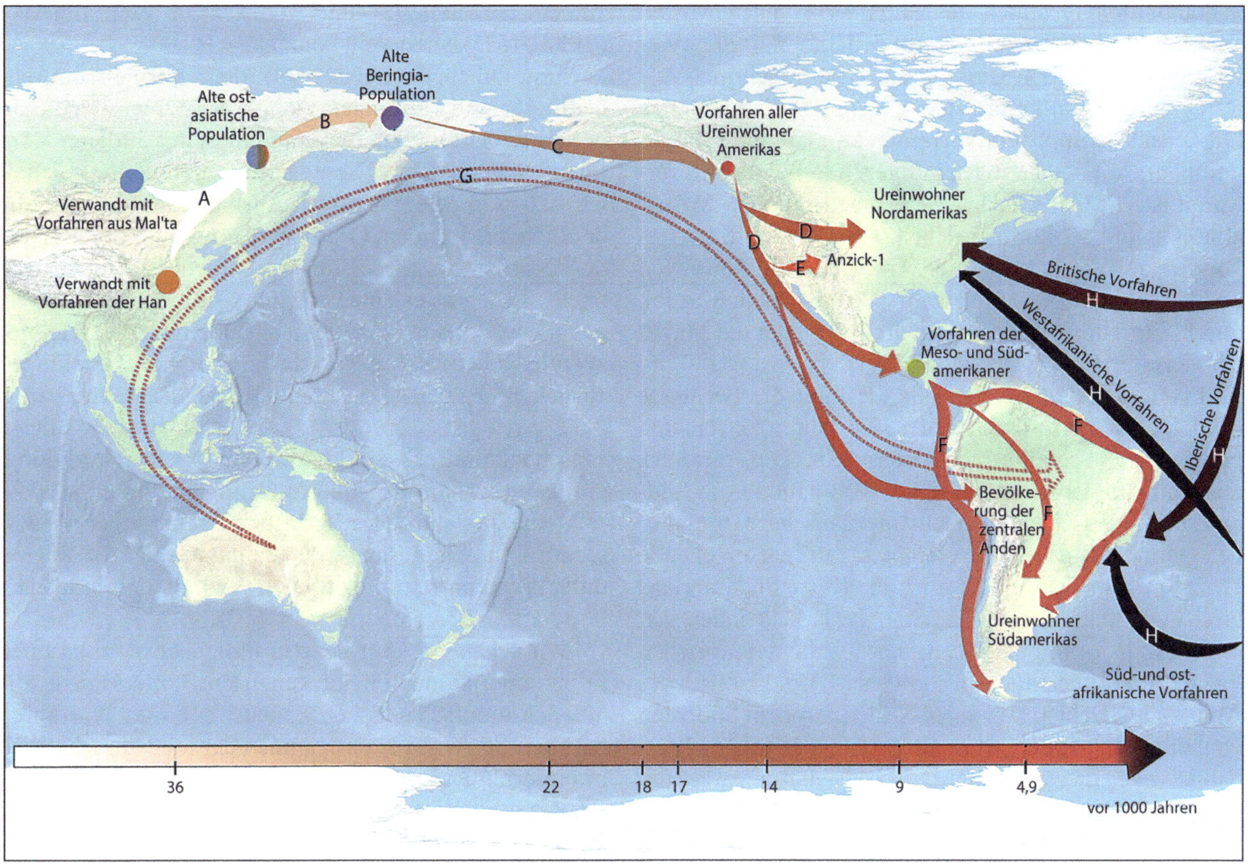

Abb. 3.29 Schematische Darstellung der menschlichen Ausbreitung nach Amerika. Vorzeitliche asiatische und sibirische Populationen (*oranger* und *blauer Kreis*) vermischten sich **(a)** zu einer vorzeitlichen ostasiatischen Population (*orange-blauer Kreis*) und entwickelten sich vor ~25.000 Jahren zur vorzeitlichen Beringa-Population (**b**, *violett*) weiter, die während des Beringa-Stillstands von anderen asiatischen Gruppen isoliert war. Wenige hundert Individuen breiteten sich nach Osten aus **(c)** und bildeten die amerikanische Urbevölkerung (kleiner *roter* Kreis). Bei der Ausbreitung nach Süden **(d)** spaltete sich eine Gruppe der nördliche Urpopulation ab **(d)** sowie eine Gruppe, die zur Clovis-Kultur gerechnet wird **(e)**. Auf dem Weg nach Süden bildete sich die südliche Urbevölkerung wurde (*brauner* Kreis); sie breitete sich in Südamerika entlang der pazifischen und atlantischen Küsten sowie landeinwärts bis nach Feuerland aus **(f)**. Der gestrichelte Pfeil deutet die offene Frage der australasiatischen Verwandtschaft an **(g)**. In der Neuzeit eroberten Europäer Amerika, und durch den Sklavenhandel kamen Menschen aus Afrika nach Amerika **(h)**. Die Farbe des horizontalen Pfeils am Boden repräsentiert die Zeitachse aus der Vergangenheit bis heute. (Nach Mendes et al. 2020; Elsevier)

kamen, teilten sich und breiteten sich so sowohl an der pazifischen als auch an der Atlantikküste aus (Abb. 3.29). Auf diesem Weg erreichten die ersten menschlichen Populationen die pazifische Küste Südamerikas, die Anden und den Regenwald des Amazonasgebietes vor ~16.000–15.000 Jahren. Wahrscheinlich handelte es sich um drei Unterlinien der ursprünglichen südamerikanischen Urpopulation, die sich relativ früh bei der Besiedelung Südamerikas aufgeteilt hatte. Auf dem Weg nach Süden erreichten die ersten Menschen Monte Verde vor ~14.500 Jahren und Feuerland, die Südspitze Südamerikas, vor ~7200 Jahren (nach Silva et al. 2022). Vor ~6000 Jahren breitete sich eine südamerikanische Population auch in die Karibik aus. Möglicherweise bildete sich im Großen Becken und auf den Kanalinseln vor Kalifornien weitere Populationen heraus, die keine Verwandtschaft mit Nachkommen der früher eingewanderten südamerikanischen Urpopulation hatten und diese vor ~5000 Jahren auch in Teilen verdrängte (nach Willerslev und Meltzer 2021).

Alte mitochondriale DNA aus Mittelamerika enthält im Wesentlichen die 5 Stammgruppen A2, B2, C1, D1 und D4h3a, die alle der nordamerikanischen Urpopulation entsprechen. Ähnlich ist das Vorkommen der mitochondrialen DNA in Südamerika, wenngleich es regionale Unterschiede in der relativen Verteilung gibt (nach Roca-Rada et al. 2020).

Eine interessante Fundstelle in Belize in Mittelamerika barg 20 Skelette, aus denen auch genomische DNA gewonnen werden konnte. Das älteste Skelett ist zwischen~9600–7300 Jahre alt und war ein Nachkomme der frühen uramerikanischen Population mit nur geringer Verwandtschaft zu heutigen indigenen Populationen in Mittelamerika. Die Funde zeigen weiter, dass sich vor

~5600 Jahren Gruppen aus Südamerika nach Mittelamerika ausbreiteten und große demografische Auswirkungen auf die Region hatten – sie tragen mehr als 50 % zur Abstammung der späteren Individuen bei. Diese neue Gruppe von Vorfahren kam aus einer Population, die mit den heutigen indigenen Populationen verwandt ist, die Chibchasprachen sprechen und in Mittelamerika und Kolumbien leben. Ihre Ankunft korrespondiert mit den ersten klaren Anzeichen von Rodungen und Anbau von Mais (und wahrscheinlich auch Manjok und Pfeffer) in einer Region, in der sich später die **Mayas** entwickelten (Kennett et al. 2022).

Etwa zu derselben Zeit, als die Inuit die Beringsee nach Alaska überquerten (vor ~5500 Jahren), erreichten polynesische Seefahrer die Osterinseln. Die Tatsache, dass in heute lebenden indigenen Populationen in Südamerika genetische Signale australasiatischer Populationen gefunden wurde, lässt vermuten, dass entsprechende Gruppen über den Pazifik auch die Küste Südamerikas erreichten. Diese genetischen Signale (1–3 %) finden sich in indigenen Populationen der südamerikanischen Pazifikküste, aber auch in indigenen Populationen des Amazonas-Becken. Schon ein Skelett aus dem Südosten von Brasilien, dessen Alter auf ~10.000 Jahre geschätzt wurde, zeigt diese australasiatische Signatur; zwei weitere Genome aus Uruguay (~1450 Jahre alt) und Panama (~600 Jahre alt) weisen ähnliche genetische Einflüsse auf. Die Frage bleibt dennoch, wie der genetische Zusammenhang zwischen Südamerika und Australasien erklärt werden kann – und ob sich daraus Hinweise ableiten lassen, dass Amerika auch schon vor der letzten Eiszeit zumindest teilweise besiedelt war (Willerslev und Meltzer 2021; Silva et al. 2022; Campelo dos Santos et al. 2022).

Nach der ursprünglichen Ausbreitung der südamerikanischen Urpopulation führten die unterschiedlichen klimatischen und Umweltbedingungen in großem Umfang zu demografischen Veränderungen und evolutionären Anpassungen. Man kann diese Entwicklung grob in zwei Phasen unterteilen: In der ersten Phase folgte auf die ursprüngliche schnelle geografische Expansion eine rasche Zunahme der Bevölkerung, deren Höhepunkt vor ~9000 Jahren erreicht war; bis vor ~5500 Jahren blieb dann die Bevölkerungsdichte etwa konstant. Es erfolgte ein Übergang von einer Jäger-und Sammler-Kultur zu einer zunächst semi-sesshafte Weidehaltung und Landwirtschaft, und auch aufgrund veränderter klimatischer Bedingungen war es möglich, die Nahrungsmittelproduktion zu erhöhen. Dadurch entwickelte sich eine neue Periode exponentiellen Bevölkerungswachstums – zuerst in einigen kulturellen Zentren, besonders in den zentralen und nördlichen Anden, später auch in anderen Regionen (nach Silva et al. 2022). Das waren wichtige Voraussetzungen dafür, dass sich im Folgenden komplexe soziale Strukturen bis hin zu den Hochkulturen der **Majas** im südlichen Mittelamerika (~2000 v. Chr. – ~900 n. Chr.), **Inkas** in den Anden (~1200–1572) und **Azteken** in Zentralmexiko (~1300–1525) entwickeln konnten.

Erstaunlicherweise ist trotz der enormen umweltbedingten und kulturellen Vielfalt in Südamerika die genetische Vielfalt gering, wenn man es mit anderen Kontinenten vergleicht. Diese geringe genetische Vielfalt wird auch in einem geringen Ausmaß an Heterozygotie deutlich, die in einem Gradienten abnimmt, der im Norden Nordamerikas beginnt und bis nach Südamerika reicht; hier gibt es einen zweiten Gradienten von West nach Ost. Beide Gradienten abnehmender Heterozygotie gehen auf die ursprünglichen Besiedelungen zurück und auf die vielen Flaschenhalseffekte, denen die jeweiligen Gruppen ausgesetzt waren. Diese Flaschenhalseffekte sind natürlich in kleinen und durch große Entfernungen isolierte Gruppen stärker, so dass sich eine Zunahme des Verlusts an genetischer Vielfalt ergibt – am Ende ist das Amazonas-Gebiet die Region mit der geringsten genetischen Vielfalt der indigenen Populationen Südamerikas.

Wir sehen dagegen bei den indigenen Populationen in Südamerika noch heute genetische Unterschiede, die auf den unterschiedlichen Lebensweisen der Vorfahren beruhen: so zeigen Nachkommen der landwirtschaftlich orientierten Kulturen der Anden eine homogene genetische Struktur im Vergleich zu den Nachkommen der Jäger und Sammler – und sie sprechen eine andere Sprache (Aymara und Quechua im Gegensatz zu Uro). Ein weiteres bemerkenswertes Phänomen ist die Expansion der Tupi-Guarani-Populationen im Amazonasgebiet. Ausgangspunkt war vor ~2400 Jahren offensichtlich der Südwesten Amazoniens zwischen den Flüssen Madeira und Guaporé – dort findet man die größte genetische Vielfalt – und sie erreichte das Paraná-Becken vor ~2200 Jahren und die Atlantik-Küste vor ~1800 Jahren (nach Silva et al. 2022).

Genetische Daten können in manchen Fällen auch erkennen, an welchen Krankheiten frühere Bevölkerungsgruppen gelitten haben. So wurden Bakterienstämme, die mit *Mycobacterium tuberculosis* verwandt und für Tuberkulose verantwortlich sind, in der Bevölkerung von Peru vor ~1000 Jahren nachgewiesen, also aus der vorkolumbianischen Zeit. Die vorzeitlichen *Mycobacterium*-Stämme sind sehr eng mit *Mycobacterium pinnipedii* verwandt, die in Robben und Seelöwen vorkommen – es ist ein Hinweis darauf, dass dieser Erreger von Meeressäugern auf den Menschen übertragen wurde (nach Willerslev und Meltzer 2021).

Eine große Umwälzung für Südamerika brachte die Ankunft der Europäer (Spanier und Portugiesen) nach 1492. Zu dieser Zeit lebten in Südamerika ~10 Mio. Menschen; diese Zahl wurde in der Folge der Kolonisierung um 90–95 % reduziert; dabei spielten Epidemien, Versklavung, Gewalt rivalisierender indigener Gruppen, Eroberungskriege, Vertreibung aus und Zerstörung von

Siedlungsgebieten eine große Rolle. In der Folge kam es auch zu einer Durchmischung der Populationen, deren Ausmaß war allerdings regional und auch zeitlich sehr unterschiedlich. Die Anden und auch das Amazonasbecken bildeten in gewissem Maß Rückzugsorte für die indigene Bevölkerung. Wenn man sich die gesamte heute lebende Bevölkerung in Lateinamerika betrachtet, so gibt es jetzt neben den indigenen Populationen die europäische (d. h. überwiegend spanische und portugiesische) Komponente sowie einen unterschiedlichen Anteil von afrikanischen Vorfahren, die aus der Zeit der Sklaverei stammen (nach Silva et al. 2022).

Am Beispiel der mitochondrialen DNA **Mexikos** lässt sich das sehr gut darstellen. Mesoamerika hatte eine herausragende Rolle bei der Ausbreitung der modernen Menschen nach Südamerika – einerseits als Landbrücke, andererseits aber auch als Flaschenhals. Aus archäologischen Funden wissen wir, dass Menschen seit 12–15.000 Jahren in dem Gebiet des heutigen Mexiko leben und sich hier die Hochkulturen der Mayas und Azteken entwickelt haben. Um die mitochondriale DNA im heutigen Mexiko zu bestimmen, wurden über 2000 Proben aus dem gesamten Gebiet von Mexiko untersucht. Dabei zeigten sich bei den beiden indigenen Haplogruppen A2 und C1 sowie der westeurasischen Haplogruppe regional große Unterschiede: A2 ist am häufigsten im Süden Mexikos mit einem abnehmenden Gradienten nach Norden, und die Haplogruppe C1 ist im Norden am häufigsten mit einem abnehmenden Gradienten in den Süden. B2 und D1 kommen seltener vor und sind eher gleichmäßig über das Land verteilt. D4h3a ist in Nord- und Südamerika verbreitet und geht auf den Anzick-Jungen zurück; X2 ist ein seltener nordamerikanischer Haplotyp. Für eine Übersicht siehe ◻ Abb. 3.30.

Diese Daten zeigen das überwältigende indigene mütterliche Erbe der heute gemischten mittelamerikanischen Bevölkerung: fast 90 % der mtDNA gehören zu den indigenen Abstammungslinien. Allerdings zeigt sich ein ganz anderes Bild, wenn wir das väterliche Y-Chromosom betrachten. In gemischten Populationen sehen wir einen überwiegenden Anteil an Y-Chromosomen mit europäischer Abstammung (48–89 %, vor allem im

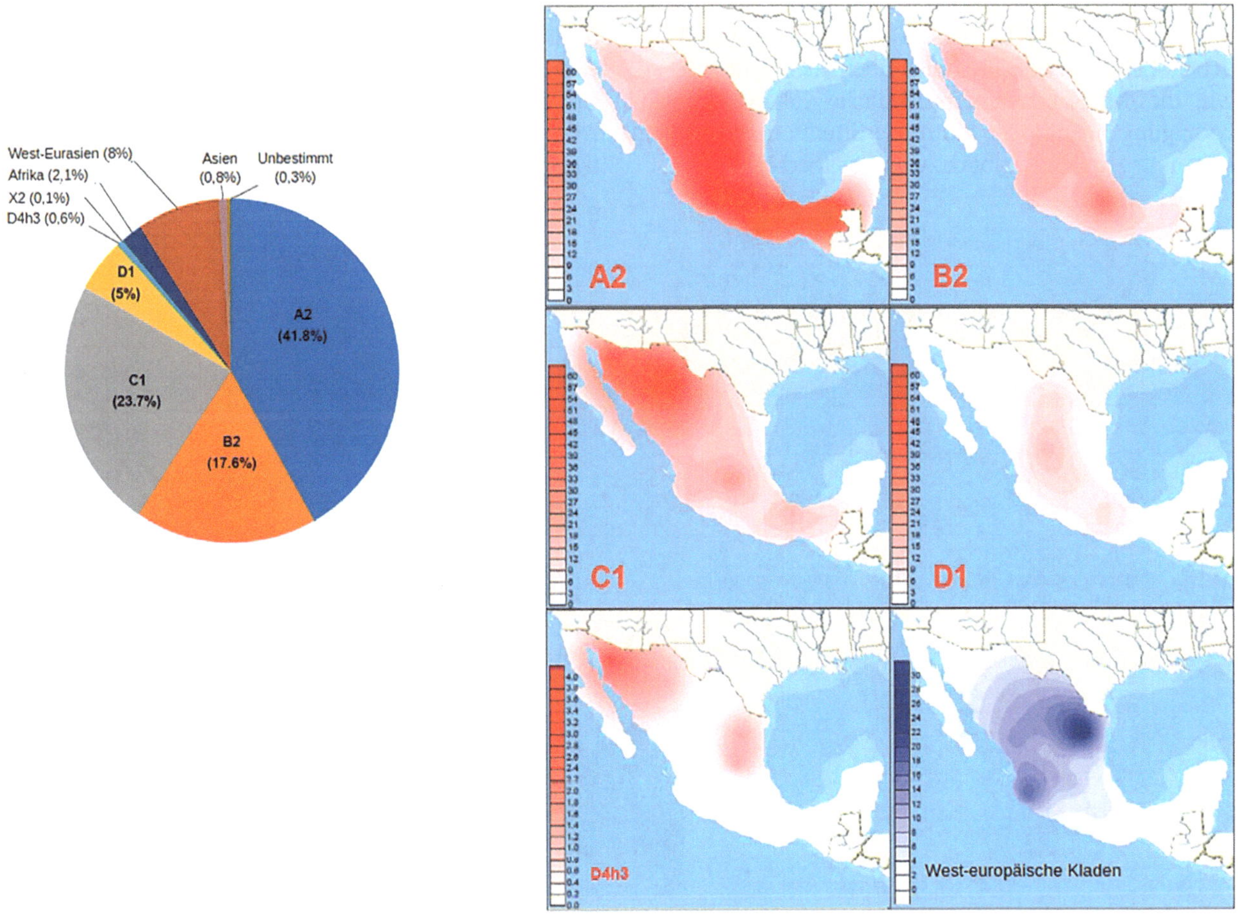

◻ **Abb. 3.30** Mitochondriale Haplogruppen in Mexiko. **a** Das Tortendiagramm zeigt die relativen Anteile der indigenen amerikanischen Haplogruppen und andere Beiträge zu dem mtDNA-Genpool in Mexiko. **b** Relative räumliche Verteilung (%) der indigenen amerikanischen Haplogruppen A2, B2, C1, D1 und D4h3 sowie die kombinierten eurasischen Abstammungslinien in Mexiko. (Nach Bodner et al. 2021; CC-BY-4.0; ▸ http://creativecommons.org/licenses/by/4.0)

Norden und Westen), gefolgt von indigenen Amerikanern (13–48 %, vor allem im Zentrum und im Südosten). Paternale europäische Linien finden sich auch bei indigenen Populationen (1–32 %); afrikanische Vorfahren sind relativ selten (Bodner et al. 2021). Prinzipiell ähnliche Daten werden auch aus anderen Regionen Mittelamerikas berichtet, z. B. aus Guatemala. Dort sind etwa 40 % der Bevölkerung indigene Nachfahren der Mayas; deren mtDNA ist zu 100 % amerikanischen Ursprungs (Haplogruppen A2, B2 und C1), aber auch die Y-chromosomalen Haplogruppen entsprechen zu 94 % dem üblichen Muster indigener Amerikaner (Haplogruppe Q). In der Mischbevölkerung, den Latinos, beträgt dagegen der Anteil europäischer Y-chromosomaler Haplogruppen 75 % (R1 und J2), aber 91 % der maternalen mtDNA stammt von indigenen Populationen ab. Auch hier ist der Anteil afrikanischer Vorfahren gering. Der Anteil afrikanischer Vorfahren ist dagegen wesentlich höher in Ländern wie Kolumbien (~10 %), Brasilien (~50 %), Venezuela (~55 %) und in der Karibik (z. B. Bahamas: ~96 %; Jamaika: ~ 80 %; Barbados: ~86 %) (nach Söchtig et al. 2015; De Oliveira et al. 2023).

Anhand der indigenen Populationen in und um die Anden-Region und den damit verbundenen unterschiedlichen Lebensweisen lässt sich aber auch untersuchen, wie die Menschen unterschiedliche lokale Umweltbedingungen und/oder kulturelle Situationen bewältigt haben. ◘ Abb. 3.31 gibt dazu einen Überblick.

Die Anpassung an die Minderversorgung mit Sauerstoff (Hypoxie) in den großen Höhen der Anden ist in Bezug auf die hämatologischen und respiratorischen Anpassungen sehr aufschlussreich und ein klassisches Beispiel in physiologischen und anthropologischen Studien Südamerikas. Genomweite Untersuchungen haben Hypoxie-induzierbare Gene identifiziert sowie Gene, die an der Redox-Regulation beteiligt sind, und außerdem solche, die das Herz-Kreislauf-System beeinflussen (nach Mendes et al. 2020) (siehe auch ▶ Abschn. 4.1.3). In anderen Regionen (z. B. in Mexiko) betreffen die Anpassungen eher Gene, die mit Suchtmitteln wie Alkohol, Morphin und Kokain in Zusammenhang stehen. Andere Gene sind von den Auswirkungen unterschiedlicher Ernährung betroffen, z. B. den Verzehr von Früchten von Saftpflanzen, die reich an einfachen Zuckern sind (Sucrose, Fructose und Mannose), oder den Verzehr von Mais, der lange aufbewahrt wurde und dadurch auch mit Mykotoxinen belastet war (nach Ojeda-Granados et al. 2021). Und obwohl viele indigene Populationen durch die von Europäern eingeschleppten Krankheiten stark geschwächt wurden, gibt es auch einige, die überlebt haben. Diese Resilienz kann – zumindest teilweise – durch die positive Selektion von Genvarianten erklärt werden, die Resistenz gegenüber solchen Keimen verleihen können. Ein derartiges Szenario wurde in den Populationen der Aymara gefunden, die die Hochlagen der Anden im heutigen Bolivien besiedeln. Der Zusammenbruch dieser

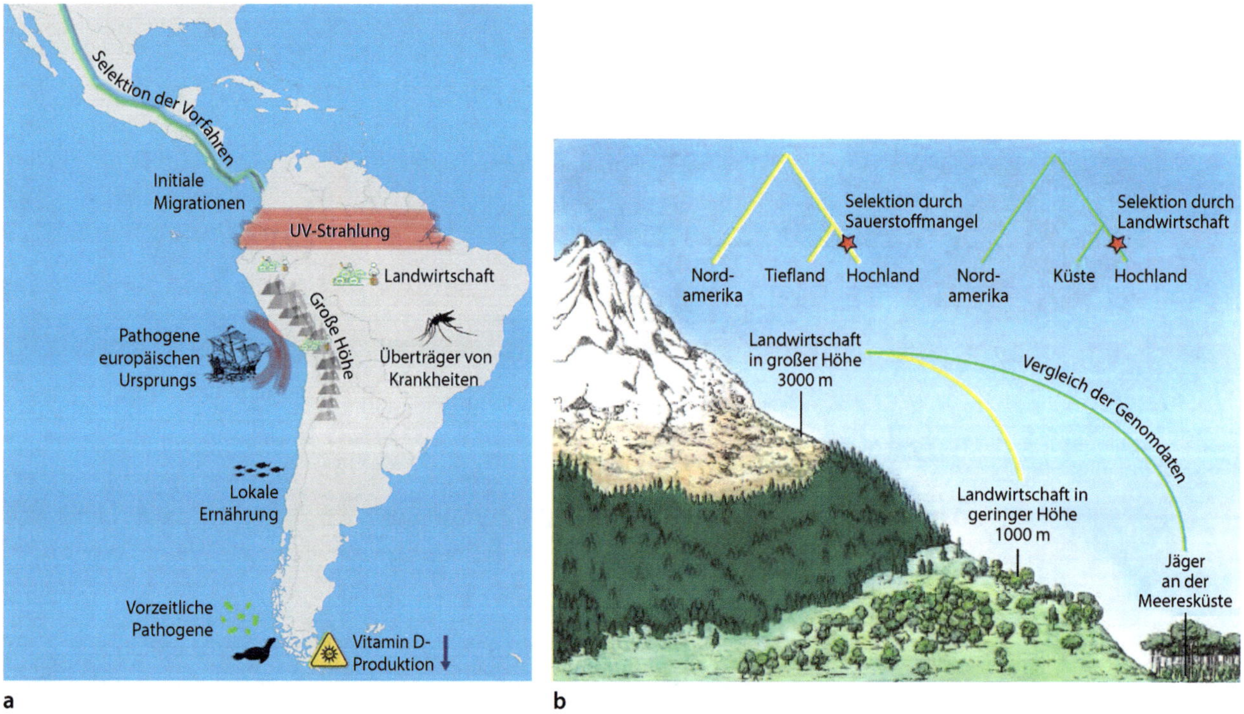

◘ **Abb. 3.31** **a** Umweltfaktoren, die auf die indigenen Völker Südamerikas adaptive Anforderungen ausübten, einschließlich der Ankunft der Europäer im 16. Jahrhundert. **b** Positive Selektion in den Hochlagen der Anden. (Nach Lindo und DeGeorgio, 2021; CC-BY-4.0; ▶ http://creativecommons.org/licenses/by/4.0)

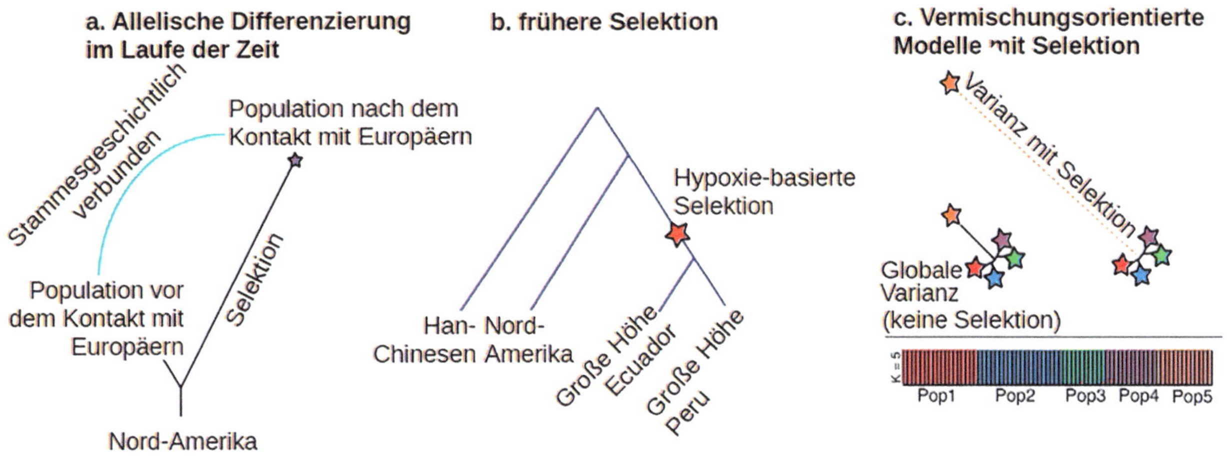

Abb. 3.32 Verschiedene Selektionsszenarien in heutigen und vorzeitlichen Populationen. **a** Allel-Unterschiede entstehen im Laufe der Zeit in einer einzigen Population. **b** Selektion in der Vorzeit führt zu angepassten Phänotypen in zwei Populationen. **c** Selektion wirkt in gemischten Populationen. (Nach Lindo und DeGeorgio, 2021; CC-BY-4.0; ► http://creativecommons.org/licenses/by/4.0)

Population nach der Eroberung durch die Spanier war deutlich geringer als in anderen Teilen Südamerikas, was darauf zurückgeführt wird, dass diese Population eine positive Selektion von Genvarianten zeigt, die an der Immunantwort gegen Pocken beteiligt sein können (nach Lindo und DeGeorgio 2021). Abb. 3.32 gibt eine Übersicht, welche Untersuchungsstrategien bei solchen Fragestellungen angewendet werden können. Allerdings sind diese Möglichkeiten noch lange nicht ausgeschöpft – wir können also noch viele spannende Ergebnisse erwarten.

! Nach der letzten großen Eiszeit wurde Amerika von Sibirien ausgehend besiedelt, wobei neben der Route an der Pazifik-Küste auch eisfreie Korridore möglich waren. Während die Populationen im Norden überwiegend als Jäger, Fischer und Sammler lebten, entwickelten sich in Mittel- und Südamerika bald sesshafte, bäuerliche Kulturen als Vorstufen zu späteren Hochkulturen. Die Eroberung Amerikas durch die Europäer veränderte die Populationen in Nord-, Mittel- und Südamerika erheblich.

Box 3.1: Mitochondriale Haplotypen

Mitochondriale DNA (mtDNA; Abb. 3.33a) wird seit den 1980er-Jahren häufig benutzt, um evolutionsgenetische und populationsgenetische Prozesse zu untersuchen. Die mtDNA wird nur über Mütter vererbt (matrilinearer oder maternaler Erbgang), da die Mitochondrien der Samenzelle nicht in die befruchtete Eizelle eindringen können. So können stammesgeschichtliche Verwandtschaftsbeziehungen über die weibliche Linie untersucht werden. Durch ihre zirkuläre Form ist mtDNA relativ stabil und wird deswegen in sterblichen Überresten archäologischer Funde langsamer abgebaut als chromosomale DNA. Obwohl in einer Zelle viele Mitochondrien vorkommen (was die Ausbeute an mtDNA für die Untersuchungen erhöht), gibt es keine Rekombination. Die Mutationsrate innerhalb der mtDNA unterscheidet sich allerdings zwischen codierenden und nicht-codierenden Bereichen, so dass die Berechnungen des letzten gemeinsamen Vorfahrens unterschiedlicher Abstammungslinien nicht trivial sind. Dennoch kann die Sequenzierung von mtDNA dazu beitragen, wichtige Informationen über die Ausbreitung des Menschen preiszugeben; mtDNA ist ein einzigartiges Werkzeug für die Erfassung spezifisch weiblicher Aspekte der demografischen Geschichte menschlicher Populationen.

Mutationen im mitochondrialen Genom werden dazu benutzt, entsprechende Stammbäume zu erstellen (Abb. 3.33b). Dazu werden Gruppen von Mutationen zusammengefasst und mit Buchstaben des Alphabets bezeichnet, Untergruppen werden nummeriert. Die Wurzel des Stammbaumes liegt bei L0 und L1; hier ist der letzte gemeinsame weibliche Vorfahre aller Menschen. Die L-Haplogruppen sind die am tiefsten verwurzelten Abstammungslinien; sie sind spezifisch für Afrika (südlich der Sahara) und weisen damit auf den afrikanischen Ursprung aller modernen Menschen hin. Die Haplogruppe L3 bringt die Makrohaplogruppen M, N und R hervor (wobei R eine Untergruppe von N darstellt); die Makrohaplogruppen M, N und R umfassen alle mtDNA-Variationen außerhalb von Afrika. Die Nomenklatur entwickelte sich so, dass die Buchstaben C, D, E, G, Q und Z Linien bezeichnen, die zu M gehören; die Buchstaben A, I, S, W, X und Y sind Linien innerhalb von N; B, F, HV, H, J, K, P, T, U und V bezeichnen Linien innerhalb von R. Ausführliche Hinweise und einen detaillierteren Stammbaum von mtDNA findet sich unter ► http://www.phylotree.org (nach van Oven und Kayser 2008; Kivisild 2015).

3

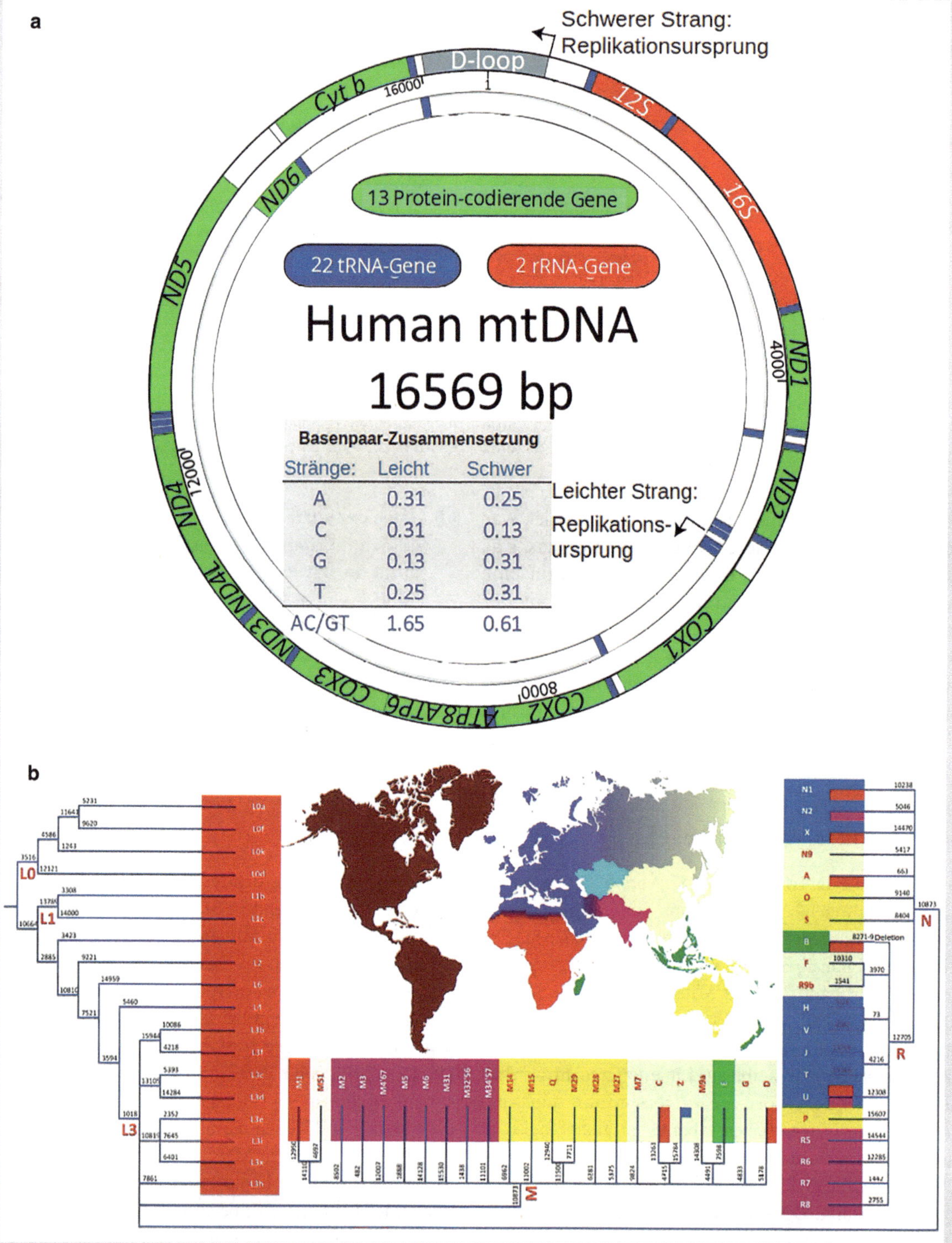

■ **Abb. 3.33** Mitochondriale DNA. **a** Mitochondriale DNA (mtDNA) ist zirkulär und durch eine hohe Gendichte und Strangasymmetrie charakterisiert. Der schwere Strang kodiert alle mtDNA-Gene (mit Ausnahme von *ND6*; kodiert für eine Untereinheit der NADH-Dehydrogenase). Protein-codierende Gene, rRNA-Gene und tRNA-Gene sind farbcodiert. Das mitochondriale Genom des Menschen enthält 16569 bp; die Basenpaare werden im Uhrzeigersinn gezählt. **Box-3.1b.** Stammbaum mitochondrialer Haplogruppen und ihre geografische Verteilung. Die wichtigsten Haplotypen (L0 bis X) sind angegeben; dabei definieren Punktmutationen an bestimmten Stellen im mitochondrialen Genom (die Zahlen im Stammbaum entsprechen den Basenpaaren in **a**) die jeweilige Haplogruppe. Oberhalb des Stammbaums ist eine oberflächliche geografische Verteilung der wichtigsten Haplogruppen angegeben. (Nach Kivisild 2015; CC-BY-4.0; ► http://creativecommons.org/licenses/by/4.0)

Box 3.2: Haplotypen des Y-Chromosoms

Das (menschliche) Y-Chromosom ist unter den Chromosomen weitgehend einzigartig: es kommt nur bei Männern vor (und definiert einen männlichen Phänotyp), es kommt nur haploid vor und es findet nur an seinen Randbereichen Rekombination mit dem X-Chromosom statt (pseudoautosomale Regionen, PAR; vgl. auch ► Abschn. 2.2.2). Die nichtrekombinierenden Regionen auf dem Y-Chromosom (NRY) werden häufig benutzt, um evolutionsgenetische und populationsgenetische Prozesse zu untersuchen. Das Y-Chromosom wird nur von Vätern auf ihre Söhne vererbt (patrilinearer oder paternaler Erbgang), so dass stammesgeschichtliche Verwandtschaftsbeziehungen über die väterliche Linie untersucht werden können. ◘ Abb. 3.34a zeigt den Stammbaum des Y-Chromosoms, wobei die am tiefsten verwurzelte Abstammungslinie A00 fehlt, da sie in den Proben des *1000-Genome Projects* nicht vorhanden war. Sequenzuntersuchungen lassen aber darauf schließen, dass sich die frühesten Haplotypen vor ~275.000 Jahren getrennt haben. Bei allen derartigen Untersuchungen muss aber beachtet werden, dass die Mutationsraten variieren und bei Männern generell mit dem Alter zunehmen, so dass sich die zeitlichen Angaben über den letzten gemeinsamen Vorfahren stark unterscheiden können.

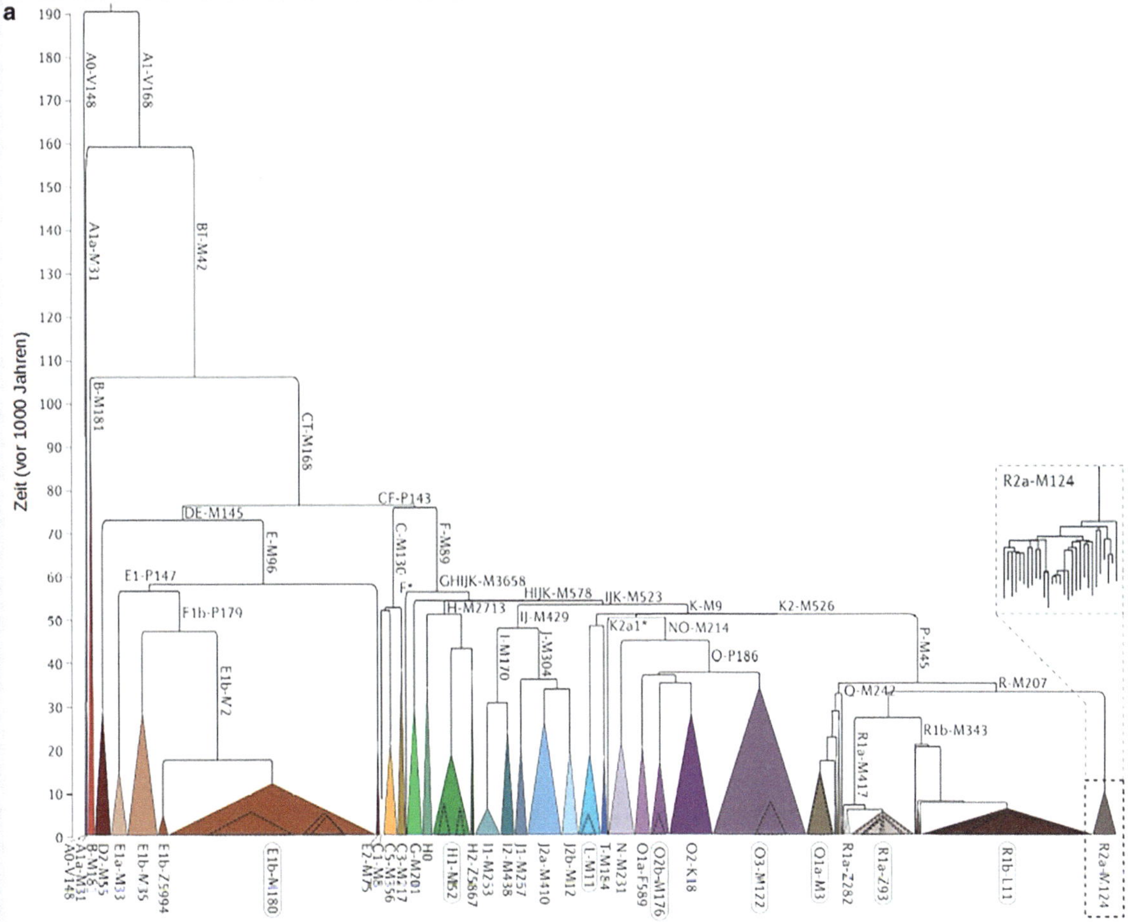

3

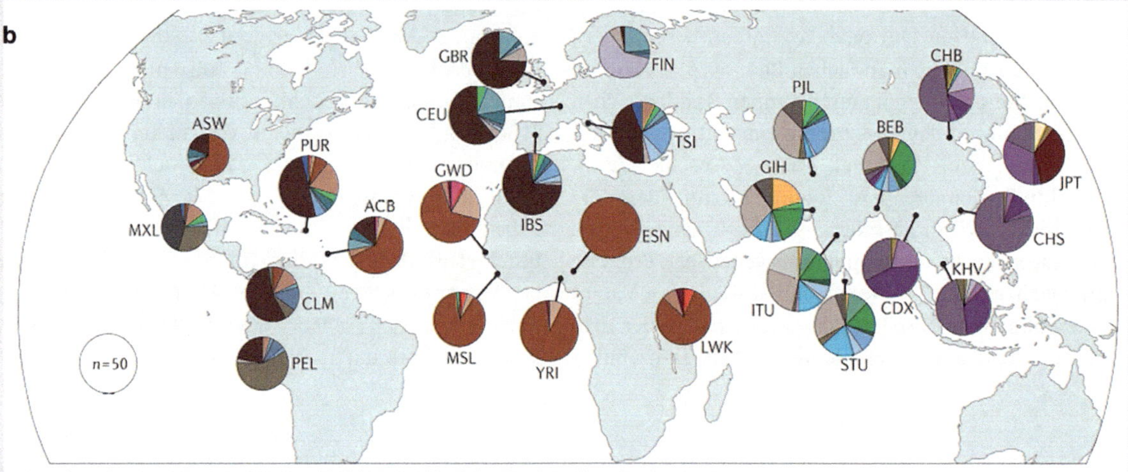

Abb. 3.34 Die Phylogenie des Y-Chromosoms und die weltweite Verteilung der Y-chromosomalen Haplotypen. Für die zeitliche Kalibrierung wurde eine Mutationsrate von $7{,}6 \times 10^{-10}$ Mutationen pro Basenpaar und Jahr angenommen. **a**. Die schematische Darstellung basiert auf 60.555 SNPs von 1244 heute lebender Männer aus dem *1000 Genomes Project* (Poznik et al. 2016). Die Bezeichnungen an den Verzweigungspunkten und unterhalb der Dreiecke sind die Bezeichnung der Haplotypen basierend auf den jeweiligen Schlüsselmutationen. Ein Sternchen (*) in einem Namen zeigt an, dass diese Bezeichnung nicht durch einen SNP definiert ist. Namen in den grauen Ovalen zeigen solche Haplotypen an, die schnell expandierten. Haplotypen, die durch viele Chromosomen repräsentiert sind, sind in Dreiecken zusammengefasst; die Höhe der Dreiecke gibt die Koaleszenzzeit an, und ihre Breite die Häufigkeit. Die Expansion der Haplogruppe R2a-M124 ist in einem Standardformat für einen Stammbaum *rechts* in einem gestrichelten Kasten dargestellt. **Box-3-2b.** Die geografische Verteilung der wichtigsten Linien ist in Tortendiagrammen gezeigt, wobei die Sektoren wie der entsprechende Haplotyp in **a**) gefärbt sind. Die drei Buchstaben sind Abkürzungen für Populationsbezeichnungen: ACB: afrikanische Bewohner der Karibik in Barbados; ASW: Amerikaner mit afrikanischer Abstammung im Südwesten der USA; BEB: Bewohner Bengalens in Bangladesh; CDX: Dai-Chinesen in Xishuangbanna (China); CEU: Einwohner von Utah mit nord- und westeuropäischer Abstammung; CHB: Han-Chinesen in Peking (China); CHS: südliche Han-Chinesen; CLM: Kolumbianer aus Medellin (Kolumbien); ESN: Esaner in Nigeria; FIN: Finnen in Finland; GBR: Briten in England und Schottland; GIH: Gujarati-sprechende Inder in Houston (Texas, USA); GWD. Gambianer in den westlichen Teilen von Gambia; IBS: iberische Population in Spanien; ITU: Indische Telugu in Großbritannien; JPT: Japaner in Tokyo; KHV: Kinh in Ho-Chi-Minh Stadt (Vietnam); LWK: Luhya in Webuye (Kenia); MSL: Mende in Sierra Leone; MXL: Männer mit mexikanischer Abstammung aus Los Angeles (USA); PEL: Peruaner aus Lima (Peru); PJL: Punjabis aus Lahore (Pakistan); PUR: Puerto-Ricaner aus Puerto Rico; STU: Tamilen (Sri Lanka) aus Großbritannien; TSI: Toskaner aus Italien; YRI: Yoruba aus Ibadan (Nigeria). (nach Jobling und Taylor-Smith 2017; Springer Nature)

Box 3.3: Ausbreitung, Migration, Durchmischung und kultureller Transfer

„Migration" ist in der Populationsgenetik ein zentrales Konzept. Dabei wird unter Migration (Wanderungsbewegungen, Expansion) jede Bewegung genetischen Materials von einer Region in eine andere verstanden. Das kann natürlich einen symmetrischen Austausch von Partnern zwischen benachbarten Gemeinschaften bedeuten. Andererseits – und das ist der häufigere Fall – beobachten wir mit Hilfe der Populationsgenetik die bedeutenden Auswirkungen, die Massenbewegungen von Menschen in der Vorzeit hatten. Dabei geht es allerdings nicht um kurzfristige Migrationen, sondern um solche, die sich über Jahrhunderte hingezogen haben (wie wir aus physikalischen Daten wissen) und die einen nachhaltigen Einfluss auf die Abstammung und Herkunft späterer Populationen haben – z. B. die westwärts gerichtete Expansion der Menschen aus der Steppe vor ~5000 Jahren auf die späteren Europäer.

Eng verbunden mit der Frage der Wanderung und Ausbreitung von Populationen ist die Frage nach der Ausbreitung von kulturellen Entwicklungen und von Sprachen. Archäologen haben beispielsweise die Ausbreitung der Landwirtschaft im Neolithikum beschrieben, und Linguisten die Ausbreitung von Sprachen (z. B. die Bantu-Sprachen, die austronesischen Sprachen, und auch die indoeuropäischen Sprachen). Die entscheidende Frage dabei ist, wie sich Sprache und Kultur ausgebreitet haben: über Menschen, die bei ihrer jeweiligen Ausbreitung ihre Kultur und Sprache mitgenommen und mitgebracht haben (engl. *demic diffusion*) – und was geschah dann mit denen, die vorher da waren? Wurden sie ausgelöscht oder haben sie sich mit den Neuankömmlingen arrangiert, angepasst und schließlich vermischt? Oder war es so, dass benachbarte Gruppen neue Kulturen und eine neue Sprache übernommen haben (engl. *cultural diffusion*)? Letztlich ist es eine Frage, zu der die moderne Genetik und die Untersuchung alter DNA wesentliche Antworten beisteuern kann. Wenn wir annehmen, dass der Ursprung der expandierenden Gruppe bestimmt werden kann (was üblicherweise der Fall ist), und die expandierende Gruppe und die alteingesessene Gruppe genetisch verschieden sind, dann kann Genetik das Ausmaß der jeweiligen Abstammung oder Herkunft (engl. *ancestry*) in der nachfolgenden neuen Population bestimmen.

Allerdings sind solche genetischen Untersuchungen auch nicht frei von Schwierigkeiten bei der Interpretation. Dazu gehört ein Gefälle der Vermischung zwischen der expandierenden und der alteingesessenen Population, was schließlich zu einer Abnahme des genetischen Anteils der expandierenden Population zur Peripherie der Expansion führt. Ein weiterer Faktor, der die Interpretation populationsgenetischer Daten verkompliziert, ist der Einfluss von Kolonialismus und die damit verbundenen genetischen, demografischen und territorialen Auswirkungen auf indigene Gruppen. Wenn solche Faktoren nicht in Betracht gezogen werden, kann das zu unsachgemäßen Schlussfolgerungen hinsichtlich der Ausbreitungen von Kultur und Sprache führen (siehe oben: *demic diffusion* oder *cultural diffusion*) (nach Patterson et al. 2022; Stoneking et al. 2023).

Box 3.4: Was ist „Abstammung"?

Abstammung verbindet auf vielfältige Weise Genetik und Gesellschaft. Für viele Menschen hat die Abstammung kulturelle, religiöse oder sogar politische Bedeutung, und sie kann eine besondere Rolle dabei spielen, persönliche oder auch staatliche Identitäten zu schärfen. In einem genetischen Kontext hat Abstammung aber eine wesentlich engere Bedeutung: Abstammung bedeutet hier die Information über individuelle Vorfahren und die genetische Beziehung zu ihnen. Die Frage der genealogischen Abstammung ist in diesem Kontext die persönlichste Form, denn sie betrifft die Frage nach den Eltern, Großeltern etc. und lässt sich grafisch in einem Stammbaum darstellen. Genetische Abstammung ist dagegen weiter gefasst und versucht die Wege zu bestimmen, durch die das genetische Material eines Individuums an einem gegebenen Punkt vererbt wurde; verschiedene Positionen im Erbgut können aufgrund der meiotischen Rekombination in jeder Generation unterschiedliche Vererbungswege haben. Ein Rekombinations-Stammbaum (engl. *ancestral recombination graph*) enthält dann alle Informationen darüber, welches DNA-Fragment von welchem Vorfahren geerbt wurde.

Wenn wir nun keine Individuen und ihre genetische Abstammung, sondern Populationen und ihre jeweilige genetische Abstammung miteinander vergleichen wollen, wird das System um ein Vielfaches komplexer. Dazu kann das mitochondriale Genom, Elemente des Y-Chromosoms und/oder auch der Autosomen herangezogen werden. Verschiedene statistische Methoden erlauben dann unterschiedliche Darstellungen; einen Überblick über wichtige Darstellungsformen gibt ◘ Abb. 3.35.

Das **demografische Modell** beruht auf einer genetischen Analyse des letzten gemeinsamen Vorfahren. Es ermöglicht eine Abschätzung, wann sich zwei Populationen getrennt haben und wo die ursprüngliche Population gelebt haben könnte.

Bei der **Hauptkomponentenanalyse** werden dabei die wichtigsten Komponenten in einer zweidimensionalen Form dargestellt, wobei Individuen genetisch ähnlicher Population Gruppen bilden, die sich in ihrer Lage von Individuen anderer Populationen unterschieden.

Populationsstrukturen lassen sich erkennen, wenn man in Gruppen von Individuen die Unterschiede in den Frequenzen häufiger Allele untersucht. Es ist möglich, diese Analyse für unterschiedlich viele Unterpopulationen durchzuführen.

Die **Chromosomenfärbung** ermöglicht eine individualisierte Darstellung, welche chromosomalen Fragmente von welcher Vorfahrenpopulation abstammen.

Detaillierte Information über solche statistische Verfahren einschließlich der entsprechenden Softwares findet man bei Loog (2021), Mathieson und Scally (2020) oder Schraiber und Akey (2015).

3

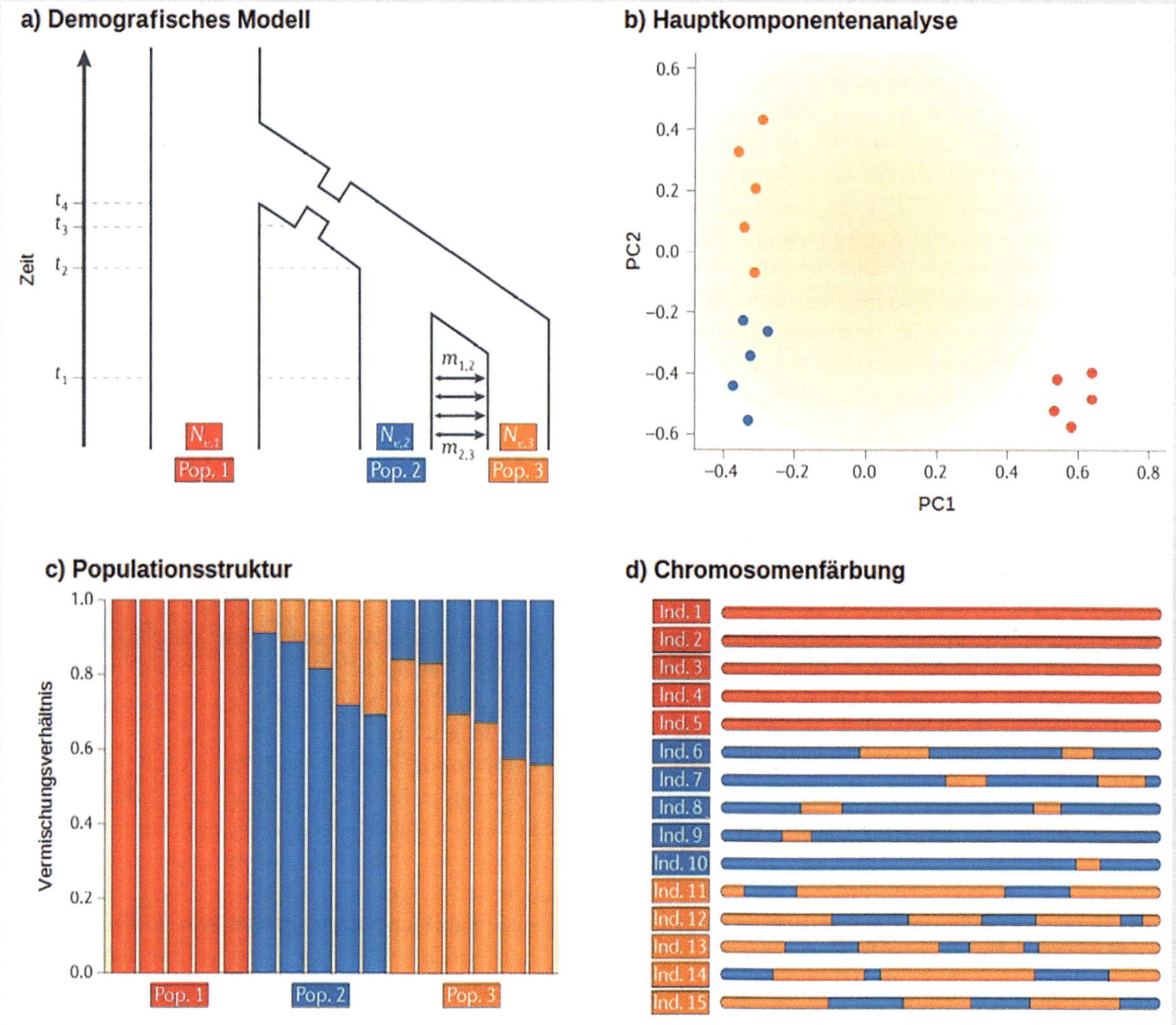

Abb. 3.35 Ableitung der demografischen Geschichte einer Population. In allen Teilabbildungen werden 3 Populationen gezeigt (*rot, blau, braun*), die auf eine gemeinsame Population von Vorfahren zurückgehen. **a** Gezeigt wird ein einfaches Modell mit Veränderungen der Populationsgröße, einem Flaschenhals-Effekt, teilweiser Vermischung und asymmetrischem Genfluss zu verschiedenen Zeiten t. **b** Die Hauptkomponentenanalyse (PCA) veranschaulicht qualitativ die Populationsstruktur und die Vermischung der Populationen 2 und 3 durch die Verteilung der Individuen entlang PC2. **c** Hier sind Populationsstrukturen auf der Basis des Anteils jedes einzelnen Genoms aus den Populationen 1, 2 und 3 dargestellt. **d** Die Chromosomenfärbung zeigt die spezifischen Sequenzabschnitte, die von den Vorfahren in jeder Population vererbt wurden. Ind.: Individuum; $m_{i,j}$: Migrationsrate von Population i zu Population j; $N_{e,i}$: effektive Populationsgröße von Population i; Pop.: Population. (Nach Schraiber und Akey 2015; Springer Nature)

Literatur

Agranat-Tamir L, Waldman S, Martin MAS et al (2020) The genomic history of the Bronze Age Southern Levant. Cell 181:1146–1157

Ahlquist KD, Bañuelos MM, Funk A et al (2021) Our tangled family tree: new genomic methods offer insight into the legacy of archaic admixture. Genome Biol Evol 13:evab115

Allentoft ME, Sikora M, Fischer A et al (2024a) 100 ancient genomes show repeated population turnovers in Neolithic Denmark. Nature 625:329–337

Allentoft ME, Sikora M, Refoyo-Martínez A et al (2024b) Population genomics of post-glacial western Eurasia. Nature 625:301–311

Almarri MA, Haber M, Lootah RA et al (2021) The genomic history of the Middle East. Cell 184:4612–4625

Antonio ML, Gao Z, Moots HM et al (2019) Ancient Rome: a genetic crossroads of Europe and the Mediterranean. Science 366:708–714

Bermúdez de Castro JM, Martinón-Torres M (2022) The origin of the *Homo sapiens* lineage: when and where? Quat Int 634:1–13

Bodner M, Perego UA, Gomez JE et al (2021) The mitochondrial DNA landscape of modern Mexico. Genes 12:1453

Burger J, Link V, Blöcher J et al (2020) Low prevalence of Lactase persistence in Bronze Age Europe indicates ongoing strong selection over the last 3,000 years. Curr Biol 30:4307–4315

Campelo dos Santos AL, Owings A, Sullasi HSL et al (2022) Genomic evidence for ancient human migration routes along South America's Atlantic coast. Proc R Soc B 289:20221078

Cann RL, Stoneking M, Wilson AC (1987) Mitochondrial DNA and human evolution. Nature 325:31–36

Caro-Consuegra R, Lucas-Sánchez M, Comas D et al (2023) Identifying signatures of positive selection in human populations from North Africa. Sci Rep 13:8166

Cassidy LM, Russell M, Smith M et al (2025) Continental influx and pervasive matrilocality in Iron Age Britain. Nature 637: 1136–1142

Childebayeva A, Rohrlach AB, Barquera R et al (2022) Population genetics and signatures of selection in early neolithic European farmers. Mol Biol Evol 39:msac108

Choin J, Quintana-Murci L (2022) The demographic past of prehistoric Europeans. Curr Biol 32:R535–R538

Choudhury A, Sengupta D, Ramsay M et al (2021) Bantu-speaker migration and admixture in southern Africa. Hum Mol Genet 30:R56–R63

Colbran LL, Gamazon ER, Zhou D et al (2019) Inferred divergent gene regulation in archaic hominins reveals potential phenotypic differences. Nat Ecol Evol 3:1598–1606

Coll Macià M, Skov L, Peter BM et al (2021) Different historical generation intervals in human populations inferred from Neanderthal fragment lengths and mutation signatures. Nat Commun 12:5317

Dannemann M, Andrés AM, Kelso J (2016) Introgression of Neandertal- and Denisovan-like haplotypes contributes to adaptive variation in human Toll-like receptors. Am J Hum Genet 98:22–33

Davy T, Ju D, Mathieson I et al (2023) Hunter-gatherer admixture facilitated natural selection in Neolithic European farmers. Curr Biol 33:1365–1371

De Oliveira TC, Secolin R, Lopes-Cendes I (2023) A review of ancestrality and admixture in Latin America and the caribbean focusing on native American and African descendant populations. Front Genet 14:1091269

Fan S, Spence JP, Feng Y et al (2023) Whole-genome sequencing reveals a complex African population demographic history and signatures of local adaptation. Cell 186:923–939

Feldman M, Master DM, Bianco RA et al (2019) Ancient DNA sheds light on the genetic origins of early Iron Age Philistines. Sci Adv 5:eaax0061

Fernandes DM, Mittnik A, Olalde I et al (2020) The spread of steppe and Iranian-related ancestry in the islands of the western Mediterranean. Nat Ecol Evol 4:334–345

Flores-Bello A, Bauduer F, Salaberria J et al (2021) Genetic origins, singularity, and heterogeneity of Basques. Curr Biol 31:2167–2177

Gad YZ, Hassan NAM, Mousa DM et al (2021) Insights from ancient DNA analysis of Egyptian human mummies: clues to disease and kinship. Hum Mol Genet 30:R24–R28

Gronenborn D, Horejs B (2023) Expansion of farming in western Eurasia, 9600–4000 cal BC (update version 2023.1). Zenodo. https://doi.org/10.5281/zenodo.10047818

Günther T, Jakobsson M (2016) Genes mirror migrations and cultures in prehistoric Europe - a population genomic perspective. Curr Opin Genet Dev 41:115–123

Guran SH, Yousefi M, Kafash A et al (2024) Reconstructing contact and a potential interbreeding geographical zone between Neanderthals and anatomically modern humans. Sci Rep 14:20475

Haak W, Lazaridis I, Patterson N et al (2015) Massive migration from the steppe was a source for Indo-European languages in Europe. Nature 522:207–211

Hajdinjak M, Mafessoni F, Skov L et al (2021) Initial upper palaeolithic humans in Europe had recent Neanderthal ancestry. Nature 592:253–257

Henn BM, Cavalli-Sforza LL, Feldman MW (2012) The great human expansion. Proc Natl Acad Sci USA 109:17758–17764

Hollfelder N, Breton G, Sjödin P et al (2021) The deep population history in Africa. Hum Mol Genet 30:R2–R10

Inchley CE, Larbey CD, Shwan NA et al (2016) Selective sweep on human amylase genes postdates the split with Neanderthals. Sci Rep 6:37198

Izagirre N, Alonso S (2021) Evolution: on the origin of Basques. Curr Biol 31:R489–R490

Jacobs GS, Hudjashov G, Saag L et al (2019) Multiple deeply divergent Denisovan ancestries in Papuans. Cell 177:1010–1021

Jobling MA, Tyler-Smith C (2017) Human Y-chromosome variation in the genome-sequencing era. Nat Rev Genet 18:485–497

Keller A, Graefen A, Ball M et al (2012) New insights into the Tyrolean Iceman's origin and phenotype as inferred by whole-genome sequencing. Nat Commun 3:698

Kennett DJ, Lipson M, Prufer KM et al (2022) South-to-north migration preceded the advent of intensive farming in the Maya region. Nat Commun 13:1530

Kivisild T (2015) Maternal ancestry and population history from whole mitochondrial genomes. Investig Genet 6:3

Larena M, McKenna J, Sanchez-Quinto F et al (2021) Philippine Ayta possess the highest level of Denisovan ancestry in the world. Curr Biol 31:4219–4230

Lazaridis I (2018) The evolutionary history of human populations in Europe. Curr Opin Genet Dev 53:21–27

Lazaridis I, Nadel D, Rollefson G et al (2016) Genomic insights into the origin of farming in the ancient Near East. Nature 536:419–424

Lazaridis I, Alpaslan-Roodenberg S, Acar A et al (2022a) Ancient DNA from Mesopotamia suggests distinct Pre-Pottery and Pottery Neolithic migrations into Anatolia. Science 377:982–987

Lazaridis I, Alpaslan-Roodenberg S, Acar A et al (2022b) The genetic history of the Southern Arc: a bridge between West Asia and Europe. Science 377:eabm4247

Lazaridis I, Alpaslan-Roodenberg S, Acar A et al (2022c) A genetic probe into the ancient and medieval history of Southern Europe and West Asia. Science 377:940–951

Lindo J, DeGiorgio M (2021) Understanding the adaptive evolutionary histories of South American ancient and present-day populations via genomics. Genes 12:360

Lipson M, Sawchuk EA, Thompson JC et al (2022) Ancient DNA and deep population structure in sub-Saharan African foragers. Nature 603:290–296

Liu Y, Mao X, Krause J et al (2021) Insights into human history from the first decade of ancient human genomics. Science 373:1479–1484

Loog L (2021) Sometimes hidden but always there: the assumptions underlying genetic inference of demographic histories. Philos Trans R Soc Lond B Biol Sci 376:20190719

Lorente-Galdos B, Lao O, Serra-Vidal G et al (2019) Whole-genome sequence analysis of a Pan African set of samples reveals archaic gene flow from an extinct basal population of modern humans into sub-Saharan populations. Genome Biol 20:77

Luis JR, Palencia-Madrid L, Mendoza VC et al (2021) The Y chromosome of autochthonous Basque populations and the Bronze Age replacement. Sci Rep 11:5607

Mallick S, Li H, Lipson M et al (2016) The Simons Genome Diversity Project: 300 genomes from 142 diverse populations. Nature 538:201–206

Marchi N, Winkelbach L, Schulz I et al (2022) The genomic origins of the world's first farmers. Cell 185:1842–1859

Marcus JH, Posth C, Ringbauer H et al (2020) Genetic history from the Middle Neolithic to present on the Mediterranean island of Sardinia. Nat Commun 11:939

Mathieson I, Scally A (2020) What is ancestry? PLoS Gene 16:e1008624

McCoy RC, Wakefield J, Akey JM (2017) Impacts of Neanderthal-introgressed sequences on the landscape of human gene expression. Cell 168:916–927

Mendes M, Alvim I, Borda V et al (2020) The history behind the mosaic of the Americas. Curr Opin Genet Dev 62:72–77

Mendez FL, Watkins JC, Hammer MF (2013) Neandertal origin of genetic variation at the cluster of OAS immunity genes. Mol Biol Evol 30:798–801

Moots HM, Antonio M, Sawyer S et al (2023) A genetic history of continuity and mobility in the Iron Age central Mediterranean. Nat Ecol Evol 7:1515–1524

Mylopotamitaki D, Weiss M, Fewlass H et al (2024) *Homo sapiens* reached the higher latitudes of Europe by 45,000 years ago. Nature 626:341–346

Nägele K, Kinaston R, Gaffney D et al (2025) The impact of human dispersals and local interactions on the genetic diversity of coastal Papua New Guinea over the past 2,500 years. Nat Ecol Evol 9:908–923

O'Connell JF, Allen J, Williams MAJ et al (2018) When did *Homo sapiens* first reach Southeast Asia and Sahul? Proc Natl Acad Sci USA 115:8482–8490

Ojeda-Granados C, Abondio P, Setti A et al (2021) Dietary, cultural, and pathogens-related selective pressures shaped differential adaptive evolution among native Mexican populations. Mol Biol Evol 39:msab290

Olalde I, Brace S, Allentoft ME et al (2018) The Beaker phenomenon and the genomic transformation of northwest Europe. Nature 555:190–196

Oliveira S, Nägele K, Carlhoff S et al (2022) Ancient genomes from the last three millennia support multiple human dispersals into Wallacea. Nat Ecol Evol 6:1024–1034

van Oven M, Kayser M (2008) Updated comprehensive phylogenetic tree of global human mitochondrial DNA variation. Hum Mutat 30:E386–E394

Pääbo S (1985) Molecular cloning of Ancient Egyptian mummy DNA. Nature 314:644–645

Patin E, Quintana-Murci L (2018) The demographic and adaptive history of central African hunter-gatherers and farmers. Curr Opin Genet Dev 53:90–97

Patterson N, Isakov M, Booth T et al (2022) Large-scale migration into Britain during the Middle to Late Bronze Age. Nature 601:588–594

Petr M, Hajdinjak M, Fu Q et al (2020) The evolutionary history of Neanderthal and Denisovan Y chromosomes. Science 369:1653–1656

Peyrégne S, Slon V, Kelso J (2024) More than a decade of genetic research on the Denisovans. Nat Rev Genet 25:83–103

Pfennig A, Petersen LN, Kachambwa P et al (2023) Evolutionary genetics and admixture in African populations. Genome Biol Evol 15:evad054

Pilli E, Vai S, Moses VC et al (2024) Ancient DNA challenges prevailing interpretations of the Pompeii plaster casts. Curr Biol 34:5307–5318

Posth C, Zaro V, Spyrou MA et al (2021) The origin and legacy of the Etruscans through a 2000-year archeogenomic time transect. Sci Adv 7:eabi7673

Posth C, Yu H, Ghalichi A et al (2023) Palaeogenomics of Upper Palaeolithic to Neolithic European hunter-gatherers. Nature 615:117–126

Poznik GD, Henn BM, Yee MC et al (2013) Sequencing Y chromosomes resolves discrepancy in time to common ancestor of males versus females. Science 341:562–565

Poznik GD, Xue Y, Mendez FL et al (2016) Punctuated bursts in human male demography inferred from 1,244 worldwide Y-chromosome sequences. Nat Genet 48:593–599

Quilodrán CS, Rio J, Tsoupas A et al (2023) Past human expansions shaped the spatial pattern of Neanderthal ancestry. Sci Adv 9:eadg9817

Racimo F, Sankararaman S, Nielsen R et al (2015) Evidence for archaic adaptive introgression in humans. Nat Rev Genet 16:359–371

Reilly PF, Tjahjadi A, Miller SL et al (2022) The contribution of Neanderthal introgression to modern human traits. Curr Biol 32:R970–R983

Richards MB, Soares P, Torroni A (2016) Palaeogenomics: mitogenomes and migrations in Europe's past. Curr Biol 26:R243–R246

Rifkin RF, Vikram S, Alcorta J et al (2023) *Rickettsia felis* DNA recovered from a child who lived in southern Africa 2000 years ago. Commun Biol 6:240

Roca-Rada X, Souilmi Y, Teixeira JC et al (2020) Ancient DNA studies in Pre-Columbian Mesoamerica. Genes 11:1346

Rosa A, Brehm A (2011) African human mtDNA phylogeography at-a-glance. J Anthropol Sci 89:25–58

Saag L, Metspalu M (2025) Genetic and geographical origins of Eurasia's influential Yamna culture. Nature 639:46–47

Scerri EML (2023) One species, many roots? Nat Ecol Evol 7:975–976

Schlebusch CM, Sjödin P, Breton G et al (2020) Khoe-San genomes reveal unique variation and confirm the deepest population divergence in *Homo sapiens*. Mol Biol Evol 37:2944–2954

Schraiber JG, Akey JM (2015) Methods and models for unravelling human evolutionary history. Nat Rev Genet 16:727–740

Schroeder H, Margaryan A, Szmyt M et al (2019) Unraveling ancestry, kinship, and violence in a Late Neolithic mass grave. Proc Natl Acad Sci USA 116:10705–10710

Schuenemann VJ, Peltzer A, Welte B et al (2017) Ancient Egyptian mummy genomes suggest an increase of Sub-Saharan African ancestry in post-Roman periods. Nat Commun 8:15694

Scorrano G, Yediay FE, Pinotti T et al (2021) The genetic and cultural impact of the Steppe migration into Europe. Ann Hum Biol 48:223–233

Seguin-Orlando A, Korneliussen TS, Sikora M et al (2014) Genomic structure in Europeans dating back at least 36,200 years. Science 346:1113–1118

Shao Y, Wegener C, Klein K et al (2024) Reconstruction of human dispersal during Aurignacian on pan-European scale. Nat Commun 15:7406

Silva MACE, Ferraz T, Hünemeier T (2022) A genomic perspective on South American human history. Genet Mol Biol 45(3 Suppl 1):e20220078

Simões LG, Günther T, Martínez-Sánchez RM et al (2023) Northwest African Neolithic initiated by migrants from Iberia and Levant. Nature 618:550–556

Skoglund P, Mathieson I (2018) Ancient genomics of modern humans: the first decade. Annu Rev Genomics Hum Genet 19:381–404

Skoglund P, Reich D (2016) A genomic view of the peopling of the Americas. Curr Opin Genet Dev 41:27–35

Skourtanioti E, Erdal YS, Frangipane M et al (2020) Genomic history of Neolithic to Bronze Age Anatolia, Northern Levant, and Southern Caucasus. Cell 181:1158–1175

Skourtanioti E, Ringbauer H, Gnecchi Ruscone GA et al (2023) Ancient DNA reveals admixture history and endogamy in the prehistoric Aegean. Nat Ecol Evol 7:290–303

Skov L, Coll Macià M, Lucotte EA et al (2023) Extraordinary selection on the human X chromosome associated with archaic admixture. Cell Genom 3:100274

Slon V, Mafessoni F, Vernot B et al (2018) The genome of the offspring of a Neanderthal mother and a Denisovan father. Nature 561:113–116

Söchtig J, Álvarez-Iglesias V, Mosquera-Miguel A et al (2015) Genomic insights on the ethno-history of the Maya and the ‚Ladinos' from Guatemala. BMC Genom 16:131

Stoneking M, Arias L, Liu D et al (2023) Genomic perspectives on human dispersals during the Holocene. Proc Natl Acad Sci USA 120:e2209475119

Stringer C, Galway-Witham J (2017) Palaeoanthropology: on the origin of our species. Nature 546:212–214

Sümer AP, Rougier H, Villalba-Mouco V et al (2025) Earliest modern human genomes constrain timing of Neanderthal admixture. Nature 638:711–717

Teixeira JC, Jacobs GS, Stringer C et al (2021) Widespread Denisovan ancestry in Island Southeast Asia but no evidence of substantial super-archaic hominin admixture. Nat Ecol Evol 5:616–624

Vallini L, Zampieri C, Shoaee MJ et al (2024) The Persian plateau served as hub for *Homo sapiens* after the main out of Africa dispersal. Nat Commun 15:1882

Vernot B, Akey JM (2014) Resurrecting surviving Neandertal lineages from modern human genomes. Science 343:1017–1021

Vicente M, Schlebusch CM (2020) African population history: an ancient DNA perspective. Curr Opin Genet Dev 62:8–15

Wallace DC (2015) Mitochondrial DNA variation in human radiation and disease. Cell 163:33–38

Wang K, Prüfer K, Krause-Kyora B et al (2023) High-coverage genome of the Tyrolean Iceman reveals unusually high Anatolian farmer ancestry. Cell Genom 3:100377

Wei X, Robles CR, Pazokitoroudi A et al (2023) The lingering effects of Neanderthal introgression on human complex traits. Elife 12:e80757

Willerslev E, Meltzer DJ (2021) Peopling of the Americas as inferred from ancient genomics. Nature 594:356–364

Wolf AB, Akey JM (2018) Outstanding questions in the study of archaic hominin admixture. PLoS Genet 14:e1007349

Yuan K, Ni X, Liu C et al (2021) Refining models of archaic admixture in Eurasia with ArchaicSeeker 2.0. Nat Commun 12:6232

Zeberg H, Jakobsson M, Pääbo S (2024) The genetic changes that shaped Neandertals, Denisovans, and modern humans. Cell 187:1047–1058

Anpassungsfähigkeit und Kreativität

Kreatives Konzept des menschlichen Gehirns. (© LisaAlisa_ill/iStock/Getty Images Plus)

Inhaltsverzeichnis

4.1 Genetische Aspekte der Anpassungsfähigkeit des Menschen – 109

4.1.1 Evolution der Haut-, Haar- und Augenfarbe – 110

4.1.2 Die Entwicklung der Lactase-Persistenz – 118

4.1.3 Genetische Aspekte der Höhenanpassung – 123

4.1.4 Anpassung an Pathogene – 126

4.1.5 Genetik des Alterns – 131

4.2 Gene, Kultur und menschliche Evolution – 138

4.2.1 Koevolution von Genen und Kultur – 138

4.2.2 Steine, Feuer und Pech – 140

4.2.3 Händigkeit – 144

J. Graw, *Genetische Anthropologie*, https://doi.org/10.1007/978-3-662-72246-6_4

4.3 Vom Sprechen, von Sprachen und vom Schreiben – 147
4.3.1 Vom Sprechen – und was wir von Sprachstörungen lernen können – 147
4.3.2 Die Evolution der Sprachen – 154
4.3.3 Die Entwicklung der Schrift – 159

Literatur – 161

Überblick

Veränderungen kultureller Lebensstile (z. B. Landwirtschaft) führen dazu, dass bestimmte Genvariationen evolutionäre Vorteile bringen. Die helleren Haut-, Haar- und Augenfarben setzten sich in Europa durch, nachdem sich die entsprechenden Varianten in den Genen *SLC24A5*, *SLC45A2* und *OCA2* aus Mesopotamien, dem Kaukasus und Anatolien ausgebreitet hatten und den Menschen im Norden und Westens Europas mit geringem, aber saisonal schwankenden UV-Anteil im Sonnenlicht unter den Bedingungen einer sesshaften bäuerlichen Kultur einen Selektionsvorteil geboten haben. Die Laktase-Persistenz entwickelt sich unabhängig voneinander in verschiedenen Teilen der Welt durch unterschiedliche, spontane Punktmutationen in einem Enhancer des *LCT*-Gens. Milch steht damit vor allem kranken Menschen zur Verfügung und bietet in dieser Kombination einen großen Selektionsvorteil. Menschen haben sich seit langem an das Leben in großen Höhen angepasst. Die Menschen im tibetanischen Hochland verfügen über einen Haplotyp im *EPAS1*-Gen, der offensichtlich von den Denisova-Menschen eingekreuzt wurde, und über eine Deletion unterhalb des *EPAS1*-Gens. Beides zusammen unterlag positiver Selektion. Gene mit positiver Selektion werden auch im Hochland der Anden und im äthiopischen Hochland diskutiert. Unser Immunsystem ist sehr vielfältig; offensichtlich verleiht uns ein gewisser Anteil an archaischen Genvarianten besonderen Schutz: in Europa sind über 50 % des *HLA-A*-Genorts archaischen Ursprungs, in asien über 70 % und über 95 % in Ozeanien. In Bezug auf COVID-19 ist die Bilanz aber zwiespältig: die archaische Variante auf Chromosom 3p21 erhöht das COVID-19 Risiko, wohingegen die Variante auf Chromosom 12q24 das COVID-19-Risiko vermindert. Zwar nimmt die Lebenserwartung der Menschen weltweit in den letzten 150 Jahren ständig zu; es ist aber wahrscheinlich, dass die menschliche Lebensspanne auf ~125 Jahre begrenzt ist. Varianten der Gene *APOE* und *FOXO3* sind für eine längere Lebenserwartung mitverantwortlich.

Das Behauen von Steinen und der Gebrauch von Feuer sind uralte kulturelle Praktiken, die auch schon die Neandertaler beherrschten. Die Herstellung von Pech aus Blättern bestimmter Bäume ist eine besondere technische Leistung der späten Neandertaler und der modernen Menschen. Wir finden aus der Zeit der letzten Eiszeit viele figürliche Darstellungen übergewichtiger Frauen – Ausdrucksformen einer Kunst, deren Symbolgehalt wir heute noch nicht und nicht mehr verstehen. In der Steinzeit war bei Abschlägen der Steine die rechte Hand die dominierende, und Rechtshändigkeit ist heute über alle Kulturkreise mit etwa 90 % weit verbreitet, was auf eine starke Selektion hindeutet. Offensichtlich sind daran Gene beteiligt, die den Aufbau von Mikrotubuli kontrollieren.

Die Sprachzentren (Broca- und Wernicke-Areal) sind in der linken Gehirnhälfte lokalisiert und durch ein Netzwerk verschiedener Nervenbahnen miteinander und mit anderen Bereichen des Gehirns verbunden. Ein zentrales Gen für die Sprachfähigkeit des Menschen ist das *FOXP2*-Gen, das sich von dem entsprechenden Gen der Schimpansen an zwei kodierenden Stellen und in einer regulatorischen Region unterscheidet. Sprachen sind vor ~100.000 Jahren entstanden. Die Klick- und Schnalzlaute der Khoisan-Populationen werden nur im Südwesten Afrikas gesprochen. In Afrika gibt es weitere Sprachfamilien, die aber weder mit der indoeuropäischen noch der sinotibetischen Sprachfamilie verwandt sind. Diese beiden Sprachfamilien entstanden vor ~8000–9000 Jahren. Die Schrift ist eine relativ junge Innovation und entstand unabhängig voneinander in den Hochkulturen der früheren Zeit in Mesopotamien, in Ägypten, in China und in Mexiko.

4.1 Genetische Aspekte der Anpassungsfähigkeit des Menschen

In den vorherigen Kapiteln haben wir gesehen, wie sich aus einem afrikanischen Affen der moderne Mensch entwickelt und sich von Afrika aus über die ganze Welt ausgebreitet hat. Wir haben dabei den Übergang vom Jagen und Sammeln zu Ackerbau und Viehzucht kennengelernt, die ersten Massaker, aber auch schon die ersten Hochkulturen. Im Gegensatz zu den anderen Primaten war der Mensch in der Lage, sich an alle klimatischen Bedingungen der Erde anzupassen und dabei mit Hilfe seiner Kreativität diese Umwelt auch so zu verändern, dass er als Mensch darin nicht nur überleben, sondern wachsen und gedeihen konnte. In diesem Kapitel wollen wir die genetischen Aspekte betrachten, die dazu führten, dass Menschen sich an verschiedene Umweltbedingungen anpassen konnten – und umgekehrt die Umwelt nach seinen Bedürfnissen gestalten konnte (auch wenn diese Bedürfnisse je nach Alter, gesellschaftlichen Rollen und Schichten unterschiedlich sind). ◘ Abb. 4.1. zeigt dazu eine grobe zeitliche Übersicht auf den verschiedenen Kontinenten.

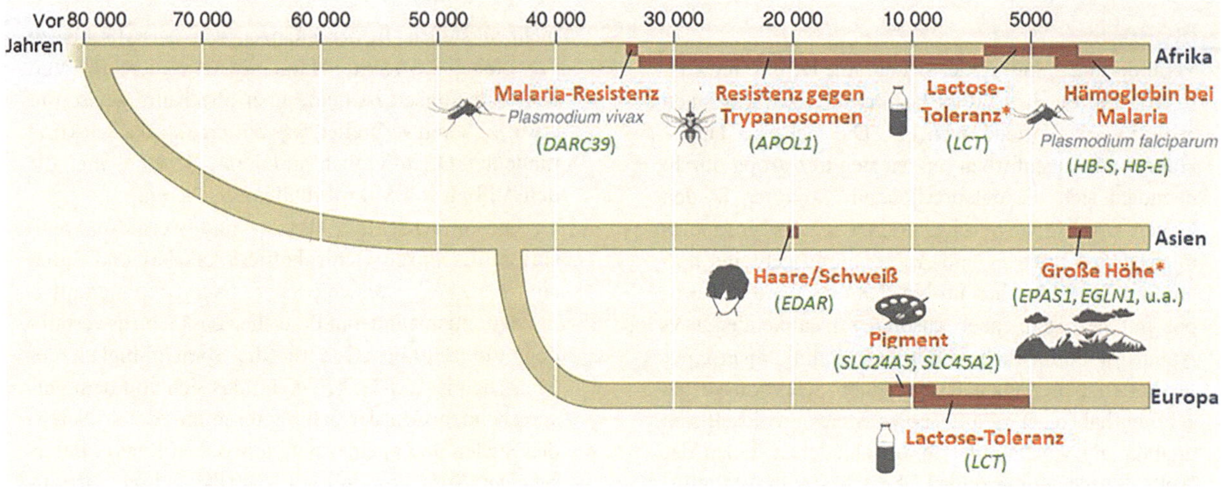

Abb. 4.1 Phylogenie menschlicher adaptiver Allele. Der Stammbaum zeigt Auseinanderentwicklungen der menschlichen Populationen innerhalb der letzten ~80.000 Jahre. Es ereigneten sich zu unterschiedlichen Zeiten in verschiedenen geografischen Regionen Mutationsereignisse, die zu Anpassungen an verschiedene Umwelteinflüsse führten (Krankheitserreger, schwache UV-Strahlung, große Höhe, Ernährungsformen). Die angegebenen Gene werden im Text erläutert; Allele mit „*" betreffen Subpopulationen, die nicht explizit erwähnt werden. (Nach Vitti et al. 2012; verändert, Elsevier)

4.1.1 Evolution der Haut-, Haar- und Augenfarbe

Die Entstehung des modernen Menschen in Afrika unter Bedingungen einer starken UV-Belastung hat eine dunkle und dauerhaft schützende Pigmentierung der Haut gefördert. Als sich die modernen Menschen in andere Teile der Welt ausbreiteten, entwickelten sich aber auch weniger stark pigmentierte Hauttypen – und zwar unter den verschiedenen Umweltbedingungen unterschiedlich und unabhängig voneinander. Aber erst in den letzten Jahrzehnten ist die Evolution der Haut-, Haar- und Augenfarbe des modernen Menschen in das Blickfeld der Anthropologen gekommen. Es gibt naturgemäß davon keine fossilen Überreste – und so war es die Entwicklung der modernen Genetik, die etwas Klarheit in die komplexen Zusammenhänge gebracht hat.

Die Pigmentierung der Haut ist einer der unterschiedlichsten, aber auch einer der am gründlichsten untersuchten komplexen Phänotypen des Menschen. Wir stehen aber trotzdem sicherlich erst am Anfang des Verständnisses dafür, wie die verschiedenen Faktoren die Expression der Gene regulieren, die für die Pigmentierung der Haut verantwortlich sind. Wenn wir zunächst andere Primaten betrachten, so haben sie alle Pigmentierungssysteme, die zur Bildung von Melanin in der Haut führen und die auch ein Bräunen der Haut an Stellen ermöglichen, die nicht von Haaren bedeckt sind. In der menschlichen Entwicklungslinie ist deshalb die nur leicht oder gar nicht pigmentierte Haut (im Fall von Albinismus) der neuere Zustand, nicht der ursprüngliche (nach Jablonski 2021).

Die Evolution der Hautpigmentierung des Menschen ist ein komplexer Prozess, der wesentlich durch das Ausmaß der UV-Strahlung der Sonne beeinflusst war – und dessen Auswirkung auf die Verfügbarkeit von Vitamin D und von Folat. Unter den Bedingungen in Zentralafrika, als die Gattung *Homo* sich entwickelte, mit hohem Anteil an UV-Strahlung favorisierte die natürliche Selektion die Fähigkeit zu schwitzen (verbunden mit dem weitgehenden Verlust der Körperbehaarung) und vermehrt Eumelanin herzustellen. Die durch erhöhte Eumelanin-Produktion begründete Pigmentierung bot Schutz gegen Folat-Abbau und Beschädigung der DNA, wobei die Vitamin-D-Produktion der Haut möglich blieb (eine zu geringe Folat-Konzentration kann zu Neuralrohrdefekten bei der Embryonalentwicklung führen; Folat ist ein wichtiger Methyldonor für Methylierungsreaktionen, darunter auch epigenetische Methylierungen).

Bei der Ausbreitung des *Homo sapiens* nach Eurasien vor ~70.000 Jahren benutzten die Menschen sowohl Regionen an den Küsten als auch im Landesinnern. Die Populationen waren klein, und Flaschenhalseffekte beeinflussten auch das Ausmaß der Variationen der Pigmentierungsgene in den überlebenden Populationen. Als Jäger und Sammler ernährten sie sich entsprechend den Umweltbedingungen – Fisch und Fleisch erlaubten jedenfalls eine ausreichende Versorgung mit Vitamin D.

Die Entwicklung von stark depigmentierter Haut ist ein Prozess jüngeren Datums. Wenn genetische Variationen vorhanden sind, die den Fortpflanzungserfolg erhöhen, unterliegen sie einer positiven Selektion, in Europa und Asien beispielsweise unter den besonderen Umweltbedingungen wie saisonal schwankender und relativ schwacher Sonneneinstrahlung. Durch die Umstellung der Ernährung von einer Jäger-und-Sammler-Kultur auf Ackerbau und Viehzucht wird eine ausreichende Versorgung mit Vitamin D über die Haut wichtiger; umgekehrt vermindert die Möglichkeit zur saisonalen Bräunung der hellen Haut bei stärkerer Sonneneinstrahlung wiederum die Schädigung der DNA und den Abbau von Folat durch UV-Strahlung; dadurch ist eine flexible Antwort des Körpers auf variierende Umweltbedingungen wie Sonneneinstrahlung und Ernährung möglich. So haben sich Veränderungen in der Hautpigmentierung relativ schnell durchgesetzt (nach Jablonski 2021; Lucock 2023).

Melanin ist ein makromolekulares Biopolymer, das aus der Oxidation und Polymerisation von Tyrosin entsteht; einen Überblick über die Stoffwechselwege gibt ◘ Abb. 4.2a. Melanin wird in epidermalen Melanozyten synthetisiert und auf die umliegenden Keratinozyten übertragen, die dadurch vor den Auswirkungen der UV-Strahlung geschützt werden. Der erste Schritt wird durch das Schlüsselenzym Tyrosinase (TYR) katalysiert; am Ende stehen die dunklen Formen von Eumelanin bzw. die hellere Form von Phäomelanin. ◘ Abb. 4.2b zeigt den deutlichen Lichtschutzeffekt von dunkler Haut, der bei hellhäutigen Menschen in Europa und Asien entfällt. Dabei bilden die Melanosomen eine Kappe über dem Zellkern der Keratinozyten und wirken so als Lichtschutz vor UV-Strahlung. Die Schäden, die durch UV-Strahlung in den Hautzellen entstehen, sind zunächst einmal Cyclobutan-Pyrimidin-Dimere an der DNA, durch die das p53-Protein und nachfolgende Signalkaskaden aktiviert werden (nach Pavan und Sturm 2019).

Wir wollen uns jetzt im Folgenden mit den genetischen Aspekten beschäftigen, die in jüngerer Zeit zu der Entwicklung von hellerer Haut und Haaren geführt hat, und wir wollen dabei zunächst nach Unterschieden in Genen der Menschen in Afrika, Europa und Asien suchen. Ein grobes Schema der Evolution menschlicher Hautfarben zeigt dabei ◘ Abb. 4.3, wobei die unterschiedlichen Allelfrequenzen von nur drei Genen dargestellt sind. Eines der Gene, dessen Allelverteilung sich in Afrika deutlich von der in Europa und Asien unterscheidet, ist *KITLG*, das für den Liganden des *KIT*-Gens kodiert (◘ Abb. 4.2b). Das KIT-Gen codiert für eine Tyrosin-Kinase, und sein Ligand wird auch als Stammzellfaktor oder Mastzellwachstumsfaktor bezeichnet. Das *KITLG*-Gen ist in verschiedenen geweben exprimiert und allgemein während der Morphogenese und Zellproliferation aktiv. Das *KITLG*-Gen ist für die Entwicklung und Aufrechterhaltung der Melanozyten in der Haut wichtig. Der in ◘ Abb. 4.3 dargestellte SNP rs1881227 liegt oberhalb des *KITLG*-Gens und kommt mit seinem ursprünglichen Allel fast nur in Afrika vor, wohingegen das neue Allel in sehr großen Häufigkeiten in europäischen und asiatischen Populationen zu finden ist (nach Deng und Xu, 2020).

Neue Varianten des *MC1R*-Gens (Melonocortin-1-Rezeptor) sind dagegen in Ost-Asien weitverbreitet (z. B. rs885479), wohingegen die ursprünglichen Allele in Afrika und Europa dominieren. *MC1R* ist in Melanozyten exprimiert; der Melonocortin-1-Rezeptor spielt eine Schlüsselrolle beim Umschalten von Phäomelanin zu Eumelanin (◘ Abb. 4.3; nach Deng und Xu 2018).

In Nord-Europa sind verschiedene Allele von *OCA2* (Okulokutaner Albinismus Typ 2) weit verbreitet. Mutationen in *OCA2* wurde zunächst als Ursache für okulokutanen Albinismus identifiziert; das durch *OCA2* codierte Protein ist ein Transportprotein für Tyrosin in reifen Melanosomen. In Afrika und Asien sind die ursprüngliche Variante des SNPs rs12913832 im *OCA2*-Gen vorherrschend (◘ Abb. 4.3; nach Deng und Xu, 2020). Das gilt aber nicht für andere Varianten des *OCA2*-Gens, die jeweils sehr unterschiedliche Ursprungs- und Verbreitungsgebiete haben (◘ Abb. 4.4). Drei der *OCA2*-Polymorphismen (rs1800414: ◘ Abb. 4.4a; rs74653330: ◘ Abb. 4.4b; rs1800407: ◘ Abb. 4.4c) führen im abgeleiteten Allel zu Aminosäureaustauschen, zu einem hypomorphen Protein und der helleren Färbung von Iris, Haut und Haaren. Es handelt sich dabei offensichtlich um Beispiele einer parallelen Evolution für hellere Haut. Der SNP rs12913832 (◘ Abb. 4.4d) liegt dagegen außerhalb des *OCA2*-Gens in einem Intron des *HERC2*-Gens (*HECT and RLD domain containing E3 ubiquitin ligase 2*): das abgeleitete Allel zerstört einen Enhancer für *OCA2* und vermindert dadurch dessen Expression (Kidd et al. 2020).

Neben den SNPs, die zu hypomorphen Proteinen führen, gibt es auch solche, die man in nicht-codierenden Regionen der Gene findet – in Introns, in 5′- oder 3′-nichttranslatierten Bereichen, oder sogar „irgendwo“ zwischen den Genen. Das macht die Analyse ihrer Funktion nicht einfach, aber wir können davon ausgehen, dass dabei die Funktion des Gens selbst nicht verändert wird, sondern nur die Expression verstärkt oder abgeschwächt oder das zelluläre Expressionsmuster verändert wird. Diese Polymorphismen sind nicht gerichtet entstanden, um einen bestimmten Zweck zu erfüllen, sondern zufällig – und unter den verschiedenen Umwelteinflüssen (Licht, Wärme, aber auch Ernährung) hat das

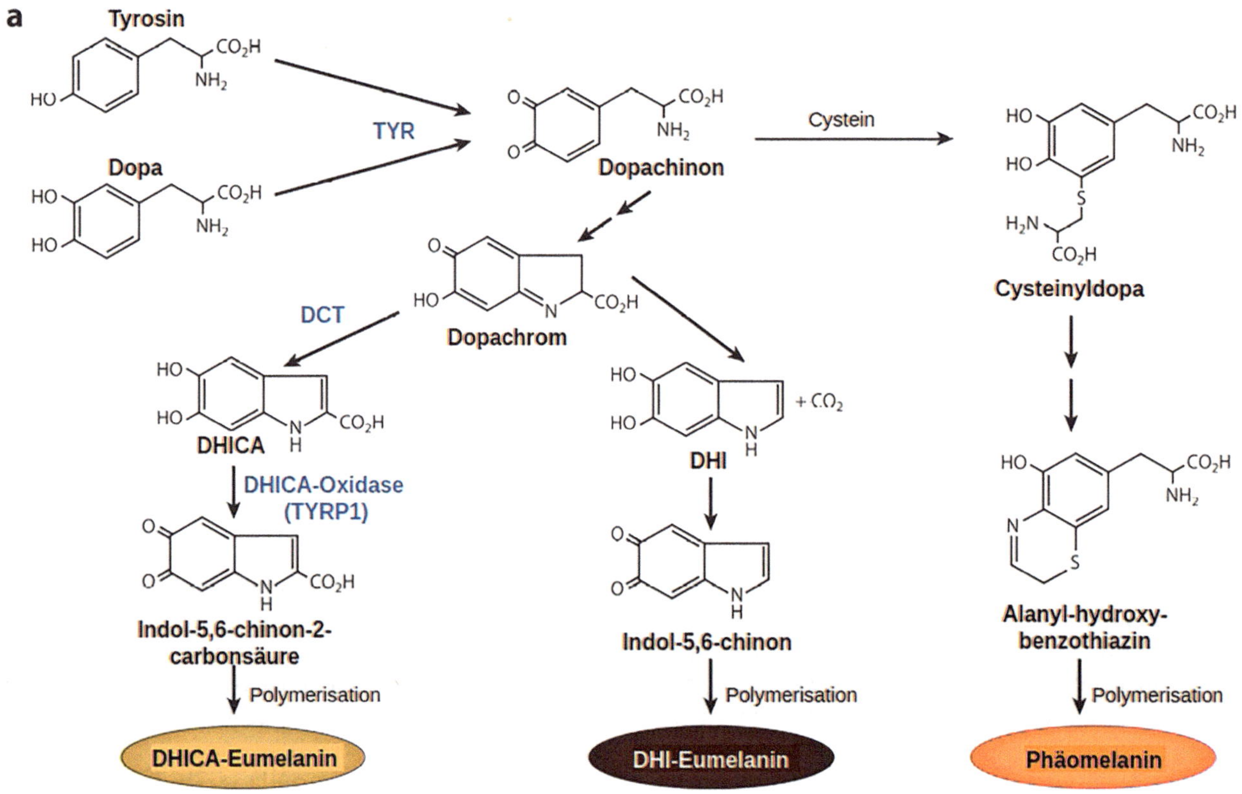
a
Tyrosin
Dopa
TYR
Dopachinon
Cystein
Cysteinyldopa
Dopachrom
DCT
DHICA
DHICA-Oxidase
(TYRP1)
DHI
+ CO2
Indol-5,6-chinon-2-carbonsäure
Indol-5,6-chinon
Alanyl-hydroxy-benzothiazin
Polymerisation
Polymerisation
Polymerisation
DHICA-Eumelanin
DHI-Eumelanin
Phäomelanin

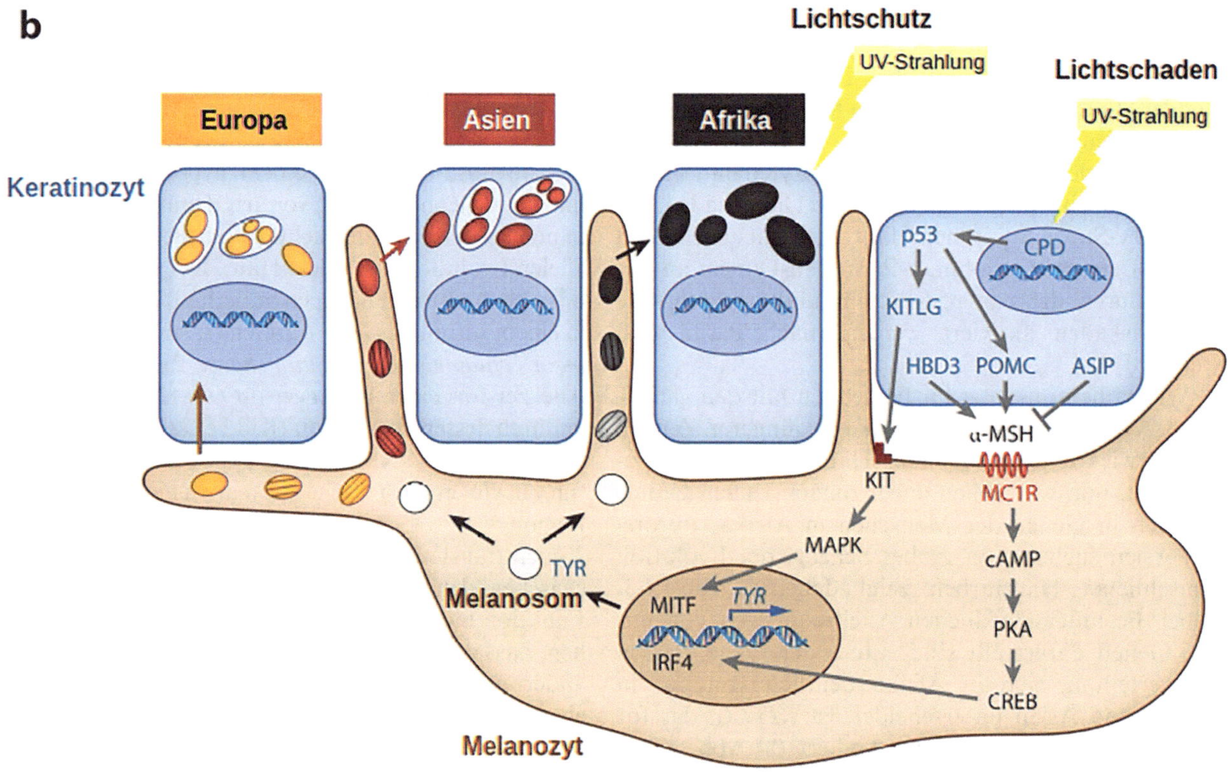
b
Lichtschutz
UV-Strahlung
Lichtschaden
UV-Strahlung
Europa
Asien
Afrika
Keratinozyt
p53
CPD
KITLG
HBD3
POMC
ASIP
α-MSH
KIT
MC1R
MAPK
cAMP
TYR
Melanosom
MITF
TYR
IRF4
PKA
CREB
Melanozyt

dann zu ganz unterschiedlichen Ergebnissen in der Evolution geführt.

An einem Beispiel für braune/blaue Augen wird das besonders deutlich. Wir haben oben schon auf den SNP rs12913832 hingewiesen. Er ist in einem Intron des Gens *HERC2* lokalisiert, das für eine Ubiquitin-Ligase kodiert, und liegt 21 kb oberhalb des Pigmentierungs-Gens *OCA2* in einer stark konservierten Region. Funktionelle Untersuchungen dieser hochkonservierten Region zeigten, dass diese Region um rs12913832 als Enhancer für die *OCA2*-Transkription wirkt. In dunkel-pigmentierten menschlichen Melanozyten, die das ursprüngliche T-Allel des SNPs rs12913832 tragen, binden verschiedene Transkriptionsfaktoren an diese Enhancer-Region, bilden eine Schlaufe zum Promotor des *OCA2*-Gens, führen zur erhöhten Expression von *OCA2* und zu braunen Augen. Im Gegensatz dazu binden in schwach pigmentierten Melanozyten, die das neue C-Allel des SNPs rs12913832 tragen, keine Transkriptionsfaktoren an diese Stelle, es wird keine Schlaufe gebildet, *OCA2* wird schwächer exprimiert und die Augen sind blau. Dieses Modell (◘ Abb. 4.5) erklärt schlüssig die Auswirkungen einer kleinen Variante (Austausch T→C) in einem nicht-codierenden DNA-Abschnitt mit einer starken Wirkung auf den menschlichen Phänotyp (nach Visser et al. 2012).

Für Europa sind außerdem die Depigmentierungs-Varianten der Transportproteine SLC24A4, SLC24A5 und SLC45A2 von besonderer Bedeutung; in den ersten beiden Fällen handelt es sich um Ionenaustauscher über Membranen, und SLC45A2 ist ein Transportprotein, das für die Melaninsysnthese gebraucht wird. Es ist natürlich interessant zu sehen, wie sich die gesamte Palette der Polymorphismen entwickelt hat, die zu den feinen Unterschieden in der Augen-, Haut-und Haarfarben geführt haben. In **Ost- und Westafrika** wird die kontinuierliche negative Selektion gegen *MC1R*-Varianten von positiver Selektion von *DDB1*- und *MFSD12*-Varianten begleitet und führt so zu stärkerer Pigmentierung. Die Einkreuzung der klassischen Depigmentierungsvariante von *SLC24A5* vor ~9000 Jahren über die arabische Halbinsel nach Ostafrika verbreitet sich rasch südwärts. Unter den Khoisan in **Südafrika** lockert sich die negative Selektion gegen *MC1R*-Varianten und wird durch eine positive Selektion der Depigmentierungsvariate von *SLC24A5* begleitet. Die Ausbreitung der stark pigmentierten Bantu-Populationen vor ~5000 Jahren führt zu einer komplexen Mischung der Pigmentierungsgenotypen und einer großen Bandbreite von moderat pigmentierten Phänotypen in Südafrika. In den Küstenregionen von **Süd- und Südostasien** findet eine kontinuierliche positive Selektion von *DDB1*- und *MFSD12*-Varianten statt und führt so zu stärkerer Pigmentierung. Die Einkreuzung von Varianten der Denisova-Menschen führt zu einer Verstärkung dieses Phänotyps. In **Melanesien** und **Australien** führt dies nach der Trennung von den Populationen auf dem Festland zu sehr dunklen Phänotypen. In **Zentraleurasien** hat sich unter einer gelockerten Selektion gegen *MC1R*-

◘ **Abb. 4.2 Melanin und das Schutzsystem der Haut. a** Stoffwechselweg zu Eumelanin und Phäomelanin. Der Prozess der Melaninbiogenese beginnt mit der Oxidation der Aminosäure Tyrosin oder 3,4-Dihydroxyphenylalanin (Dopa) durch das Enzym Tyrosinase (TYR) zur Bildung von Dopaquinon. In Abwesenheit von Cystein findet eine intramolekulare Addition statt, bei der das rot-orangefarbene Zwischenprodukt Dopachrom entsteht, das entweder spontan zu 5,6-Dihydroxyindol (DHI) zerfällt oder durch die katalytische Wirkung der Dopachrom-Tautomerase (DCT) zu 5,6-Dihydroxyindol-2-carbonsäure (DHICA) umgeformt wird. Das DHICA-Eumelanin-Polymer, das unter Beteiligung von TYRP1 (engl. *tyrosinase-related protein 1*) hergestellt wird, ist von hellerer Farbe als das DHI-Eumelanin-Polymer, das dunkelbraun oder schwarz ist. In Gegenwart von Cystein wird Dopaquinon zu Cysteinyldopa konjugiert, wobei weitere Schritte zur Herstellung des rot/gelben Phaomelaninpolymers führen. **b** Wechselwirkungen zwischen Keratinozyten und Melanozyten bei der UV-induzierten Bräunungsreaktion und Melanosomen in verschiedenen Hauttypen. Die Abbildung ist eine schematische Darstellung einer dendritischen Melanozytenzelle (braun), die mit Keratinozyten (blau) in der Haut interagiert. Der Keratinozyt auf der rechten Seite ist einer UV-Strahlung ausgesetzt, die DNA-Photoschäden wie die Bildung von Cyclobutan-Pyrimidin-Dimeren (CPD) hervorruft. Dadurch wird das p53-Protein aktiviert, was zur Produktion von Proopiomelanocortin (POMC) und des KIT-Liganden (KITLG) führt (Signalisierung durch graue Pfeile). Der POMC-Vorläufer wird zum α-Melanozyten-stimulierendem Hormon (α-MSH) gespalten, das an den Melanocortin-1-Rezeptor (MC1R) bindet und den cAMP-Protein-Kinase A (PKA)-Signalweg über CREB (engl. *cAMP-responsive element-binding protein*) stimuliert, was zur Aktivierung des Mikrophthalmie-assoziierten Transkriptionsfaktors (MITF) führt. Parallel dazu bindet KITLG an den KIT-Rezeptor auf dem Melanozyten, was zu einer Aktivität der mitogen-aktivierten Proteinkinase (MAPK) führt, die ebenfalls MITF aktiviert. Die MC1R-Aktivierung kann durch das Agouti-Signalisierungsprotein (ASIP) blockiert oder durch β-Defensin 3 (HBD3) als partiellen Agonisten des Rezeptors beeinflusst werden. Die Transkriptionsfaktoren MITF und ITF4 (engl. interferon regulatory factor 4) führen zur Aktivierung der melanogenen Gene, wie TYR, und die produzierten Proteine werden in das Melanosom eingebaut. Die Melanogenese findet im Melanosom statt, das zu Melanin-gefüllten Körnchen heranreift, während sie in Richtung Zellmembran wandern (durch schwarze Pfeile dargestellt) und entweder einzeln oder in multivesikulären Körpern zu den Keratinozyten transportiert werden. Links ist die Morphologie und der Inhalt der Melanosomen nach Form und Farbe der Haut von Menschen in Europa, Asien und Afrika dargestellt, jeweils in einzelnen Keratinozyten. Die Melanosomen bilden eine Kappe über dem Zellkern der Keratinozyten und dienen als Lichtschutz vor UV-Strahlung. (Nach Pavan und Sturm 2019; Annu Rev)

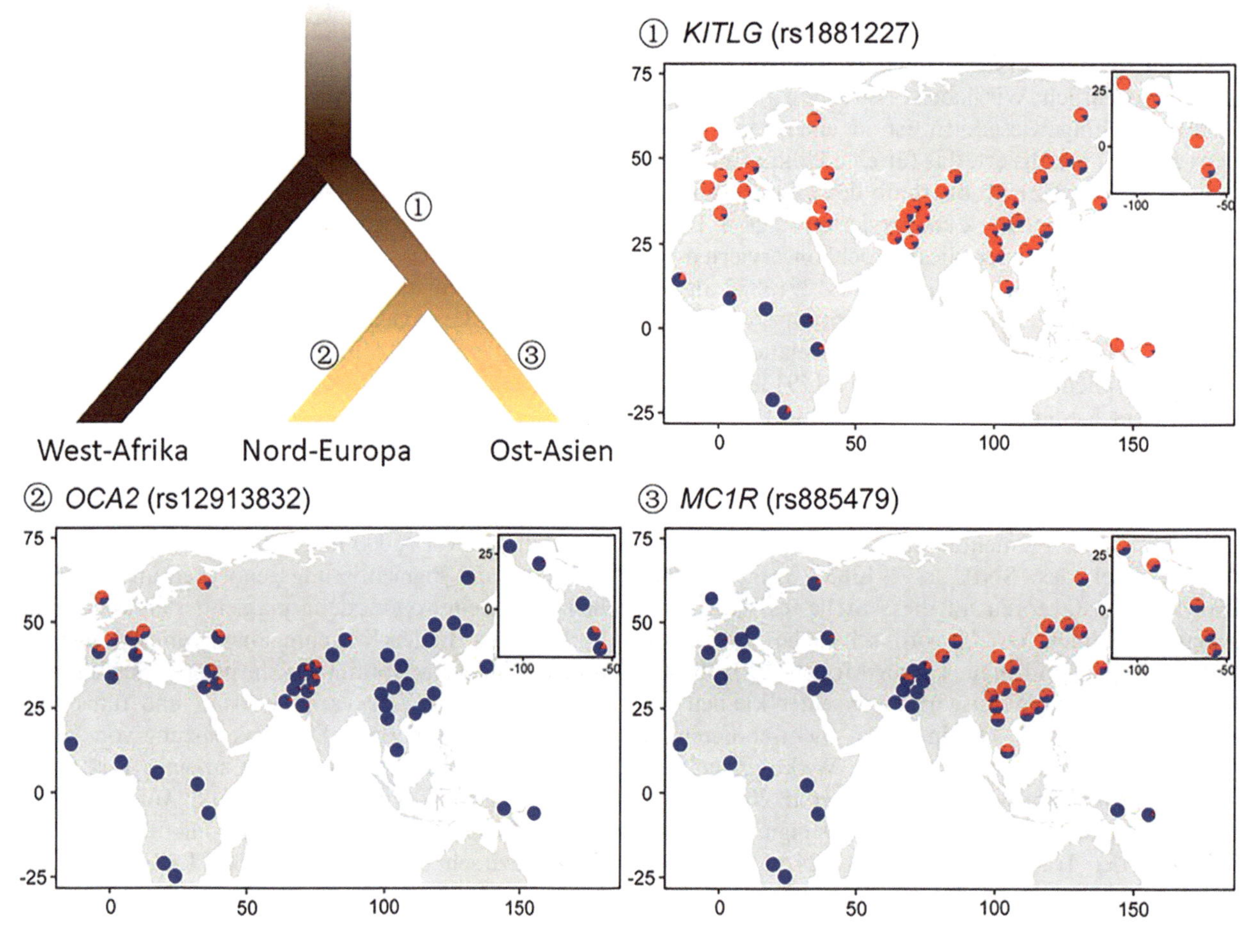

Abb. 4.3 Grobes evolutionäres Modell der menschlichen Pigmentation in drei kontinentalen Populationen. Der Stammbaum zeigt die genetische Phylogenie der Populationen von West-Afrika, Nord-Europa und Ost-Asien, wobei die Farben der Äste in groben Zügen die allgemeine Hautpigmentierung der Populationen in diesen Regionen angeben. Die Gene unter positiver Selektion in den gemeinsamen Vorfahren moderner Menschen in Eurasien sind durch den SNP rs1881227 im Gen *KITLG* (KIT-Ligand) repräsentiert; diejenigen Allele, die sich unabhängig voneinander in Europa und in Ost-Asien entwickelten (und damit eine konvergente Evolution andeuten), sind durch die SNPs rs12913832 im *OCA2*-Gen (Okulokutaner Albinismus Typ 2) und rs885479 im *MC1R*-Gen (Melonocortin-1-Rezeptor) repräsentiert. *Blaue* und *rote* Farben deuten den Häufigkeitsanteil des ursprünglichen bzw. des abgeleiteten Allels an. Die Zahlen an den x- bzw. y-Achsen geben die Längen- bzw. Breitengrade an. Das kleine Bild rechts oben in den Landkarten repräsentiert Mittelamerika; die indigenen Populationen dort entsprechen in Bezug auf die hier dargestellten Allelfrequenzen den ostasiatischen Populationen und spiegeln damit die ursprüngliche Besiedelung über die Beringstraße wider. (Nach Deng und Xu 2018; CC-by 4.0, ► http://creativecommons.org/licenses/by/4.0)

Varianten und einer positiven Selektion von *KITLG*-Varianten zunächst ein moderat pigmentierter Phänotyp entwickelt. Nach der Einführung von Landwirtschaft und Viehzucht vor ~10.000 Jahren und zunehmender Vermischung von Populationen unterschiedlichen Genkombinationen für Hautfarben entwickelte sich eine moderat pigmentierte, aber bräunende Haut. In **Ostasien** führt eine intensivierte Selektion gegen die *KITLG*-Variante und andere Loci zu einer weiteren Depigmentierung (nach Jablonski 2021).

In **Europa** kamen die modernen Menschen vor ~50.000 Jahren an, und einige von ihnen brachten wohl schon eine *OCA2*-Variante mit, sodass sie braune Haut, aber (zumindest einige) auch blaue Augen hatten. Nach dem Ende der letzten großen Eiszeit begannen die westeuropäischen Jäger und Sammler von ihren Rückzugsgebieten auf der iberischen Halbinsel aus auch Nord-Europa zu kolonialisieren. Interessanterweise hatten dann schon die östlichen und skandinavischen Jäger und Sammler eine hellere Haut – ganz im Gegensatz zu

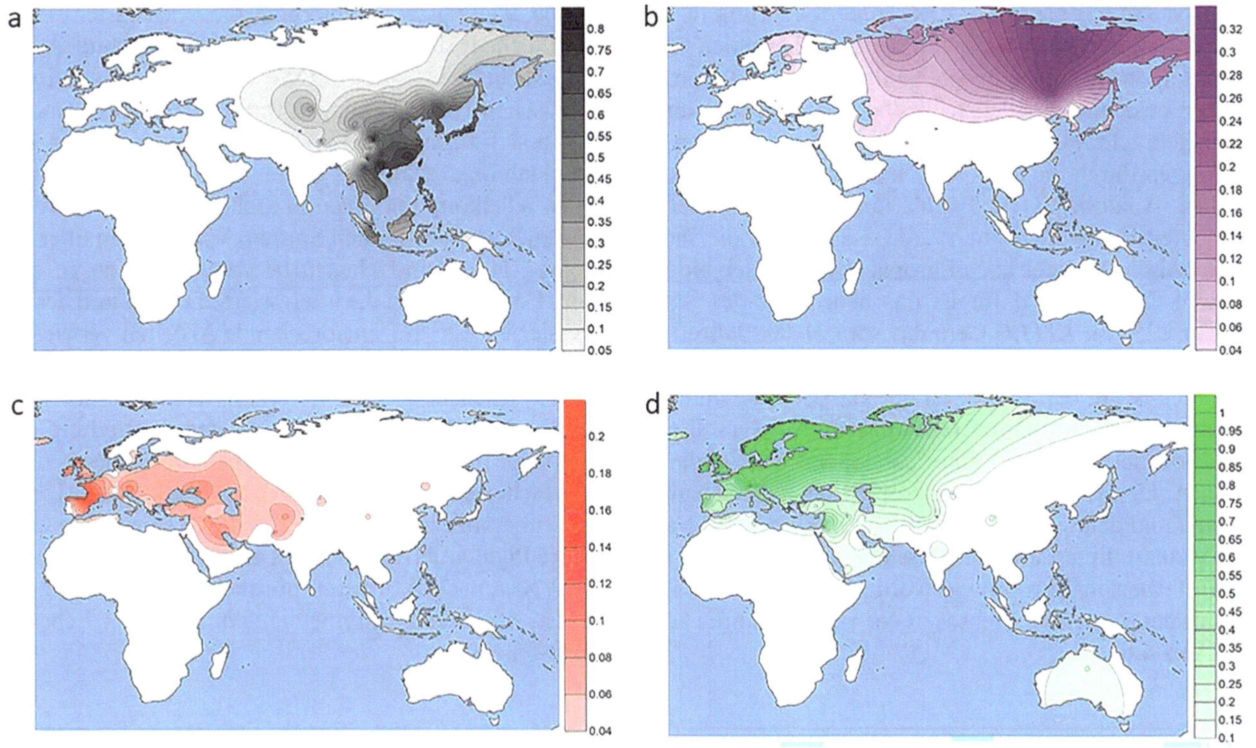

Abb. 4.4 Unterschiedliche Ursprungs- und Verbreitungsgebiete für verschiedene *OCA2*-Varianten in Eurasien. **a** Häufigkeiten des neuen Allels rs1800414. **b** Häufigkeiten des neuen Allels rs74653330. **c** Häufigkeiten des neuen Allels rs1800407. **d** Häufigkeiten des neuen Allels rs12913832. (Nach Kidd et al. 2020; CC-by 4.0, ► http://creativecommons.org/licenses/by/4.0)

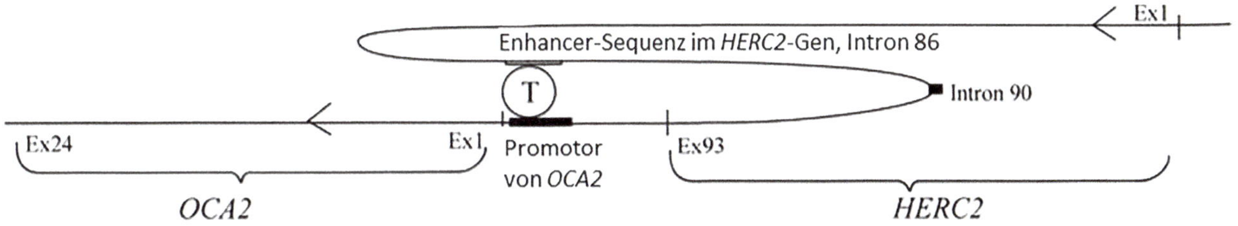

Abb. 4.5 Modell des Enhancer-Promotor-Komplexes zur Regulation der *OCA2*-Genaktivität. Das T-Allel des SNPs rs12913832 im Intron 86 des *HERC2*-Gens liegt in einem stark konservierten Bereich und ist mit dem Phänotyp eines braunen Auges assoziiert. Dieser Bereich des *HERC2*-Introns 86 tritt mit dem Promotor des *OCA2*-Gens in Wechselwirkung und erhöht die Promotoraktivität des *OCA2*-Gens. Die Orientierung der Gene ist durch eine Pfeilspitze (<) angedeutet. (Nach Eiberg et al. 2008; Springer Nature)

den Jägern und Sammlern des Baltikums, die ihre dunkle Hautfarbe bis vor ~3800 Jahren behielten, als die Populationen der Steppe sich auch nach Nord-Europa ausbreiteten (nach Hanel und Carlbery 2020). In **Nord- und Nordwesteuropa** wird allerdings die *SLC24A5*-Variante von anatolischen Bauern vor ~6000 Jahren eingeführt; durch die positive Selektion besonders in relativ isolierten Populationen mit wenig und jahreszeitlich abhängiger UVB-Strahlung ist diese Variante stark bevorzugt (Jablonski 2021).

Der SNP rs1426654 im *SLC24A5*-Gen hat wohl einen der stärksten Effekte auf die Aufhellung der Haut: er ist innerhalb eines großen Haplotyp-Blocks (78 kb) lokalisiert, den offensichtlich alle Träger dieses Allels gemeinsam haben – auch die vorzeitlichen Skandinavier und die Jäger und Sammler im Osten und im Kaukasus. Berechnungen haben ergeben, dass diese Variante wohl auf einen einzelnen Menschen zurückgeht, der vor 22–28.000 Jahren im Mittleren Osten gelebt hat. Auf ähnliche Weise ergab die Haplotyp-Analyse des SNPs rs16891982 des Gens *SLC45A2* einen Ursprung in den Vorfahren der Kaukasier, und die anschließenden Ausbreitungsbewegungen in den Kaukasus und Ost-Europa haben beide neuen Allele schließlich bis nach Skandinavien gebracht. Nach Süd- und Zentraleuropa kamen sie hingegen durch die anatolischen Bauern aus dem westlichen Anatolien. Die Populationen aus der Steppe brachten dann nicht nur Pferde, Räder und die indoeuropäische Sprache nach Europa, sondern auch blonde Haare. Ursächlich dafür ist das neue Allel des SNPs rs12821256 im *KITLG*-Gen, das vor ~18.000 Jahren im nördlichen Eurasien in der Nähe des Baikal-Sees entstanden ist. In der Summe ist der klassische hellhäutige Phänotyp der europäischen Bevölkerung also erst innerhalb der letzten ~5000 Jahre entstanden und verdankt seinen Ursprung den Immigranten aus dem Nahen Osten und dem westlichen Asien (nach Hanel und Carlbery 2020). Eine Zusammenfassung der Verbreitung der Hautfarben in Europa und Vorderasien nach der Ankunft des modernen Menschen vor ~40.000 Jahren zeigt ◘ Abb. 4.6.

Die wichtigsten Gene und die wichtigsten Polymorphismen, die wir hier diskutiert haben und die in Untersuchungen alter DNA und in populationsgenetischen Untersuchungen verwendet werden, sind in ◘ Tab. 4.1 zusammengefasst. Die Kenntnis dieser Zusammenhänge erlaubt es heute, aufgrund der verschiedenen Allelkombinationen in archäologischen Funden, aber auch in forensischen Spuren, Vorhersagen über die Augen-, Haut- und Haarfarbe von Menschen zu machen. Für Details sei die interessierte Leserin und der interessierte Leser auf entsprechende Arbeiten verwiesen, z. B. Walsh et al. (2017).

Wir sehen in ◘ Tab. 4.1, dass viele Gene mit ganz unterschiedlichen Funktionen an der Ausbildung der Hautfarbe (und entsprechend auch der Augen- und Haarfarbe) beteiligt sind. ◘ Abb. 4.7 gibt einen Überblick über die menschliche Melaninsysthese. Da eine hellere Pigmentierung auch mit einer effizienten Bildung von Vitamin D in höheren nördlichen Breiten verbunden ist, ist dieser Zusammenhang in ◘ Abb. 4.7 ebenso dargestellt.

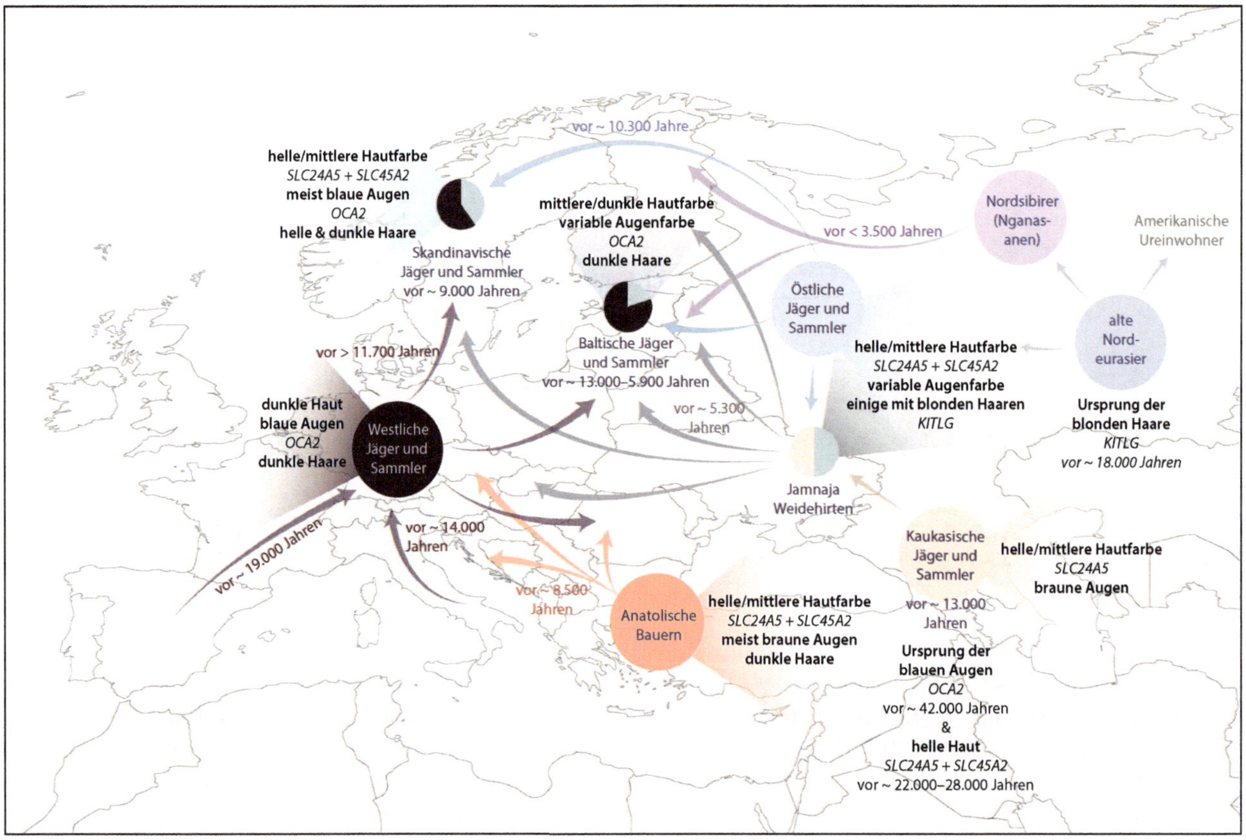

◘ **Abb. 4.6** Geschichte der menschlichen Pigmentierung in Europa. Gezeigt ist die Wanderung und Vermischung von Populationen in Europa seit der Ankunft des *Homo sapiens* vor ~40 000 Jahren. Die Informationen zu den Augen-, Haut- und Haarfarben basieren auf publizierten Daten von SNPs der Gene *SLC24A5*, *SLC45A2* und *OCA2*. (Nach Hanel und Carlberg 2020; CC-by, ► http://creativecommons.org/licenses)

Tab. 4.1 Auswahl einiger Gene, deren Polymorphismen mit Veränderungen der Haut-, Haar- und Augenfarbe assoziiert sind

Gensymbol	Protein	Funktion	Varianten
ASIP (Chr. 20q11)	*Agouti-signaling protein*	Wechselwirkung mit MC1R	rs6058017 rs6059655 rs4911414
BNC2 (Chr. 9p22)	Basonuclin-2 (Zinkfinger-Protein)	Expression in Keratozyten	rs10756819
DDB1 (Chr. 11q12)	*Damage Specific DNA Binding Protein 1*	Reparation von UV-induzierten DNA-Schäden	rs7948623 rs1377457 rs148172827
HERC2 (Chr. 15q13)	*HECT and RLD domain containing E3 ubiquitin ligase 2*	SNPs liegen zwar im *HERC2*-Gen, beeinflussen aber die Expression von *OCA2*	rs12593929 rs12913832 rs4932620 rs649721
IRF4 (Chr. 6p25)	Interferon-regulierender Faktor 4	Transkriptionsfaktor; reguliert u. a. die Expression von TYR	rs12203592
KITLG (Chr. 12q21)	KIT-Ligand	Pleiotrope Effekte auf Zellmigration und Melanogenese	rs642742 rs12821256
MC1R (Chr. 16q24)	Melonocortin-1-Rezeptor	Melanogenese; Rezeptor für das Melanocyten-stimulierende Hormon (MSH)	rs1805007 rs42687448
MFSD12 (Chr. 19p13)	*Major Facilitator Superfamily Domain Containing 12*	Transporter; vermittelt den Import von Cystein in Melanosomen	rs10424065 rs2240751
OCA2 (Chr. 15q12)	Okulokutaner Albinismus Typ 2	Membrantransport für Tyrosin; Melaninsynthese	rs1800407 rs1800414 rs74653330
SLC24A4 (Chr. 14q32)	*Solute Carrier Family 24 Member 4*	Ionentransporter über Membran (Na^+/Ca^{2+}-K^+ Austausch)	rs12896399
SLC24A5 (Chr. 15q21)	*Solute Carrier Family 24 Member 5*	Ionentransporter über Membran (Na^+/Ca^{2+}-K^+ Austausch)	rs1426654
SLC45A2 (Chr. 5p13)	*Solute Carrier Family 45 Member 2*	Transportprotein; Melaninsynthese	rs16891982
TYR (Chr. 11q14)	Tyrosinase	Melanogenese	rs1042602
TYRP1 (Chr. 9p23)	Tyrosinase-ähnliches Protein 1	Melaninbiosynthese	rs2150097

Nach Kidd et al. 2020; Feng et al. 2021; Lucock, 2023; Jablonski, 2021; OMIM (▶ https://www.omim.org/); dbSNP (▶ https://www.ncbi.nlm.nih.gov/snp/)

! Die helleren Haut-, Haar- und Augenfarben setzten sich durch, nachdem sich die entsprechenden Varianten in den Genen SLC24A5, SLC45A2 und OCA2 aus Mesopotamien, dem Kaukasus und Anatolien ausgebreitet hatten und den Menschen im Norden und Westens Europas mit geringem, aber saisonal schwankenden UV-Anteil im Sonnenlicht unter den Bedingungen einer sesshaften bäuerlichen Kultur einen Selektionsvorteil geboten haben.

Einen interessanten Video-Vortrag von Nina Jablonski an der Universität von New Mexico (29.01.2021) zum Thema der Evolution von Augen-, Haar- und Hautfarben findet man unter:

▶ https://anthropology.unm.edu/news-events/events/event/human-skin-color-is-the-product-of-evolution-and-is-important-to-talk-about.html

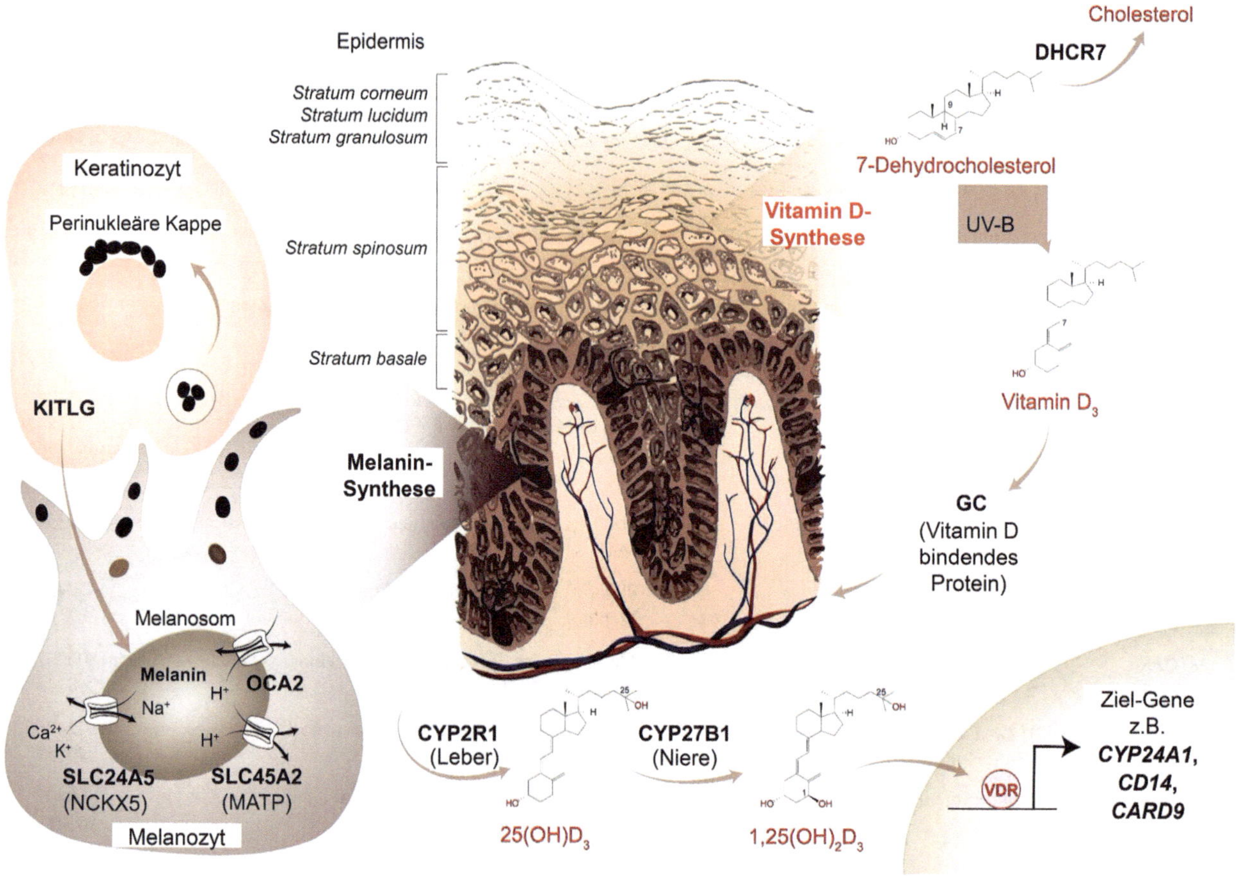

Abb. 4.7 Biologie der Hautpigmentierung und Vitamin-D-Synthese. *Links*: Melanozyten sind in der Basalzellschicht der Epidermis angesiedelt und versorgen Keratinozyten (und Haarfollikel sowie die Iris im Auge; beide nicht dargestellt) mit Melanosomen. In Keratinozyten werden die Melanosomen durch Phagozytose aufgenommen und in der Region um den Zellkern als Melanin-Kappen neu organisiert. Die Synthese von Melanin erfolgt in den Melanosomen unter der Kontrolle von KITLG, SLC24A5 und SLC45A2. *Rechts*: Vitamin D_3 wird produziert, wenn der Cholesterol-Vorläufer 7-Dehydrocholesterol UV-Licht ausgesetzt ist. Diese nicht-enzymatische Reaktion führt zu Provitamin-D_3 (nicht gezeigt), das schnell zu Vitamin-D_3 isomerisiert. Im Serum wird Vitamin D_3 an das GC-Transportprotein gebunden. In der Leber metabolisiert das Enzym 25-Hydroxylase (CYP2R1) das Vitamin D_3 zu 25(OH)D_3, und in der Niere (und anderen Zelltypen) produziert die 1α-Hydroxylase (CYP27B1) aus Vitamin D_3 das 1,25(OH)$_2$$D_3$, einen hochaffinen Liganden des Vitamin-D-Rezeptors (VDR), der als Transkriptionsfaktor wirkt. Beispiele für Zielgene des VDR sind angegeben. (Nach Hanel und Carlberg 2020; CC-by, ▶ http://creativecommons.org/licenses)

4.1.2 Die Entwicklung der Lactase-Persistenz

Eine weitere interessante Frage im Kontext der neolithischen Revolution ist die Entstehung der Lactase-Persistenz bzw. der Lactose-Toleranz. Keine der Jäger-und-Sammler-Populationen hatte eine Lactose-Toleranz (bzw. Lactase-Persistenz) entwickelt. Lactase-Persistenz bedeutet, dass auch erwachsene Menschen die Fähigkeit besitzen, Lactose aus der Milch in Glukose und Galaktose zu spalten – was sonst nur Säuglingen und Kleinkindern möglich ist. Das menschliche Lactase-Gen (Gensymbol: *LCT*) ist im Dünndarm aktiv; wenn es bei Erwachsenen abgeschaltet ist, kann Lactose erst im Dickdarm durch eine bakterielle Lactase gespalten werden, was bei größeren Mengen an Milch zu Durchfall und Darmverstopfung führen kann (▣ Abb. 4.8).

Dagegen ist die Dauerhaftigkeit der Lactase-Aktivität (Lactase-Persistenz) auf verschiedene Punktmutationen zurückzuführen, die in der Evolution unabhängig voneinander und in unterschiedlichen Populationen aufgetreten sind. Deshalb sehen wir heute den Phänotyp „Lactase-Persistenz“ in vielen Regionen: mit der größten Häufigkeit in Europa (mit einem starken Nord-Süd-Gefälle) und in Populationen mit europäischen Vorfahren in den USA, Kanada und Australien

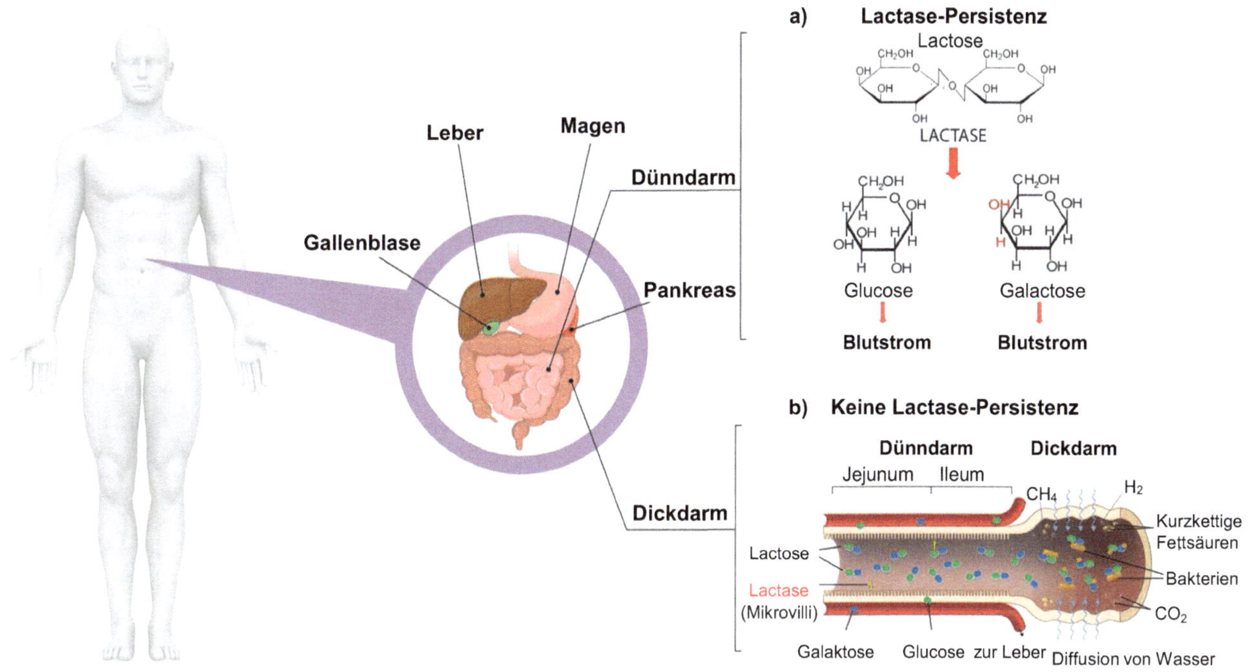

Abb. 4.8 Zwei mögliche Auswirkungen bei der Aufnahme von Lactose. **a** Individuen mit Lactose-Persistenz hydrolysieren Lactose im Dünndarm in die zwei Monosaccharide Glucose und Galactose, die dann schnell ins Blut übergehen. **b** Bei Individuen ohne Lactase-Persistenz (d. h. mit Lactose-Intoleranz) passiert die aufgenommene Lactose den Dünndarm und wird erst im Dickdarm durch Bakterien abgebaut. Kurzkettige Fettsäuren und Gase (CO_2, H_2 und CH_4) sind die Endprodukte des bakteriellen Abbaus von Lactose, was zur Entwicklung der Magen-Darm-Symptome der Lactose-Intoleranz wie Blähungen und Durchfall führt. (Nach Campbell und Ranciaro 2021; Oxford University Press)

sowie eher selten in West- und Ostafrika, im Mittleren Osten sowie in Südasien (Abb. 4.9).

Heute kennen wir aus vielen genetischen Untersuchungen die molekularen Ursachen der Lactase-Persistenz und wissen, dass es sich hierbei um ein Merkmal handelt, das autosomal-dominant vererbt wird. Ursache ist eine Punktmutation ~14 kb oberhalb des *LCT*-Gens (– 13.910: G > A; rs4988235) im Intron 13 des *MCM6*-Gens, das für ein Protein kodiert, das für die Initiation der eukaryotischen Genom-Replikation essenziell ist (engl. *minichromosome maintenance complex component 6*). Dieses Replikations-Protein ist aber nicht für die Lactase-Persistenz verantwortlich – vielmehr entstand durch diese Punktmutation eine neue Bindestelle für den Transkriptionsfaktor OCT1 (engl.: *octamer-binding transcription factor 1*; Synonym: POU2F1; engl: *POU class 2 homeobox 1*) und damit wurde die Expression des *LCT*-Gens unabhängig von dem alten Regulationsweg – das *LCT*-Gen wird jetzt dauerhaft exprimiert. Dieser evolutionäre „Sprung" erinnert an das Umschalten des Enhancers für *OCA2*, der in der nicht-codierenden Region des benachbarten *HERC2*-Gens liegt (Abb. 4.5) – einfache, spontane, ungerichtete Mutationen mit großen Effekten!

Diese Punktmutation bei – 13.910 (rs4988235) befindet sich in einem Kopplungsungleichgewicht (d. h. ist streng gekoppelt) mit einer weiteren Punktmutation im Intron 9 des *MCM6*-Gens an Position – 22.018 (C > T; rs182549), wobei diese weitere Punktmutation ohne funktionellen Einfluss bleibt. Weitere Varianten in der Nähe des soeben beschriebenen Polymorphismus sind: – 13.907: G > C (rs41525747; in Ostafrika), – 13.915: A > C (rs41380347; im Mittleren Osten) und – 14.010: C > G (rs145946881: in Ostafrika). Alle vier Varianten liegen innerhalb eines kurzen DNA-Fragments von ~100 bp und führen zu einer dauerhaften Expression des *LCT*-Gens (nach Ségurel und Bon 2017). Eine Übersicht über diese Mutationen und ihre Funktion bei der Regulation des *LCT*-Gens gibt Abb. 4.10.

Populationsgenetische Untersuchungen zeigen, dass diese Mutationen einen enormen Selektionsvorteil haben; der berechnete Selektionskoeffizient für europäische Populationen beträgt ~0,05–0,09, und ist damit eines derjenigen menschlichen Merkmale, das in den letzten 10.000 Jahren am stärksten selektioniert wurde. Der Beginn der Selektion liegt ~9000 Jahre zurück (Itan et al. 2009). Eine Übersicht über die Allelfrequenzen in verschiedenen Teilen Europas zu verschiedenen Zeiten

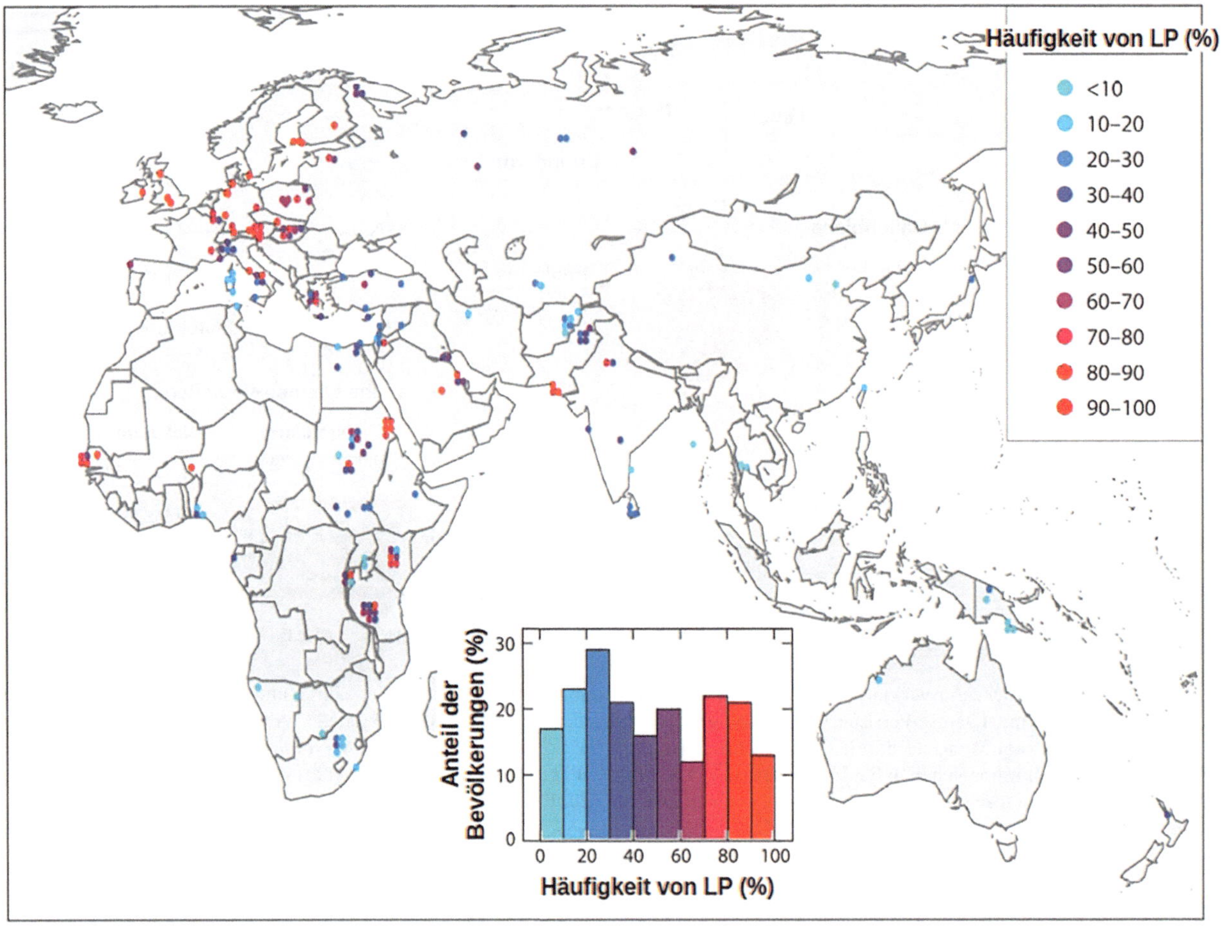

Abb. 4.9 Häufigkeiten des Phänotyps „Lactase-Persistenz" (LP) in der Alten Welt. Es sind nur Gruppen dargestellt, bei denen mehr als 10 Individuen den Phänotyp zeigen (14.908 Individuen in 194 Populationen). Das Histogramm gibt Populationsdichten mit unterschiedlichen LP-Frequenzen an. (Nach Ségurel und Bon 2017, Annu Rev)

gibt Tab. 4.2 und wir sehen deutlich die Zunahme der Allelfrequenz von rs4988235*T innerhalb von knapp 3000 Jahren bzw. 150 Generationen.

In vielen früheren Arbeiten wird die Zunahme der Lactase-Persistenz als ein klassisches Beispiel für eine Co-Evolution von Kultur (bäuerliche Lebensweise mit der Ernährung durch Milch und Milchprodukte) und Genetik betrachtet und die Selektion mit den ernährungsphysiologischen Vorteilen der Milch begründet. Neuere Arbeiten lassen aber an diesem einfachen Modell zweifeln. So sehen wir nicht nur in Europa, sondern auch in anderen Teilen der Welt, dass Milchwirtschaft nicht unbedingt an eine Lactase-Persistenz geknüpft ist. Die ersten Anzeichen für eine Milchwirtschaft kommt zwar aus Anatolien, wo vor ~10.500 Jahren Ziegen, Schafe und Rinder domestiziert wurden. Im Indus-Tal wurde das Zebu (Buckelrind) vor ~8000 Jahren domestiziert, gefolgt von Büffeln vor ~4500 Jahren und dem Yak (etwa zur gleichen Zeit) in Tibet. Esel und andere Huftiere wurden in Arabien und Ostafrika vor ~6000 Jahren für die Milchwirtschaft domestiziert, in Zentralasien vor ~5000 das Kamel und in Arabien vor ~3000 Jahren das Dromedar (nach Ségurel und Bon 2017).

In Europa ging der Gebrauch von Milch und Milchprodukten der Lactase-Persistenz voraus, wie wir in Abb. 4.11 sehen. Hier wurden Tonscherben aus verschiedenen Zeiten und verschiedenen Regionen in Europa auf Fettreste untersucht, die auf die Verarbeitung von Milch zurückgehen – und es zeigt sich im Vergleich zu Tab. 4.2, dass der Gebrauch von Milch der Lactase-Persistenz vorausging. Zwar lebte das erste bekannte Lactase-persistente Individuum vor ~6600 Jahren, aber das Allel für Lactase-Persistenz erreichte erst vor ~4000 Jahren nennenswerte Frequenzen. Offensichtlich konsumierten auch Lactase nicht-persistente

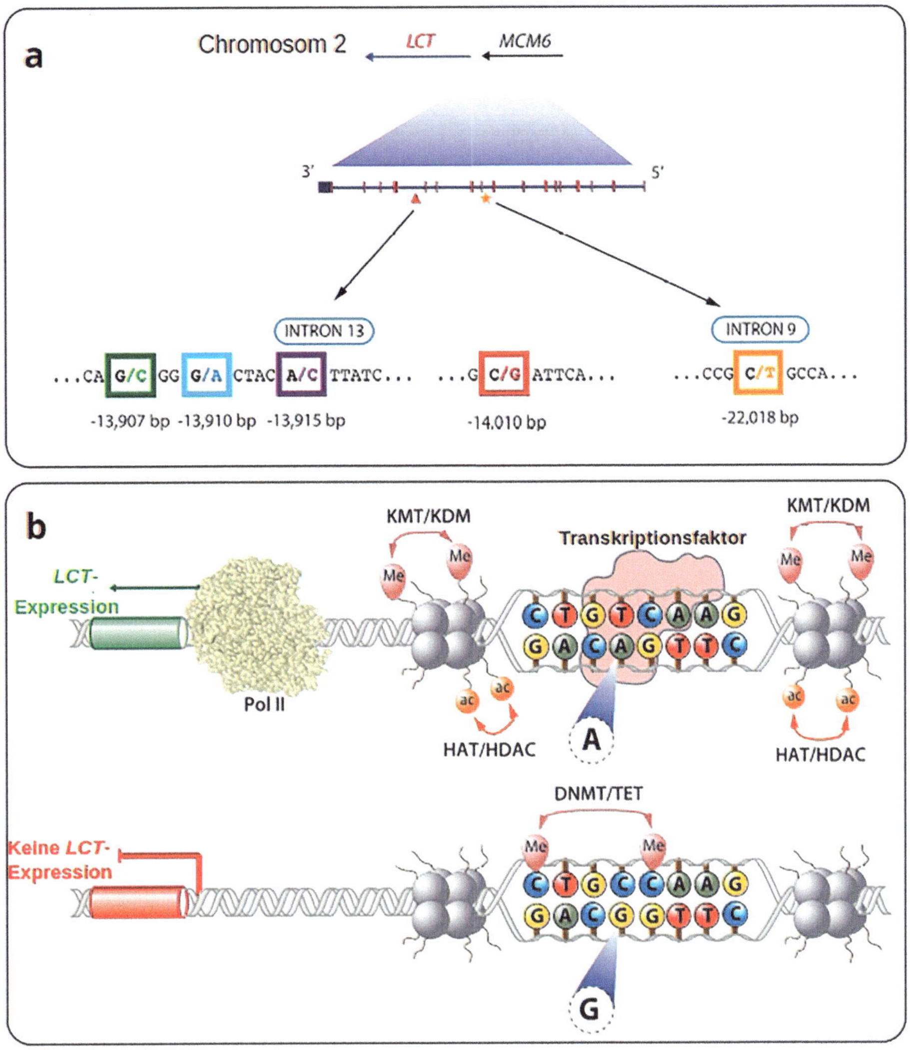

Abb. 4.10 Molekulare Basis der Lactase-Persistenz. Es ist die genomische Region der Gene *LCT* (kodiert für Lactase) und *MCM6* (kodiert für *minichromosome maintenance complex component 6*) dargestellt. **a** SNPS, die ~14 bzw. 22 kb oberhalb des Transkriptionsstarts des *LCT*-Gens und in den Introns 13 bzw. 9 des *MCM6*-Gens liegen, sind mit Lactase-Persistenz assoziiert. Die ursprünglichen Allele sind *schwarz*, die neuen Allele sind *farbig* hervorgehoben. **b** Die Funktion der regulatorischen SNPs ist schematisch dargestellt. Die SNPs sind Teil einer Bindungsstelle für Transkriptionsfaktoren und haben in einem Allel (*oben*) eine hohe Affinität und in dem anderen Allel (*unten*) eine niedrige Affinität für Transkriptionsfaktoren. Im Fall des SNPs rs4988235 an der Position −13.910 relativ zum *LCT*-Gen handelt es sich dabei um POU2F1 (engl. *POU class 2 homeobox 1*). Außerdem modulieren epigenetische Effekte (wie Histon-Acetylierungen und Methylierungen sowie DNA-Methylierungen) die Expression des *LCT*-Gens. KMT/KDT: Lysin-Methylase/Demethylase; HAT/HDAC: Histon-Acetytransferase/Deacetylase; DNMT/TET: DNA-Methyltransferase/DNA-Demethylierung (durch *ten-eleven translocation methylcytosine dioxygenase*); Pol II: RNA-Polymerase II. (Nach Carlberg 2023; CC-by-4.0, ▶ http://creativecommons.org/licenses/by/4.0)

Individuen Milch, wenn sie vorhanden war, aber in Zeiten von Hungersnot und/oder erhöhter Belastung mit Pathogenen war für Lactose-intolerante Menschen der Verzehr von Milch möglicherweise eher von Nachteil. Umgekehrt hatten Menschen mit der „neuen" Lactose-Toleranz große Vorteile, wenn sie aufgrund von Hungersnot oder Infektionen krank waren und dann Milch auch in größeren Mengen trinken konnten und so überlebten – das trieb wohl die Selektion der Lactase-Persistenz in Europa voran (und wahrscheinlich gilt dieses Szenario auch in anderen Teilen der Welt, wo sich Lactose-Persistenz entwickelte). Fluktuationen der Populationen, Siedlungsdichte und die Nutzung von Wildtieren sind dafür Indikatoren und erlauben eine

4

Tab. 4.2 Lactase-Persistenz: Allel-Frequenz von rs4988235*T und berechneter Beginn der Landwirtschaft

Ort	Allel-Frequenz von rs4988235*T	Zahl der untersuchten Individuen	Entfernung nach Zentral-Anatolien (km)	Berechnete Ankunft der Landwirtschaft in Jahren vor heute (Generationen nach Beginn)
Türkei	0,031	49	0	9000 (0)
Griechenland	0,134	41	550	8389 (24)
Toskana	0,063	16	1699	7112 (76)
Sardinien	0,071	56	1829	6968 (81)
Norditalien	0,357	28	1880	6911 (84)
Skandinavien	0,815	360	2523	6197 (112)
Deutschland	0,556	60	2309	6434 (103)
Frankreich	0,431	58	2523	6197 (112)
Französisches Baskenland	0,667	48	2666	6037 (119)
Südengland	0,734	64	2785	5905 (124)
Orkney	0,688	32	3325	5306 (148)
Irland	0,954	65	3349	5260 (150)

(Nach Itan et al. 2009;)

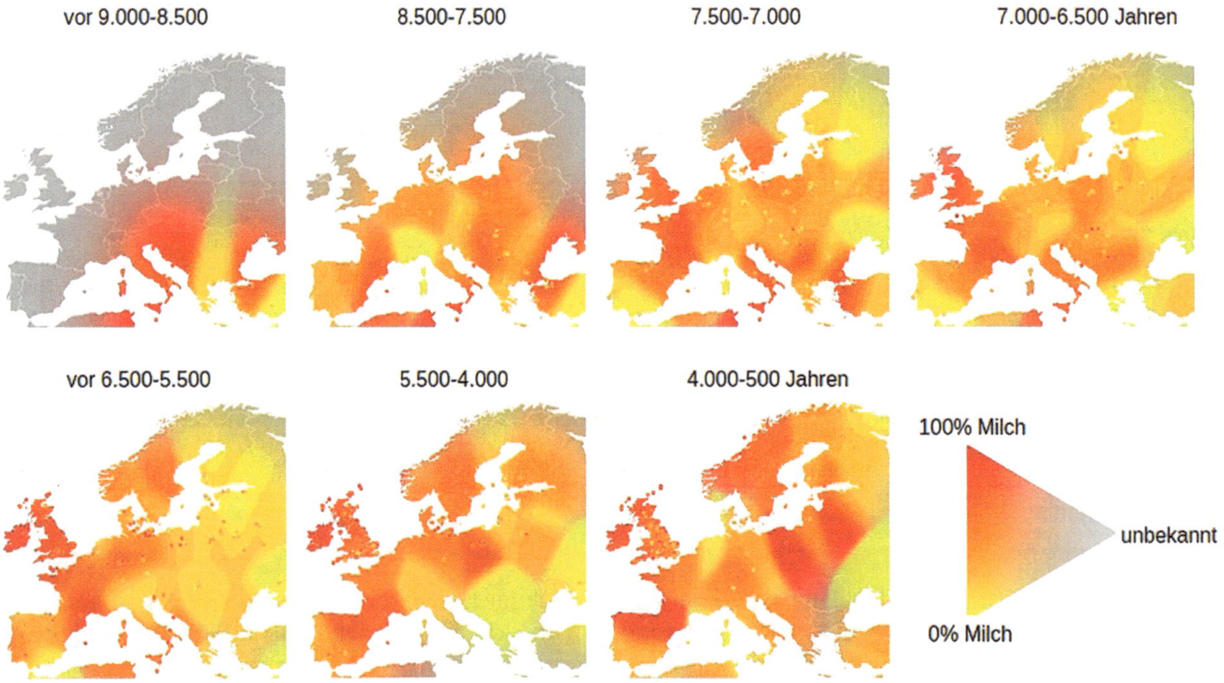

Abb. 4.11 Regionale Unterschiede in der Verwendung von Milch im prähistorischen Europa. Interpolierte Zeitabschnitte der Häufigkeit von Resten von Milchfett in Tonscherben (Farbton) und Vertrauen in die Abschätzung (gesättigte Farbe). Kreise zeigen die beobachteten Häufigkeiten an bestimmten Orten zu den angegebenen Zeiten. Das starke Gefälle der Farbsättigung von Südost nach Nordwest zu Beginn des Neolithikums illustriert die Verzerrung der Probenentnahme in Bezug auf den frühesten Gebrauch von Milch. Auf dem europäischen Festland sind deutliche Unterschiede in der Verwendung von Milch zu beobachten. Man beachte, dass die Interpolation manche Regionen anfärben kann, für die keine Daten vorliegen (z. B. Inseln). (Nach Evershed et al. 2022, Springer Nature)

bessere Erklärung für die Selektion der Lactase-Persistenz als nur die Nutzung von Milch alleine (Evershed et al. 2022).

! Die Laktase-Persistent entwickelte sich unabhängig voneinander in verschiedenen Teilen der Welt durch unterschiedliche, spontane Punktmutationen in einem Enhancer des LCT-Gens. Milch steht damit vor allem kranken Menschen zur Verfügung und bietet in dieser Kombination einen großen Selektionsvorteil.

4.1.3 Genetische Aspekte der Höhenanpassung

Bei der globalen Ausbreitung erreichten die Menschen auch Regionen großer Höhen; wir erwähnten die Anden in Südamerika (▶ Abschn. 3.7), aber auch das Hochland von Tibet und das Semien-Gebirge in Äthiopien wurden dauerhaft besiedelt (◘ Abb. 4.12). Der Mensch erträgt dabei den geringen Sauerstoffpartialdruck in großer Höhe (hypobare Hypoxie) und andere extreme Stressfaktoren seit Tausenden von Jahren. Populationen in großen Höhenlagen haben darauf einzigartige physiologische Reaktionen entwickelt, die aus dieser reduzierten Verfügbarkeit von Sauerstoff in Höhen über 2500 m resultieren. Zusätzlich zur Hypoxie sehen sich diese Populationen mit verschiedenen anderen Herausforderungen konfrontiert, wie z. B. einer erhöhten Exposition gegenüber Sonnenstrahlung, einer begrenzten Verfügbarkeit von Nahrung, niedrigen Temperaturen und einzigartigen Wechselwirkungen von Krankheiten mit ökologischen und umweltbedingten Faktoren. Insgesamt beeinflussen diese Faktoren die menschliche Physiologie und Anpassungsprozesse, die je nach demografischen Faktoren wie Alter, Geschlecht und sozioökonomischen Bedingungen variieren können (nach Seifu et al. 2025).

Der Aufenthalt in großen Höhen (üblicherweise über 2500 m) kann zu verschiedenen akuten Formen der Höhen- oder Bergkrankheit führen – dazu gehören vor allem Müdigkeit und Kopfschmerzen. Zentrale Ursache ist Hypoxie, die zu vertiefter bzw. beschleunigter Atmung (Hyperventilation) führt, die durch eine Atemsteigerung als Antwort auf die Hypoxie ausgelöst wird. Weitere Folgen sind eine Bluteindickung aufgrund erhöhter Harnausscheidung, eine erhöhte Herzfrequenz und erhöhte Herzleistung als Ergebnis der Symathicus-Aktivierung, sowie pulmonale Vasokonstriktion und erhöhter pulmonaler arterieller Blutdruck (nach Mallet et al. 2023).

Eine akute Höhenkrankheit entwickelt sich häufig bei nicht-akklimatisierten Menschen in großer Höhe und hat typischerweise einen gutartigen Verlauf, wobei

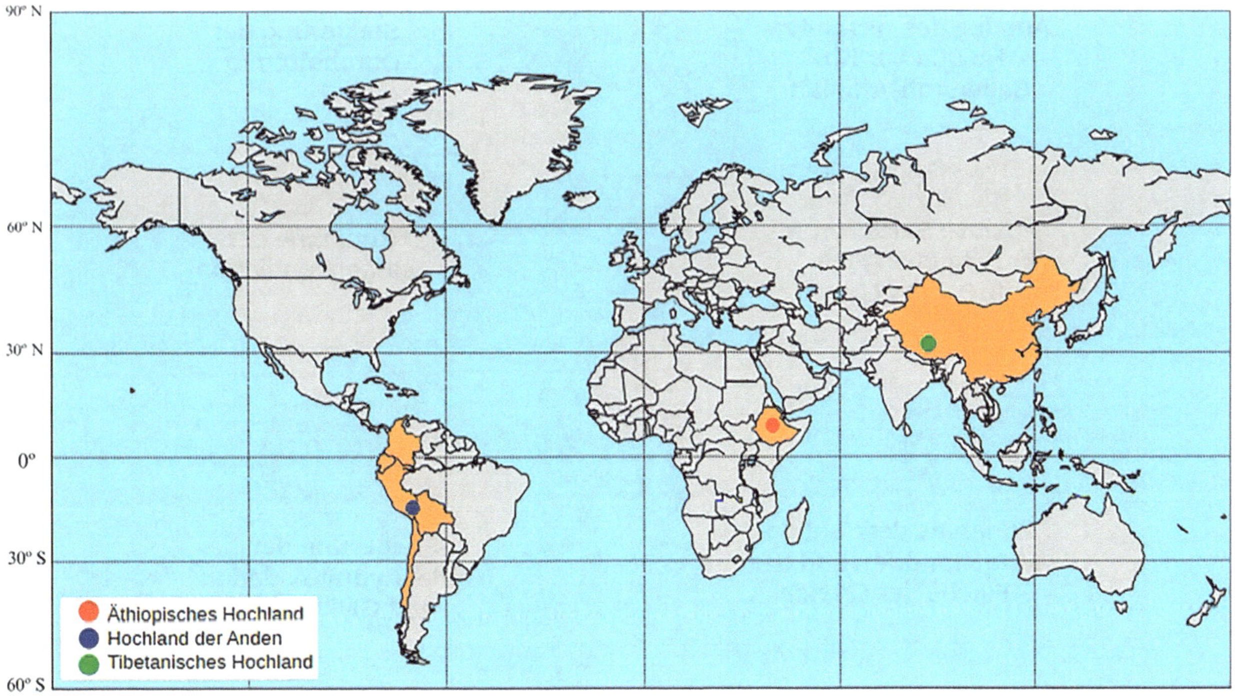

◘ **Abb. 4.12** Die drei geografischen Regionen großer Höhe, an die sich Menschen angepasst haben. Die Karte hebt die geografische Verteilung der drei wesentlichen Regionen großer Höhe hervor und die damit verbundenen Populationen. der *rote* Punkt repräsentiert das äthiopische Hochland, der *blaue* Punkt die Hochland der Anden und der *grüne* Punkt das tibetanische Hochland. Die Karte unterstreicht die gobale Vielfältigkeit der menschlichen Populationen in großen Höhen und ihre jeweils unterschiedliche evolutionäre Geschichte. (Nach Seifu et al. 2025; CC-by, ▶ http://creativecommons.-org/licenses)

die Symptome häufig nach einigen Tagen der Akklimatisation verschwinden. Die Inzidenz der akuten Höhenkrankheit empfindlicher Personen steigt mit zunehmender Höhe steil an (von ~7 % bei 2200 m auf über 50 % bei 4559 m). Nicht akklimatisierte Menschen entwickeln Symptome einer Höhenkrankheit typischerweise innerhalb von 6–12 h in großer Höhe; bei sehr empfindlichen Personen entwickelt sich zuerst eine Übelkeit, wobei Kopfschmerz das Leitsymptom ist. Ein Höhenhirnödem oder ein Höhenlungenödem sind dagegen eher seltene, wenngleich sehr schwere Formen einer Höhenkrankheit. Nach ~10 Tagen klingen die Symptome der einfachen Höhenkrankheit ab, und der Körper hat sich an die große Höhe angepasst. Wenn die anfängliche Hämokonzentration nachlässt, unterstützt die Hochregulierung von Erythropoietin den Anstieg der Hämoglobinkonzentration und des arteriellen Sauerstoffgehalts nach den ersten 1–2 Wochen der Höhenexposition. Diese erhöhte expression von erythropoietin wird durch den Transkriptionsfaktor HIF1 vermittelt (Hypoxie-induzierter Faktor 1). Die Zunahme der Muskelkapillarität aufgrund der Hochregulierung des vaskulären endothelialen Wachstumsfaktors ist eine weitere, durch HIF-1 ausgelöste Antwort auf die Exposition der großen Höhe. Für die Entdeckung und Aufklärung der Wirkung Hypoxie-induzierter Transkriptionsfaktoren wurden William G. **Kaelin**, Peter J. **Ratcliffe** und Gregg L. **Semenza** 2019 mit dem Nobel-Preis in Physiologie/Medizin ausgezeichnet (nach Mallet et al. 2023); eine grobe Übersicht über die adaptiven Prozesse bei einem Aufenthalt in großer Höhe gibt Abb. 4.13.

Wir wollen jetzt im Folgenden die genetischen Aspekte betrachten, die bei der Besiedelung des tibetani-

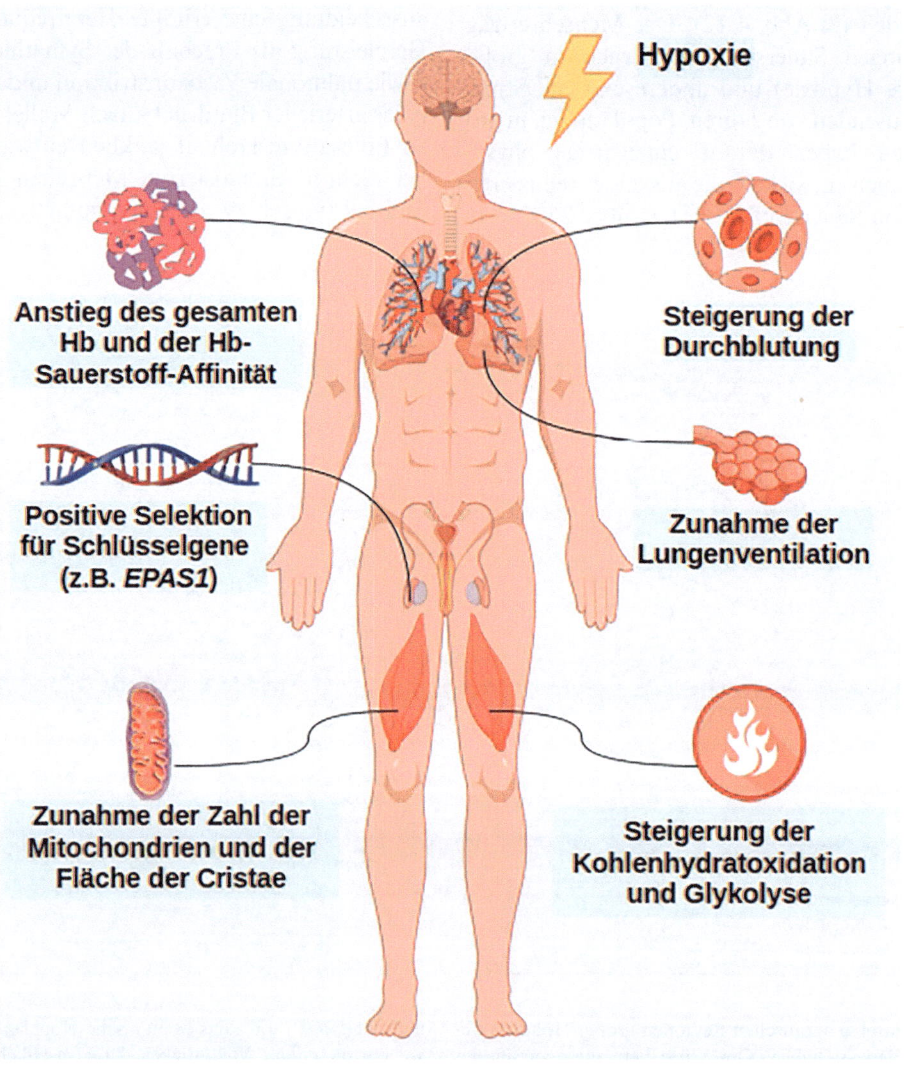

Abb. 4.13 Als Antwort auf Hypoxie reagiert der Körper mit adaptiven Veränderungen auf physiologischer, biochemischer genetischer Ebene. (Nach Zhao et al. 2024; CC-by-4.0, ► http://creativecommons.org/licenses/by/4.0)

schen Hochlands und der Gebirgsregion des Himalaya eine wichtige Rolle gespielt haben. Zu den heutigen Bewohnern gehören Tibetaner, Sherpas und verschiedene andere Populationen in Bhutan und Nepal. Als Antwort auf die chronische Hypoxie zeigen sie eine verminderte hypoxische Ventilation, und ihr Hämoglobin-Spiegel im Blut steigt mit zunehmender Höhe nicht dramatisch an, wenn man es mit Menschen vergleicht, deren Vorfahren aus dem Flachland stammen und die sich in große Höhen begeben. Intensive Untersuchungen zeigten zunächst, dass das endotheliale Protein mit einer PAS-Domäne (engl. *endothelial PAS domain protein 1*; Gensymbol *EPAS1*) bei dieser physiologischen Antwort ein wichtiger Baustein ist. Es handelt sich dabei um einen Transkriptionsfaktor im Hypoxie-induzierten Stoffwechselweg, der für die physiologische Antwort auf Hypoxie eine Schlüsselfunktion hat. Genetische Studien zeigten, dass mehrere Polymorphismen des *EPAS1*-Gens (Chr. 2p21) in Menschen aus Tibet und bei Sherpas aus Nepal mit der Anpassung an große Höhen und dem niedrigeren Hämoglobin-Spiegel korreliert war. Einer der ersten wichtigen Polymorphismen ist die Anwesenheit von 5 Basen (AGGAA) innerhalb eines 2,5 kb-Fensters des *EPAS1*-Gens, die so nur bei Tibetern und nicht bei den Han-Chinesen vorkommt. Individuen, die das abgeleitete Allele tragen, zeigen niedrigere Hämoglobin-Spiegel als solche, die das ursprüngliche Allel tragen (Huerta-Sánchez et al. 2014). Dieser Polymorphismus ist Teil einer Region, die insgesamt 32,7 kb umfasst und offensichtlich von den Denisova-Menschen des Altai-Gebirges in den tibetanischen Genpool moderner Menschen eingekreuzt wurde (nach Hackinger et al. 2016). Die Einkreuzung erfolgte vor ~57.000 Jahren, wenn man einen Selektionskoeffizienten von 0,006 bei der Berechnung zugrunde legt (Shchur et al. 2020). Möglicherweise erfolgte die Einkreuzung vor der Trennung der Tibeter und der Han-Chinesen im Tiefland, und die Selektion erfolgte später nur bei den Bewohnern des tibetanischen Hochlands. Leider gibt es aber keine archäologischen Funde von Denisova-Menschen in der Region, um die Frage der Einkreuzung genauer zu klären (Zhang et al. 2022).

Zusätzlich zu diesem Haplotyp, der durch Denisova-Menschen eingekreuzt wurde, gibt es ~80 kb unterhalb des *EPAS1*-Gens eine Deletion, die 3,4 kb umfassst und fast ausschließlich in Menschen aus Tibet vorkommt – und umgekehrt tragen ~90 % der Menschen in Tibet diese Deletion (50 % davon homozygot), wohingegen in weltweiten Proben nur 3 % der Untersuchten diese Deletion tragen (davon keine Homozygoten). In allen untersuchten Menschen mit dieser Deletion sind die Bruchstellen identisch; man schätzt, dass diese Deletion vor ~12.800 Jahren entstand und positiver Selektion in den Hochlagen Tibets unterliegt. Sie kommt entsprechend auch in Denisova-Menschen nicht vor, obwohl sie mit dem eingekreuzten Denisova-Haplotyp eng gekoppelt ist. Die Funktion der deletierten Sequenz ist noch nicht vollständig klar; möglicherweise wirkt sie als Enhancer für das *EPAS1*-Gen, das aufgrund der Deletion schwächer exprimiert wird (nach Lou et al. 2015).

Genomweite Vergleichsuntersuchungen zwischen Tibetanern und Han-Chinesen deuten auf eine positive Selektion in der tibetischen Population bei drei weiteren Genen hin, die alle dem HIF-Signalweg zugerechnet werden: *EGLN1* (engl. *Egl-9 Family Hypoxia Inducible Factor 1*), *PPARA* (engl. *Peroxisome Proliferator Activated Receptor a)* und Hämoxygenase 2 (*HMOX2*). Mutationen und Variationen in diesen Genen beeinflussen physiologische und biochemische Phänotypen, die mit der Anpassung an Hypoxie in großen Höhen zusammenhängen. So kodiert *EGLN1* beispielsweise für ein Protein mit einer Prolinhydroxylase-Domäne, die HIF1α in normoxischer Umgebung abbaut – Hypoxie hemmt aber die Aktivität dieser Domäne und führt zu einer stabilen Expression von HIFs und initiiert damit eine Reihe von physiologischen Antworten auf Hypoxie wie beispielsweise Erythropoiese. In der tibetischen Bevölkerung kommen aber zwei Polymorphismen im *EGLN1*-Gen vor, die zu Aminosäure-Austauschen führen, die die Aktivität der Prolinhydroxylase-Aktivität erhöhen. Dadurch wird HIF1α auch unter hypoxischen Bedingungen abgebaut und tibetische Populationen zeigen eine verminderte Antwort auf Erythropoiese und sind umgekehrt vor Erythrozytose geschützt. Die Sequenzvariationen in *EPAS1*, *PPARA* und *HMOX2*-Genen sind mit Bluteigenschaften wie niedriger Hb-Konzentration assoziiert (nach Zhao et al. 2024).

In den Anden gibt es bis jetzt wesentlich weniger Untersuchungen zur genetischen Anpassung an das Leben in großen Höhen. Wie wir in ▶ Abschn. 3.7 gesehen haben, begann die Besiedelung der Anden vor ~12.000 Jahren. Die bisherigen genetischen Untersuchungen zeigen klar, dass die Populationen in den Anden weder den Denisova-Haplotyp noch die 3,4-kb Deletion unterhalb des *EPAS1*-Gen tragen (Amaru et al. 2023). In genomweiten Studien bei den Ureinwohnern der Anden wurden verschiedene Gene mit positiver Selektion identifiziert; dazu gehört auch das oben erwähnte Gen *EGLN1*, aber auch *EDNRA* (kodiert für den Endothelin-Rezeptor Typ A), *PRKAA1* (codiert für die Proteinkinase AMP-aktivierte katalytische Untereinheit alpha 1) und *NOS2A* (kodiert für die Stickstoffoxid-Synthase 2A). Die Gene *EDNRA* und *PRKAA1* werden mit einem höheren Geburtsgewicht und einem größeren Durchmesser der Gebärmutterarterie in Verbindung gebracht. Eine Genomstudie an Amhara- und Oromo-Populationen, die auf dem ostafrikanischen Plateau leben, ergab, dass einige Gene in beiden Populationen positiver Selektion unterliegen. Dazu gehören die Gene *BHLHE41* (kodiert für das Mitglied e41 der basischen Helix-Loop-Helix-Familie), *CIC* (codiert für den *capicua*-ähnlichen Transkriptionsrepressor), *LIPE* (codiert für Lipase E), *PAFAH1B3* (codiert für die katalytische Untereinheit 3 der Acetylhydrolase 1b, die den Thrombozyten-aktivierenden Faktor inaktiviert), und *EDNRB* (kodiert für den Endothelin-Rezeptor Typ B). Dabei ist BHLHE41 an der Auslösung der Hypoxie-Reaktion über den HIF-Signalweg beteiligt, während die anderen Gene (bzw. die codierten Proteine) mit einer erhöhten Hypoxie-Toleranz in Verbindung gebracht werden (nach Zhao et al. 2024).

! Menschen haben sich seit langem an das Leben in großen Höhen angepasst. Die Menschen im tibetanischen Hochland verfügen über einen Haplotyp im EPAS1-Gen, der offensichtlich von den Denisova-Menschen eingekreuzt wurde, und über eine Deletion unterhalb des EPAS1-Gens. Beides zusammen unterlag positiver Selektion. Gene mit positiver Selektion werden auch im Hochland der Anden und dem äthiopischen Hochland diskutiert.

4.1.4 Anpassung an Pathogene

Das menschliche Immunsystem besitzt eine enorme interindividuelle Vielfalt – ganz im Gegensatz zu unseren sonstigen biologischen Eigenschaften. Immunität ist aus sich heraus variabel, da es durch die am stärksten polymorphen Gene (s. u.) kontrolliert und durch hochsensitive Umweltsensoren geformt wird, die das Immunsystem in unzählige funktionelle Konfigurationen treiben können. Diese interindividuellen Unterschiede sind bei der Geburt noch relativ gering, aber sie vergrößern sich mit zunehmendem Alter und durch unterschiedliche Umwelterfahrungen, d. h. vor allem durch die unterschiedlichen Pathogene, denen wir jeweils ausgesetzt sind. Die Möglichkeit zur interindividuellen Vielfalt liegt schon in unserer evolutionären Vergangenheit begründet, wobei die Gene, die die immunologischen Eigenschaften kontrollieren, zu denen mit der größten Vielfalt gehören, die man bei unseren archaischen Vorfahren findet. Die wesentlichen Treiber dieser immunologischen Vielfalt sind häufige genetische Varianten (wie das menschliche Leukozytenantigen; engl. *human leucocyte antigen*, HLA), intrinsische Faktoren wie Alter und Geschlecht, sowie allgemeine Umwelteinflüsse (wie Viren und andere infektiöse Agentien) (Liston et al. 2021).

Der HLA-Komplex ist der genreichste Bereich im menschlichen Genom; er ist auf dem kurzen Arm des Chromosoms 6 lokalisiert (6p21) und in drei Regionen unterteilt. Die Regionen der Gene für die HLA-Klasse I enthält drei klassische Gene (*HLA-A*, *HLA-B*, und *HLA-C*), die in fast allen Zellen exprimiert werden. Die Region der Gene für die HLA-Klasse II enthält die Gene *HLA-DP*, *HLA-DQ* und *HLA-DR*; die hier codierten Proteine werden konstitutiv in Antigen-präsentierenden Zellen exprimiert (wie dendritische Zellen, Makrophagen und B-Zellen). Die Gene der HLA-Klassen I und II zeigen eine außerordentliche Vielfalt: es sind mehr als 18.000 Allele in der Klasse I und 7000 Allele der Klasse II definiert. Die meisten Sequenzunterschiede befinden sich in den Antigen-Bindestellen der Klasse-I und II-Proteine, was auf einen starken Selektionsdruck hindeutet.

HLA-E, *HLA-F* und *HLA-G*, die Gene der nichtklassischen HLA-Klasse I, weisen nur eine begrenzte Anzahl von Polymorphismen auf und zeigt ein gewebespezifisches Expressionsmuster. Die Gene *MICA* und *MICB* (engl. *MHC class I polypeptide-related sequence A* bzw. *B*) befinden sich am Centromer-nahen Ende der Gene für die HLA-Klasse I (■ Abb. 4.14). *MICA* ist das an Polymorphismen reichste Gen der nichtklassischen Klasse-I Gene (109 verschiedene Allele). Alle nicht-klassischen Gene kodieren für Liganden, die von Rezeptoren der natürlichen Killerzellen erkannt werden. Innerhalb der Region für die Gene der HLA-Klasse II (*HLA-DO* und *HLA-DM*) gibt es nur geringe

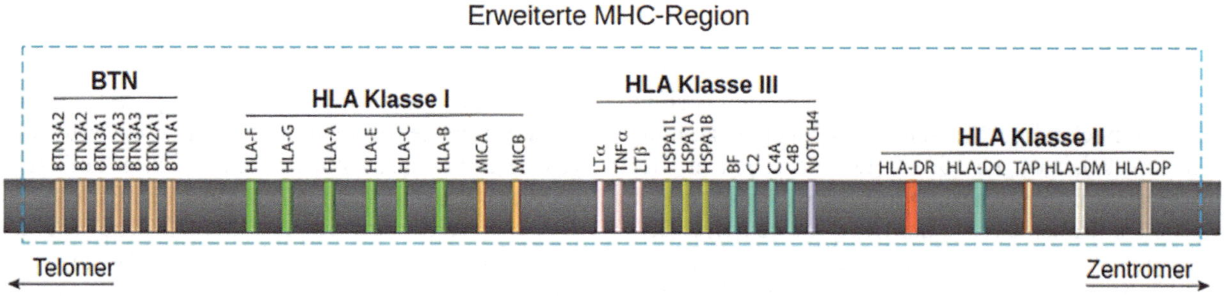

■ **Abb. 4.14** Genetische Karte der erweiterten Region des menschlichen Haupthistokompatibilitätskomplexes (engl. *Major Histocompatibility Complex*, MHC) (unterbrochene blaue Linie). Die Region umfasst 7,6 Mb vom Telomer zum Centromer des kurzen Arms des menschlichen Chromosoms 6. Es sind einige der am besten charakterisierten Gene gezeigt; dazu gehören die Gene der Butyrophilin-Familie (BTN), sowie die Gene der HLA-Klasse I, III und II. (Nach Djaoud und Parham 2020; Annu Rev)

Vielfalt; die Gene kodieren für Chaperone, die das Aufladen der HLA-DP, -DQ und –DR Proteine mit antigenen Peptiden erleichtern. Die Gene für die HLA-Klasse III liegen zwischen denen für die Klasse I und II; sie kodieren für Komponenten des Komplement-Systems, für Hitzeschock-Proteine und für den Tumornekrosefaktor α (TNFα) (Djaoud und Parham 2020).

Die *HLA*-Gene sind so eng gekoppelt, dass der *HLA*-Komplex üblicherweise als ein Block gemeinsam auf klassisch-mendelnde Weise vererbt wird. In diesem Zusammenhang wird die Kombination der *HLA*-Allele, die jeweils gemeinsam vererbt werden, als *HLA*-Haplotyp bezeichnet. Mit einer Häufigkeit von ~1 % entstehen durch meiotische Rekombination neue Haplotypen. Bestimmte Haplotypen wie *HLA-A1*, *B8*, *DR3* sind in der europäischen Bevölkerung häufiger als man aufgrund zufälliger Segregation erwarten würde. Dieses Phänomen des Kopplungsungleichgewichts ist zumindest teilweise die Folge einer begrenzten Vermischung zwischen modernen und archaischen Menschen und der nachfolgenden Selektion auf die archaischen *HLA*-Haplotypen. Für moderne Menschen, die aus Afrika ausgewandert sind, könnte der Vorteil des alten *HLA-A1*, *B8*, *DR3* Haplotyps in einem Schutz vor Infektionskrankheiten (und damit einem höheren Fortpflanzungserfolg) liegen. Allerdings sind damit auch gewisse „Kosten" assoziiert: in europäischen, kaukasischen Populationen ist dieser alte Haplotyp mit mehreren Autoimmunerkrankungen wie Diabetes Typ 1, Zöliakie oder systemischem *Lupus erythematodes* verbunden. Zum erweiterten MHC-Komplex gehören auch die Butyrophilin-Gene (*BTN*), die für Membranproteine kodieren (nach Djaoud und Parham 2020).

Detaillierte Untersuchungen der HLA-Klasse I-Gene der Neandertaler und Denisova-Menschen zeigen, dass diese Allele in Populationen moderner Menschen häufig vorkommen. Diese gemeinsamen Allele sind in langen gemeinsamen Haplotypen vorhanden, was darauf hindeutet, dass sie aus einer nicht lange zurückliegenden Vermischung stammen. In Europa sind über 50 % des *HLA-A*-Genorts archaischen Ursprungs, in Asien über 70 % und über 95 % in Ozeanien. diese Studien zeigen, dass zwar der Gesamtbeitrag archaischer Menschen zum Genom moderner Menschen gering ist, aber in einigen Bereichen – wie dem Immunsystem – von großer Bedeutung ist (nach Abi-Rached und Raoult 2016).

Eine besondere Form des *HLA-A*-Genorts ist HLA-DRB1*15:01, der zu einer ~3-fachen Erhöhung des Riskos führt, an Multipler Sklerose (MS) zu erkranken, wenn man mindestens eine Kopie dieses Allels trägt. MS ist eine Autoimmunerkrankung des Gehirns und des Rückenmarks, die derzeit über 2,5 Mio Menschen betrifft; dabei variiert die Prevalenz deutlich in Abhängigkeit von der ethnischen Zugehörigkeit und der geografischen Lage: die höchste Prävalenz wird in Europa beobachtet (142,8 Fälle pro 100.000 Menschen), wobei die Menschen in Nord-Europa offensichtlich besonders anfällig sind. Dabei sind die Ursprünge und Gründe für diese deutliche regionale Verteilung weitgehend unklar. Barrie et al. (2024) untersuchten deshalb, ob es in den europäischen Wanderungsbewegungen Hinweise auf den Ursprung dieses besonderen Risiko-Allels gibt, und sie fanden tatsächlich einen Ursprung in den Bewohnern der Steppe und der Jamnaja-Kultur. Die Verteilung von MS in Europa spiegelt die Wanderungsbewegungen der Steppe-Bewohner wider, und es ist offensichtlich, dass es unter den damaligen Umweltbedingungen eine positive Selektion für dieses Risiko-Allel (rs3135388[T]) gegeben hat. Andere Varianten (z. B. der neolithischen Bauern) haben dagegen eine gewisse Schutzfunktion (nach Barrie et al. 2024).

Kehren wir aber noch einmal zu den älteren Vermischungen moderner und archaischer Menschen zurück: eine Folge der Vermischung zwischen Neandertalern, Denisova-Menschen und modernen Menschen betrifft auch die Gene für die Chemokin-Rezeptoren CXCR6 (engl. *C-X-C Motif Chemokine Receptor 6*) und CCR9 (engl. *C-C motif Chemokine Receptor 9*) auf dem Chromosom 3p21. Unter der europäischen Bevölkerung hat der entsprechende Neandertaler-Haplotyp eine Häufigkeit von 8 % und in Südasien sogar 30 % – dafür ist er in Ostasien fast vollständig abwesend. Dieser archaische Haplotyp verdoppelt fast das Risiko für eine schwere COVID-19-Erkrankung (engl. *coronavirus disease 2019*). Es ist noch unklar, welche Selektionseffekte die unterschiedlichen Häufigkeiten verursacht haben. Ein weiterer Neandertaler-Haplotypblock liegt auf dem Chromosom 12q24 und betrifft die Gene *OAS1-OAS3*; sie kodieren für die 2′–5′-Oligoadenylat-Synthetasen 1–3. Dabei handelt es sich um Interferon-induzierte antivirale Enzyme, die eine wichtige Rolle bei der zellulären und angeborenen Immunantwort spielen. Diese Gene aktivieren RNase L, um dadurch virale RNA abzubauen. Der archaische Haplotypblock erhöht in eurasischen Populationen die Abwehr gegen schwere Verläufe von COVID-19, da es eine *OAS1*-Spleißvariante produziert, die eine höhere enzymatische Aktivität aufweist. Diese ursprüngliche Variante ist übrigens auch in afrikanischen Populationen noch vorhanden (nach Liston et al. 2021; Houldcroft und Underdown 2016). ◘ Abb. 4.15 gibt einen Überblick über die weltweiten Häufigkeiten der beiden Haplotypblöcke und die Kopplungsungleichgewichte in den jeweiligen chromosomalen Regionen.

Ähnlich wie bei den archaischen Einkreuzungen gibt es auch deutliche Hinweise, dass solche Vermischungen auch bei verschiedenen Populationen moderner Menschen vorkommen und die genetische Anpassung erleichtern (**adaptiver Genfluss**). Ein sehr eindrucksvolles

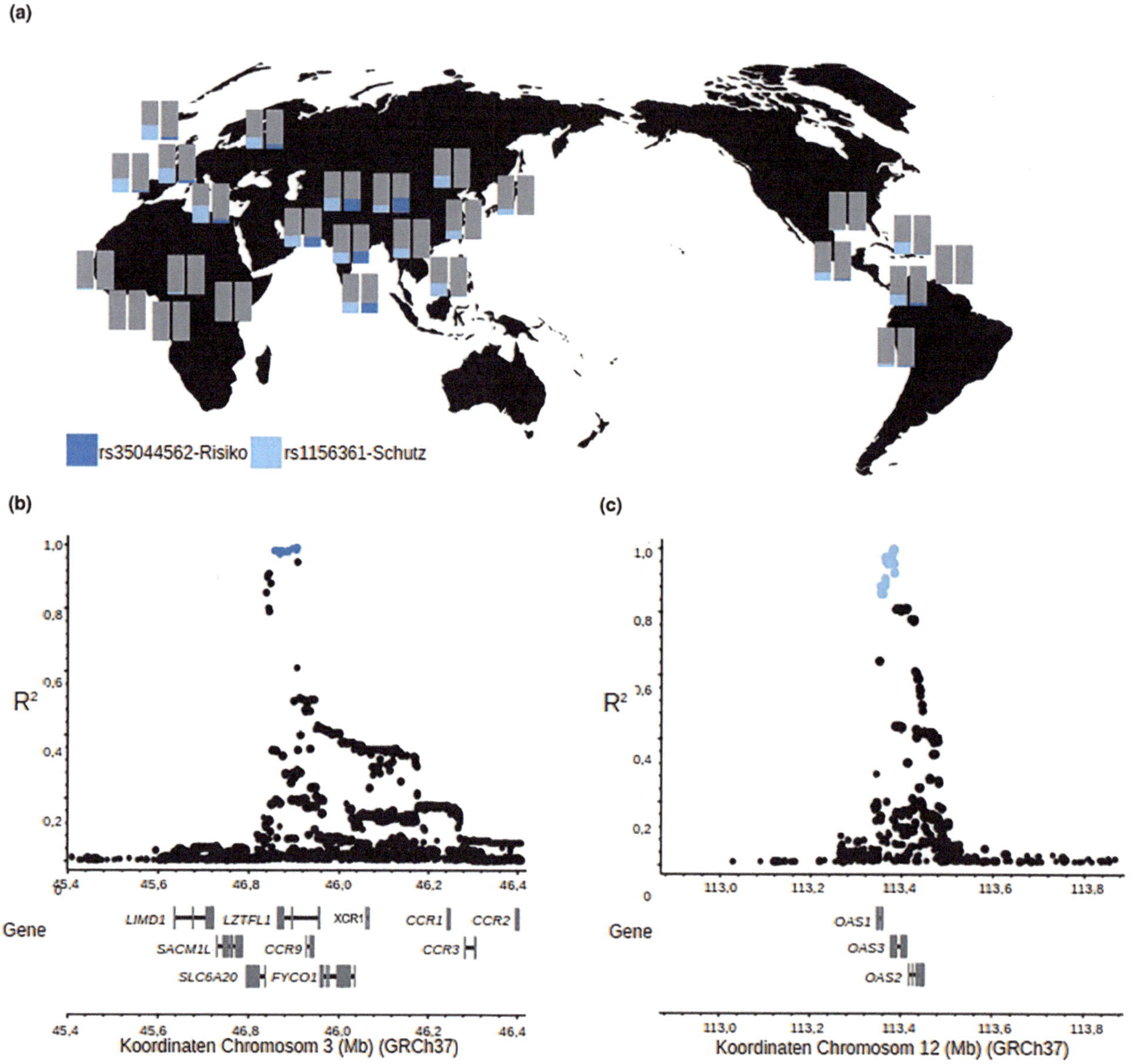

Abb. 4.15 Einkreuzung von Haplotypen der Neandertaler in das Genom moderner Menschen und seine Auswirkungen auf die Schwere von COVID-19 Erkrankungen. (**a**) Geographische Verteilung der Allele mit Ursprung bei den Neandertalern in moderne Populationen, die entweder das Risiko für einen schweren Verlauf von COVID-19 erhöhen (*rs35044562*; *dunkelblau*) oder vermindern (*rs1156361*; *hellblau*). Die Balkendiagramme deuten die Häufigkeit der jeweiligen Neandertal-Allele an; die Häufigkeitsdaten stammen aus dem 1000-Genom-Projekt. Die Abbildungen *unten* zeigen das Kopplungsungleichgewicht zwischen dem Risiko Allel *rs35044562* (**b**) oder dem protektiven Allel *rs1156361* (**c**) mit anderen Varianten aus dem 1000 Genom-Projekt. Die farbigen Kreise zeigen den Kernbereich des jeweiligen Neandertal-Haplotyps. Es sind auch benachbarte Gene auf dem jeweiligen Chromosom angegeben. (Nach Kerner et al. 2021, Elsevier)

Beispiel ist das Duffy-Nullallel, das eine Resistenz gegen die Malaria-Form verleiht, die von *Plasmodium vivax* hervorgerufen wird. Das Duffy-Antigen wurde zunächst als Blutgruppensystem bekannt (OMIM 110700). Heute wissen wir, dass es durch das Gen *ACKR1* (engl. *atypical chemokine receptor 1*) auf dem Chromosom 1q23 kodiert wird. Es ist ein saures Glycoprotein, das mit seiner Transmembrandomäne 7-mal die zellmembran durchquert; der N-Terminus ist extrazellulär und der C-Terminus intrazellulär. Das *ACKR1*-Gen wird in Erythrozyten, einigen Endothel- und Epithelzellen und in den Purkinje-Zellen des Cerebellums exprimiert (OMIM 613665). Die Merozoiten von *P. vivax* benötigen dieses Transmembranprotein, um in menschliche Erythrozyten eindringen können. Das Nullallel ist durch eine T→C Mutation im Promotorbereich (Position -33 oberhalb des Transkriptionsstarts) charakterisiert; dadurch wird eine Bindungsstelle für den Transkriptionsfaktor GATA1 inaktiviert (Langhi und Bordin 2006). Träger eines Nullallels exprimieren dieses Transmembranprotein nicht; sie bieten den Merozoiten von *P. vivax* also keine Eintrittsmöglichkeiten und sind deshalb vor dieser Form der Malaria geschützt. Das Duffy-Nullallel entstand vor ~42.000 Jahren in Afrika südlich der Sahara und erreichte dort eine fast vollständige Fixierung – wahrscheinlich war *P. vivax* in dieser Region ehemals endemisch. Interessanterweise steht dieses Nullallel heute unter starker positiver Selektion in Populationen, die sich mit Menschen afrikanischer Abstammung gemischt haben, und in denen *P. vivax* endemisch ist; dazu gehören Madagaskar, Kap Verde, Sudan und Pakistan. Diese Daten zeigen, dass Plasmodien seit langer Zeit eine starke Belastung für menschliche Populationen darstellen und damit auch einen entsprechenden Selektionsdruck aufbauen (nach Kerner et al. 2021). ◘ Abb. 4.16 fasst diese genetische Anpassung an *P. vivax* in einem Überblick zusammen.

Evolution hat aber nicht nur in der Vergangenheit stattgefunden. Das humane Immundefizienz-Virus (HIV) ist vor ~100 Jahren in Afrika von Affen auf Menschen als Wirt übergesprungen und hat sich zunächst langsam, aber ab ~1980 immer schneller ausgebreitet; eine unbehandelte Infektion führt zu einem erworbenen Immundefizienzsyndrom (engl. *acquired immunodeficiency syndrome*, AIDS). Wie andere Viren braucht auch das HIV Rezeptoren und Co-Rezeptoren auf der Zelloberfläche, um die Zellen zu infizieren. Ein wichtiger Co-Rezeptor ist der Chemokin-Rezeptor 5 (CCR5); das entsprechende *CCR5*-Gen liegt auf dem Chromosom 3p21. Das Gen kodiert für einen Transmembranrezeptor mit 7 Transmembrandomänen (◘ Abb. 4.17a). Die Sequenzierung der codierenden Region des *CCR5*-Gens in zufällig ausgewählten oder in HIV-exponierten, aber nicht infizierten Personen führte zur Identifikation der ersten Mutation im *CCR5*-Gen, nämlich eine Deletion von 32 bp (Δ32) im Bereich, der für die zweite extrazelluläre Schleife des Rezeptors codiert. Wahrscheinlich wird die Mutation durch einen „Ausrutscher" bei der Replikation verursacht, da der deletierte Bereich von zwei direkten Wiederholungseinheiten flankiert wird. Das mutierte Gen kodiert für einen inaktiven Rezeptor mit nur vier Transmembrandomänen. Andere Mutationen im *CCR5*-Gen sind relativ selten (◘ Abb. 4.17a). Die *CCR5*-Δ32 Mutation führt bei Heterozygoten zu einem milden AIDS-Verlauf und homozygote Träger sInd sehr widerstandsfähig gegenüber eIner HIV-Infektion (◘ Abb. 4.17b) (nach Arenzana-Seisdedos und Parmentier 2006; OMIM 601373).

Die *CCR5*-Δ32 Mutation ist in Europa relativ häufig, wobei es ein deutliches Nord-Süd-Gefälle gibt: die

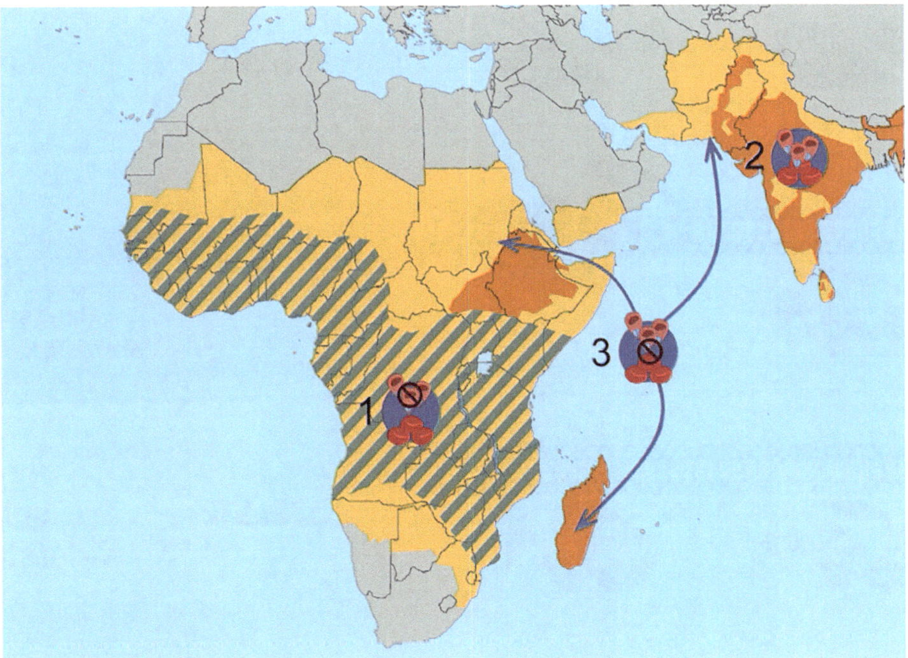

◘ **Abb. 4.16** Adaptiver Genfluss des Duffy-Nullalleles in modernen Menschen. *Graue* Regionen sind frei von *Plasmodium vivax*; in *hellorangen Gebieten* kommen instabile Übertragungen vor und in *dunkelorangen* Regionen kommen stabile Übertragungen vor. In den *gestrichelten* Gebieten ist die Häufigkeit des Duffy-Nullallels höher als 90 %. Im *Fall 1* ist die entsprechende Region frei von *P. vivax* und der größte Teil der ansässigen Populationen ist resistent gegen Malaria, die durch *P. vivax* übertragen wird. Im *Fall 2* ist die *P. vivax*-Übertragung stabil, und die ansässigen Populationen sind zum größten Teil anfällig für Malaria, die durch *P. vivax* übertragen wird. Im *Fall 3* haben die Populationen in jüngerer Zeit durch Vermischung mit afrikanischen Menschen aus dem Gebiet südlich der Sahara eine Resistenz gegen *P. vivax* erworben; die Resistenz breitet sich unter dem starken Selektionsdruck schnell aus. (Nach Kerner et al. 2021, Elsevier)

a

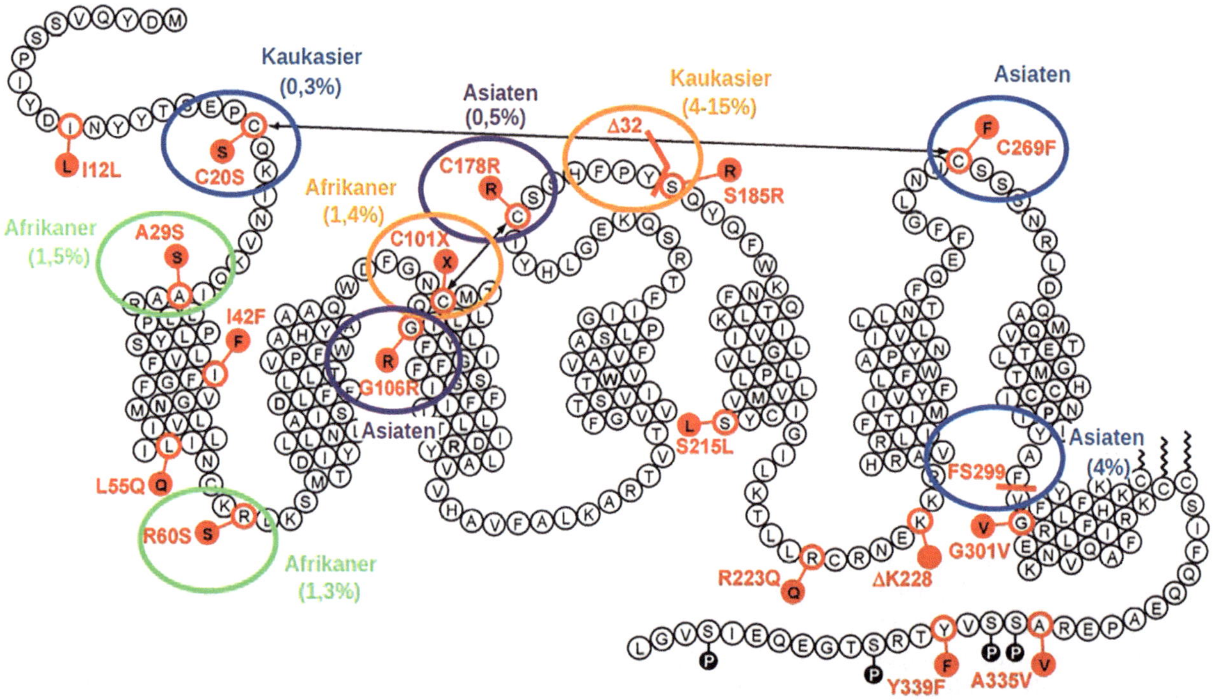
Kaukasier
(0,3%)
Asiaten
(0,5%)
Kaukasier
(4-15%)
Asiaten
I12L
C20S
Afrikaner
(1,4%)
C178R
Δ32
S185R
C269F
Afrikaner
(1,5%)
A29S
C101X
I42F
G106R
Asiaten
S215L
Asiaten
(4%)
FS299
L55Q
R60S
Afrikaner
(1,3%)
R223Q
ΔK228
G301V
Y339F
A335V

b

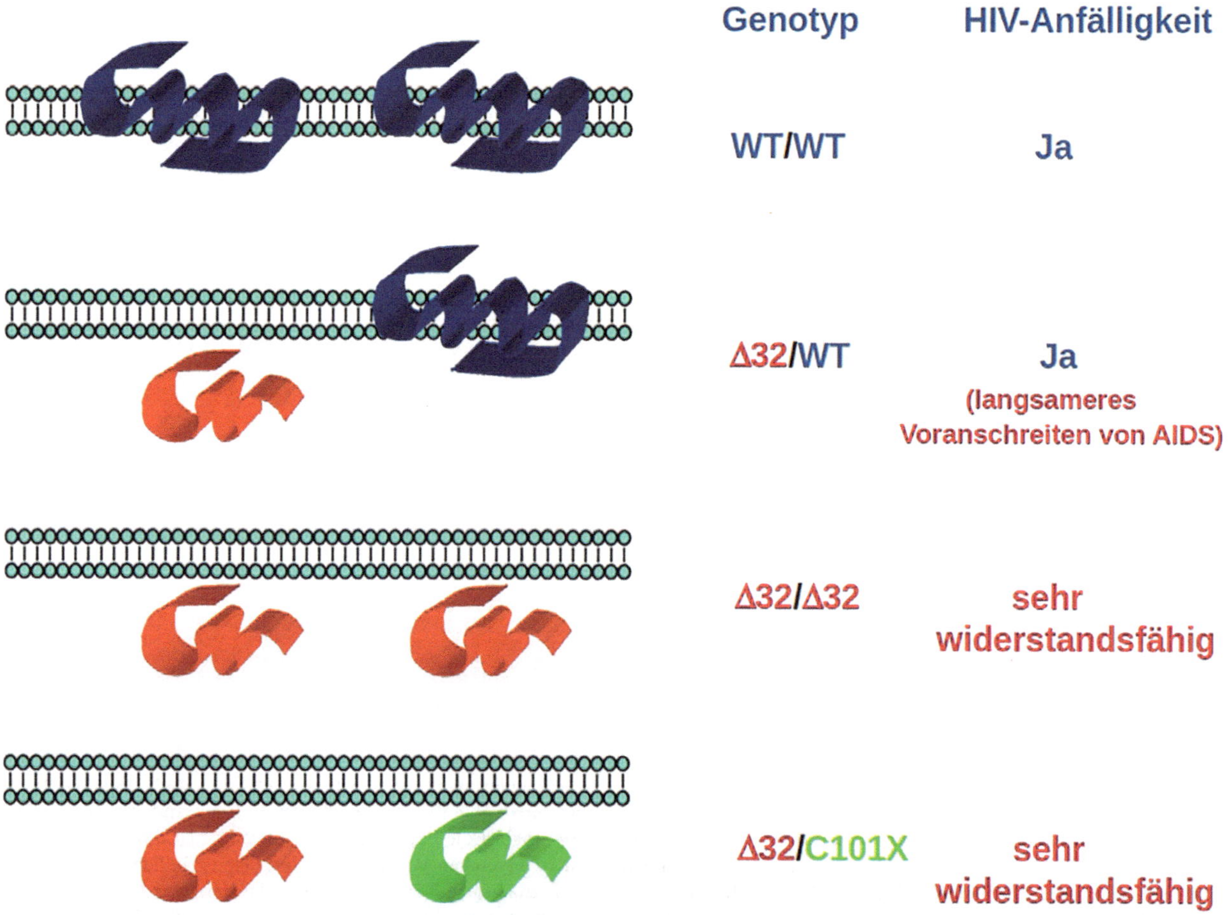
Genotyp
HIV-Anfälligkeit
WT/WT
Ja
Δ32/WT
Ja
(langsameres
Voranschreiten von AIDS)
Δ32/Δ32
sehr
widerstandsfähig
Δ32/C101X
sehr
widerstandsfähig

höchsten Allel-Frequenzen (15–16 %) wurden im Norden Russlands, in Finnland, Schweden und Island gefunden; Allel-Frequenzen um 10 % finden sich in den meisten west- und mitteleuropäischen Ländern, wohingegen die niedrigsten Allel-Frequenzen (4–6 %) in südlichen Ländern wie Portugal und Griechenland vorkommen. Die Allel-Frequenz beträgt 2 % in Nordafrika und ist auch in Indien und im Mittleren Osten niedrig; die *CCR5*-Δ32 Mutation kommt in West- und Zentralafrika sowie in China und Japan gar nicht vor. Aufgrund dieser begrenzten Verteilung des Δ32-Allels wird vermutet, dass diese Mutation nur einmal in der menschlichen Geschichte entstanden ist, und zwar vor ~2000 Jahren; es gibt aber auch Hinweise auf diese Mutation aus dem Skelett eines Menschen schon vor ~2900 Jahren. Offensichtlich unterliegt diese Mutation – unabhängig von ihrem Schutz vor der relativ jungen HIV-Infektion – einem deutlichen positiven Selektionsdruck, auch wenn die Ursachen dazu zur Zeit noch spekulativ sind. Es gibt allerdings Hinweise, dass die *CCR5*-Δ32 Mutation auch zu einem verminderten Risiko bei Infektionen mit den Hepatitis-B und –C-Viren sowie bei Diabetes-Typ I führt, aber zu einem erhöhten Risiko bei einer Infektion mit dem West-Nil-Virus (nach Arenzana-Seisdedos und Parmentier 2006; OMIM 601373).

! Unser Immunsystem ist sehr vielfältig; offensichtlich verleiht uns ein gewisser Anteil an archaischen Genvarianten besonderen Schutz: in Europa sind über 50 % des HLA-A-Genorts archaischen Ursprungs, in asien über 70 % und über 95 % in Ozeanien. In Bezug auf COVID-19 ist die Bilanz aber zwiespältig: die archaische Variante auf Chromosom 3p21 erhöht das COVID-19 Risiko, wohingegen die Variante auf Chromosom 12q24 das COVID-19-Risiko vermindert.

4.1.5 Genetik des Alterns

Altern und Tod ist eine Konstante menschlichen Lebens, die im Prinzip unverrückbar erscheint – auch wenn die letzten 150 Jahre eine ständig steigende Lebenserwartung gezeigt haben. Für Deutschland zeigen die Daten etwa eine Verdopplung seit 1871, wobei sich der Anstieg der Kurve in den letzten Jahren abgeflacht hat (◘ Abb. 4.18a); die durchschnittliche Lebenserwartung ist in Süddeutschland höher als im Norden (◘ Abb. 4.18b). Unter ausgewählten OECD-Staaten liegt Deutschland damit unter dem Durchschnitt der Europäischen Union, aber noch vor den USA; die höchste Lebenserwartung gibt es in Japan und Südkorea (◘ Abb. 4.18c).

Wie oben schon angedeutet, flacht sich die Zunahme der Lebenserwartung ab, und im Allgemeinen geht man davon aus, dass die Lebensspanne eine relativ stabile Eigenschaft einer Spezies ist. Für Menschen beträgt das jemals höchste berichtete Alter 122 Jahre – die Französin Jeanne Calment lebte vom 21. Februar 1875 bis zum 4. August 1997. Die Zunahme der allgemeinen Lebenserwartung der letzten ~150 Jahre wird im Wesentlichen auf die Reduktion der Sterblichkeit in jüngeren Lebensjahren zurückgeführt; aus den bisherigen Daten lässt sich aber abschätzen, dass die Wahrscheinlichkeit, älter als 125 Jahre alt zu werden, kleiner ist als 1:10.000 (Dong et al. 2016; Caruso et al. 2022). Auch wenn es möglich wäre, die Todesraten in den ersten 50 Lebensjahren auf Null zu senken, hätte das für die durchschnittliche Gesamtlebenserwartung nur eine geringe Bedeutung: ~1 Jahr mehr für Frauen und ~1,5 Jahre für Männer. Und auch die Abnahme der Sterblichkeit bei Menschen über 65 Jahren zeigt in den letzten Jahrzehnten nicht das Ausmaß, dass ein deutlicher Anstieg der allgemeinen Le-

◘ **Abb. 4.17** Mutationen im *CCR5*-Gen und ihre Bedeutung für HIV-Infektionen. **a** Die Transmembran-Organisation des CCR5-Proteins ist schematisch durch seine 7 transmembranen α-Helices dargestellt; eine achte α-Helix verläuft am C-Terminus parallel zur inneren Seite der Plasma-Membran. Bekannte und funktionell getestete Aminosäuresubstitutionen sind gezeigt. ΔK288 bedeutet die Deletion des Codons für Lysin an der Aminosäureposition 288; Δ32 und fs299 sind Leserastermutationen, die zu verkürzten Rezeptor-Varianten führen. Die möglichen Stellen für Palmitoylierungen und Phosphorylierungen durch G Protein gekoppelte Rezeptorkinasen sind angedeutet („P"); ebenso die zwei Disulfid-Brücken, die die extrazellulären Domänen des Rezeptors verbinden. Mutationen in *orangenen Kreisen* führen zu CCR5-Proteinen, die nicht funktionsfähig und nicht nachweisbar sind. Mutationen in *blauen Kreisen* sind funktionell stark eingeschränkt und nur in geringem Umfang auf der Zelloberfläche nachweisbar. Mutationen in *grünen Kreisen* beeinflussen entweder die Pharmakologie des Rezeptors (A29S) oder seine Internalisierung (R60S). Die anderen Substitutionen sind offensichtlich ohne funktionelle Auswirkungen. Die Populationen, in denen die jeweiligen Mutationen mit schädlichem Einfluss auf die CCR5-Funktion vorkommen, sind mit einer Abschätzung der jeweiligen Allel-Frequenz angegeben. **b** Resistenz gegenüber einer HIV-Infektion abhängig vom *CCR5*-Genotyp. *CCR5* ist ein sehr polymorphes Gen, und seine Funktion erscheint entbehrlich. *CCR5*-Δ32 ist das häufigste mutierte Allel in menschlichen Populationen; andere Allele mit eingeschränkten Funktionen sind ebenfalls bekannt. Dazu gehört auch die C101X-Mutation mit einem vorzeitigen Stoppcodon. Die Proteine, die durch die *CCR5*-Δ32 und C101X-Mutationen codiert werden, sind nicht korrekt gefaltet, verbleiben im endoplasmatischen Retikulum und werden durch das Proteasom schnell abgebaut. Heterozygote Träger für das *CCR5*-Δ32-Allel sind zwar nicht vor einer HIV-Infektion geschützt, zeigen aber ein verzögertes Voranschreiten zu klinischen Stadien von AIDS. Ein starker (aber nicht vollständiger) Schutz vor HIV-Infektionen wird bei homozygoten Trägern der *CCR5*-Δ32-Mutation oder auch durch die Kombination zweier nicht-funktionellen Allele (wie *CCR5*-Δ32 und C101X) erreicht. (Nach Arenzana-Seisdedos und Parmentier 2006; Elsevier)

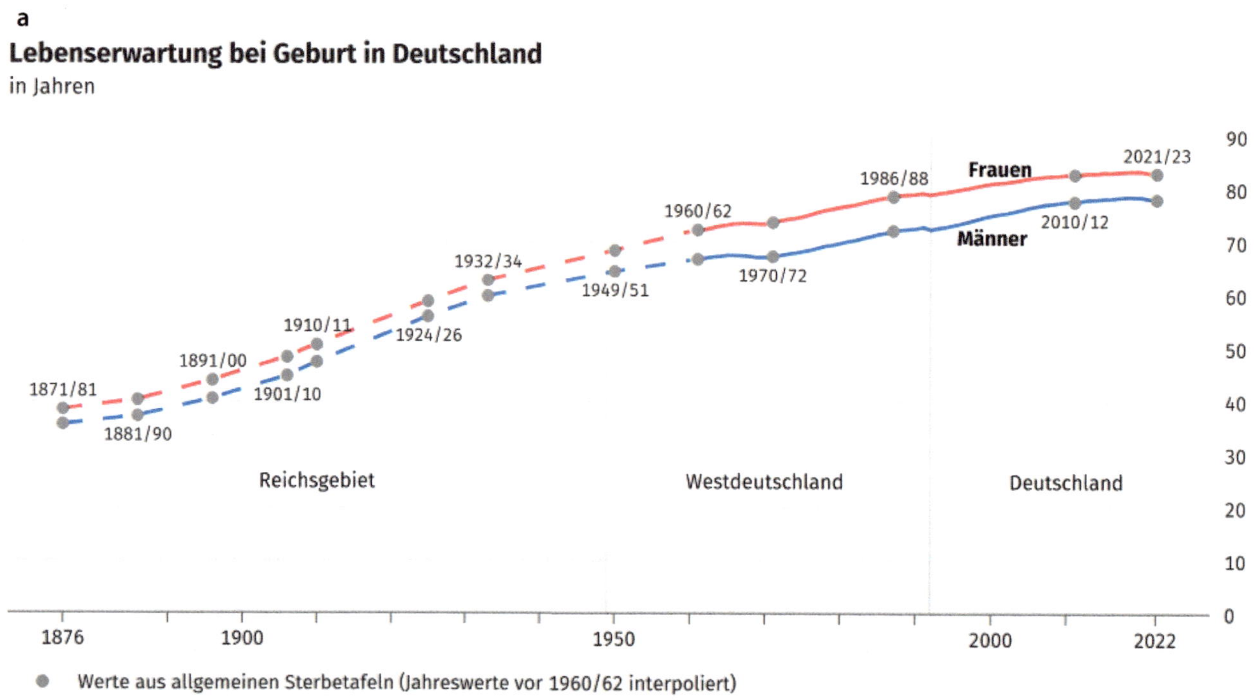

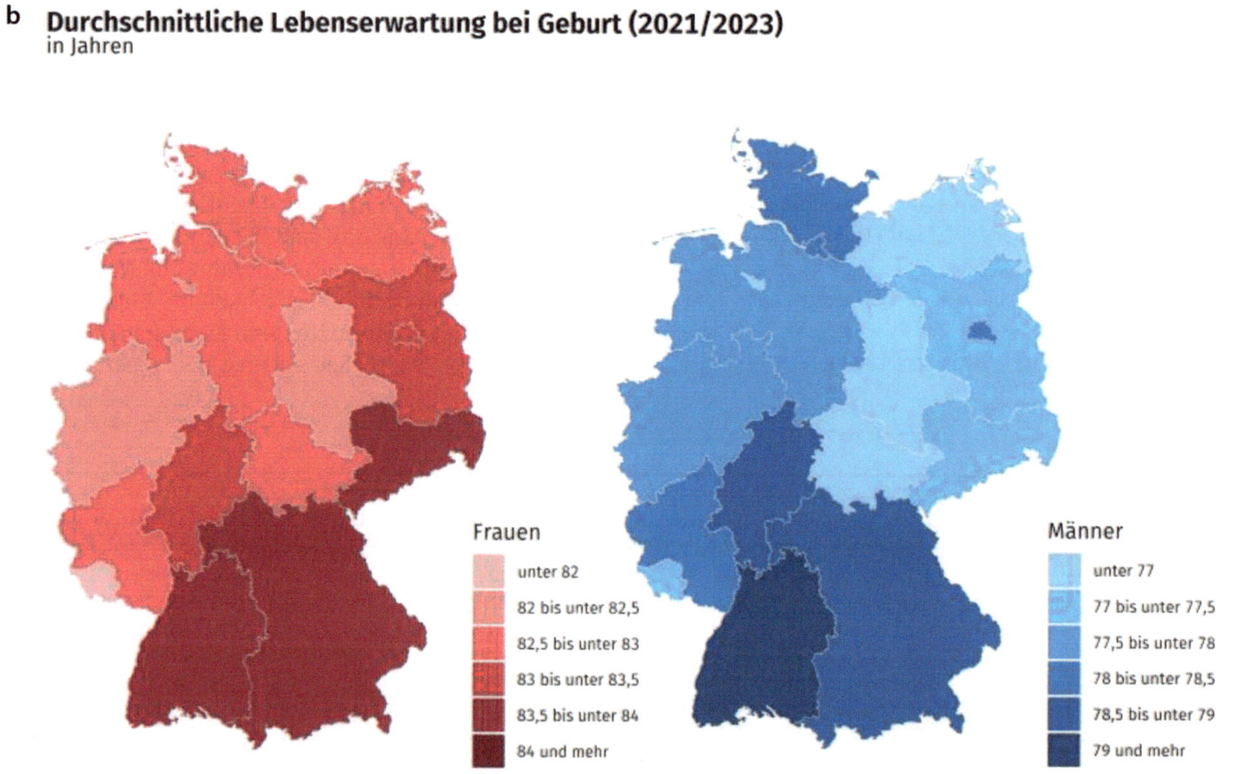

Abb. 4.18 Lebenserwartung der Menschen. **a** Entwicklung der Lebenserwartung für Männer (*blau*) und Frauen (*rot*) in Deutschland seit 1871. Der Unterschied zwischen Männern und Frauen beträgt ~5 Jahre. **b** Unterschiedliche Lebenserwartung der Menschen in den deutschen Bundesländern (Frauen: *rot*; Männer: *blau*). Der Unterschied zwischen den Bundesländern beträgt ~2 Jahre. **c** Durchschnittliche Lebenserwartung in ausgewählten Ländern der OECD nach Geschlecht bei der Geburt im Jahr 2020 (Frauen: *blau*; Männer: *schwarz*). (a, b: Statistisches Bundesamt 2024; c: OECD 2021)

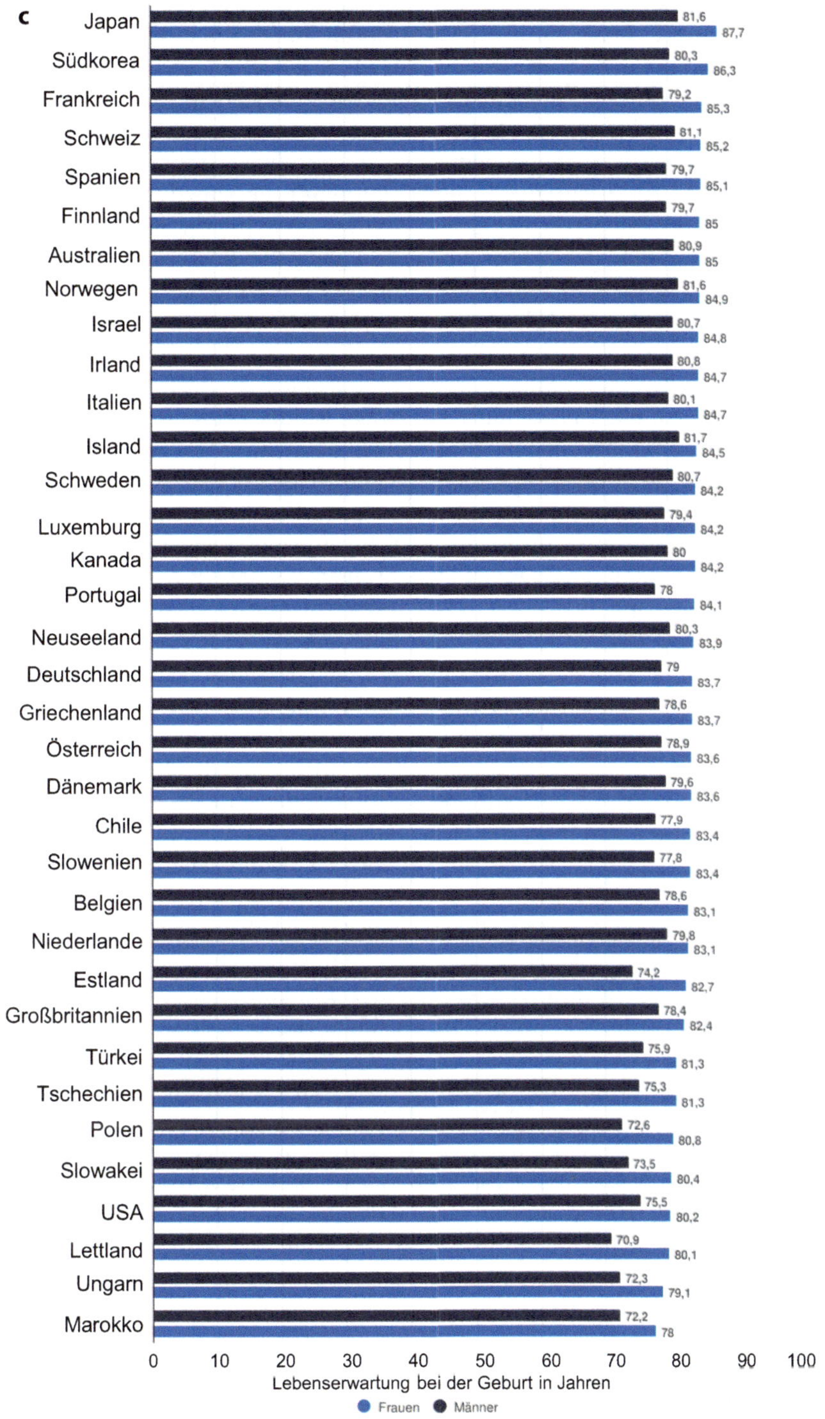

Abb. 4.18 (Fortsetzung)

benserwartung in absehbarer Zukunft zu erwarten wäre (Olshansky et al. 2024).

Im Gegensatz zu Modellorganismen wie bei der Fruchtfliege *Drosophila melanogaster* oder bei dem Fadenwurm *Caenorhabditis elegans* gibt es beim Menschen kein Gen, das für eine deutliche **Verlängerung der Lebensspanne** bekannt ist. Bei *Drosophila* führen Insertionen eines P-Elements in der nicht-codierenden

Region des Gens *Indy* (Abkürzung für engl. *I'm not dead yet*) zu einer verminderten Expression des Gens und einer ungefähren Verdopplung der Lebensspanne. *Indy* kodiert für einen Natrium-Dicarboxylat-Cotransporter, der Stoffwechselprodukte des Krebszyklus über Membranen transportiert und zu einer Stoffwechsellage führt, die einer Kalorienreduzierung ähnelt (Rogina et al. 2000; Wang et al. 2009). Mutationen in dem entsprechenden Gen des Menschen *SLC13A5* (engl. *solute carrier family 13 [sodium-dependent citrate transporter], member 5*) führen dagegen zu einem Funktionsverlust des Proteins und zu frühkindlichen epileptischen Enzephalopathien und Zahnschäden; Mutationen, die zu einer erhöhten Expression von *SLC13A5* führen, sind mit einer nichtalkolischen Fettleber verbunden (Mishra et al. 2021). Ein anderes *Drosophila*-Gen, *methuselah*, führt bei homozygoten *Drosophila*-Mutanten ebenso zu einer deutlichen Verlängerung der Lebensspanne. Dass Gen kodiert für einen G-Protein-gekoppelten Rezeptor, und wir kennen bei *Drosophila* inzwischen 15 ähnliche Gene. Allerdings ist diese Genfamilie offensichtlich in der frühen Vertebratenevolution ausgestorben (Friedrich und Jones 2017). Insofern hilft uns *Drosophila* hier nicht weiter.

Anders dagegen *C. elegans*. Hier kennen wir drei Mutanten, die zu einer deutlichen Verlängerung der Lebensspanne führen: *AGE-1*, *daf-2* und *daf-16* (*daf*: engl. *abnormal dauer formation*). Diese Gene von *C. elegans* haben Homologe im menschlichen Genom: *AGE-1* kodiert für eine Phosphatidylinositol 3-Kinase, *daf-2* für einen Rezeptor des Insulin-ähnlichen Wachstumsfaktor-1, und *daf-16* für den Transkriptionsfaktor FOXO, ein Protein aus der Forkhead-Gruppe. Alle drei sind Schlüsselkomponenten des Signalwegs, der bei dem Rezeptor des Insulin-ähnlichen Wachstumsfaktor-1 (engl. *insulin/insulin-like growth factor-1 signaling pathway*) seinen Ausgangspunkt hat; eine Verminderung der Aktivität dieses Signalweges führt bei *C. elegans* zur Verlängerung der Lebensspanne (nach Uno und Nishida 2016). Wir werden im Folgenden sehen, ob uns diese Erkenntnisse aus der Forschung an einem Fadenwurm in Bezug auf das menschliche Altern weiterhelfen können.

Wenden wir uns daher solchen Untersuchungen am Menschen zu, die sich mit der Frage nach der **Lebenserwartung** in unterschiedlichen Populationen beschäftigen. Grundsätzlich hängt die Lebenserwartung eines Menschen von vielen Faktoren ab; dazu gehören glückliche Lebensumstände, Lebensstil (Ernährung, physische Aktivität), Umwelteinflüsse (Belastung mit Pathogenen, Stressmanagement, sozio-ökonomischer Status und Bildung) sowie Biologie mit Geschlecht und Genetik (Caruso et al. 2022). Wenn man von Unfällen oder schwierigen Lebensumständen (z. B. Krieg) absieht, ist bei Erwachsenen das Alter zum Zeitpunkt des Todes zu ~25 % erblich (Brooks-Wilson 2013). Unter einer evolutionären Perspektive ist die natürliche Selektion allerdings nur für die Reproduktion einer Spezies aktiv und nicht für die Verlängerung der Lebensspanne bzw. der Optimierung der Lebenserwartung (Hägg und Jylhävä 2021).

Wie wir oben gesehen haben, gibt es einen deutlichen Unterschied in Bezug auf die Lebenserwartung zwischen Männern und Frauen. Dieser Unterschied wird in allen menschlichen Populationen beobachtet; die durchschnittliche Lebenserwartung kann bei Frauen bis zu 15 Jahre höher sein als bei Männern. Außerdem sind die meisten Menschen, die älter als 110 Jahre alt werden, Frauen. Diese Unterschiede in der Lebenserwartung zwischen Männern und Frauen werden oft auf kulturelle Unterschiede zurückgeführt. Allerdings beeinflussen eher die Geschlechtshormone diese Unterschiede, und zwar über die unterschiedliche Prävalenz von Krankheiten und das Ausmaß des Alterungsprozesses. Dies wird unterstrichen durch die Tatsache, dass derartige Unterschiede zwischen den Geschlechtern im Tierreich ebenfalls äußerst häufig sind, besonders bei Säugern. Ausführliche Übersichtsarbeiten beleuchten diese komplexe Thematik im Detail (Marais et al. 2018; Hägg und Jylhävä 2021).

Wir haben oben bereits kurz darauf hingewiesen, dass Langlebigkeit zu einem gewissen Anteil auch erblich ist. Es gibt deswegen auch verschiedene genetisch-epidemiologische Untersuchungen, Genvarianten zu identifizieren, die mit Langlebigkeit assoziiert sind. Obwohl diese Untersuchungen methodisch recht unterschiedlich angelegt sind, ragen zwei Gene und ihre Modifikationen heraus: *APOE* und *FOXO3*. Genvarianten bei ***APOE*** sind auch immer wieder mit der Alzheimer'schen Erkrankung assoziiert: es gibt beim *APOE*-Gen an zwei Stellen C/T-Polymorphismen, die an den Aminosäurepositionen 112 und 158 zu unterschiedlichen Aminosäuren (Cystein/Arginin) führen; zur Nomenklatur der verschiedenen APOE-Allele siehe ◘ Abb. 4.19a. Dabei stellt nur das *APOE4*-Allel ein besonders hohes Risiko für eine Alzheimer'sche Erkrankung dar (die homozygote Form des *APOE4*-Alleles führt zu einem 12-fach höheren Risiko für die Alzheimer'sche Erkrankung, und 50 % der spontanen Fälle der Alzheimer'schen Erkrankung in den USA sind mit *APOE4* assoziiert;

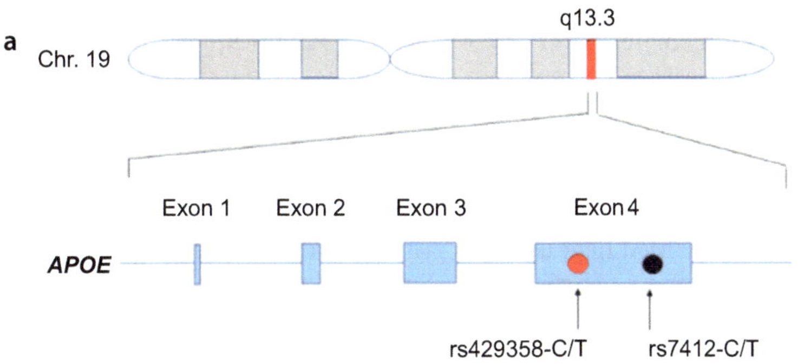

Allel	ε2	ε3	ε4
Haplotyp	rs429358-T rs7412-T	rs429358-T rs7412-C	rs429358-C rs7412-C
Aminosäure-kombination	112-Cys 158-Cys	112-Cys 158-Arg	112-Arg 158-Arg

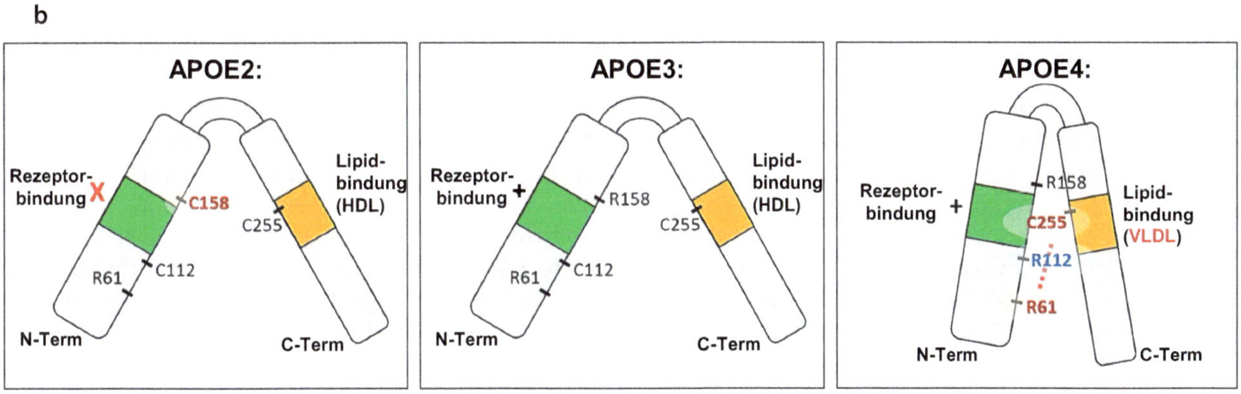

Abb. 4.19 Die *APOE*-Allele und Isoformen. **a** Das *APOE*-Gen ist auf dem langen Arm des Chromosoms lokalisiert und besteht aus 4 Exons. Die roten und grünen Punkte stellen die genetischen Varianten im APOE-Gen dar; die registrierten SNP-Nummern und die beiden möglichen Allele sind angegeben. Die Tabelle gibt die jeweiligen Haplotypen und die entsprechenden Aminosäuren an, die zu den jeweiligen Isoformen führen. **b** Die Struktur der APOE-Isoformen. APOE ist ein lösliches Protein, wobei die N-terminale (N-Term) und die C-terminale Domäne (C-Term) durch eine zentrale Scharnierregion verbunden sind. Die N-terminale Domäne enthält eine Rezeptorbindestelle (*grün*), und die C-terminale Domäne enthält eine Lipidbindungsstelle (*orange*). Jede Isoform unterscheidet sich von einer anderen an den Aminosäurepositionen 112 und/oder 158. Ein Cystein an der Position 158 (Cys158) soll die Rezeptorbindung verhindern, wohingegen das Arginin an der Position 112 in der APOE4-Isoform die Konformation der gesamten Domäne so verändert, dass R61 exponiert wird und mit C255 in der C-terminalen Domäne in Wechselwirkung tritt (*gestrichelte rote Linie*). Es wird angenommen, dass diese „Domänen-Wechselwirkung" die biophysikalische Basis für die unterschiedlichen Funktionen der APOE4-Isoform gegenüber APOE2 und APOE3 darstellen. (a: Nach Abondio et al. 2019; CC-by-4.0, ▸ http://creativecommons.org/licenses/by/4.-0; b: Nach Fernandez et al. 2019; CC-by, ▸ http://creativecommons.org/licenses)

Abondio et al. 2019) – das gilt nicht für *APOE3*, und *APOE2* hat sogar eine eher protektive Wirkung. Die unterschiedliche Wirkung der *APOE*-Allele beruht auf der unterschiedlichen Konformation der entsprechenden Proteine und der damit verbundenen unterschiedlichen biochemischen Funktionen (Abb. 4.19b). Das APOE-Protein ist ein Glykoprotein, das aus 299 Aminosäuren besteht, und üblicherweise Phospholipide und Cholesterol bindet (Lozupone et al. 2023)

Wenn man die Evolution der *APOE*-Allele betrachtet, stellt sich heraus, dass *APOE4* das ursprüngliche Allel des Menschen ist. Es unterscheidet sich von den *APOE*-Genen verschiedener Affenarten an vier Positionen, die zu Aminosäureaustauschen führen. Drei sind konservativ (Ala18Thr, Ala135Val, und Val174Leu); sie haben keinen Einfluss auf die Hydrophobizität, Ladung oder Größe der Aminosäurereste und betreffen keine funktionelle Domäne des Proteins. Der wichtigste Unterschied liegt aber in dem Thr→Arg Austausch an Position 61 (Thr61Arg), der eine positive Ladung an dieser Position einführt. Die spätere C→T Transition (*rs429358*) führte zu einem Arg→Cys Austausch an der Position 112 (Arg-112Cys) und damit zu der jüngeren APOE3-Isoform; durch diesen Austausch geht wieder eine positive Ladung verloren. Damit ist die neuere APOE3-Isoferm dem ursprünglichen APOE-Protein der anderen Primaten wieder ähnlicher geworden. Die jüngste Isoform, APOE2, ist auch durch eine C→T Transition (*rs7412*) entstanden und führt ebenfalls zu einem Arg→Cys Austausch, aber an der Position 158 (Arg-112Cys). Weltweit kommt die APOE3-Isoform am häufigsten vor (Asien: 85 %, Nordamerika 82 %, Europa 79 %, Südamerika 77 %, Afrika 69 %). Bei APOE4 gibt es in Europa und Asien einen Nord-Süd-Gradienten, wobei die *APOE4*-Frequenz im Mittelmeerraum und in Südchina <10 % beträgt – im Norden dagegen bis zu 25 %. Unter der Annahme neutraler Selektion vermutet man, dass das *APOE3*-Allel vor ~150.000–200.000 Jahren entstanden ist. Das jüngste *APOE*-Allel, *APOE2*, ist wohl vor ~80.000 Jahren entstanden und hat eine weltweite Häufigkeit von ~7,3 %. Es ist aber bemerkenswert, dass es unter amerikanischen Ureinwohnern, unter bestimmten indigenen Populationen in Afrika und unter australischen Ureinwohnern gar nicht vorkommt, obwohl es in Afrika insgesamt eine Häufigkeit von 9,9 % und in Ozeanien von 11,1 % erreicht (nach Huebbe und Rimbach 2017). Die *APOE*-Allelfrequenzen der heutigen Menschen in Europa sind sehr wahrscheinlich das Ergebnis der vergangenen großen Wanderungsbewegungen und Anpassungsprozesse der Vergangenheit. Insbesondere der Nord-Süd-Gradient von *APOE4* im heutigen europa ist wahrscheinlich auf die in Nordeuropa stärkere Vermischung mit den Einwanderern aus der Steppe zurückzuführen als in Südeuropa. Die Beständigkeit des *APOE4*-Allels seit der Bronze-Zeit mag mit dem Anstieg von Infektionskrankheiten zusammenhängen. Umgekehrt bleibt der Anstieg in der *APOE2*-Allelfrequenz in modernen Populationen unklar: ist er das Ergebnis von Selektion, und wenn ja, was könnte der Selektionsdruck gewesen sein? Es ist außerdem unklar, in welchem Ausmaß *APOE*-Allele die Langlebigkeit früherer Populationen beeinflusst hat. Langlebigkeit ist eine post-reproduktive Eigenschaft und deswegen als direkter Antrieb der Selektion sehr unwahrscheinlich – es sei denn, man nimmt einen deutlichen positiven Einfluss eines „Großeltern-Effekts" auf frühere Populationen an (nach Kolbe et al. 2023).

Das zweite Gen, das in vielen Studien zur Langlebigkeit immer wieder auftaucht, ist ***FOXO3*** (engl. *forkhead box O3*; das frühere Gensymbol *FOXO3A* wird heute nicht mehr verwendet). Das Gen gehört zur Familie der *Forkhead*-Transkriptionsfaktoren, die durch eine *Forkhead*-Domäne charakterisiert sind (der Name leitet sich von einem Transkriptionsfaktor von *Drosophila* ab). *FOXO3* entspricht dem Gen *daf-16*, das wir bei *C. elegans* schon kurz kennengelernt haben. Der Transkriptionsfaktor FOXO3 ist über eine Vielzahl von Reizen (Hormone, Wachstumsfaktoren, Nährstoffe) an der Regulation von vielen Stoffwechselwegen beteiligt; dazu gehören die Antwort auf oxidativen Stress, auf DNA-Schäden (mit Zellzyklus-Kontrolle und Apoptose) sowie auf Hunger. Der wichtigste und am meisten untersuchte Stoffwechselweg betrifft aber die Signalkaskade, an der Insulin, der insulinähnliche Wachstumsfaktor 1 und Phosphoinositid-3-Kinasen (PI3K) beteiligt sind (nach Sanese et al. 2019; Santos et al. 2023).

Das menschliche *FOXO3*-Gen ist auf dem Chromosom 6 lokalisiert (6q21) und zeigt in seinem 2. Intron eine hohe Assoziation zu Langlebigkeit. Mehrere genetische Assoziationsstudien haben in dem langen Intron 2 des *FOXO3*-Gens eine Vielzahl von Einzelnukleotidpolymorphismen (SNPs) identifiziert, die alle mit Langlebigkeit assoziiert sind (◘ Abb. 4.20). Im Zentrum steht dabei das G-Allel des SNPs rs2802292, der mit den anderen SNPs einen „Langlebigkeits-Haplotyp" bildet. Das G-Allel ist vor allem mit Langlebigkeit bei Männern assoziiert und mit positiven Auswirkungen auf Herz-Kreislauf-Erkrankungen und Krebs. Im Allgemeinen findet man eine inverse Korrelation zwischen der *FOXE3*-Expression und Langlebigkeit. Die globale Häufigkeit der beiden alternativen Allele G und T beträgt 53 % bzw. 47 %; das G-Allel ist besonders häufig in

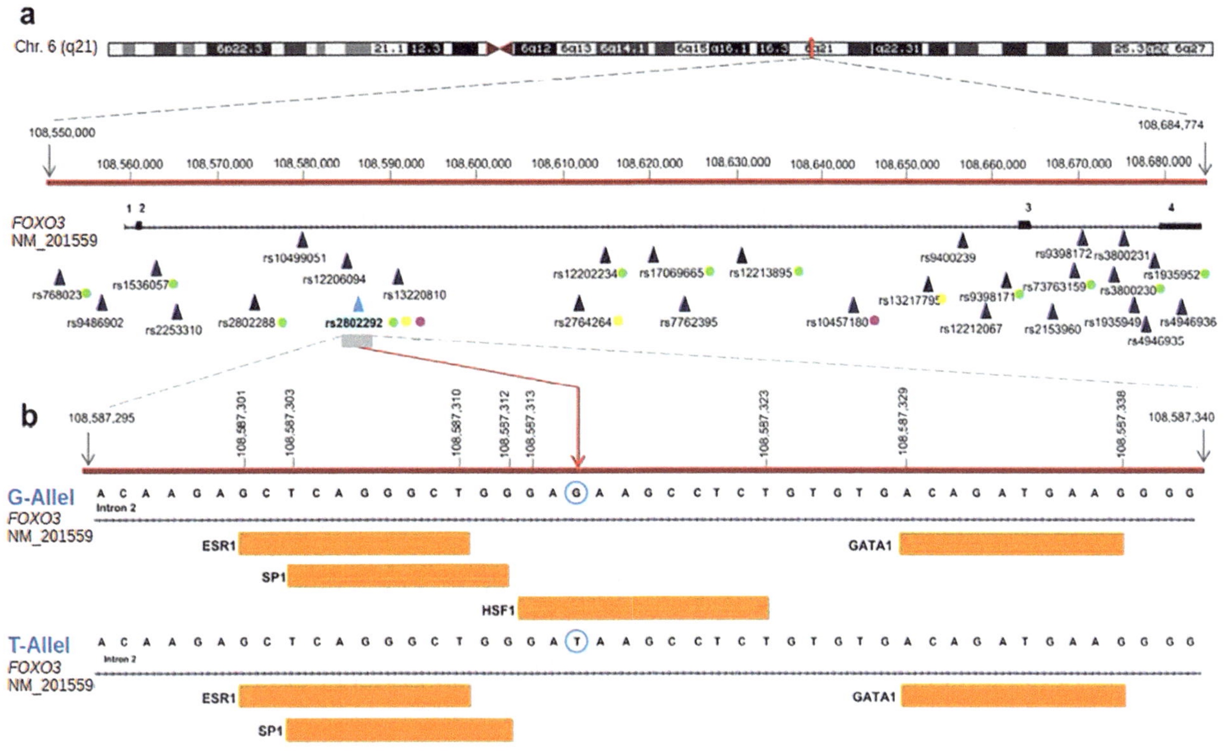

Abb. 4.20 Chromosomale Region des *FOXO3*-Gens (die Darstellung folgt dem Browser der Universität von Santa Cruz, UCSC GRCh38). **a** Das *FOXO3*-Gen liegt auf dem Chromosom 6 (6q21) und enthält 4 Exons (*schwarze Rechtecke*, 1-4). Die Einzelnukleotid-polymorphismen (engl. *single nucleotiode polymorphisms*, SNPs), die mit Langlebigkeit assoziiert sind, sind als *blaue* Dreiecke markiert. Der SNP *rs2802292* ist durch seine *hellblaue* Farbe hervorgehoben. Kopplungsungleichgewichte von rs2802292 mit anderen SNPs sind durch farbige Kreise angedeutet: *grün* mit rs2802292, rs2802288, rs768023, rs2253310, rs2802288, rs12202234, rs17069665, rs12212067, rs9398171, rs3800230 und rs193595; *gelb* mit rs2802292, rs2764264, und rs13217795; *violett* mit rs2802292 und rs10457180. **b** Es ist die Sequenz um den SNP *rs2802292* (*roter Pfeil*) im Intron 2 angegeben; der *blaue* Kreis markiert die beiden alternativen Allele G (*oben*) oder T (*unten*). Für beide Sequenzen sind Bindestellen für Transkriptionsfaktoren als *orangene Rechtecke* dargestellt: Östrogenrezeptor α (ESR1), GATA-bindendes Protein 1 (GATA1), Hitzeschocktranskriptionsfaktor 1 (HSF1), Spezifitätsprotein 1 (SP1). Das *rs2802292*-G-Allel führt zur Bildung einer HSF1-Bindestelle, die im entsprechende T-Allel nicht vorhanden ist. (Nach Sanese et al. 2019; CC-by-4.0, ▶ http://creativecommons.org/licenses/by/4.0)

Afrika (83 %) und seltener in Amerika (39 %), Europa (43 %), Ost-Asien (31 %) und Süd-Asien (56 %). Auch wenn es viele Hypothesen über die Wirkung dieses „Langlebigkeits-Haplotyp" gibt, bleibt der Mechanismus noch zu klären (nach Sanese et al. 2019; Caruso et al. 2022).

Außer den Genen für *APOE* und *FOXO3* werden noch weitere Gene diskutiert, die mit Langlebigkeit assoziiert sind. Dazu gehören *SIRT1* (kodiert für Sirtuin-1, eine NAD-abhängige Protein-Deacetylase), *ACE* (kodiert für das Angiotensin-konvertierende Enzym), *NOS1* und *NOS2* (kodieren für Stickstoffmonoxid-Synthasen) und *ATM* (kodiert für eine Serin-Proteinkinase, engl *ataxia telangiectasia mutated*) (nach Costa et al. 2019). Eine Übersicht über die wichtigsten Genvarianten, die mit gesundem Altern und Langlebigkeit bei Menschen assoziiert sind, gibt Tab. 4.3.

4

Tab. 4.3 Wichtige Genvarianten für gesundes Alter und Langlebigkeit des Menschen

Gen	Chromosom	Variation*	Nukleotid-Austausch	Funktion***	Assoziation	OMIM**
ACE	17q23	rs1799752	Ins/Del (50bp)	Intron	positiv	106180
APOE	19q13	rs429358	C/T	**C** [TGC] > **R** [CGC]	positiv	107741
APOE		rs7412	C/T	**R** [CGC] > **C** [TGC]	negativ	
ATM	11q22	rs189037	G/A	5'-UTR	positiv	607585
FOXO3	6q21	rs2802292	G/T	Intron	positiv	602681
FOXO3		rs2764264	C/T	Intron	positiv	
FOXO3		rs13217795	C/T	Intron	positiv	
NOS1	12q24	rs1879417	C/T	intergen. Region	positiv	163731
NOS2	17q11	rs2297518	C/T	**S** [TCG] > **L** [TTG]	positiv	163730
SIRT1	10q22	rs7895833	G/A, G/C	intergen. Region	positiv	604479

Nach Costa et al. 2019, modifiziert
*dbSNP (▶ https://www.ncbi.nlm.nih.gov/snp/) enthält auch Angaben über die Allelfrequenzen in verschiedenen Regionen und Populationen der Welt
**OMIM (▶ https://www.omim.org/) enthält Angaben über die Funktion der Gene und pathologische Wirkungen einzelner Allele
***kodierende SNPs: ausgetauschte Nukleotide *rot*; geänderte Aminosäuren *fett* (Ein-Buchstaben-Code)
UTR, nichttranslatierte Region (engl. *untranslated region*)

! Zwar nimmt die Lebenserwartung der Menschen weltweit in den letzten 150 Jahren ständig zu; es ist aber wahrscheinlich, dass die menschliche Lebensspanne auf ~125 Jahre begrenzt ist. Varianten der Gene APOE und FOXO3 sind wesentlich für eine längere Lebenserwartung verantwortlich.

4.2 Gene, Kultur und menschliche Evolution

In den vergangenen Abschnitten haben wir uns im Wesentlichen mit Anpassungen der Menschen an unterschiedliche Lebensbereiche, Umweltbedingungen und Krankheitserreger beschäftigt. Durch diese Anpassungsprozesse haben sich aber auch immer wieder die Umweltbedingungen im weitesten Sinn geändert – der Mensch hat also seine Umwelt schon immer – mehr oder weniger -, direkt oder indirekt, mitgestaltet. Und aufgrund der Variabilität des Genoms hat sich dann unter den jeweils veränderten Selektionsbedingungen im Laufe der Zeit und oft nach dem Durchschreiten eines Flaschenhalseffekts auch eine Lösung entwickelt, die das Überleben der Menschen wieder gesichert hat. Wir haben dazu im vorangegangenen Kapitel mehrere Beispiele besprochen.

In diesem Kapitel wollen wir dagegen einige Aspekte diskutieren, die es Menschen ermöglicht haben, sich kulturell zu entwickeln und in vielfältige Richtungen zu entfalten. Ein Schlüsselfaktor für die Verhaltensvielfalt der verschiedenen Populationen von *Homo sapiens* und seiner Fähigkeit, sich an unterschiedliche ökologische Lebensräume anzupassen, ist die „kumulative Kultur", d. h. die Anhäufung von Modifikationen, Innovationen und Verbesserungen über Generationen hinweg durch soziales Lernen. Denn andauernde Verbesserungen, Modifikationen und „glückliche Irrtümer" ermöglichen es Menschen, Technologien und Know-how zu nutzen, die weit über das hinausgehen, was ein einzelnes Individuum im Laufe seines Lebens unabhängig erfinden könnte (nach Paige und Perrault 2024). Die Fähigkeit „sozialen Lernens" bei Menschen ist allerdings nicht aus dem Nichts entstanden – vielmehr zeigen viele Untersuchungen an „anderen" Tieren und Primaten, dass diese Fähigkeit alte evolutionäre Wurzeln hat (Whiten 2021).

Wir wollen uns deswegen in den nächsten Kapiteln mit einigen Aspekten dieser kulturellen Entwicklung beschäftigen und dabei vor allem der Frage nachgehen, welche biologischen Voraussetzungen für die frühen Entwicklungen der Steinzeit notwendig waren, bevor wir uns abschließend der Entwicklung des Sprechens und der Sprachen zuwenden, also der Möglichkeit, Informationen und Wissen direkt weiterzugeben.

4.2.1 Koevolution von Genen und Kultur

Die Auswirkungen genetischer Mutationen auf mögliche kulturelle Entwicklungen oder auch umgekehrt kann man als Koevolution von Genen und Kultur (engl. *gene-culture coevolution*, CCG) bezeichnen. Unter „Kultur" kann man dabei pragmatisch alle solche Informationen verstehen, die sich Individuen von anderen durch Unterricht, Imitation und andere Prozesse sozialen Lernens aneignen. „Information" beinhaltet dabei Kenntnisse, Überzeugungen, Wertorientierungen und Fertigkeiten. Die Genauigkeit der kulturellen Informationsübertragung ist dabei oft hoch genug, um wie ein erbliches System zu wirken. Und anstatt zu versuchen, die ganze Kultur einer Gesellschaft zu beschreiben, kann Kultur so auf spezifische Merkmale heruntergebrochen werden (z. B. Milchtrinker gegenüber solchen, die keine Milch trinken, oder der Verzehr von Nahrung, die reich oder arm an Stärke ist). So können Häufigkeiten bestimmt und mathematisch beschrieben werden (Laland et al. 2010; Ross und Richerson 2014).

Diese breite Definition des Kulturbegriffs eröffnet auch die Möglichkeit, Kulturen in (anderen) Tieren zu betrachten; es wurden auch Gewohnheiten für die Nutzung der Beute oder Futterstellen, Werkzeuggebrauch und Vokalisierung berichtet. Kultur ist damit auch eine Quelle für adaptives Verhalten; andererseits kann Kultur auch Muster von phänotypischen Variationen erzeugen – und diese kulturellen Entwicklungen können auch selektiven Druck auf Gene ausüben, z. B. auf Gene, die an der allgemeinen Sprachverarbeitung beteiligt sind, an der schwächeren Hautpigmentierung in höheren Breitengraden, an der Schmerztoleranz oder an der Verwertung eines veränderten Nahrungsspektrums (Laland et al. 2010; Andrés und Nowick 2014). Die theoretischen Konzepte dazu sind unter den Stichworten „Gen-Kultur-Koevolution", „Kultur-Gen-Koevolution", „duale Vererbungstheorie" oder „kulturelle Nischenkonstruktion" bekannt. Nischen-Konstruktionen werden herangezogen, um beispielsweise die positiven Auswirkungen des Gebrauchs von Feuer auf die Veränderung der Umwelt und die evolutionäre Dynamik der Menschen ebenso zu beschreiben wie die Konstruktion von Schutzräumen und die Herstellung von Kleidung – alles ermöglichte die Ausbreitung von Menschen in ansonsten unbewohnbare Regionen (Creanza et al. 2017).

Über einen längeren Zeitraum ist ein Schlüsselaspekt der menschlichen Evolution die Veränderung der Strategie, sich den Unterhalt zu sichern. Mehrere Modelle betrachten die Wechselwirkung der Jäger und Sammler mit den Populationen der Organismen, die sie verbrauchen und wie diese im Lauf der Zeit miteinander in Wechselwirkung treten. Der Prädationsdruck verkleinert die Population der Beutetiere und lässt sie sogar aussterben – was den Menschen dann als Antwort dazu zwingt, seine Ernährungsgewohnheiten zu ändern. Untersuchungen in dieser Richtung zeigen, dass schon kleine Veränderungen in der kulturellen Praxis zu Veränderungen führten, die in der neolithischen Revolution mit der Domestikation von vielen Pflanzen und Tieren kulminierte. Wir wissen heute aber auch, dass sich die Methoden der Landwirtschaft nicht durch „Diffusion" ausgebreitet haben, sondern dass

Abb. 4.21 Kulturelle, genetische und Umweltfaktoren beeinflussen die Evolution. (Nach Creanza et al. 2017; PNAS)

die Gruppen der Jäger und Sammler durch die Gruppen der Bauern „ersetzt" wurden. Ähnlich erfolgte eine zweite Umwälzung vor ~4000–6000 Jahren, als die Jamnaja-Invasoren aus der Steppe die frühen neolithischen Bauern überwältigten – sie hatten den kulturellen Vorteil des Transports durch Pferde und Wagen mit Rädern (Creanza et al. 2017). Abb. 4.21 gibt einen groben Überblick über solche Zusammenhänge zwischen kulturellen, genetischen und Umweltfaktoren in Bezug auf die menschliche Evolution.

Wie oben schon angedeutet, ist eines der am besten untersuchten Beispiele die Domestizierung von Haustieren (besonders von Rindern) und der Aufstieg der Landwirtschaft im Nahen Osten vor ~8000 Jahren. Es lassen sich daran die Effekte betrachten, die menschliches Vorgehen im Hinblick auf scheinbar ungleichartige Variablen wie soziale Organisation und allgemeine Gesundheit hat. Keine Zivilisation hat sich ohne eine landwirtschaftliche Grundlage entwickelt. Ähnliche Prozesse liefen in Ost-Asien ab, wo die Kultivierung von Hirse (im Norden und Westen von China) und Reis (im Süden von China) vor ~9000 Jahren begann und sich vor ~7000 Jahren sesshafte Bauerndörfer entwickelten (nach Richerson et al. 2021). In ▶ Abschn. 4.1.2. haben wir die molekularen Grundlagen der Lactase-Persistenz (bzw. der Lactose-Toleranz) bereits im Detail betrachtet; in Abb. 4.22 sind jetzt die verschiedenen Einflussfaktoren (genetische Veränderungen und kulturelle sowie demografische Prozesse) in Form einer Ereigniskette mit entsprechenden Rückkopplungsschleifen dargestellt. Man beachte, dass sich die Milchviehwirtschaft zuerst entwickelte und dass sich die Lactose-Toleranz erst danach durchsetzte (nach O'Brien und Bentley 2021).

Neben den erwähnten Aspekten kommen noch Effekte auf das Immunsystem hinzu (siehe auch ▶ Abschn. 4.1.4 über die Anpassung an Pathogene). Das wichtigste Selektionssignal umfasst 8 Mb auf dem Chromosom 6 und damit die ganze Region des humanen Leukozyten-Antigen-Systems (HLA). Das stärkste Signal ist zwischen den Genen *HLA-A* und *HLA-W* lokalisiert (rs7747253) und ursprünglich mit dem Schutz gegen

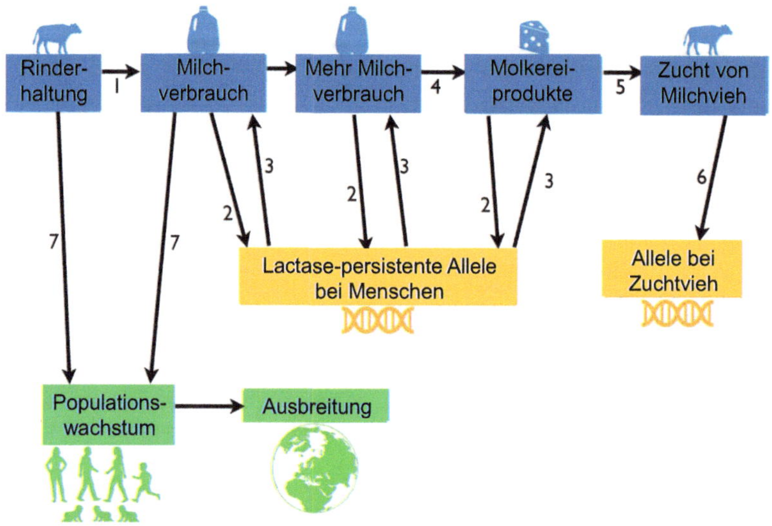

Abb. 4.22 Einflusskette in der Milchviehhaltung. Kulturelle Prozesse sind in *blau*, genetische Veränderungen in *gelb* und demografische Prozesse in *grün* eingezeichnet. Die Domestikation von Rindern löst den Verbrauch von Milch aus (1), was die Ausbreitung der Lactase-Persistenz (2) fördert und den weiteren Milchverbrauch begünstigt (3). Dadurch werden Produktion und Verbrauch weiterer Milchprodukte ausgelöst (4), was zur selektiven Züchtung von Rindern führt (5). Dabei werden Rinder mit solchen Allelen ausgewählt (6), die in der Milchviehhaltung zu einem hohen Ertrag an Milch führen. Milchviehhaltung und der Verbrauch der entsprechenden Milchprodukte (7) führt zu einem Bevölkerungswachstum und löst eine Ausbreitung in neue Umgebungen aus. (Nach O'Brien und Bentley 2021; Wiley)

Windpocken und mit einem erhöhten Risiko für Darminfektionen assoziiert. Dieses ursprüngliche Allel ist in seiner Frequenz in Europa deutlich zurückgegangen – beginnend vor ~8000 Jahren; dadurch wurde zwar das Risiko für Darminfektionen vermindert, allerdings auf Kosten des Risikos für Windpocken. Die deutlichen Veränderungen im Lebensstil der eurasischen Populationen sind offensichtlich die Antreiber dieser starken Selektion an den Genorten des Immunsystems. Dazu gehören die Veränderungen im Nahrungsangebot und ein engerer Kontakt mit Haustieren, verbunden mit höherer Mobilität und Populationsdichte (Irving-Pease et al. 2024).

Ein anderes Beispiel sind die Kopienzahl-Variationen für das Amylase-1-Gen (*AMY1*); die Amylase-1 kommt im Speichel vor und ist für die Hydrolyse von Stärke verantwortlich. Verzehr von stärkehaltiger Nahrung ist ein Kennzeichen landwirtschaftlich geprägter Gesellschaften – die umgekehrt (im Durchschnitt) eine höhere Anzahl von *AMY1*-Genkopien haben und damit stärkehaltige Nahrung besser verdauen können. Allgemein können wir festhalten, dass der Beginn der Landwirtschaft und damit der Zugang zu neuen Nahrungsquellen eine wesentliche Ursache für Selektionsprozesse auf menschliche Gene ist. Gene, die am Metabolismus von Kohlenhydraten, Fetten und Phosphaten beteiligt sind, zeigen in besonderem Ausmaß Signale „kürzlicher" Selektion (nach Laland et al. 2010).

! Veränderungen kultureller Lebensstile (z. B. Landwirtschaft) führen dazu, dass bestimmte Genvariationen evolutionäre Vorteile bringen (z. B. Lactase-Persistenz, höhere Anzahl von Kopienzahl-Variationen).

4.2.2 Steine, Feuer und Pech

Wenn wir über Gene, Kultur und menschliche Evolution sprechen, so ist der Zusammenhang mit Genen nicht immer so evident wie wir das bis jetzt gesehen haben. Das gilt vor allem dann, wenn wir uns an die Anfänge der menschlichen Evolution zurückbegeben. Hier ist oft unklar, welche Techniken auch schon Affen beherrschten (z. B. mit Steinen Nüsse aufklopfen), und was schon eher menschlich ist: Techniken, die durch soziales Lernen weitergegeben werden und deren Gebrauch manuelle und kognitive Fähigkeiten voraussetzen. Manche argumentieren, dass kulturelle Entwicklungen die humane Evolution lenken, wohingegen andere der Meinung sind, dass Gene die Kultur an der Leine halten (Waring und Wood 2021). Wir wollen jetzt zwei sehr frühe Aspekte betrachten: die Behandlung von Steinen und der Gebrauch von Feuer.

Durch das Aufeinanderschlagen von Steinen entsteht an einem Stein eine scharfe Kante – dieses **Steinwerkzeug** kann beispielsweise dazu benutzt werden, Fleisch von Knochen abzuschaben. Derartige Techniken sind aus der **Oldowan-Kultur** bekannt, die in Afrika aus der Zeit vor ~2,9–1,5 Mio. Jahren bekannt ist (benannt nach der Olduvai-Schlucht im Norden Tansanias; siehe auch ▶ Abschn. 2.2.3). Es wird darüber diskutiert, ob *Australopithecus* oder *Homo habilis* die ersten „Steinschläger" waren. Neuere Daten aus Kenia deuten allerdings darauf hin, dass es schon vor ~3,3 Mio. Jahren Hominine gegeben hat, die entsprechend Steine behauen haben. Die Voraussetzungen für den Gebrauch und noch vielmehr für die Herstellung solcher Steinwerkzeuge sind vielfältig (nach Lewis und Harmand 2016):

- Verständnis der Bruchmechanik des verfügbaren Rohmaterials an Steinen, der erwünschten Größe und Form des Ausgangsblocks für das Abschlagen,
- sensomotorische Kontrolle über die Kraft und Genauigkeit, die an der schlagenden Bewegung beteiligt ist, um dünne Schichten von dem Steinblock abzuschlagen, und
- ein räumlich-visuelles Verständnis der Positionen und Winkel, an denen dünne Schichten des Steins (Splitter) abgehauen werden sollen, damit die Morphologie des Kernsteins nicht so verändert wird, dass weiterer Abschläge nicht mehr möglich wären.

Die Handlungen, die an der Herstellung und dem Gebrauch von Steinwerkzeugen beteiligt sind, sind Teil des selektiven Kontextes, in dem sich kognitive Veränderungen vollzogen haben und im Hinblick auf Überlebenschancen einen Unterschied machten. Dadurch waren die vergrößerten Populationen zu nachhaltigen Innovationen und Ausbreitung in neue Umgebungen im Stande. Einen Überblick über die Entwicklung der Steinwerkzeuge zeigt ◻ Abb. 4.23. Es scheint, dass die Oldowan-Technik weniger ein Anzeichen für kulturelle Prozesse ist als vielmehr die „Anfangseinstellung" war: ein Hilfsmittel, das sich zeigt, wann immer Splitter durch einfaches Abschlagen entstanden. Und dabei gab es auch noch wenig soziale Lerneffekte.

◻ **Abb. 4.23** Beispiele für Oldowan Steinwerkzeuge aus Oued Boucherit (Algerien). **a** aus der unteren tiefer gelegenen Schicht von Ain Boucherit (~2,44 Mio. Jahre alt): 1: zweischneidiges Steinwerkzeug ("Chopper"), 2: einschneidiges Steinwerkzeug, 3: Polyeder; **b** aus der oberen Schicht von Ain Boucherit (~1,92 Mio. Jahre alt): 4: einschneidiges Steinwerkzeug, 5: zweischneidiges Steinwerkzeug, 6: Subspheroid; **c** aus Ain Hanech und El Kherba (~1,75 Mio. Jahre alt): 7: zweischneidiges Steinwerkzeug, 8: Polyeder, 9: geschliffener Spheroid. Alle Artefakte sind aus Kalkstein. (Nach Duval et al. 2021; CC-by-4.0, ▶ http://creativecommons.org/licenses/by/4.0)

Typisch für das **Acheuléen** (vor ~2 Mio. Jahren bis ~150.000 Jahren) sind die Faustkeile. Diese Technik wird im Wesentlichen dem *Homo erectus* zugerechnet und kann nicht nur in ganz Afrika nachgewiesen werden, sondern auch in Südwesteuropa (der Name stammt von dem Fundort Saint-Acheul, einem Vorort von Amiens in Frankreich), im Nahen Osten und in Indien. Faustkeile sind auf verschiedenen Wegen hergestellt worden, aber sie alle beruhen auf einer Vorstellung davon, wie das Endprodukt aussehen soll.

Das **Moustérien** (vor ~160.000 Jahren bis vor ~40.000 Jahren) ist im Wesentlichen durch das häufige Vorkommen von Schabern charakterisiert. Diese Technologie wird den Neandertalern und den modernen Menschen zugerechnet; man findet sie entsprechend im Wesentlichen in Europa, im Nahen Osten und in Westasien. Der Name bezieht sich auf einen der ersten Fundorte in Le Moustier in Frankreich. Das Moustérien repräsentiert die Erkenntnis, dass die Lebensdauer von Abschlägen verlängert werden kann, wenn man sie immer wieder nachschärft (Davidson 2016).

Die **Kontrolle von Feuer** ist eine der wichtigsten technologischen Innovationen in der Evolution der Menschheit. Allerdings ist der archäologische Nachweis nicht immer einfach zu führen, dass Feuer von Menschen gemacht und benutzt wurde. Dazu werden verschiedene indirekte Hinweise genutzt wie beispielsweise das (gemeinsame) Vorkommen von Holzkohle, erhitzten Steinen, verkohlten Knochen und Ablagerungen am Boden, wo das Feuer war, und die durch Hitze verändert wurden. Es gibt vereinzelte – und umstrittene – Hinweise auf den anthropogenen Gebrauch von Feuer vor ~1 Mio Jahren in Südafrika oder später vor ~800.000 Jahren in Spanien und in der Levante. Der sichere Nachweis des Gebrauchs von Feuer liegt dagegen nur ~400.000 Jahre zurück; er ist ab dieser Zeit in Europa, der Levante und Nordafrika (Marokko) vielfach nachweisbar und breitete sich offensichtlich schnell aus. Feuer wurde benutzt, um Zugang zu tiefen Höhlen zu bekommen, zum Kochen, und schließlich um Pech oder Teer herzustellen – Tätigkeiten, die für die Neandertaler dokumentiert sind. Für den Gebrauch von Feuer sind natürlich bestimmte kognitive und soziale Fähigkeiten nötig; man kann das räumlich-zeitliche Ausbreitungsmuster des regelmäßigen Gebrauchs von Feuer auch als das Ergebnis einer kulturellen Diffusion interpretieren – der ersten ihrer Art in der menschlichen Evolution. Kulturelle Diffusion spielt eine wichtige Rolle bei der schnellen Ausbreitung von neuen Fähigkeiten und Technologien über größere Regionen. Dazu gehört, dass das Wissen und die Techniken über die sozialen Netzwerke der einzelnen Neandertalergruppen verbreitet wurde (MacDonald et al. 2021).

Der Gebrauch des Feuers ermöglichte dramatische Veränderungen im Lebensstil und der Ernährung; es gibt Hypothesen, dass der regelmäßige Gebrauch von Feuer zum Kochen zu Veränderungen in der Anatomie des Kiefers geführt haben soll. So gibt es in der menschlichen Evolutionslinie eine Deletion von 2 Basen im humanen Gen *MYH16*, die zu einer Rasterverschiebung und zu einem vorzeitigen Stoppcodon führt. Da das Gen in dem ursprünglich mächtigen Kaumuskel exprimiert wurde, wird die Mutation für die Schrumpfung dieses Muskels verantwortlich gemacht. Diese Mutation entstand allerdings schon vor ~2,4 Mio. Jahren (Stedman et al. 2004) und steht damit wahrscheinlich nicht im Zusammenhang mit dem Genuss gekochter oder gebratener Nahrung. Es wird im Übrigen auch diskutiert, dass die Verkleinerung des Kaumuskels die Möglichkeit eröffnet hat, das Schädelvolumen zu vergrößern (Albalat und Cañestro 2016).

! Das Behauen von Steinen und der Gebrauch von Feuer sind uralte kulturelle Praktiken, die auch schon die Neandertaler beherrschten. Es sind dazu gewisse kognitive Fähigkeiten nötig, auch um das Wissen weiterzugeben. Eine besondere Beteiligung einzelner Gene ist nicht belegt.

Eines der frühesten bekannten Beispiele von Neandertalern für den Gebrauch des Feuers zur Produktion von Substanzen, die bis dahin in der Natur nicht vorkamen, war die Herstellung von Klebstoff aus Birkenrinde, um beispielsweise Steinwerkzeuge an Hölzern zu befestigen. Obwohl die ältesten Nachweise für **Birkenpech** sehr selten sind, kann diese Tradition ~200.000 Jahre zurückreichen, z. B. in Campitello (Italien). Für den späteren Abschnitt des Mittelpaläolithikums in Europa (vor ~300.000–50.000 Jahren) sind mehrere andere Stellen dokumentiert, an denen Neandertaler Birkenpech hergestellt haben (z. B. Inden Altdorf/Nordrhein-Westfalen vor ~120.000 Jahren; Königsaue/Sachsen-Anhalt vor ~45.000–80.000 Jahren). Diese Funde haben Auswirkungen auf unser Verständnis der kognitiven Evolution der Neandertaler, da Birken kein sichtbares Exsudat zeigen, das als möglicher Klebstoff hätte betrachtet werden können. Um Klebstoff aus Birkenrinde herzustellen, muss die Birke in einem transformativen Prozess weiterverarbeitet werden. Es ist zwar nicht im Detail bekannt, welche Technologie die Neandertaler dafür benutzt haben – allerdings zeigen chemische Analysen der Fundstücke und der mit experimentellen Techniken hergestellten Produkte (▣ Abb. 4.24), dass nicht die einfacheren Kondensationsmethoden, sondern Methoden unter der Erde mit geringem Sauerstoffanteil verwendet wurden (nach Schmidt et al. 2023).

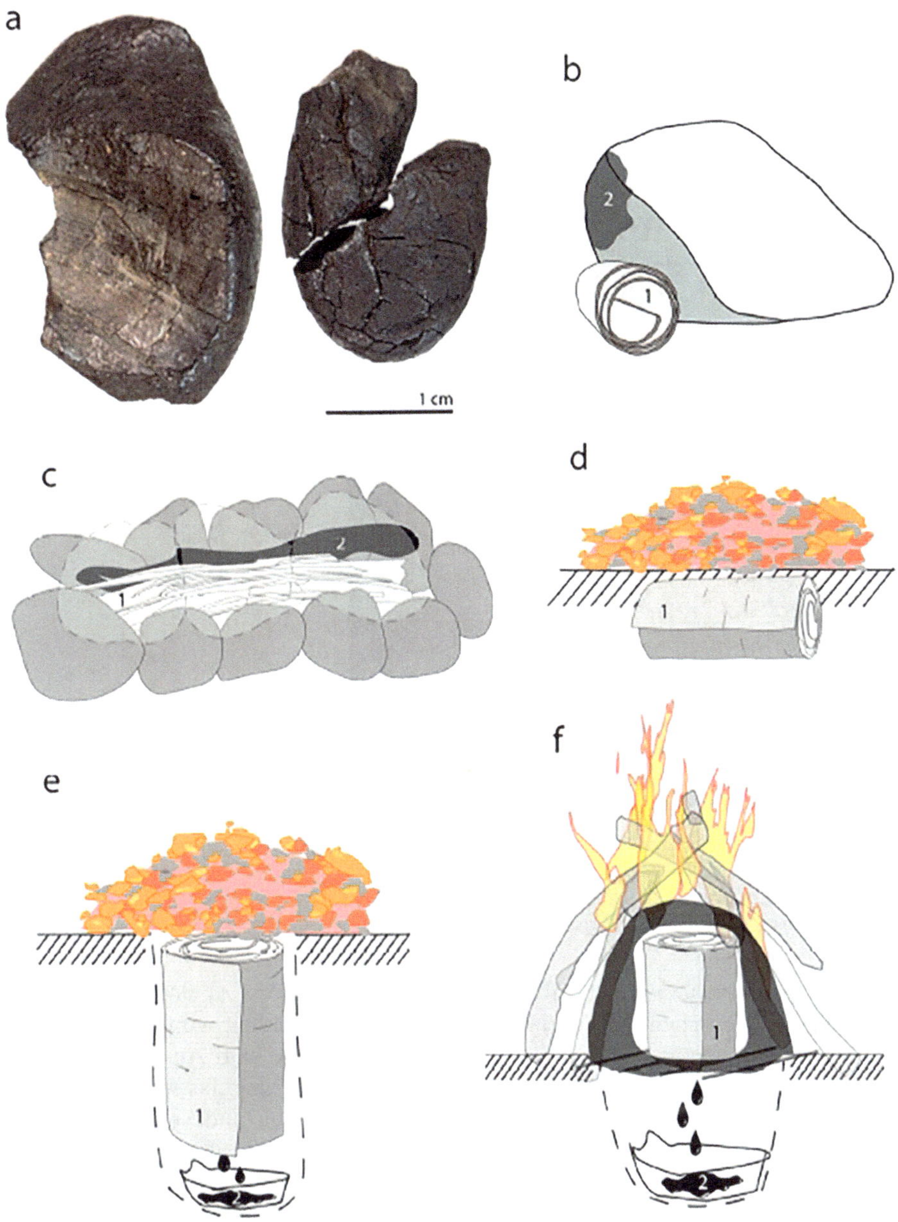

Abb. 4.24 Birkenpech aus Königsaue und experimentelle Herstellungstechniken. **a** Zwei Fundstücke von Birkenpech aus Königsaue; **b** Schematische Darstellung der Kondensationsmethode. **c** Kondensationsmethode an Feldsteinen. **d** Die Technik der eingegrabenen Birkenrindenrolle. **e** Technik der Birkenrindenrolle in der Grube; **f** aufgeständerte Struktur. 1: Birkenrinde; 2: Birkenteer. (Nach Schmidt et al. 2023; CC-by-4.0, ▸ http://creativecommons.org/licenses/by/4.0)

Ähnliche Techniken haben moderne Menschen auch im südlichen Afrika während des Mesolithikums angewendet – allerdings verwendeten sie Blätter der Steineiben statt Birken als Ausgangsmaterial für den Teer (Schmidt et al. 2022). Andere Klebetechniken moderner Menschen dieser Zeit im südlichen Afrika waren die Benutzung von Harz, Ocker und Bienenwachs als Klebstoff für Steinwerkzeuge zwischen dem Stein und dem Schaft. Dabei bewirkt Ocker, dass die anderen Komponenten schneller und besser aushärten. Im Jungpaläolithikum konnten die damaligen Jäger und Sammler ihre Werkzeuge entsprechend kennzeichnen, dabei war dann Ocker aber nicht nur am Übergang von Schaft und Stein zu finden (Lombard 2007). Ähnliche Steinwerkzeuge mit Ocker-haltigen Klebstoffen wurden auch in Europa in Fundstücken aus dem Mittelpaläolithikum entdeckt – sie stammen aus Le Moustier in Frankreich, die im Museum für Ur-und Frühgeschichte in Berlin aufbe-

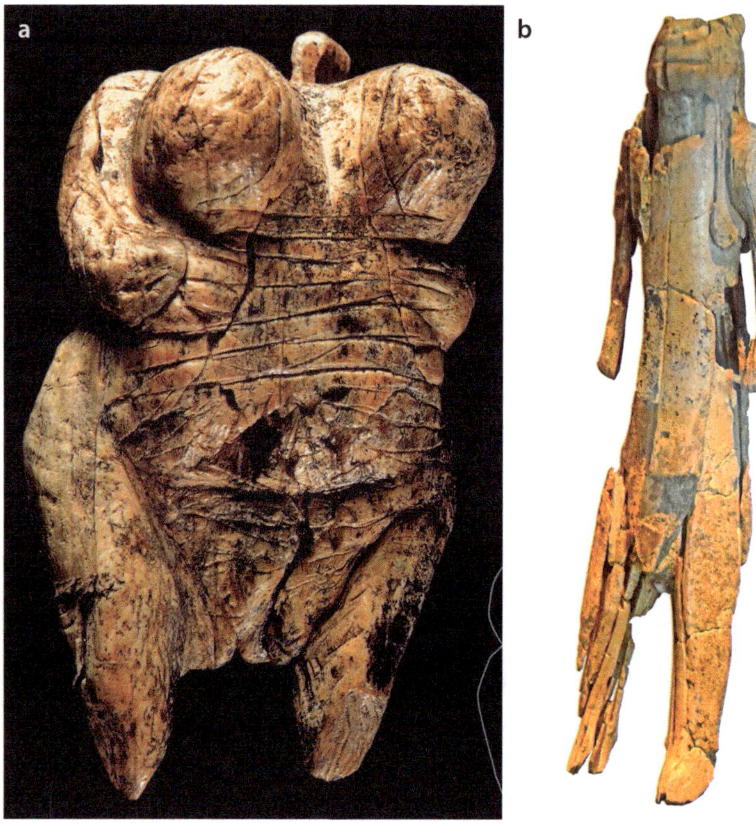

Abb. 4.25 Die bisher weltweit ältesten figürlichen Darstellungen aus Mammutelfenbein stammen aus der Schwäbischen Alb und sind ~40.000 Jahre alt. **a** Frauenstatuette („Venus von Hohle Fels"): statt eines Kopfes hat sie eine Öse, die darauf hindeutet, dass sie als Anhänger getragen wurde; die Figur ist knapp 6 cm hoch. **b** Die älteste Skulptur der Welt: der „Löwenmensch" ist ~30 cm groß. (a: © Anna Sowa, Alamy; b: © Prisma by Dukas Presseagentur GmbH, Alamy)

wahrt wurden. Allerdings ist dabei noch offen, ob Neandertaler oder moderne Menschen diese Steinwerkzeuge hergestellt haben (Schmidt et al. 2024).

Aber moderne Menschen der Steinzeit haben nicht nur Steine abgeschlagen, Pech gekocht und Äxte hergestellt, sondern sie haben auch Kunst gestaltet. Die ältesten abstrakten Steinritzzeichnungen (mit Ocker) wurden im südlichen Afrika gefunden und sind ~75.000 Jahre alt. Auf der Schwäbischen Alb wurden die bisher ältesten Schnitzereien von menschlichen und tierischen Figuren gefunden – sie sind ~40.000 Jahre alt und wurden aus Mammutelfenbein angefertigt. Sie zeigen die entwickelte symbolische Kommunikation der Menschen dieser Zeit (Conard 2009); Abb. 4.25 zeigt zwei Beispiele aus verschiedenen Fundstellen auf der Schwäbischen Alb. Frauenstatuetten aus der Zeit vor ~14.000–38.000 Jahren wurden an vielen Stellen Mitteleuropas gefunden. Diese Frauenfiguren sind überwiegend dickleibig (engl. *obese*) oder schwanger; die Interpretation dieser Figuren aus der Eiszeit und danach ist schwierig; es fällt aber auf, dass Dickleibigkeit mit dem Abstand zur Front des Eises abnimmt. Eine Hypothese ist deshalb, dass überernährte Frauen während der Zeiten des Hungers und der Klimaveränderung im paläolithischen Europa zu einem idealen Symbol für Überleben und Schönheit wurden (Johnson et al. 2021). Alle diese Elemente sind Ausdruck hoher kognitiver Fähigkeiten; wir werden das weiter unten in den Abschnitten über Händigkeit und Sprache unter etwas anderen Gesichtspunkten diskutieren, aber vor allem im nächsten Kapitel über die Evolution des Gehirns insgesamt.

! Die technische Herstellung von Pech aus Blättern bestimmter Bäume ist eine besondere Leistung der späten Neandertaler und der modernen Menschen. Der Symbolgehalt der figürlichen Darstellungen übergewichtiger Frauen aus der letzten Eiszeit wird intensiv diskutiert.

4.2.3 Händigkeit

Wir haben oben kurz die Entwicklung von Steinwerkzeugen skizziert. Dabei zeigt sich, dass sich die Hände der Hominiden, die Steinwerkzeuge herstellten, schon deutlich von denen von Affen unterscheiden. Und: aus der Abschlagtechnik können Archäologen heute darauf schließen, mit welcher Hand die Abschläge überwiegend ausgeführt wurden: es war die rechte Hand. Auf eine

Mehrheit für Rechtshänder kann so schon aus Steinwerkzeugen zurückgeschlossen werden, die vor ~300.000–400.000 Jahren entstanden sind. Und auch bei Neandertalern kann aus den anatomischen Verhältnissen der Arme und der Hände darauf geschlossen werden, dass sie überwiegend Rechtshänder waren. Die Studien über prähistorische und auch historische Zeiten belegen im Großen und Ganzen die Dominanz der Rechtshänder. Die Beständigkeit dieses Phänomens über einen derart langen evolutionären Zeitraum deutet auf einen andauernden Selektionsdruck auf die Dominanz der rechten Hand hin. Heute sind 90 % aller Menschen Rechtshänder – und dies über alle untersuchten Kulturkreise hinweg. Und durch sozialen Druck wurde in manchen (modernen) Gesellschaften diese Dominanz der rechten Hand noch verstärkt (nach Llaurens et al. 2009). Es gibt bei der Linkshändigkeit ein leichtes Übergewicht bei Männern: sie zeigen eine etwas höhere Inzidenz für Linkshändigkeit (11,6 %) als Frauen (8,6 %) (Schaafsma et al. 2009). Diese insgesamt sehr deutlich ausgeprägte Rechtshändigkeit ist einzigartig unter Primaten (Abb. 4.26).

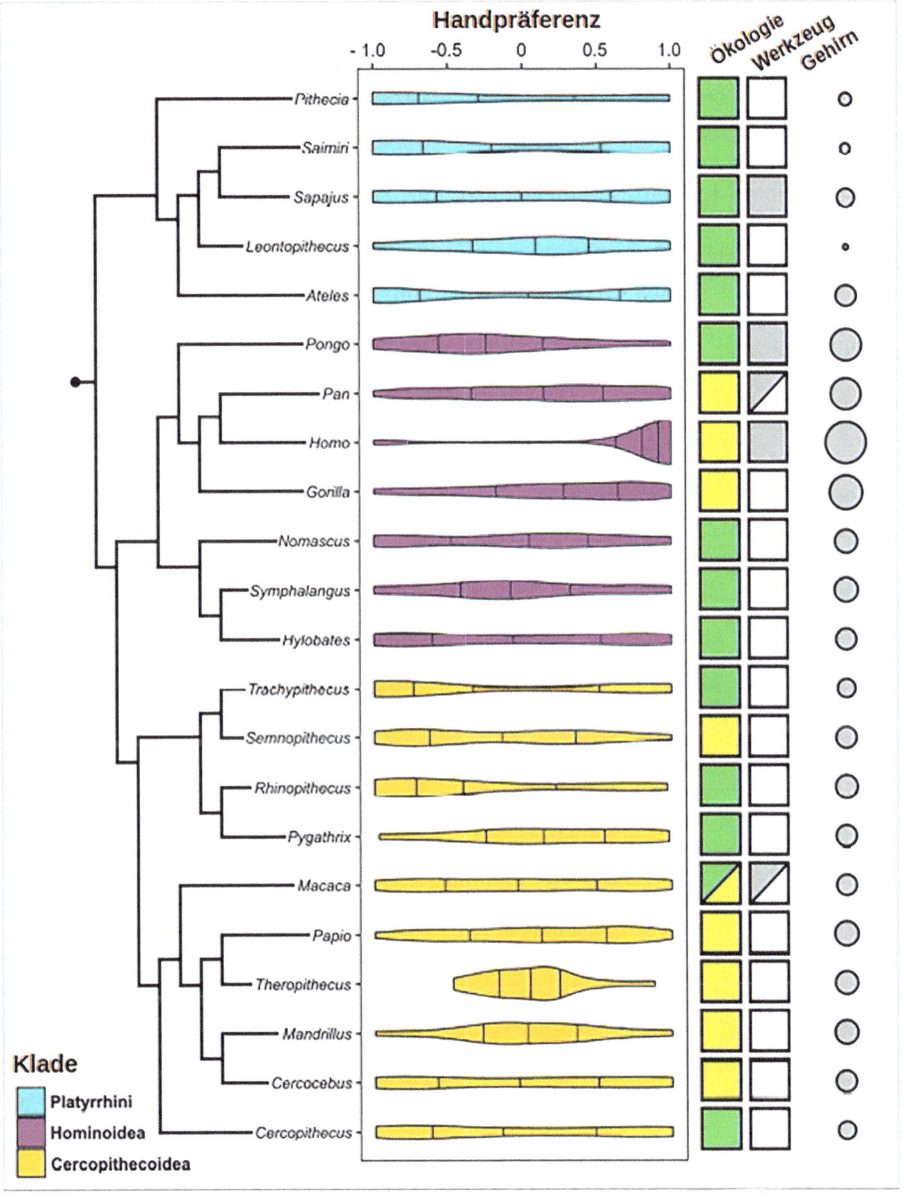

Abb. 4.26 Violinenplot der Verteilung der Handpräferenz in 22 Arten anthropoider Primaten und die artspezifische Ausprägung der drei möglichen biologischen Korrelate (Ökologie, gewohnheitsmäßiger Werkzeuggebrauch bei der Futtersuche, absolute Gehirngröße). Die Zuordnung findet nur Anwendung auf die Spezies, die die entsprechende Art in der Probensammlung repräsentiert. Farbcode: Ökologie: auf Bäumen lebend: *grün*; an Land lebend: *gelb*; gewöhnlicher Werkzeuggebrauch: *grau* (kein Werkzeuggebrauch: *weiß*). Die Gehirngröße ist hier dargestellt als der log-transformierte Artdurchschnitt des weiblichen endocranialen Volumens. (Nach Caspar et al. 2022; CC-by-4.0, ► http://creativecommons.org/licenses/by/4.0

Die Rechtshändigkeit bei Menschen ist aber nicht nur mit Tätigkeiten assoziiert, sondern auch mit kommunikativen Gesten verschiedener Art – und das gilt sogar auch für die Gebärdensprache. Interessanterweise sind Gebärden, Hinweise oder symbolische Handlungen nicht nur an der Entwicklung der Sprache beteiligt (siehe ▶ Abschn. 4.3), sondern lösen bei Kleinkindern auch ein größeres Maß von rechtshändiger Dominanz aus als nicht-kommunikative Handbewegungen. Diese Befunde und andere weisen aber darauf hin, dass sich die Präferenz für eine Hand bei kommunikativen Gesten und bei nicht-kommunikativen Handbewegungen relativ unabhängig voneinander entwickelt haben. Damit ist allerdings ein Zusammenhang zwischen der Rechtshändigkeit bei motorischen Handlungen und bei kommunikativen Gesten eher unwahrscheinlich.

Da die überwiegende Rechtshändigkeit bei Menschen mit einem kleinen, aber konstanten Anteil an Linkshändern ein allgemeines Merkmal ist, gibt es auch genetische Erklärungsversuche. Aber alle Modelle, die auf einer einfachen Mendel'schen Genetik mit einem oder zwei Genen, mit dominantem oder rezessiven Erbgang verbunden sind, scheitern. Auch der (geringe) Geschlechtsunterschied bei der Linkshändigkeit lässt sich mit bisherigen genetischen Hypothesen nicht erklären (nach Schaafsma et al. 2013). Auch klassische Zwillingsuntersuchungen, die oft deutliche Hinweise auf erbliche Komponenten geben, zeigen in Bezug auf die konstante geringe Linkshändigkeit keine besonderen Ergebnisse: die Konkordanz unterscheidet sich bei eineiigen und zweieiigen Zwillingen kaum und beträgt 80 % bzw. 79 %. Die Erblichkeit der Linkshändigkeit wird auf ~25 % geschätzt (Pfeifer et al. 2022). Alle diese Untersuchungen deuten auf eine komplexe genetische Situation hin, und genomweite Assoziationsstudien ergeben ein ähnliches Bild. ◻ Abb. 4.27 zeigt das Ergebnis einer Metaanalyse verschiedener genomweiter Assoziationsstudien mit 1.534.836 Rechtshändern gegenüber 194.198 Linkshändern. Insgesamt sind 48 Genvarianten signifikant mit Linkshändigkeit assoziiert, allerdings ist das Quotenverhältnis sehr klein (im Bereich von 5 %) - der Anteil der einzelnen Genvarianten ist also sehr gering (Cuellar-Partida et al. 2021).

Die „Top 5“ der Gene für Linkshändigkeit mit den niedrigsten Signifikanzwerten sind in ◻ Tab. 4.4. zusammengefasst. Insgesamt zeigt die Studie, dass Links- oder Rechtshändigkeit ein polygenes Merkmal ist, an dem viele Signalwege beteiligt sind, die Links- oder

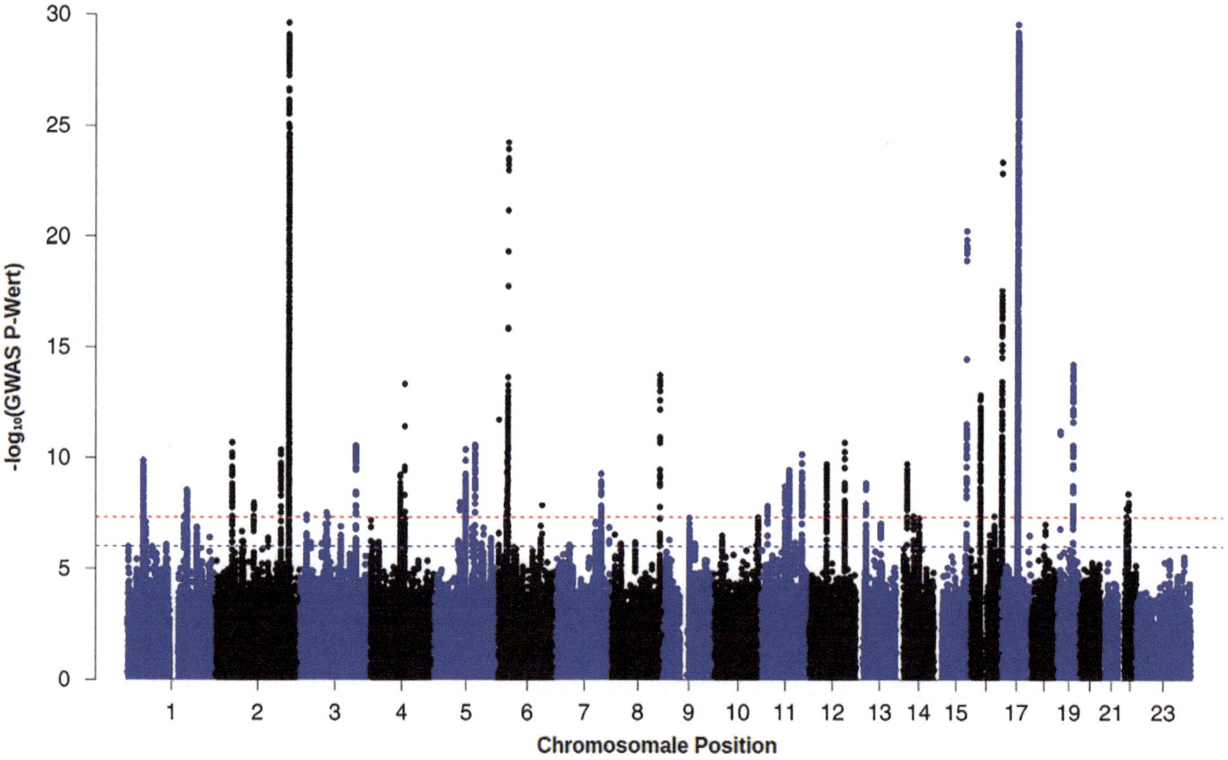

◻ **Abb. 4.27** Manhatten-Plot einer Metaanalyse von genomweiten Assoziationsstudien zur Linkshändigkeit (N = 1.534.836 Rechtshänder gegenüber 194.198 Linkshänder). Jeder Punkt repräsentiert einen SNP. Die unterbrochene Linie markiert die genomweite Signifikanzschwelle ($P < 5 \times 10^{-8}$); die gestrichelte blaue Linie zeigt die Schwelle für vermutete Assoziationen. (Nach Cuellar-Partida et al. 2021; Springer Nature)

Tab. 4.4 TOP-5-Gene der Linkshändigkeit

Gensymbol (Chr.)	Protein	Funktion	Varianten
MAP2 (2q34)	Mikrotubuli-assoziiertes Protein 2	Zusammenbau von Mikrotubuli in Neurogenese und Schutz gegen ihren Abbau	rs62213410 (Intron)
CRHR1 (17q21)	Rezeptor-1 für das Corticotropin-freisetzende Hormon (engl. *corticotropin-releasing hormone receptor 1*	G-Protein-gekoppelter Rezeptor; wichtig im Signalweg Hypothalamus-Hypophyse--Nebenniere	rs55974014 (Intron)
TUBB (6p21)	β-Tubulin	β-Tubulin bildet zusammen mit α-Tubulin die Mikrotubuli	rs3132584 (Intron)
TUBB3 (16q24	β3-Tubulin	β-Tubulin bildet zusammen mit α-Tubulin die Mikrotubuli	rs4550447 (Intron)
FURIN (15q26)	Furin	Membrangebundene Protease	rs6224 (Intron)

Nach Cuellar-Partida et al. 2021: die p-Werte liegen zwischen $2{,}37 \times 10^{-30}$ und $6{,}16 \times 10^{-21}$ (aufsteigend); OMIM (▶ https://www.omim.org/); dbSNP (▶ https://www.ncbi.nlm.nih.gov/snp/)

Rechtshändigkeit jeweils nur in einem geringen Ausmaß beeinflussen. Wenn es – wie in früheren Hypothesen formuliert wurde – nur ein oder zwei kausale Gene geben würde, wären sie in einer derartig groß angelegten Studie gefunden worden. Ebenso gibt es keinen Hinweis auf geschlechtsspezifische Varianten, die mit Linkshändigkeit assoziiert sind. Es ist allerdings auffällig, dass unter den 48 signifikanten Varianten mehrere Gene sind, die mit der Bildung und/oder Regulation von Mikrotubuli unter den Top-5 assoziiert sind (3 Genvarianten [*MAP2*, *TUBB* und *TUBB3*, Tab. 4.2] und zusätzlich weitere 5 signifikante Genvarianten). Mikrotubuli sind Polymere, die Teile des Cytoskeletts bilden und für viele zelluläre Prozesse notwendig sind (z. B. intrazellulärer Transport, Organisation des Cytoplasmas und Zellteilung). Mikrotubuli spielen auch eine wichtige Rolle während der Entwicklung und Wanderung von Neuronen und bei neurodegenerativen Prozessen. Mutationen in Genen, die für verschiedene Tubuline oder Mikrotubuli-assoziierte Proteine kodieren, sind mit einigen wichtigen neuronalen Entwicklungsstörungen bzw. neurodegenerative Erkrankungen assoziiert, und umgekehrt gibt es positive Korrelationen zwischen Linkshändigkeit und Schizophrenie und bipolaren Störungen; bei diesen Erkrankungen sind bis zu 40 % der Patienten Linkshänder (nach Cuellar-Partida et al. 2021).

! Schon in der Steinzeit war bei Abschlägen der Steine die rechte Hand die dominierende, und Rechtshändigkeit ist heute über alle Kulturkreise mit etwa 90 % weit verbreitet – was auf eine starke Selektion hindeutet. Offensichtlich sind daran Gene beteiligt, die den Aufbau von Mikrotubuli kontrollieren.

4.3 Vom Sprechen, von Sprachen und vom Schreiben

Sprache ist eines der Alleinstellungsmerkmale des Menschen im Reich der Primaten. Und es ist ein bisher ungelöstes Rätsel der Biologie, die offensichtliche Diskontinuität zwischen den Gesten der Affen und dem Sprachvermögen des Menschen zu erklären. Große Affen verfügen über ein Repertoire von über 80 Gesten, mit denen sie sich mit ihren Artgenossen verständigen können. Menschen verfügen dagegen (im Englischen) über ein Repertoire von über 20.000 Wortfamilien, das während der Kindheit erlernt wird; weitere Sprachen können im Laufe des Lebens zusätzlich erlernt werden. Und menschliche Sprache verfügt über eine Syntax, was in den Gesten der Großen Affen nicht erkennbar ist (nach Hobaiter et al. 2022). Wir wollen uns in diesem Kapitel zunächst mit dem menschlichen „Sprechenkönnen" beschäftigen und danach mit der Evolution der verschiedenen Sprachen, die in der Welt gesprochen werden. Eine Schrift hat sich wohl erst relativ spät entwickelt, und so wollen wir uns jetzt mit diesen drei Aspekte nacheinander beschäftigen.

4.3.1 Vom Sprechen – und was wir von Sprachstörungen lernen können

Ein wichtiges Kriterium für menschliche Sprache ist das Sprechenkönnen, also die motorisch-anatomischen Möglichkeiten, um Laute zu artikulieren. Man beachte aber, dass die weltweit etwas unterschiedlichen Gebärdensprachen auch ohne die Erzeugung von Lauten

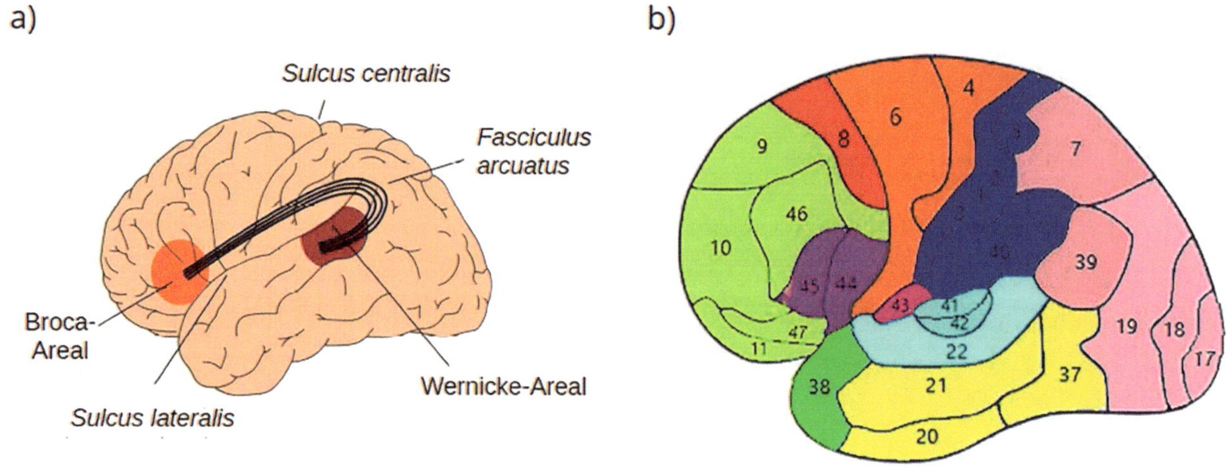

▪ **Abb. 4.28** **a** Das klassische Modell für die neuroanatomische Lokalisation der Sprache besteht aus eigenständigen corticalen Regionen, dem Broca- und dem Wernicke-Areal. Die beiden Areale sind durch den *Fasciculus arcuatus* verbunden. Die beiden Hauptfurchen des Gehirns, die Sylvische Furche (*Sulcus lateralis*) und die Zentralfurche (*Sulcus centralis*) sind zur Orientierung ebenfalls dargestellt. **b:** Seitenansicht der linken Gehirnhemisphäre. Die Ziffern zeigen die Einteilung der Großhirnrinde in Felder nach der Brodmann-Nomenklatur. Diese Felder unterscheiden sich in ihrer Cytoarchitektur, d. h. in der Zusammensetzung ihrer Zelltypen. Das Broca-Areal besteht aus der *Pars opercularis* (BA 44) und der *Pars triangularis* (BA 45). Das Wernicke-Areal ist definiert als BA 42 und BA 22, die auch als sekundäre Hörrinde bezeichnet werden. (a: Nach Hagoort, 2013; CC-by, ▶ http://creativecommons.org/licenses; b: Nach Asadzadeh et al. 2022; CC-by-4.0, ▶ http://creativecommons.-org/licenses/by/4.0)

auskommen. Das ist also offensichtlich nicht das entscheidende Kriterium für menschliche Sprache; Sprache bedarf vielmehr einer Möglichkeit zur gedanklichen Erzeugung von Begriffen und ihre Verknüpfung über eine Syntax. Dazu kommt, dass Sprache über das Hören gelernt und auch verstanden wird (die Gebärdensprache entsprechend über das Sehen). Es gibt also verschiedene neuronale Netzwerke, die beim Sprechen verknüpft werden müssen (Fedorenko et al. 2024).

Durch klinische Studien bei Sprachstörungen konnten zunächst neuronalen Korrelate von „Sprache" beschrieben werden. Die Untersuchungen von Paul **Broca** (1824–1880) und Carl **Wernicke** (1848–1905) zeigten, dass die Fähigkeit zu sprechen bestimmten Gehirnarealen zugeordnet werden kann – quasi als Umkehrschluss bei entsprechenden Erkrankungen bzw. klinischen Ausfallerscheinungen (Aphasie). Diese Gehirnareale befinden sich jeweils in der linken Gehirnhemisphäre und werden nach ihren Entdeckern als **Broca-Areal** (im linken inferioren Frontallappen) und als **Wernicke-Areal** (im linken superioren Temporallappen) bezeichnet. Das Broca Areal wurde als eine Region identifiziert, die für eine motorische Komponente von Sprache und damit im Wesentlichen für das Produzieren von Sprache verantwortlich ist; ihr Ausfall behindert das Sprechenkönnen (Broca-Aphasie). Das Wernicke-Areal ist dagegen im Wesentlichen für die Weiterverarbeitung und das Verständnis gehörter Sprache verantwortlich; ihr Ausfall führt zu einem Verlust des Sprachverständnisses (Wernicke-Aphasie). Beide Regionen sind durch den *Fasciculus arcuatus* verbunden, eine Leitungsbahn mit bogenförmigen Verlauf (daher der Name); beim Ausfall dieser Leitungsbahn ist die Fähigkeit zum Nachsprechen beeinträchtigt (Leitungsaphasie). Dieses klassische Modell (▪ Abb. 4.28) hat für Jahrzehnte als Basis des neuralen Verständnisses von Sprache gedient; allerdings haben moderne bildgebende Verfahren gezeigt, dass es zu einfach ist (nach Markov et al. 2023).

Wir haben oben gesehen, dass sowohl das Broca- als auch das Wernicke-Areal in der linken Gehirnhemisphäre lokalisiert sind, und zwar unabhängig davon, ob bei den untersuchten erwachsenen Personen die linke oder die rechte Hand dominiert (Bakhit et al. 2024). Allerdings ist das bei Kindern im Alter von 4–6 Jahren noch nicht in diesem Maß ausgeprägt. So zeigen Untersuchungen durch funktionelle Magnetresonanztomografie bei entsprechender Stimulierung eine Antwort in beiden Gehirnhälften, und Läsionen in jeweils einer Gehirnhälfte führen in gleichem Ausmaß zu Sprachstörungen. Offensichtlich ist „Sprache" in frühem Kindesalter noch in beiden Gehirnhemisphären in gleicher Weise repräsentiert. Allerdings nimmt der Anteil der Personen, die eine Aktivierung der rechten Hemisphäre zeigen, mit dem Alter ab; diese Abnahme betrifft ausschließlich das rechtsseitige Korrelat des Broca-Areals. Offensichtlich ist also bei kleinen Kindern auch die rechte Hemisphäre an „Sprache" beteiligt; mit zunehmendem Alter verschwindet dieser Beitrag allerdings (nach Olulade et al. 2020).

Heute wissen wir auch, dass Sprache noch weitere Bereiche des Gehirns beansprucht, und dass viele Schaltkreise in der linken unteren Stirnwindung (*Gyrus frontalis inferior*) daran beteiligt sind. Die beiden oben besprochenen Areale (Broca und Wernicke) sind nicht nur durch den *Fasciculus arcuatus* miteinander verbunden, sondern durch weitere Nervenbahnen. Wir unterscheiden dabei zwei dorsale und zwei ventrale Nervenbahnen, wobei der *Fasciculus arcuatus* einer der beiden dorsalen Nervenbahnen entspricht und syntaktische Prozesse unterstützt. Diese Fähigkeit, eine hierarchische Syntax zu verarbeiten, kommt nur beim Menschen vor. Diese Nervenbahn entwickelt sich erst später in der Kindheit; die Verbindung bleibt während der Kindheit plastisch und wird durch Spracheinflüsse ausgebildet. Durch diese Plastizität steht sie im Gegensatz zu der zweiten dorsalen Nervenbahn, dem *Fasciculus longitudinalis superior*, der den prämotorischen Cortex (Brodmann Feld 6) mit dem primären auditorischen Cortex im posterioren *Gyrus temporalis superior* verbindet. Dieses System hat sich während der Evolution kontinuierlich entwickelt und kommt sowohl bei Menschen als auch bei nichtmenschlichen Primaten vor; beim Menschen ist diese Nervenbahn bereits bei der Geburt ausgereift und myelinisiert. Die menschliche Fähigkeit, sich eine gesprochene Sprache anzueignen, hängt zumindest teilweise auch von der Fähigkeit ab, über das Gehör zu lernen. Entsprechend wurde in der Diskussion über die Evolution der Sprache die Hypothese formuliert, dass sich stimmliches und hörendes Lernen aus einer alten motorischen Lern-Leitungsbahn entwickelt hat (nach Friederici 2019, 2023).

Die beiden ventralen Nervenbahnen verbinden den ventralen Teil des frontalen Cortex mit dem temporalen Cortex. Diese beiden ventralen Nervenbahnen sind neuroanatomisch schwer zu differenzieren, da sie teilweise parallel verlaufen; sie können aber durch ihre jeweilige Zielregion im *Gyrus frontalis inferior* unterschieden werden. Eine Nervenbahn endet in BA 45, dem anterioren Teil des Broca-Areals und unterstützt die semantische Verarbeitung und das Erlernen erster Worte im ersten Lebensjahr. Die andere Nervenbahn endet im frontalen *Operculum*, das sich ventral des Broca-Areals befindet, und verarbeitet wohl einfache, regelbasierte Sprachsequenzen. Auch diese beiden ventralen Nervenbahnen sind bei der Geburt myelinisiert und funktionsfähig (Friederici 2019).

Allerdings scheinen Sprachstörungen heute nicht nur auf einzelne Regionen beschränkt zu sein, wie das im klassischen Modell ursprünglich vorgeschlagen wurde, sondern eher multiregional und betreffen auch weitere Nervenbahnen, einschließlich den *Fasciculus arcuatus* (AF), den *Fasciculus longitudinalis inferior* (ILF) und den *Fasciculus occipitofrontalis inferior* (IFOF). Die Identifikation der sprachbedingten Vernetzungen im Gehirn kann die Ursachen komplexer Sprachstörungen besser erklären. Die motorische Bahn wird durch den der frontalen Aslant-Trakt (engl. *frontal aslant tract*, FAT) integriert, und die dorsale Bahn durch den dorsalen und ventralen *Fasciculus arcuatus* sowie durch den *Fasciculus longitudinalis superior* (SLF). Das ventrale Feld wird durch den *Fasciculus occipitofrontalis inferior* (IFOF), den *Fasciculus longitudinalis inferior* (ILF) und

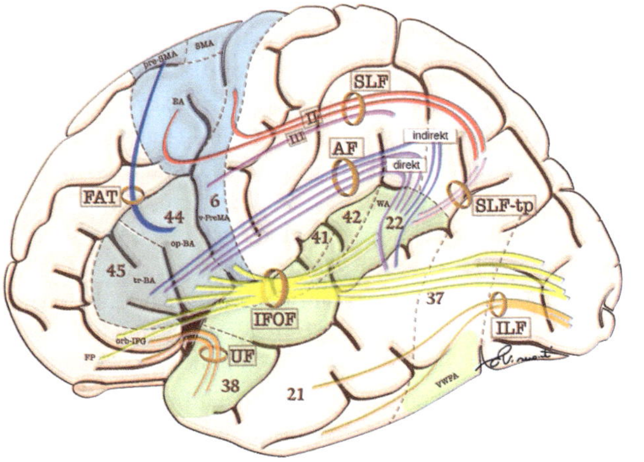

Abb. 4.29 Schematische Darstellung der sprachrelevanten kortikalen Areale und Bahnen der weißen Substanz, die das funktionelle und strukturelle Sprachnetz bilden. Die blauen Areale sind eher an der Sprachproduktion beteiligt, während die grünen Areale eher am Sprachverstehen beteiligt sind. Zu den Bahnen der weißen Substanz gehören der frontale Aslant Trakt (engl. *frontal aslant tract*, FAT), der *Fasciculus longitudinalis superior* (SFL und SFL-tp für den temporalen Teil) und der *Fasciculus arcuatus* (AF). Diese Bündel sind am dorsalen Strom der Sprache beteiligt. Der ventrale Sprachstrom umfasst den *Fasciculus uncinatus* (UF), den *Fasciculus longitudinalis inferior* (ILF) und den *Fasciculus frontalis-occipitalis inferior* (IFOF). Zu den sprachrelevanten kortikalen Arealen gehören das Broca-Areal im dreieckigen (tr-BA) und operkulären (op-BA) Teil des Gyrus frontalis inferior (Brodmann-Areale 45 bzw. 44); das präsupplementärmotorische Areal (pre-SMA), das Exner-Areal (EA) und das ventrale prämotorische Areal (v-PreMA) im prämotorischen Kortex (Brodmann-Areal 6); das Wernicke-Areal (WA) im oberen temporalen Gyrus (Brodmann-Areal 22). (Nach Pasquini et al. 2022; CC-by-4.0, ▶ http://creativecommons.org/licenses/by/4.0)

den *Fasciculus longitudinalis medialis* (MdLF) gebildet. Diese Bahnen bleiben jedoch nicht isoliert, sondern sind durch verschiedene Nervenfasern verbunden (nach Monroy-Sosa et al. 2021). Eine Übersicht über die moderne Neuroanatomie der Sprache und die verbindenden Nervenbahnen sind in Abb. 4.29 dargestellt.

Wir haben oben besprochen, dass der *Fasciculus arcuatus* erst während der Kindheit reift. Ähnliches gilt übrigens auch für das Broca-Areal. Wir können aufgrund der Cytoarchitektur zwei Bereiche des Broca-Areals unterscheiden: der posteriore Teil im Brodmann-Feld 44 (BA 44) und der anteriore Teil im Brodmann-Feld 45 (BA 45; Abb. 4.26). Während der menschlichen Entwicklung folgen BA 44 und BA 45 unterschiedlichen Verläufen. Während BA 45 seine überwiegende linke Lateralität schon im Alter von ~5 Jahren erreicht, geschieht das in BA 44 erst im Alter von ~11 Jahren. Dieser Unterschied in der Entwicklung von Kindern ist auch von funktionellem Interesse, da BA 45 semantische Prozesse unterstützt (die sich früh entwickeln) und BA 44 syntaktische Prozesse unterstützt, die sich erst später in der Kindheit entwickeln. Damit spielt insbesondere das BA 44 eine zentrale Rolle in der humanspezifischen Fähigkeit, syntaktische Hierarchien zu verarbeiten (nach Friederici 2023).

Auch innerhalb der Evolution der Primaten zeigt das Broca-Areal interessante Entwicklungen auf. Dazu gehört in erster Linie die evolutionäre Ausdehnung des präfrontalen Cortex einschließlich des Broca-Areals in der humanen Entwicklungslinie; das wird auch unterstützt durch Befunde an fossilen Schädelausgüssen verschiedener Hominoide. Die beobachtete Vergrößerung des präfrontalen Cortex (einschließlich des Broca-Areals) zusammen mit der Vergrößerung der parietalen und temporalen Cortexregionen beim Übergang der frühen Menschen zu *Homo sapiens* wird als Ursache für die Entstehung höherer kognitiver Fähigkeiten in Menschen diskutiert – einschließlich der Sprache (nach Friederici 2023).

In der menschlichen Evolution hat sich vor allem das Broca-Areal in der linken Gehirnhälfte relativ stark ausgedehnt (weniger das homologe Areal in der rechten Gehirnhälfte). Die starke anteriore Ausdehnung in der menschlichen Evolution betrifft vor allem die Region BA 44. Zusätzlich zu diesen phylogenetischen Unterschieden in der Grauen Substanz gibt es eine Reihe von Unterschieden in den strukturellen Verbindungen zwischen der Weißen Substanz vom Broca-Areal zu den temporalen Regionen, die mit Sprache in Zusammenhang stehen. Diese Speziesübergreifenden Unterschiede in den strukturellen Aspekten des Broca-Areal und seine Verbindungen zu dem posterior-temporalen Cortex des Sprachen-Netzwerks machen das Broca-Areal zu einem interessanten Bereich für die Evolution von Sprache (nach Friederici 2023).

Wir haben bereits gesehen, dass der *Fasciculus arcuatus* das Broca-Areal mit dem Wernicke-Areal verbindet. Dieser Nervenstrang ist ein hervorragendes Beispiel für die Organisation von Projektionen im menschlichen Gehirn über längere Entfernungen hinweg. Veränderungen im *Fasciculus arcuatus* führen zu einer Leitungsaphasie, einem seltenen Sprachverlust, der zu einer Unfähigkeit zur Sprachwiederholung führt, was auf die Bedeutung dieser Fasern für die menschliche Sprache hinweist. Die Analyse der homologen Bahnen bei Menschen, Schimpansen und Makaken ergab, dass die beim Menschen vorhandenen temporalen Projektionen bei Schimpansen offensichtlich stark reduziert sind und bei Makaken fehlen, insbesondere in dem linken *Gyrus temporalis medialis* und *Gyrus temporalis superior*, was Auswirkungen auf die Evolution der Sprache haben könnte (nach Becker et al. 2025). Diese Unterschiede der Evolution sind in ◻ Abb. 4.30 dargestellt.

Wenn wir sehen, dass Sprache eine neurobiologische Grundlage hat und wie sich die entsprechenden neuroanatomischen Zentren und Netzwerke in der Evolution entwickelt und entfaltet haben, stellt sich natürlich die Frage nach den genetischen Bedingungen, die eine derartige Evolution möglich machen bzw. gemacht haben. Aus Zwillingsuntersuchen geht hervor, dass Variationen, die mit Sprachfähigkeit (hier: phonemische Bewusstheit; engl. *phoneme awareness*) zusammenhängen, zu etwa 50 % erblich sind (Eising et al. 2022).

Einen ersten genetischen Befund zur Sprachfähigkeit des Menschen lieferte die Untersuchung einer Familie, bei der die Hälfte der Mitglieder über mindestens 3 Generationen eine seltene Form der Sprech- und Sprachentwicklungsstörungen zeigte (KE-Familie). Die betroffenen Mitglieder haben vor allem Schwierigkeiten darin, die schnellen, koordinierten Abfolgen von Muskelbewegungen auszuführen, die für eine angemessene Aussprache notwendig sind; das führt dann zu einer langsamen und aufwändigen Sprache, die unpräzise und in sich widersprüchlich ist. Die Ursache liegt aber weniger in der Schwäche der entsprechenden Muskeln, sondern vielmehr in Defiziten, wie das Gehirn die Bewegungen der Muskeln koordiniert, die für die Artikulation verantwortlich sind (nach Graham und Fisher 2015; OMIM 602081).

Die Kopplungsanalyse dieser 3-Generationen-Familie mit dominantem Erbgang lokalisierte die genetische Ursache zunächst auf dem Chromosom 7q31; durch Sequenzierung von Kandidaten-Genen konnte dann eine neue, heterozygote nicht-synonyme Mutation im *FOXP2*-Gen

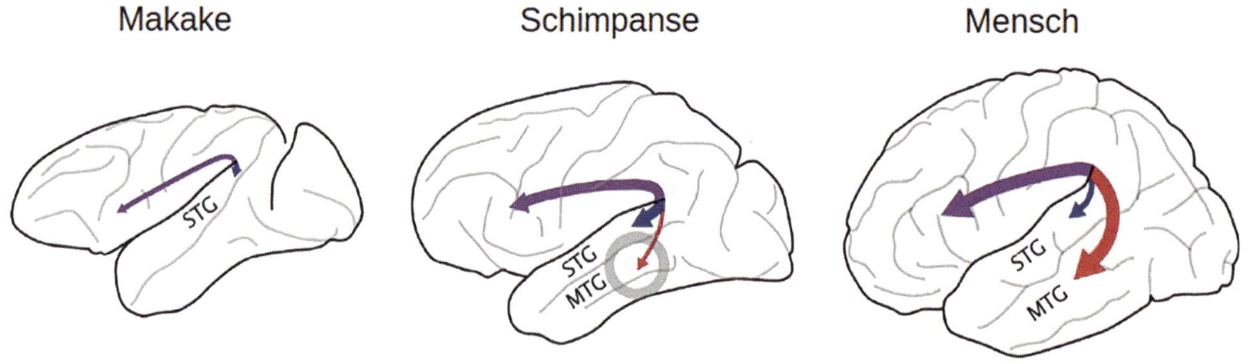

◻ **Abb. 4.30** Schematische Darstellung der temporalen Enden des *Fasciculus arcuatus* (AF; *lila*). Die Abbildung zeigt die Verbindungen des *Fasciculus arcuatus* mit dem *Gyrus temporalis superior* (STG; *blau*) und dem *Gyrus temporalis medialis* (MTG; *rot*) der linken Hemisphere von Makaken, Schimpansen und Menschen. Beim Menschen finden wir eine ausgeprägt AF-MTG-Verbindung, die zwar bei Schimpansen auch vorhanden ist, aber deutlich schwächer und bei Makaken fehlt. Die AF-STG-Verbindung ist dagegen bei Affen vorhanden. (Nach Becker et al. 2025; CC-by-4.0, ▸ http://creativecommons.org/licenses/by/4.0)

identifiziert werden (R553H). Das *FOXP2*-Gen kodiert für einen Transkriptionsfaktor, der eine *Forkhead*-Box enthält (benannt nach *Forkhead*, einem Transkriptionsfaktor in *Drosophila*). Die Mutation segregiert vollständig mit dem Krankheitsbild in der betroffenen Familie. Sie betrifft einen hochkonservierten Teil des FOXP2-Proteins, nämlich die DNA-Bindestelle, mit der FOXP2 an seine Zielgene bindet. Inzwischen kennen wir noch weitere Mutationen im *FOXP2*-Gen, die zu Sprech- und Sprachentwicklungsstörungen führen (◘ Abb. 4.31).

Das *FOXP2*-Gen ist evolutionär hoch konserviert: das menschliche *FOXP2*-Gen unterscheidet sich von dem der Maus nur in 3 Aminosäuren (◘ Abb. 4.32). Allerdings entstanden zwei davon in der humanen Linie (Thr303Asn, Asn325Ser), nachdem sie sich von der Linie der Schimpansen getrennt hatte. Funktionelle Untersuchungen zeigten, dass davon aber nur die Thr303Asn-Variante zu einer Veränderung der synaptischen Plastizität führt – die andere Variante zeigt keinen Unterschied gegenüber dem Protein der Schimpansen (Bornschein et al. 2023). Beide Varianten waren allerdings schon in Neandertalern vorhanden und unterlagen einer positiven Selektion; sie sind offensichtlich vor der Trennung der Evolutionslinien von Neandertalern und modernen Menschen entstanden und waren deshalb auch schon in der gemeinsamen Vorläuferpopulation von Neandertalern und modernen Menschen vorhanden (Krause et al. 2007). Ein wesentlicher Unterschied zwischen dem *FOXP2*-Gen der Neandertaler und dem der modernen Menschen findet sich dagegen im Intron 8 des *FOXP2*-Gens: diese A→G Substitution in einer hochkonservierten Region beeinflusst die Bindestelle für den Transkriptionsfaktor POU3F2 (engl: *POU Domain, Class 3, Transcription Factor 2*) und ist bei modernen Menschen weniger effizient in der Bindung des Transkriptionsfaktors als das ursprüngliche Allel. Wahrscheinlich ist dadurch die Regulation der Expression des *FOXP2*-Gens verändert; interessanterweise befindet sich diese Substitution in einer Region des Gens, die positiver Selektion in der Linie des modernen Menschen unterliegt (Maricic et al. 2013). Da *FOXP2* offensichtlich auch eine wichtige Rolle beim stimmlichen Lernen von Singvögeln spielt, wird darüber diskutiert, ob *FOXP2* eine ähnliche zentrale Rolle bei der Sprachentwicklung spielt wie *PAX6* bei der Augenentwicklung: der Transkriptionsfaktor PAX6 steuert die Entwicklung der Facettenaugen bei *Drosophila* in gleicher Weise wie die Entwicklung der Linsenaugen bei Wirbeltieren: der genetische Signalweg ist zwar der gleiche, aber die morphologischen Ergebnisse sind deutlich unterschieden (Fitch 2017).

Die oben beschriebene R553H-Mutation im *FOXP2*-Gen (◘ Abb. 4.31) führt in den heterozygoten Trägern während Sprachvorgängen zu funktionellen Anomalien und Ausfällen im Broca-Areal (und anderen Regionen des Gehirns) und umgekehrt zu diffusen bilateralen Aktivitäten in kortikalen Regionen, die in gesunden Kontrollpersonen inaktiv bleiben. Die betroffenen Gehirnregionen betreffen offensichtlich neuronale Netzwerke, die für das Lernen und die Produktion von Sprachsequenzen wichtig sind, und sind der Grund für die artikulatorischen Defizite, die mit der beobachteten R553H-Mutation im *FOXP2*-Gen verbunden sind (◘ Abb. 4.33).

Wie schon erwähnt, ist FOXP2 ein Transkriptionsfaktor und damit an der Aktivierung oder auch der Hemmung seiner Zielgene beteiligt. Es wurden vielfältige Anstrengungen unternommen, um diese Aktivi-

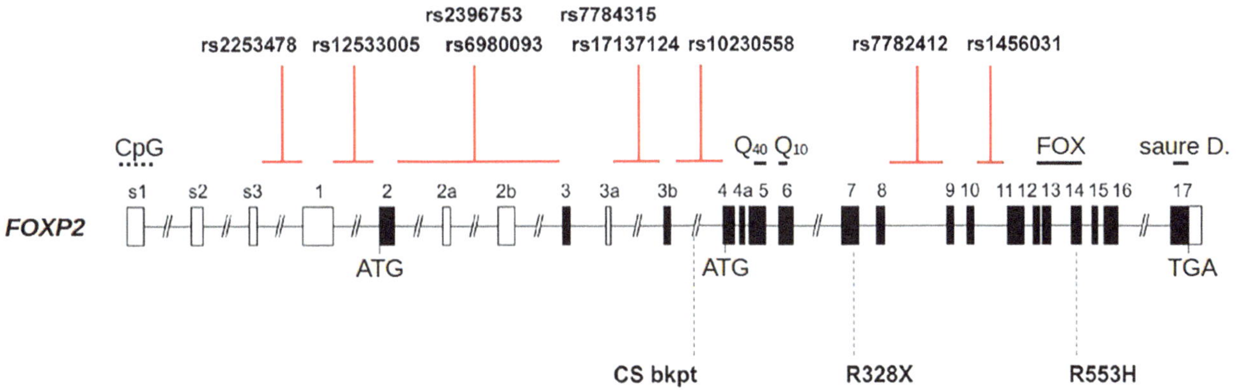

◘ **Abb. 4.31** Schematische Darstellung des menschlichen *FOXP2*-Gens. Das menschliche *FOXP2*-Gen erstreckt sich über mehr als 600 kb auf dem Chromosom 7 (7q31). Die schwarzen Kästchen zeigt Exons; ATG und TGA bezeichnen die Positionen der Initiations- und Terminationscodons. Zu den bekannten Domänen, die von den Exons kodiert werden, gehören Polyglutamin-Trakte (Q40 und Q10), die Forkhead-Domäne (FOX) und eine saure Domäne (saure D.) am C-Terminus. Die Exons 3b und 4a sind alternativ gespleißte kodierende Exons, während die alternativ gespleißten Exons 2a, 2b und 3a als nicht kodierend angesehen werden. Die Exons s1–s3 und 1 stellen alternative 5′-UTR-Regionen dar. CpG markiert die Stelle einer CpG-Insel. Unterhalb des Gens sind drei seltene Mutationen angegeben, die bei Kindern zu schweren Sprech- und Sprachstörungen führen: die R553H-Mutation, die ursprünglich in der KE-Familie entdeckt wurde, die R328X-Mutation, die in einer anderen Familie identifiziert wurde, und ein Translokationsbruchpunkt (CS bkpt), der in einem nicht verwandten Fall gefunden wurde. Den intronischen SNPs, die oberhalb des Gens dargestellt sind, wurde bisher keine funktionelle Bedeutung zugemessen. (Nach Hoogman et al. 2014; CC-by-3.0, ▸ http://creativecommons.org/licenses/by/3.0)

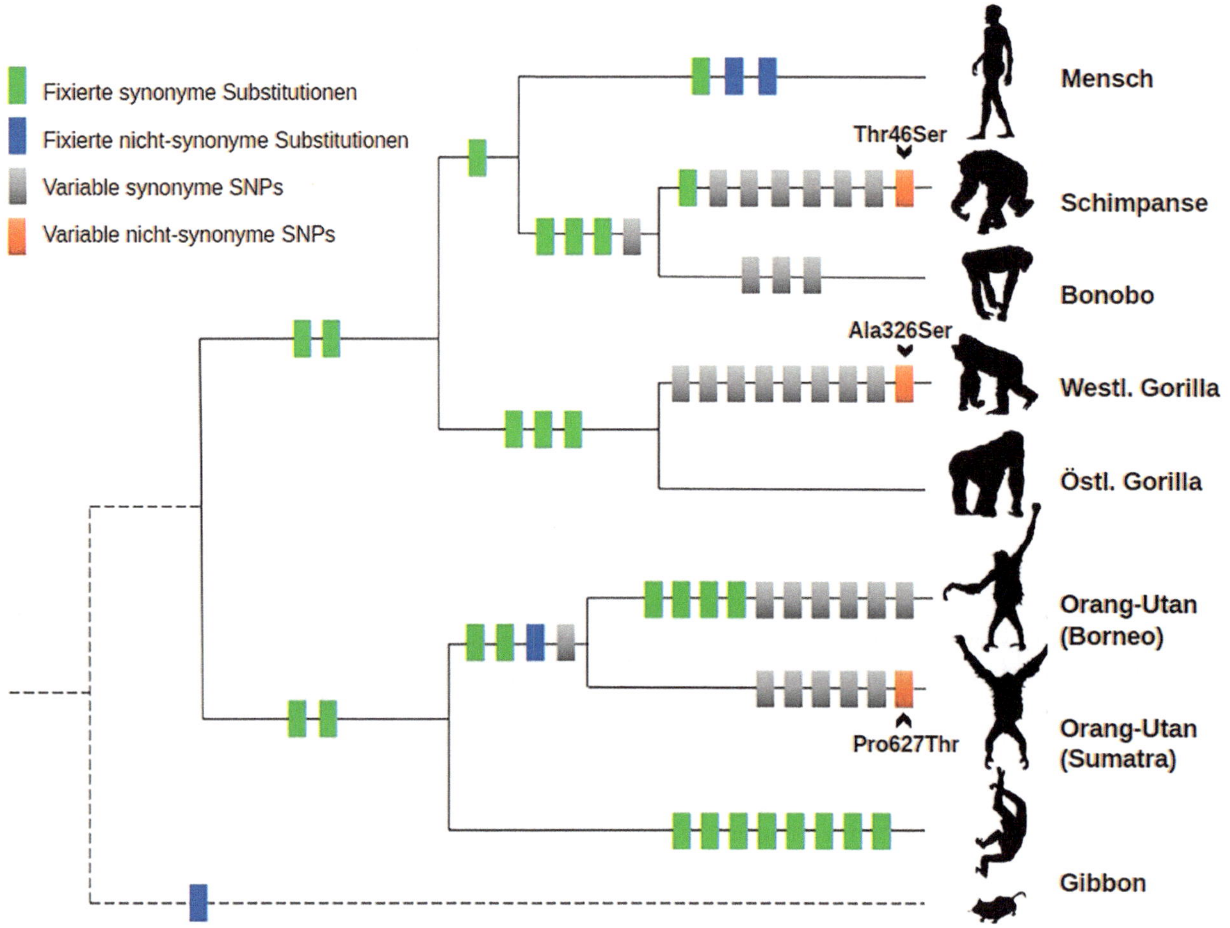

Abb. 4.32 Einzelne Nukleotidvariationen in der kodierenden Region von *FOXP2* bei Menschenaffen. Aminosäure-Polymorphismen sind mit Namen und Position der Substitution in der Aminosäuresequenz angegeben. Die *blauen* Kästchen (fixierte nicht-synonyme Substitutionen) in der menschlichen Linie sind die Austausche Thr303Asn und Asn325Ser. (Nach Staes et al. 2017; CC-BY-4.0, ► http://creativecommons.org/licenses/by/4.0)

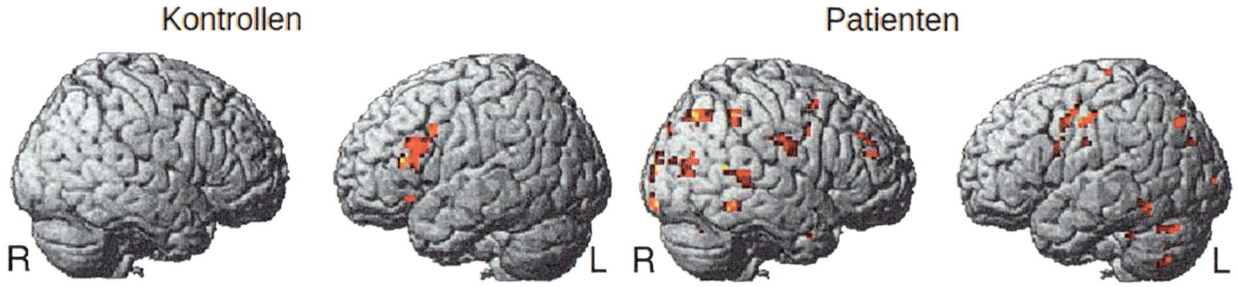

Abb. 4.33 Bildgebende Verfahren der Neurobiologie: KE-Patienten mit funktionsunfähigem *FOXP2*-Gen zeigen funktionelle Veränderungen, wenn sie sprachliche Prozesse durchführen, sogar wenn sie Wortbildungen nur gedanklich und nicht laut durchführen. Die Veränderungen beinhalten eine zu geringe Aktivierung des Broca-Areals und im Gegensatz dazu eine beidseitige Aktivierung in verschiedenen cortikalen Regionen. Bei den Kontrollen ist dagegen bei sprachlichen Prozessen im Wesentlichen nur das Broca-Areal auf der linken Seite aktiv. (L: links; R: rechts). (Nach Liégeois et al. 2003; Nature)

täten von FOXP2 aufzuklären. Inzwischen wissen wir, dass FOXP2 direkt an regulatorische Regionen des *CNTNAP2*-Gens (engl. *contactin-associated protein-like 2*) bindet und dessen Expression hemmt. Andere Gene, die durch FOXP2 gehemmt werden, sind *SRPX2* (engl. *sushi repeat containing protein X-linked 2*), *MET* (engl. *MET Proto-Oncogene, Receptor Tyrosine Kinase*; MET steht für engl. *Mesenchymal Epithelial Transition*) und *DISC1* (engl. *Disrupted in schizophrenia 1*). Darüber hinaus wirkt FOXP2 aber auch als direkter Aktivator der

VLDLR-Expression (engl. *very low density lipoprotein receptor*). Der VLDLR-Rezeptor bindet Reelin (Gensymbol: *RELN*); dieses Protein hat wichtige Funktionen während der Entwicklung des Cortex, insbesondere bei der neuronalen Wanderung, der Entwicklung von Dendriten und der dendritischen Dornfortsätze sowie bei der Funktion von Synapsen (nach den Hoed et al. 2021). In Übereinstimmung mit diesen genetischen Befunden über die regulatorischen Auswirkungen von FOXP2 zeigen neuere detaillierte Untersuchungen von Individuen mit *FOXP2*-Varianten ein breiteres Krankheitsbild, das über die Fehlfunktionen der Sprache hinausgeht und neurologische Entwicklungsstörungen einschließt. Deshalb sollten Sprachstörungen und neurologische Entwicklungsstörungen eher als ein phänotypisches Spektrum betrachtet werden und weniger als strikte Einzeldiagnosen (nach Morgan et al. 2024).

Zu der Diagnose der kindlichen Sprechapraxie gehören folgende Symptome: uneinheitliche Erzeugung von Konsonanten und Vokalen bei Wortwiederholungen, verlängerte und fehlerhafte koartikulatorische Übergänge zwischen Lauten und Silben (z. B. das Auslassen von Lauten, Irrtümern bei Vokalen, Wiederholungen) und ein unangemessener Satzrhythmus bzw. unterbrochene Betonung (z. B. Betonung einer typischerweise unbetonten Silbe oder gleiche Betonung auf allen Silben). In den USA treffen diese Diagnosekriterien auf etwa 0,1 % der Vorschulkinder zu, und damit können entsprechende Kohorten von Patienten auch genetisch untersucht werden. In den letzten Jahren hat dies zu einer deutlichen Zunahme von Genen geführt, die an diesen Sprachstörungen beteiligt sind: wir kennen jetzt über 30 Gene, die daran beteiligt sind, was eine zunehmende genetische Heterogenität von Sprachstörungen zeigt. Die meisten der neu identifizierten Gene sind auch mit neurologische Entwicklungsstörungen assoziiert, die schon früher beschrieben wurden; dazu gehören geistige Behinderungen, Autismus und Epilepsie. Andererseits werden auch mildere, aber eher übliche Sprachstörungen genetisch erfasst, wie z. B. Stottern oder phonologische Störungen (Aussprachstörung; nach Morgan et al. 2024). ◘ Abb. 4.34 gibt einen aktuellen Überblick über Gene, die mit kindlicher Sprechapraxie in Verbindung stehen.

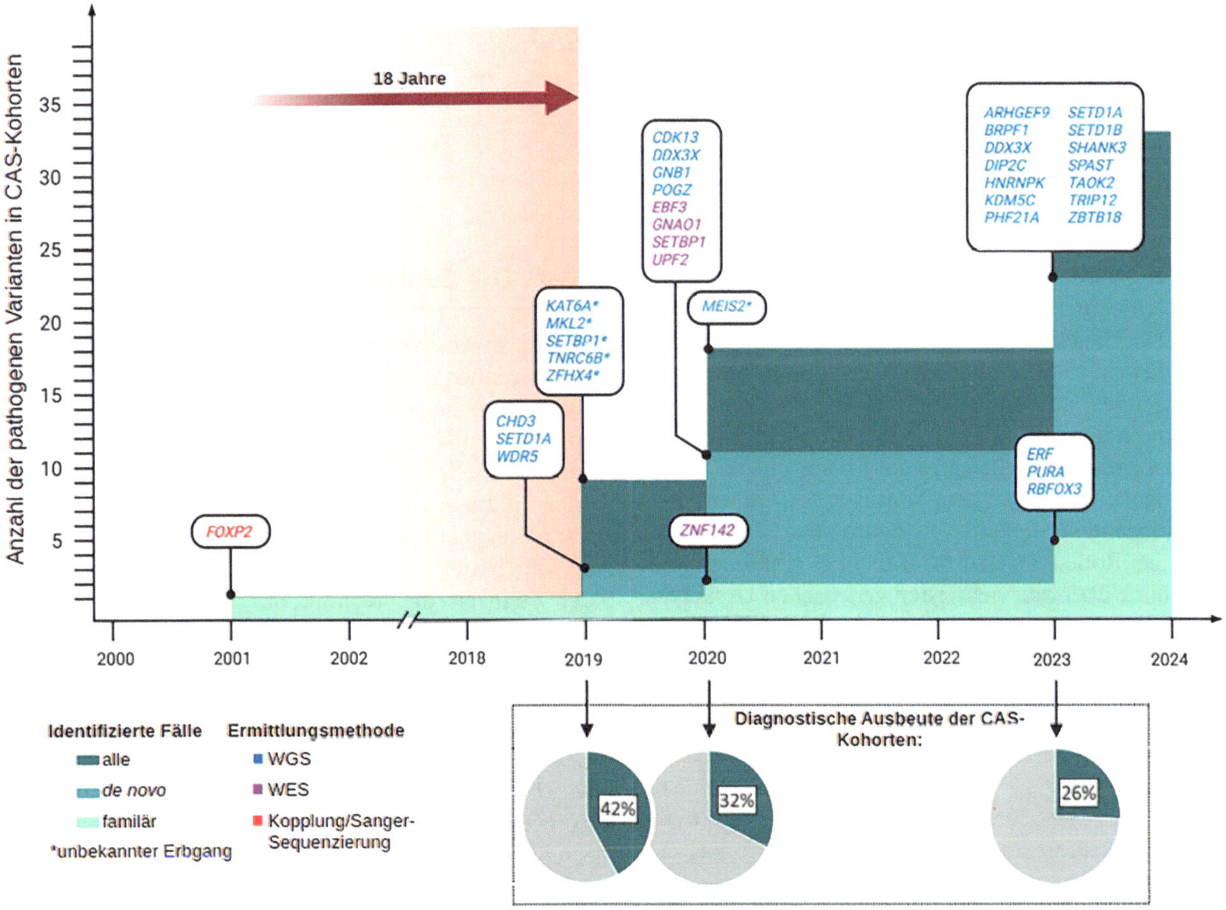

◘ **Abb. 4.34** Genetische Ursachen für kindliche Sprechapraxie (engl. *childhood apraxia of speech*, CAS) in den letzten Jahren. WGS: Sequenzierung des ganzen Genoms (engl. *whole genome sequencing*), WES: Exom-Sequenzierung (engl. *whole exome sequencing*). (Nach Morgan et al. 2024; CC-BY-4.0, ▶ http://creativecommons.org/licenses/by/4.0)

Tab. 4.5 Die wichtigsten genetischen Ursachen für eine kindliche Sprechapraxie

Gensymbol (Chr.)	Protein (OMIM)	Funktion	Krankheitsbild
CDK13 (7p14)	Cyclin-abhängige Kinase 13 (603309)	Zellzykluskontrolle	Angeborene Herzfehler, Gesichtsfehlgestaltung, intellektuelle Entwicklungsstörung
EBF3 (10q26)	Früher-B-Zell-Faktor (607407)	Transkriptionsfaktor Immunsystem	Hypotonie, Ataxie, Entwicklungsverzögerung
FOXP2 (7q31)	Forkhead-Box Protein 2 (605317)	Transkriptionsfaktor	Verbale Entwicklungsdyspraxie
KAT6A (8p11)	Lysinacetyltransferase 6a (601408)	Transkriptionskontrolle	Beeinträchtigte geistige Entwicklung, verzögerte Sprachentwicklung, Mikrozephalie, Herzfehler, gastrointestinale Komplikationen
MEIS2 (15q14)	Meis-Homeobox Protein 2 (601740)	Transkriptionsfaktor	Gaumenspalte, Herzfehler, beeinträchtigte geistige Entwicklung
MRTFB (16p13)	Myokardin-ähnlicher Transkriptionsfaktor B (609463)	Transkriptionsfaktor	Allgemeine Entwicklungsverzögerung, beeinträchtigte geistige Entwicklung
RBFOX3 (17q25)	RNA-bindendes Protein Fox1, homolog 3 (616999)	Neuronen-spezifisches alternatives Spleißen	Geistige Behinderung, Autismus, Epilepsie, Schizophrenie, Sprachentwicklungs-störung
SETBP1 (18q12)	SET-bindendes Protein 1 (611060)	DNA-Replikation	Autismus, intellektuelle Entwicklungsstörung, Hypotonie, milde motorische Entwicklungsstörung
SHANK3 (22q13)	*SH3 and multiple ankyrin repeat domains 3* (606230)	Synapse und Bildung der Dornenfortsätze der Dendriten	intellektuelle Entwicklungsstörung, beeinträchtigte geistige Entwicklung, Epilepsie, Schizophrenie

Nach Morgan et al. 2024 (Gene mit höchster Evidenz); OMIM (▶ https://www.omim.org/). Die Mutationen in den diskutierten Genen sind alle autosomal-dominant oder *de novo* entstanden

Aus dem bisher Beschriebenen wird klar, dass Sprache nicht ein isoliertes Phänomen des Menschen ist, sondern eingebunden in unsere höheren kognitiven Fähigkeiten. Und Sprachstörungen sind umgekehrt Teil von anderen neuronalen Entwicklungsstörungen. Das wird auch deutlich, wenn wir uns die wichtigsten Gene ansehen, die daran beteiligt sind – sowohl an Sprachstörungen als auch an den identifizierten Genen, die an verschiedenen Stellen der neuronalen Entwicklung wichtige Rollen spielen. Tab. 4.5 gibt dazu einen Überblick über die wichtigsten genetischen Ursachen.

! Die Sprachzentren (Broca- und Wernicke-Areal) sind in der linken Gehirnhälfte lokalisiert und durch ein Netzwerk verschiedener Nervenbahnen miteinander und anderen Bereichen des Gehirns verbunden. Ein zentrales Gen für die Sprachfähigkeit des Menschen ist das FOXP2-Gen, das sich von dem entsprechenden Gen der Schimpansen an zwei kodierenden Stellen und in einer regulatorischen Region unterscheidet.

4.3.2 Die Evolution der Sprachen

Wir haben im vorherigen Kapitel einige genetische Aspekte kennengelernt, die dazu beigetragen haben, dass das menschliche Gehirn in die Lage versetzt wurde, sprechen zu können. Die nächste Frage ist dann, wann, wie, warum Sprache sich überhaupt entwickelt hat – und wie es dann auch zu der Ausbreitung der verschiedenen Sprachen gekommen ist.

Wir hatten in ▶ Abschn. 4.2.2 gesehen, wie sich in der Steinzeit die Technik der Steinbearbeitung auch durch kulturelle Entwicklung ausgebreitet und verbessert hat. Ein wesentlicher Aspekt dabei ist, wie der Gebrauch von Steinwerkzeug erlernt und darin unterwiesen werden konnte. Es gibt dabei eine andauernde Diskussion, ob es in dieser frühen Phase der Sprachentwicklung auch eine Phase der gestischen Kommunikation gegeben hat, die dann später durch Lautäußerungen ersetzt wurden, oder ob sich Sprache direkt aus stimmlichen Kommunikationsfähigkeiten entwickelt hat. Die

Anleitung zur Herstellung von Steinwerkzeug und zum Gebrauch dieser Werkzeuge hat sicherlich für die Mitglieder der entsprechenden Menschengruppen einen großen Vorteil – persönlich, aber auch evolutionär. In einer evolutionären Zeitachse favorisiert die natürliche Selektion die Entwicklungslinie solcher Individuen, in deren Gehirnen die Koordination zwischen Lernen, Unterrichten und Gebrauch elementarer Kommunikationsformen durch die Veränderung der funktionellen Verbindungen bereits deutlich erleichtert ist. Wenn also solche Variationen schon existieren oder in den angeborenen Erscheinungen der Gehirnarchitektur neu entstehen, wird die Selektion solche Entwicklungslinien bevorzugen, in denen eine stärkere Verknüpfung von Kommunikation und serieller Anordnung durch neu entstehende Schaltkreise genetisch bestimmt ist (nach Kolodny und Edelman 2018).

Es wäre natürlich naiv anzunehmen, dass ein einziger Aspekt wie das Unterrichten von Verwandten im Gebrauch von Werkzeugen der ausschließliche Antrieb zur Entwicklung einer Sprache wäre. Allerdings ist das Unterrichten in der Werkzeugherstellung eine von vielen sozialen Verhaltensweisen, die gemeinsam Merkmale benutzen, die wichtig dafür sind, dass eine Sprache entstehen kann. Außerdem haben wahrscheinlich viele Umstände, die ein Individuum während seines Lebens erfahren hat, jedes System geschärft, das an der Entstehung einer Sprache beteiligt war. Dazu gehörte sicherlich die kulturelle Praxis des Werkzeuggebrauchs und –herstellung, das Lernen und die Verfeinerung der sehr präzisen, hochgradig absichtlichen und manchmal nicht-intuitiven motorischen Manipulation zur Voraussetzung hat, und die sich wahrscheinlich in der homininen Entwicklungslinie lange vor dem Aufkommen der ersten Sprache entwickelt hatte. Und als sich dann eine Sprache oder ein Vorläufer davon entwickelt hat, wird diese Sprache unmittelbar auf viele zusätzliche Zusammenhänge angewendet worden sein, die dann wiederum ihren Beitrag zu der Summe des Selektionsdrucks geleistet haben, der auf die einzelnen Eigenschaften eingewirkt hat. Eine interessante Hypothese ist daher, dass sich im Kontext der Unterrichtung des Gebrauchs von Werkzeugen Gehirnstrukturen entwickelt haben, die an hierarchischer Planung und schrittweiser Kontrolle von Handlungen beteiligt sind. Diese haben sich mit Mechanismen im Gehirn gekoppelt, die für soziale Kommunikation verantwortlich sind, und so entstand die Möglichkeit, dass sich eine Sprache entwickelt (nach Kolodny und Edelman 2018).

Ein mögliches neuronale Korrelat für diese Kopplung von Sprache und Lernen durch Nachahmen sind die Spiegelneurone (engl. *mirror neurons*). Sie wurden zuerst von dem italienischen Neurophysiologen Giacomo **Rizzolatti** in Makaken beschrieben (di Pellegrino et al. 1992) und später auch im Menschen. Spiegelneurone im Gehirn sind aktiviert, wenn ein Organismus eine Handlung ausführt (z. B. das Greifen nach einem Gegenstand) – und ebenso, wenn derselbe Organismus sieht, dass dieselbe Aktion von jemandem anderes ausgeführt wird (Oesch 2024). Spiegelneurone sind im Bereich des prämotorischen Cortex des Frontallappens, des *Gyrus inferior* im Parietallappen, im *Sulcus temporalis superior* und insbesondere auch im Broca-Areal (Brodman-Feld 44) aktiv – also genau in den Bereichen, von denen wir im letzten Abschn. 4.3.1 gesehen haben, dass sie für das Sprechen benötigt werden. Insbesondere aufgrund der Aktivitäten im Broca-Areal formulierte Rizzolatti die Hypothese, dass diese Spiegelneurone auch mit der Entwicklung von Sprache wesentlich zusammenhängen (Rizzolatti und Arbib 1998). Die Existenz und Aktivität der Spiegelneurone im prämotorischen Cortex und im Broca-Areal stützen die These, dass Sprache entstand, wenn Werkzeugherstellung und -gebrauch (zur Jagd) gelehrt und erlernt wird.

Eine weitere Hypothese, um die Entstehung von Sprache zu verstehen, basiert auf der Annahme, dass sexuelle Selektion die Entstehung von Sprache ebenso begünstigt hat wie die natürliche Selektion. Mag die Herstellung und der (gemeinsame) Gebrauch von Werkzeugen (beim Jagen) das Überleben des Einzelnen und seiner Gruppe begünstigt haben (natürliche Selektion), so erfordert die Zunahme der Gehirngröße und die damit verbundenen höheren kognitiven Fähigkeiten („Intelligenz") deutlich erhöhte metabolische Kosten (~20 % der metabolischen Energie benötigt das Gehirn), die umgekehrt einen erhöhten Aufwand bei der Jagd und dem Herstellen der Nahrung (Kochen) erfordert. Dieses Gleichgewicht war für lange Zeit stabil, wie die relativ niedrige und konstante effektive Populationsgröße der Menschheit (~10.000 Mitglieder) zeigt. Vor ~1 Mio. Jahren könnte aber ein zusätzlicher Selektionsmechanismus ins Spiel gekommen sein: **sexuelle Selektion** (Box 5.1). Sie benötigt die Ausprägung bestimmter Merkmale, die von einem möglichen Sexualpartner als besonders interessant wahrgenommen werden. Im Ergebnis werden die so bevorzugten Merkmale Speziesspezifisch weiter ausgebildet und erfüllen damit ein wesentliches Charakteristikum der menschlichen Sprache, nämlich ihre Einzigartigkeit im Tierreich. Die Hypothese lautet nun, dass in der menschlichen Spezies Sprache als Ausdruck höherer Intelligenz dieses bevorzugte Merkmal ist und damit von den jeweiligen Sexualpartnern bevorzugt wurde – was zu einer beschleunigten Evolution führte. Vor ~200.000 Jahren kamen dann weitere Ausdrucksformen hinzu, wie Rituale, Kunst, Tanz, Musik, Erfindungen. Und erst vor ~10.000 Jahren begann eine neue Phase der Sprachentwicklung, als Landwirtschaft und sesshafte Gemeinschaften entstanden (Worden 2022).

Heute gibt es weltweit über 7000 lebende Sprachen, die verschiedenen Sprachfamilien zugeordnet werden können (z. B. indoeuropäisch, afroasiatisch) mit ~50.000–60.000 Begriffen. Eine unbeantwortete Frage ist, ob alle diese Sprachfamilien aus einer Ursprache hervorgegangen sind, oder ob sich in verschiedenen Regionen der Welt jeweils eigene Sprachen entwickelt haben, die dann zu den heute existierenden Sprachfamilien führten (Markov et al. 2023).

Wenn wir davon ausgehen, dass gesprochene Sprache vor ~200.000 Jahren entstand, lohnt es sich, sich zunächst den Sprachen zuzuwenden, die die älteste Population moderner Menschen spricht: den Khoisan. Ihre Sprachen sind charakterisiert durch Klick- und Schnalzlaute, die allerdings nur bei den Khoisan (und in geringerem Umfang) bei ihren Nachbarn im Süden und Südwesten Afrikas benutzt werden (es gibt eine Ausnahme: Bewohner einer Insel im Norden Australiens; die Sprache Demiin gilt aber als ausgestorben). Die ◘ Abb. 4.35 gibt einen Überblick über die Populationen, die eine Sprache aus den drei Khoisan-Sprachfamilien sprechen.

Die Khoisan-Populationen sind genetisch und auch kulturell sehr heterogen; in der Vergangenheit war ihre Verteilung wesentlich weiträumiger als heute. Die Khoisan-Populationen haben sich vor ~160.000–300.000 Jahren von anderen afrikanischen Populationen getrennt. Obwohl die Klicklaute der **Khoisan-Sprachen** sehr charakteristisch sind, lassen sie sich nicht auf eine Ur-Sprache zurückführen (Pakendorf und Stoneking 2021). Die Klicklaute sind komplexe Sprachlaute und die Klick-Phonemsysteme können sehr kompliziert sein, aber ihr Umfang ist in manchen Khoisan-Sprachen dennoch sehr groß. Wir können annehmen, dass die Khoisan-Sprachen vor ~100.000 Jahren als Externalisierung strukturierter innerer Gedanken und entsprechenden (hierarchischen) neuronalen Operationen entstanden sind. Da die Khoisan-Sprachen mit ihren charakteristischen Klicklauten nicht außerhalb Afrikas vorkommen, sind sie sicherlich nicht von den „Auswanderern" aus Afrika vor ~75.000 Jahren gesprochen worden (Huybregts 2017).

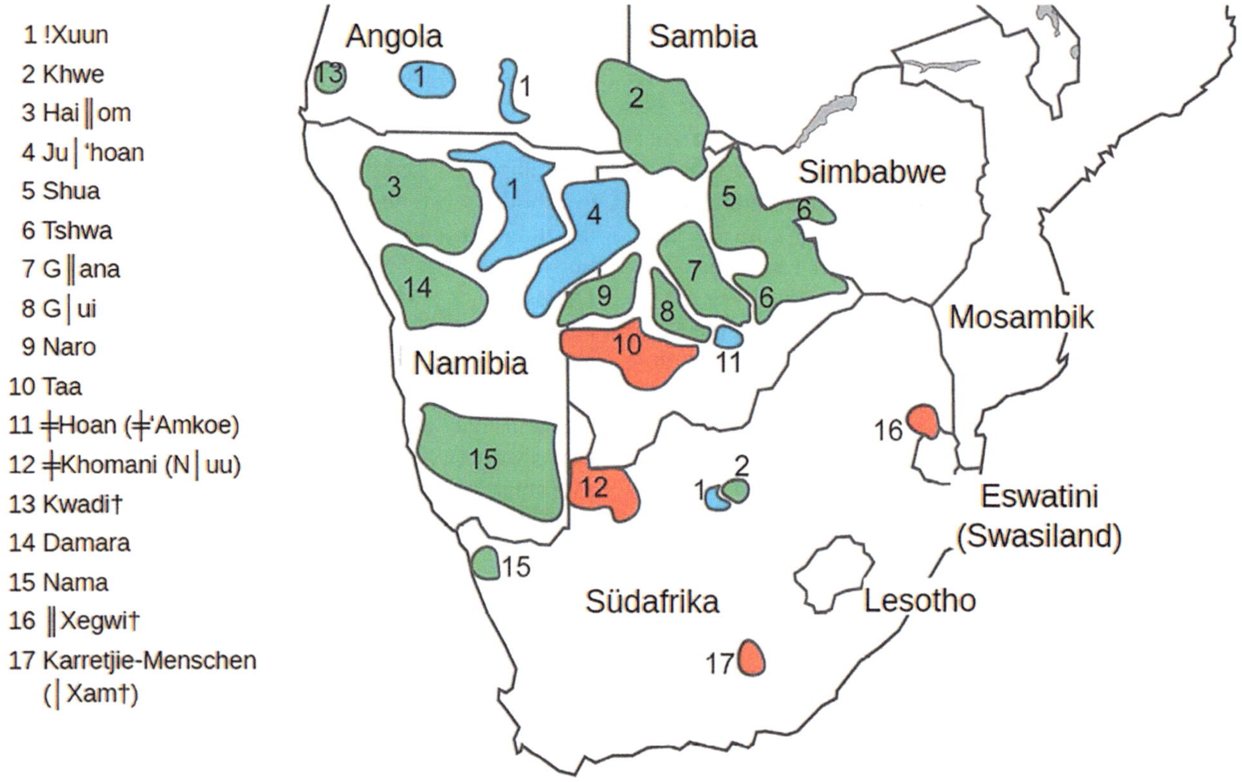

◘ **Abb. 4.35** Die Karte zeigte die ungefähre Lage der Populationen, die Khoisan-Sprachen sprechen. Die Farben entsprechen der Zugehörigkeit zu Sprachfamilien: *blau*: Kx'a; *rot*: Tuu; *grün*: Khoe-Kwadi. Ausgestorbene Sprachen sind in der Legende *links* durch ein Kreuz gekennzeichnet. Einige ǂKhomani sprechen noch Nǀuu; ǂ'Amkoe ist der aktuelle Name der Sprache, die von den ǂHoan gesprochen wird. (Nach Pakendorf und Stoneking 2021; CC-BY-4.0, ▸ http://creativecommons.org/licenses/by/4.0)

In Afrika gibt es noch drei weitere Sprachfamilien, die sich an geografischen Großräumen orientieren, nämlich die **nilosaharanische Sprachfamilie,** die **Niger-Kongo-Sprachfamilie** und die **afro-asiatische Sprachfamilie.** Die afroasiatische Sprachfamilie schließt auch die „*Out-of-Africa*“-Migranten ein. Der Ursprung der afroasiatischen Sprachfamilie liegt wahrscheinlich im Mittleren Osten (Baker et al. 2017) und hat sich aus einer Proto-afroasiatischen Sprache heraus entwickelt.

Zu den afro-asiatischen Sprachen gehören auch die semitischen Sprachen. Ihre Ausbreitung im Mittleren Osten und am Horn von Afrika ist auch für das Verständnis der Entwicklung der Schrift wichtig, denn semitische Populationen stehen mit den ältesten Schriften in engem Zusammenhang. Die Abspaltung der semitischen Sprache von der afro-asiatischen Sprachfamilie erfolgte sicherlich nicht früher als vor ~7400 Jahren – wahrscheinlich in der Levante und breitete sich von dort weiter aus. Die sumerische Sprache in Mesopotamien wurde vor ~4350 Jahren durch die akkadische Sprache ersetzt, die als die älteste bekannte Form der semitischen Sprachen gilt. Danach erfolgte eine weitere Aufspaltung; die Ausbreitung vom Süden der arabischen Halbinsel zum Horn von Afrika erfolgte vor ~2800 Jahren (nach Kitchen et al. 2009).

Die größte Sprachfamilie ist die **indoeuropäische Sprachfamilie**, die aus mehr als 400 Sprachen besteht und die von fast der Hälfte der Menschheit gesprochen werden (Heggarty et al. 2023). An zweiter Stelle steht die **sinotibetische Sprachfamilie**, die aus ~500 lebenden Sprachen besteht, die von ~1,4 Mrd. Menschen gesprochen werden (Zhang et al. 2020). Wir wollen beide etwas genauer betrachten.

Die indoeuropäische Sprachfamilie ist zwar die größte Sprachfamilie der Welt, aber es blieb lange unklar, wo und wann die gemeinsame Ursprache des Indoeuropäischen gesprochen wurde und wann und warum es sich in Eurasien ausgebreitet hat. Dabei konkurrierten letztlich zwei Hypothesen: eine verortete den Ursprung in der pontisch-kaspischen Steppe, die andere in Anatolien. Nach dieser breitete sich die indoeuropäische Sprache zusammen mit den Bauern aus Anatolien nach Europa aus, wohingegen die Steppe-Hypothese die Ausbreitung des Indoeuropäischen mit der Invasion aus der pontischen Steppe in Verbindung bringt (nach Heggarty et al. 2023). Wenn man sich allerdings den Stammbaum der indoeuropäischen Sprachen (◘ Abb. 4.36) betrachtet, so enthält er im Grunde schon beide Komponenten: eine tiefe Wurzel in der hethitischen Sprache, die enge Verwandtschaften mit den Sprachen in Griechenland und dem südlichen Balkan aufweist – sie hat sich wohl zusammen mit der Landwirtschaft aus Anatolien dorthin ausgebreitet. Die andere Komponente betrifft die starke Verzweigung der indoeuropäischen Sprachfamilie vor 4–5000 Jahren. Dieser Zeitraum fällt mit der Invasion der Steppebewohner nach Nord- und Mitteleuropa sowie nach China und Indien zusammen.

Ein neuer Ansatz benutzt nun neben den klassischen linguistischen und archäologischen Methoden noch die Daten aus moderner DNA-Analytik fossiler menschlicher Überreste und die dadurch belegten Wanderungsbewegungen (siehe ▶ Abschn. 3.3, 3.4 und 3.5). Aus dieser „Hybrid-Hypothese“ ergibt sich ein Ursprung der indoeuropäischen Sprachfamilie vor ~8120 Jahren im südlichen Kaukasus, am nordöstlichen Rand des fruchtbaren Halbmondes. Die Sprachen dieser Region („proto-anatolische Sprachfamilie“) gelten heute als ausgestorben. Vor ~7000 Jahren begann aber die rasche Ausbreitung und Diversifizierung der Sprachfamilie mit der Ausbreitung nach Osten und der Entstehung des indoiranischen Zweiges. Eine weitere Ausdehnung erfolgte direkt nach Norden durch den Kaukasus in die pontische Steppe vor ~7000–6500 Jahren, wo sich die Jamnaja-Kultur ausbildete. Wie wir früher schon gesehen haben, breitete sich diese Kultur bis nach Europa aus („Invasion aus der Steppe“); die Sprache dieser Menschen ist die Grundlage der heutigen Sprachen in Europa. Von dem europäischen Zweig der indoeuropäischen Sprachen haben sich allerdings die baltischen und slawischen Sprachen schon früh abgespalten (vor ~6500 Jahren); später folgten die italischen Sprachen vor ~5600 Jahren, und die germanischen und keltischen Sprachen haben sich vor ~4900 Jahren getrennt (nach Heggarty et al. 2023; Lazaridis et al. 2025).

Die sinotibetische Sprachfamilie ist die zweitgrößte Sprachfamilie der Welt; sie erstreckt sich im Osten vom westlichen Pazifik bis zum Himalaya, Nepal, Indien und Pakistan im Westen. Über den Ursprung dieser Sprachfamilie gibt es ebenso verschiedene Hypothesen: Die Hypothese über den nördlichen Ursprung schlägt vor, dass die sinotibetische Sprachfamilie im Norden Chinas vor ~6500 Jahren in Agrargesellschaften entstand und sich dann zusammen mit dem Hirseanbau westwärts Richtung Himalaya ausgebreitet hat. Entsprechend dieser Hypothese spaltete sich der sinitische (chinesische) Zweig der Sprachfamilie als erster nahe der Wurzel des Stammbaums ab. Eine zweite Hypothese sieht den Ursprung der sinotiobetischen Sprachfamilie vor ~9000 Jahren eher in frühen neolithischen Kulturen im Süden Chinas (Sichuan); diese Menschen wanderten vor ~9000 Jahren in das untere Brahmaputra-Becken und später (vor ~8000 Jahren) ostwärts in

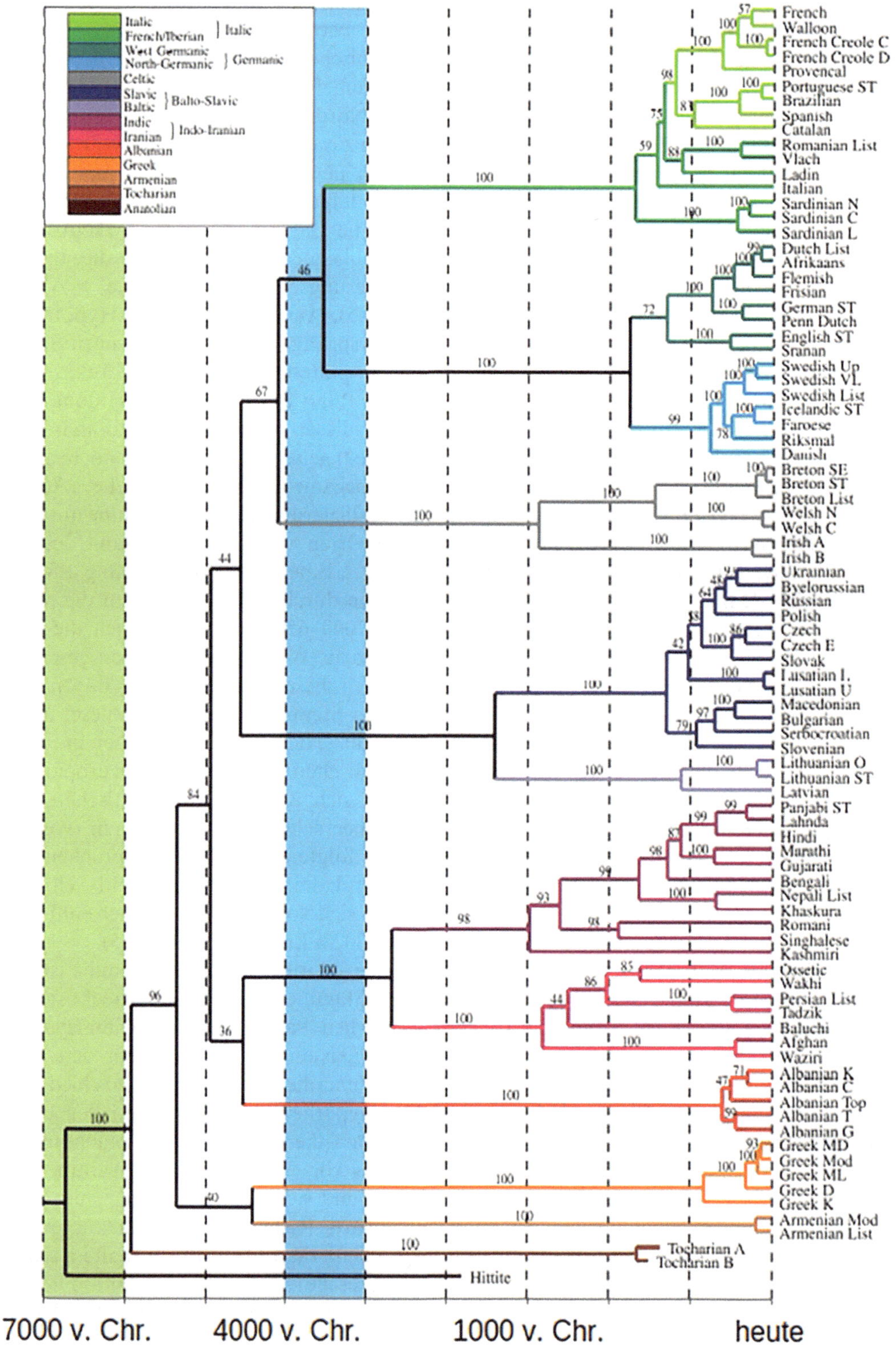

Abb. 4.36 Stammbaum von 87 indogermanischen Sprachen. Der Stammbaum beginnt etwa vor 9000 Jahren in Anatolien (grüne Fläche). Die hauptsächliche Auffächerung der wichtigsten indogermanischen Untergruppen vollzog sich vor 5000–4000 Jahren (blaue Fläche). Offensichtlich gab es eine Wanderung „*out of Anatolia*“ vor knapp 9000 Jahren und eine weitere später aus der Steppe. Die Namen der Sprachen wurden wie im Original in Englisch belassen. (Nach Gray und Atkinson 2003, Nature)

das Tal des Gelben Flusses. Eine dritte Hypothese sieht den Ursprung der sinotibetischen Sprachfamilie vor ~9000 Jahren im Osten des Himalayas; die Menschen wanderten vor ~7500 Jahren nach Westen ins Hochland von Tibet und später, vor ~5000 Jahren ostwärts nach China (nach Sagart et al. 2019; Zhang et al. 2019, 2020). Da es verschiedene linguistische Datensätze, und – im Gegensatz zu der indoeuropäischen Sprachfamilie – kaum genetische Daten zur Kalibrierung gibt, lässt sich eine Entscheidung zwischen den verschiedenen Hypothesen nur schwer treffen.

! Sprachen sind vor ~100.000 Jahren entstanden. Die Klick- und Schnalzlaute der Khoisan-Populationen werden nur im Südwesten Afrikas gesprochen. In Afrika gibt es weitere Sprachfamilien, die aber weder mit der indoeuropäischen noch der sinotibetischen Sprachfamilie verwandt sind. Diese beiden Sprachfamilien entstanden vor ~8000–9000 Jahren.

4.3.3 Die Entwicklung der Schrift

Schrift ist eine relativ neue Innovation: sie kann auf einige wenige Ereignisse zurückgeführt werden, die nicht weniger als einige wenige Tausend Jahre zurückliegen. Wahrscheinlich wurde die Schrift an verschiedenen Orten unabhängig voneinander erfunden: in Mesopotamien (Zweistromland, im heutigen Irak zwischen Euphrat und Tigris) zwischen 3400 und 3100 Jahren v. Chr., in Ägypten ~3250 v. Chr., in China ~1200 v. Chr. und im südlichen Mexiko und Guatemala ~500 v. Chr. (Vasiloudis 2022).

Die frühesten **schlüssigen Texte** datieren aus der Zeit vor ~4600 Jahren (~2600 v. Chr.) in Mesopotamien. Die komplexen Gesellschaften dieser Region errichteten Städte und benötigten Aufzeichnungen über ihre Vorräte, ihren Besitz und Handel. Ein erster Schritt waren „Wertmarken" (engl. *token*) aus Ton mit unterschiedlichen Symbolen und Größen für entsprechende Mengen an Gütern wie beispielsweise Getreide. Die Menschen von Uruk (dem heutigen Warka im südlichen Irak) entwickelten aus Piktogrammen und Symbolen die Keilschrift, die sie in Tontafeln ritzten. Diese Schrift kodierte Worte und Silben und breitete sich auch nach Osten in das Gebiet des heutigen Iran aus. Im babylonischen Raum entstand in der zweiten Hälfte des 2. Jahrtausends v. Chr. auch das Gilgamesch-Epos, eines der ersten großen literarischen Werke, das auf Tontafeln aufgeschrieben wurde und in mehreren Fragmenten seit 1853 wiederentdeckt wurde. Die Keilschrift wurde schließlich im Mittleren Osten durch alphabetische Schriftsysteme ersetzt, die sich dann durch das Seefahrervolk der Phönizier über den gesamten Mittelmeerraum ausbreiteten (Gross 2012). In der frühgriechischen Zeit drehte sich der Schriftverlauf und das Buchstabenprofil von links nach rechts (Hufschmidt 1980), wohingegen die semitischen Schriften (hebräisch, syrisch, arabisch) weiterhin von rechts nach links schreiben.

Die Entwicklung der ägyptischen Hieroglyphen bleibt unklar. Manche sehen darin eine eigenständige Entwicklung, andere eher eine ähnliche Entwicklung wie in Mesopotamien, nämlich in der Notwendigkeit einer Buchführung. Auch hier bestand die Schrift zunächst aus Bildern, die dann nach und nach durch zusätzliche Zeichen ergänzt wurde. Die Zeichen wurden in Stein gemeißelt, in Ton geritzt und später auf Papyrus geschrieben; die Schriftrichtung ist von oben nach unten und von rechts nach links (Gross 2012).

Die Schrift ist ein grafischer Code, d. h. ein System von standardisierter Paarung zwischen Symbolen und ihren Bedeutungen, wobei die Symbole auch die Form von Bildern annehmen können, die auch bestehen bleiben können. Der visuelle Charakter der Schrift bedeutet natürlich auch, dass Schriftzeichen zu den Bedingungen des menschlichen visuellen Systems passen müssen (Miton und Morin 2021) – mit anderen Worten: Schrift kann sich nur innerhalb des menschlichen visuellen Systems herausbilden (das gilt natürlich in ähnlicher Weise für das Schreiben und für die motorischen Fähigkeiten der Hände). Es bleibt allerdings die Frage, inwieweit sich die verschiedenen Schriften aus anderen grafischen Darstellungen heraus entwickelt haben, z. B. den Höhlen- und Felsmalereien, die weltweit eine lange Tradition hatten. Die ältesten künstlerischen Steinritzzeichnungen unter Verwendung von Ocker oder durchbohrte Meeresmuscheln wurden in Südafrika entdeckt – sie sind ~70–100.000 Jahre alt und stammen aus der Zeit vor der Auswanderung aus Afrika. Entsprechend haben sich solche künstlerischen Elemente zusammen mit den modernen Menschen über die ganze Welt verbreitet; in Europa sind die Höhlenmalereien von Altamira (Spanien) und Lascaux (Frankreich) von besonderer Bedeutung. Bei diesen Höhlenmalereien fallen neben den Darstellungen von Huftieren (besonders von Stieren) auch einfache Zeichen auf: Striche, Punkte und Y-förmige Darstellungen. Es gibt Überlegungen, diese Zeichen und ihre Kombinationen als erste Formen von Kalendern zu interpretieren (Miyagawa et al. 2018; Bacon et al. 2023).

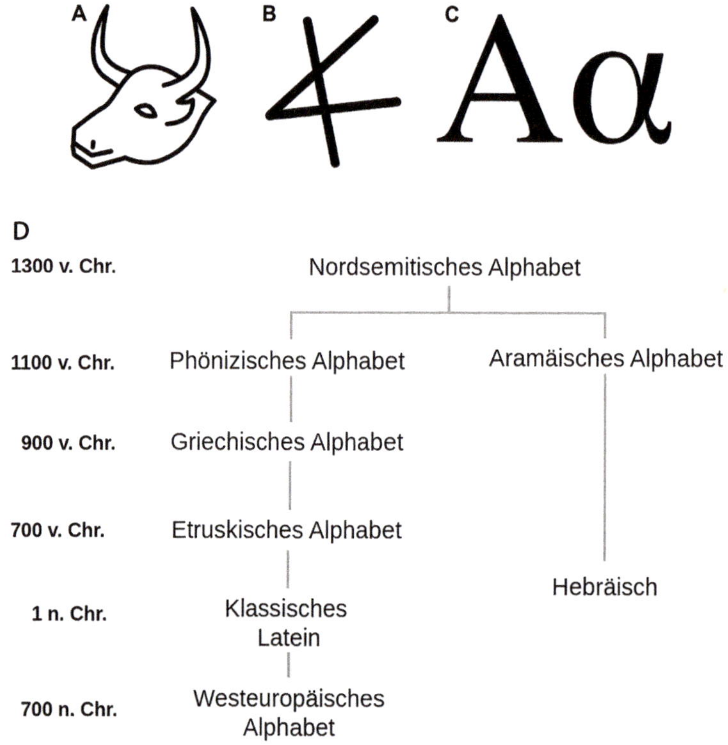

Abb. 4.37 Geschichte der Schrift in Europa und im Nahen Osten. (**a**) Das westeuropäische Alphabet hat seinen Ursprung im alten Ägypten, wo Hieroglyphen (wie der Stierkopf) Silben darstellten. Daraus entwickelte sich das phönizische Alphabet (**b**): der phönizische Name für A ähnelte dem früheren hebräischen Namen *aleph*, was Ochse bedeutet. Die phönizische Schrift verbreitete sich nach Griechenland, wo Vokale hinzugefügt wurden und der erste Buchstabe zu *Alpha* (**c**) geändert wurde; hier als Groß- und Kleinbuchstabe gezeigt. (**d**) Der Stammbaum des westeuropäischen Alphabets hat seine Wurzeln im phönizischen Alphabet, das seinerseits aus einem nordsemitischen Vorläufer entstanden ist. (a–c: Nach von Heiseler 2019; d: Nach Gilevich et al. 2024; beide CC-BY-4.0, ► http://creativecommons.org/licenses/by/4.0)

Es ist jedenfalls auffallend, dass die Geschichte der Schrift immer mit symbolischen bildlichen Darstellungen beginnt. Mit der Zeit wurden diese naturalistischen Bilder in abstraktere Formen vereinfacht: so wurde aus der ägyptischen Hieroglyphe für einen Ochsenkopf der griechische Buchstabe alpha (◘ Abb. 4.37a–c). Die etruskische Zivilisation brachte das griechische Alphabet auf die italienische Halbinsel, wo es zur lateinischen Schrift führte, die sich mit dem Römischen Reich verbreitete. Die lateinische Schrift wurde weiter verwendet, um die Nachfolgesprachen des Lateinischen, und später auch für andere europäische Sprachen zu schreiben (◘ Abb. 4.37d) (Kelly et al. 2021).

Heute sind Lesen und Schreiben wichtige Fähigkeiten für den Erfolg in der Schule und weiteren Ausbildung – aber in den USA sind ~5–17 % der Schulkinder von einer Lese- und Rechtschreibschwäche (Legasthenie; engl. *dyslexia*) betroffen. Aus Familienstudien geht hervor, dass die Erblichkeit ungefähr zwischen 40–80 % beträgt. Eine der größten genomweiten Assoziationsstudie zu dieser Fragestellung identifizierte 42 verschiedene Gene, die signifikant mit Lese- und Rechtschreibschwäche (Legasthenie) assoziiert sind (◘ Abb. 4.38); 15 Gene davon waren schon aus anderen Studien zu allgemeinen kognitiven Fähigkeiten bekannt. Allerdings liegen die Quotenverhältnisse (engl. *odds ratio*) maximal bei 1,123, sodass die einzelnen Effekte insgesamt sehr gering sind (Doust et al. 2022).

Die Daten zeigen keine wesentlichen Geschlechtsunterschiede; allerdings findet man eine Kovariation mit Beidhändigkeit, aber keine mit neuroanatomischen Schaltkreisen, die etwas mit Sprache zu tun haben. Unter den Genen, die mit der Lese-Rechtschreibschwäche assoziiert sind, findet sich keines, das eine besondere Selektion während der menschlichen Evolution durchlaufen hätte (Doust et al. 2022). Das steht in deutlichem Gegensatz zu dem *FOXP2*-Gen, das mit Sprache assoziiert ist.

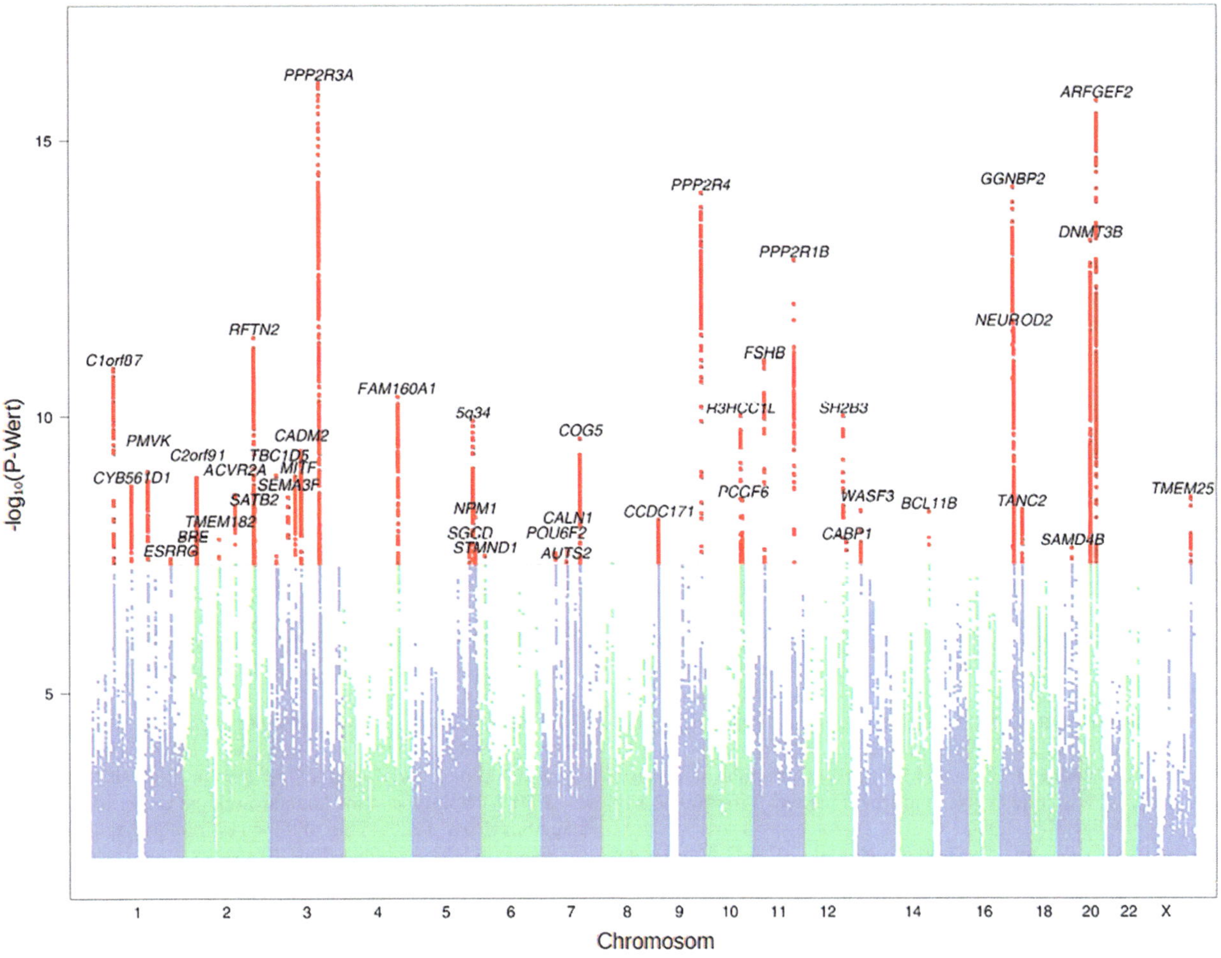

Abb. 4.38 Manhattan-Plot der genomweiten Assoziationsanalyse von Lese- und Rechtschreibschwäche. Die y-Achse repräsentiert die P-Werte ($-\log_{10}$) für die Assoziation selbstberichteter Lese- und Rechtschreibschwäche von 51.800 Individuen und von 1.087.070 Kontrollpersonen. Der Grenzwert für genomweite Signifikanz ($P < 5 \times 10^{-8}$) wird durch die *graue* horizontale Linie angezeigt. Die genomweiten signifikanten Varianten in den 42 genomweiten signifikanten Gene sind in *rot* hervorgehoben. Varianten innerhalb eines Abstandes von < 250 kb voneinander werden als ein Genort betrachtet. (Nach Doust et al. 2022; CC-BY-4.0, ▶ http://creativecommons.org/licenses/by/4.0)

! Die Schrift ist eine relativ junge Innovation und entstand unabhängig voneinander in den Hochkulturen der früheren Zeit: in Mesopotamien, in Ägypten, in China und in Mexiko. Eine Beteiligung bestimmter Gene ist derzeit noch in der Diskussion.

Literatur

Abi-Rached L, Raoult D (2016) Paleogenetics and past infections: the two faces of the coin of human immune evolution. Microbiol Spectr 4. https://doi.org/10.1128/microbiolspec.PoH-0018-2015

Abondio P, Sazzini M, Garagnani P et al (2019) The genetic variability of *APOE* in different human populations and its implications for longevity. Genes 10:222

Albalat R, Cañestro C (2016) Evolution by gene loss. Nat Rev Genet 17:379–391

Amaru R, Song J, Reading NS et al (2023) What we know and what we do not know about evolutionary genetic adaptation to high altitude hypoxia in Andean Aymaras. Genes 14:640

Andrés AM, Nowick K (2014) Genetics of human evolution: the genetics of human origins. Curr Opin Genet Dev 29:v–vii

Arenzana-Seisdedos F, Parmentier M (2006) Genetics of resistance to HIV infection: role of co-receptors and co-receptor ligands. Semin Immunol 18:387–403

Asadzadeh S, Yousefi Rezaii T, Beheshti S et al (2022) Accurate emotion recognition using Bayesian model based EEG sources as dynamic graph convolutional neural network nodes. Sci Rep 12:10282

Bacon B, Khatiri A, Palmer J et al (2023) An upper palaeolithic proto-writing system and phenological calendar. Camb Archaeol J 33:371–389

Baker JL, Rotimi CN, Shriner D (2017) Human ancestry correlates with language and reveals that race is not an objective genomic classifier. Sci Rep 7:1572

Bakhit M, Hiruta R, Kuromi Y et al (2024) Language dominance in left-handers: unveiling left hemisphere global dominance with specific right hemisphere regional dominance. Cureus 16:e74691
Barrie W, Yang Y, Irving-Pease EK et al (2024) Elevated genetic risk for multiple sclerosis emerged in steppe pastoralist populations. Nature 625:321–328
Becker Y, Eichner C, Paquette M et al (2025) Long arcuate fascicle in wild and captive chimpanzees as a potential structural precursor of the language network. Nat Commun 16:4485
Bornschein U, Zeberg H, Enard W et al (2023) Functional dissection of two amino acid substitutions unique to the human FOXP2 protein. Sci Rep 13:3747
Brooks-Wilson AR (2013) Genetics of healthy aging and longevity. Hum Genet 132:1323–1338
Campbell MC, Ranciaro A (2021) Human adaptation, demography and cattle domestication: an overview of the complexity of lactase persistence in Africa. Hum Mol Genet 30:R98–R109
Carlberg C (2023) Nutrigenomics in the context of evolution. Redox Biol 62:102656
Caruso C, Ligotti ME, Accardi G et al (2022) How important are genes to achieve longevity? Int J Mol Sci 23:5635
Caspar KR, Pallasdies F, Mader L et al (2022) The evolution and biological correlates of hand preferences in anthropoid primates. eLife 11:e77875
Conard NJ (2009) A female figurine from the basal Aurignacian of Hohle Fels Cave in southwestern Germany. Nature 459:248–252
Costa D, Scognamiglio M, Fiorito C et al (2019) Genetic background, epigenetic factors and dietary interventions which influence human longevity. Biogerontology 20:605–626
Creanza N, Kolodny O, Feldman MW (2017) Cultural evolutionary theory: how culture evolves and why it matters. Proc Natl Acad Sci USA 114:7782–7789
Cuellar-Partida G, Tung JY, Eriksson N et al (2021) Genome-wide association study identifies 48 common genetic variants associated with handedness. Nat Hum Behav 5:59–70
Davidson I (2016) Stone tools: evidence of something in between culture and cumulative culture? In: Haidle MN, Conard MJ, Bolus M (Hrsg) The nature of culture. Springer, Dordrecht, S 99–120
Deng L, Xu S (2018) Adaptation of human skin color in various populations. Hereditas 155:151
Djaoud Z, Parham P (2020) HLAs, TCRs, and KIRs, a triumvirate of human cell-mediated immunity. Annu Rev Biochem 89:717–739
Dong X, Milholland B, Vijg J (2016) Evidence for a limit to human lifespan. Nature 538:257–259
Doust C, Fontanillas P, Eising E et al (2022) Discovery of 42 genome-wide significant loci associated with dyslexia. Nat Genet 54:1621–1629
Duval M, Sahnouni M, Parés JM et al (2021) The Plio-Pleistocene sequence of Oued Boucherit (Algeria): a unique chronologically-constrained archaeological and palaeontological record in North Africa. Quat Sci Rev 271:107116
Eiberg H, Troelsen J, Nielsen M et al (2008) Blue eye color in humans may be caused by a perfectly associated founder mutation in a regulatory element located within the *HERC2* gene inhibiting *OCA2* expression. Hum Genet 123:177–187
Eising E, Mirza-Schreiber N, de Zeeuw EL et al (2022) Genome-wide analyses of individual differences in quantitatively assessed reading- and language-related skills in up to 34,000 people. Proc Natl Acad Sci USA 119:e2202764119
Evershed RP, Davey Smith G, Roffet-Salque M et al (2022) Dairying, diseases and the evolution of lactase persistence in Europe. Nature 608:336–345
Fedorenko E, Ivanova AA, Regev TI (2024) The language network as a natural kind within the broader landscape of the human brain. Nat Rev Neurosci 25:289–312
Feng Y, McQuillan MA, Tishkoff SA (2021) Evolutionary genetics of skin pigmentation in African populations. Hum Mol Genet 30:R88–R97
Fernandez CG, Hamby ME, McReynolds ML et al (2019) The role of APOE4 in disrupting the homeostatic functions of astrocytes and microglia in aging and Alzheimer's disease. Front Aging Neurosci 11:14
Fitch WT (2017) Empirical approaches to the study of language evolution. Psychon Bull Rev 24:3–33
Friederici AD (2019) Hierarchy processing in human neurobiology: how specific is it? Philos Trans R Soc Lond B Biol Sci 375:20180391
Friederici AD (2023) Evolutionary neuroanatomical expansion of Broca's region serving a human-specific function. Trends Neurosci 46:786–796
Friedrich M, Jones JW (2017) Gene ages, nomenclatures, and functional diversification of the methuselah/methuselah-like GPCR family in *Drosophila* and *Tribolium*. J Exp Zool B Mol Dev Evol 326:453–463
Gilevich A, Frenkel M, Shoval S et al (2024) Time evolution of the symmetry of Alphabet symbols and its quantification: study in the archeology of symmetry. Symmetry 16:465
Graham SA, Fisher SE (2015) Understanding language from a genomic perspective. Annu Rev Genet 49:131–160
Gray RD, Atkinson QD (2003) Language-tree divergence times support the Anatolian theory of Indo-European origin. Nature 426:435–439
Gross M (2012) The evolution of writing. Curr Biol 22:R981–R984
Hackinger S, Kraaijenbrink T, Xue Y et al (2016) Wide distribution and altitude correlation of an archaic high-altitude-adaptive *EPAS1* haplotype in the Himalayas. Hum Genet 135:393–402
Hägg S, Jylhävä J (2021) Sex differences in biological aging with a focus on human studies. Elife 10:e63425
Hagoort P (2013) MUC (Memory, Unification, Control) and beyond. Front Psychol 4:416
Hanel A, Carlberg C (2020) Skin colour and vitamin D: an update. Exp Dermatol 29:864–875
Heggarty P, Anderson C, Scarborough M et al (2023) Language trees with sampled ancestors support a hybrid model for the origin of Indo-European languages. Science 381:eabg0818
von Heiseler TN (2019) Syntax of testimony: indexical objects, syntax, and language or how to tell a story without words. Front Psychol 10:477
Hobaiter C, Graham KE, Byrne RW (2022) Are ape gestures like words? Outstanding issues in detecting similarities and differences between human language and ape gesture. Philos Trans R Soc Lond B Biol Sci 377:20210301
den Hoed J, Devaraju K, Fisher SE (2021) Molecular networks of the FOXP2 transcription factor in the brain. EMBO Rep 22:e52803
Hoogman M, Guadalupe T, Zwiers MP et al (2014) Assessing the effects of common variation in the *FOXP2* gene on human brain structure. Front Hum Neurosci 8:473
Houldcroft CJ, Underdown SJ (2016) Neanderthal genomics suggests a pleistocene time frame for the first epidemiologic transition. Am J Phys Anthropol 160:379–388
Huebbe P, Rimbach G (2017) Evolution of human apolipoprotein E (APOE) isoforms: gene structure, protein function and interaction with dietary factors. Ageing Res Rev 37:146–161
Huerta-Sánchez E, Jin X, Asan et al (2014) Altitude adaptation in Tibetans caused by introgression of Denisovan-like DNA. Nature 512:194–197
Hufschmidt HJ (1980) Das Rechts-Links-Profil im kulturhistorischen Längsschnitt – Ein Dominanzproblem. Arch Psychiat Nervenkr 229:17–43

Huybregts MACR (2017) Phonemic clicks and the mapping asymmetry: how language emerged and speech developed. Neurosci Biobehav Rev 81(Pt B):279–294

Irving-Pease EK, Refoyo-Martínez A, Barrie W et al (2024) The selection landscape and genetic legacy of ancient Eurasians. Nature 625:312–320

Itan Y, Powell A, Beaumont MA et al (2009) The origins of lactase persistence in Europe. PLoS Comput Biol 5:e1000491

Jablonski NG (2021) The evolution of human skin pigmentation involved the interactions of genetic, environmental, and cultural variables. Pigment Cell Melanoma Res 34:707–729

Johnson RJ, Lanaspa MA, Fox JW (2021) Upper paleolithic figurines showing women with obesity may represent survival symbols of climatic change. Obesity 29:11–15

Kelly P, Winters J, Miton H et al (2021) The predictable evolution of letter shapes: an emergent script of West Africa recapitulates historical change in writing systems. Curr Anthropol 62:669–691

Kerner G, Patin E, Quintana-Murci L (2021) New insights into human immunity from ancient genomics. Curr Opin Immunol 72:116–125

Kidd KK, Pakstis AJ, Donnelly MP et al (2020) The distinctive geographic patterns of common pigmentation variants at the *OCA2* gene. Sci Rep 10:15433

Kitchen A, Ehret C, Assefa S et al (2009) Bayesian phylogenetic analysis of Semitic languages identifies an early bronze age origin of Semitic in the near East. Proc R Soc B 276:2703–2710

Kolbe D, da Silva NA, Dose J et al (2023) Current allele distribution of the human longevity gene APOE in Europe can mainly be explained by ancient admixture. Aging Cell 22:e13819

Kolodny O, Edelman S (2018) The evolution of the capacity for language: the ecological context and adaptive value of a process of cognitive hijacking. Philos Trans R Soc Lond B Biol Sci 373:20170052

Krause J, Lalueza-Fox C, Orlando L et al (2007) The derived *FOXP2* variant of modern humans was shared with Neandertals. Curr Biol 17:1908–1912

Laland KN, Odling-Smee J, Myles S (2010) How culture shaped the human genome: bringing genetics and the human sciences together. Nat Rev Genet 11:137–148

Langhi DM Jr, Bordin JO (2006) Duffy blood group and malaria. Hematology 11:389–398

Lazaridis I, Patterson N, Anthony D et al (2025) The genetic origin of the Indo-Europeans. Nature 639:132–142

Lewis JE, Harmand S (2016) An earlier origin for stone tool making: implications for cognitive evolution and the transition to *Homo*. Philos Trans R Soc Lond B Biol Sci 371:20150233

Liégeois F, Baldeweg T, Connelly A et al (2003) Language fMRI abnormalities associated with FOXP2 gene mutation. Nat Neurosci 6:1230–1237

Liston A, Humblet-Baron S, Duffy D et al (2021) Human immune diversity: from evolution to modernity. Nat Immunol 22:1479–1489

Llaurens V, Raymond M, Faurie C (2009) Why are some people left-handed? An evolutionary perspective. Philos Trans R Soc Lond B Biol Sci 364:881–894

Lombard M (2007) The gripping nature of ochre: the association of ochre with Howiesons Poort adhesives and Later Stone Age mastics from South Africa. J Hum Evol 53:406–419

Lou H, Lu Y, Lu D et al (2015) A 3,4-kb copy-number deletion near *EPAS1* is significantly enriched in high-altitude Tibetans but absent from the Denisovan sequence. Am J Hum Genet 97:54–66

Lozupone M, Dibello V, Sardone R et al (2023) The impact of Apolipoprotein E (*APOE*) epigenetics on aging and sporadic Alzheimer‘s disease. Biology 12:1529

Lucock MD (2023) The evolution of human skin pigmentation: a changing medley of vitamins, genetic variability, and UV radiation during human expansion. Am J Biol Anthropol 180:252–271

MacDonald K, Scherjon F, van Veen E et al (2021) Middle Pleistocene fire use: the first signal of widespread cultural diffusion in human evolution. Proc Natl Acad Sci USA 118:e2101108118

Mallet RT, Burtscher J, Pialoux V et al (2023) Molecular mechanisms of high-altitude acclimatization. Int J Mol Sci 24:1698

Marais GAB, Gaillard JM, Vieira C et al (2018) Sex gap in aging and longevity: can sex chromosomes play a role? Biol Sex Differ 9:33

Maricic T, Günther V, Georgiev O et al (2013) A recent evolutionary change affects a regulatory element in the human *FOXP2* gene. Mol Biol Evol 30:844–852

Markov I, Kharitonova K, Grigorenko EL (2023) Language: its origin and ongoing evolution. J Intell 11:61

Mishra D, Kannan K, Meadows K et al (2021) INDY – from flies to worms, mice, rats, non-human primates, and humans. Front Aging 2:782162

Miton H, Morin O (2021) Graphic complexity in writing systems. Cognition 214:104771

Miyagawa S, Lesure C, Nóbrega VA (2018) Cross-modality information transfer: a hypothesis about the relationship among prehistoric cave paintings, symbolic thinking, and the emergence of language. Front Psychol 9:115

Monroy-Sosa A, Chakravarthi SS, Cortes-Contreras AP et al (2021) The evolution of cerebral language localization: historical analysis and current trends. World Neurosurg 145:89–97

Morgan AT, Amor DJ, St John MD et al (2024) Genetic architecture of childhood speech disorder: a review. Mol Psychiatry 29:1281–1292

O'Brien MJ, Bentley RA (2021) Genes, culture, and the human niche: an overview. Evol Anthropol 30:40–49

OECD (2021) Lebenserwartung bei der Geburt in den OECD-Ländern nach Geschlecht im Jahr 2020. https://de.statista.com/statistik/daten/studie/2055/umfrage/lebenserwartung-bei-der-geburt-in-ausgewaehlten-laendern/. Zugegriffen am 01.07.2025

Oesch N (2024) Social brain perspectives on the social and evolutionary neuroscience of human language. Brain Sci 14:166

Olshansky SJ, Willcox BJ, Demetrius L et al (2024) Implausibility of radical life extension in humans in the twenty-first century. Nat Aging 4:1635–1642

Olulade OA, Seydell-Greenwald A, Chambers CE et al (2020) The neural basis of language development: changes in lateralization over age. Proc Natl Acad Sci USA 117:23477–23483

Paige J, Perreault C (2024) 3.3 million years of stone tool complexity suggests that cumulative culture began during the Middle Pleistocene. Proc Natl Acad Sci USA 121:e2319175121

Pakendorf B, Stoneking M (2021) The genomic prehistory of peoples speaking Khoisan languages. Hum Mol Genet 30(R1):R49–R55

Pasquini L, Di Napoli A, Rossi-Espagnet MC et al (2022) Understanding language reorganization with neuroimaging: how language adapts to different focal lesions and insights into clinical applications. Front Hum Neurosci 16:747215

Pavan WJ, Sturm RA (2019) The genetics of human skin and hair pigmentation. Annu Rev Genomics Hum Genet 20:41–72

di Pellegrino G, Fadiga L, Fogassi L et al (1992) Understanding motor events: a neurophysiological study. Exp Brain Res 91:176–180

Pfeifer LS, Schmitz J, Papadatou-Pastou M et al (2022) Handedness in twins: meta-analyses. BMC Psychol 10:11

Richerson PJ, Gavrilets S, de Waal FBM (2021) Modern theories of human evolution foreshadowed by Darwin‘s *Descent of Man*. Science 372:eaba3776

Rizzolatti G, Arbib MA (1998) Language within our grasp. Trends Neurosci 21:188–194

Rogina B, Reenan RA, Nilsen SP et al (2000) Extended life-span conferred by cotransporter gene mutations in *Drosophila*. Science 290:2137–2140

Ross CT, Richerson PJ (2014) New frontiers in the study of human cultural and genetic evolution. Curr Opin Genet Dev 29: 103–109

Sagart L, Jacques G, Lai Y et al (2019) Dated language phylogenies shed light on the ancestry of Sino-Tibetan. Proc Natl Acad Sci USA 116:10317–10322

Sanese P, Forte G, Disciglio V et al (2019) FOXO3 on the road to longevity: lessons from SNPs and chromatin hubs. Comput Struct Biotechnol J 17:737–745

Santos BF, Grenho I, Martel PJ et al (2023) FOXO family isoforms. Cell Death Dis 14:702

Schaafsma SM, Riedstra BJ, Pfannkuche KA et al (2009) Epigenesis of behavioural lateralization in humans and other animals. Philos Trans R Soc Lond B Biol Sci 364:915–927

Schaafsma SM, Geuze RH, Lust JM et al (2013) The relation between handedness indices and reproductive success in a non-industrial society. PLoS One 8:e63114

Schmidt P, Koch TJ, February E (2022) Archaeological adhesives made from *Podocarpus* document innovative potential in the African Middle Stone Age. Proc Natl Acad Sci USA 119:e2209592119

Schmidt P, Koch TJ, Blessing MA et al (2023) Production method of the Königsaue birch tar documents cumulative culture in Neanderthals. Archaeol Anthropol Sci 15:84

Schmidt P, Iovita R, Charrié-Duhaut A et al (2024) Ochre-based compound adhesives at the Mousterian type-site document complex cognition and high investment. Sci Adv 10:eadl0822

Ségurel L, Bon C (2017) On the evolution of lactase persistence in humans. Annu Rev Genomics Hum Genet 18:297–319

Seifu WD, Bekele-Alemu A, Zeng C (2025) Genomic and physiological mechanisms of high-altitude adaptation in Ethiopian highlanders: a comparative perspective. Front Genet 15:1510932

Shchur V, Svedberg J, Medina P et al (2020) On the distribution of tract lengths during adaptive introgression. G3 10:3663–3673

Staes N, Sherwood CC, Wright K et al (2017) *FOXP2* variation in great ape populations offers insight into the evolution of communication skills. Sci Rep 7:16866

Statistisches Bundesamt. (2024) Entwicklung der Lebenserwartung in Deutschland. https://www.destatis.de/DE/Themen/Gesellschaft-Umwelt/Bevoelkerung/Sterbefaelle-Lebenserwartung/sterbetafel.html. Zugegriffen am 01.07.2025

Stedman HH, Kozyak BW, Nelson A et al (2004) Myosin gene mutation correlates with anatomical changes in the human lineage. Nature 428:415–418

Uno M, Nishida E (2016) Lifespan-regulating genes in *C. elegans*. NPJ Aging Mech Dis 2:16010

Vasiloudis D (2022) The archaeologist: the history of writing. https://www.thearchaeologist.org/blog/the-history-of-writing-tracing-the-development-of-expressing-language-by-systems-of-markings. Stand: Juli 2025

Visser M, Kayser M, Palstra RJ (2012) *HERC2* rs12913832 modulates human pigmentation by attenuating chromatin-loop formation between a long-range enhancer and the *OCA2* promoter. Genome Res 22:446–455

Vitti JJ, Cho MK, Tishkoff SA et al (2012) Human evolutionary genomics: ethical and interpretive issues. Trends Genet 28:137–145

Walsh S, Chaitanya L, Breslin K et al (2017) Global skin colour prediction from DNA. Hum Genet 136:847–863

Wang PY, Neretti N, Whitaker R et al (2009) Long-lived Indy and calorie restriction interact to extend life span. Proc Natl Acad Sci USA 106:9262–9267

Waring TM, Wood ZT (2021) Long-term gene-culture coevolution and the human evolutionary transition. Proc Biol Sci 288:20210538

Whiten A (2021) The burgeoning reach of animal culture. Science 372:eabe6514

Worden R (2022) The evolution of language by sexual selection. Front Psychol 13:1060510

Zhang H, Ji T, Pagel M et al (2020) Dated phylogeny suggests early Neolithic origin of Sino-Tibetan languages. Sci Rep 10:20792

Zhang M, Yan S, Pan W et al (2019) Phylogenetic evidence for Sino-Tibetan origin in northern China in the Late Neolithic. Nature 569:112–115

Zhang P, Zhang X, Zhang X et al (2022) Denisovans and *Homo sapiens* on the Tibetan Plateau: dispersals and adaptations. Trends Ecol Evol 37:257–267

Zhao P, Li S, He Z (2024) Physiological and genetic basis of high-altitude indigenous animals‘ adaptation to hypoxic environments. Animals (Basel) 14:3031

Das menschliche Gehirn

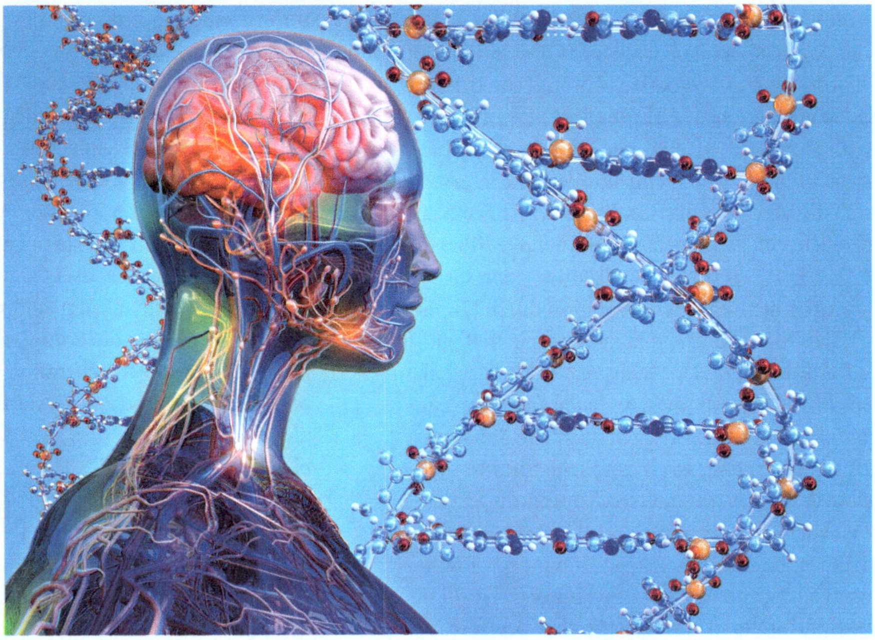

Das menschliche Gehirn und seine genetischen Bedingungen (© Ruslanas Baranauskas/Science Photo Library)

Inhaltsverzeichnis

5.1 Evolution des Gehirns des modernen Menschen – 166
5.1.1 Kortikale Neurogenese des Menschen – 167
5.1.2 Humanspezifische genetische Veränderungen zur Regulation der Neurogenese – 174
5.1.3 Mikrozephalie und Mikrozephalie-assoziierte Gene – 183
5.1.4 Geschlechtsunterschiede in der Gehirnentwicklung – 189

5.2 Intelligenz – 196

5.3 Von Sinneswahrnehmungen zu Bewusstsein – 200
5.3.1 Geruchswahrnehmungen – 200
5.3.2 Visuelle Wahrnehmung – 206
5.3.3 Bewusstsein – 213

Literatur – 218

J. Graw, *Genetische Anthropologie*, https://doi.org/10.1007/978-3-662-72246-6_5

Überblick

Das große Gehirn gehört zu den hervorstechendsten Merkmalen des Menschen. Es hat sich im Laufe der menschlichen Evolution deutlich vergrößert, und diese Volumenzunahme wird durch eine Vergrößerung der Oberfläche durch kortikale Faltungen (Gyri und Sulci) ergänzt. Fehler bei der kortikalen Faltung sind oft mit schweren neurologischen Erkrankungen verbunden und lassen sich auf Mutationen in verschiedenen Genen zurückführen. Die Gehirngröße wird in erster Linie durch die Vergrößerung des Pools der neuronalen Vorläuferzellen der Neurogenese und deren zeitlicher Verlängerung hervorgerufen. Wir kennen viele Gene, die im Laufe der menschlichen Evolution durch Duplikationen oder Mutationen in regulatorischen Regionen neue Funktionen in der Gehirnentwicklung erhalten haben. Mutationen in diesen Genen führen oft zu Schizophrenie oder Erkrankungen aus dem Autismus-Spektrum. Mikrozephalie ist eine erbliche Erkrankung, die zu einem deutlich verminderten Kopfumfang führt; meistens ist vor allem der präfrontale Cortex betroffen. Viele Mikrozephalie-Gene zeigen humanspezifische Veränderungen während der Evolution. Es gibt geschlechtsspezifische Unterschiede in der Größe einzelner Gehirnregionen sowie im Expressionsmuster einzelner Gene. Darunter sind vor allem solche, die sich aus der unterschiedlichen chromosomalen Zusammensetzung (XY vs. XX) ergeben sowie solche, die durch geschlechtsspezifische Hormone reguliert werden. Es gibt eine Reihe neurologischer Erkrankungen, die geschlechtsspezifisch auftreten. Die verantwortlichen Gene dazu liegen oft auf dem X-Chromosom und sind bei hemizygoten Mutationen für Jungen letal (z. B. das Rett-Syndrom). Bei Erkrankungen aus dem Autismus-Spektrum sind Jungen 3–4-mal häufiger betroffen als Mädchen; hier sind die genetischen Ursachen unbekannt. Die Erblichkeit von Intelligenz liegt zwischen 50–80 % und ist eines der am stärksten erblichen Verhaltensmerkmale. Wir kennen inzwischen viele Gene, die mit menschlicher Intelligenz assoziiert sind – es gibt aber kein Intelligenz-Gen.

Bewusstsein ist eine der Eigenschaften, die für Menschen charakteristisch ist. Voraussetzung ist die hochgradige Vernetzung von Sinneseindrücken im Cortex. Das wird an zwei Beispielen erläutert, dem Riechen und dem Sehen. Der Mensch besitzt ~900 Gene für olfaktorische Rezeptoren, davon kodieren 396 für Proteine, und 468 sind Pseudogene. Die olfaktorischen Rezeptoren sind G-Protein gekoppelte Rezeptoren mit 7 Transmembrandomänen. Neben den klassischen olfaktorischen Rezeptoren kennen wir beim Menschen noch Rezeptoren für Spurenamine. Ein vomeronasales System ist bei Menschen nur noch rudimentär vorhanden. Olfaktorische Fehlfunktionen werden auch bei neurodegenerativen Erkrankungen (z. B. Parkinson'sche Erkrankung, Alzheimer'sche Erkrankung) beobachtet. Auch nach einer viralen Infektion ist eine Fehlfunktion des olfaktorischen Systems häufig, da durch Rhinoviren, Coronaviren, Parainfluenzaviren und Epstein-Barr-Viren das olfaktorische Epithel beschädigt werden kann.

Das visuelle System des Menschen wird durch 5 verschiedene Opsin-Gene geprägt, die für Proteine mit sieben Transmembrandomänen codieren. Drei Opsin-Gene codieren für Fotopigmente, die für das Farbensehen verantwortlich sind. Davon sind zwei auf dem X-Chromosom lokalisiert und durch Duplikation entstanden. Die durch die Fotopigmente ausgelöste Signalkaskade und die Regeneration des 11-cis-Retinal sind bei Säugetieren hochkonserviert; Mutationen in Genen, die für die beteiligten Enzyme kodieren, führen zur Erblindung. Schon in der Retina erfolgt eine Weiterverarbeitung der visuellen Reize, die dann über den Sehnerv ins Gehirn weitergeleitet werden. In den höheren kortikalen Sehzentren werden die visuellen Reize mit anderen Informationen verknüpft. Probleme bei der Erkennung von Gesichtern folgen oft einem dominanten Erbgang. Bisher wurde ein Gen (*MCTP2*) dafür identifiziert; SNPs im Gen für den Oxytocin-Rezeptor (*OXTR*) sind ebenfalls damit assoziiert. Bewusstsein entsteht im Wesentlichen durch die Verknüpfung einer Vielzahl von Reizen in verschiedenen Regionen des Cortex. Störungen führen zu einer Reihe von psychiatrischen Erkrankungen, die auch durch Mutationen in einigen Genen hervorgerufen werden können. Ein spezielles Gen für Bewusstsein gibt es nicht.

5.1 Evolution des Gehirns des modernen Menschen

Unsere bisherigen Betrachtungen fokussierten sich auf das menschliche Gehirn als ein Organ mit ungewöhnlicher plastischer Funktion im Zusammenspiel biologischer, kultureller und psychologischer Phänomene. Wegen dieser zentralen Rolle des Gehirns ist ein Blick auf seine Evolution von besonderer Bedeutung – und auf die genetischen Effekte, die dabei eine wichtige Rolle gespielt haben. *Australopithecus afarensis*, der vor ~ 3 Mio. Jahren in Afrika lebte, hatte noch ein endocraniales Volumen von 445 ± 60 ml (Gunz et al. 2020) – und damit schon ~20 % mehr als Schimpansen. Wir wissen aus den fossilen Funden weiterhin, dass die rasante Zunahme des Gehirnvolumens etwa mit dem Auf-

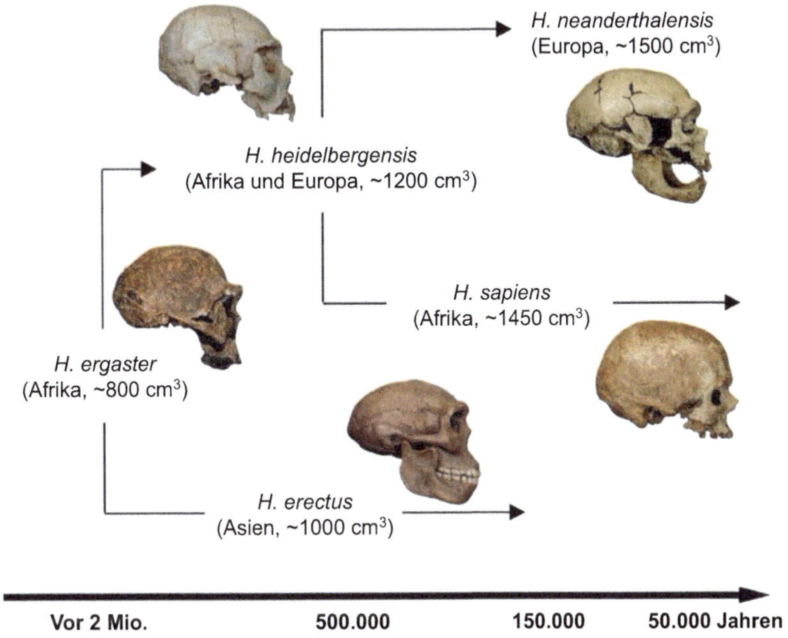

Abb. 5.1 Das erste anerkannte Fossil der Gattung *Homo* stammt aus Ostafrika, ist etwa 2 Mio. Jahre alt und wird als *H. ergaster* bezeichnet. Der frühe Mensch wanderte bald nach Asien und brachte eine Variante hervor, die heute mit dem Begriff *H. erectus* beschrieben wird. Eine zweite Ausbreitung wird mit einer heterogenen afro-europäischen Gruppe in Verbindung gebracht, die als *H. heidelbergensis* bezeichnet wird und mit der nachfolgenden Evolution des modernen Menschen (in Afrika) und des Neandertalers (in Europa) in Verbindung steht. Die Beziehungen zwischen diesen verschiedenen evolutionären Linien werden anhand ihrer allgemeinen Chronologie und ihrer durchschnittlichen Schädelkapazität dargestellt. Man beachte, dass die durchschnittliche Schädelkapazität des Neandertalers etwas größer ist als die des modernen Menschen. (Nach Bruner 2007; Springer Nature)

treten der Gattung *Homo* vor ~2 Mio. Jahren begann und vor ~50.000 Jahren ihren bisherigen Höhepunkt erreichte (Abb. 5.1). Dabei hat sich das Gehirnvolumen in etwa verdoppelt; das Gehirn von *H. neanderthalensis* ist allerdings im Durchschnitt etwas größer als von *H. sapiens*, wenngleich sich das Gehirn des anatomisch modernen Menschen von dem Gehirn archaischer Menschen morphologisch durch seine zunehmende Kugelform unterscheidet. Allerdings haben zwei junge Spezies, *H. naledi* und *H. floresiensis*, weniger als die Hälfte der Gehirnmasse des modernen Menschen – ähnlich wie zwei Funde, die dem älteren *H. erectus* zugerechnet werden (aus Dmanisi in Georgien und aus Gona in Äthiopien):

- *H. floresiensis* (vor ~60–100.000 Jahren) mit einem endocranialen Volumen von ~417 ml;
- *H. naledi* (vor ~225–335.000 Jahren) mit einem endocranialen Volumen ~460–550 ml;
- *H. erectus* (Gona, vor ~1,5–1,6 Mio. Jahren) mit einem endocranialen Volumen von ~598 ml;
- *H. erectus* (Dmanisi, vor ~1,85 Mio. Jahren) mit einem endocranialen Volumen von ~546–730 ml.

Leider gibt es zu allen Funden mit dem deutlich geringeren Gehirnvolumen keine genetischen Daten, um mögliche Ursachen dafür zu finden. Diese Funde machen aber deutlich, dass der scheinbar stetige Anstieg des Gehirnvolumens in der menschlichen Evolution nicht immer kontinuierlich verlaufen ist (nach Vaill et al. 2023; de Sousa et al. 2023; Pestana et al. 2023).

Wir dürfen bei diesen Betrachtungen aber nicht vergessen, dass es sich bei diesen Werten um Durchschnittsgrößen von mehr oder weniger Individuen handelt, die von verschiedenen Variablen abhängt, vor allem von der Körpergröße bzw. dem Körpergewicht. Allerdings wird in vielen Arbeiten diskutiert, dass innerhalb der letzten ~50.000 Jahre die Gehirnmasse des modernen Menschen um ~5 % abgenommen hat. Wenn man diese Abnahme auf die Magermasse des Körpers normiert, so bleiben die Veränderungen der Enzephalisation isometrisch; über die Ursachen dieser Änderungen herrscht allerdings weitgehend Unklarheit. Weitere Details finden sich bei Stibel (2021). Wir wollen uns aber im Folgenden mit der Zunahme der Gehirngröße in der evolutionären Linie des Menschen und deren genetischen Grundlagen beschäftigen.

5.1.1 Kortikale Neurogenese des Menschen

Das Gehirn des Menschen (wie anderer Primaten auch) zeichnet sich durch seine Faltungen aus (gyrencephale

Form; im Gegensatz zu lissencephalen Gehirnen ohne Faltung – wie beispielsweise bei Mäusen und Seidenaffen). Durch diese Faltungen vergrößert sich nicht nur die Oberfläche der Großhirnrinde (Cortex) deutlich, sondern auch seine Dicke und neuronale Dichte – eine wichtige Voraussetzung für die Entwicklung höherer kognitiver Funktionen (Barresi et al. 2024). Der Cortex des modernen Menschen enthält mehr Neuronen als jede andere Spezies: ~10-mal mehr Neuronen als Makaken und doppelt so viele wie Schimpansen. Diese Zunahme der Gehirngröße in der menschlichen Entwicklungslinie ist auch mit einer Verlängerung der kortikalen Neurogenese verbunden: 58 Tage bei den Marmosetten, 62 Tage bei den Makaken, ~77 Tage bei den Schimpansen und 112 Tage bei den modernen Menschen (Dehay und Huttner 2024). Eine Übersicht über diesen Aspekt der evolutionären Entwicklung und den schematischen Aufbau der menschlichen Großhirnrinde gibt ◘ Abb. 5.2.

! Im Laufe der menschlichen Evolution hat das Volumen des Gehirns deutlich zugenommen. Ergänzt wird diese Volumenzunahme durch eine Vergrößerung der Oberfläche durch kortikale Faltungen (Gyri und Sulci).

Die Furchen (*Sulci*) und Hirnwindungen (*Gyri*) des menschlichen Gehirns weisen zwar eine gewisse Einheitlichkeit auf, aber auch Variationen zwischen verschiedenen Individuen. Dabei zeigen die Faltungen, die früher in der Embryonalentwicklung stattfinden, eine größere Übereinstimmung als diejenigen, die sich später entwickeln; insgesamt können wir annehmen, dass die Entwicklung des menschlichen Gehirns mehrere Jahre dauert – von der Embryonalentwicklung über die Kindheit bis hin ins Jugendalter. Kortikale Faltungen sind das Ergebnis einer Vergrößerung der Oberfläche, die sich schneller entwickelt als die volumetrische Ausdehnung; die Faltungen ermöglichen so eine zusätzliche Oberfläche und erhöhen außerdem die Effizienz der Verbindungen zwischen Neuronen. Die primären inneren und äußeren Faltungen des Gehirns beginnen sich zwischen der ~24. und 31. Schwangerschaftswoche zu bilden. Wenn sich das Gehirn weiterentwickelt, werden diese primären Faltungen länger und tiefer, und die sekundären Faltungen bilden sich zwischen der 32. Schwangerschaftswoche und der Geburt. Schließlich bilden sich die tertiären Faltungen (ab der ~37. Schwangerschaftswoche) und entwickeln sich bis ins Erwachsenenalter. Diese Faltungen erlauben komplexere Verbindungen zwischen den Neuronen und Prozesse auf höherem kognitiven Niveau wie logisches Denken und Problemlösungen (Demirci et al. 2023).

Im Allgemeinen gilt, dass Gene stärkere Regulatoren der primären Faltungen sind, wohingegen die tertiären Faltungen eher durch Umwelteinflüsse beeinflusst werden. Aber auch unter den primären Faltungen gibt es individuelle Unterschiede hinsichtlich ihrer Form, Länge und Tiefe. Ein Beispiel dafür ist der „Handknoten" des *Gyrus praecentralis* (angrenzend an den *Sulcus centralis*), der für die motorische Funktion der Hand verantwortlich ist – er ist bei rechtshändigen Individuen mehr dorsal lokalisiert als bei linkshändigen (Demirci et al. 2023). Einen groben Eindruck von Übereinstimmungen und Variationen der Faltungen des menschlichen Gehirns vermittelt ◘ Abb. 5.3; wir werden uns am Ende des Abschnitts noch etwas genauer mit den genetischen Aspekten der Bildung (bzw. auch der pathologischen Nichtbildung) der Gyri beschäftigen.

Die evolutionäre Vergrößerung des menschlichen Gehirns im Vergleich zu anderen Primaten erfolgte nicht einheitlich, sondern betrifft vor allem den Neocortex, das Kleinhirn und die Weiße Substanz. Der Neocortex ist dabei derjenige Bereich des menschlichen Gehirns, der vor allem für die kognitiven Eigenschaften des Menschen verantwortlich ist; er wuchs um ~50 % mehr, verglichen mit dem Rest des Gehirns, und die Zahl der Gyri und Sulci hat entsprechend zugenommen. Auch hier geht man davon aus, dass diese besondere Zunahme des Neocortex nicht gleichmäßig erfolgte, sondern einige Bereiche besonders stark gewachsen sind wie der präfrontale Cortex, der Schläfen- und der Scheitellappen. Dabei hat der präfrontale Kortex erhebliche Aufmerksamkeit auf sich gezogen, da diese Region im Frontallappen für die flexible Integration verschiedener funktioneller Modalitäten von entscheidender Bedeutung ist. Außerdem ist der präfrontale Kortex anfällig für neuropsychiatrische Störungen wie Schizophrenie, bipolare Störungen und posttraumatische Belastungsstörungen. Unterschiede im Frontallappen des modernen Menschen haben sich evolutionär vermutlich erst vor relativ kurzer Zeit entwickelt: Untersuchungen an Fossilien legen nahe, dass diese Umstrukturierung etwa zur Zeit der ersten Expansion von *Homo* aus Afrika erfolgte. Auch das Kleinhirn ist beim Menschen relativ stark vergrößert; im Vergleich zu Schimpansen weist der Mensch selektive Vergrößerungen von solchen Regionen des Kleinhirns auf, die mit den frontalen und parietalen Assoziationsregionen des Cortex verbunden sind (nach Lindhout et al. 2024).

Die Entwicklung des menschlichen Gehirns folgt räumlich-zeitlichen Mustern, die bei Säugetieren im Prinzip konserviert sind. Sie beginnt mit der Neurulation, einem Prozess, bei dem sich die aus dem embryonalen Ektoderm gebildete Neuralplatte faltet und zu einem geschlossenen Neuralrohr verschmilzt. Aus dem Neuralrohr entwickeln sich dann drei Vesikel, aus denen zunächst das Vorderhirn, das Mittelhirn und das Hinterhirn entstehen (nach Zhou et al. 2024). Eine Übersicht über diesen Aspekt menschlicher Gehirnentwicklung gibt ◘ Abb. 5.4.

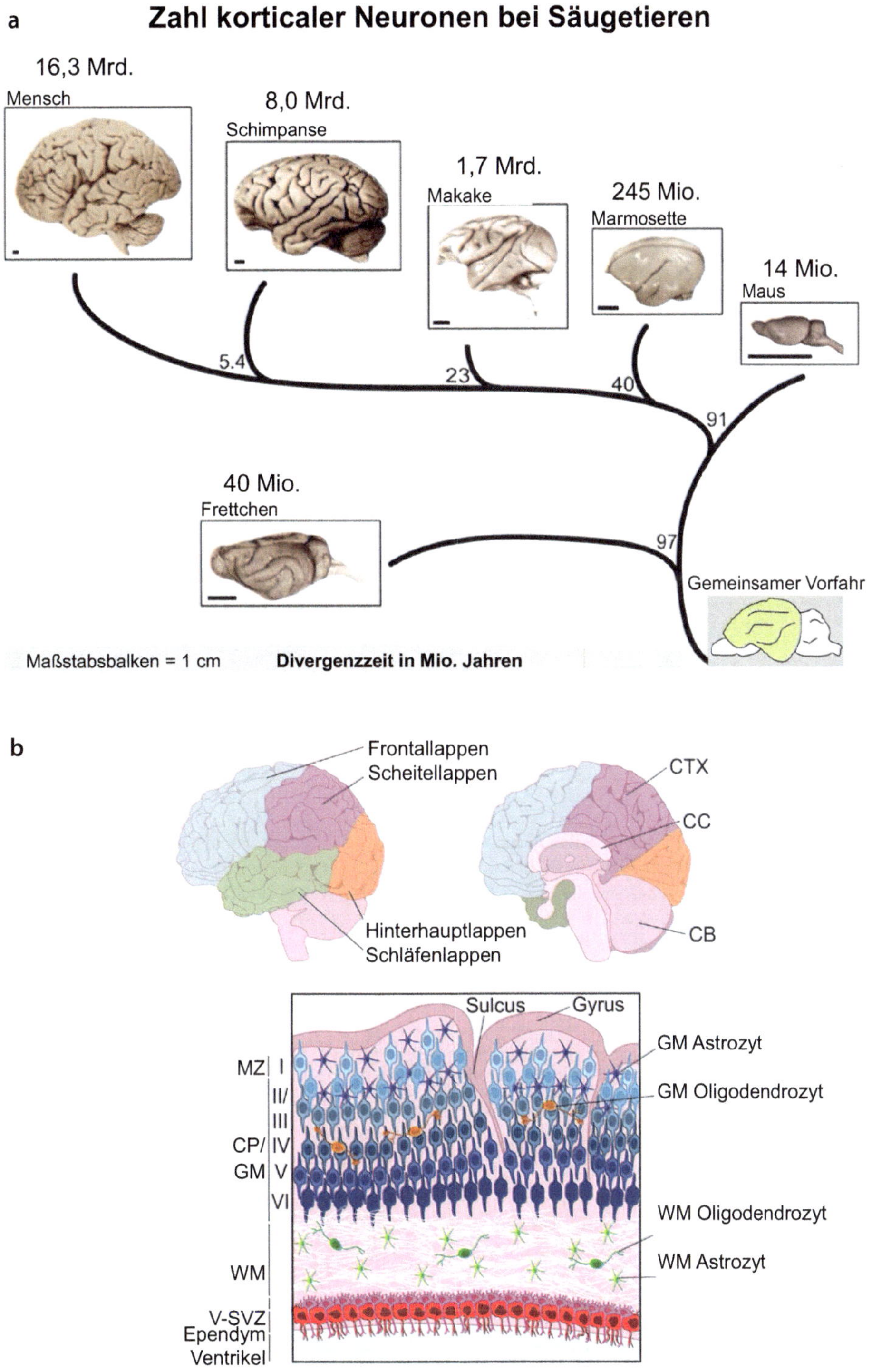

Abb. 5.2 Evolutionäre Zunahme korticaler Neurone und Aufbau der menschlichen Großhirnrinde. **a** Vereinfachter phylogentischer Baum der Säugerentwicklung; er zeigt die Zunahme der Anzahl korticaler Neurone von der Maus (14 Mio.) zu 16,3 Mrd. bei Menschen. Man beachte, dass das Gehirn der Maus lissencephal ist, d. h. über keine Gehirnwindungen verfügt, obwohl es von einem größeren und gyrencephalen Vorläufer abstammt; das Gehirn des Frettchens ist gyrencephal und hat sich früh von der evolutionären Linie der anderen hier dargestellten Säugetiere getrennt. Die Gehirne dieser verschiedenen Primaten sind maßstabsgetreu dargestellt. **b** *oben*: Seitenansicht des menschlichen Gehirns (links). Es sind die vier großen Lappen der Großhirnrinde gezeigt: Frontallapen (*Lobus frontalis*), Scheitellapen (*Lobus parietalis*), Hinterhauptlappen (*Lobus occipitalis*) und Schläfenlappen (*Lobus temporalis*). *rechts*: Querschnitt durch ein menschliches Gehirn: CB: Kleinhirn (*Cerebellum*); CC: Balken (*Corpus callosum*); CTX: Großhirnrinde (*Cortex*). *unten*: Radiale Organisation der Großhirnrinde in gyrencephalen Spezies. Ein Gyrus ist eine Faltung nach außen und ein Sulcus eine Furche nach innen. Die sechs Schichten des Cortex sind angegeben (I-VI; auch L1–L6). CP/GM: Rindenplatte/graue Substanz, MZ: Marginalzone, V-SVZ: ventrikuläre-subventrikuläre Zone, WM: weiße Substanz. (a: Nach Yang 2025; CC-by-4.0, ► http://creativecommons.org/licenses/by/4.0; b: Nach Moffat und Schuurmans 2023; CC-by, ► http://creativecommons.org/licenses)

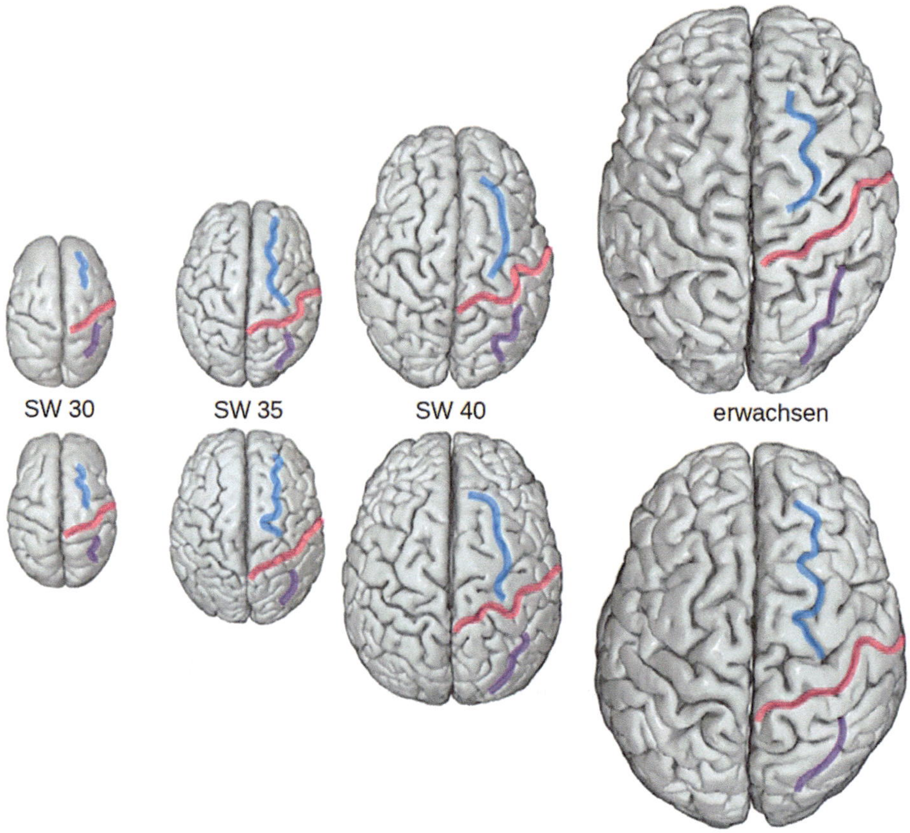

Abb. 5.3 Einheitlichkeit und Variabilität bei der Platzierung der Faltungen. Es sind jeweils zwei repräsentative Gehirne an jedem angegebenen Zeitpunkt gezeigt: Schwangerschaftswoche (SW) 30, 35 und 40 sowie im Erwachsenenalter. Der *Sulcus centralis* (*rot*) und der *Sulcus intraparietalis* (*violett*) neigen dazu, während der Entwicklung und personenübergreifend einheitlich platziert zu sein, während der *Sulcus frontalis superior* (*blau*) sich später entwickelt und mehr Variationen zeigt. (Nach Demirci et al. 2023; CC-by 4.0, ▶ http://creativecommons.org/licenses/by/4.0)

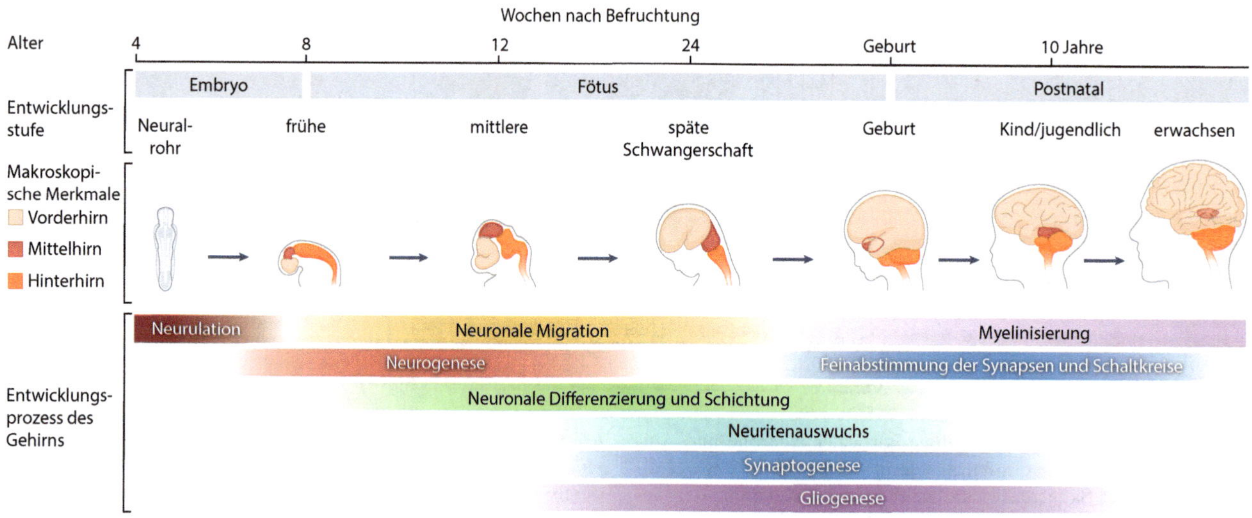

Abb. 5.4 Eine Zusammenfassung der wichtigsten Prozesse und ihres zeitlichen Ablaufs während der Entwicklung des menschlichen Gehirns. Nach der Neurulation beginnt die Proliferation der neuronalen Epithelzellen und damit die Neurogenese, die durch neuronale Stammzellen vermittelt wird. Wichtig sind auch Prozesse, die größtenteils während der postnatalen Phase des Menschen ablaufen; dazu gehören die kontinuierliche synaptische Ausdünnung und die Myelinisierung durch Oligodendrozyten. Das Alter und die Gehirngröße sind nicht maßstabsgetreu dargestellt. (Nach Zhou et al. 2024; Springer Nature)

Die Entwicklung des menschlichen Neocortex ist verbunden mit einem massiven Anstieg der Gehirngröße. Die Gehirngröße ist wiederum in erster Linie durch die Vergrößerung des Pools der neuronalen Vorläuferzellen zu Beginn der Embryonalentwicklung des Cortex bedingt. Diese Vorläuferzellen haben spezifische Morphologien, bestimmte Lokalisationen ihrer Zellkörper und Charakteristika ihrer Zellteilungen. Diese Vorläuferzellen produzieren Neurone, die zum Cortex wandern, und deren Axone und Dendriten neuronale Schaltkreise bilden, die den Gehirnfunktionen zugrunde liegen. Ebenso werden von diesen kortikalen Vorläuferzellen Gliazellen gebildet, die die Neurone unterstützen. In den frühen Phasen der neuronalen Entwicklung (vor der Neurogenese, die beim Menschen in der ~5.–6. Schwangerschaftswoche beginnt) besteht das Neuralrohr aus Neuroepithelzellen, die ein einschichtiges, pseudostratifiziertes Epithel bilden – sie sind die primären Vorläuferzellen, aus denen alle Neurone und Gliazellen (außer der Mikroglia) hervorgehen. Neuroepithelzellen exprimieren Marker wie *NES* (kodiert für Nestin, ein Protein des Intermediärfilaments), *SOX2* (kodiert für einen Transkriptionsfaktor) und *NOTCH* (diese Genfamilie kodiert für Transmembranrezeptoren) (nach Penisson et al. 2019).

Neuroepithelzellen teilen sich zunächst symmetrisch und vergrößern so die Zahl der Vorläuferzellen. Bei Beginn der **Neurogenese** teilen sich die Neuroepithelzellen asymmetrisch, bringen Neurone und andere Vorläuferzellen hervor und erneuern sich selbst. Dadurch verdickt sich das Gewebe und unterteilt sich in verschiedene Regionen: die ventrikuläre Zone (die direkt am Ventrikel anliegt), die Intermediärzone, die kortikale Platte (aus der kortikalen Platte oder Rindenplatte entwickelt sich später der Cortex) und die Marginalzone. Die Erzeugung von Neuronen geht einher mit dem Auftreten eines weiteren Typs von Vorläuferzellen, der aus dem Neuroepithel hervorgeht, nämlich den apikalen radialen Gliazellen. Dabei handelt es sich um polarisierte Zellen, deren Zellkörper in der ventrikulären Zone lokalisiert sind. Ihre apikalen Fortsätze reichen auf der einen Seite bis an die ventrikuläre Oberfläche, und auf der anderen Seite reichen ihre langen basalen Fortsätze bis an die Oberfläche der Pia (Hirnhaut) heran. Apikale radiale Gliazellen exprimieren Marker wie *SOX2*, *PAX6* (kodiert für einen Transkriptionsfaktor), *NES* und *VIM* (kodiert für Vimentin, ein Protein des Intermediärfilaments) (nach Penisson et al. 2019).

Die Integrität und Struktur der ventrikulären Zone werden durch adhäsive Komplexe an den apikalen Enden der radialen Gliazellen aufrechterhalten. Während der Neurogenese verlagern sich die Zellkerne der apikalen Vorläuferzellen entlang der basalen Fasern synchron mit dem Zellzyklus. Wie Neuroepithelzellen verlagern auch apikale radiale Gliazellen ihren Zellkörper, wobei der Zellkern in der ventrikulären Zone verbleibt: die S-Phase findet in der basalen Region statt, wohingegen die Mitose an der ventrikulären Oberfläche stattfindet. Hier teilt sich eine apikale radiale Gliazelle, und die Tochterzelle wandert zu der Basalmembran, wo jede Zelle den Zellzyklus wiederholen kann und so die proliferative Population in der ventrikulären Zone weiter vergrößert (symmetrische proliferative Teilung). Alternativ kann nur eine Tochterzelle wieder in den Zellzyklus eintreten, während sich die andere Zelle entweder als postmitotisches Neuron ablöst und für die kortikale Platte bestimmt ist (asymmetrische neurogene Teilung) oder als eine basale Vorläuferzelle für die subventrikuläre Zone und weitere Zellteilungen bestimmt ist (asymmetrische proliferative Teilung). Durch vielfältige Runden mitotischer Teilungen führen die apikalen radialen Vorläuferzellen zu allen weiteren Vorläuferzelltypen im Cortex. Apikale Vorläuferzellen tragen also direkt und indirekt zur Neurogenese bei, abhängig von der Art ihrer Zellteilung (Barresi et al. 2024).

Diese Gründerpopulation an Vorläuferzellen teilt sich symmetrisch und asymmetrisch und produziert auf diese Weise sowohl Neuronen der tiefen Schichten als auch basale radiale Gliazellen und basale intermediäre Vorläuferzellen, die sich ablösen und in die subventrikuläre Zone wandern, wo sie weiter proliferieren können. Die subventrikuläre Zone ist basal zur ventrikulären Zone lokalisiert und ist in gyrencephalen Säugern substanziell vergrößert und schließlich in zwei Bereiche unterteilt, die als innere und äußere ventrikuläre Zone unterschieden werden können; sie enthält viele der hoch proliferativen basalen radialen Gliazellen und basale intermediäre Vorläuferzellen (Barresi et al. 2024). Eine Übersicht über diesen Aspekt der menschlichen Gehirnentwicklung gibt ◘ Abb. 5.5.

Der Prozess der kortikalen Faltungen durchläuft mehrere Entwicklungsstadien – vom Embryonalstadium bis zur postnatalen Entwicklung beim Menschen – und erfordert ein komplexes Zusammenspiel verschiedener Mechanismen. Einerseits deuten physikalische Untersuchungen der kortikalen Faltung darauf hin, dass mechanische Kräfte, die durch die unterschiedliche tangentiale Ausdehnung der kortikalen Platte im Verhältnis zu den Keimschichten (ventrikuläre Zone und subventrikuläre Zone) entstehen, ein wichtiger Faktor für die kortikalen Gyrierung sind. Andererseits deuten Zwillingsstudien darauf hin, dass Gyrationsmuster vererbbar sind, wobei die Muster von Sulci und Gyri bei eineiigen Zwillingen deutlich ähn-

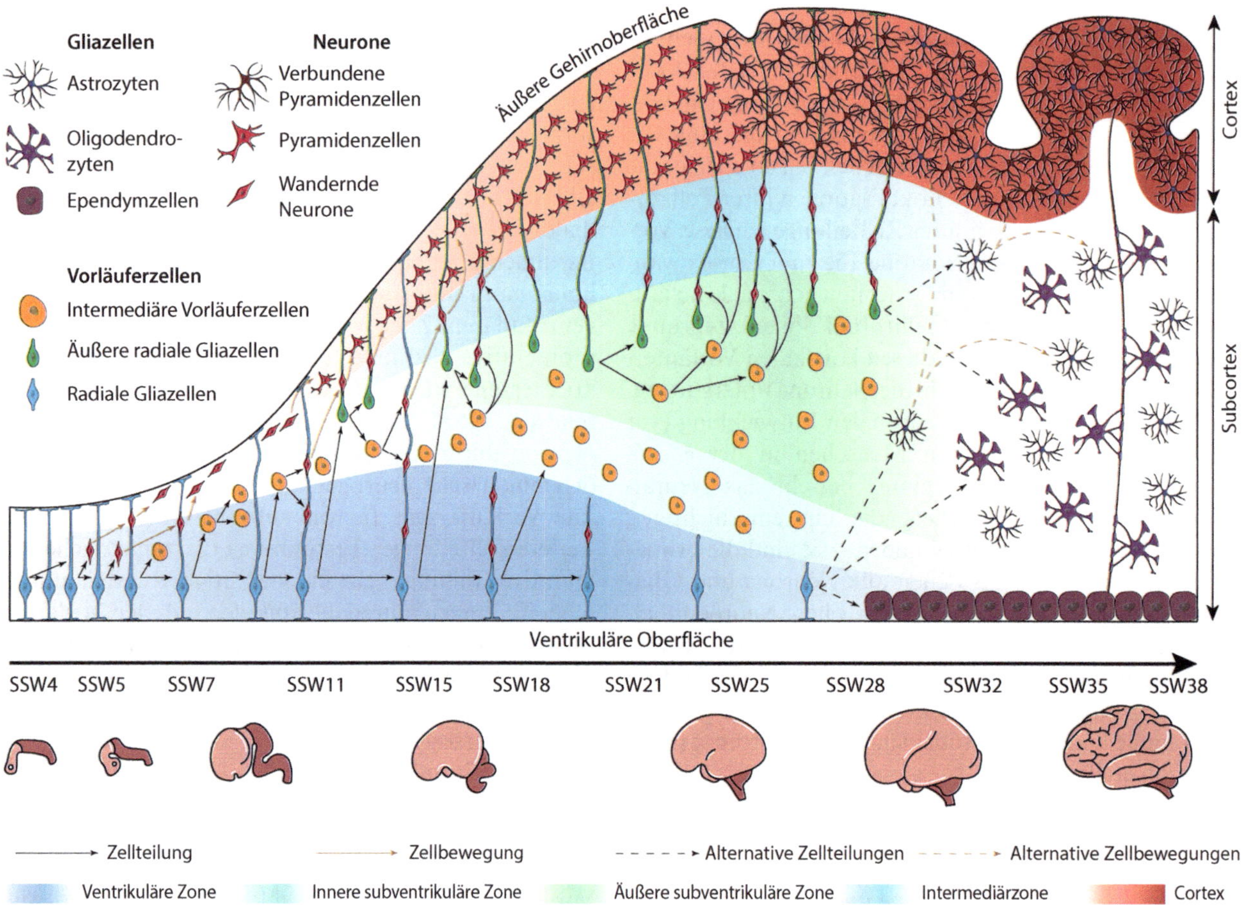

Abb. 5.5 Schematische Darstellung der Entwicklung des menschlichen Gehirns zwischen der 4. und 38. Schwangerschaftswoche (SSW) auf zellulärer Ebene (oben) und auf Organebene (unten). In der frühen Entwicklungsphase erhöht die wiederholte Teilung der radialen Gliazellen in der ventrikulären Zone (VZ) die Gesamtzahl der Gehirnzellen erheblich. Die neu gebildeten intermediären Vorläuferzellen sammeln sich oberhalb der VZ an und bilden eine neue Schicht, die als innere subventrikuläre Zone bezeichnet wird. Die äußeren radialen Gliazellen, die um die 11. Schwangerschaftswoche herum gebildet werden, bilden eine neue Schicht, die als äußere subventrikuläre Zone bezeichnet wird. Die aus Vorläuferzellen gebildeten Neuronen wandern entlang der radialen Gliazellen in Richtung Kortex. Um die 28. Schwangerschaftswoche herum ist der Migrationsprozess fast abgeschlossen, und die radialen Gliazellen beginnen, verschiedene Arten von Gliazellen wie Astrozyten und Oligodendrozyten zu produzieren. (Nach Zarzor et al. 2023; CC-by, ▸ http://creativecommons.org/licenses)

licher sind als bei Kontrollpaaren. Wir haben auch schon gesehen, dass Gyri und Sulci höherer Ordnung im Vergleich zu denen niedrigerer Ordnung eine größere Variabilität zwischen den Individuen aufweisen. Offensichtlich gibt es Entwicklungsprogramme, die die notwendigen Bedingungen für diese mechanischen Kräfte herstellen, um damit den Cortex zu falten. Dazu gehören vor allem Regionen mit relativ starker Zellproduktion und Ausdehnung und im Gegensatz dazu benachbarte Regionen mit langsamerem Wachstum. Das derzeitige Modell zur Bildung von primären Gyri und Sulci geht davon aus, eine erhöhte Neurogeneserate in den Vorläuferbereichen der Gyri während der Entwicklung des Cortex zu einer stärkeren Ansammlung von Neuronen und einer schnellen tangentialen Expansion der kortikalen Platte führt, wohingegen eine niedrigere Neurogeneserate in den Vorläuferregionen der Sulci zu einer geringeren Anhäufung von Neuronen und geringerem tangentialen Wachstum führt – in der Folge beginnt der sich entwickelnde Cortex, Falten und Spalten zu bilden. Regionen mit erhöhter Häufigkeit von basalen radialen Gliazellen korrelieren mit prospektiven Gyri, was darauf hindeutet, dass basale radiale Gliazelle nicht nur durch die Erhöhung des neurogenen Potenzials, sondern auch durch die Förderung der tangentialen Ausbreitung von Neuronen im sich entwickelnden Kortex zur Expansion der kortikalen Platte beitragen. Darüber hinaus scheinen die apikalen radialen Gliazellen ihre basalen Fortsätze in der ~16. Schwangerschaftswoche beim Menschen an der Grenze zur äußeren Schicht der subventrikulären Zone in eine kürzere Faser umzuwandeln. Diese verkürzten Vorläuferzellen definieren beim Menschen ein Gerüst von radialen Gliazellen, das zwischen der inneren und der äußeren subventrikulären Zone unterbrochen ist. Dabei überspannt der kurze Fortsatz der verkürzten apicalen radialen Gliazellen die Tiefe der ventrikulären Zone und der inneren subventrikulären Zone, wohingegen der lange Fortsatz der basalen radialen Gliazellen sich von der äußeren subventrikulären Zone bis zur kortikalen Platte erstreckt (nach Akula et al. 2023). Eine Übersicht über diese Prozesse und die damit verbundene Bildung von Gyri und Sulci gibt ◘ Abb. 5.6.

Wir haben gesehen, dass die Entwicklung des menschlichen Cortex auf verschiedene Arten von Vorläuferzellen angewiesen ist, wobei die basalen radialen Gliazellen für die Ausbildung der Gyri von besonderer Bedeutung sind. Wenn wir typische Genexpressionsmuster betrachten, so teilen sie mit den apikalen radialen Gliazellen die Expression beispielsweise von *SOX2* und *PAX6* sowie von *NES*. Zu den Genen, die eher spezifisch in den basalen radialen Gliazellen exprimiert werden, gehört dagegen *HOPX* (◘ Abb. 5.6); *HOPX*

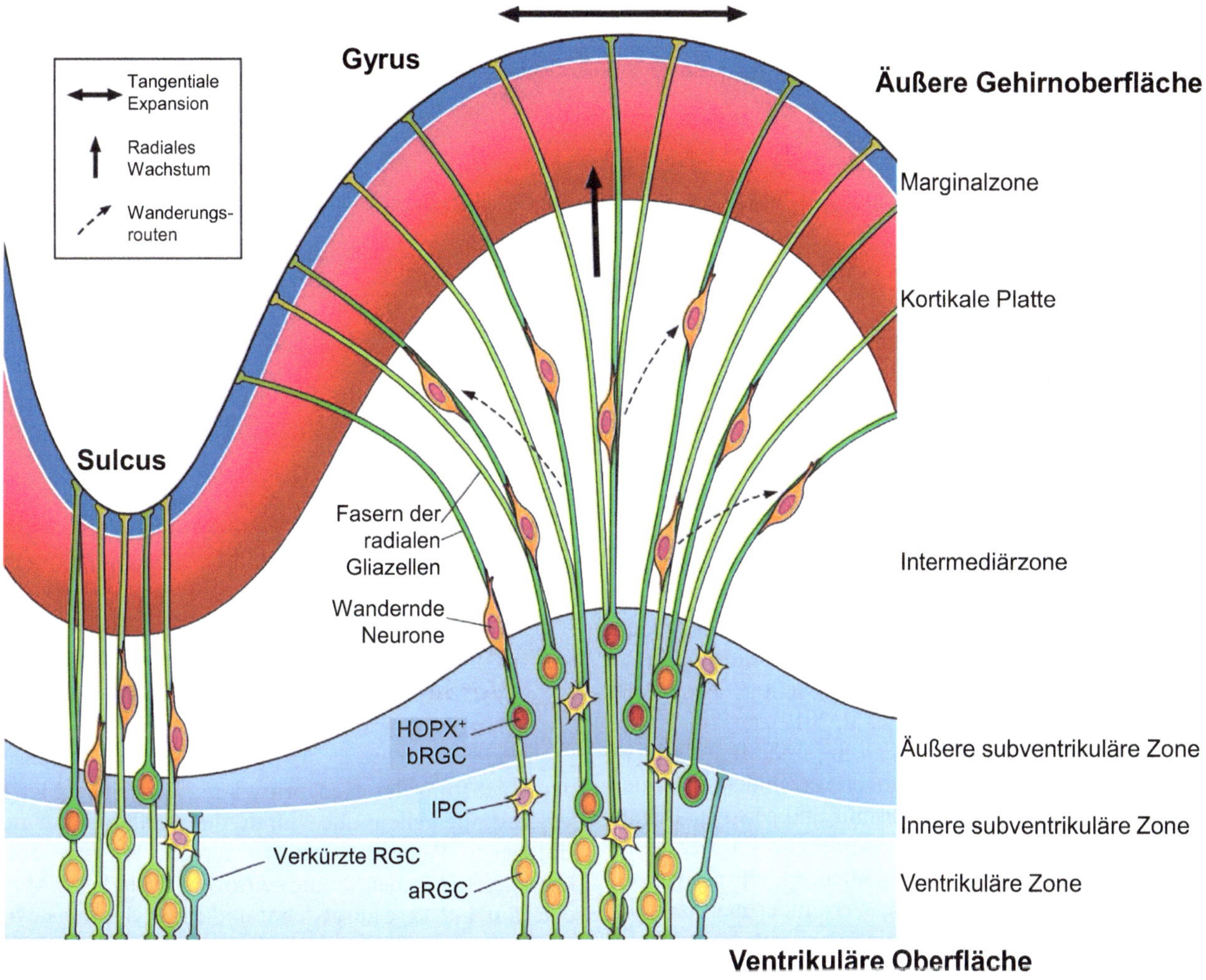

◘ **Abb. 5.6** Das derzeitige Modell des kortikalen Faltungsprozesses beinhaltet eine Schlüsselrolle für die basalen radialen Gliazellen, die sich durch eine hohe proliferative Kapazität auszeichnen und in der äußeren ventrikulären Zone reichlich vorhanden sind. Regionale Unterschiede in der Neurogenese findet man über den ganzen sich entwickelnden Cortex und besonders in der äußeren ventrikulären Zone: Regionen, die später zu Gyri werden, weisen eine höhere Dichte an sich teilenden Vorläuferzellen auf als Regionen, die später zu Sulci werden. In einer Gruppe von basalen radialen Gliazellen in der äußeren subventrikulären Zone kann das Homeobox-Protein HOPX nachgewiesen werden ($HOPX^+$), das als ein Marker für diesen Zelltyp angesehen wird. Die unterschiedliche Dichte an basalen Vorläuferzellen führt zu unterschiedlicher Produktion und Anhäufung von Neuronen in der sich entwickelnden kortikalen Platte, was dann eine stärkere tangentiale Expansion (*horizontaler Doppelpfeil*) in den zukünftigen Gyri im Vergleich zu den zukünftigen Sulci bewirkt. Darüberhinaus laufen die radialen Gliazellen während der Bildung eines Gyrus zunehmend auseinander: wegen der hohen proliferativen Kapazität der basalen radialen Gliazellen fügen sie ihre Fasern zwischen die schon existierenden ein. Diese aufgefächerte Anordnung der radialen Gliafasern in den zukünftigen gyralen Regionen trägt zu der tangentialen Ausbreitung der wandernden Neuronen bei, die durch dieses Gerüst geleitet werden. Im Gegensatz dazu verlaufen die radialen Gliafasern in den zukünftigen Sulci typischerweise parallel, sodass die tangentiale Ausbreitung der wandernden Neuronen begrenzt wird. (Nach Akula et al. 2023)

5

Tab. 5.1 Gene, deren Mutationen an Fehlfaltungen des Cortex beteiligt sind

Gensymbol (Chr.)	Protein	Funktion	Fehlfaltung (Erkrankung)
CDK6 (7q21)	Cyclin-abhängige Kinase 6	Regulation der DNA-Replikation und des Zellzyklus	Pachygyrie (Mikrocephalie)
CEP85L (6q22)	CEP85-ähnliches Protein (CEP: zentrosomales Protein)	Zentrosomales Protein	Pachygyrie, Lisencephalie 10 (LIS10)
DCX (Xq23)	Doublecortin	Regulation der Wanderung von Neuronen durch Bindung an Tubulin	Lisencephalie (LISX1)
FGFR3 (4p16)	Fibroblasten-Wachstumsfaktor-Rezeptor 3	Bindung von FGF; Tyrosinkinase	Polymicrogyrie (Krebs)
LAMB1 (7q31)	Laminin-1, Untereinheit β	Anheftung von Zellen; Integrität der Basalmembran	Lisencephalie 5 (LIS5)
PAFAH1B1 (17p13)	*Platelet Activating Factor Acetylhydrolase 1b Regulatory Subunit 1*	Organisation der Mikrotubuli in der Interphase	Lisencephalie 1 (LIS1)
SCN3A (2q24)	Spannungsgesteuerter Natriumkanal, Typ 3, a-Untereinheit	Glycoprotein mit 24 Transmembrandomänen	Polymicrogyrie (Epilepsie)
TMEM161B (5q14)	Transmembranprotein 161B	DNA-bindendes Protein	Polymicrogyrie (geistige Behinderung)
TUBA1A (12q13)	Tubulin α1A	Organisation der Mikrotubuli in der Interphase	Lisencephalie 3 (LIS3)

Nach Moffat und Schuurmans 2023; OMIM (▶ https://www.omim.org/); GeneCards (▶ https://www.genecards.org/)

kodiert für ein Homeobox-Protein, dem wichtige Bereiche für die DNA-Bindung fehlen. An der Genese und Vervielfältigung der basalen radialen Gliazellen ist eine Reihe von Signalmolekülen beteiligt wie Fibroblastenwachstumsfaktoren (über die FGF-MAPK-Kaskade), Sonic Hedgehog (z. B. über die Regulation der *HOPX*-Expression) und PTEN/AKT (wichtig für Zell-Proliferation) (nach Penisson et al. 2019).

Fehler bei der kortikalen Faltung sind oft mit schweren neurologischen Erkrankungen verbunden, darunter Epilepsie, Schizophrenie, Autismus und geistiger Behinderung. Wir kennen dabei verschiedene Formen einer fehlerhaften Faltung des menschlichen Gehirns: Verlust der Faltung (Lissenzephalie), Verminderung der Faltung (Pachygyrie), aber auch eine verstärkte Faltung mit zu kleinen Gyri (Polymicrogyrie) (nach Moffat und Schuurmans 2023). Alle diese Faltungsanomalien des Cortex sind mit Mutationen in bestimmten Genen verbunden; eine Übersicht dazu gibt Tab. 5.1 (Gene, deren Mutationen zu Fehlfaltungen in anderen Bereichen des Gehirns führen, sind hier nicht berücksichtigt).

! Die Gehirngröße des Menschen hängt in erster Linie mit der Vergrößerung des Pools der neuronalen Vorläuferzellen der Neurogenese und deren zeitlicher Verlängerung zusammen. Fehler bei der kortikalen Faltung sind oft mit schweren neurologischen Erkrankungen verbunden. Faltungsanomalien des Cortex sind mit Mutationen in verschiedenen Genen assoziiert.

5.1.2 Humanspezifische genetische Veränderungen zur Regulation der Neurogenese

Das Wachstum des Neocortex kann durch die Menge der Vorläuferzellen und durch die Verlängerung der neurogenen Periode gesteigert werden. Wie wir oben schon gesehen haben, ist die neurogene Periode bei Menschen auf 112 Tage ausgedehnt und damit die längste bei den Primaten. Dadurch können die Vorläuferzellen mehr proliferative Zellteilungen durchführen, wodurch sich wiederum die Zahl der Neuronen exponentiell erhöht. Das betrifft vor allem die basalen radialen Gliazellen, deren proliferatives Verhalten unter strenger genetischer Kontrolle steht (nach Barresi et al. 2024).

Wir wollen uns diese genetische Kontrolle beim Menschen etwas genauer ansehen, wobei wir natürlich bei einem derart komplexen Prozess nicht erwarten können, dass es ein „Master-Gen" für die Gehirnentwicklung gibt. Vielmehr kennen wir heute einige Gene, die bei modernen Menschen in einer modifizierten Form gegenüber anderen Primaten vorkommen oder – zumindest in Teilen – dupliziert sind (Dehay und Huttner 2024). Wir wollen hier jetzt nur humanspezifische Modifikationen diskutieren und lassen solche Veränderungen außer Betracht, die auch bei anderen Primaten vorkommen [z. B. *FOXM1* (kodiert für einen Transkriptionsfaktor), *TMEM14B* (kodiert für ein Transmembranprotein)]. Im Folgenden werden wir vor allem einige Beispiele von strukturellen Veränderungen in Genen diskutieren, also humanspezifische Duplikationen oder Expansionen.

Wir wollen zunächst das Gen ***SRGAP2C*** (engl. *SLIT-ROBO Rho GTPase activating Protein 2C*) besprechen. Es handelt sich dabei um eine von drei humanspezifischen Duplikationen von *SRGAP2A*: vor ~3,4 Mio. Jahren wurde der Promotor und die Exons 1–9 des ursprünglichen *SRGAP2*-Gens (*SRGAP2A*) von Chr. 1q32 nach 1q21 dupliziert (*SRGAP2B*). Zwei größere Duplikationen kopierten vor ~2,5 Mio. Jahren *SRGAP2B* nach Chr. 1p12 (*SRGAP2C*) und vor ~1 Mio. Jahren nach 1q21 (*SRGAP2D*). Davon kodiert nur *SRGAP2C* für ein (verkürztes) Protein und ist in modernen Menschen vollständig fixiert (d. h. jeder Mensch besitzt zwei Kopien in seinem diploiden Chromosomensatz). Die Häufigkeit von *SRGAP2B* und *SRGAP2D* variiert dagegen zwischen 0 und 4 Kopien. Die „Geburt" des *SRGAP2C*-Gens vor ~2,5 Mio. Jahren korrespondiert mit dem Übergang von *Australopithecus* zu *Homo* und dem Beginn der Expansion des Neocortex (nach OMIM 614704); ◘ Abb. 5.7 gibt einen kurzen Überblick.

Das ursprüngliche SRGAP2A-Protein spielt eine wichtige Rolle bei der Reifung und Dichte sowohl exzitatorischer als auch inhibitorischer Synapsen. *SRGAP2C* ist eine verkürzte Kopie von *SRGAP2A* und kodiert für ein Protein, das nur die N-terminale F-BAR-Domäne ohne die letzten 49 Aminosäuren enthält (F-BAR-Domäne: die BAR-Domäne ist eine Protein-Dimerisierungsdomäne, die zuerst in drei Proteinen identifiziert wurde: BIN1, Amphiphysin und RVS167; F ist eine Erweiterung dieser Domäne ► https://www2.mrc-lmb.cam.ac.uk/groups/hmm/F-BAR_proteins/BAR-Superfamily.html). Obwohl das verkürzte SRGAP2C-Protein an sich instabil ist, hat es seine Fähigkeit zur Heterodimerisierung mit SRGAP2A behalten. Wegen des Proteasom-abhängigen Abbaus dieses Dimers führt das schließlich zu einer verminderten Konzentration des SRGAP2A-Proteins, was eine erhöhte Dichte inhibitorischer und exzitatorischer Synapsen und eine verlängerte Reifung der Synapsen ergibt – ein charakteristisches Muster humaner kortikaler Pyramidenzellen. Darüber hinaus verändern die *SRGAP2C*-induzierten Veränderungen in der Entwicklung der Synapsen das

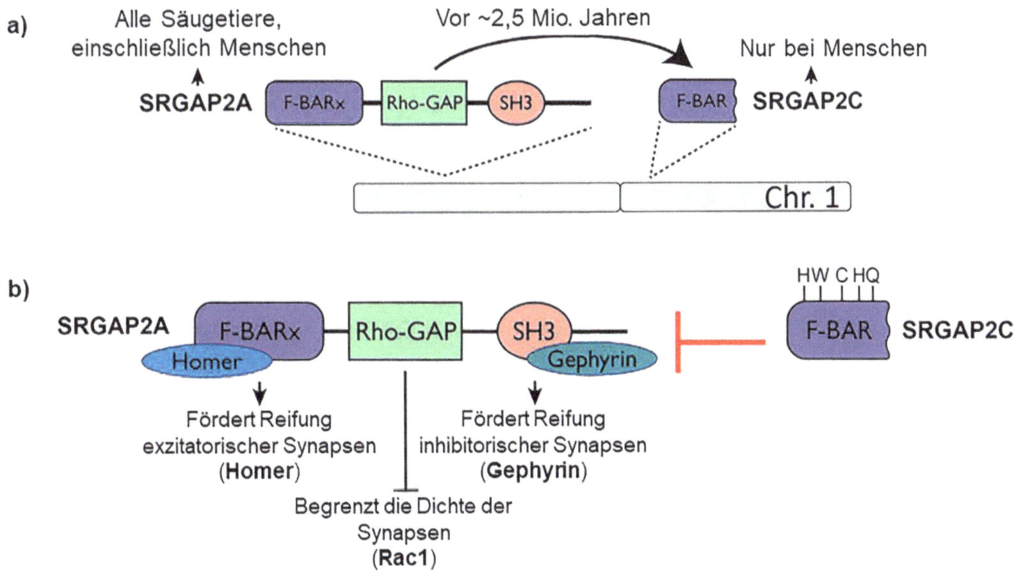

◘ **Abb. 5.7** SRGAP2C ist ein human-spezifischer Modifikator der kortikalen Konnektivität und Funktion. **a** Das ursprüngliche Gen *SRGAP2A* liegt auf dem menschlichen Chromosom 1 (1q32) und kommt in den meisten Säugetieren vor. Duplikationen des *SRGAP2A*-Gens in der humanen Entwicklungslinie haben zur Entstehung mehrerer Kopien geführt – eine davon ist *SRGAP2C*. Moderne Menschen als die einzigen Überlebenden der humanen Entwicklungslinie besitzen diese Kopie. **b** Das SRGAP2A-Protein enthält eine verlängerte F-BAR-Domäne (F-BARx), durch die SRGAP2A das neuronale Protein Homer binden kann und die Reifung exzitatorischer Synapsen fördert. Die SH3-Domäne tritt mit Gephyrin in Wechselwirkung und fördert die Reifung inhibitorischer Synapsen. Die Rho-GAP-Domäne beschränkt die synaptische Dichte durch Rac1. SRGAP2C besteht dagegen aus einer verkürzten F-BAR-Domäne von SRGAP2A und fünf Aminosäureveränderungen (H, W, C, H, Q), die für SRGAP2C spezifisch sind. SRGAP2C besitzt weiterhin die Möglichkeit zur Dimerisierung mit SRGAP2A und hemmt damit alle Funktionen des ursprünglichen Proteins. (Nach Schmidt und Polleux 2022; CC-by, ► http://creativecommons.org/licenses)

Schaltungsmotiv dieser Neuronen durch den selektiven Anstieg cortico-kortikaler Vernetzungen und verändern signifikant die Antworteigenschaften der Pyramidenzellen in den Schichten L2 und L3 des Cortex nach einer sensorischen Anregung, indem sie die Zuverlässigkeit ihrer sensorischen Kodierungsfunktion erhöhen. Das Auftreten von *SRGAP2C* erhöht also die cortiko-kortikale Vernetzung der Pyramidenzellen in den kortikalen Schichten L2 und L3 und verändert ihre funktionellen Antworteigenschaften, die letztlich mit einer verbesserten Lernleistung verbunden sind. Diese Befunde illustrieren außerdem, wie relative kleine Veränderungen auf der genetischen und später auf der subzellulären Ebene zu massiven Konsequenzen für die strukturelle und funktionelle Organisation des gesamten Gehirns führen können – Beobachtungen, die helfen können, die relativ kurze Zeitspanne zu erklären, in der sich das menschliche Gehirn entwickelt hat (nach Schmidt und Polleux 2022).

ARHGAP11B ist ein human-spezifisches Gen auf dem Chromosom 15q13 (OMIM 616310), das durch eine partielle Duplikation des Gens *ARHGAP11A* entstanden ist. Diese partielle Duplikation fand vor ~5 Mio. Jahren statt, also nach der Trennung der menschlichen Entwicklungslinie und der des Schimpansen; wir finden *ARHGAP11B* also auch in Neandertalern und Denisova-Menschen, aber nicht in Affen (Huttner et al. 2024). Das menschliche ARHGAP11B-Protein besteht aus 267 Aminosäuren; es ist eine verkürzte Version von ARHGAP11A und enthält bis zur Aminosäureposition 220 einen großen Teil der N-terminalen GAP-Domäne (engl. *GTPase activating protein*) von ARHGAP11A (OMIM 616310). Allerdings führt eine C→G Substitution (die wahrscheinlich nach der Genverdopplung entstanden ist) zu einer neuen Spleiß-Stelle, sodass die neue *ARHGAP11B*-mRNA 55 Nukleotide kürzer ist. Dies wiederum führt zu einer Leserastermutation und 47 neuen, humanspezifischen Aminosäuren am C-Terminus ab Aminosäureposition 221, die den C-terminalen Teil der GAP-Domäne ersetzen – die GAP-Domäne des ARHGAP11B-Proteins ist dadurch inaktiv (Huttner et al. 2024). Einen Überblick über die Evolution und Funktion von *ARHGAP11B* gibt ◘ Abb. 5.8.

Von der biochemischen Seite her ist die Tatsache von besonderem Interesse, dass das ARHGAP11B-Protein in die Mitochondrien importiert wird und dort zu einem Anstieg der Glutaminolyse führt (◘ Abb. 5.8c); dabei wird Glutamin desaminiert und zu α-Ketoglutarat (αKG) umgewandelt, das dann in den Citratzyklus eingespeist werden kann. Durch die von ARHGAP11B vermittelte Bereitstellung von αKG werden die kortikalen Stamm- und Vorläuferzellen energetisch von der Glykolyse unabhängig(er) und können AcetylCoA für andere Stoffwechselwege (z. B. Cholesterin- und Fettsäuresynthese, C1-Stoffwechsel und Pentosephosphatzyklus) verwenden. Der Citratzyklus endet dann (vorzeitig) bei Oxalacetat, das wiederum in der Glut-

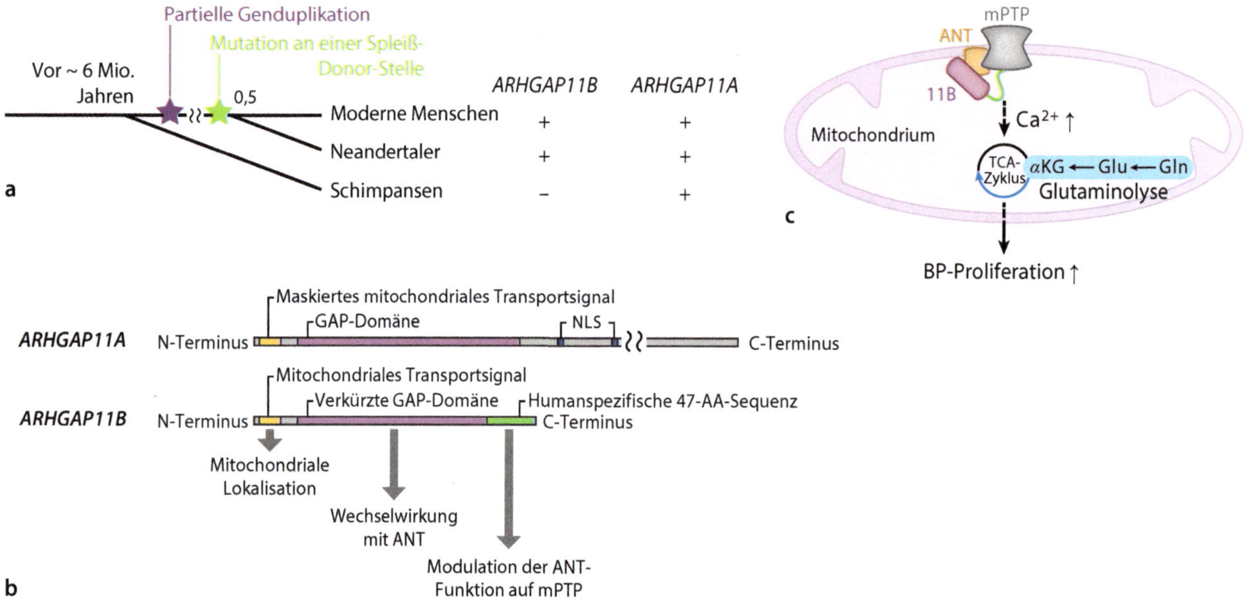

◘ **Abb. 5.8** Evolution und molekulare Funktion von *ARHGAP11B*. **a** Evolution von *ARHGAP11B*. Die partielle Genduplikation von *ARHGAP11A* vor ~5 Mio. Jahren und die Mutation an einer Spleiß-Donor-Stelle vor ~ 0,5–2 Mio. Jahren ereigneten sich nach der Trennung der menschlichen Entwicklungslinie von der Entwicklungslinie der Schimpansen, aber vor der Trennung moderner Menschen von den Neandertalern und Denisova-Menschen. **b** Proteinstruktur von ARHGAP11A und ARHGAP11B. **c** Die Rolle von ARHGAP11B in Mitochondrien. AA: Aminosäure; αKG: α-Ketoglutarat; ANT: Adenin-Nukleotid-Translokator; BP: basale Vorläuferzelle; GAP: GTPase-activierendes Protein; mPTP: mitochondriale Permeabilitätsübergangspore; NLS, Kernlokalisationssignal; TCA: Tricarbonsäurezyklus. (Nach Namba und Huttner 2024; CC-by-4.0, ► http://creativecommons.org/licenses/by/4.0)

aminolyse als Co-Faktor verwendet werden kann (Huttner et al. 2024).

Die *ARHGAP11B*-mRNA ist sowohl in den apikalen als auch in den basalen radialen Gliazellen in hohem Maß exprimiert. Für die Funktion der menschlichen Gehirnentwicklung scheint jedoch die C→G Punktmutation an der Spleiß-Stelle und die daraus resultierende neue C-terminale Sequenz entscheidend zu sein. Denn nur dieses „modernere" Allel des *ARHGAP11B*-Gens ist in Modellsystemen und Gehirnorganoiden in der Lage, die Zahl der basalen radialen Gliazellen zu erhöhen – nicht jedoch das ältere C-Allel. In diesen Modellsystemen führt das Vorhandensein des „moderneren" G-Allels zu einem Anstieg derjenigen Neuronen, die die äußeren Schichten des Cortex bilden (◘ Abb. 5.9). Diese Befunde machen die „moderne" Form des *ARHGAP11B*-Gens zu einem Hauptkandidaten für die Expansion des Cortex des modernen Menschen (Huttner et al. 2024).

Das Gen ***TBC1D3*** (Chr. 17q12; *TBC domain family member 3*) zeigt eine vielfältige Amplifikation bei den Primaten, wobei jede Spezies eigene, spezifische Formen zeigt. Bei Menschen sind es besonders 2 Regionen auf dem Chromosom 17, die innerhalb der menschlichen Populationen sehr polymorph sind. Aufgrund der großen Sequenzidentität der jeweiligen Kopien bedarf es großer Leseweiten der Sequenzen, um die Kopienzahlen zuverlässig zu bestimmen. ◘ Abb. 5.10a–c zeigt die Organisation der menschlichen *TBC1D3*-Gene und Beispiele für die große Variationsbreite der segmentalen Duplikationen. Man kennt bisher bis zu 14 Kopien in beiden Gruppen, die zusammen bis zu 1,5 Mb umfassen. Die Kopienzahl ist in afrikanischen Populationen deutlich höher als in Populationen außerhalb Afrikas. Interessanterweise besitzen Bonobos und Schimpansen nur 2 Kopien in der Gruppe 2 und keine Kopie in Gruppe 1. Andere Primaten zeigen ein unterschiedliches Ausmaß von segmentalen Duplikationen, teilweise aber auch an anderen Stellen (◘ Abb. 5.10d) – es ist hier also jeweils von unabhängigen Prozessen auszugehen. Die Expansion setzte in der menschlichen Linie vor ~2,5 Mio. Jahren ein und fällt damit zeitlich mit dem Beginn der kortikalen Expansion zusammen (nach Guitart et al. 2024).

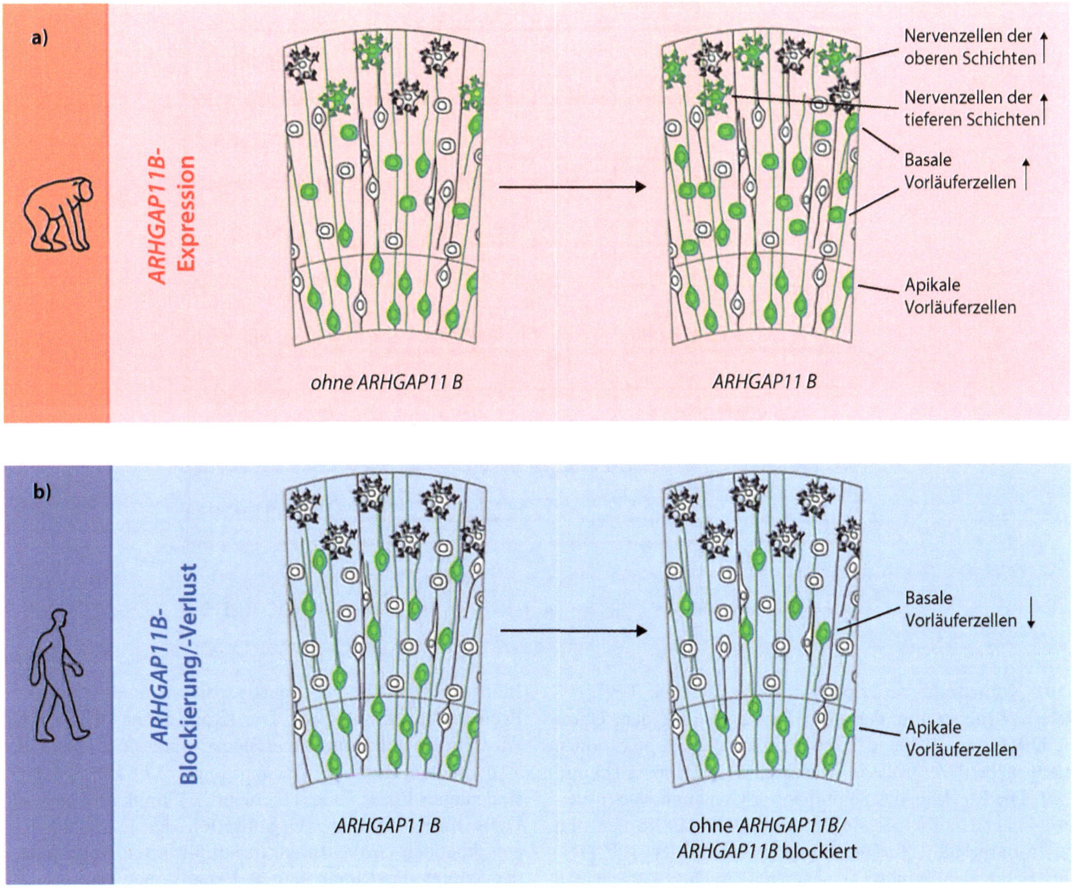

◘ **Abb. 5.9** Die Funktion von *ARHGAP11B* in Gehirnorganoiden des Menschen und des Schimpansen. **a** Schematische Darstellung des Effekts der *ARHGAP11B*-Expression in elektroporierten Gehirnorganoiden des Schimpansen. Die basalen Vorläuferzellen und die Nervenzellen der oberen Schichten nehmen zu. **b** Schematische Darstellung des Effekts der Blockierung oder des Verlusts von *ARHGAP11B* in elektroporierten Gehirnorganoiden des Menschen. In diesem Fall nimmt die Zahl der basalen Vorläuferzellen ab. (Nach Esiyok et al. 2024; CC-by-4.0, ► http://creativecommons.org/licenses/by/4.0)

5

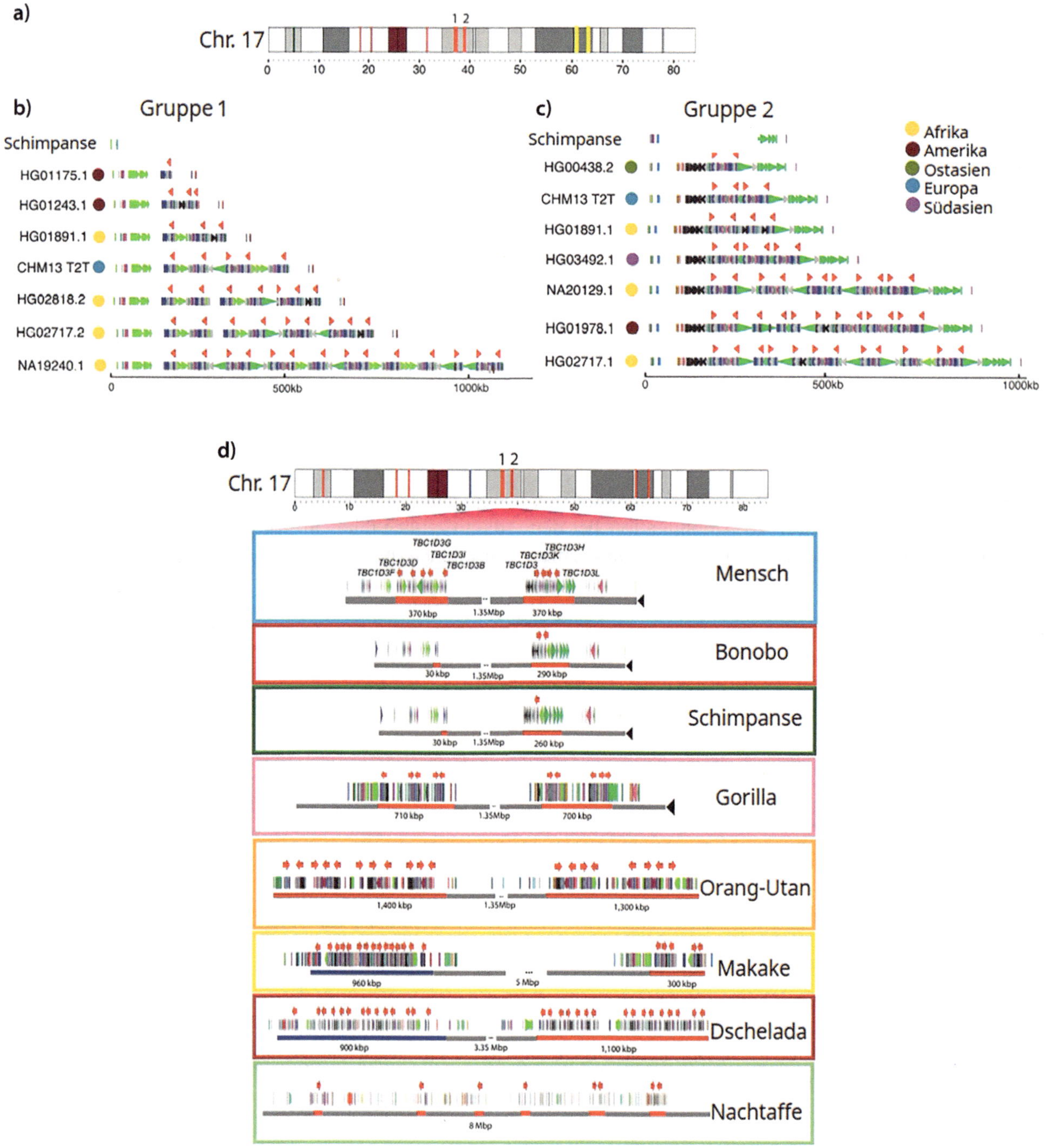

Abb. 5.10 Kopienzahl-Variationen des menschlichen *TBC1D3*-Gens. **a** Referenz-Ideogramm der *TBC1D3*-Region auf dem Chromosom 17. Die Gruppen 1 und 2 der segmentalen Duplikationen sind in *rot* angegeben. Vergrößerte Ansichten der Gruppe 1 (**b**) und Gruppe 2 (**c**). Die Struktur des Schimpansen-Gens und sieben Beispiele menschlicher Haplotypen sind gezeigt. *TBC1D3*-Kopien sind als *rote* Pfeile dargestellt. *Farbige* Pfeile unterhalb der *TBC1D3*-Kopien illustrieren den Inhalt der segmentalen Duplikationen. **d** Vergleich der Genomstruktur der *TBC1D3*-Gruppen 1 und 2 bei Primaten. Orthologe *TBC1D3*-Gruppen 1 und 2 sind als Gruppen roter Blöcke dargestellt; einzigartige flankierende Sequenzen in der Primaten-Linie sind *grau*. Die Expansionen der *TBC1D3*-Gene in Altweltaffen sind als *blaue* Blöcke dargestellt; diese Expansionen sind nicht syntenisch. Die paralogen *TBC1D3*-Gene (*rote* Pfeile) sind eingebettet in andere segmentale Duplikationen (*farbige* Pfeile). Diese unterschiedliche Organisation der jeweiligen Expansionen, einschließlich Größe, Inhalt der duplizierten Abschnitte sowie Zahl der Kopien, lässt unabhängige Expansionen vermuten. (Nach Guitart et al. 2024; CC-by-4.0, ▶ http://creativecommons.org/licenses/by/4.0)

Auf den ersten Blick erscheinen so viele Kopienzahlvariationen nur schwer tolerierbar. Transkriptionsanalysen in induzierten pluripotenten Stammzellen und fötalen Gehirnen deuten aber darauf hin, dass nicht alle paralogen *TBC1D3*-Gene exprimiert werden. Vielmehr können ~90 % der Transkripte solchen Genen der *TBC1D3*-Gruppe 2 zugeordnet werden, die am telomeren Ende dieser Gruppe lokalisiert sind. Ob die Expression dieser *TBC1D3*-Gene durch eine *Locus-Control-Region* gesteuert wird, ist noch unklar. Die Sequenzanalyse der exprimierten paralogen humanen *TBC1D3*-Gene zeigt im letzten Exon eine Deletion von 43 bp, die zu einer Leserasterverschiebung und 41 neuen Aminosäuren am C-Terminus führt. Diese Deletion ist humanspezifisch und kommt in *TBC1D3*-Genen anderer afrikanischer Affen nicht vor. Die Funktion der TBC1D3-Proteine ist komplex: sie treten mit einer euchromatischen Histon-Lysin-N-Methyltransferase (Gensymbol *EHMT2*) in Wechselwirkung, die die Dimethylierung von Histon H3 am Lysin-Rest 9 (H3K9me2) vermittelt und dadurch die Expression der markierten Gene vermindert. TBC1D3 inhibiert die Aktivität von EHMT2 – dadurch bleiben Gene aktiviert, die offensichtlich mit der Proliferation neuronaler Vorläuferzellen und der Expansion des frontalen Cortex in Zusammenhang stehen (Guitart et al. 2024).

Die Gene ***NOTCH2NLA*, *NOTCH2NLB* und *NOTCH2NLC*** (OMIM 618023-25) sind drei nahezu identische Gene, die auf dem langen Arm des Chromosoms 1 (1q21) des Menschen liegen; ein viertes Gen (*NOTCH2NLR*; OMIM 618026) liegt als Pseudogen auf dem kurzen Arm des Chromosoms 1 (1p12) in der Nähe des ursprünglichen Gens *NOTCH2*. Diese vier paralogen Gene sind vor 3–4 Mio. Jahren durch verschiedene Formen von Genduplikationen und Genkonversionen in der human-spezifischen Linie der Primaten aus *NOTCH2* hervorgegangen; sie sind Teil der großen perizentrischen Inversion, die das humane Chromosom 1 von dem entsprechenden Chromosom der Schimpansen unterscheidet (vgl. ► Abschn. 2.2.3). Die Deletion dieser Region führt in der heterozygoten Situation zu einer Verkleinerung der Gehirngröße (Mikrozephalie), und die Duplikation zu einer Vergrößerung (Makrozephalie) (Fiddes et al. 2018; Lodewijk et al. 2020). Eine Übersicht über die chromosomale Lage von *NOTCH2* und der vier paralogen Gene *NOTCH2NL* gibt ◻ Abb. 5.11. Detaillierte Sequenzuntersuchungen deu-

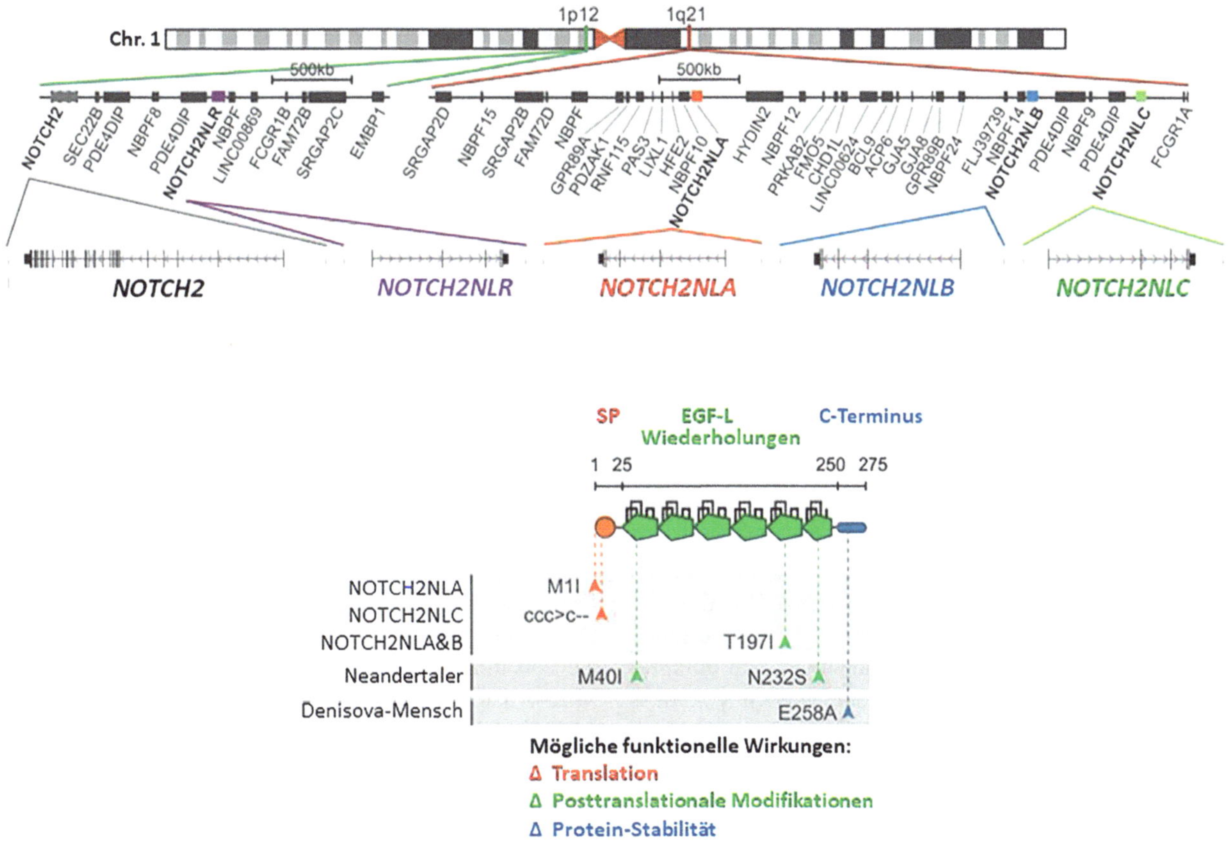

◻ **Abb. 5.11** *NOTCH2NL*. **oben**: Überblick über *NOTCH2* und die vier *NOTCH2NL* Loci in der perizentrischen Region des humanen Chromosom 1. Die Vergrößerungen deuten die Lage und Orientierung der 4 paralogen Gene an. **unten**: Überblick über die Proteinvarianten von NOTCH2NL bei modernen und archaischen Menschen. Die Aminosäureaustausche sind im Ein-Buchstaben-Code mit der Positions-Nummer in der Aminosäuresequenz angegeben. (Nach Lodewijk et al. 2020; CC-by-4.0, ► http://creativecommons.org/licenses/by/4.0)

ten darauf hin, dass es in der gesunden Population moderner Menschen je zwei Allele von jedem Gen gibt; es gibt aber einige Menschen, die heterozygot oder homozygot für den Verlust des *NOTCH2NLC* und/oder des *NOTCH2NLR*-Gens sind – entsprechend gibt es auch einige wenige Menschen, die ein zusätzliches Allel dieser beiden Gene tragen. Das deutet darauf hin, dass der evolutionäre Prozess an dieser Stelle noch nicht abgeschlossen ist. Die Neandertaler hatten wohl eine Extra-Kopie von *NOTCH2NL*A und *NOTCH2NLB* (Lodewijk et al. 2020).

Ungeachtet der großen Sequenzhomologie der *NOTCH2NL*-Gene zeigt jedes Gen sein eigenes Charakteristikum. So weist *NOTCH2NLA* eine ATG/ATA-Mutation im Startcodon auf, so dass dem entsprechenden Protein die ersten 39 Aminosäuren am N-Terminus fehlen. Auch dem NOTCH2NLC-Protein fehlen die ersten 39 Aminosäuren – hier ist eine Deletion von 2 bp gleich unterhalb des ATG-Startcodons die Ursache für die Benutzung des späteren Startcodons. Beide Mutationen bewirken eine deutliche Verminderung der Translationseffizienz. Eine Thr/Ile-Substitution im NOTCH2NLB-Protein führt dagegen nur zum Verlust einer konservierten Fucosylierungsstelle. Die NOTCH2NLA- und NOTCH2NLB-Proteine der Neandertaler und der Denisova-Menschen weisen andere, spezifische Aminosäuresubstitutionen auf (■ Abb. 5.11 unten; Lodewijk et al. 2020).

Die *NOTCH2NL*-Gene sind in hohem Maß in den Vorläuferzellen des Cortex exprimiert. Durch die Bildung der drei *NOTCH2NL*-Gene in den letzten Millionen Jahren der menschlichen Evolution nach der Trennung von der Schimpansen-Linie erwarben die Menschen neue, sezernierte NOTCH-ähnliche Proteine, die die Signalwirkung von NOTCH verstärken und die cortikale Neurogenese durch die Verlangsamung der Differenzierung der neuronalen Vorläuferzellen verlängern können. Die *NOTCH2NL*-Gene können so zur Zunahme der Größe und Komplexität des menschlichen Cortex beigetragen haben (Fiddes et al. 2018).

Das Gen ***CROCCP2*** ist eine partielle Duplikation des Gens *CROCC* (engl. *ciliary rootlet coiled coil*) und betrifft die Exons 13–21 des *CROCC*-Gens (beide liegen auf dem menschlichen Chromosom 1p36). Wie das „P" im Gensymbol andeutet, war *CROCCP2* ursprünglich als ein Pseudogen klassifiziert und findet sich entsprechend in vielen Datenbanken; heute wissen wir, dass diese partielle Duplikation des *CROCC*-Gens bei Menschen exprimiert wird, und zwar ausschließlich im sich entwickelnden Cortex. *CROCCP2* kommt zwar auch bei Schimpansen vor, wird aber bei den Schimpansen nicht exprimiert; insofern handelt es sich um ein Gen, das human-spezifisch exprimiert wird. Das *CROCCP2*-Gen kodiert für ein kleines Protein von 111 Aminosäuren, das zu einer deutlichen Amplifikation der basalen Vorläuferzellen führt; wir können CROCCP2 heute als einen human-spezifischen Modifikator der Neurogenese betrachten (van Heurck et al. 2023).

Wir diskutieren abschließend das **Auftreten von neuen Genen**, die in der humanen Linie durch Mutationen aus nicht-kodierenden Vorläufersequenzen entstanden sind. Ein interessantes Gen in diesem Kontext ist ***SP0535***; es liegt auf dem langen Arm des X-Chromosoms (Xq26) und schien zunächst nur für eine lange intergenische RNA zu kodieren, die nicht translatiert wird (*LINC00632*; engl. *long intergenic non-protein coding RNA 632*; ENSEMBL-Symbol: *ENSG00000203930*). Heute wissen wir, dass in der humanen Linie (verglichen mit Seidenaffen, Rhesus Makaken, Orang-Utan und Schimpansen) eine Deletion von 2 bp im 3. Exon zu einem offenen Leserahmen über 312 bp führt; das entspricht einem kleinen Protein von 103 Aminosäuren (*ENST00000370535*; *ENSP00000359566*; Xie et al. 2012, Suppl. 1–9). Das Gen wird überwiegend im Gehirn (Cortex, *Hippocampus*, *Substantia nigra*) und im Rückenmark exprimiert. Die mRNA des *SP0535*-Gens im menschlichen fötalen Cortex zeigt eine hohe Expression in der ventrikulären Zone und eine geringere Expression in der subventrikulären Zone und in der cortikalen Platte. Die Expression von *SP0535* in transgenen Mäusen fördert die Vervielfältigung der radialen Gliazellen in der ventrikulären Zone, was zu einer signifikanten Verdickung der basalen Vorläuferzellen und schließlich zu einer Ausdehnung und Gyrierung des fötalen Cortex führt (Qi et al. 2023). Die Einträge in der ENSEMBL-Datenbank weisen darauf hin, dass dieses Gen (noch) sehr variabel ist: es gibt 33 Spleißvarianten – wir können der Evolution in ihrem Labor sozusagen gerade zuschauen.

Intensive Sequenzierarbeiten weisen auch auf Gene hin, die in der Linie der modernen Menschen zu **Aminosäureaustauschen** gegenüber den entsprechenden Genen bei den archaischen Menschen (Neandertalern und Denisova-Menschen) führen und die an der kortikalen Entwicklung beteiligt sind. Das sind ***KIF18A*** (Chr. 11p14; kodiert für ein Protein der Kinesin-Familie; ein Aminosäureaustausch), ***KNL1*** (Chr. 15q15; synonymes Gensymbol *CASC5*, kodiert für ein Protein des Kinetochor-Gerüsts; zwei Aminosäureaustausche) und ***SPAG5*** (Chr. 17q11; kodiert für Astrin; drei Aminosäureaustausche). Die Gemeinsamkeit dieser drei Gene besteht darin, dass die von ihnen kodierte Proteine an der Regulation der Mitose beteiligt sind, und zwar insbesondere am Aufbau des Spindelapparats und/oder der Kinetochor-Funktion in den frühen apikalen Vorläuferzellen. In der Summe führen die beobachteten Basenveränderungen zu einer Verlängerung der Dauer der Mitose und einer höheren Integrität des Genoms in den späteren Neuronen (Huttner et al. 2024). Ein weiteres wichtiges Gen für die cortikale Entwicklung ist ***TKTL1*** (Chr. Xq28); es kodiert für ein Transketolase-ähnliches Protein mit einem Aminosäureaustausch gegenüber dem archaischen Protein. Dieser human-spezifische Austausch ermöglicht eine Vervielfältigung der basalen radialen Gliazellen und damit eine Zunahme der Anzahl an Neuronen in den oberen Schichten des Cortex. Diese Befähigung basiert auf der Funktion im Pentosephosphatzyklus, die zu einer höheren Fettsäuresynthese führt und damit zu einer stärkeren Neurogenese in modernen Menschen im Vergleich zu den archaischen Menschen (Huttner et al. 2024). ◘ Abb. 5.12 fasst einige dieser Aspekte zusammen.

Veränderungen in der Kopienzahl einzelner Gene oder Genabschnitte (engl. *copy number variation*, CNV) führen aber nicht immer zu evolutionärem Fortschritt in der Gehirnentwicklung, sondern auch zu **neurologischen Entwicklungsstörungen** und **psychiatrischen Erkrankungen** wie Erkrankungen aus dem Autismus-Spektrum, Epilepsie und Schizophrenie und auch zu neurodegenerativen Erkrankungen. CNVs weisen ein hohes relatives Risiko für die entsprechenden Erkrankungen auf (größer als 10) – im Gegensatz zu den deutlich niedrigeren Effektgrößen, die bei genomweiten Assoziationsstudien für häufige genetische Varianten gemessen werden. Üblicherweise sind wiederholt auftretende Kopienzahlvariationen seltene Ereignisse mit einer Häufigkeit von 1:400 bis 1:50.000. Dazu gehören vor allem Variationen auf den Chromosomenabschnitten 22q11.2, 16p11.2 distal, 15q11.2 und 1q21.1 distal. Jede dieser Kopienzahlveränderungen ist mit Unterschieden in kognitiven und psychiatrischen Merkmalen sowie mit neurologischen Entwicklungsstörungen assoziiert und führt zu jeweils charakteristischen Mustern struktureller Gehirnveränderungen (nach Sønderby et al. 2021).

Viele Beobachtungen deuten allerdings auch auf eine Verbindung zwischen evolutionären Veränderungen in der menschlichen Evolution des Gehirns und dem Auftreten von Schizophrenie und Krankheiten aus dem Autismus-Spektrum hin. Beide Erkrankungen haben eine hohe Prävalenz in der erwachsenen Bevölkerung (~1 %) und zeigen ein hohes Maß an Erblichkeit (Schizophrenie: 47–81 %; Autismus-Spektrum: 64–91 %); die

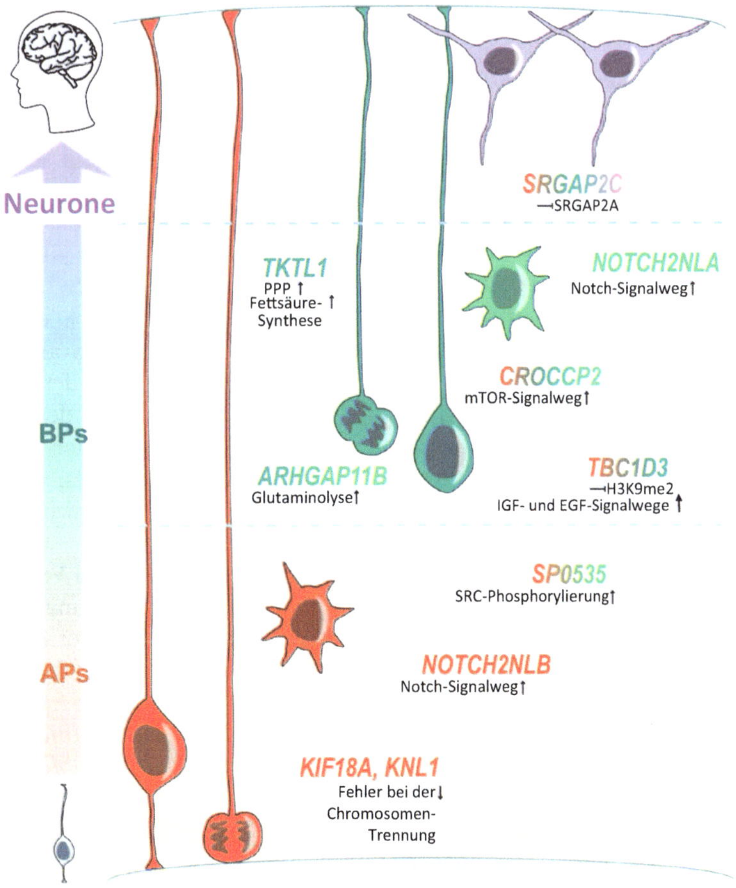

◘ **Abb. 5.12** Grafische Darstellung von Genen mit humanspezifischen Charakteristika und den mit ihnen assoziierten Zelltypen während der neuronalen Entwicklung. Die Gensymbole sind farbcodiert, um so die Zelltypen zu repräsentieren, die sie betreffen: APs (apikale Vorläuferzellen): *orange*; BPs (basale Vorläuferzellen): *grün*; Neurone: *violett*. Ein kurzer Hinweis auf ihre molekulare Wirkungsweise ist als *schwarzer* Text unter dem jeweiligen Gensymbol angegeben. (Nach Tynianskaia und Heide 2024; Elsevier)

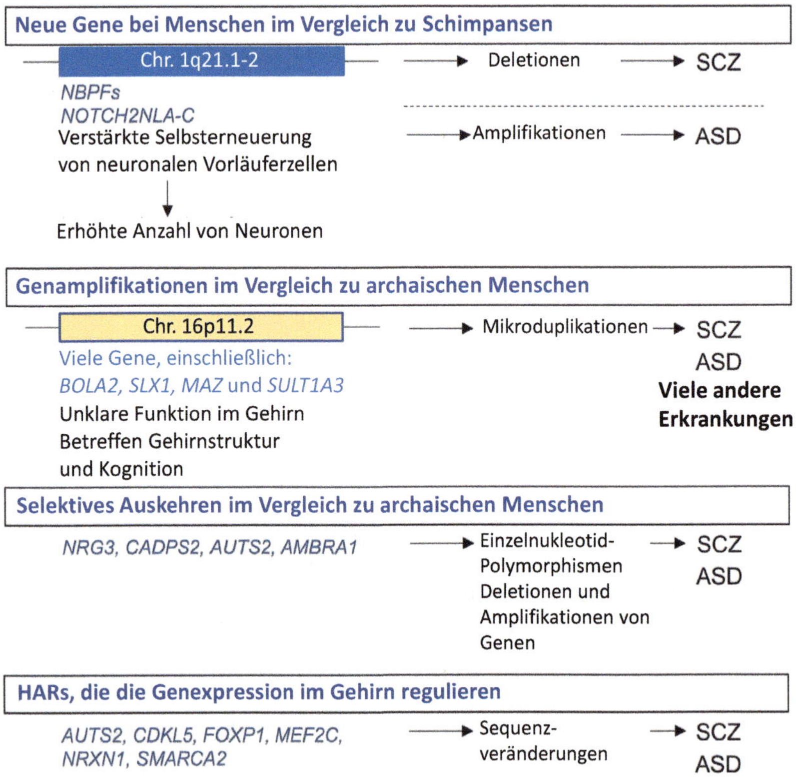

Abb. 5.13 Genetische Veränderungen an Genorten, die mit der Evolution des menschlichen Gehirns in Verbindung stehen, können zu neuropsychiatrischen Störungen führen, die insbesondere die Eigenwahrnehmung und kognitiven Fähigkeiten betreffen, einschließlich Schizophrenie (SCZ) und Erkrankungen aus dem Autismus-Spektrum (ASD). Beispiele genetischer Veränderungen in der menschlichen Entwicklungslinie stehen gleichzeitig im Zusammenhang mit der Evolution von Schizophrenie und Erkrankungen aus dem Autismus-Spektrum. (Erläuterungen der Gensymbole im Haupttext; nach Duński und Pękowska 2022; CC-by, ▶ http://creativecommons.org/licenses)

Datenbank OMIM listet für Schizophrenie 20 Gene mit autosomal-dominantem Erbgang auf (OMIM #181500). Bemerkenswerterweise sind zahlreiche genetische Regionen, die für die einzigartigen Eigenschaften des menschlichen Gehirns verantwortlich sind, zugleich auch Risikobereiche für Schizophrenie oder Störungen aus dem Autismus-Spektrum. Wir können hinsichtlich des evolutionären Mechanismus verschiedene Aspekte unterscheiden (nach Duński und Pękowska 2022) (▣ Abb. 5.13):

- **Neue Gene, die sich in der menschlichen Entwicklungslinie im Vergleich zum Schimpansen entwickelt haben.** Ein Beispiel dafür ist der chromosomale Abschnitt 1q21. Die Genfamilie *NOTCH2NL* haben wir oben ausführlich besprochen; Deletionen oder weitere Amplifikation von *NOTCH2NL* findet man in schizophrenen Patienten bzw. in Patienten mit Erkrankungen aus dem Autismus-Spektrum. Gene aus der Neuroblastom-Bruchpunktfamilie (*NBPFs*) zeigen eine starke Anreicherung in der menschlichen Linie; diese Genfamilie enthält 22 Gene und Pseudogene nicht nur auf dem chromosomalen Abschnitt 1q21, sondern auch auf 1p36 und 1p12 (OMIM #610501). Die *NBPFs* sind durch die Olduvai-Domäne charakterisiert (s. ▶ Abb. 2.13), deren Expansion in der menschlichen Linie stark ausgeprägt und mit der neuronalen Entwicklung verknüpft ist. Veränderungen in den Kopienzahlen der Olduvai-Domänen sind ebenfalls mit Schizophrenie bzw. Erkrankungen aus dem Autismus-Spektrum verbunden.
- **Genamplifikationen im Vergleich zu archaischen Menschen.** Der chromosomale Abschnitt 16p11 enthält mehrere Gene, darunter *BOLA2* (*BolA Family Member 2*), *SLX1A/B* (*SLX1 Homolog A/B, Structure-Specific Endonuclease Subunit*), *MAZ* (*MYC Associated Zinc Finger Protein*) und *SULT1A3* (*Sulfotransferase Family 1A Member 3*). Ein Abschnitt von 95 kb, der auch das Gen *BOLA2*-Gen enthält, wurde in der jüngsten menschlichen Evolution mehrfach dupliziert: Neandertaler und Denisova-Menschen enthielten nur eine Kopie, wohingegen moderne Men-

schen 3–8 diploide Kopien besitzen. Die Kopienzahl der Gene in der Region 16p11 anti-korreliert (korreliert negativ) mit dem Volumen der Grauen Substanz; Kopienzahlvariationen stehen in Zusammenhang mit Erkrankungen aus dem Autismus-Spektrum, Schizophrenie, geistiger Behinderung, Epilepsie, Makrozephalie, Depressionen, Angstzuständen und Aufmerksamkeitsdefizit-Hyperaktivitätsstörungen (ADHS).

- **Positive Selektion in Genen moderner Menschen im Vergleich zu archaischen Menschen.** Im Kontext dieser kurzen Übersicht gehören dazu auch die Gene *NRG3* (Neuregulin 3, Chr. 10q23; ◘ Tab. 5.4), *CADPS2* (*Calcium Dependent Secretion Activator 2*, Chr. 7q31), *AUTS2* (*Activator of Transcription and Developmental Regulator*; früher auch als *Autism susceptibility candidate 2* bezeichnet; Chr. 7q11) und *AMBRA1* (*Autophagy and Beclin 1 Regulator 1*; Chr. 11p11). Polymorphismen in diesen Genen stehen in deutlichem Zusammenhang mit Erkrankungen aus dem Autismus-Spektrum und Schizophrenie.
- **Regionen mit massiv beschleunigter Evolution in der menschlichen Linie (engl. *human accelerated regions*; HARs) regulieren die Genexpression im Gehirn** (s. Abschn. 2.2.3). Wir kennen über 3000 HARs in der menschlichen Entwicklungslinie, und viele überlappen mit regulatorischen Elementen, die für die Gehirnentwicklung wichtig und besonders während der fötalen Entwicklung aktiv sind. Prominente Beispiele für Gene, die durch HARs reguliert werden und in Erkrankungen aus dem Autismus-Spektrum und Schizophrenie verwickelt sind, sind *AUTS2* (*Activator of Transcription and Developmental Regulator*; Chr. 7q11), *CDKL5* (*Cyclin Dependent Kinase Like 5*, Chr. Xp22; s. Abschn. 5.1.4), *FOXP1* (*Forkhead Box P1*, Chr. 3p13), *MEF2C* (*Myocyte Enhancer Factor 2C*, Chr. 5q14), *NRXN1* (Neurexin-1, Chr. 2p16) und *SMARCA2* (*SWI/SNF related, Matrix associated, Actin dependent Regulator of Chromatin, Subfamily A, Member 2*, Chr. 9p24).

Wir hatten uns schon im Abschn. 4.1.5 mit der Genetik des Alterns beschäftigt. In Bezug auf unser Gehirn bekommen die oben diskutierten Aspekte über die humanspezifische Evolution von Genen, die für die Entwicklung des Gehirns (mit)verantwortlich sind, eine besondere Bedeutung. Altern ist nämlich auch mit einem fortschreitenden Verlust der Grauen Substanz im Gehirn verbunden. Zwar kann man dieses Phänomen auch bei Schimpansen beobachten, aber bei Menschen gibt es einen deutlichen (positiven) Zusammenhang zwischen der kortikalen Expansion und dem Alterungsprozess des Gehirns, den man in dieser Form bei Schimpansen nicht findet. Bei Menschen betrifft dieser besondere Alterungsprozess vor allem die Regionen höherer kognitiver Funktionen des ventralen präfrontalen Cortex. Diese Befunde unterstützen die Hypothese, nach der die menschlichen Fähigkeiten, die sich in der Evolution zuletzt herausgebildet haben, im Alter auch als erste wieder verschwinden (engl. *last-in-first-out hypothesis*) (nach Vickery et al. 2024).

! Wir kennen viele Gene, die im Laufe der menschlichen Evolution durch Duplikationen oder Mutationen in regulatorischen Regionen neue Funktionen in der Gehirnentwicklung erhalten haben. Mutationen in diesen Genen führen oft zu Schizophrenie oder Erkrankungen aus dem Autismus-Spektrum.

5.1.3 Mikrozephalie und Mikrozephalie-assoziierte Gene

Wir haben in den vorangegangenen Abschnitten vielfältige genetische Aspekte diskutiert, die für die Größenzunahme des menschlichen Gehirns verantwortlich sind. Immer wieder haben wir aber auch gesehen, dass bestimmte Krankheitsbilder Hinweise darauf geben, welche Gene für einen bestimmten Phänotyp (hier: das große Gehirn) wichtig sind. Wir wollen uns daher jetzt damit beschäftigen, welche genetischen Krankheitsbilder zu einem kleineren Gehirn (Mikrozephalie) führen können. Wir wollen uns dabei auf die **primäre Mikrozephalie** beschränken, denn nur sie tritt schon bei der Geburt auf und ist deswegen mit Störungen in der embryonalen Entwicklung des Gehirns verbunden (die sekundäre Mikrozephalie tritt später auf und ist eher mit Vorgängen verbunden, die der Neurogenese nachgelagert sind). Eine primäre Mikrozephalie wird klinisch dann diagnostiziert, wenn der Kopfumfang (engl. *occipito-frontal circumference*) um mindestens 3 Standardabweichungen kleiner ist als im Durchschnitt (adjustiert für Alter, Geschlecht und Ethnizität). Der IQ der Patienten bewegt sich zwischen 30 % und 80 % des Durchschnitts der gesunden Bevölkerung und ist abhängig vom Schweregrad der Mikrozephalie. Die Verminderung der Gehirngröße betrifft vor allem den präfrontalen Cortex; die generelle Architektur des Gehirns ist dabei nicht beeinträchtigt und auch die sechs Schichten des Cortex werden ausgebildet. Die Häufigkeit einer primären Mikrozephalie schwankt zwischen 1:30.000 und 1:250.000 und ist häufig abhängig vom Ausmaß der Blutsverwandtschaft in den jeweiligen Populationen (nach Kristofova et al. 2022).

Wir haben oben schon das Gen *KNL1* besprochen; Mutationen in diesem Gen führen zu rezessiven Formen von primärer Mikrozephalie. Wir kennen aber noch weitere Gene, deren Mutationen zu Mikrozephalie führen (zur Übersicht siehe ◘ Tab. 5.2). Man beachte, dass die überwiegende Zahl der Mutationen in diesen Genen zu rezessiven Erkrankungen führt; bei drei Genen (*LMNB1*, *LMNB2* und *WDFY3*) sind aber auch dominante Erbgänge bekannt. Es ist bei der Liste auffallend, dass die große Mehrheit der Gene für Proteine codiert, die für die Funktion der Zentrosomen und des Spindelapparats während der Mitose wichtig sind. Andere Gene, deren Mutationen zu Mikrozephalie führen, gehören jedoch zu anderen funktionellen Kategorien, insbesondere der DNA-Replikation und Reparatur (siehe auch Jayaraman et al. 2018).

Eines der ersten Gene, dessen Mutationen mit Mikrozephalie assoziiert sind, war ***MCPH1***, das für das Protein Mikrozephalin kodiert. Das *MCPH1*-Gen ist auf dem Chromosom 8p23 lokalisiert und erstreckt sich über ~200 kb; 14 Exons kodieren für ein Protein mit 835 Aminosäuren. Das Protein enthält drei BRCT-Domänen (engl. *BRCA1 C-terminal domain*; *BRCA1*: *breast cancer 1*), die zuerst in BRCA-Proteinen beschrieben wurden und Protein-Protein-Wechselwirkungen vermitteln. Eine dieser BRCT-Domänen ist am N-Terminus des MCPH1-Proteins lokalisiert (BRCT1), und zwei weitere sind hintereinander am C-Terminus angeordnet (BRCT2/3). Die N-terminale BRCT1-Domäne (Aminosäuren 1–195) und eine zentrale Domäne (Aminosäuren 381–435) interagieren mit verschiedenen Untereinheiten von Condensin II und regulieren damit die Kondensation der Chromosomen in der Mitose. Die ganz N-terminalen Aminosäuren 1–48 sind darüber hinaus notwendig, um BAF170 heranzuziehen; BAF170 (auch bekannt als SMARCC2; engl. *SWI/SNF related, matrix associated, Actin dependent regulator of chromatin subfamily C member 2*) ist eine Komponente des Auf- und Umbaukomplexes am Chromatin. Die BRCT2/3-Domänen können dagegen an den Transkriptionsfaktor E2F1 binden und damit *BRCA1* und *CHK1* (engl. *checkpoint kinase 1*) aktivieren. Weiterhin wurden Wechselwirkungen zwischen den BRCT2/3-Domänen und CDC27 (engl. *cell division cycle 27*) und einer phosphorylierten Domäne des Histons H2A.X beobachtet (nach Pulvers et al. 2015). Einen grafischen Überblick über die Struktur des *MCPH1*-Gens und des entsprechenden Proteins gibt ◘ Abb. 5.14a.

Es sind etliche homozygote Mutationen im *MCPH1*-Gen beschrieben, die Ursache für eine primäre Mikrozephalie sind – das Mutationsspektrum umfasst dabei größere Deletionen, Insertionen und Deletionen einzelner Basen, die Leserasterverschiebungen bewirken, aber auch Basenaustausche, die sowohl zu Aminosäureaustauschen als auch zu vorzeitigen Stoppcodons führen. Die Mehrzahl der Mutationen betrifft dabei den N-terminalen Teil des MCPH1-Proteins und damit die BRCT1-Domäne sowie die zentrale Domäne. Unter den häufigsten Mutationen bei Mikrozephalie-Patienten befindet sich die Mutation 74C→G, die zu einem vorzeitigen Stoppcodon führt (Ser25X), und die Mutation 80C→G, die einen Aminosäureaustausch bewirkt (Tyr27Arg). Allerdings konnten bislang keine Korrelationen zwischen der Art der Mutation und dem Phänotyp (z. B. dem Schweregrad der Erkrankung) hergestellt werden (nach Pulvers et al. 2015; Kristofova et al. 2022; siehe ◘ Abb. 5.14b).

Das *MCPH1*-Gen ist allerdings nicht nur im fötalen menschlichen Gehirn exprimiert, sondern auch in Testes, Leber und Pankreas; in geringerem Umfang aber auch in fötalen und adulten menschlichen Organen wie Herz, Lunge, Thymus und Milz. Wie man aufgrund der BRCT-Domänen vermuten kann, ist das MCPH1-Protein auch bei der Reparatur von DNA-Schäden (engl. *DNA damage repair*, DDR) beteiligt. Wir haben oben schon darauf hingewiesen, dass eine zentrale Rolle von MCPH1 in der Kontrolle des Zellzyklus besteht. Dies scheint für neuronale Stammzellen der entscheidende Punkt zu sein, wobei es derzeit offen ist, warum andere Gewebe, in denen *MCPH1* exprimiert ist, offensichtlich durch Mutationen in diesem Gen nicht (wesentlich) beeinträchtigt werden (nach Kristofova et al. 2022).

Beim Vergleich von *MCPH1*-Gensequenzen unter ausgewählten Säugetieren und vor allem von Primaten können wir an 9 Stellen Aminosäureaustausche beobachten, die in der humanen Linie vorkommen und in den anderen Spezies relative konserviert sind (M96, S101, V310, H314, T377, Y425, L442, R485 und P835); weitere 4 Aminosäureaustausche sind spezifisch für die Großen Affen (I161, E167, A510 und S841). 11 dieser Austausche befinden sich in dem langen Abschnitt zwi-

Tab. 5.2 Mikrozephalie-assoziierte Gene

Gensymbol (Chr.)	Protein	Funktion
AKNA (9q32)	*AT-hook transcription factor*	Organisation der zentrosomalen Mikrotubuli
ANKLE2 (12q24)	*Ankyrin repeat and LEM domain-containing protein 2*	Regulation des Zusammenbaus der Zellkernhülle nach der Mitose
ASPM (1q31)	*Abnormal spindle-like, microcephaly-associated*	Funktion der Spindel in der Mitose embryonaler Neuroblasten
Bub1 (2q13)	*Mitotic Checkpoint Serine/Threonine-Protein Kinase*	Kontrollpunkt des Zusammenbaus der mitotischen Spindel
CDK5RAP2 (9q33)	*CDK5 Regulatory Subunit Associated Protein 2*	Zentrosomales Protein
CDK6 (7q21)	Cyclin-abhängige Kinase 6	Zellzykluskontrolle; Übergang G1/S-Phase
CENPE (4q24)	Zentromerprotein E	Regulation des Zusammenbaus des Spindelapparats; Anheftung des Kinetochors
CENPJ (13q12)	Zentromerprotein J	Aufrechterhaltung der Integrität des Zentrosoms und der Spindel-Morphologie
CEP63 (3q22)	Zentrosomales Protein 63	Zusammenbau des Spindel-Apparats
CEP135 (4q12)	Zentrosomales Protein 135	Biogenese der Zentriolen
CEP152 (15q21)	Zentrosomales Protein 152	Funktion der Zentrosomen
CIT (12q24)	*Citron RHO-interacting Serine/Threonine kinase*	Zusammenbau des Spindel-Apparats, Zytokinese
COPB2 (3q23)	*Coatomer protein complex, subunit beta 2*	Vesikulärer Proteintransport
KIF14 (1q32)	Kinesin-Familie, Mitglied 14	Zusammenbau des Spindel-Apparats, Zytokinese
KNL1 (*CASC5*) (15q15)	*Kinetochor scaffold 1*	Teil des Zentromer-Komplexes
LMNB1 (5q23)	Lamin B1	Zusammenbau der Zellkernhülle und des Spindel-Apparats
LMNB2 (19p13)	Lamin B2	Zusammenbau der Zellkernhülle und des Spindel-Apparats
MCPH1 (8p23)	Mikrozephalin	Zellzykluskontrolle (G2/M-Kontrollpunkt)
MFSD2A (1p34)	*Major facilitator superfamily domain-containing 2A*	Protein mit 12 Transmembrandomänen; Natrium-abhängiger Lysophosphatidylcholin-Transporter
NCAPD2 (12p13)	*Non-SMC condensin I complex subunit D2*	Chromosomen-Kondensation in der Mitose
NCAPD3 (11q25)	*Non-SMC condensin I complex subunit D3*	Chromosomen-Kondensation in der Mitose
NCAPH (2q11)	*Non-SMC condensin I complex subunit H*	Chromosomen-Kondensation in der Mitose
NUP37 (12q23)	Nukleoporin 37	Aufbau der Kernporen und des Spindelapparats
PHC1 (12p13)	*Polyhomeotic homolog 1*	Bestandteil des Polycomb-Komplexes, Unterdrückung der Genexpression
RRP7A (22q13)	*Ribosomal RNA processing 7 homolog A*	Biogenese der Ribosomen, Resorption von Zilien, Zellzykluskontrolle
SASS6 (1p21)	*SAS-6 Centriolar Assembly Protein*	Zentrale Komponente der Zentriolen
STIL (1p33)	*SCL/TAL1-interrupting locus*	Kontrolle des mitotischen Spindelapparats
TRAPPC14 (7q22)	*Trafficking Protein Particle Complex Subunit 14*	Zusammenbau des Spindel-Apparats, Zytokinese, Golgi-Transport
WDFY3 (4q21)	*WD-repeat- and FYVE domain-containing protein 3*	Autophagie; WNT-Signalkette
WDR62 (19q13)	*WD-repeat containing protein 62*	Zentrosomales Protein; Zellzyklus-abhängige Lokalisation in der Zelle
ZNF335 (20q13)	Zinkfingerprotein 335	Indirekte Transkriptionskontrolle

Nach Pulvers et al. 2015; Kristofova et al. 2022; Farcy et al. 2023; OMIM (▶ https://www.omim.org/); GeneCards (▶ https://www.genecards.org/)

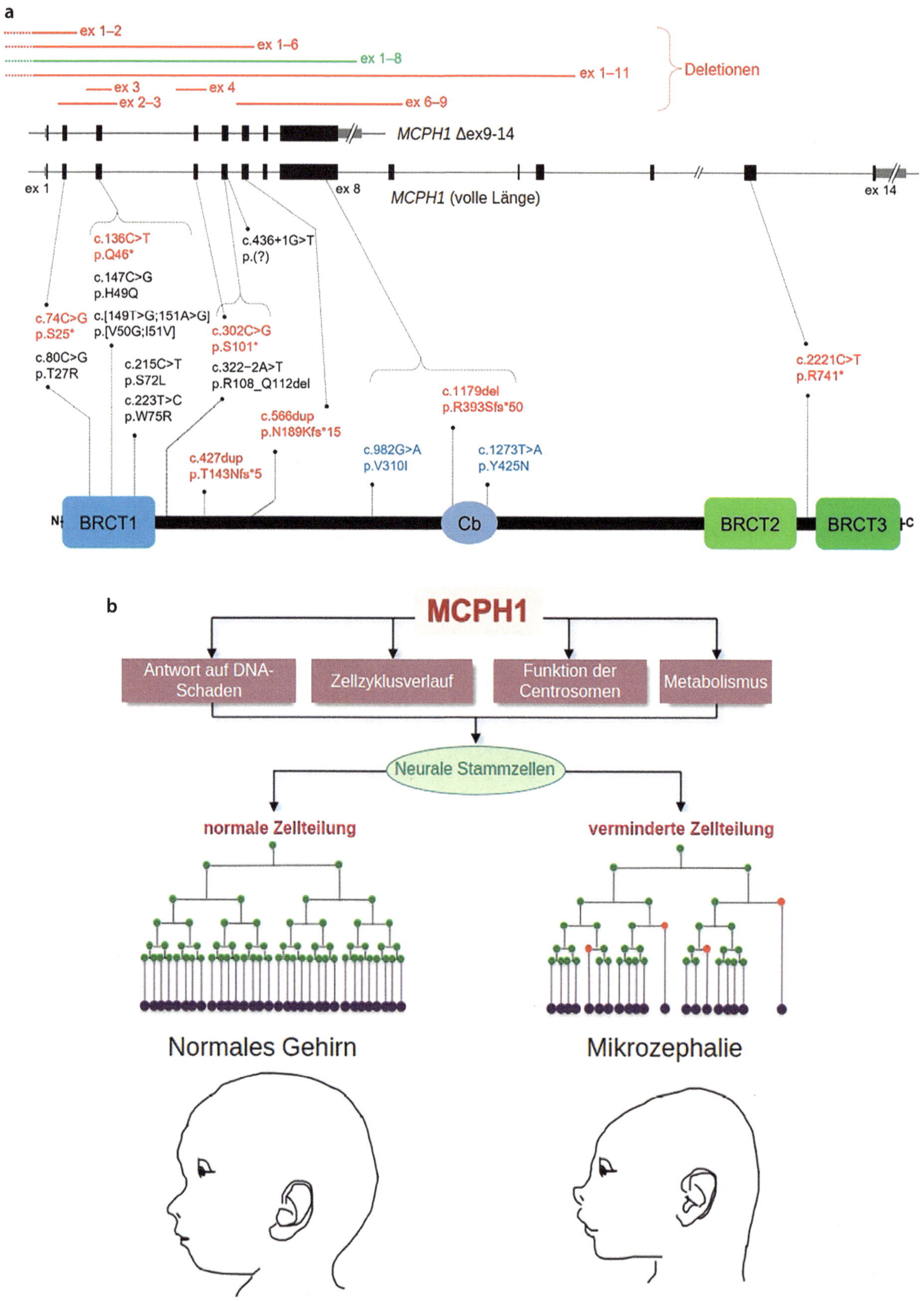
a
ex 1–2
ex 1–6
ex 1–8
ex 1–11
ex 3
ex 4
ex 2–3
ex 6–9
Deletionen
MCPH1 Δex9-14
ex 1
ex 8
MCPH1 (volle Länge)
ex 14
c.136C>T
p.Q46*
c.147C>G
p.H49Q
c.436+1G>T
p.(?)
c.74C>G
p.S25*
c.[149T>G;151A>G]
p.[V50G;I51V]
c.302C>G
p.S101*
c.80C>G
p.T27R
c.215C>T
p.S72L
c.223T>C
p.W75R
c.322−2A>T
p.R108_Q112del
c.566dup
p.N189Kfs*15
c.1179del
p.R393Sfs*50
c.2221C>T
p.R741*
c.427dup
p.T143Nfs*5
c.982G>A
p.V310I
c.1273T>A
p.Y425N
N
BRCT1
Cb
BRCT2
BRCT3
C
b
MCPH1
Antwort auf DNA-Schaden
Zellzyklusverlauf
Funktion der Centrosomen
Metabolismus
Neurale Stammzellen
normale Zellteilung
verminderte Zellteilung
Normales Gehirn
Mikrozephalie

schen den ersten beiden BRCT-Domänen, und zwei weitere hinter der C-terminalen BRCT-Domäne (◘ Abb. 5.15). Funktionelle Untersuchungen zeigen, dass sich die humanen Formen des *MCPH1*-Gens in Bezug auf einige regulatorische Effekte nachgeordneter Gene unterscheiden; man kann daher begründet vermuten, dass diese Unterschiede für die humane Gehirnentwicklung von besonderer Bedeutung sind (Shi et al. 2013).

Die Evolution der MCPH1-Proteinsequenz war in der evolutionären Linie von den Affen zu Schimpansen und Menschen stark beschleunigt, wobei die Beschleunigung in der frühen Phase dieser Entwicklungslinie am stärksten ausgeprägt und mit positiver Selektion gekoppelt war: statistische Analysen zeigen, dass ~45 vorteilhafte Veränderungen in der Aminosäuresequenz im MCPH1-Protein innerhalb der letzten 25–30 Mio. Jahren der menschlichen Evolution fixiert wurden (nach Evans et al. 2004). Offensichtlich ist die Evolution des humanen *MCPH1*-Gens noch nicht abgeschlossen, denn in menschlichen Populationen kennen wir 22 Substitutionen in der codierenden Region des *MCPH1*-Gens, die zu 15 Aminosäureaustauschen führen. Diese Sequenzvariationen innerhalb der menschlichen Populationen sind wahrscheinlich auf die Kombination von Expansionen der menschlichen Bevölkerung und positiver Selektion zurückzuführen (nach Wang und Su 2004).

Eine weitere Analyse des humanen *MCPH1*-Gens zeigte, dass sich eine Region von ~29 kb (die die Exons 4–9 überspannt) hinsichtlich der weltweiten Verteilung ihrer SNPs vom Rest des *MCPH1*-Gens unterscheidet. Der Leit-SNP ist G37995C; er führt zu einem Austausch von Aspartat zu Histidin an der Aminosäureposition 314 (D314H) (◘ Abb. 5.15). Innerhalb des humanen *MCPH1*-Gens erscheint dieser polymorphe Sequenzblock im Gegensatz zu der alten Sequenz als neu (engl. *derived*; daher Haplotyp „D“). Evolutionsgenetische Untersuchungen führten zu dem überraschenden Befund, dass dieser Haplotyp „D“ vor ~37.000 Jahren in die humane Sequenz eingekreuzt wurde und sich danach rasch ausbreitete – nachdem er sich vor ~1,1 Mio. Jahren von der menschlichen Entwicklungslinie getrennt hatte. Heute kommt dieser Haplotyp „D“ weltweit mit einer Häufigkeit von 70 % vor, wobei ursprünglichen Populationen im südlichen Afrika eine Allelfrequenz von unter 10 % aufweisen. Am anderen Ende der Skala rangieren Bevölkerungen auf Sardinien und in der Toskana mit einer Allelfrequenz von ~90 %, aber vor allem in Ostasien und dann in Amerika mit Allelfrequenzen von (fast) 100 % (nach Evans et al. 2005). Es wurde zunächst vermutet, dass der neue Haplotyp D von den Neandertalern in die Linie der modernen Menschen eingekreuzt wurde – das hat sich allerdings als falsch herausgestellt, da die Neandertaler den ursprünglichen (nicht-D) Haplotyp besitzen. Es konnten auch bisher keine Zusammenhänge zwischen dem "D-Haplotyp" und verschiedenen Phänotypen des Gehirns hergestellt werden (z. B. Kopfumfang, Gehirngröße, Intelligenzquotient oder geistige Behinderung) (nach Pulvers et al. 2015).

Ein weiteres wichtiges Gen, dessen Mutationen zu Mikrozephalie führen, ist ***ASPM*** (engl. *abnormal spindle-like, microcephaly-associated*). Es ist homolog zu dem *Drosophila*-Gen *asp* (engl. *abnormal spindle*). Das menschliche Gen liegt auf dem Chromosom 1q31 und umfasst knapp 63 kb. Es enthält insgesamt 28 Exons, davon sind die Exons 3 (1480 bp) und 18 (4755 bp) ungewöhnlich lang. Das *ASPM*-Gen codiert für ein Transkript von knapp 11 kb; das ASPM-Protein enthält 3477 Aminosäuren (~410 kDa). Das menschliche ASPM-Protein enthält vier Domänen: eine Mikrotubulin-bindende Domäne (MTBD) am N-Terminus, zwei Cal-

◘ **Abb. 5.14** Das Mikrozephalin-Gen *MCPH1*: Genstruktur, Mutationen und Funktion bei der Regulation der Gehirngröße. **a** Intron-Exon-Struktur des *MCPH1*-Gens: Die Exons (ex) 1–14 sind als *schwarze* Rechtecke in der Mitte angegeben (nicht translatierte Regionen in *grau*); unten die abgeleitete Proteinstruktur. In *blau*, *hell-* und *dunkelgrün* sind die drei konservierten BRCT1-Domänen angegeben. In *blaugrau* ist eine Domäne angegeben, die mit Condensin II in Wechselwirkung tritt (Cb). Einige bekannte Mutationen im *MCPH1*-Gen sind angegeben, die zu Mikrozephalie führen. Deletionen sind als *rote* bzw. *grüne* Striche oberhalb der Genstruktur dargestellt, Punktmutationen darunter: *: Stoppcodon; del: Deletion; dup: Duplikation; *roter* Text: Leserasterverschiebungen mit vorzeitigem Stoppcodon; *blauer* Text: komplexe Heterozygotie (engl. *compound heterozygotes*). **b** Das MCPH1-Protein ist an vielen zellulären Funktionen beteiligt, die die Teilung neuronaler Stammzellen während der embryonalen Gehirnentwicklung regulieren. Beeinträchtigungen der MCPH1-Funktionen führen aufgrund der vorzeitigen Differenzierung neuronaler Stammzellen (*rote Punkte*) und einer Verminderung der selbsterneuernden Zellteilungen (*grüne Punkte*) zu einer ungenügenden Produktion von Neuronen (*dunkel-violette Punkte*). Im Ergebnis manifestiert sich in den betroffenen Personen eine Mikrozephalie. (a: Nach Caraffi et al. 2022; CC-by-4.0, ▶ http://creativecommons.org/licenses/by/4.0/); (b: Nach Kristofova et al. 2022; CC-by-4.0, ▶ http://creativecommons.org/licenses/by/4.0/)

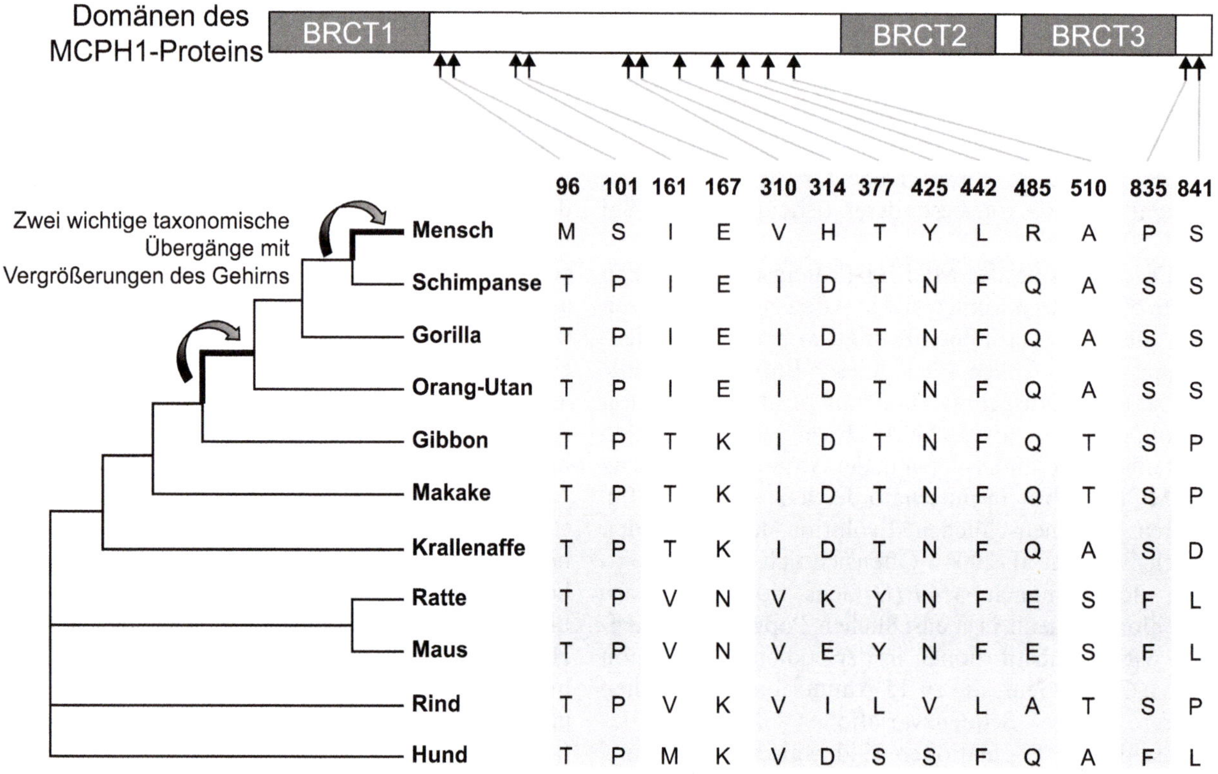

Abb. 5.15 Schematische Darstellung der Domänen des MCPH1-Proteins und der Aminosäureaustausche, die für die jeweilige Abstammungslinie spezifisch sind. Die *Ziffern* geben die jeweiligen Aminosäurepositionen im Protein an; die Aminosäuren sind mit dem Ein-Buchstaben-Code abgekürzt. Die Stellen, die für die humane Entwicklung spezifisch sind, sind *schattiert*. Die beiden Ereignisse, die zu den deutlichen Vergrößerungen des Gehirns geführt haben, sind durch *Pfeile* angedeutet; sie fallen mit molekularen Signaturen einer positiven Selektion während der Primatenentwicklung zusammen. (Nach Shi et al. 2013; CC-by-2.0, ► http://creativecommons.org/licenses/by/2.0/)

ponin-homologe Domänen (CH), ein IQ-Motiv (das aus Wiederholungen von Isoleucin (I) und Glutamin (Q) aufgebaut ist), sowie eine C-terminale Domäne CT (nach Wu et al. 2023); Abb. 5.16a gibt eine grafische Übersicht dazu.

Die Mikrotubulin-bindende Domäne erleichtert die Lokalisation von ASPM am Spindelpol und vermittelt eine Wechselwirkung zwischen dem ASPM-Protein und Mikrotubuli, die für die dynamische Regulation der Mikrotubuli während der Zellteilung und Neurogenese wichtig ist. CH-Domänen werden üblicherweise in Actin-bindenden Proteinen gefunden; man vermutet deshalb, dass sie an Wechselwirkungen zwischen ASPM und dem Actin-Cytoskelett oder Mikrotubuli beteiligt ist. Von den 81 IQ-Wiederholungen sind viele in Strukturen höheren Grades organisiert und an der Bindung von Calmodulin beteiligt. In der Summe tritt das ASPM-Protein mit den Minus-Enden der Mikrotubuli in Wechselwirkung und spielt eine maßgebliche Rolle im Aufbau der Teilungsspindeln und ihrer Orientierung, im Mikrotubilin-basierten Transport und damit der Cytokinese insgesamt (nach Wu et al. 2023). Eine grobe grafische Darstellung der Funktion des ASPM-Proteins gibt Abb. 5.16b.

Bisher wurden Mutationen im *ASPM*-Gen in über 860 Individuen von über 390 Familien identifiziert. Insgesamt handelt es sich dabei um ~210 verschiedene biallelische Varianten, die über das gesamte Gen verteilt sind. Ungefähr 55 % der veröffentlichten Fälle sind pakistanischen Ursprungs. Von den 210 Varianten führen 207 zu einem Funktionsverlust des Proteins oder sind große Deletionen, die mehrere Exons umfassen. Üblicherweise werden die Microzephaliefälle während des 3. Trimesters der Schwangerschaft festgestellt; Mutationen in *ASPM* führen allerdings nicht zu einer Verminderung des allgemeinen Größenwachstums (nach Farcy et al. 2023).

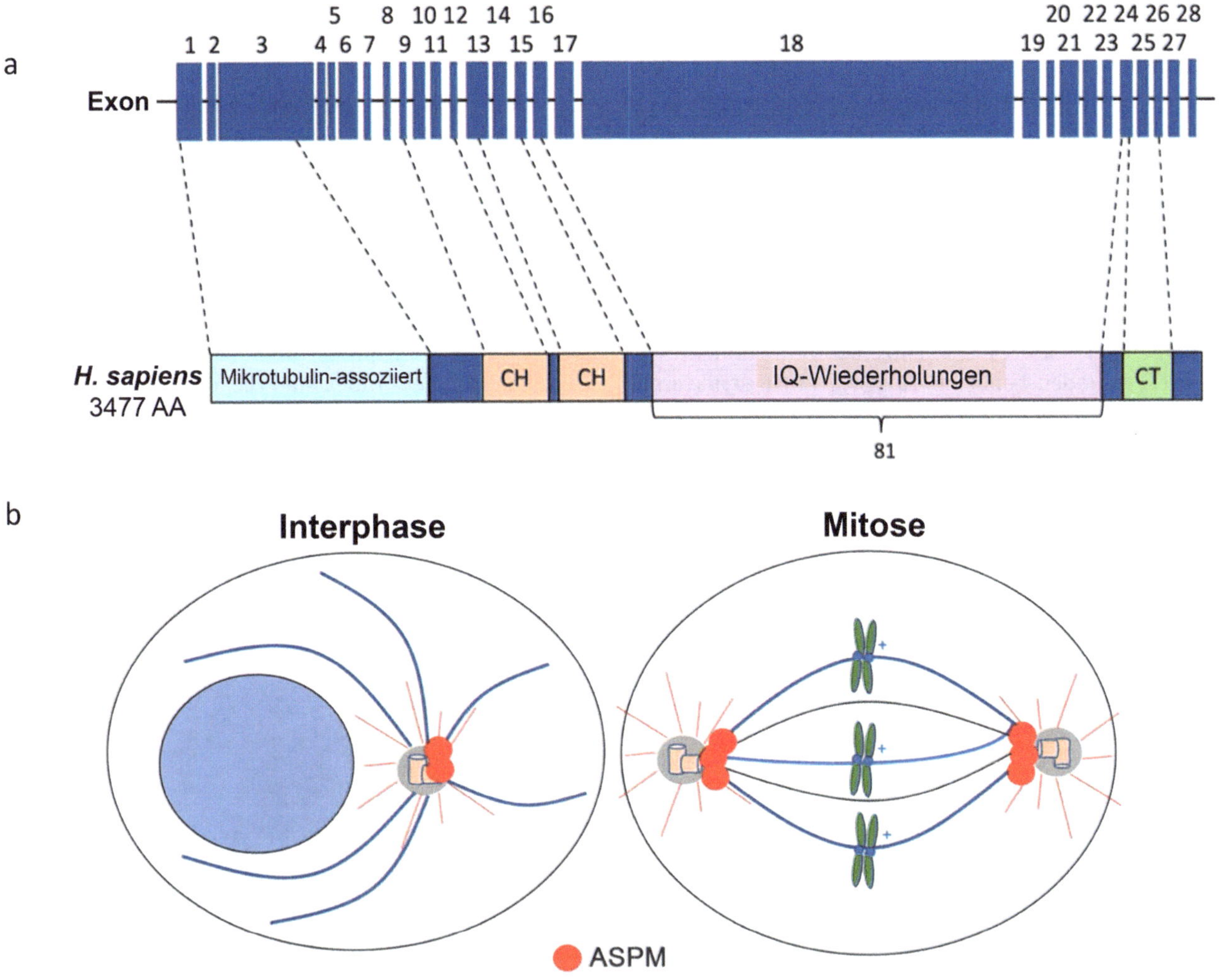

Abb. 5.16 Das humane *ASPM*-Gen und die Struktur und Funktion des ASPM-Proteins. **a** Das *ASPM*-Gen liegt auf dem Chromosom 1q31 und umfasst 28 Exons. Wir kennen im ASPM-Protein mehrere Domänen, darunter die N-terminale Tubulin-bindende Domäne (*blau*), zwei Calponin-homologe Domänen (CH; *orange*), das IQ-Motiv aus 81 Wiederholungen von Isoleucin (I) und Glutamin (Q) (*rosa*) sowie die C-terminale Domäne (CT; *grün*). **b** Schematische Darstellung der zellulären Lokalisation von ASPM während der Interphase und der Mitose. ASPM (*rote* Punkte) findet man in der Interphase hauptsächlich am Zentrosom, während ASPM während der Zellteilung an den Spindelpolen angereichert ist. (Nach Wu et al. 2023; CC-by, ► http://creativecommons.org/licenses/)

! Mikrozephalie ist eine erbliche Erkrankung, die zu einem deutlich verminderten Kopfumfang führt; meistens ist vor allem der präfrontale Cortex betroffen. Es gibt umfangreiche genetische Analysen dazu; viele der entsprechenden Gene zeigen humanspezifische Veränderungen während der Evolution.

5.1.4 Geschlechtsunterschiede in der Gehirnentwicklung

Die Debatte über Geschlechtsunterschiede in Bezug auf das menschliche Gehirn, seine Entwicklung und seine Größe als Ganzes oder in Teilen ist nicht frei von gesellschaftlichen Vorurteilen und Missverständnissen. Im Folgenden soll sich der Begriff des biologischen Geschlechts auf den Chromosomensatz zusammen mit dem Phänotyp der Gonaden eines Individuums beziehen. Dadurch werden die meisten Individuen in zwei Kategorien eingeteilt: Männer als XY-Individuen mit Hoden und Frauen als XX-Individuen mit Eierstöcken. Das biologische Geschlecht ist jedoch nicht vollständig binär – vielmehr sind ~1 % der Population intersexuelle Personen (engl. *intersex individuals*), die auch als Zwitter oder Hermaphroditen bezeichnet werden. Diese Individuen zeigen vielfältige Variationen in der Kombination der Geschlechtschromosomen, der Konzentrationen an Geschlechtshormonen und des körperlichen Erscheinungsbildes. Schließlich können wir das biologische Geschlecht (engl. *sex*) und das soziale Geschlecht (engl. *gender*) unterscheiden. Letzteres ist ein kulturell definiertes und dehnbares Konzept – es erkennt jedoch an, dass das soziale Geschlecht eines Individuums nicht notwendigerweise mit dessen biologischem Geschlecht übereinstimmt (nach DeCasien et al. 2022; vgl. dazu auch ▶ Abschn. 6.2.)

Eine erste Annäherung an geschlechtsspezifische Unterschiede in Bezug auf das Gehirn ergeben sich durch Größenmessungen bzw. Messungen des Gehirnvolumens als Ganzes bzw. einzelner Teilregionen. Moderne Methoden benutzen dazu vor allem **strukturelle** MRI-Scans (engl. *magnetic resonance imaging*; deutsch: Magnetresonanztomografie, Abk. MRT). ◻ Abb. 5.17 zeigt signifikante Größenunterschiede in verschiedenen Gehirnregionen zwischen Männern und Frauen (bezogen jeweils auf die Gesamtgröße des Gehirns), wobei diese Unterschiede in beide Richtungen gehen – in manchen Regionen sind weibliche Gehirnareale größer, in anderen die männlichen. Diese Daten basieren im Wesentlichen auf 3 großen Studien (*Human Connectome Project*, USA; UK Biobank, GB; *Study of Health in Pomerania* [SHIP], DE) zu Unterschieden in verschiedenen Regionen des Gehirns und veranschaulichen, dass Menschen ein hoch reproduzierbares räumliches Muster an Geschlechtsunterschieden in Bezug auf die Volumina einzelner Gehirnregionen aufweisen. Dazu gehören bei Männern höhere Volumina des Putamens, der Amygdala, des Hippocampus und des *Polus temporalis* (Schläfenpol); bei Frauen sind die Volumina des *Cortex cinguli* (*Gyrus cinguli* und *Sulcus cinguli*), des *Cortex parietalis superior* und des *Cortex praefrontalis lateralis* größer (nach DeCasien et al. 2022).

Derartige Unterschiede zwischen Frauen und Männern in Bezug auf die Größe der Gehirne und ihrer Teil-

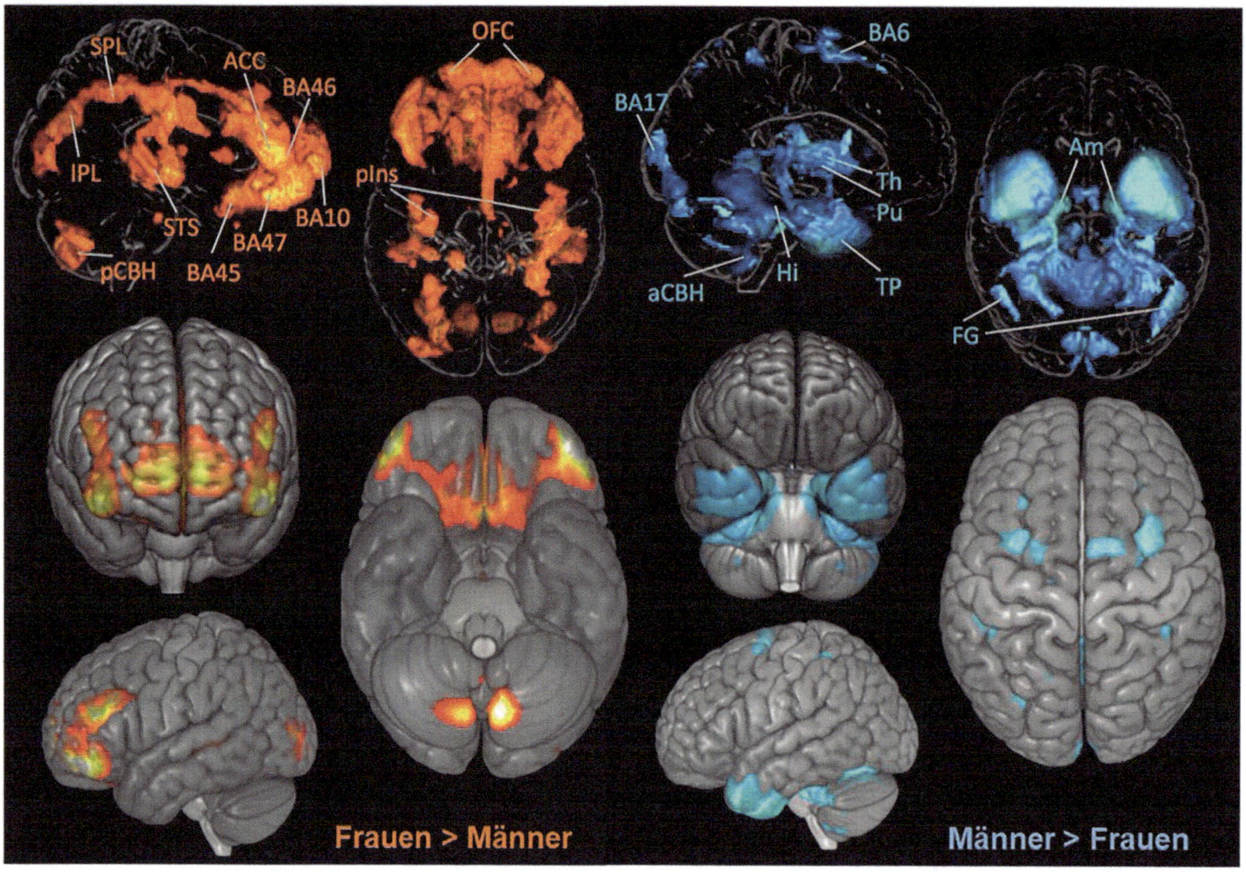

◻ **Abb. 5.17** Illustration signifikanter geschlechtsspezifischer Unterschiede in verschiedenen Gehirnregionen von Menschen aus Vorpommern (n = 2838). Das Gehirnvolumen wurde durch MRI-Scans bestimmt; die Volumina einzelner Gehirnregionen wurden im Verhältnis zum Gesamtvolumen des Gehirns bestimmt. *Orange* Bereiche zeigen Regionen mit größerem Volumen der Grauen Substanz bei Frauen (Frauen > Männer): pCBH = hintere Kleinhirnhälfte; IPL = unteres Parietalläppchen (*Lobulus parietalis inferior*); SPL = oberes Parietalläppchen (*Lobulus parietalis superior*); STS = *Sulcus temporalis superior*; ACC = anteriorer cingulärer Cortex; BA = Brodmann Areale 45, 46, 47, 10; OFC = orbitofrontaler Cortex; pIns = hinterer Bereich des Insellappens. *Blaue* Bereiche zeigen Regionen mit größerem Volumen der Grauen Substanz bei Männern (Männer > Frauen): BA = Brodmann Areale 6, 17; aCBH = vordere Kleinhirnhälfte, Hi = Hippocampus, Th = Thalamus, Pu = Putamen, TP = *Polus temporalis*, FG = Gyrus fusiformis, Am = Amygdala. (Nach Lotze et al. 2019; CC-by-4.0, ▶ http://creativecommons.org/licenses/by/4.0/)

regionen wird in der Literatur durchgehend berichtet. Es ist jedoch ein grundlegender Unterschied, ob einfach ein anatomischer Geschlechtsunterschied beschrieben wird, oder ob andererseits auch dessen funktionelle Bedeutung analysiert wird. In Untersuchungen zu neuroanatomischen Geschlechtsunterschieden gibt es eine Vielzahl von Möglichkeiten, Unterschiede zwischen Männern und Frauen zu erklären und mit Verhalten in Beziehung zu setzen. So können theoretisch viele verschiedene Konfigurationen an Geschlechtsunterschieden in der Beziehung zwischen Gehirngröße und Verhalten zugrunde liegen. Diese Möglichkeiten spannen einen großen und komplexen analytischen Forschungsraum auf, der auch noch exponentiell zunimmt, wenn man mehrere verschiedene Gehirnregionen betrachtet und/oder verschiedene Verhaltensweisen, und umso mehr, wenn man Veränderungen einbezieht, die sich während der Embryonalentwicklung abspielen (nach DeCasien et al. 2022).

So bleiben die funktionellen Konsequenzen dieser anatomischen Unterschiede zwischen den Geschlechtern zunächst unklar. Funktionelle Untersuchungen des Gehirns erfolgen häufig durch fMRTs (engl. Abk. fMRI). Das dabei gemessene Signal spiegelt in erster Linie physiologische und metabolische Mechanismen wider, nämlich regionale Veränderungen des Blutflusses, was als funktionelle Aktivität interpretiert wird. Entsprechende Untersuchungen an Daten aus dem *Human Connectome*-Konsortium (▶ https://www.humanconnectome.org/) machen deutlich, dass bei gesunden, jungen Frauen die stärksten funktionellen Verbindungen das Ruhezustandsnetzwerk (engl. *default mode network*; vgl. ▶ Abschn. 5.3.3) betreffen, wohingegen entsprechende Männer eher starke Verbindungen in somatomotorischen Netzwerken haben – die Geschlechtsunterschiede in der funktionellen Organisation des Gehirns gehen also deutlich über die rein morphometrischen Unterschiede hinaus (Serio et al. 2024). An derselben Kohorte des *Human Connectome*-Konsortiums konnte weiterhin gezeigt werden, dass es auch Unterschiede zwischen Frauen und Männern in Bezug auf die Mikrostruktur des Cortex und des Hippocampus gibt – allerdings war das auch abhängig von dem aktuellen Hormonstatus der Frauen während des Menstruationszyklus bzw. der Einnahme von Hormonpräparaten (Kontrazeptiva) (Küchenhoff et al. 2024).

Wenn also sexuelle Selektion (▶ Box 5.1) das Verhalten erwachsener Menschen über evolutionäre Zeiträume geprägt hat, dann wurde das notwendigerweise durch Geschlechtsunterschiede in der neuronalen Entwicklung und in der Organisation des Gehirns erreicht. Die maßgebliche Ursache für solche geschlechtsspezifischen Unterschiede in der Gehirnentwicklung liegen unter dieser Prämisse in der unterschiedlichen chromosomalen Zusammensetzung und der unterschiedlichen Keimdrüsen der beiden Geschlechter (nach DeCasien et al. 2022).

Eine Möglichkeit, sich genetisch funktionellen Unterschieden zwischen männlichen und weiblichen Gehirnen zu nähern, besteht in der Analyse des Transkriptoms verschiedener Gehirnregionen. Eine kürzlich durchgeführte Studie verglich dazu 46 Datensätze von insgesamt 16.000 Männern und Frauen in Bezug auf die Genexpression in 11 Gehirnregionen (Wapeesittipan und Joshi 2023) (◘ Abb. 5.18). Wenig überraschend sind viele Gene, die bei Männern stärker exprimiert werden, auf dem Y-Chromosom lokalisiert und umgekehrt sind viele Gene, die bei Frauen stärker exprimiert werden, auf dem X-Chromosom lokalisiert – darunter auch

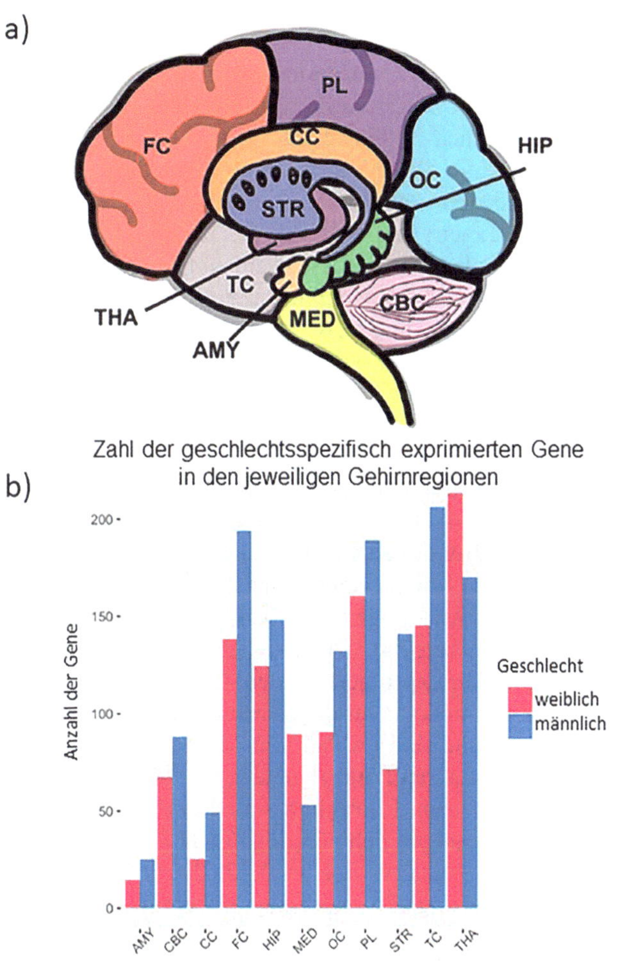

◘ **Abb. 5.18** **a** Schematische Darstellung der untersuchten Gehirnregionen: Amygdala (AMY), Cerebellum (CBC), Corpus callosum (CC), Frontallappen (FC), Hippocampus (HIP), Medulla und Rückenmark (MED), Hinterhauptlappen (OC), Scheitellappen (PC), Basalganglien (STR), Schläfenlappen (TC), Thalamus (THA). **b** Anzahl der geschlechtsspezifisch exprimierten Gene in den verschiedenen Gehirnregionen. (Nach Wapeesittipan und Joshi 2023; CC-by-4.0, ▶ http://creativecommons.org/licenses/by/4.0/)

etliche, die nicht von der X-Inaktivierung erfasst werden. Gene, die bei Frauen stärker exprimiert werden, sind eher für Neuron-assoziierte Prozesse und synaptische Membranen verantwortlich; Gene, die bei Männern stärker exprimiert werden, sind eher für Membranen, Kernstrukturen und mitotische Prozesse verantwortlich. Es ist außerdem auffallend, dass Gene, die in einem Geschlecht stärker exprimiert sind, in ihren Promotorregionen auch eher über entsprechende Antwortelemente für die jeweiligen geschlechtsspezifische Hormone (engl. ARE: *androgen response elements*, ERE: *estrogen response elements*) verfügen.

Eine interessante neue Möglichkeit, genetische Effekte auf die (unterschiedliche) weibliche und männliche neuronale Entwicklung zu untersuchen, bieten männliche und weibliche humane embryonale Stammzellen, die zu neuronalen Zellen differenzieren. Die Ergebnisse sind frei von Einflüssen von sozialen und kulturellen Effekten. Das experimentelle Vorgehen und die prinzipiellen Unterschiede zwischen den männlichen und weiblichen Zelllinien sind in ◘ Abb. 5.19 gezeigt; die Gene mit den deutlichsten geschlechtsspezifischen Unterschieden am Ende der Untersuchungsperiode (nach 37 Tagen) sind in ◘ Tab. 5.3 zusammengefasst.

Die beobachteten Geschlechtsunterschiede in diesen Genen sind hochreproduzierbar, sowohl durch RNA-Sequenzierung als auch durch quantitative PCR. Alle Gene mit höherer Expression in männlichen Zelllinien sind autosomale Gene und die Hälfte von ihnen codiert für Gehirn-spezifische Transkriptionsfaktoren (NHLH2, EBF1, RUNX1T1, ONECUT2, LMX1B) mit kritischen Funktionen bei der Entwicklung und Differenzierung von Neuronen. Außerdem sind Mutationen an allen Genen, die in männlichen Zelllinien stärker exprimiert werden, an neurologischen Entwicklungsstörungen und/oder neurologischen Erkrankungen beteiligt. Die drei Gene, die in weiblichen Zellen stärker exprimiert werden, heben die Bedeutung des X-Chromosoms für die neuronale Entwicklung hervor – und alle sind im Fall von Mutationen an neurologischen Erkrankungen beteiligt: *AMOT* an der Alzheimer'schen Erkrankung und *PAK3* an X-gekoppelter geistigen Behinderung; *SYAP1* liegt innerhalb der chromosomalen Region Xp22.2, die mit mentaler Retardierung, Entwicklungsverzögerungen und Erkrankungen aus dem Autismus-Spektrum assoziiert ist (nach Pottmeier et al. 2024).

! Es gibt geschlechtsspezifische Unterschiede in der Größe einzelner Gehirnregionen sowie im Expressionsmuster einzelner Gene. Darunter sind vor allem solche, die sich aus der unterschiedlichen chromosomalen Zusammensetzung (XY vs. XX) ergeben sowie solche, die durch geschlechtsspezifische Hormone reguliert werden.

Abschließend wollen wir uns noch – wie in anderen Kapiteln vorher auch – mit der Frage beschäftigen, ob neurologische Krankheiten, die bei Männern oder Frauen gehäuft auftreten, etwas über Geschlechtsunterschiede in Bezug auf die Gehirnentwicklung und Funktion des Gehirns aussagen können. Wir kennen eine Reihe von neurologischen und neuropsychiatrischen Erkrankungen, die überwiegend ein Geschlecht betreffen – dazu gehören Erkrankungen wie Epilepsie und das Fragile X-Syndrom, die bei Männern häufiger sind als bei Frauen, wohingegen das Rett-Syndrom, die CDKL-5-assoziierten Erkrankungen und post-traumatische Stress-Erkrankungen bei Frauen häufiger sind. Dabei ragen das Rett-Syndrom und die CDKL-5-assoziierten Erkrankungen auf der einen Seite und das Fragile X-Syndrom auf der anderen Seite als monogene Erkrankungen heraus, die alle durch Mutationen in Genen auf dem X-Chromosom verursacht werden; alle anderen Erkrankungen sind komplexer Natur (nach Ziemka-Nalecz et al. 2023).

Das **Rett-Syndrom** ist eine progressive neurologische Entwicklungsstörung, die fast ausschließlich Mädchen betrifft (Häufigkeit 1:10.000 Geburten). Ursächlich sind Mutationen des *MECP2*-Gens (Xq28; codiert für das Methyl-CpG bindende Protein 2); die Mutationen sind für hemizygote männliche Embryonen in der Regel letal. Das Rett-Syndrom ist die häufigste Ursache von geistigen Beeinträchtigungen, neurologischer Regression, Verlust der Sprache, Lerndefiziten und stereotypischen Bewegungen (klassischerweise der Hände). Eines der häufigsten gemeinsamen Symptome ist Epilepsie, die in 60–80 % der Fälle auftritt. Klinische Unterschiede im Krankheitsverlauf hängen einerseits von der Art der Mutation ab, andererseits aber auch vom Ausmaß der X-Inaktivierung. Das MECP2-Protein wird für die Entwicklung von reifen Neuronen benötigt (nach Ziemka-Nalecz et al. 2023 und OMIM).

CDKL5-assoziierte Erkrankungen sind seltene, aber schwere neurologische Entwicklungsstörungen, die überwiegend bei Mädchen mit einer Häufigkeit von 1:40.000–1:60.000 Geburten auftreten. Das *CDKL5*-Gen (engl. *cyclin dependent kinase like 5*) liegt auf dem X-Chromosom (Xp22) und kodiert für eine Serin-Threonin-Kinase. Diese Kinase ist an der Phosphorylierung von MECP2 beteiligt – daraus erklären sich manche Ähnlichkeiten auch in der klinischen Symptomatik (nach Ziemka-Nalecz et al. 2023, OMIM und Genecards).

Das **fragile X-Syndrom** ist eine monogenetische neurologische Entwicklungsstörung, die durch die Expansion einer instabilen Trinukleotid-Wiederholungseinheit (CGC) im Promotor des *FMR1*-Gens (engl. *mental retardation gene 1*) verursacht wird; das *FMR1*-Gen ist auf dem X-Chromosom lokalisiert (Xq27). Das *FMR1*-Gen kodiert für ein RNA-bindendes Protein, das

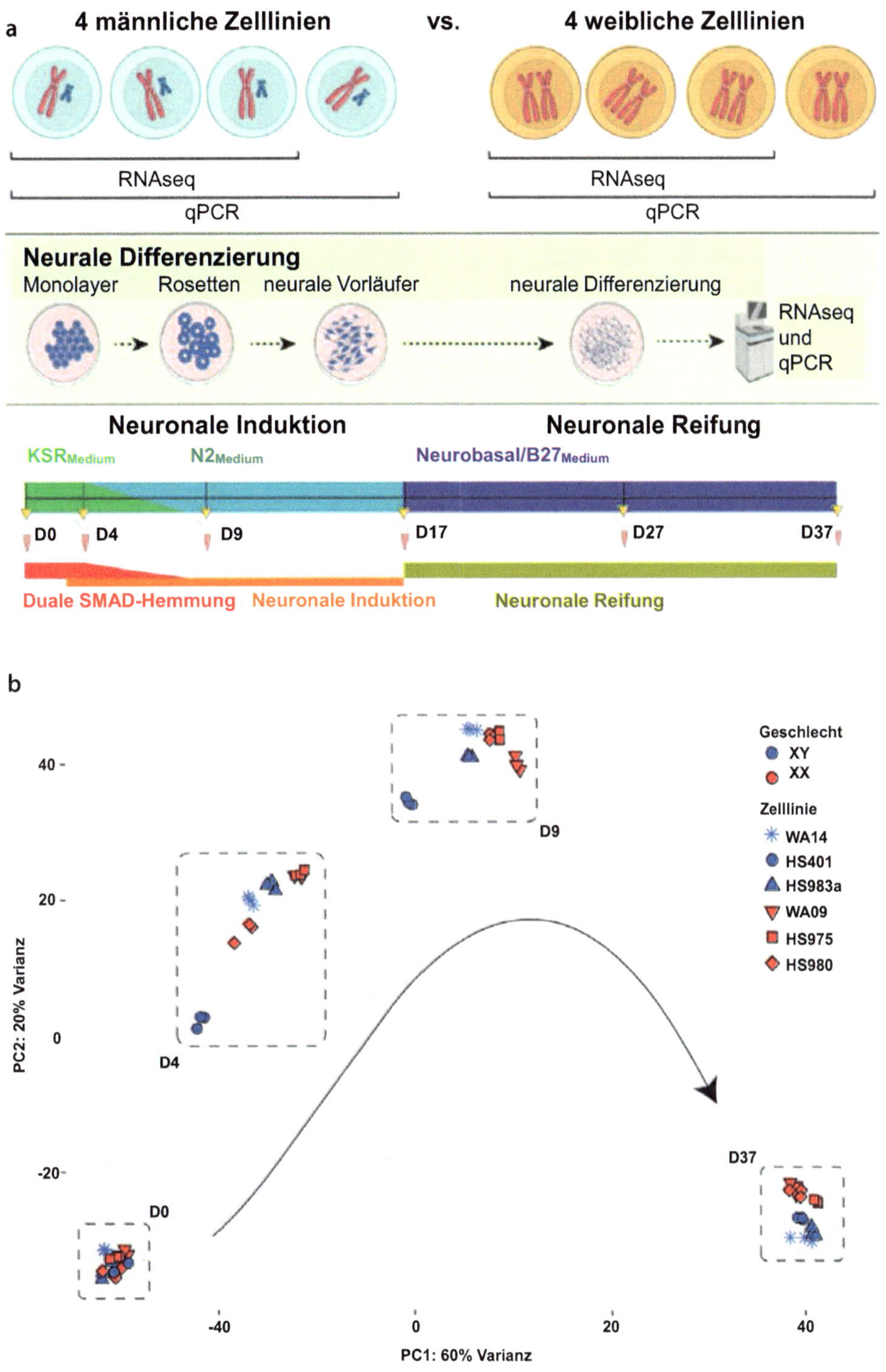

Abb. 5.19 Ähnlichkeiten und Unterschiede zwischen männlichen und weiblichen humanen embryonalen Stammzellen (hESC) während der neuronalen Differenzierung. **a** Überblick über das experimentelle Vorgehen: vier hESC-Linien von jedem Geschlecht differenzieren für 37 Tage in eine gemischte Population von Neuronen. Die Differenzierung wird durch die Gabe verschiedener niedermolekularer Verbindungen (engl. *small molecules*) in einer 2D-Kultur induziert; die Kulturen werden durch RNA-Sequenzierung (RNAseq) und quantitative PCR (qPCR) charakterisiert. **b** Eine Hauptkomponentenanalyse der exprimierten Gene in den drei mit RNA-Sequenzierung untersuchten Zelllinien (XY: WA14, HS401, HS983a, XX: WA09, HS975, HS980) zeigt ähnliche Genexpressionsmuster zu Beginn der Differenzierung (D0), einige Unterschiede zwischen den Zelllinien während der frühen Differenzierung, und eine geschlechtsabhängige Genexpression am Ende des Untersuchungszeitraums (D37). In den männlichen Zelllinien sind 10 Gene stärker exprimiert als in den weiblichen und in den weiblichen Zelllinien sind 3 Gene stärker exprimiert als in den männlichen (siehe Tab. 5.3). (Nach Pottmeier et al. 2024; CC-by, ▶ http://creativecommons.org/licenses/by/; in **a** wurden die Kulturdetails weggelassen)

5

Tab. 5.3 Geschlechtsspezifische Überexpression von Genen in neuronal differenzierten humanen embryonalen Stammzellen

Gensymbol (Chr.)	Protein	Funktion
a) Überexpression in männlichen Zelllinien		
AKAP12 (6q25)	*A-Kinase anchoring protein 12*	Aktivierung der cAMP-abhängigen Proteinkinase A; wichtig für synaptische Übertragung und Plastizität
EBF1 (5q33)	EBF-Transkriptionsfaktor 1	Transkriptionsfaktor in der neuronalen Entwicklung
KIF5A (12q13)	*Kinesin Family Member 5A*	Mikrotubulinabhängiges Motorprotein; in Neuronen wichtig für axonalen Transport
LMX1B (9q33)	LIM Homeobox Transkriptionsfaktor 1b	Transkriptionsfaktor mit zwei Zinkfinger-Domänen; wichtig für neuronale Entwicklung
MDGA1 (6p21)	*MAM Domain Containing Glycosylphosphatidylinositol Anchor 1*	Zelloberflächenglykoprotein; wichtig für Zelladhäsion, Zellwanderung und axonale Wegfindung während der neuronalen Entwicklung
NHLH2 (1p13)	*Nescient Helix-Loop-Helix 2*	Neuronaler Transkriptionsfaktor; wichtig für den Beginn der Pubertät
ONECUT2 (18q21)	*One Cut Homeobox 2*	Transkriptionsfaktor; beteiligt an der Entwicklung von Interneuronen und serotonerger Neurone
P2RX3 (11q12)	Purinerger Rezeptor P2X 3	Durch extrazelluläres ATP ausgelöster Ionenkanal
RUNX1T1 (8q21)	RUNX1-Partner trans-kriptioneller Co-Repressor 1	Neuronaler Transkriptionsfaktor; beteiligt an Neurogenese und neuronaler Differenzierung
SLC17A6 (11p14)	*Solute Carrier Family 17 Member 6*	Transportprotein für Glutamat und andere Neurotransmitter
b) Überexpression in weiblichen Zelllinien		
AMOT (Xq23)	Angiomotin	Regulator für Kontaktpunkte zwischen Zellen zur Organisation von Schlussleisten; wichtig für Differenzierung neuraler Stammzellen
PAK3 (Xq23)	P21 (RAC1) aktivierte Kinase 3	Regulator für Morphologie und Zahl der Dornenfortsätze und Komplexität von Neuriten
SYAP1 (Xp22)	Synapse-assoziiertes Protein 1	Unklare Funktion bei Menschen; assoziiert mit mentaler Retardierung und mit Erkrankungen aus dem Autismus-Spektrum

Nach Pottmeier et al. 2024; OMIM (▶ https://www.omim.org/); GeneCards (▶ https://www.genecards.org/)

an vielen zellulären Prozessen beteiligt ist; im Gehirn wirkt es als Transportprotein entlang von Dendriten. Die klinischen Symptome der Erkrankung beinhalten geistige Beeinträchtigungen, stereotype Verhaltensweisen (z. B. Hyperaktivität), sensorische Überempfindlichkeit und ungewöhnliche äußere Merkmale (z. B. verlängertes Gesicht, Plattfüße, und verlängerte Fingergelenke). Die Häufigkeit der Erkrankung ist bei Mädchen niedriger (1:7000) als bei Jungen (1:4000) und die klinischen Erscheinungsformen sind milder. Als Ursachen dafür werden die X-Inaktivierung bzw. heterozygote Situation bei Mädchen sowie hormonelle Unterschiede diskutiert (nach Ziemka-Nalecz et al. 2023 und OMIM).

Außerdem sind psychische Störungen aus dem Autismus-Spektrum, ADHD (engl. *attention deficit hyperactivity disorder*) und soziale Verhaltensstörungen bei Männern häufiger als bei Frauen, wohingegen Essstörungen, Angststörungen und Depressionen bei Frauen häufiger sind; bipolare Störungen und Schizophrenie kommen bei beiden Geschlechtern fast gleich häufig vor (nach Zelco et al. 2023) (Abb. 5.20). Soziale Verhaltensstörungen und Aggressivität bei Männern werden wir im ▶ Abschn. 6.3 noch ausführlich diskutieren.

Diese Erkrankungen sind von der genetischen Seite her komplexer, da sie durch mehrere unterschiedliche Gene verursacht werden können (OMIM kennt für **Schizophrenie** 20 Einträge; 181500). Besonders komplex sind **Erkrankungen aus dem Autismus-Spektrum**; sie werden meistens im Alter von ~4 Jahren diagnostiziert und bei Jungen etwa 3–4-mal häufiger als bei Mädchen. Insgesamt ist die Prävalenz dieses Krankheitsbildes in den letzten Jahrzehnten stark angestiegen und lag 2020

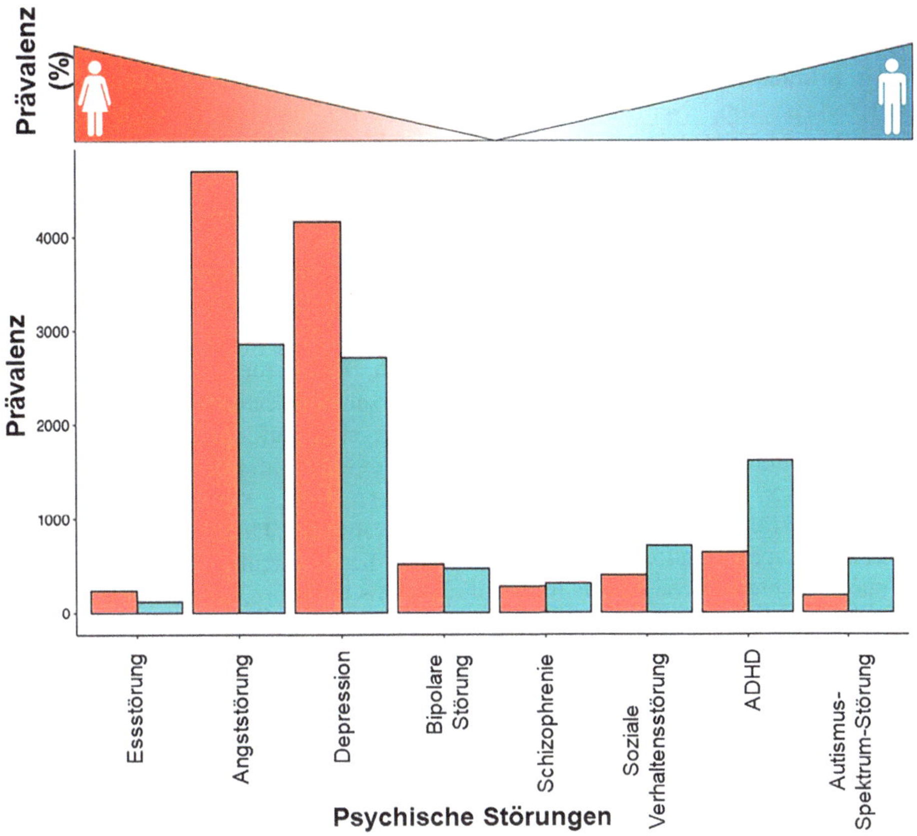

Abb. 5.20 Geschlechtsabhängigkeit bei psychischen Störungen. Altersstandardisierter weltweiter Anteil von Männern und Frauen an den angegebenen psychischen Störungen (Stand 2019). Die Prävalenz ist in Fällen pro 100.000 Einwohnern angegeben. ADHD: Aufmerksamkeitsstörung mit Hyperaktivität (engl. *attention deficit hyperactivity disorder*). *oben*: Die Störungen, die relativ häufiger bei Frauen vorkommen, sind eher links angeordnet, und Störungen, die relativ häufiger bei Männern vorkommen, sind im Gradienten rechts angeordnet. (Nach Zelco et al. 2023; CC-by-4.0, ► http://creativecommons.org/licenses/by/4.0/)

bei ~1:36. Erkrankungen aus dem Autismus-Spektrum sind komplexe neuronale Entwicklungsstörungen, die durch Defizite in der sozialen Kommunikation und durch stereotype Verhaltensweisen charakterisiert sind – das klinische Erscheinungsbild ist allerdings sehr heterogen. Entsprechend werden auch viele verschiedene Ursachen diskutiert. Obwohl aus Zwillingsstudien und anderen Familienuntersuchungen eine Erblichkeit von ~80 % abgeleitet werden kann, gibt es bisher kein Gen, das mehr als 1 % zur Erklärung von Erkrankungen aus dem Autismus-Spektrum beitragen kann. Es sind vielmehr über 1000 Gene und mehr als 2000 Kopienzahlvariationen bekannt, die mit Erkrankungen aus dem Autismus-Spektrum in Zusammenhang gebracht werden. Unter genetischen Gesichtspunkten wird auch diskutiert, ob es einen weiblichen Schutzeffekt für Erkrankungen aus dem Autismus-Spektrum gibt. So wird vermutet, dass Frauen einen erhöhten Schwellenwert haben, um Erkrankungen aus dem Autismus-Spektrum zu entwickeln; eine Erklärungsmöglichkeit liegt danach in einer genetischen Redundanz durch die Anwesenheit der zwei X-Chromosomen in Frauen, von denen ja nur eines teilweise inaktiviert wird (nach Leow et al. 2024). Eine Datenbank für Gene, die an Erkrankungen aus dem Autismus-Spektrum beteiligt sind, findet sich unter ► https://gene.sfari.org/.

Klinische **Angststörungen und Depressionen** sind chronische Erkrankungen mit veränderter Stimmungsregulation und gehören zu den häufigsten psychischen Erkrankungen. Sie stellen eine große gesellschaftliche Belastung dar, einschließlich einer Sterblichkeitsrate von etwa 15 % aufgrund von Suizid, und weisen auffällige geschlechtsspezifische Unterschiede hinsichtlich des Ausbruchs, der Häufigkeit und des Schweregrads dieser Erkrankungen auf. Frauen leiden wesentlich häufiger an Depressionen und Angststörungen als Männer und haben ein viermal höheres Risiko für wiederkehrende Erkrankungen. Frauen reagieren empfindlicher auf negative Emotionen oder Reaktionen auf Angst, Bedrohung, Verlust und frustrierende Nichtbelohnung. Die neuronale Basis dieser Unterschiede in der Regulation von Gefühlen ist bisher nicht wirklich verstanden (nach Zelco et al. 2023).

Eine sehr schwerwiegende neurodegenerative Erkrankung, die überwiegend (~2/3) Frauen betrifft, ist die **Alzheimer'sche Erkrankung**. Sie ist durch einen fortschreitenden Verlust von Neuronen gekennzeichnet. Das betrifft insbesondere den Hippocampus und den Cortex, was sich auf das Gedächtnis, die Sprache und die Persönlichkeit auswirkt. Familiäre Fälle der Alzheimer'schen Erkrankung können vor allem durch spezifische Mutationen im *APP*-Gen (Chr. 21q21, kodiert für das Amyloid-Vorläuferprotein) oder in den *PSEN1*- oder *PSEN2*-Genen (Chr. 14q24, kodiert für Presenilin 1; Chr. 1q42, kodiert für Presenilin 2) verursacht werden. Die familiäre (erbliche) Form der Alzheimer'schen Erkrankung macht allerdings nur etwa 1–5 % aller Fälle aus und betrifft in der Regel Personen im Alter von 40 bis 50 Jahren. Die meisten Fälle der Alzheimer'schen Erkrankung treten jedoch im Alter von 60 Jahren und später und ohne erkennbare Erblichkeit auf; man beachte jedoch, dass es in dieser Altersgruppe häufig mehr Frauen als Männer gibt. Genomweite Assoziationsstudien haben genetische Varianten wie Apolipoprotein E4 (*APOE4*; ▶ Abb. 4.19) identifiziert, die in ihrer homozygoten Version das Risiko, an der Alzheimer'schen Erkrankung zu erkranken, um das bis zu 15-Fache erhöhen können. Alle weiteren Einzelnukleotidpolymorphismen, die mit einem erhöhten Risiko für die Entwicklung der Alzheimer'schen Erkrankung assoziiert sind, stellen im Vergleich zum APOE4-Status ein viel geringeres Risiko dar (nach Kadlecova et al. 2023).

! Es gibt eine Reihe neurologischer Erkrankungen, die geschlechtsspezifisch häufiger auftreten. Einige verantwortlichen Gene dazu liegen auf dem X-Chromosom und sind bei hemizygoten Mutationen für Jungen letal (z. B. das Rett-Syndrom). Bei Erkrankungen aus dem Autismus-Spektrum sind Jungen 3–4 mal häufiger betroffen als Mädchen; hier sind die genetischen Ursachen unbekannt.

5.2 Intelligenz

Intelligenz kann im weiten Sinn verstanden werden als die Fähigkeit zu lernen, zu überlegen und Probleme zu lösen. Neben dieser logischen und/oder analytischen Form der Intelligenz sehen wir aber auch praktische Formen der Intelligenz, was pragmatische und soziale Fähigkeiten bezeichnet, sowie eine kreative Intelligenz – eine Fähigkeit, mit fantasievollen Lösungen auf Probleme zu reagieren anstatt logische Regeln oder erlerntes Wissen anzuwenden (nach Toga und Thompson 2005). Höhere Intelligenz eröffnet viele Vorteile, die insgesamt die Lebenschancen verbessern, z. B. in der Ausbildung, sozialen Mobilität, Leistung im Beruf, sozioökonomischer Status und Langlebigkeit (nach Goriounova und Mansvelder 2019).

Intelligenz ist eine „verborgene" Eigenschaft, die nicht direkt beobachtet werden kann, auf die aber durch eine Batterie verschiedener kognitiver Test zurückgeschlossen werden kann. Dazu gehören auch die häufig benutzten Intelligenztests, die eine IQ-Bewertungsziffer (engl. *intelligence quotient score*) ergeben. Psychometrische Tests kognitiver Fähigkeiten unterscheiden sich stark in Form und Inhalt – so testen einige eher auf sprachliche Ausdrucksfähigkeit und andere eher auf nonverbale Fähigkeiten; einige Tests machen strenge Zeitvorgaben und andere sind zeitlich unbeschränkt. Unabhängig von solchen Unterschieden sind die Bewertungsziffern der verschiedenen kognitiven Tests untereinander positiv korreliert: die Unterschiede in den Bewertungsziffern der Tests, die bei einem Individuum auftreten, sind kleiner als die entsprechenden Unterschiede zwischen verschiedenen Individuen. Mit anderen Worten: eine Person, die in einem kognitiven Test einen hohen Wert im Vergleich zu anderen erreicht, wird auch in anderen kognitiven Tests vergleichbar abschneiden (Plomin und von Stumm 2018).

Seit der Etablierung der IQ-Tests gibt es das Gegenargument, ob ein reduktionistischer Ansatz auf eine einzelne Bewertungsziffer ein adäquates Verfahren sei, ein komplexes Phänomen wie „Intelligenz" zu beschreiben. Derartige kognitive Test haben sich jedoch als aussagekräftig und bedeutsam erwiesen: sie sind über weite Bereiche der Lebenszeit hinweg stabil und zeigen ein hohes Maß an Erblichkeit (nach Goriounova und Mansvelder 2019). Im Kontext dieses Buches wollen wir uns auf die Aspekte der Erblichkeit konzentrieren. Es sei in diesem Zusammenhang im Übrigen auch darauf hingewiesen, dass auch der Erfolg schulischer Ausbildung ein hohes Maß an Erblichkeit aufweist (Rimfeld et al. 2018), ohne dass wir diesen Aspekt im weiteren Verlauf im Detail diskutieren werden.

Die Erblichkeit von Intelligenz ist eine der bemerkenswertesten Befunde aus Zwillingsuntersuchungen und liegt zwischen 50–80 %; für verbale IQ-Tests werden sogar 86 % erreicht. Das macht die menschliche Intelligenz zu einem der am stärksten erblichen Verhaltensmerkmale. Zusätzlich führt die Auswahl von Lebenspartnern mit ähnlichen Eigenschaften (engl. *assortative mating*) in jeder Generation additive genetische Varianz in die Population ein und trägt so zur hohen Erblichkeit von Intelligenz bei (nach Goriounova und Mansvelder 2019). Unter genetischen Gesichtspunkten folgt Intelligenz den Regeln komplexer Merkmale, d. h. das Merkmal zeigt einen signifikanten genetischen Einfluss, ohne dass die Erblichkeit 100 % beträgt – so bleibt (etwas) Raum für Umwelteinflüsse aller Art. Die Erblichkeit wird durch viele einzelne Gene mit jeweils geringen Einzeleffekten verursacht (nach Plomin und Deary 2015). Die Analyse solch komplexer genetischer Systeme erfolgt heute in erster Linie durch genomweite Assoziationsstudien (GWAS) mit einer möglichst hohen Zahl an Teilnehmern; untersucht wird dabei die Assoziation genetischer Marker (hier: SNPs; engl. *single nucleotide polymorphisms*) mit einem bestimmten Merkmal (hier: Intelligenz). ◻ Abb. 5.21 zeigt das Ergebnis einer Meta-Analyse verschiedener solcher genomweiten Assoziationsstudien mit Verbindungen zu Intelligenz.

Diese große Meta-Analyse genomweiter Assoziationsstudien von Intelligenz identifizierte über 1000 Gene, die zu unseren kognitiven Fähigkeiten beitragen. Das bedeutet, dass der Beitrag jedes einzelnen Gens sehr gering ist; dazu kommt, dass die Gene wahrscheinlich auch zu unterschiedlichen Zeiten der Gehirnentwicklung ihre Wirkung entfalten. Das Gesamtbild dieser Untersuchungen wird aber noch komplexer dadurch, dass viele der signifikanten SNPs in nichtkodierenden Region liegen – und derartige Phänomene haben wir ja bereits öfter diskutiert (vor allem im Detail bei der Haut-, Haar- und Augenfarbe [Abschn. 3.4.1] und der Lactase-Persistenz [Abschn. 3.4.2]). Im Fall der Assoziation mit Intelligenz (◻ Abb. 5.21) liegen nur 1,4 % der signifikanten SNPs in kodierenden Exons und ~3,8 % in regulatorischen Regionen kodierender Gene – aber 51,3 % in Introns und 33,4 % in Regionen zwischen Genen; dazu kommen noch knapp 11 % in nichtkodierenden RNA-Genen.

Wenn man die kodierenden Gene genauer betrachtet, handelt es sich dabei vor allem um solche Gene, die während bestimmter Phasen der embryonalen Gehirnentwicklung aktiv sind. Viele Gene sind außerdem wichtig für die lebenslange Funktion und Plastizität der Synapsen. Die Gehirnfunktion ist auf sehr dynamische, aktivitätsabhängige Prozesse angewiesen, die Gene an- und ausschalten, was zu tiefgreifenden strukturellen und funktionellen Veränderungen führen kann; dazu gehören auch die Bildung neuer und die Elimination nicht benutzter Synapsen, Veränderungen im Zytoskelett der Neuronen, in der Mobilität der Rezeptoren und im Energie-Stoffwechsel. Kognitive Fähigkeiten hängen auch davon ab, wie Neurone diese Prozesse regulieren können. Die Wechselwirkungen der Zellen mit ihrer Umgebung ist eine grundlegende Funktion sowohl in der neuronalen Entwicklung als auch in der Funktion der Synapsen. Viele der wichtigsten Protein-kodierenden Gene, die mit kognitiven Fähigkeiten assoziiert sind, sind in der Membran verankert und für die Kommunikation von Zelle zu Zelle verantwortlich. Eine Übersicht über wichtige Gene, deren Funktion bekannt ist und die mit Intelligenz assoziiert sind, gibt ◻ Tab. 5.4. Diese Liste der Gene ist aber – wie oben schon angedeutet – in keiner Weise vollständig, denn in den verschiedenen Studien erscheinen

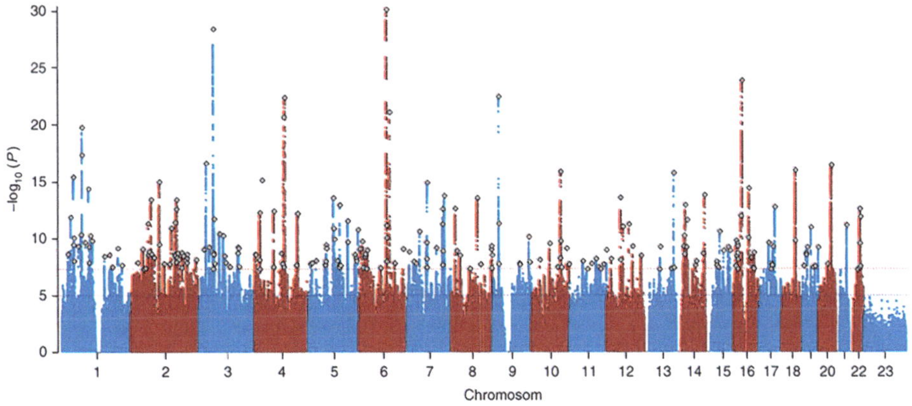

◻ **Abb. 5.21** SNP-basierte Assoziationen in einer Metaanalyse von genomweiten Assoziationsstudien mit Verbindungen zu Intelligenz; es sind insgesamt fast 270.000 unabhängige Individuen eingeschlossen. Das Manhattan-Diagramm zeigt die korrigierten p-Werte der einzelnen SNPs (engl. *single nucleotide polymorphisms*) auf der y-Achse und die einzelnen Chromosomen auf der x-Achse. Die punktierte rote Linie gibt die statistische Signifikanz an ($p < 5 \times 10^{-8}$); die punktierte grüne Linie deutet den Schwellenwert für einen vermutlichen Zusammenhang an ($p < 5 \times 10^{-5}$). Unabhängige Leit-SNPs sind durch eine Raute gekennzeichnet. (Nach Savage et al. 2018; Springer Nature)

5

Tab. 5.4 Beispiele für Gene, die mit Intelligenz assoziiert sind

Gensymbol (Chr.)	Protein	Funktion
ADAM12 (10q26)	ADAM Metallopeptidase Domäne 12	Zell-Zell- und Zell-Matrix Wechselwirkungen (u. a. in der Neurogenese)
ARHGAP27 (17q21)	*Rho GTPase Activating Protein 27*	GTPase-aktivierendes Protein
BSN (3p21)	*Bassoon Presynaptic Cytomatrix Protein*	Teil des präsynaptischen Cytoskeletts
CDHR4 (3p21)	*Cadherin Related Family Member 4*	Bindung von Ca^{2+}-Ionen
CELF4 (18q12)	*CUGBP Elav-Like Family Member 4*	RNA-bindendes Protein; Regulation von gewebespezifischem alternativen Spleißen
CREB3L4 (1q21)	*cAMP Responsive Element Binding Protein 3 Like 4*	DNA-bindender Transkriptionsfaktor mit Transmembrandomäne
DCC (18q21)	Netrin-1-Rezeptor	Transmembranprotein, Zelladhäsionsprotein, axonale Wegfindung
DDX27 (20q13)	DEAD-Box Helikase 27	RNA-Helicase
DMXL2 (15q21)	Rabconnectin-3	Wichtige Rolle bei Neurosekretion und Signalübertragung; angereichert an Synapsen
GBF1 (10q24)	*Golgi Brefeldin A Resistant Guanine Nucleotide Exchange Factor 1*	Vesikel-Transport; GDP/GTP-Austauschfaktor
GNL3 (3p21)	*Guanine Nucleotide Binding Protein-Like 3*	Proliferation von Stammzellen; Bearbeitung von rRNA und prä-mRNA (mRNA mit Kappe und Introns)
ITIH3 (3p21)	*Inter-Alpha-Trypsin Inhibitor Heavy Chain 3*	Stabilisator der extrazellulären Matrix; Polymorphismen mit Schizophrenie und Erkrankungen aus dem Autismus-Spektrum assoziiert
LAMB2 (3p21)	Laminin-β2	Extrazelluläres Glykoprotein, Bestandteil der Basalmembran; Auswachsen der Neuriten
MZF1 (19q13)	*Myeloid Zinc Finger 1*	DNA-Bindung und Transkriptionsfaktor
NCAPG (4p15)	*Non-SMC Condensin I Complex Subunit G*	Kondensation und Stabilisation von Chromosomen in Mitose und Meiose
PCDHA1 (5q31)	Protocadherin-α1	Integrales Protein der Plasmamembran; Zell-Zell-Kontakt im Gehirn
PCDHA7 (5q31)	Protocadherin-α7	Integrales Protein der Plasmamembran; Zell-Zell-Kontakt im Gehirn
RNF43 (17q22)	Ringfingerprotein 43	Ubiquitin-Ligase; negativer Regulator des WNT-Signalwegs
RNF123 (3p21)	Ringfingerprotein 123	Ubiquitin-Ligase; Substrat ist der Cyclin-abhängige Kinase-Inhibitor (CDKN1B) am G0/G1-Überganmg des Zellzyklus
SEMA3F (3p21)	Semaphorin 3F	Sezerniertes Signalprotein; axonale Wegfindung während der neuronalen Entwicklung
SPPL2C (17q21)	*Signal Peptide Peptidase Like 2C*	Homodimerisierung, Endopeptidase
TSNARE1 (8q24)	*T-SNARE Domain Containing 1*	Membranprotein; Freisetzung von Neurotransmittern in synaptischen Spalt
WNT4 (1p36)	*Wnt Family Member 4*	Teil der geschlechtsbestimmenden Signalkaskade: kontrolliert die weibliche Entwicklung und verhindert Entwicklung von Testes
ZNF446 (19q13)	Zinkfingerprotein 446	Transkriptionsfaktor
ZNF638 (2p13)	Zinkfingerprotein 638	Transkriptionsfaktor; Entwicklung des Nervensystems; Abwehr nicht-integrierter viraler DNA
ZNFX1 (20q13)	*Zinc Finger NFX1-Type Containing 1*	RNA-bindendes Protein; beteiligt an antiviraler Abwehr

Nach Goriounova und Mansvelder 2019; OMIM (▶ https://www.omim.org/); GeneCards (▶ https://www.genecards.org/)

auch Gene, die mit einem höheren Energieverbrauch (des Gehirns) assoziiert sind und für mitochondriale Funktionen kodieren oder am Glukose-, Aminosäure- und Lipidstoffwechsel beteiligt sind. Dazu kommen noch einige Gene, die für Mikrotubuli-assoziierte Proteine kodieren (nach Goriounova und Mansvelder 2019).

Unter genetischen Gesichtspunkten ist besonders auffallend, dass einige Gene in der chromosomalen Region 3p21 lokalisiert sind. In derselben Region sind auch viele SNPs lokalisiert, die mit Schizophrenie und bipolaren Störungen assoziiert sind; dazu gehört u. a. auch das Gen *GNL3* (◘ Tab. 5.4). Gemeinsame genetische Risikofaktoren zwischen psychiatrischen Erkrankungen und kognitiven Fähigkeiten deuten auf gemeinsame Ursachen – man vermutet sie in diesem Fall in der Pathologie der dendritischen Dornfortsätze des präfrontalen Cortex (nach Yang et al. 2020).

Wenn man die Daten der signifikant mit Intelligenz assoziierten Gene mit gewebespezifischen Genexpressionsdaten verknüpft, findet man keine Anreicherung dieser Gene in Gliazellen wie Oligodendrozyten oder Astrozyten. So bleiben Neuronen die Hauptträger der genetischen Variation, und man findet starke Assoziationen mit Neuronen in verschiedenen Regionen des Gehirns, vor allem aber mit den Hauptneuronen des Striatums, den mittelgroßen dornentragenden Projektionsneuronen, sowie mit den Pyramidenneuronen im CA1 (Teil des *Cornu ammonis*) des Hippocampus und in kortikalen somatosensorischen Regionen. Von besonderer Bedeutung erscheinen dabei die **Pyramidenneurone**. Hohe IQ-Werte sind mit einem dickeren temporalen Cortex assoziiert, und ein dickerer temporaler Cortex ist mit längeren und komplexeren Dendriten der Pyramidenneuronen verknüpft. Und schließlich zeigen experimentelle Aufzeichnungen von Aktionspotenzialen in menschlichen Pyramidenzellen, dass Individuen mit höheren IQ-Werten in der Lage sind, schnelle Aktionspotenziale während neuronaler Aktivität aufrecht zu erhalten (nach Savage et al. 2018; Goriounova und Mansvelder 2019). Einen Überblick über diese Mechanismen gibt ◘ Abb. 5.22.

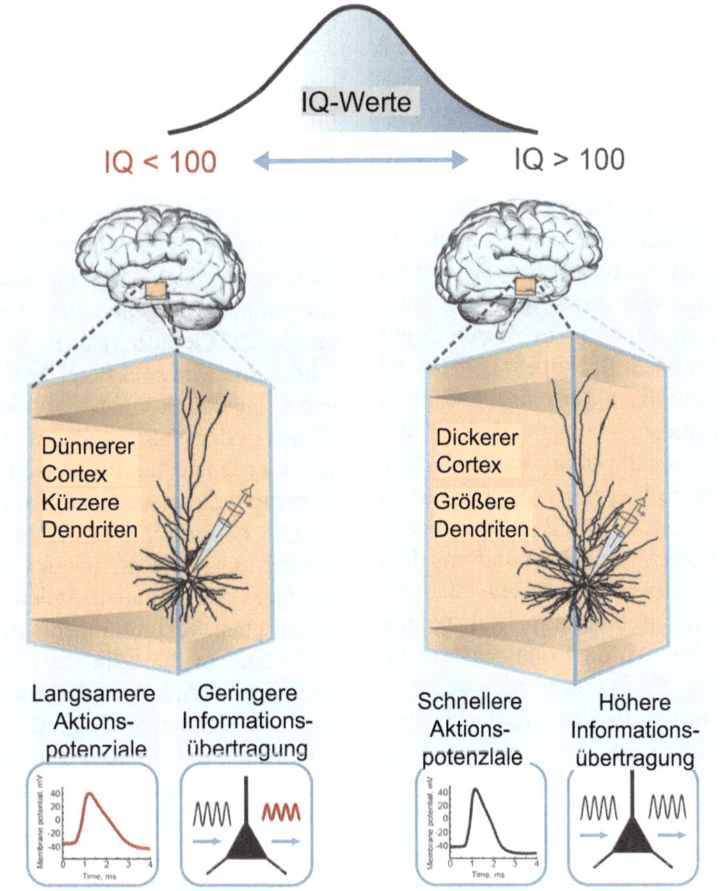

◘ **Abb. 5.22** Zelluläre Basis menschlicher Intelligenz. Höhere IQ-Werte sind mit längeren Dendriten und schnelleren Aktionspotenzialen während der neuronalen Aktivität sowie effizienterer Informationsverfolgung in pyramidalen Neuronen des temporalen Cortex verbunden. (Nach Goriounova und Mansvelder 2019; CC-by, ► http://creativecommons.org/licenses)

Die GWAS-Daten deuten außerdem auf interessante Zusammenhänge von Intelligenz mit anderen Merkmalen und Krankheiten hin: so zeigen die Daten eine negative Korrelation mit dem Aufmerksamkeitsdefizit-/Hyperaktivitäts-Syndrom (ADHD), depressiven Symptomen und der Alzheimer'schen Erkrankung, aber eine positive Korrelation mit Langlebigkeit und Krankheiten aus dem Autismus-Spektrum. Und es gibt einen **bidirektionalen** Zusammenhang mit dem Bildungsabschluss (nach Savage et al. 2018) – worauf wir oben bereits hingewiesen haben.

! Die Erblichkeit von Intelligenz liegt zwischen 50–80 % und ist eines der am stärksten erblichen Verhaltensmerkmale. Wir kennen inzwischen viele Gene, die mit menschlicher Intelligenz assoziiert sind – es gibt aber kein Intelligenz-Gen.

5.3 Von Sinneswahrnehmungen zu Bewusstsein

Die Sinnesorgane vermitteln über ihre Verbindungen in verschiedene Gehirnregionen einen Eindruck von unserer äußeren Umwelt, aber auch über einige Befindlichkeiten unseres Körpers und über seine Rolle in der Umwelt. Zu den klassischen Sinnen zählen wir das Sehen, Hören, Riechen, Schmecken und Tasten; im Laufe der Zeit wurde noch der Gleichgewichtssinn entdeckt sowie die Tiefenwahrnehmung (Propriozeption). Wir können heute also von 7 Sinnen des Menschen sprechen. Der Schmerz ist zwar eine weitere, manchmal sehr starke Wahrnehmung – man zählt Schmerz aber eigentlich nicht zu den Sinnen wie die genannten anderen (nach Brandt et al. 2024). Die Sinneszellen nehmen die jeweiligen Reize über spezifische Rezeptoren auf; über entsprechende Nervenbahnen werden diese Signale an unterschiedliche Stellen des Gehirns weitergeleitet. Wir werden im Folgenden am Beispiel des Riechens (► Abschn. 5.3.1) und des Sehens (► Abschn. 5.3.2) diese Aspekte vertiefen und uns dabei besonders die genetischen Aspekte betrachten – denn dadurch wird festgelegt, was wir überhaupt wahrnehmen können. Schließlich wenden wir uns dem eigentlichen Bewusstsein zu (► Abschn. 5.3.3) und werden dabei diskutieren, wann, wo und wie wir die Sinnesreize „bewusst" wahrnehmen und welche Prozesse eher „unbewusst" ablaufen – und ob die Genetik uns bei dessen Verständnis hilfreich sein kann.

5.3.1 Geruchswahrnehmungen

Geruchswahrnehmung ist eine unwillkürliche Sinneswahrnehmung; ob wir wach sind oder schlafen, ob die Augen offen oder geschlossen sind – wir können nicht anders als zu riechen, wenn wir atmen. Andere Sinneswahrnehmungen können wir manuell stoppen (z. B. die Augen schließen oder die Ohren zustöpseln), aber wir können nicht aufhören zu atmen, denn auch wenn wir durch den Mund atmen, nehmen wir noch Gerüche wahr. Für die meisten Primaten ist der Geruchsinn sicherlich nicht so wichtig wie das Sehen; allerdings gehört der Geruchsinn wie der Geschmacksinn und der Tastsinn zu den chemosensorischen Systemen und damit zu den evolutionär ältesten sensorischen Systemen (nach Hoover 2010).

Die Weiterverarbeitung von Gerüchen, die von verschiedenen chemischen Reizen ausgehen, durch sensorische Signale ist für das physiologische und emotionale Gleichgewicht von grundlegender Bedeutung und spielt für die reproduktive und neuroendokrine Regulation eine besondere Rolle. Die Geruchserkennung beginnt in dem Riechepithel der Nase; die Signale werden dann zum Riechkolben (*Bulbus olfactorius*) weitergeleitet, der eine Ausstülpung des Gehirns darstellt. Olfaktorische Reize werden durch die Aktivitäten der olfaktorischen neuronalen Zellen in neuronale Reize umgewandelt, bevor dann die Information zu den cortikalen Gehirnstrukturen für die weitere Bearbeitung weitergeleitet wird (nach Fatuzzo et al. 2023). Einen Überblick über das olfaktorische System des Menschen gibt ◘ Abb. 5.23.

Wir haben zu Beginn schon kurz darauf hingewiesen, dass das Erkennen von chemischen Verbindungen in der Luft eines der phylogenetisch ältesten sensorischen Systeme ist: es dirigiert einen Organismus in Richtung seiner Nährstoffquellen und seiner Geschlechtspartner, hält ihn aber von „unangenehmen" Gerüchen (und damit von möglichen Gefahren) fern. Wir sehen daran allerdings schon, dass wir zwei Bereiche des olfaktorischen Systems unterscheiden können: einmal das **Erkennen von Gerüchen** in der Nase, und zum anderen die Wahrnehmung von Gerüchen durch die Weiterverarbeitung (und „Bewertung") dieser sensorischen Informationen im Gehirn.

Die Nasenhöhle des Menschen ist mit dem Riechepithel ausgekleidet, das sensorische Neurone enthält, die Gerüche erkennen, indem sie **Rezeptoren** für diese chemischen Verbindungen synthetisieren. Diese Rezeptoren sind in die zelluläre Plasmamembran eingebettet und „erwarten" dort die Ankunft eines Geruchstoffs, d. h. eines passenden Liganden für den jeweiligen Rezeptor. Wenn der Ligand gebunden hat, wird eine biochemische Signalkette in Gang gesetzt: die Antwort des Geruchsrezeptors auf die Bindung breitet sich über die Zelle aus und initiiert Impulse in dem olfaktorischen Neuron. Die Axone der olfaktorischen Neurone konvergieren im Riechkolben (*Bulbus olfactorius*) – einer paarigen Struktur von der Größe einer Erbse, die sich beim Menschen direkt unterhalb des Frontallappens und direkt über dem Riechepithel befindet (nach Hoover 2010).

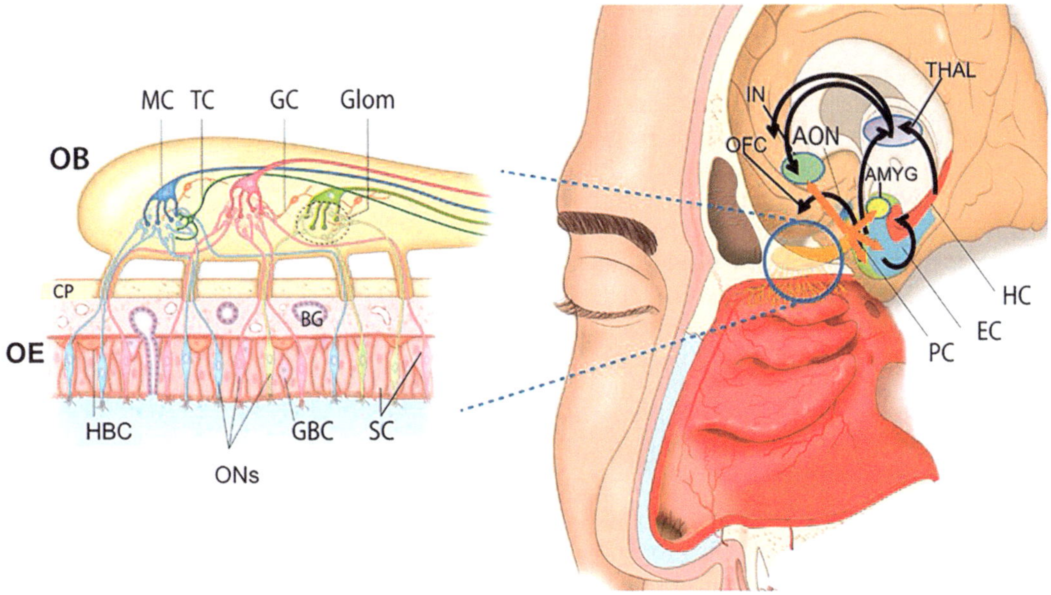

Abb. 5.23 Peripheres und zentrales olfaktorisches System. Geruchsstoffe gelangen durch die Nase ins Riechepithel (olfaktorisches Epithel, OE) und werden dort durch entsprechende Rezeptoren auf den sensorischen Rezeptor-Zellen aufgefangen. Deren Neurone (ON) durchqueren die Siebplatte (*Lamina cribrosa*; Dach der Nasenhöhle, CP) und bauen eine synaptische Verbindung mit den Mitralzellen (MC) des Riechkolbens (*Bulbus olfactorius*, OB) auf. Der Riechkolben projiziert zu einer Vielzahl von sekundären olfaktorischen Strukturen, darunter ist der vordere Riechkern (*Nucleus olfactorius anterior*, AON), der piriforme Kortex (PC), der Riechhöcker, der laterale entorhinale Cortex (EC) und der para-amygdaloide Komplex. Neuronen innerhalb dieser sekundären Geruchstrukturen projizieren auf tertiäre Geruchstrukturen, zu denen der orbitofrontale Kortex (OFC) , der insuläre Cortex (IN) und der dorsale Hippocampus (HC) gehören. Unterschiedliche Geruchsstoffe werden von entsprechenden Rezeptoren in den sensorischen Zellen erkannt (jede sensorische Zelle enthält nur einen Rezeptor-Typ; die Zellen sind entsprechend *blau*, *rot* und *grün* gefärbt). In den *Glomeruli* (Glom) des *Bulbus olfactorius* (OB) wird die Informationen auf die pyramidenförmigen Mitralzellen (MC) übertragen; jeder *Glomerulus* empfängt dabei die Signale von einem Typ sensorischer Zellen (die *Glomeruli* sind entsprechen *blau*, *rot* oder *grün* gefärbt, genauso wie die weiterleitenden Mitralzellen). Die Unterschiedlichkeit der sensorischen Eingabe entspricht also einem funktionellen Unterschied der Mitralzellen. AMYG: Amygdala; BG: Bowman'sche Drüse; GBC, kugelige Basalzelle; GC: Glomerulus-Zelle; HBC: horizontale Basalzelle; SC: Stützzelle; THAL, Thalamus; TC: Büschelzelle. (Nach Marin et al. 2023; Springer Nature)

Der zweite Teil dieses Prozesses ist die **Geruchswahrnehmung** im Großhirn – das ist unüblich, denn die anderen Sinne werden zunächst im Thalamus weiterverarbeitet. Eine mögliche Ursache für die neurobiologische Einzigartigkeit liegt darin begründet, dass die olfaktorischen Rezeptorzellen selbst schon olfaktorische Neurone sind und so das Gehirn direkt mit der Umgebung ohne weitere Zwischenschritte verbunden ist. Bei Säugetieren und also auch bei Menschen wird Geruchswahrnehmung im limbischen System des Gehirns weiterverarbeitet, wo Emotionen und Erinnerungen gespeichert sind. Das führt zu einem einzigartigen Zusammenspiel dieser drei Komponenten, und der vielleicht interessanteste Aspekt dieser Anordnung ist, dass Säugetiere (und also auch Menschen) auf einen Geruch reagieren, bevor sie darüber nachdenken können (nach Hoover 2010). Vom primären olfaktorischen Cortex werden neuronale Signale auch an höhere cortikale Regionen weitergeleitet, was eine bewusste Wahrnehmung des Geruchs ermöglicht (Sharma et al. 2019).

Unter genetischen Gesichtspunkten ist zunächst von besonderem Interesse, dass in jedem olfaktorischen sensorischen Neuron nur ein bestimmter olfaktorischer Rezeptor exprimiert wird, der an ein bestimmtes Molekül bindet. Im olfaktorischen Epithel des Menschen (auf jeder Nasenseite ~2,5 cm^2) befinden sich ~50 Mio. unterschiedliche olfaktorische sensorische Neuronen mit hoher Sensitivität in der Größenordnung von wenigen Teilen pro Trillion (engl. *parts per trillion*, ppt); diese Neurone haben eine mittlere Lebensdauer von ~40 Tagen. Ein bestimmter olfaktorischer Rezeptor wird nur in relativ wenigen olfaktorischen sensorischen Neuronen exprimiert, und jedes olfaktorische sensorische Neuron mit demselben olfaktorischen Rezeptor endet an derselben Stelle im Riechkolben (*Glomerulus*; Abb. 5.23), sodass für jeden Geruchsstoff ein spezifisches Muster neuronaler Signale entsteht. Aufgrund ihrer strukturellen Ähnlichkeit und evolutionären Entwicklung können mehrere Rezeptoren denselben Geruchsstoff erkennen – wenngleich mit unterschiedlicher Empfindlichkeit (Sharma et al. 2019).

Hintergrund dieses zunächst unerwarteten Befundes ist die Existenz von Stammzellen für olfaktorische sensorische Neuronen, die sich ein Leben lang erneuern

5

können. Sie differenzieren aus unmittelbaren neuronalen Vorläuferzellen zunächst zu unreifen und dann zu reifen olfaktorischen sensorischen Neuronen. Dabei exprimieren die neuronalen Vorläuferzellen ~5–10 Gene für olfaktorische Rezeptoren pro Zelle (polygene Transkription von Genen für olfaktorische Rezeptoren). Sobald sich dann die sensorischen olfaktorischen Neuronen herausbilden, wirken verschiedene Ebenen genregulatorischer Prozesse so zusammen, dass schließlich nur ein Allel eines olfaktorischen Rezeptorgens pro Zelle exprimiert wird. Die Auswahl eines bestimmten Allels eines olfaktorischen Rezeptorgens erfolgt über eine Vielzahl epigenetischer Prozesse und bestimmt auch über die Art der axonalen Wegfindung (engl. *axon guidance*) in der Zelle, so dass eine definierte Karte der Geruchsstoffe im Gehirn entsteht (für Details siehe Kanata et al. 2024).

Beim Menschen kennen wir ~900 Gene für olfaktorische Rezeptoren, davon kodieren 396 für Proteine und 468 sind Pseudogene. Das ist das Ergebnis eines langen Evolutionsprozesses im Primatenstammbaum, der von Verlusten an olfaktorischen Rezeptorgenen, aber auch von der Bildung neuer Gene gekennzeichnet ist. ◘ Abb. 5.24a gibt dazu einen Überblick: Die Zahl der funktionellen olfaktorischen Rezeptorgene im letzten gemeinsamen Vorfahren der Primaten lässt sich auf einen Satz von 551 Rezeptorgenen abschätzen, aber jede der untersuchten Spezies hat im Laufe ihrer weiteren Evolution ~200 Gene verloren und ~50 funktionelle Gene neu hinzugewonnen, so dass wir für den Menschen auf 396 funktionelle olfaktorische Rezeptorgene kommen. Wir können dabei phylogenetisch zwei Klassen unterscheiden: olfaktorische Rezeptoren der Klasse I sind Fisch-analoge Rezeptoren, und olfaktorische Rezeptoren der Klasse II sind spezifisch für Arthropoden. Für die Analyse des olfaktorischen Systems einschließlich seiner Rezeptoren erhielten Linda B. **Buck** und Richard **Axel** 2004 den Nobelpreis für Medizin/Physiologie.

Die Gene für olfaktorische Rezeptoren sind im menschlichen Genom sehr ungleich verteilt – die meisten sind auf dem Chromosom 11 in zwei großen Gruppen lokalisiert, die durch Duplikationen entstanden sind (die chromosomale Verteilung zeigt ◘ Abb. 5.24b). Die Vielfalt der olfaktorischen Rezeptorgene wird durch häufige Duplikationen erklärt, die dann durch weitere Mutationen entweder zu neuen Genen mit veränderten Eigenschaften der Rezeptoren führen oder aber zu Pseudogenen, die nicht (mehr) exprimiert werden. Im Ergebnis haben Menschen zwischen verschiedenen Populationen (aber auch innerhalb von Populationen) durchaus ein verschiedenes Repertoire an Genen (und Allelen) für olfaktorische Rezeptoren (Sharma et al. 2019; Trimmer et al. 2019). Wir kennen heute knapp 120.000 Varianten in den Genen, die für olfaktorische Rezeptoren kodieren (Jimenez et al. 2021). Und Arshamian et al. zeigten 2022, dass unter 225 Personen von 9 unterschiedlichen, nicht-westlichen Kulturen kulturelle Einflüsse offensichtlich nur ~6 % der Unterschiede in der Wahrnehmung von Gerüchen als „angenehm" erklären – dagegen erklären individuelle Unterschiede oder persönlicher Geschmack ~54 % der Unterschiede; ~41 % der Unterschiede lassen sich über die molekulare Struktur der Geruchsstoffe erklären. Die Studie zeigt, dass wesentliche Aspekte menschlicher Geruchswahrnehmung durch universelle Regeln stark eingeschränkt sind (Arshamian et al. 2022).

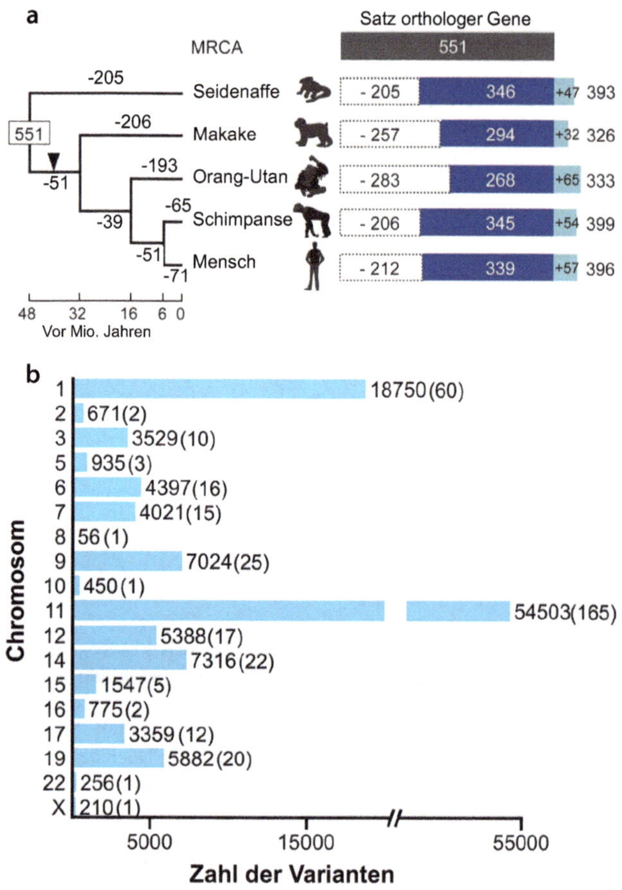

◘ **Abb. 5.24** **a** Evolutionäre Veränderungen der Zahl der Gene für Geruchsrezeptoren bei Primaten. Der letzte gemeinsame Vorfahre (MRCA) verfügte noch über etwa 551 Gene für Geruchsrezeptoren; der Verlust an funktionellen Genen für Geruchsrezeptoren ist an jeder Verzweigung angegeben; der Gewinn neuer Gene für olfaktorische Rezeptoren ist für jede Spezies *rechts* dargestellt. **b** Chromosomale Verteilung der humanen Gene für olfaktorische Rezeptoren und ihre Varianten. Die meisten OR-Gene (und damit auch die Zahl der Varianten) sind auf dem Chromosom 11 lokalisiert. Die Zahl der untersuchten Gene ist in Klammern angegeben. (a: Nach Matsui et al. 2010, Oxford University Press; b: Nach Jimenez et al. 2021; CC-by-4.0, ► http://creativecommons.org/licenses/by/4.0/)

Die Gene der olfaktorischen Rezeptoren enthalten innerhalb des kodierenden Bereichs kein Intron; vielmehr unterbricht üblicherweise nur ein langes Intron die

5'-untranslatierte Region. Diese kodierende Region wird in ein Rezeptormolekül translatiert, das 7 Transmembrandomänen enthält: Die N-terminale Bindungsstelle für das Geruchsmolekül ist außerhalb der Zelle, der C-Terminus innerhalb, und dazwischen befinden sich jeweils drei intrazelluläre und drei extrazelluläre Schlaufen. Die olfaktorischen Rezeptoren zeigen damit eine ähnliche Struktur wie das Rhodopsin (▶ Abschn. 5.3.2); sie gehören zur Familie der GTP-bindenden Protein-gekoppelten Rezeptoren (engl. *GTP-binding protein coupled receptor*, GPCR). Eine Übersicht über die Rezeptorstruktur gibt ◘ Abb. 5.25.

Sobald der olfaktorische Rezeptor den Geruchsstoff gebunden hat, verändert er seine Struktur unter besonderer Beteiligung der Transmembrandomäne 6, und das an den Rezeptor gekoppelte G-Protein wird aktiviert. Das führt schließlich zur Freisetzung von cAMP und einem Einstrom von extrazellulären Ca^{2+}-Ionen über cAMP-abhängige Ionenkanäle. Auf diese Weise wird die Bindung eines Geruchsstoffs in einen elektrischen Nervenimpuls umgewandelt und direkt zum Riechkolben geleitet. Wenn das Signal den Riechkolben erreicht hat, bindet Calmodulin an Ca^{2+}-Ionen und vermindert damit eine erneute Reizweiterleitung; das cAMP wird durch eine Phosphodiesterase gespalten und dadurch inaktiviert; eine grobe Übersicht über diesen Mechanismus gibt ◘ Abb. 5.26. Bei einer wiederholten Anwesenheit eines Geruchsstoffs wird der olfaktorische Rezeptor allerdings phosphoryliert, dadurch von seinem G-Protein abgekoppelt und von der Membran in das Cytosol internalisiert (nach Sharma et al. 2019).

! Der Mensch besitzt ~900 Gene für olfaktorische Rezeptoren, davon kodieren 396 für Proteine und 468 sind Pseudogene. Die olfaktorischen Rezeptoren sind G-Protein gekoppelte Rezeptoren mit 7 Transmembrandomänen.

Eine phylogenetisch unabhängige Gruppe von olfaktorischen Rezeptoren erkennt Amine, die in geringer Konzentration vorkommen; sie werden deswegen als Spurenaminrezeptoren bezeichnet (engl. ***trace amine-associated receptors*, TAARs**). Der Begriff Spurenamine bezieht sich auf endogene Amine, die von aromatischen Aminosäuren abstammen und in geringer Konzentration vorkommen, und zwar β-Phenylethylamin, p-Tyramin, Tryptamin, Octopamin und Synephrin. Die TAARs sind ebenso wie die olfaktorischn Rezeptoren G-Protein-gekoppelte Rezeptoren mit 7 Transmembrandomänen. Säuger verfügen über eine sehr unterschiedliche Anzahl von TAARs – Delfine haben gar keine und Flughunde 29. Der Mensch hat 9 *TAAR*-Gene, die alle innerhalb von 108 kb auf dem Chromosom 6q23 liegen (◘ Abb. 5.27); davon entwickelten sich *TAAR3*, *TAAR4* und *TAAR7* schon vor der Trennung der Entwicklungslinie von Menschen und Gorillas zu Pseudogenen. Alle Mitglieder der *TAAR*-Genfamilie stellen ein intronloses Transkript von ~1000 bp her – nur *TAAR2* hat zwei Exons. Mit Ausnahme von *TAAR1* werden alle anderen aktiven *TAAR*-Gene im Riechepithel exprimiert. *TAAR1* wird dagegen in verschiedenen Gehirnregionen exprimiert und mit einer Reihe von psychiatrischen Erkrankungen in Verbindung gebracht (z. B. Schizophrenie, bipolare Erkrankung) (nach Rutigliano und Zucchi 2020).

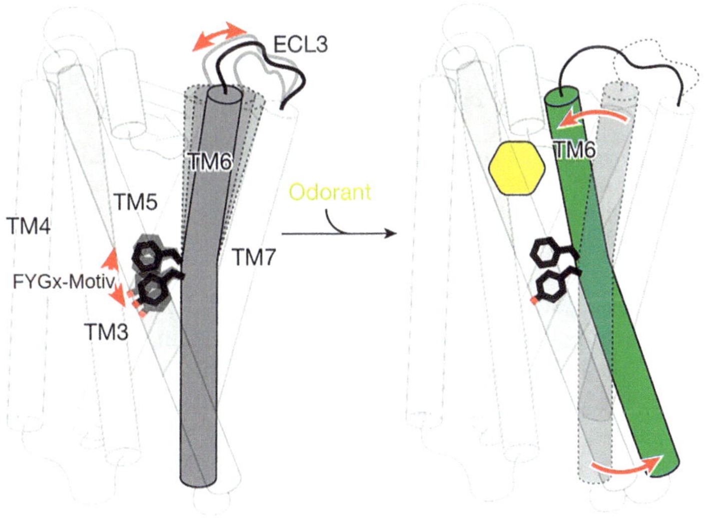

◘ **Abb. 5.25** Aktivierung eines olfaktorischen Rezeptors. Ein typischer olfaktorischer Rezeptor (hier: OR51E2) ist mit seinen wesentlichen Transmembrandomänen (TM3-TM7) und der wichtigen extrazellulären Schlaufe 3 (ECL3) dargestellt. Bei der Bindung des Odorants (*gelb*) bewegt sich TM6 (*rote* Pfeile) und ECL3 verändert ebenfalls ihre Lage. Das hochkonservierte Motiv aus Phe-Tyr-Gly (FYGx-Motiv) mit den beiden Phenylringen des Phe und Tyr wirken dabei als Drehpunkt. (Nach Billesbølle et al. 2023; Springer Nature)

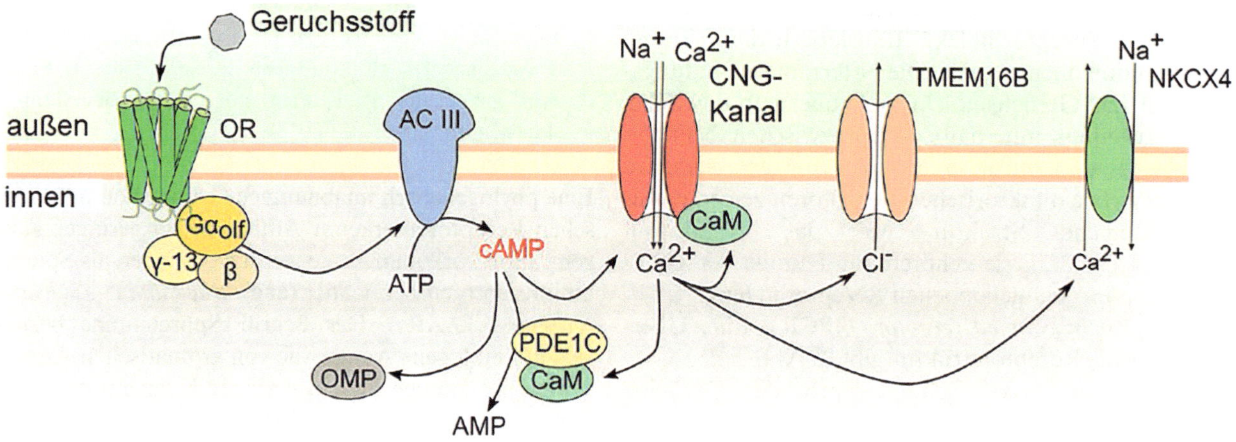

Abb. 5.26 Wenn der Geruchsstoff an den Geruchsrezeptor (OR) gebunden hat, wird das gebundene trimere G-Protein aktiviert, was wiederum die die Adenylatcyclase III (AC III) stimuliert, die dadurch vermehrt cAMP aus ATP produziert. cAMP steuert direkt Ionenkanäle (CNG) und bewirkt einen Einwärtsstrom, der von Na^+ und Ca^{2+} getragen wird; das olfaktorische Markerprotein (OMP) wirkt als Modulator des Signalwegs. Der Ca^{2+}-Einstrom verstärkt das Signal, da er einen Ausfluss von Cl^- über Ca^{2+}-aktivierte Cl^--Kanäle bewirkt (TMEM16B). Diese Ionenflüsse bewirken eine Depolarisation. Hemmende Einflüsse werden von Ca^{2+}-Calmodulin-Komplexen ausgeübt, indem die Aktivität der Phosphodiesterase (PDE 1C) erhöht wird, die cAMP hydrolysiert, und indem die Affinität der CNG-Kanäle für cAMP vermindert wird. Ca^{2+} wird durch einen Na^+/Ca^{2+}-Austauscher (NKCX4) ausgestoßen. (Nach Boccaccio et al. 2021; Springer Nature)

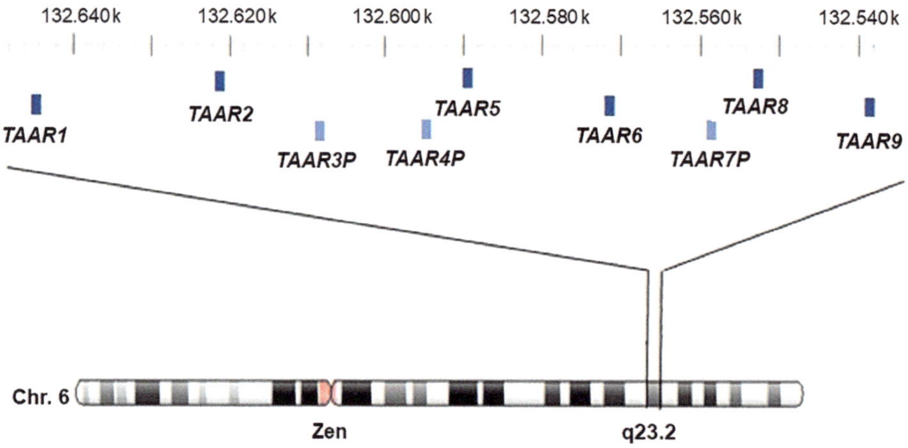

Abb. 5.27 Schematische Darstellung der 108-kb-Region auf dem menschlichen Chromosom 6q23, die die Gene für die Spurenamin-Rezeptoren (*TAARs*) enthält (entspricht GRCh38.p13). Das humane Genom enthält sechs *TAAR*-Gene (*dunkelblau*), die alle als Einzelkopie-Gene vorkommen. Die Gene *TAAR3*, *TAAR4*, und *TAAR7* (*hellblau*) sind Pseudogene. Zen: Zentromer (*rosa*). (Nach Rutigliano und Zucchi 2020; CC-by-4.0, ► http://creativecommons.org/licenses/by/4.0/)

Ein zusätzliches olfaktorisches System stellt das **vomeronasale System** dar. Es erkennt chemische Signale, die – allgemein gesprochen – von anderen Organismen derselben Spezies ausgesendet werden und ein Verhalten oder Emotion hervorrufen; diese Signale werden als **Pheromone** bezeichnet. Für die Erkennung der Pheromone nutzen die meisten Vertebraten (außer Fischen) das vomeronasale Organ in der oberen Nasenhöhle. Bei den meisten erwachsenen Menschen ist es ein kleiner Schlauch (*Ductus vomeronasalis*) von 2–10 mm Länge unterhalb der Septumschleimhaut innerhalb des Perichondriums (Knorpelhaut), das posterior in einem kleinen Sack endet. Sowohl der Schlauch als auch der Sack sind von einem mehrreihigen Säulenepithel mit zahlreichen Drüsen bedeckt. Obwohl in fötalen menschlichen vomeronasalen Organen Neurone gefunden wurden, fehlen solche Neurone oder Nervenfasern in erwachsenen Menschen ebenso wie ein zusätzlicher Riechkolben, der Informationen von vomeronasalen Rezeptoren empfangen könnte. Insofern ist das vomeronasale Organ erwachsener Menschen offensichtlich degeneriert und nicht funktionell; ob und welche Funktionen es bei menschlichen Embryonen hat, bleibt unklar (nach Bruintjes und Bleys 2023).

Unklar ist auch die Rolle möglicher vomeronasaler Rezeptoren des Menschen. Wir kennen im Wesentlichen zwei Familien für vomeronasale Rezeptoren, V1R und V2R, die beide zu den G-Protein gekoppelten Rezeptoren gehören. Die Gene für V2R-Rezeptoren sind beim Menschen vollständig degeneriert; das menschliche Genom enthält dagegen mehrere V1R-Pseudogene, und fünf humane V1R-Gene haben einen intakten Leserahmen; davon ist mindestens ein Gen (*V1RL1*; engl. *V1r-like gene-1*) im olfaktorischen Epithel exprimiert (die Schimpansen haben dagegen offensichtlich kein funktionelles *V1R*-Gen). Die Gene *V1RL1*, *V1RL2* und *V1RL4* sind auf dem Chromosom 19q13 lokalisiert; *V1RL3* liegt auf dem Chromosom 16p11 und *V1RL5* auf dem Chromosom 1q44. Ob und wo die Gene *V1RL2*-*V1RL5* exprimiert werden, ist bisher unbekannt; auch ist nicht bekannt, ob die sensorischen Signale, die von V1RL1 empfangen werden, genauso weitergeleitet werden, wie wir das von den humanen olfaktorischen Rezeptoren kennen (nach Tirindelli et al. 2009; Sharma et al. 2019; GeneCards).

Obwohl das vomeronasale System bei (erwachsenen) Menschen als Geruch-basiertes Kommunikationssystem ausscheidet, gibt es offensichtlich auch bei Menschen Systeme, die dazu führen, dass Männer den Körpergeruch von Frauen während der Ovulationsphase (also während der Phase höchster Fruchtbarkeit) attraktiv finden. Eine japanische Arbeitsgruppe hat aus dem Achselschweiß von Frauen drei Stoffe isoliert (E-Geranylaceton, Tetradecansäure [Myristinsäure] und cis-9-Hexadecensäure [Palmitoleinsäure]), deren Konzentration während der Ovulationsphase ansteigt und bei Männern zu Entspannung und zu einem positiveren Eindruck des weiblichen Gesichtsbildes führen. Allerdings ist der entsprechende Signalweg unbekannt (Ohgi et al. 2025).

! Neben den klassischen olfaktorischen Rezeptoren kennen wir beim Menschen noch Rezeptoren für Spurenamine. Ein vomeronasales System ist bei Menschen nur noch rudimentär vorhanden.

Störungen in der Wahrnehmung von Duftstoffen (reduzierte Wahrnehmung: Hyposmie; keine Wahrnehmung: Anosmie) betreffen 3–20 % der Bevölkerung; die Ursachen sind vielfältig. Ab einem Alter von ~40 Jahren nimmt die Geruchswahrnehmung ab, weil die Zahl der olfaktorischen Rezeptorneurone langsam zurückgeht. Auch verknöchert die Siebplatte stärker, wodurch der Durchgang zum Riechkolben zunehmend erschwert wird. Insgesamt verlaufen diese Prozesse bei Männern schneller als bei Frauen. Olfaktorische Fehlfunktionen werden auch bei neurodegenerativen Erkrankungen (z. B. Parkinson'sche Erkrankung, Alzheimer'sche Erkrankung) beobachtet, und zwar oft, bevor motorische oder höhere kognitive Einschränkungen identifiziert werden (prodromale Phase). Die Proteinkomplexe, die für diese Erkrankungen charakteristisch sind (z. B. bestehend aus α-Synuklein oder β-Amyloid), finden sich auch im olfaktorischen System (nach Fatuzzo et al. 2023).

Auch nach einer viralen Infektion ist eine Fehlfunktion des olfaktorischen Systems nicht selten und vielmehr eine fest etablierte Größe (engl. *post-viral olfactory dysfunction*, PVOD). Man nimmt an, dass durch die Virusinfektion (meistens durch Rhinoviren, Coronaviren, Parainfluenzaviren und Epstein-Barr-Viren) das olfaktorische Epithel beschädigt wird. Diese Fehlfunktion ist oft vorübergehend und verflüchtigt sich mit der akuten viralen Atemwegserkrankung. In den meisten Fällen erhalten die Patienten das Geruchsempfinden schließlich zurück – in manchen Fällen kann dieser Prozess aber bis zu zwei Jahren andauern (Dicpinigaitis 2021). Auch während der COVID-19-Pandemie wurde in vielen Fällen eine Anosmie beobachtet: sie trat früh und abrupt im Verlauf der Erkrankung auf und blieb für ~9–15 Tage bestehen. In der Anfangsphase der Pandemie betraf dies ~50–60 % der COVID-19-Patienten in Europa; bei der späteren Coronavirus-Variante „omikron" traten nur noch in ~12 % der europäischen Fälle eine Anosmie auf. In ~5 % der Patienten mit akuter COVID-19-Erkrankung besteht die Anosmie/Hyperosmie fort. Im Gegensatz zu manch anderen Viren (wie Herpes und Polio) infizieren die Corona-Viren nicht die olfaktorischen sensorischen Neuronen, sondern die Stützzellen und die Bowman'schen Drüsenzellen im Riechepithel und verursachen dadurch dessen Zusammenbruch. Die Ursache dafür ist, dass die Stützzellen an ihrer Oberfläche das Angiotensin-konvertierende Enzym (engl. *angiotensin-converting enzyme*, ACE) sowie die transmembrane Serinprotease 2 (engl. *transmembrane protease serine 2*, TMPRSS2) exprimieren, die die Coronaviren über ihr Spike-Protein als Eintrittsstelle in die Zelle benutzen. Die Abschaltung einer Vielzahl von Genen in der Signalkaskade der olfaktorischen sensorischen Neuronen erfolgt üblicherweise nach dem Verlust des Geruchssinns und ist eher eine Folge des Zusammenbruchs der Riechschleimhaut als die Ursache der Anosmie (Anastassopoulou et al. 2024).

Neben der vireninduzierten und altersabhängigen Form der Anosmie gibt es auch congenitale Formen der Anosmie, die entweder als Teil eines Syndroms (z. B. Kallmann-Syndrom) oder isoliert auftreten können; die Häufigkeit beträgt etwa 1:10.000. Die genetischen Ursachen dafür sind vielfältig, und nur in wenigen Familien ist ein direkter Nachweis bisher möglich gewesen. Eine aktuelle Arbeit listet 158 Kandidatengene mit Variationen auf, die mit congenitaler Anosmie in Verbindung stehen (Kamarck et al. 2023). Hier wird man die Ergebnisse weiterer Forschungsarbeiten abwarten müssen; zu erwarten ist, dass Gene identifiziert werden, die für die embryonale Entwicklung des olfaktorischen Systems verantwortlich sind.

! Olfaktorische Fehlfunktionen werden auch bei neurodegenerativen Erkrankungen (z. B. Parkinson'sche Erkrankung, Alzheimer'sche Erkrankung) beobachtet. Auch nach einer viralen Infektion ist eine Fehlfunktion des olfaktorischen Systems häufig, da durch Rhinoviren, Coronaviren, Parainfluenzaviren und Epstein-Barr-Viren das olfaktorische Epithel beschädigt werden kann.

5.3.2 Visuelle Wahrnehmung

Die visuellen Informationen über die äußere Welt sind im Wesentlichen in dem Licht enthalten, das das Auge erreicht. Was wir erkennen und wie wir agieren, hängt von den Informationen ab, die von jeder der aufeinanderfolgenden Strukturen des visuellen Systems verarbeitet wird. Wir können dabei zunächst einmal das Auge als peripheres Sinnesorgan von der zentralen Sehbahn mit ihren Schaltstellen im Gehirn unterscheiden. Das Auge (◘ Abb. 5.28a) selbst ist ein komplexes Organ, das aus mehreren Geweben aufgebaut ist. Der vordere Teil des Auges besteht im Wesentlichen aus der transparenten Hornhaut (*Cornea*) und der ebenfalls transparenten Linse, die das einfallende Licht im Bereich der Wellenlängen zwischen ~400 und~900 nm filtern und fokussieren. Danach tritt das Licht durch den gelartigen, ebenfalls transparenten Glaskörper (*Corpus vitreum*), bis es dann auf die Retina trifft.

In der Retina muss das Licht noch mehrere Zellschichten durchdringen, bis es auf die Fotorezeptorzellen trifft, die fast ganz am äußersten Rand der Retina liegen. Wir unterscheiden aufgrund der Form die Stäbchenzellen (engl. *rods*) und die Zapfenzellen (engl. *cones*): die menschliche Retina enthält ~120–130 Mio. Stäbchenzellen, die lichtempfindlicher sind und das Hell-Dunkel-Sehen ermöglichen; die ~6 Mio. Zapfenzellen sind für das Sehen am Tag verantwortlich. Es gibt drei Arten von Zapfenzellen, die sich in ihrer Präferenz für Licht einer spezifischen Wellenlänge unterscheiden und damit das Farbensehen ermöglichen (◘ Abb. 5.28b): Zapfen, die eher für langwelliges (rotes) Licht empfindlich sind (*L cones*), solche für kurzwelliges (blaues) Licht (*S cones*) und solche für eher mittlere Wellenlängen (grünes Licht; *M cones*). Die Zapfenzellen ermöglichen also ein Farbensehen (basierend auf drei Grundfarben), räumliche Details und Bewegungen bei Tageslicht. Die Stäbchenzellen sind dagegen bei Tageslicht abgeschaltet und senden Signale nur bei Dämmerung und dunklerem Licht aus. Stäbchenzellen kommen in der Fovea nicht vor und können nicht zwischen verschiedenen Farben unterscheiden; sie enthalten Rhodopsin als Sehpigment. Zapfenzellen haben verschiedene Opsine als Sehpigmente (◘ Tab. 5.5) – jeweils Transmembranproteine mit 7 Transmembrandomänen, wie wir es vom Geruchssinn bereits kennen. Stäbchen- und Zapfenzellen sind aber nicht die einzigen Fotorezeptorzellen in der Retina. Ein Teil der retinalen Ganglienzellen exprimiert das Fotopigment Melanopsin, das für relativ kurzwelliges Licht empfindlich ist (maximale Empfindlichkeit bei ~480 nm); diese intrinsisch fotosensitiven retinalen Ganglienzellen vermitteln wahrscheinlich den Lichteffekt für die Steuerung der zirkadianen Rhythmik (nach Blume et al. 2019).

Das Farbensehen entstand in frühen kieferlosen Wirbeltieren (Agnatha) vor über 540 Mio. Jahren als ein tetrachromatisches System, das auf der Anwesenheit von Zapfenzellen mit vier spektral verschiedenen Arten von Fotorezeptoren basierte. Zwei Gruppen von Fotorezeptoren waren sensitiv für kurzwelliges Licht, eine für langwelliges und eine für Licht einer dazwischenliegenden Wellenlänge. Orthologe Gene der vier Pigmentklassen haben die Spaltung der Kieferlosen und Kiefermäuler überlebt und finden sich heute bei den meisten Wirbeltieren, auch wenn in vielen Fällen ein Pigmentgen (oder mehrere) funktionslos wurde. Dadurch wurde dann das ursprüngliche tetrachromatische Farbensehen auf ein trichchromatisches, dichromatisches oder gar monochromatisches reduziert. Säugetiere fallen im Allgemeinen in die dichromatische Gruppe; das gilt auch für die ursprünglichen Primaten mit je einem kurzwelligen und einem langwelligen Fotopigment. Unter den Säugetieren sind einige Primaten allerdings die einzigen, die ein echtes trichromatisches Farbensehen besitzen. Bei den Altweltaffen Asiens und Afrikas (dazu gehört ja auch die menschliche Evolutionslinie) wurde ein Fragment (~35 kb) auf dem X-Chromosom dupliziert, das auch das langwellige Opsin-Gen enthält. Die duplizierten Gene entwickelten sich im Folgenden auseinander, und so finden wir heute beim Menschen auf dem X-Chromosom eine Genkopie für einen langwelligen Rezeptor (*OPN1LW*) und in einer Kopf-zu-Schwanz-Anordnung eine weitere unterhalb, die für einen Rezeptor codiert, der für eine mittlere Wellenlänge des Lichts empfindlich ist (*OPN1MW*) (◘ Abb. 5.29). Das Dreifarbensehen des Menschen entsteht also dadurch, dass individuelle Zapfen jeweils eine Kopie des X-chromosomalen Opsingens für den langwelligen (*OPN1LW*) oder mittelwelligen (*OPN1MW*) Rezeptor oder des autosomalen Opsingens für den kurzwelligen Rezeptor (*OPN1SW*) exprimieren (nach Carvalho et al. 2017).

Aufgrund der Duplikation des Genabschnitts weisen die codierenden Regionen der beiden Gene des Men-

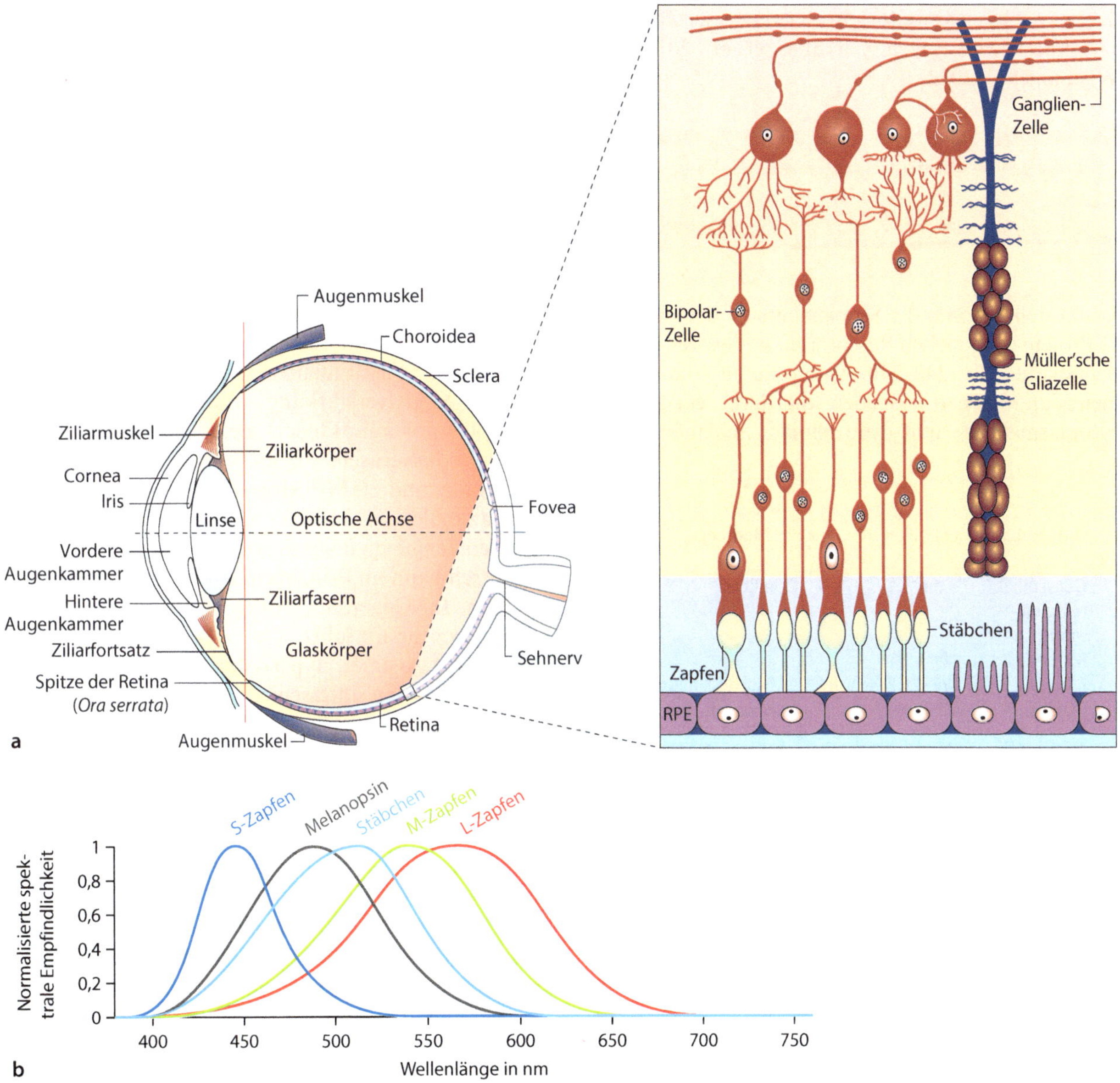

Abb. 5.28 Das Auge. **a** *Links*: Schematiacher Schnitt durch das Auge eines erwachsenen Menschen. Die Abbildung zeigt die wichtigsten Gewebe des menschlichen Auges. Man beachte, dass die optische Achse nicht mit dem Ausgang des Sehnervs oder mit der Sehgrube (*Fovea*) zusammenfällt – die Fovea ist die Region der höchsten Auflösung in der Netzhaut (*Retina*). Die vertikale Linie trennt den vorderen Augenabschnitt des Auges (Hornhaut [Cornea], Linse, Iris und Ziliarkörper) vom hinteren Augenabschnitt, der hauptsächlich aus dem Glaskörper, der Retina und der Aderhaut (*Sclera*) besteht. Das Licht kommt zunächst durch die Hornhaut, die vordere Augenkammer und die Linse in das Auge. Bevor es dann auf die Retina trifft, muss es den Glaskörper durchdringen. Das Bild *rechts* zeigt eine Vergrößerung der wichtigsten Komponenten der Retina; das sind von außen nach innen das retinale Pigmentepithel (RPE), die Fotorezeptorzellen (Stäbchen und Zapfen), die Müller'schen Gliazellen, Bipolarzellen und Ganglienzellen. Aus Gründen der Übersichtlichkeit sind die Horizontalzellen weggelassen. **b** Spektrale Empfindlichkeiten der Fotorezeptoren im menschlichen Auge. (a: Nach Graw 2003; Nature; b: Nach Blume et al. 2019; CC-by-4.0, ▶ http://creativecommons.org/licenses/by/4.0/)

schen (*OPN1LW* und *OPN1MW*) eine Homologie von 98 % auf (verglichen mit nur 40 % mit den Gensequenzen von *OPN1SW*). Die große Homologie betrifft aber nicht nur die codierende Region, sondern auch die Introns; möglicherweise spielt hier auch Genkonversion eine wichtige Rolle, denn bei Menschen gibt es oft nicht nur eine Kopie des *OPN1MW*-Gens, sondern bis zu fünf Kopien. Für die Regulation der Expression ist offensichtlich eine Locus-Kontrollregion verantwortlich, die bei Menschen ~3,1–3,7 kb oberhalb der duplizierten Gengruppe liegt. Diese Kontrollregion ist bei Wirbeltieren hochkonserviert und sorgt dafür, dass entweder das erste oder das zweite Opsin-Gen in einer Zapfenzelle exprimiert wird (nach Carvalho et al. 2017; Haer-Wigman et al. 2022).

! Menschen haben 5 verschiedene Gene für Opsin-Gene; davon codieren drei für Fotopigmente, die für das Farbensehen verantwortlich sind. Davon sind zwei auf dem X-Chromosom lokalisiert und durch Duplikation entstanden.

Strukturell gehören die Sehpigmente zu der Familie der G-Protein gekoppelten Rezeptoren; sie besitzen eine Polypeptidkette aus 340–370 Aminosäuren, die 7 Transmembrandomänen ausbilden, die durch entsprechende cytoplasmatische und extrazelluläre Schlaufen verbunden sind. Der N-Terminus liegt außen und der C-Terminus im Innern der Zelle. In allen Wirbeltieren bilden die Transmembrandomänen einen Hohlraum, in dem ein retinales Chromophormolekül (Retinal: Vitamin-A-Aldehyd) über eine Schiff'sche-Basen-Verbindung kovalent an einen konservierten Lysin-Rest des Opsin-Proteins gebunden ist. Wenn Licht auf dieses Sehpigment (Opsin, Melanopsin, Rhodopsin) trifft, wird das 11-*cis*-Retinal in die all-*trans*-Form überführt und die Signalkaskade beginnt (nach Carvalho et al. 2017) (Abb. 5.30a).

Die Signalkaskade bei Vertebraten ist hochkonserviert und im Überblick in Abb. 5.30b dargestellt; sie enthält mehrere Schritte, die zu einer deutlichen Signalverstärkung führen: ein aktiviertes Rezeptormolekül aktiviert viele G-Proteine, aktivierte Phosphodiesterasen hydrolysieren viele cGMP-Moleküle, und cGMP-Moleküle binden kooperativ an Ionenkanäle, die durch cyclische Nukleotide reguliert werden (engl. *cyclic-nucleotide-gated channels*, CNG). Dadurch kann im Prinzip ein einzelnes Photon erkannt werden. Im Gegensatz zu der Signalkette bei den Geruchsrezeptoren führt die Aktivierung der Fotorezeptoren zu einer Hyperpolarisierung der Membran. Das liegt an den unterschiedlichen Klassen der G-Proteine und enzymatischen Effektoren: die G-Proteine der Fotorezeptoren gehören zur inhibitorischen Familie der G-Proteine und sind mit einer Phosphodiesterase gekoppelt. Daher sind die Membranen der Fotorezeptoren von Vertebraten im Dunkeln relativ depolarisiert (V_m –40 mV) und die Fotorezeptoren müssen in der Dunkelheit einen Einwärtsstrom von Kationen aufrechterhalten („Dunkelstrom“), der den Energieverbrauch dominiert. Da Lichteinfall die CNG-Kanäle schließt, vermindert eine zunehmende Helligkeit in der Umgebung den Energieverbrauch (nach Abbas und Vinberg 2021).

Tab. 5.5 Wichtige Opsin-Gene des Menschen

Gensymbol (Chromosom)	Name	Funktion
OPN1LW (Xq28)	*Opsin 1, long wave sensitive*	Absorbiert hauptsächlich rotes Licht
OPN1MW (Xq28)	*Opsin 1, medium wave sensitive*	Absorbiert hauptsächlich grünes Licht
OPN1SW (7q32)	*Opsin 1, short wave sensitive*	Absorbiert hauptsächlich blaues Licht
RHO (*OPN2*) (3q22)	Rhodopsin (Opsin-2)	Sensitiv besonders in der Dämmerung
OPN4 (10q23)	Melanopsin (Opsin-4)	Steuerung der circadianen Rhythmik

Nach GeneCards; ▸ https://www.genecards.org/

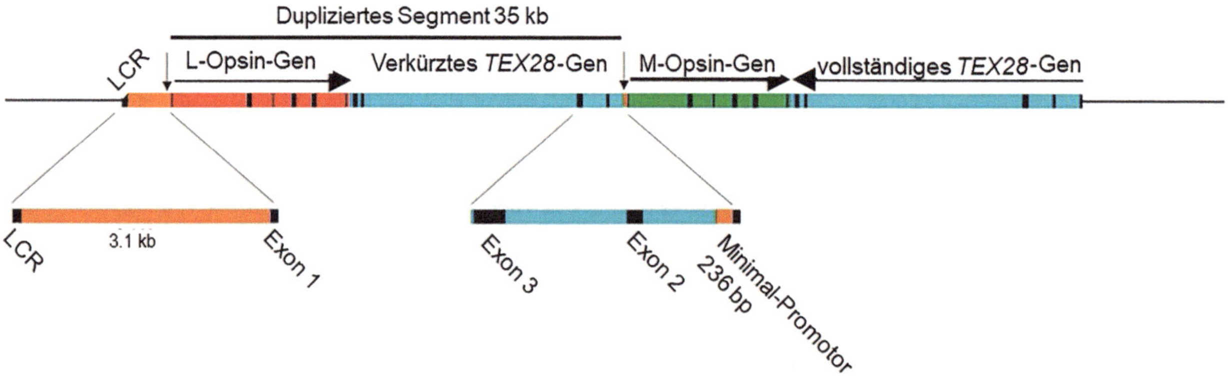

Abb. 5.29 Genduplikation der Opsin-Gene auf dem X-Chromosom der Altweltaffen. Die Exons für die Gene L-Opsin (Gensymbol *OPN1LW*) und M-Opsin (Gensymbol *OPN1MW*) sowie für das Gen *TEX28* (engl. *testis expressed 28*) sind als schwarze Rechtecke dargestellt. Die Pfeile deuten die Transkriptionsrichtung an. Die Position der Locus-Kontrollregion (LCR) oberhalb des Genclusters ist angegeben, ebenso die minimalen Promotoren für die Gene *OPN1LW* und *OPN1MW* (vertikale Pfeile). (Nach Carvalho et al. 2017; CC-by, ▸ http://creativecommons.org/licenses/)

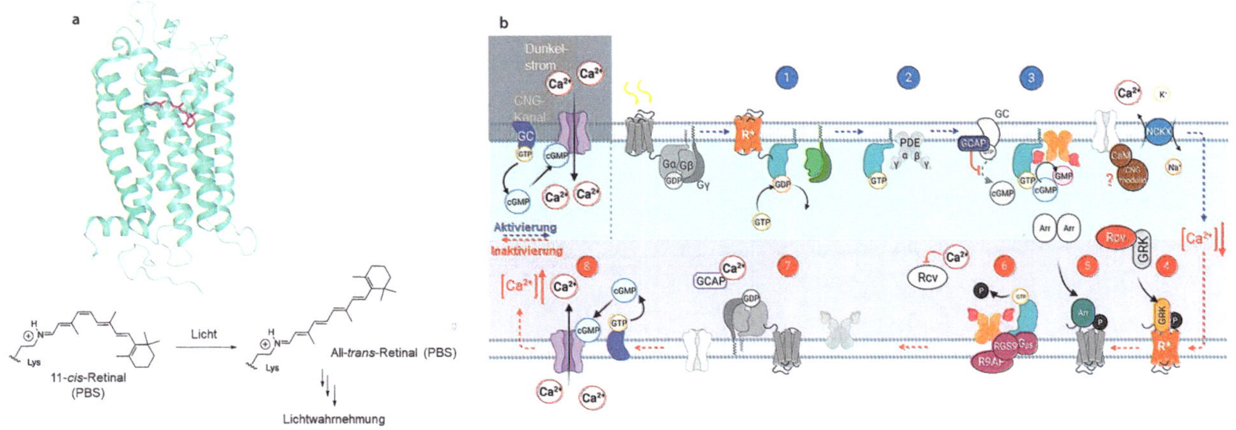

Abb. 5.30 Vom Licht zum Nervenimpuls. **a** Kristallstruktur des Rhodopsins (*grün*) mit einem 11-*cis*-Retinal (*rot*), das an den Lysin-Rest in der Bindungstasche über eine protonierte Schiff'sche Base (PSB) gebunden ist. *Unten*: Isomerisierung des 11-*cis*-Retinal zu all-*trans*-Retinal nach der Absorption von Licht; dadurch wird Rhodopsin aktiviert. **b** Die Schlüsselschritte der Fototransduktionskaskade bei Vertebraten sind oben in *blauen* Zahlen von *links nach rechts* angegeben, und darunter die folgende Inaktivierung (*rote* Zahlen von *rechts nach links*). Im Dunkeln halten die Ionenkanäle, die durch cyclische Nukleotide reguliert werden (engl. *cyclic-nucleotide-gated channels*, CNG), einen Dunkelstrom aufrecht, indem Ca^{2+}-Ionen durch die offenen CNG-Kanäle einströmen können, da die Guanylatcyclase konstitutiv aktiv ist. Nach der Absorption eines Photons isomerisiert das Chromophor 11-*cis*-Retinal zu all-*trans*-Retinal, so dass der Rezeptor aktiviert wird (R*). Im Gegenzug wird das assoziierte G-Protein Transducin durch den GDP/GTP-Austausch aktiviert ($G_{T\alpha}$*) (Schritt 1). $G_{T\alpha}$* verdrängt dann die βγ-Untereinheiten der Phosphodiesterase (PDE) (Schritt 2). Die verdrängte PDEγ-Untereinheit erlaubt es, dass cGMP zu GMP zurückgeführt wird, womit sich die Konzentration von cGMP vermindert, die CNG-Kanäle geschlossen werden, und der Fotorezeptor hyperpolarisiert wird (Schritt 3). Die Inaktivierung erfolgt dadurch, dass der aktivierte Rezeptor R* durch eine G-Protein-gekoppelte Rezeptorkinase (GRK) phosphoryliert wird (Schritt 4); er bindet danach an Arrestin (Arr; Schritt 5). Der GTPase-aktivierende Proteinkomplex (engl. *GTPase activating protein*, GAP) wird aus RGS9 (Regulator 9 der G-Protein-Signalübertragung), R9AP (Protein, das an den Regulator 9 der G-Protein-Signalübertragung bindet) und Gβ5 (Guanin-Nukleotid-bindende Protein-Untereinheit β5) gebildet wird. Er bindet sowohl an die PDEγ-Untereinheit als auch an das aktivierte $G_{T\alpha}$* und verursacht die Hydrolyse des GTP am $G_{T\alpha}$* zu GDP (Schritt 6). $G_{T\alpha}$ dissoziiert dann von der PDE ab und die βγ-Untereinheiten können sich so wieder neu verbinden. Die PDEγ-Untereinheit hemmt außerdem die PDEαβ-Untereinheiten, wodurch die cGMP-Hydrolyse verhindert wird (Schritt 7). Die intrazelluläre Ca^{2+}-Konzentration steigt an, da sich die CNG-Kanäle als Antwort auf die ansteigende cGMP-Konzentration wieder öffnen und damit den Dunkelstrom wiederherstellen (Schritt 8). CaM: Calmodulin; GC: Guanylatcyclase; GCAP: Guanylatcyclase-aktivierendes Protein; NKCX: $Na^+/K^+/Ca^{2+}$-Austauschprotein; RCV: Recoverin. (**a**: Nach Wang et al. 2013; Wiley; **b**: Nach Abbas und Vinberg 2021; CC-by, ► http://creativecommons.org/licenses/)

Ein zentraler Punkt des Sehens ist die Regeneration der Fotopigmente. Das durch Lichtabsorption entstandene all-*trans*-Retinal muss über eine komplexe biochemische Reaktionskette wieder in die aktive Form des 11-*cis*-Retinals zurückgebildet werden; dieser Sehzyklus ist in ◻ Abb. 5.31 für die Stäbchenzellen schematisch dargestellt; für die Zapfenzellen gibt es einen leicht veränderten Regenerationszyklus unter Beteiligung der Müller'schen Gliazellen der Retina. Mutationen in den beteiligten Genen führen zu verschiedenen Formen der Erblindung (nach Gregori et al. 2019; Arshavsky 2024).

! Die durch die Fotopigmente ausgelöste Signalkaskade und die Regeneration des 11-cis-Retinal sind hochkonserviert bei Säugetieren; Mutationen in Genen, die für die beteiligten Enzyme kodieren, führen zu Erblindungen.

Wir haben jetzt zunächst gesehen, wie das Grundprinzip des Sehens bei Menschen funktioniert. Allerdings erfolgt schon in der Retina eine intensive Weiterverarbeitung der Signale. Ein auffallendes Merkmal des visuellen Systems ist die ungewöhnlich große Menge an neuronaler Ausrüstung, die in der Retina benutzt wird. In keinem anderen wichtigen sensorischen System gibt es zusätzlich zu den eigentlichen sensorischen Zellen mehrere Lagen von Neuronen in der Peripherie, die die primären sensorischen Neuronen mit langen, in das Gehirn projizierenden Neuronen verbinden; ◻ Abb. 5.32 gibt einen Überblick (nach Euler et al. 2014).

Die erste Stufe erfolgt bei Wirbeltieren (einschließlich des Menschen) schon auf der Ebene der Fotorezeptoren, die durch Horizontalzellen miteinander verknüpft sind. Die Zapfenzellen hemmen sich gegenseitig durch die Horizontalzellen – große, hochgradig verschaltete Neurone, die bidirektional mit den Synapsen der Fotorezeptorzellen kommunizieren (nach Baden und Osorio 2019). Wir können bei Primaten (einschließlich des Menschen) zwei Typen von Horizontalzellen unterscheiden: H1-Zellen haben nur wenige Kontakte zu den kurzwellig empfindlichen Zapfenzellen, wohingegen die H2-Zellen dichte dendritische Verbindungen

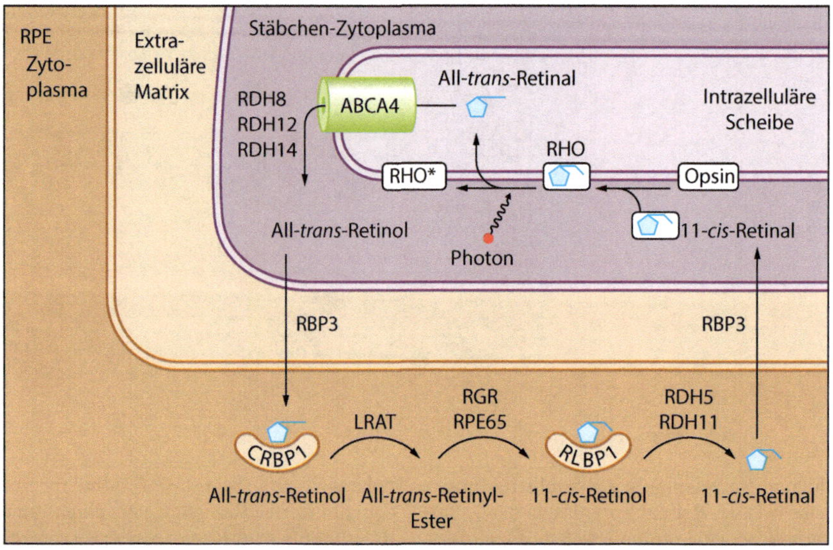

Abb. 5.31 Schematische Darstellung der Regeneration menschlicher retinaler Pigmente. Es sind die äußeren Segmente der Stäbchenzellen (*violett*) und Zellen des retinalen Pigmentepithels (RPE; *braun*) dargestellt. Die lichtinduzierte Isomerisierung von 11-*cis*-Retinal durch ein Photon (*rot*) ist der erste Schritt des Sehvorgangs, der in den äußeren Segmenten der Fotorezeptorzellen abläuft. Damit die Fotorezeptoren weiterhin funktionieren, muss aus dem all-*trans*-Retinal das 11-*cis*-Retinal wiederhergestellt werden. In diesem Sehzyklus wird zunächst das all-*trans*-Retinal vom Opsin freigesetzt und in den äußeren Segmenten der Stäbchenzellen zu all-*trans* Retinol reduziert. Das all-*trans* Retinol wird dann in das retinale Pigmentepithel (RPE) transportiert, wo es durch die Lecithin-Retinol-Acyltransferase (Gensymbol: *LRAT*) zu all-*trans*-Retinylester verestert wird. Diese Ester werden durch Retinoid-Isomerohydrolase (Gensymbol: *RPE65*) in 11-*cis*-Retinol überführt und durch eine 11-*cis*-Retinoldehydrogenase (Gensymbole *RDH5* bzw. *RDH11*) zu 11-*cis*-Retinal oxidiert. Das neu generierte 11-*cis*-Retinal wird durch den subretinalen Spalt wieder zu den Fotorezeptoren transportiert, um so lichtempfindliches Pigment zu regenerieren. ABCA4: Transporter mit ATP-bindender Kassette (Gensymbol: *ABCA4*), CRBP1: zelluläres Retinol-bindendes Protein (Gensymbol: *CRBP1*), RDH: all-*trans*-Retinaldehydrogenase (Gensymbole: *RDH8*, *RDH12* und *RDH14*), RLBP1: zelluläres Retinaldehyd-bindendes Protein (Gensymbol: *RLBP1*), RGR: retinaler G-Protein-gekoppelter Rezeptor (Gensymbol: *RGR*), RBP3: Retinol-bindendes Protein 3 (Gensymbol *RBP3*). (Nach Gregori et al. 2019; Wolters Kluwer)

und auch einige axonale Verbindungen zu den kurzwellig empfindlichen Zapfenzellen aufweisen. Beide Typen der Horizontalzellen haben Kontakte zu mittel- und langwellig empfindlichen Zapfenzellen. Im Ergebnis zeigen die Rückkopplungshemmungen der Horizontalzellen eine spektrale Selektivität. Diese Rückkopplung ergibt eine gemischte kurz-, mittel- und langwellige Einfassung bei kurzwellig empfindlichen Zapfenzellen und eine gemischte mittel- und langwellige Einfassung bei mittel- und langwellig empfindlichen Zapfenzellen. Horizontalzellen sind damit verantwortlich, dass ein räumlicher und farblicher Gegensatz schon an der ersten Synapse der Retina entsteht (nach Grünert und Martin 2020).

Auf der zweiten Ebene ist dies bei Vertebraten (einschließlich des Menschen) durch die Bipolarzellen umgesetzt, die mit jedem anderen neuronalen Zelltyp der Retina in Verbindung stehen und die die einzige Verbindung zwischen den primären sensorischen Neuronen, den Fotorezeptoren, und den verschiedenen Typen der retinalen Ganglienzellen herstellen, die wiederum über den Sehnerv das Auge mit dem Gehirn verbinden. Die verschiedenen Typen der Bipolarzellen bündeln und schärfen die Signale der Fotorezeptorzellen (nach Euler et al. 2014). Funktionell ist die wichtigste Unterscheidung, dass Bipolarzellen die visuelle Information in zwei parallele Kanäle mit entgegengesetzter Antwortpolarität aufspalten: OFF-Zellen sind depolarisiert, wenn kein Licht einfällt, wohingegen ON-Zellen depolarisiert sind, wenn Licht einfällt. Dadurch wird die Polarität des Eingangssignals der Fotorezeptorzellen teilweise umgekehrt und es entsteht ein schärferer Kontrast und eine differenzierte Farbpalette (nach Burkhardt 2011; Grünert und Martin 2021).

Die retinalen Ganglienzellen erhalten bereits verarbeitete Informationen von den Bipolarzellen und den Amakrinzellen, bündeln diese und übertragen sie über den Sehnerv (als Axone der Ganglienzellen) an die verschiedenen Sehzentren des Gehirns. Basierend auf morphologischen und funktionellen Untersuchungen kann man bei Menschen ~17 verschiedene Typen retinaler Ganglienzellen unterscheiden. Bei Primaten einzigartig sind die kleinen Ganglienzellen (engl. *midget ganglion cells* – sie haben ihren Namen von den kleinen dendritischen Feldern); sie sind der häufigste Ganglienzelltyp in der Retina von Primaten und besonders wichtig für die Sehschärfe und das rot-grüne Farbensehen. Sie repräsentieren in der Fovea ~80–90 % der Ganglienzellen und

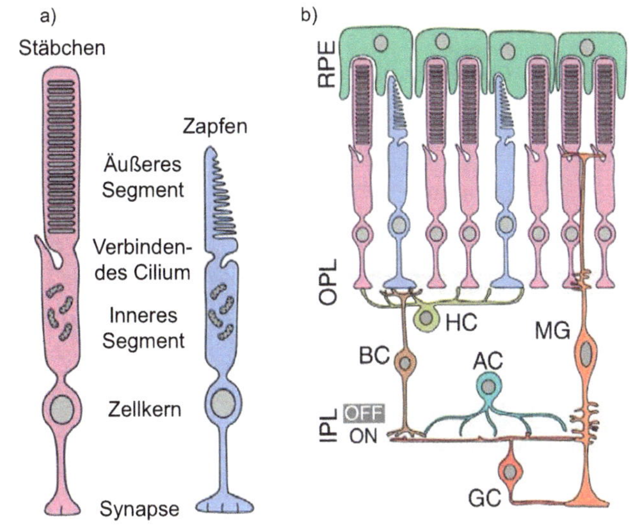

Abb. 5.32 Die Organisation der Fotorezeptorzellen und retinale Schaltkreise. **a** Zapfen und Stäbchenzellen übersetzen Veränderungen im Fluss der Photonen in elektrische Signale. Diese Signale entstehen in den äußeren Segmenten und setzen sich durch das verbindende Cilium und das innere Segment fort, passieren den Zellkern und enden an den Synapsen, wo sie die Glutamat-Freisetzung an der Synapse steuern. **b** Schematische Darstellung der retinalen Schaltkreise. Die Retina ist in 3 Schichten von Zellkernen und in zwei synaptische („plexiforme") Schichten unterteilt. Das Licht tritt von der Seite der Ganglienzelle ein und durchdringt das gesamte Gewebe, um die licht-sensitiven äußeren Segmente der Stäbchen- und Zapfenzellen zu erreichen. Die Müller'schen Gliazellen (MG) wirken dabei als Lichtleiter; weitere Funktionen der Müller'schen Gliazellen sind die metabolische Unterstützung der Fotorezeptorzellen sowie die Aufnahme und Wiederverwertung der Neurotransmitter. Das retinale Pigmentepithel (RPE) phagozytiert gealterte Membranstapel der äußeren Segmente (~10 % pro Tag) und beteiligt sich an der Wiederverwertung der Chromophoren. In der ersten synaptischen Schicht (der äußeren plexiformen Schicht, engl. *outer plexiform layer*, OPL) bilden die Horizontalzellen (HCs) eine Rückkopplung an die Zapfen und Stäbchen der Fotorezeptoren. Bipolarzellen (BCs) übermitteln die Signale der Fotorezeptoren von der äußeren zur inneren Retina. Sie bilden parallele Informationswege, die unterschiedliche Transformationen des Fotorezeptorsignals repräsentieren: die Axone der ON- und OFF-BCs (sie depolarisieren bei der Zunahme bzw. Abnahme von Licht) enden in unterschiedlichen Tiefen der zweiten Synapsenschicht (engl. *inner plexiform layer*, IPL). Die Axonenden der Bipolarzellen bilden Synapsen mit Amacrinzellen (AC) und retinalen Ganglienzellen (GC), den Ausgangs-Neuronen des Auges, die später den Sehnerv bilden. (Nach Kerschensteiner 2023; Elsevier)

in der Peripherie der Retina ~50 % aller Ganglienzellen (nach Grünert und Martin 2021; Kerschensteiner 2023).

Wir kennen eine Vielzahl von erblichen Erkrankungen der Hornhaut, der Linse und insbesondere der Retina, die zu angeborenen Sehstörungen und/oder Blindheit führen. Viele der Gene, die bei bestimmten Mutationen für angeborene Sehstörungen verantwortlich sind, führen bei milderen Mutationen zu altersabhängigen Sehstörungen. Die verantwortlichen Mutationen in entsprechenden Genen sind so vielfältig, dass sie den Rahmen dieses Buches sprengen würden; für Details sei daher auf einschlägige Spezialliteratur verwiesen (Cornea: Soh et al. 2020; Linse: Cvekl und Vijg 2024; Retina: Kerschensteiner 2023).

Über die Sehbahn (Abb. 5.33a) werden die visuellen Informationen zu den höheren Strukturen des Gehirns geleitet. Zunächst kreuzen die nasalen Teile des Sehnervs am *Chiasma opticum* auf die andere Seite des Gehirns (die temporalen Teile des Sehnervs verbleiben auf der gleichen Seite); beide Stränge erreichen dann subcortikale Regionen, den *Nucleus geniculatus lateralis* und die *Nuclei pulvinaris* des Thalamus. Dort werden die Signale hauptsächlich durch synaptische Verbindungen zum visuellen Cortex umgeschaltet, der im hinteren Teil des Gehirns liegt, aber auch zu den *Colliculi superiores* im Mittelhirn (nach Ionta 2021).

Eine Übersicht über die Verknüpfungen der wichtigsten kortikalen Regionen, die visuelle Signale verarbeiten, gibt Abb. 5.33b. Der gestreifte primäre visuelle Cortex (*Area striata*; V1) ist für die grundlegenden Eigenschaften des visuellen Eingangssignals verantwortlich (z. B. Orientierung, Bewegungsrichtung und Tiefenwahrnehmung). Der sekundäre visuelle Cortex (V2) empfängt Fasern von V1 und projiziert zum tertiären visuellen Cortex (V3); V2 ist aber schon in der Lage, Bild/Hintergrund-Unterscheidungen zu treffen, illusorische Konturen zu verarbeiten und binoculare Ungleichgewichte aufzubauen. V3 projiziert in Areale außerhalb des Okzipitallappens, einschließlich den posterior-parietalen Cortex und den inferior-temporalen Cortex (*Gyrus temporalis inferior*), und reagiert leicht auf allgemeine Bewegung, wobei V3 ein größeres Gesichtsfeld als V1 abdeckt. V4 ist eng verbunden mit V1 und V2 und projiziert hauptsächlich zu dem inferior-temporalen

5

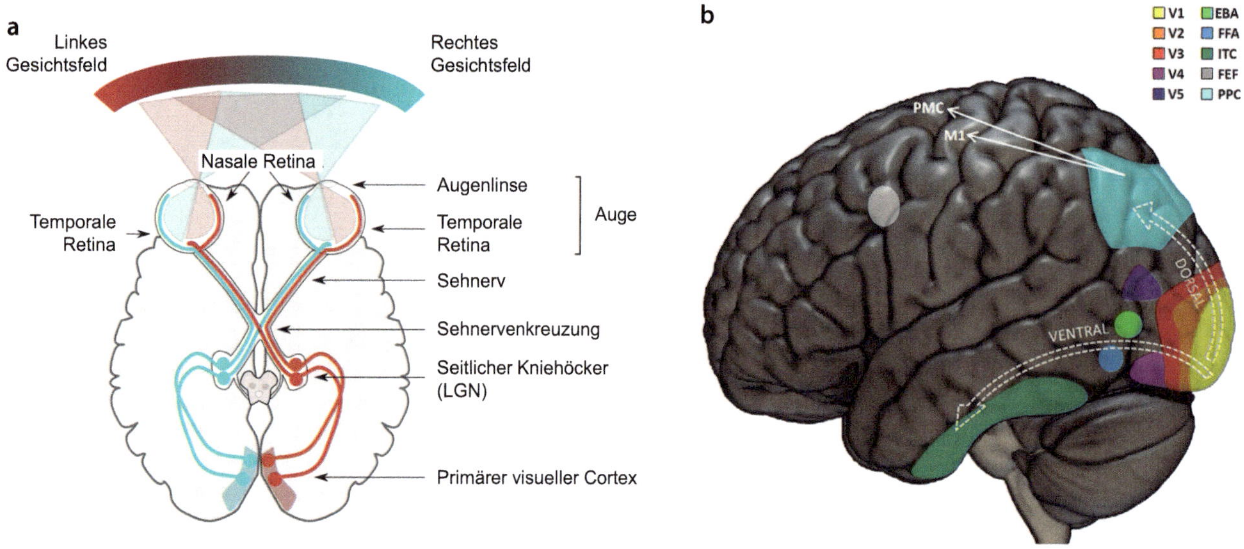

Abb. 5.33 Die menschliche Sehbahn. **a** Die Axone der retinalen Ganglienzellen werden im Sehnerv gebündelt und erreichen zunächst die Sehnervenkreuzung (*Chiasma opticum*). Dort kreuzt der nasale Teil des Sehnervs auf die andere Seite des Gehirns (kontralateral), während der temporale Teil auf derselben Seite (ipsilateral) verbleibt. Die erste Relaisstation für die meisten Axone der Sehbahn ist in beiden Fällen der seitliche Kniehöcker (*Nucleus geniculatus lateralis,* LGN) des Thalamus, wo sich die temporalen Axone des einen Auges mit den nasalen Axonen des anderen Auges treffen. Im LGN wird synaptisch auf weiterführende Neurone umgeschaltet; einer der wichtigsten weiterführenden Stränge ist die retinotektale Projektion (*Radiatio optica*) in die primäre Sehrinde (visueller Cortex). **b** Darstellung der wichtigsten kortikalen Regionen, die für die visuelle Wahrnehmung und die visuo-motorische Koordination wichtig sind. Das visuelle Eingangssignal wird zuerst durch den primären visuellen Cortex (V1) bearbeitet; die weitere Bearbeitung erfolgt durch die extrastriatalen visuellen Regionen (V2–V5), die die Beteiligung des dorsalen oder ventralen Hirnstrangs auslöst – abhängig davon, ob das visuelle Eingangssignal dafür benötigt wird, die Umwelt wahrzunehmen oder sich entsprechend darin zu bewegen. EBA: extrastriäres Körperareal (engl. *extrastriate body areal*); FFA: fusiformes Gesichtsareal (engl. *fusiform face area*); ITC: inferiorer temporaler Cortex; FEF: frontales Augenfeld; PPC: posteriorer parietaler Cortex; M1: primärer motorischer Cortex; PMC: prämotorischer Cortex. (a: Aus Hoover 2021; Abbildung nach Miquel Perello Nieto; CC-by-4.0, ▸ http://creativecommons.org/licenses/by/4.0/; b: Nach Ionta 2021, CC-by, ▸ http://creativecommons.org/licenses)

Cortex; V4 ist an der Wahrnehmung von Farben und der Erkennung von Objekten beteiligt. V5 erhält Signale von V1, V2 und V3 sowie vom Thalamus und projiziert zu dem *Gyrus temporalis superior*, dem frontalen Augenfeld, und zu dem lateralen intraparietalen Cortex; einige Fasern erreichen V5 auch direkt vom Thalamus unter Umgehung von V1. Da V5 die Geschwindigkeit und Richtung des visuellen Signals codiert, ist dieses Areal am wichtigsten für die Wahrnehmung von Bewegung und die gleichmäßige Steuerung der Augenbewegungen und außerdem für die Herstellung einer kontinuierlichen Wahrnehmung beweglicher Ziele und Szenen anstelle einer „kristallisierten" Sicht auf verschiedene Einzelbilder. Der 6. visuelle Cortex (V6) ist medial lokalisiert und mit den parietalen und prä- und postzentralen Regionen des Gehirns verbunden. V6 subtrahiert das visuellen Eingangssignal, das mit der Eigenbewegung des Körpers zusammenhängt, vom Rest der visuellen Wahrnehmung und ist auch für die visuelle Führung von Bewegungen verantwortlich (nach Ionta 2021).

Traditionelle neuropsychologische Modelle der visuellen Wahrnehmung deuten darauf hin, dass verschiedene Querverbindungen zwischen den verschiedenen visuellen Regionen des Gehirns grob in zwei funktionell unterschiedliche Hauptstränge unterteilt werden können: den ventralen und den dorsalen Hirnstrang. Der ventrale „was"-Strang übergibt Signale von V1–V4 bis zu dem inferioren temporalen Cortex und ist hauptsächlich an der Objekt-Erkennung beteiligt. Im Gegensatz dazu umfasst der dorsale „wo"-Strang Verbindungen zu V1–V3, dem *Sulcus temporalis superior* und dem parietalen Cortex und ist insbesondere für die visuell-räumlichen und bewegungsbezogenen Aspekte der visuellen Eingangssignale wichtig. Läsionen im dorsalen Hirnstrang bedingen visuo-motorische Defizite, z. B. optische Ataxie (Störungen der visuo-motorischen Koordination wie die Unfähigkeit, Objekte zu erreichen, obwohl sowohl die motorischen als auch die visuellen Fähigkeiten einzeln erhalten sind). Läsionen im ventralen Hirnstrang rufen Defizite in der Wiedererkennung hervor, z. B. Prosopagnosie (Unfähigkeit, Gesichter zu erkennen; Gesichtsblindheit) (nach Ionta 2021).

Es gibt Hinweise, dass Störungen der visuomotorischen Koordination auch genetische Ursachen haben können, z. B. eine Deletion auf dem kleinen Arm des Chromosom 9 [del (9p22) Syndrom] (Chilosi et al. 2001), oder eine interstitielle Duplikation auf Chromosom 15 (15q11q13), hier verbunden mit mentaler Retardierung, aber ohne formale Diagnose von Autismus (Piard et al. 2010).

Über Gesichtserkennung (und auch über die Prosopagnosie, die Unfähigkeit, Gesichter wieder zu erkennen) haben wir bereits weiter oben im Zusammenhang mit dem *other-race* Effekt gesprochen (▶ Abschn. 1.2). Wenn sie nicht durch äußere Einflüsse hervorgerufen wird (z. B. Unfälle), ist Prosopagnosie eine erbliche Wahrnehmungsstörung (OMIM 610382). Es handelt sich dabei um eine selektive Beeinträchtigung des visuellen Lernens und der Erkennung von Gesichtern bei gleichzeitiger Abwesenheit von jeglichen neurologischen Schädigungen; die Prävalenz in der allgemeinen Bevölkerung beträgt ~1,8–2,9 %. Wir haben oben bereits darauf hingewiesen, dass offensichtlich der *other-race* Effekt mit einem SNP im Gen für den Oxytocin-Rezeptor (*OXTR*; Chr. 3p25) zusammenhängt. Weitere Arbeiten zeigen, dass zwei SNPs im Intron 3 des *OXTR*-Gens mit Prosopagnosie assoziiert sind; das Intron 3 ist offensichtlich für die Regulation des *OXTR*-Gens mitverantwortlich (Cattaneo et al. 2016); weitere Aspekte des *OXTR*-Gens werden wir in ▶ Abschn. 6.1.3 diskutieren.

In einer großen Studie wurden kürzlich aber verschiedene Mutationen im *MCTP2*-Gen (engl. *multiple C2 and transmembrane domain containing 2*) als eine Ursache für verschiedene Fälle erblicher, congenitaler Prosopagnosie identifiziert (Sun et al. 2024). Das *MCTP2*-Gen ist auf dem Chromosom 15q26 lokalisiert; das entsprechende MCTP2-Protein bindet Ca^{2+} und ist an der Regulation der Sekretion von Neurotransmittern beteiligt (GeneCards). Genexpressionsdaten zeigen, dass *MCTP2*-Gen im Temporallappen des menschlichen Gehirns exprimiert wird. Eine kleine Region im fusiformen Gyrus des Temporallappens ist das fusiforme Gesichtsareal (engl. *fusiform face area*; ◘ Abb. 5.33b) – das ist der Bereich des Gehirns, der am konsequentesten durch Gesichtsbilder selektiv aktiviert wird (Sun et al. 2024). Diese Arbeiten zeigen, wie Genetik und höhere kortikale Funktionen funktionell verknüpft sein können.

! Schon in der Retina erfolgt eine Weiterverarbeitung der visuellen Reize, die dann über den Sehnerv ins Gehirn weitergeleitet werden. In den höheren kortikalen Sehzentren werden die visuellen Reize mit anderen Informationen verknüpft. Die Erkennung von Gesichtern ist oft beeinträchtigt; bisher wurde ein Gen (*MCTP2*) dafür identifiziert; SNPs im Gen für den Oxytocin-Rezeptor (*OXTR*) sind ebenfalls damit assoziiert.

5.3.3 Bewusstsein

Bewusstsein, Eigenwahrnehmung und abstraktes Denken sind essenzielle Eigenschaften des menschlichen Verstandes. Wir können Bewusstsein definieren als ein Gefühl des Gewahrwerdens der eigenen Existenz im Hinblick auf Sinneswahrnehmung, Gefühle und Gedanken. Es ist üblicherweise mit Erkenntnisfähigkeit, Erfahrung, Sinneseindrücken und Sinneswahrnehmung verbunden (Sigawi et al. 2024). Eine der spannendsten Fragen in der Neurobiologie ist, welche Veränderungen zur Herausbildung dieser einzigartigen Fähigkeiten des menschlichen Gehirns geführt haben. Zwar können auch Tiere auf Sinnesreize reagieren, sind lernfähig und reagieren mit Angst und Flucht auf Gefahren, aber ein Reflektieren über sich selbst gibt es nur bei Menschen.

In den Neurowissenschaften werden verschiedene Theorien und Hypothesen diskutiert, um Bewusstsein zu erklären; einige seien hier genannt (nach Sigawi et al. 2024): die Theorie der höheren Ordnung (engl. *higher order theory*, HOT), die Theorie des globalen Arbeitsraums (engl. *global neuronal workspace*, GNW), die integrierte Informationstheorie (engl. *integrated information theory*, IIT) oder die zeitlich-räumliche Theorie des Bewusstseins (engl. *temporospatial theory of consciousness*, TTC). Es ist jedoch wünschenswert, die derzeitige „Babylonische Sprachverwirrung" der „Theorien des Bewusstseins" zu überwinden und die verschiedenen Theorien soweit wie möglich zu integrieren und zu verbinden (Evers et al. 2024). Auf jeden Fall sind am Bewusstsein unseres Gehirns hierarchische Prozesse sensorischer Eingangssignale und Erinnerungen beteiligt, und jede spezifische Bewusstseinserfahrung beruht auf neuronalen Korrelaten (Sigawi et al. 2024).

Wir haben in vielen Bereichen versucht, uns den jeweiligen Problemen über Krankheiten zu nähern, bei denen die jeweiligen Funktionen gestört oder beeinträchtigt sind. Wir wollen das auch hier versuchen, und vielleicht gelingt es so, auch genetische Faktoren für Bewusstsein zu finden – oder zu erkennen, dass es keine spezifischen „Bewusstseins-Gene" gibt. Wir kennen einige Zustände, bei denen das Bewusstsein ganz oder teilweise ausgeschaltet ist: Eine **Vollnarkose** oder ein **Koma** sind sicherlich die extremsten Fälle der Bewusstlosigkeit. Bei einer Vollnarkose kommt es zu einer reversiblen Funktionsbeeinträchtigung des Thalamus und der fronto-parietalen Regionen des Gehirns sowie der entsprechenden Verbindungsbahnen; untergeordnete sensorische kortikale Areale können intakt bleiben. Die Gehirnfunktionen von Patienten im **vegetativen Zustand** sind ähnlich denen während einer Narkose oder im Schlaf und sind ebenfalls durch eine Funktionsbeeinträchtigung des Thalamus und der fronto-parietalen Regionen des Gehirns charakterisiert. Man kann davon allerdings einen **minimal-bewussten Zustand** (engl. *minimal conscious state*, MCS) unterscheiden; solche Patienten erscheinen ohne Bewusstsein wie Patienten im vegetativen Zustand, aber das liegt daran, dass bestimmte motorische Funktionen einschließlich der Sprache ausgefallen sind, was die Patienten unkommunikativ macht.

Beim **Schlaf** kann man zwei Formen unterscheiden: Schlaf mit und ohne schnelle Augenbewegungen (engl. *rapid eye movement*, REM). Im Schlaf ohne schnelle Augenbewegungen stellt man ebenfalls eine verminderte Aktivität und Konnektivität im fronto-parietalen Bereich sowie eine verminderte Weiterverarbeitung externer Reize fest (Boly et al. 2013). Einen groben Überblick über verschiedene Bewusstseinsgrade und -zustände gibt ◘ Abb. 5.34.

Bei der Diskussion verschiedener Formen und Ebenen der Bewusstseinsstörungen ergibt sich natürlich die Frage, ob es nicht ein gemeinsames Prinzip gibt, dass allen diesen Bewusstseinseinschränkungen zu Grunde liegt und ob es ein gemeinsames neuronales Korrelat dafür gibt. Wir haben oben mehrfach darauf hingewiesen, dass bei Störungen oder Einschränkungen des Bewusstseins fronto-parietale Areale des Gehirns (insbesondere der *Präcuneus*, eines Teils des medianen Parietallappens) beteiligt sind. Diese Gehirnregionen haben ausgedehnte anatomische und funktionelle Verbindungen und unterstützen viele hohe kognitive Funktionen wie Aufmerksamkeit und exekutive Funktionen. Man könnte deshalb annehmen, dass die Integrität des fronto-parietalen Netzwerks dafür verantwortlich ist, dass Bewusstsein entsteht. Andererseits wird bei wachen Individuen die höchste metabolische Aktivität im primären visuellen Cortex (V1) gemessen und nicht in den fronto-parietalen Arealen (nach Boly et al. 2013). Der visuelle Cortex ist im Hinterhauptlappen (*Lobus occipitalis*) lokalisiert (◘ Abb. 5.33b).

In diesem Zusammenhang ist die **Rindenblindheit** (engl. *blindsight*) ein interessantes Phänomen. Hierbei ist V1 zerstört (z. B. durch Blutungen, Ischämien, Schädel-Hirn-Traumata, Tumore), aber die Augen und die Sehbahn sind intakt. Daher können Patienten auf visuelle Reize reagieren (z. B. sich im Raum bewegen und Hindernissen ausweichen) – aber diese Handlungen und das zugrunde liegende Sehen ist ihnen nicht bewusst. Offensichtlich ist also V1, der primäre visuelle Cortex, für das bewusste Sehen verantwortlich, und andere Gehirnareale sind in der Lage, das Gesehene in Handlungen umzusetzen – wenn auch unbewusst. Bisher gibt es Hinweise auf Rindenblindheit nur nach Schädigungen des primären visuellen Cortex; entsprechende angeborene Erkrankungen (und damit Möglichkeiten auf genetische Analysen) sind nicht bekannt (nach Derrien et al. 2022; Takakuwa und Isa 2023). Im Gegensatz zur Rindenblindheit ist bei der Halbseitenblindheit (Hemianopsie) eine Störung in der Sehbahn die Ursache.

Kommen wir noch einmal auf die fronto-parietalen Areale des Gehirns und auf den *Präcuneus* zurück. Insbesondere der Parietallappen zeigt eine deutliche Größenzunahme in der menschlichen Linie gegenüber den Affen, aber auch im Vergleich des modernen Menschen zum Neandertaler. Diese Areale sind an vielen wichtigen Funktionen beteiligt, darunter auch die Auge-Hand-Koordination, und sie scheinen für technisches Denken ausschlaggebend. Auch der *Präcuneus* ist in der menschlichen Linie stark vergrößert; er schließt das obere Parietalläppchen ein. Die anteriore Region des *Präcuneus*

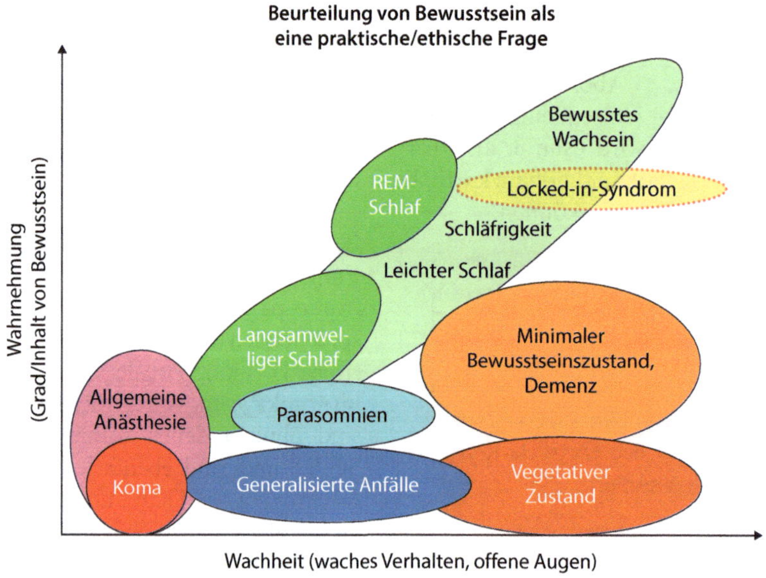

◘ **Abb. 5.34** Grad und Inhalt von Bewusstsein. Der Grad von Bewusstsein kann unterschieden werden von Verhaltensweisen, die üblicherweise als ein Zeichen von Wachheit (engl. *vigilance*) oder Erregung (engl. *arousal*) (wie z. B. das Öffnen der Augen, das Folgen auf Kommandos). Typischerweise ist ein hoher Grad an Bewusstsein mit einer erhöhten Bandbreite an bewussten Inhalten verbunden. Ob ein hoher Grad an Bewusstsein ohne einen bewussten Inhalt möglich ist oder nicht, bleibt unklar. (Nach Boly et al. 2013; CC-by, ▸ http://creativecommons.org/licenses)

ist eher an der somatischen Integration beteiligt, die posteriore an der visuellen, und der mittlere Teil bildet eine Brücke zwischen der Körperwahrnehmung und dem Sehen. Der *Präcuneus* kann wegen seiner engen Verbindungen mit und seiner Abhängigkeit von sensorischen Eingangssignalen als eine besondere Assoziationsregion verstanden werden. Unterschiede zwischen erwachsenen modernen Menschen findet man vor allem in der vorderen (somatischen) Region, wohingegen die phylogenetischen Unterschiede zu den Affen und den Neandertalern eher mit der posterioren (visuellen) Region in Verbindung gebracht werden können. Die Integration von somatischer und visueller Wahrnehmung ist eine sehr wichtige Grundlage für das Selbst, wenn man berücksichtigt, dass der Körper die Grundgesamtheit für jede Form eines Gedankenexperiments ist oder auch die Repräsentation von physischen, chronologischen, sozialen oder Gedächtnisräumen ist (nach Bruner 2023).

Wenn man weiter nach neuronalen Korrelaten von Bewusstsein sucht, dann deuten experimentelle Daten darauf hin, dass das große fronto-parietale Netzwerk nicht direkt einbezogen ist, sondern hauptsächlich eine kleinere temporal-parietal okzipitale Zone mit einigen Beiträgen von anterioren Regionen. Ergebnis der verschachtelten Verschaltungen im Gehirn können Aktivitäten im präfrontalen Cortex, in den Basalganglien und sogar im *Cerebellum* systematisch mit bewusster Wahrnehmung co-variieren, ohne dafür verantwortlich zu sein. Es ist möglich, dass einige präfrontale Regionen inhaltsspezifische neurale Korrelate für das Bewusstsein vermitteln, wie z. B. Gefühle oder Reflexionen oder Selbstbeobachtungen, Bewertung und Affekt, wohingegen andere präfrontale Regionen nichts zu bewusster Wahrnehmung beitragen, ähnlich wie die Basalganglien und das Kleinhirn. Es bleibt unklar, ob Neuronen in primären Sinnesbereichen bestimmte Inhalte zum Bewusstsein beitragen – zum Beispiel, ob Neuronen in V1 für die wahrgenommene Position im visuellen Raum verantwortlich sind.

Wir haben eingangs darauf hingewiesen, dass **Eigenwahrnehmung** (auch Selbstwahrnehmung oder Interozeption) ein wichtiger Aspekt in diesem Zusammenhang ist. Die Eigenwahrnehmung bezieht sich auf die Darstellung der inneren Zustände eines Organismus und umfasst die Prozesse, durch die der Organismus Signale aus seinem Inneren wahrnimmt, interpretiert, integriert und reguliert. Dazu gehören vor allem die Tiefenwahrnehmung und der Gleichgewichtssinn, aber auch der Schmerz – wohingegen die klassischen Sinneswahrnehmungen wie Sehen, Hören, Riechen, Schmecken und Tasten eher zu den Sinnen für die Außenwahrnehmung zählen. Interozeptive Information wird zunächst oft in subcortikalen Strukturen des Gehirns verarbeitet, wie beispielsweise im medialen *Nucleus tractus solitarii* im Hirnstamm, dem *Nucleus subparabrachialis* und dem ventromedialen Kern des Thalamus. Von hier wird die primäre interozeptive Information zu dem hinteren Insellappen weitergeleitet. Die vordere Inselrinde ist sehr eng mit den paralimbischen korticalen Regionen verbunden (z. B. mit dem orbitofrontalen Cortex und dem anterioren cingulären Cortex) und an Verbindungen zwischen interozeptiven, emotionalen und kognitiven Zuständen beteiligt (nach Chen et al. 2021). Einen Überblick über die Verarbeitung interozeptiver Signale im Gehirn gibt ◘ Abb. 5.35.

Es ist wichtig, einige anatomische Unterschiede des Insellappens (*Insula*) zwischen verschiedenen Spezies zu beachten. Die einzigartig geformten und funktionell noch nicht vollständig aufgeklärten von-Economo-Neuronen (▶ Abschn. 6.1.1) kommen vor allem in der vorderen Inselrinde und dem anterioren cingulären Cortex von Makaken, Menschenaffen und Menschen sowie in mehreren anderen großen und hochsozialen Säugetierarten wie Elefanten und Walen vor. Die *Insula* wird als Teil des ventralen Salienz-Netzwerks für Erregungs-basierte affektive Erfahrungen angesehen. Das Salienz-Netzwerk des Gehirns reagiert auf potenziell wichtige Reize und lenkt die Aufmerksamkeit auf wichtige interne oder externe Informationen. Das ventrale Salienz-Netzwerk ist bei Affen und Menschen weitgehend homolog, aber das dorsale Netzwerk für die Aufmerksamkeitskontrolle ist beim Menschen viel stärker entwickelt. Interozeptive Informationen erfordern keine höheren Ebenen der kortikalen Verarbeitung, sie können aber eine höhere Verarbeitungsebene auf wahrnehmungsbezogener, kognitiver und/oder affektiver Ebene ansprechen und so auf die Ebene des Bewusstseins gelangen. Das Verständnis, wie und wann die autonome gegenüber der bewussten Verarbeitung interozeptiver Informationen stattfindet, bleibt ein faszinierendes Gebiet für weitere eingehende Untersuchungen (nach Chen et al. 2021).

Neben den neuronalen Netzwerken kennen wir aber auch noch eine Reihe von neuroendokrinen Systemen, die verschiedene Regionen des Gehirns mit bestimmten Körperregionen verbinden und dadurch deren Funktionen steuern (nach Chen et al. 2021):

- das Hypothalamus-Neurohypophyse-System;
- die Hypothalamus-Hypophyse-Nebennierenrinde-Achse;
- die Hypothalamus-Hypophyse-Gonaden-Achse;
- die Hypothalamus-Hypophyse-Schilddrüsen-Achse.

Beispielhaft werden wir uns mit der Hypothalamus-Hypophyse-Gonaden-Achse im ▶ Abschn. 6.2.3 intensiver beschäftigen.

Ein interessantes Phänomen rückte seit Beginn der 2000er-Jahre aber mehr und mehr ins Zentrum der Überlegungen zu Fragen des Bewusstseins: das **Ruhe-**

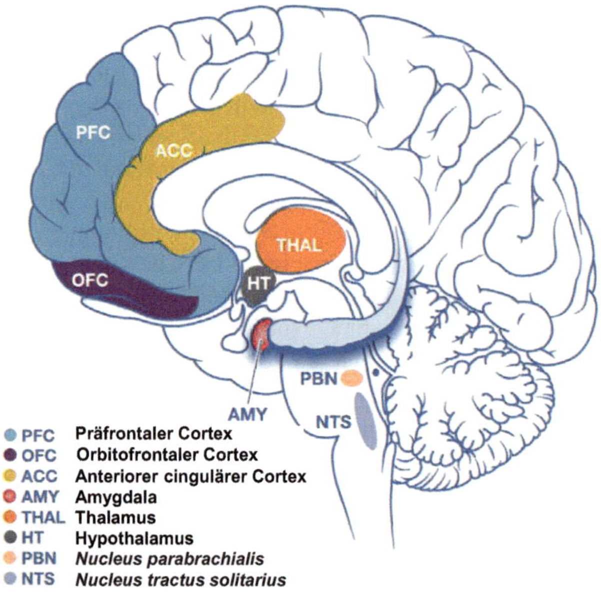

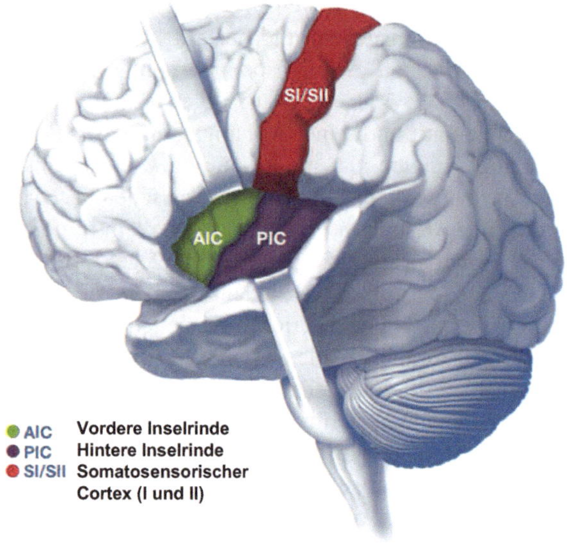

Abb. 5.35 Gehirnregionen, die an der zentralen Verarbeitung interozeptiver Signale beteiligt sind. Die Abbildung *links* zeigt eine mittlere Sagittalansicht des menschlichen Gehirns, in der die Gehirnregionen hervorgehoben sind, die an der zentralen Verarbeitung der Interozeption beteiligt sind. Die Abbildung *rechts* zeigt eine laterale/sagittale Ansicht des Gehirns, in der die Inselrinde (vordere Inselrinde: AIC; hintere Inselrinde: PIC) und der somatosensorische Cortex (SI/SII) hervorgehoben sind. Im Gehirn werden interozeptive Informationen oft zuerst in subkortikalen Strukturen wie dem medialen *Nucleus tractus solitarius* (NTS), dem *Nucleus parabrachialis* (PB) und dann dem ventromedialen Nucleus des Thalamus verarbeitet. Neuronen in diesen Strukturen projizieren auf andere Hirnregionen wie den Hypothalamus und schließlich auf die Inselrinde, einen wichtigen kortikalen Knotenpunkt im interozeptiven System. Primäre interozeptive Informationen, die vom ventromedialen Nucleus des Thalamus weitergeleitet werden, projizieren zur hinteren Inselrinde (PIC), wo höchstwahrscheinlich eine Integration mit exterozeptiven sensomotorischen und propriozeptiven Informationen aus SI/II stattfindet. Die vordere Inselrinde (AIC) ist am stärksten mit paralimbischen kortikalen Regionen wie dem orbitofrontalen Kortex (OFC), dem anterioren cingulären Kortex (ACC) und dem präfrontalen Kortex (PFC) verbunden, die möglicherweise an der Verknüpfung von interozeptiven mit emotionalen oder kognitiven Zuständen beteiligt sind, um eine weitere Integration und Interpretation zu ermöglichen. Dabei werden auch regulatorische Signale gebildet, die zu niedrigeren Hirnstrukturen gesendet werden und an efferenten Systemen des interozeptiven Systems beteiligt sind. (Nach Chen et al. 2021; CC-by-4.0, ▶ http://creativecommons.org/licenses/by/4.0/)

zustandsnetzwerk (engl. *default mode network*, DMN). Die Entdeckung des Ruhezustandsnetzwerks geht auf die überraschende Erkenntnis zurück, dass eine Reihe von Gehirnarealen während der Aufmerksamkeit für externe Reize unterdrückt wird. Zu den Bereichen des Gehirns, die während aktiver Aufgaben eine konsistente Aktivitätsabnahme zeigten, gehörten der hintere Abschnitt des *Gyrus cinguli*, der *Präcuneus*, der linke inferiore parietale Kortex, der linke dorsolaterale frontale Kortex, der linke laterale inferiore frontale Kortex, der linke inferiore temporale Gyrus, der mediale präfrontale Kortex und die rechte Amygdala. Es zeigte sich, dass das Ruhezustandsnetzwerk eine Sammlung von verteilten, aber untereinander verbundenen Gehirnregionen ist, deren Aktivität zwar normalerweise unterdrückt werden, wenn sich ein Individuum auf äußere Reize konzentriert. Wenn jedoch keine Aufmerksamkeit auf äußere Reize gerichtet ist, schaltet das Netzwerk um bzw. „wechselt in den Standardmodus" zu intern fokussierten Denkprozessen wie Selbstreflexion, Tagträumen, Gedankenwandern, Erinnern an persönliche Erlebnisse und Vorstellen der Zukunft. Das Ruhezustandsnetzwerk ist offensichtlich an sozialer Kognition, episodischem Gedächtnis, Sprache und semantischem Gedächtnis beteiligt. Es integriert und überträgt Erinnerungen, Sprache und semantische Repräsentationen, um eine kohärente „innere Erzählung" zu schaffen, die unsere individuellen Erfahrungen widerspiegelt. Diese Erzählung ist von zentraler Bedeutung für die Konstruktion des Selbstbewusstseins, prägt die Art und Weise, wie wir uns selbst wahrnehmen und mit anderen interagieren. Sie hat möglicherweise ontogenetische Ursprünge in der selbstgesteuerten Sprache während der Kindheit und bildet einen wesentlichen Bestandteil des menschlichen Bewusstseins. Umgekehrt zeigen Untersuchungen mit bildgebenden Verfahren an Patienten mit Alzheimer'scher Erkrankung, Depressionen und Schizophrenie, dass Funktionen des Ruhezustandsnetzwerks gestört sind (nach Menon 2023).

Zwei weitere großflächige Hirnnetzwerke, die direkt an der kognitiven Kontrolle beteiligt sind, haben in diesem Zusammenhang beträchtliche Aufmerksamkeit erhalten: das frontoparietale Netzwerk, das im dorsolateralen präfrontalen Kortex und im posterioren parietalen Kortex verankert ist, sowie das schon erwähnte

Salienz-Netzwerk, das im anterioren Insellappen und im dorsalen anterioren cingulären Kortex verankert ist und über prominente subkortikale Knotenpunkte in den Regionen für Affekt- und Belohnungsverarbeitung verfügt. Der vordere Insellappen hat sich als ursächlicher Signalvermittler herausgestellt, der die Aktivierung des lateralen frontoparietalen Kortex fördert, der an der Aufmerksamkeit, Reaktionshemmung und dem Arbeitsgedächtnis beteiligt ist, während er gleichzeitig die Knotenpunkte des Ruhezustandsnetzwerkes deaktiviert (nach Menon 2023).

Neue Studien haben auch gezeigt, dass eine interindividuelle neuronale **Synchronisation** des Ruhezustandsnetzwerkes möglich ist: sie hängt mit der sozialen Nähe zusammen und spiegelt die Bewertung wider, ob andere Personen Freunde, Freunde von Freunden oder eher entfernt mit einem verbunden sind. Die interindividuelle Synchronisation des Ruhezustandsnetzwerkes könnte ähnlichen mentalen Repräsentationen zugrunde liegen, die gemeinsame Werte und Überzeugungen widerspiegeln, sowie eine ähnliche „Art" der Wahrnehmung der Welt. Zusammenfassend lässt sich sagen, dass das Ruhezustandsnetzwerk durchgängig auf verschiedene Aspekte sozialer Inhalte und Kontexte reagiert, einschließlich der Berücksichtigung mentaler Zustände, der Ableitung von Schlussfolgerungen über die mentalen Zustände anderer und der Schaffung gemeinsamer Bedeutungen und Erzählungen über das Selbst in der Welt (nach Menon 2023). Die Aspekte des „Sozialen Netzwerks" wollen wir dann im nächsten Kapitel vertiefen.

Es scheint also kein einzelner Gehirnbereich für sich alleine für Bewusstsein zuständig zu sein. Vielmehr sind verschiedene neuronale Netzwerke für die höheren kognitiven Funktionen des Gehirns und für die Kernelemente menschlichen Bewusstseins verantwortlich. Und unter genetischen Gesichtspunkten können wir festhalten, dass es bisher zwar keine Hinweise auf spezielle Gene für Bewusstsein gibt, aber viele Gene dafür (mit)verantwortlich sind, dass die Komplexität des menschlichen Gehirns wesentlich größer ist als die anderer Primaten.

! Bewusstsein entsteht im Wesentlichen durch die Verknüpfung einer Vielzahl von Reizen in verschiedenen Regionen des Cortex. Störungen führen zu einer Reihe von psychiatrischen Erkrankungen, die auch durch Mutationen in einer Vielzahl von Genen hervorgerufen werden können. Ein spezielles Gen für Bewusstsein gibt es nicht.

Box 5.1: Sexuelle Selektion

Es gibt zweifelsfrei Unterschiede zwischen Männern und Frauen, die über die geschlechtsspezifischen Unterschiede bei der Erzeugung, dem Austragen und der Geburt von Kindern hinausgehen. Die Evolutionsbiologie und der Blick auf die Evolution des Menschen eröffnet uns hierbei interessante Erkenntnisse, wobei wir uns auf den Dualismus Frauen (gebären Kinder, XX-Chromosom) und Männer (zeugen Kinder, XY-Chromosom) beschränken – denn nur diese Konstellation führt zu Nachkommen, und nur Nachkommen sind in der Evolution wirksam. Andere chromosomale Konstellationen sind in der Regel ebenso unfruchtbar wie Homosexualität (Frau/Frau bzw. Mann/Mann).

Die Theorie der sexuellen Selektion bietet ein evolutionäres Rahmenkonzept zur Erklärung der Entwicklung von geschlechtsspezifischen Unterschieden innerhalb einer Spezies. Die Grundannahmen dabei sind Konkurrenz von Mitgliedern eines Geschlechts um Sexualpartner (innergeschlechtliche Konkurrenz) und die unterschiedliche Auswahl von Sexualpartnern (zwischengeschlechtliche Wahl). Im Ergebnis sind die Merkmale, die sexueller Selektion unterliegen, in dem Geschlecht stärker ausgeprägt, das intensiverer Konkurrenz oder Auswahl ausgesetzt ist. Diese Merkmale sind häufig physischer Natur, können aber auch Verhaltensmerkmale oder kognitive Fähigkeiten beinhalten. Geschlechtsspezifische Unterschiede in Größe und Kraft sind durchgängige Indikatoren von Konkurrenz unter Männchen und einem polygynen Paarungssystem bei Säugern. Die Männchen wachsen langsamer als Weibchen, reifen später heran und haben eine kürzere Lebenszeit. Die körperlichen und entwicklungsmäßigen Geschlechtsunterschiede des Menschen passen zu diesem allgemeinen Muster. Die Betrachtung der Größenunterschiede zwischen unseren weiblichen und männlichen Vorfahren legt nahe, dass es zwischen Männern einen intensiven Wettbewerb um Sexualpartnerinnen gegeben hat – und das reicht mindestens 4 Mio. Jahre zurück. Konkurrenz unter Männern beinhaltet auch Kämpfe um die Vorherrschaft innerhalb von Gruppen und kleinere oder größere Überfälle konkurrierender Gruppen, wobei 20 % oder mehr Männer als Folgen solcher Konflikte starben. Historische Überlieferungen und populationsgenetische Untersuchungen zeigen, dass sich die Intensität solcher Konflikte und die damit einhergehenden Schwankungen männlicher Reproduktionserfolge mit dem Aufkommen der Landwirtschaft und der frühen Großreiche verstärkten. Das evolutionäre Echo der Konkurrenz unter Männern umfasst u. a. die Unterschiede in der Größe, der Skelett-Struktur des Oberkörpers und die Muskelmasse, auch wenn die Unterschiede in verschiedenen Populationen variieren. Gesellschaftsspezifische und kulturelle Effekte können diese Entwicklung sexueller Selektion beschleunigen. Dazu gehört auch die Entwicklung einer permanenten, lactationsunabhängigen Brust bei Frauen – ein Merkmal, das nur bei Menschen vorkommt (nach Geary 2021; Laland et al. 2010; Pawłowski und Żelaźniewicz 2021) (siehe auch ▶ Abschn. 6.2).

Literatur

Abbas F, Vinberg F (2021) Transduction and adaptation mechanisms in the cilium or microvilli of photoreceptors and olfactory receptors from insects to humans. Front Cell Neurosci 15:662453

Akula SK, Exposito-Alonso D, Walsh CA (2023) Shaping the brain: the emergence of cortical structure and folding. Dev Cell 58:2836–2849

Anastassopoulou C, Davaris N, Ferous S et al (2024) The molecular basis of olfactory dysfunction in COVID-19 and long COVID. Lifestyle Genom 17:42–56

Arshamian A, Gerkin RC, Kruspe N et al (2022) The perception of odor pleasantness is shared across cultures. Curr Biol 32:2061–2066

Arshavsky VY (2024) Vision: a specialized pathway for pigment regeneration in cones. Curr Biol 34:R726–R728

Baden T, Osorio D (2019) The retinal basis of vertebrate color vision. Annu Rev Vis Sci 5:177–200

Barresi M, Hickmott RA, Bosakhar A et al (2024) Toward a better understanding of how a gyrified brain develops. Cereb Cortex 34:bhae055

Billesbølle CB, de March CA, van der Velden WJC et al (2023) Structural basis of odorant recognition by a human odorant receptor. Nature 615:742–749

Blume C, Garbazza C, Spitschan M (2019) Effects of light on human circadian rhythms, sleep and mood. Somnologie 23:147–156

Boccaccio A, Menini A, Pifferi S (2021) The cyclic AMP signaling pathway in the rodent main olfactory system. Cell Tissue Res 383:429–443

Boly M, Seth AK, Wilke M et al (2013) Consciousness in humans and non-human animals: recent advances and future directions. Front Psychol 4:625

Brandt T, Dieterich M, Huppert D (2024) Human senses and sensors from Aristotle to the present. Front Neurol 15:1404720

Bruintjes TD, Bleys RLAW (2023) The clinical significance of the human vomeronasal organ. Surg Radiol Anat 45:457–460

Bruner E (2007) Cranial shape and size variation in human evolution: structural and functional perspectives. Childs Nerv Syst 23:1357–1365

Bruner E (2023) Cognitive archeology and the attentional system: an evolutionary mismatch for the genus *Homo*. J Intell 11:183

Burkhardt DA (2011) Contrast processing by ON and OFF bipolar cells. Vis Neurosci 28:69–75

Caraffi SG, Pollazzon M, Farooq M et al (2022) MCPH1: a novel case report and a review of the literature. Genes 13:634

Carvalho LS, Pessoa DMA, Mountford JK et al (2017) The genetic and evolutionary drives behind primate color vision. Front Ecol Evol 5:34

Cattaneo Z, Daini R, Malaspina M et al (2016) Congenital prosopagnosia is associated with a genetic variation in the oxytocin receptor (OXTR) gene: an exploratory study. Neuroscience 339:162–173

Chen WG, Schloesser D, Arensdorf AM et al (2021) The emerging science of interoception: Sensing, integrating, interpreting, and regulating signals within the self. Trends Neurosci 44:3–16

Chilosi A, Battaglia A, Brizzolara D et al (2001) Del (9p) syndrome: proposed behavior phenotype. Am J Med Genet 100:138–144

Cvekl A, Vijg J (2024) Aging of the eye: lessons from cataracts and age-related macular degeneration. Ageing Res Rev 99:102407

DeCasien AR, Guma E, Liu S et al (2022) Sex differences in the human brain: a roadmap for more careful analysis and interpretation of a biological reality. Biol Sex Differ 13:43

Dehay C, Huttner WB (2024) Development and evolution of the primate neocortex from a progenitor cell perspective. Development 151:dev199797

Demirci N, Jafarabadi F, Wang X et al (2023) Consistency and variation in the placement of cortical folds: a perspective. Brain Multiphysics 5:100080

Derrien D, Garric C, Sergent C et al (2022) The nature of blindsight: implications for current theories of consciousness. Neurosci Conscious 7:1–14

Dicpinigaitis PV (2021) Post-viral anosmia (loss of sensation of smell) did not begin with COVID-19! Lung 199:237–238

Duński E, Pękowska A (2022) Keeping the balance: trade-offs between human brain evolution, autism, and schizophrenia. Front Genet 13:1009390

Esiyok N, Tynianskaia L, Heide M (2024) Primatenspezifische Gene als Determinanten der Neokortexmorphologie. Biospektrum 29:130–133

Euler T, Haverkamp S, Schubert T et al (2014) Retinal bipolar cells: elementary building blocks of vision. Nat Rev Neurosci 15:507–519

Evans PD, Anderson JR, Vallender EJ et al (2004) Reconstructing the evolutionary history of microcephalin, a gene controlling human brain size. Hum Mol Genet 13:1139–1145

Evans PD, Gilbert SL, Mekel-Bobrov N et al (2005) Microcephalin, a gene regulating brain size, continues to evolve adaptively in humans. Science 309:1717–1720

Evers K, Farisco M, Pennartz CMA (2024) Assessing the commensurability of theories of consciousness: On the usefulness of common denominators in differentiating, integrating and testing hypotheses. Conscious Cogn 119:103668

Farcy S, Hachour H, Bahi-Buisson N et al (2023) Genetic primary microcephalies: when centrosome dysfunction dictates brain and body size. Cells 12:1807

Fatuzzo I, Niccolini GF, Zoccali F et al (2023) Neurons, nose, and neurodegenerative diseases: Olfactory function and cognitive impairment. Int J Mol Sci 24:2117

Fiddes IT, Lodewijk GA, Mooring M et al (2018) Human-specific *NOTCH2NL* genes affect Notch signaling and cortical neurogenesis. Cell 173:1356–1369

Geary DC (2021) Now you see them, and now you don't: an evolutionarily informed model of environmental influences on human sex differences. Neurosci Biobehav Rev 125:26–32

Goriounova NA, Mansvelder HD (2019) Genes, cells and brain areas of intelligence. Front Hum Neurosci 13:44

Graw J (2003) The genetic and molecular basis of congenital eye defects. Nat Rev Genet 4:876–888

Gregori NZ, Hussain RM, Kay CN et al (2019) Current concepts and emerging gene therapies for inherited retinal diseases. Int Ophthalmol Clin 59:83–110

Grünert U, Martin PR (2020) Cell types and cell circuits in human and non-human primate retina. Prog Retin Eye Res:100844

Grünert U, Martin PR (2021) Morphology, molecular characterization, and connections of ganglion cells in primate retina. Annu Rev Vis Sci 7:73–103

Guitart X, Porubsky D, Yoo D et al (2024) Independent expansion, selection, and hypervariability of the *TBC1D3* gene family in humans. Genome Res 34:1798–1810

Gunz P, Neubauer S, Falk D et al (2020) *Australopithecus afarensis* endocasts suggest ape-like brain organization and prolonged brain growth. Sci Adv 6:eaaz4729

Haer-Wigman L, den Ouden A, van Genderen MM et al (2022) Diagnostic analysis of the highly complex *OPN1LW/OPN1MW* gene cluster using long-read sequencing and MLPA. NPJ Genom Med 7:65

van Heurck R, Bonnefont J, Wojno M et al (2023) CROCCP2 acts as a human-specific modifier of cilia dynamics and mTOR signaling to promote expansion of cortical progenitors. Neuron 111:65–80

5

Hoover KC (2010) Smell with inspiration: the evolutionary significance of olfaction. Am J Phys Anthropol 143(Suppl 51):63–74
Hoover KC (2021) Sensory disruption and sensory inequities in the Anthropocene. Evol Anthropol 30:128–140
Huttner WB, Heide M, Mora-Bermúdez F et al (2024) Neocortical neurogenesis in development and evolution – human-specific features. J Comp Neurol 532:e25576
Ionta S (2021) Visual neuropsychology in development: Anatomo-functional brain mechanisms of action/perception binding in health and disease. Front Hum Neurosci 15:689912
Jayaraman D, Bae BI, Walsh CA (2018) The genetics of primary microcephaly. Annu Rev Genomics Hum Genet 19:177–200
Jimenez RC, Casajuana-Martin N, García-Recio A et al (2021) The mutational landscape of human olfactory G protein-coupled receptors. BMC Biol 19:21
Kadlecova M, Freude K, Haukedal H (2023) Complexity of sex differences and their impact on Alzheimer's disease. Biomedicines 11:1261
Kamarck ML, Trimmer C, Murphy NR et al (2023) Identifying candidate genes underlying isolated congenital anosmia. Clin Genet 105:376–385
Kanata E, Duffié R, Schulz EG (2024) Establishment and maintenance of random monoallelic expression. Development 151: dev201741
Kerschensteiner D (2023) Losing, preserving, and restoring vision from neurodegeneration in the eye. Curr Biol 33:R1019–R1036
Kristofova M, Ori A, Wang ZQ (2022) Multifaceted microcephaly-related gene *MCPH1*. Cells 11:275
Küchenhoff S, Bayrak Ş, Zsido RG et al (2024) Relating sex-bias in human cortical and hippocampal microstructure to sex hormones. Nat Commun 15:7279
Laland KN, Odling-Smee J, Myles S (2010) How culture shaped the human genome: bringing genetics and the human sciences together. Nat Rev Genet 11:137–148
Leow KQ, Tonta MA, Lu J et al (2024) Towards understanding sex differences in autism spectrum disorders. Brain Res 1833:148877
Lindhout FW, Krienen FM, Pollard KS et al (2024) A molecular and cellular perspective on human brain evolution and tempo. Nature 630:596–608
Lodewijk GA, Fernandes DP, Vretzakis I et al (2020) Evolution of human brain size-associated *NOTCH2NL* genes proceeds toward reduced protein levels. Mol Biol Evol 37:2531–2548
Lotze M, Domin M, Gerlach FH et al (2019) Novel findings from 2,838 adult brains on sex differences in gray matter brain volume. Sci Rep 9:1671
Marin C, Alobid I, Fuentes M et al (2023) Olfactory dysfunction in mental illness. Curr Allergy Asthma Rep 23:153–164
Matsui A, Go Y, Niimura Y (2010) Degeneration of olfactory receptor gene repertories in primates: no direct link to full trichromatic vision. Mol Biol Evol 27:1192–1200
Menon V (2023) 20 years of the default mode network: a review and synthesis. Neuron 111:2469–2487
Moffat A, Schuurmans C (2023) The control of cortical folding: multiple mechanisms, multiple models. Neuroscientist. https://doi.org/10.1177/10738584231190839
Namba T, Huttner WB (2024) What makes us human. Insights from the evolution and development of the human neocortex. Annu Rev Cell Dev Biol 40:427–452
Ohgi N, Shirasu M, Ogura Y et al (2025) Human ovulatory phase-increasing odors cause positive emotions and stress-suppressive effects in males. iScience. https://doi.org/10.1016/j.isci.2025.113087
Pawłowski B, Żelaźniewicz A (2021) The evolution of perennially enlarged breasts in women: a critical review and a novel hypothesis. Biol Rev Camb Philos Soc 96:2794–2809
Penisson M, Ladewig J, Belvindrah R et al (2019) Genes and mechanisms involved in the generation and amplification of basal radial glial cells. Front Cell Neurosci 13:381
Pestana C, de Sousa AA, Todorov OS et al (2023) Evolutionary history of hominin brain size and phylogenetic comparative methods. Prog Brain Res 275:217–232
Piard J, Philippe C, Marvier M et al (2010) Clinical and molecular characterization of a large family with an interstitial 15q11q13 duplication. Am J Med Genet A. 152A:1933–1941
Plomin R, Deary IJ (2015) Genetics and intelligence differences: five special findings. Mol Psychiatry 20:98–108
Plomin R, von Stumm S (2018) The new genetics of intelligence. Nat Rev Genet 19:148–159
Pottmeier P, Nikolantonaki D, Lanner F et al (2024) Sex-biased gene expression during neural differentiation of human embryonic stem cells. Front Cell Dev Biol 12:1341373
Pulvers JN, Journiac N, Arai Y et al (2015) MCPH1: a window into brain development and evolution. Front Cell Neurosci 9:92
Qi J, Mo F, An NA et al (2023) A human-specific de novo gene promotes cortical expansion and folding. Adv Sci 10:e2204140
Rimfeld K, Malanchini M, Krapohl E et al (2018) The stability of educational achievement across school years is largely explained by genetic factors. NPJ Sci Learn 3:16
Rutigliano G, Zucchi R (2020) Molecular variants in human trace amine-associated receptors and their implications in mental and metabolic disorders. Cell Mol Neurobiol 40:239–255
Savage JE, Jansen PR, Stringer S et al (2018) Genome-wide association meta-analysis in 269,867 individuals identifies new genetic and functional links to intelligence. Nat Genet 50:912–919
Schmidt ERE, Polleux F (2022) Genetic mechanisms underlying the evolution of connectivity in the human cortex. Front Neural Circuits 15:787164
Serio B, Hettwer MD, Wiersch L et al (2024) Sex differences in functional cortical organization reflect differences in network topology rather than cortical morphometry. Nat Commun 15:7714
Sharma A, Kumar R, Aier I et al (2019) Sense of smell: structural, functional, mechanistic advancements and challenges in human olfactory research. Curr Neuropharmacol 17:891–911
Shi L, Li M, Lin Q et al (2013) Functional divergence of the brain-size regulating gene *MCPH1* during primate evolution and the origin of humans. BMC Biol 11:62
Sigawi T, Hamtzany O, Shakargy JD et al (2024) The constrained disorder principle may account for consciousness. Brain Sci 14:209
Soh YQ, Kocaba V, Weiss JS et al (2020) Corneal dystrophies. Nat Rev Dis Primers 6:46
Sønderby IE, Ching CRK, Thomopoulos SI et al (2021) Effects of copy number variations on brain structure and risk for psychiatric illness: large-scale studies from the ENIGMA working groups on CNVs. Hum Brain Mapp 43:300–328
de Sousa AA, Beaudet A, Calvey T et al (2023) From fossils to mind. Commun Biol 6:636
Stibel JM (2021) Decreases in brain size and encephalization in anatomically modern humans. Brain Behav Evol 96:64–77
Sun Y, Men W, Kennerknecht I et al (2024) Human genetics of face recognition: discovery of *MCTP2* mutations in humans with face blindness (congenital prosopagnosia). Genetics 227.iyae047
Takakuwa N, Isa T (2023) Visuomotor coordination and cognitive capacity in blindsight. Curr Opin Neurobiol 82:102764
Tirindelli R, Dibattista M, Pifferi S et al (2009) From pheromones to behavior. Physiol Rev 89:921–956
Toga AW, Thompson PM (2005) Genetics of brain structure and intelligence. Annu Rev Neurosci 28:1–23
Trimmer C, Keller A, Murphy NR et al (2019) Genetic variation across the human olfactory receptor repertoire alters odor perception. Proc Natl Acad Sci USA 116:9475–9480

Tynianskaia L, Heide M (2024) Human-specific genetic hallmarks in neocortical development: focus on neural progenitors. Curr Opin Genet Dev 89:102267

Vaill M, Kawanishi K, Varki N et al (2023) Comparative physiological anthropogeny: exploring molecular underpinnings of distinctly human phenotypes. Physiol Rev 103:2171–2229

Vickery S, Patil KR, Dahnke R et al (2024) The uniqueness of human vulnerability to brain aging in great ape evolution. Sci Adv 10:eado2733

Wang W, Geiger JH, Borhan B (2013) The photochemical determinants of color vision: revealing how opsins tune their chromophore's absorption wavelength. Bioessays 36:65–74

Wang YQ, Su B (2004) Molecular evolution of microcephalin, a gene determining human brain size. Hum Mol Genet 13:1131–1137

Wapeesittipan P, Joshi A (2023) Integrated analysis of robust sex-biased gene signatures in human brain. Biol Sex Differ 14:36

Wu X, Li Z, Wang ZQ et al (2023) The neurological and non-neurological roles of the primary microcephaly-associated protein ASPM. Front Neurosci 17:1242448

Xie C, Zhang YE, Chen JY et al (2012) Hominoid-specific *de novo* protein-coding genes originating from long non-coding RNAs. PLoS Genet 8:e1002942

Yang Z (2025) The principle of cortical development and evolution. Neurosci Bull 41:461–485

Yang Z, Zhou D, Li H et al (2020) The genome-wide risk alleles for psychiatric disorders at 3p21.1 show convergent effects on mRNA expression, cognitive function, and mushroom dendritic spine. Mol Psychiatry 25:48–66

Zarzor MS, Blumcke I, Budday S (2023) Exploring the role of the outer subventricular zone during cortical folding through a physics-based model. Elife 2:e82925

Zelco A, Wapeesittipan P, Joshi A (2023) Insights into sex and gender differences in brain and psychopathologies using big data. Life 13:1676

Zhou Y, Song H, Ming GL (2024) Genetics of human brain development. Nat Rev Genet 25:26–45

Ziemka-Nalecz M, Pawelec P, Ziabska K et al (2023) Sex differences in brain disorders. Int J Mol Sci 24:14571

Genetik menschlichen Verhaltens

Darstellung des römischen Gottes Janus – der Gott mit den beiden Gesichtern für Anfang und Ende, aber auch für Dualität. Beide Seiten der Dualität entziehen sich einer moralischen Wertung. (© Steve Lillie/Alamy)

Inhaltsverzeichnis

6.1 Soziales Verhalten – 224

6.1.1 Neuronale Korrelate eines sozialen Netzwerkes – 224
6.1.2 Genetik extremer Soziabilität – 228
6.1.3 Das Oxytocin/Vasopressin-System – 232
6.1.4 Das Dopamin-System – 240
6.1.5 Der Opioid-Rezeptor μ und seine endogenen Liganden – 243

6.2 Sexualität – 246

6.2.1 Geschlechtschromosomen und ihre Variabilität – 246
6.2.2 Festlegung des biologischen Geschlechts bei Menschen – 252

J. Graw, *Genetische Anthropologie*, https://doi.org/10.1007/978-3-662-72246-6_6

6.2.3 Sexuelle Orientierung und sexuelle Identität – 254
6.2.4 Paarungsverhalten von Menschen – 261

6.3 Aggressives Verhalten – 264

6.4 Religion – 272

Literatur – 276

Überblick

Die Erblichkeit von Verhaltensweisen beträgt niemals 100 % –die soziale Umwelt hat vielmehr immer einen mehr oder weniger großen Einfluss. Das bedeutet im Umkehrschluss, dass Genetik unser Verhalten nicht vollständig festlegt (determiniert), sondern vielmehr nur einen Rahmen vorgibt und zu einem Verhalten prädisponiert. Es geht in der Genetik auch nicht darum, Wertungen einzuführen – obwohl pro-soziales Verhalten moralisch anders bewertet wird als Aggressivität. Wir verstehen aber am Ende des Kapitels vielleicht leichter, warum gesellschaftliche Normen nicht immer oder nur schwer erreichbar sind. Neuronale Korrelate sozialer Interaktionen stellen die System der Spiegelneurone und die von-Economo-Neurone dar. Wir finden sie vor allem im cingulären Cortex, der Amygdala und der Insula. Soziabilität als Oberbegriff für soziales Verhalten (Empathie, soziale Kognition, soziale Fähigkeiten, soziale Kompetenz oder soziales Funktionieren) folgt in der Bevölkerung der Form einer Gauss'schen Normalverteilung. Die Untersuchung der Extremen ermöglicht auch eine genetische Analyse. An den Extrempositionen der Soziabilität (Hypo- bzw. Hypersoziabilität) sind vor allem die Gene *UBE3A* und *GTF2I* beteiligt. Durch unterschiedliche genetische Mechanismen wird die Expression dieser Gene erhöht oder vermindert und so Soziabilität in die eine oder andere Richtung beeinflusst. Oxytocin und Vasopressin sind zwei evolutionär alte Nonapeptide, die in verschiedenen Gehirnregionen aus Vorläuferproteinen abgespalten werden und peripher als Hormone und im Gehirn als Neurotransmitter wirksam sind. Die Gene für den Oxytocin-Rezeptor und für die Vasopressin-Rezeptoren sind zwar hochkonserviert, aber sie besitzen auch eine Vielzahl von polymorphen Regionen, die in unterschiedlicher Weise mit prosozialem Verhalten oder Störungen aus dem Autismus-Spektrum assoziiert sind. Offensichtlich ist die Verteilung dieser Rezeptoren in Gehirnen von Männern und Frauen unterschiedlich. Die Gesichtserkennung ist zwar weitgehend genetisch determiniert (z. B. Mutationen im *MCTP2*-Gen), aber Oxytocin ist (geschlechtsabhängig) mit emotionalen Aspekten der Gesichtserkennung verbunden. Der Neurotransmitter Dopamin und seine fünf G-Protein gekoppelten Rezeptoren bilden das dopaminerge System; es ist an der Regulation von Bewegungen und zusammen mit dem opioiden System am Belohnungs- und Suchtverhalten beteiligt. Der Opioid-Rezeptor μ und seine endogenen Liganden β-Endorphin und Enkephaline lindern Schmerzen und Stress.

Menschen haben zwei Geschlechtschromosomen; Frauen besitzen in der Regel zwei X-Chromosomen und Männer ein X- und ein Y-Chromosom. X- und Y-Chromosomen tragen an ihren Enden pseudoautosomale Regionen, an denen Rekombinationen zwischen X- und Y-Chromosomen stattfinden können. Bei Frauen wird ein Großteil eines der beiden X-Chromosomen früh während der Embryonalentwicklung stillgelegt; diese Stilllegung bleibt lebenslang erhalten. Aneuploidien der Geschlechtschromosomen treten bei Lebendgeburten mit einer Häufigkeit von ~1:500 auf und führen zu unterschiedlichen Phänotypen, besonders bezüglich der Größe und der sexuellen Reproduktionsfähigkeit. Die Festlegung des biologischen Geschlechts erfolgt durch das Gen *SRY* auf dem Y-Chromosom. Seine Expression führt zum Abbau der Müller'schen Gänge und leitet die Entwicklung männlicher Gonaden ein; bei seiner Abwesenheit werden die Wolff'schen Gänge abgebaut und es entwickeln sich weibliche Gonaden. Der Prozess unterliegt einer vielfältigen Regulation und ist störanfällig. Die Geschlechtsentwicklung verläuft in mehreren Phasen und wird durch komplexe hormonelle Prozesse gesteuert; Mutationen und Polymorphismen können zu veränderten Phänotypen führen. In der EU und in den USA identifizieren sich ~0,5 % der Menschen mit dem anderen als dem biologischen Geschlecht; ~2–3 % der Bevölkerung leben außerhalb des binären Systems von Männlichkeit und Weiblichkeit. Die wesentlichen Unterschiede im Körperbau zwischen Männern und Frauen sind wohl durch sexuelle Selektion entstanden, dazu gehört auch männliches Aggressionsverhalten. Gleichgeschlechtliches Verhalten zeigen ~2–10 % der Menschen in westlichen Populationen; die erbliche Komponente beträgt ~32 %, ohne dass es dafür bekannte Gene gibt. Aggressives Verhalten ist dagegen weitgehend durch genetische Faktoren beeinflusst. Eine wesentliche Komponente liegt in Mutationen des *MAOA*-Gens, das für eine Monoaminoxidase kodiert. Religion hat sich aus frühen Formen des Schamanismus entwickelt; formalisierte und dogmatische Formen der Religion entstanden im Wesentlichen in den nördlichen subtropischen Zonen mit der Entstehung landwirtschaftlicher Lebensformen und in den Zeiten großen Bevölkerungswachstums. Ein „Gottes-Gen" gibt es nicht.

6.1 Soziales Verhalten

In den vergangenen Kapiteln haben wir uns im Wesentlichen mit der Evolution des Menschen befasst, mit der Evolution seiner Gene, die dazu führten, dass Menschen sich in alle Bereiche der Erde ausbreiten konnten und dank ihrer kognitiven Fähigkeiten eine einzigartige Kultur weltweit aufgebaut haben – mit allen Unterschieden im Detail. In diesem Kapitel soll es nun um die Genetik menschlichen Verhaltens gehen. Aus Tierversuchen wissen wir, dass Verhalten eine deutliche erbliche Komponente hat; unter standardisierten Testanordnungen können wir auch die Auswirkungen von Mutationen in einzelnen Genen auf Verhalten erkennen. Im Gegensatz zu den vorherigen Kapiteln ist menschliches Verhalten ein „weiches" Merkmal und in der Regel nicht so standardisiert messbar wie in Tierversuchen (wenn wir von verschiedenen psychologischen Tests und psychiatrischen Diagnoseverfahren zunächst absehen). Und ein zweites kommt hinzu: Die Erblichkeit von menschlichem Verhalten liegt nicht wie bei den meisten körperlichen Merkmalen bei 100 %, sondern oft deutlich darunter. Es soll also im Folgenden um genetische Aspekte und genetische Prädispositionen gehen und nicht um einen genetischen Determinismus. Wir müssen bei Fragen menschlichen Verhaltens also immer auch die soziale Umwelt als Einflussfaktor im Blick haben. Und drittens ist menschliches Verhalten auch unter genetischen Gesichtspunkten ein komplexes Phänomen, d. h. in der Regel sind viele Gene mit unterschiedlichen Effektstärken an der Ausbildung eines Phänotyps beteiligt.

Eine Methode, um genetische Einflüsse auf menschliches Verhalten zu erkennen, ist die Untersuchung von Zwillingen. Obwohl Zwillingsstudien eine Gesamtabschätzung der Erblichkeit eines Merkmals erlauben, so kann dann doch weder die Zahl der beteiligten Gene noch deren jeweilige Effektstärke bestimmt werden. Genomweite Assoziationsstudien haben dagegen den Vorteil, dass sie nicht durch eine Hypothese angetrieben sind, aber dafür aber sogar das ganze Genom abdecken. Die Häufigkeit von Einzelnukleotidpolymorphismen (engl. *single-nucleotide polymorphisms*, SNPs) wird innerhalb von Kohorten im Hinblick auf einen bestimmten Phänotyp bestimmt; so können chromosomale Regionen oder einzelne Gene erkannt werden, die einen signifikanten Beitrag zu dem beobachteten Phänotyp leisten (nach Ebstein et al. 2010). Studien mit Kandidatengenen sind dagegen oft zu klein und haben deswegen oft nur eine begrenzte Aussagekraft (nach Harden 2021). Einen Überblick über die Erblichkeit verschiedener sozialer Verhaltensweisen im Verhältnis zu Umwelteinflüssen gibt zunächst ◘ Abb. 6.1. Dabei fällt auf, dass besonders bei prosozialem Verhalten von Kindern (Jungen und Mädchen) der erbliche Anteil hoch ist (über 50 %; nach Ebstein et al. 2010).

Wenn wir im Folgenden genetische Aspekte unseres Verhaltens diskutieren, dann stellt das keine moralische Bewertung dar – wir verstehen dann aber vielleicht leichter, warum es soziale Erwartungen manchmal schwer haben, sich im Alltag durchzusetzen.

6.1.1 Neuronale Korrelate eines sozialen Netzwerkes

Menschen haben während ihrer Evolution eine Reihe von sozialen Fähigkeiten entwickelt, denn die immer anspruchsvolleren Anforderungen des Gruppenlebens begünstigten Individuen, die Ressourcen nicht nur durch List, sondern auch durch Kooperation beschaffen. Die Fähigkeit, sich in einer sozialen Gruppe erfolgreich mit Anderen auseinanderzusetzen (engl. *Machiavellian Intelligence*), ist also wahrscheinlich ein wesentlicher Teil der Evolution von Hominiden gewesen. Ein weiteres entscheidendes Element des sozialen Lebens des Menschen ist sein soziales Gedächtnis (engl. *social memory*), also die Fähigkeit, sich an Begegnungen zu erinnern und Dominanzhierarchien wahrzunehmen. Menschen besitzen auch die Fähigkeit, sich in andere hineinzuversetzen, um sich deren Gedanken und Gefühle vorstellen zu können (engl. *Theory of Mind*). Zusammengefasst erfordern die Unwägbarkeiten des menschlichen Zusammenlebens ein hohes Maß an sozialer Intelligenz und Steuerung – Qualitäten, die unabdingbare Voraussetzungen für unseren Erfolg beim Streben nach Glück sind (nach Ebstein et al. 2010).

Heute verbringen die meisten Menschen ihre Zeit in Gesellschaft anderer Menschen, und dabei tauschen sie eine Vielzahl von verbalen und nichtverbalen Signalen aus. Es gibt gute Hinweise, dass die zunehmende Komplexität des sozialen Milieus die treibende Kraft für die Entwicklung der Gehirngröße war (unterstützt durch die genetischen Veränderungen, die wir in ▶ Abschn. 5.1 diskutiert haben). Unser facettenreiches Leben umfasst dabei Verhaltensweisen, bei denen wir soziale Interaktionen und Pflichten aufeinander abstimmen – Handlungen wie Schutz von Partnern, Kindererziehung, Aggression, Altruismus, und die Anerkennung des Ranges. Hinter solchen Verhaltensweisen steht eine Vielzahl von Wahrnehmungen der sozialen Umwelt und von Gefühlen, die von Liebe, Empathie, moralischen Empfindungen und Vertrauen bis hin zu politischen Einstellungen reichen (nach Ebstein et al. 2010).

Unter Empathie verstehen wir sowohl das Teilhaben an Emotionen von Individuen als auch das Übernehmen der Sichtweisen von anderen. Im allgemeinen Sprachgebrauch ist „Einfühlungsvermögen" ein angemessenes

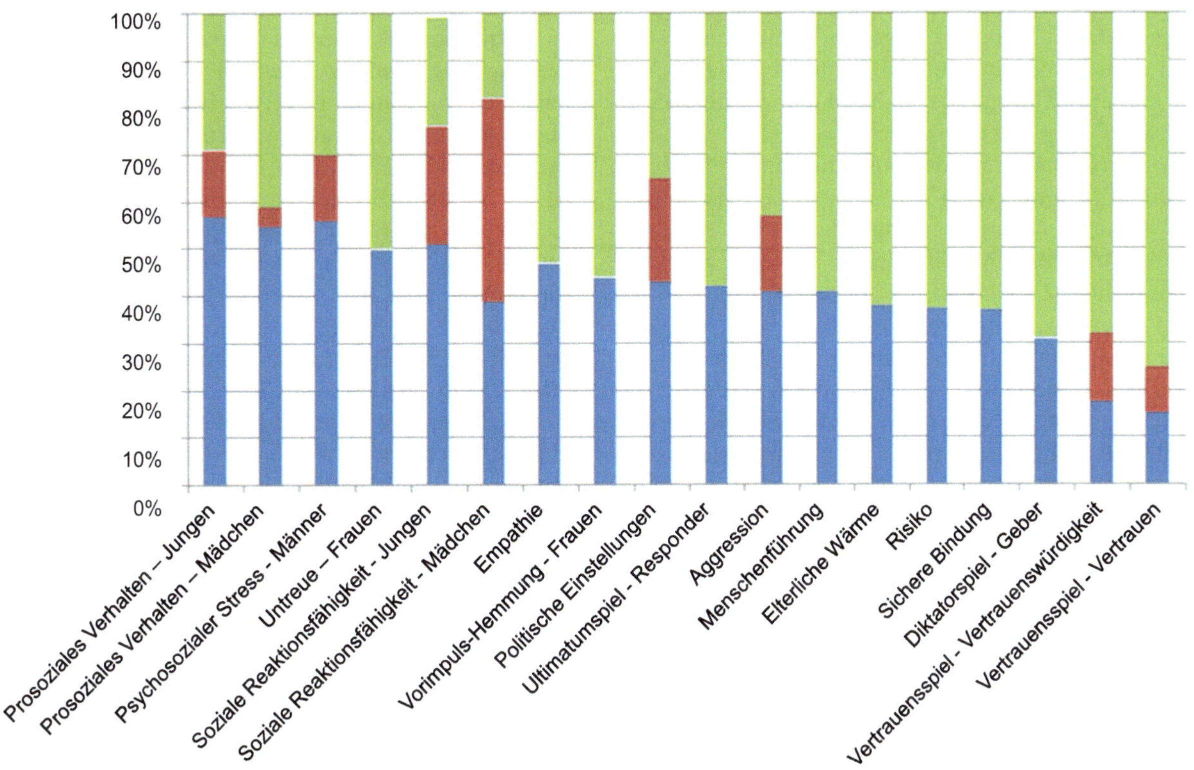

Abb. 6.1 Die relativen Einflüsse genetischer Effekte (*blau*; additive und dominante), gemeinsamer Effekte (*rot*) und ungeteilter Umwelteinflüsse (*grün*; dazu gehören auch Messfehler) auf soziale Phänotypen. Die Phänotypen sind nach absteigendem genetischen Anteil geordnet. (Nach Ebstein et al. 2010; Elsevier)

Sprachbild und deutet darauf hin, dass es sich dabei um ein unwillkürliches Verhalten handelt. Allerdings enthält dies nicht alle Facetten von „Empathie" – so kommen dabei kognitive Aspekte zu kurz, wenn es darum geht, sich aktiv in die Gedanken eines anderen hineinzuversetzen. Wenn wir Empathie unter evolutionären Gesichtspunkten betrachten, dann gilt für Empathie wie für andere Eigenschaften auch, dass sie sich in Schichten entwickeln, und jede neue Schicht baut auf den älteren auf, ohne dass diese ersetzt werden. Im innersten Kern befindet sich ein Wahrnehmungs-Handlungs-Mechanismus, der einen ähnlichen emotionalen Zustand in der betrachtenden Person wie in deren Gegenüber hervorruft. Die grundlegendsten Ausprägungen sind Bewegungsnachahmungen und Gefühlsansteckungen. Die äußeren Schichten wie empathische Anteilnahme und Perspektivenübernahme bauen auf diesem Kern der sozio-affektiven Basis auf und benötigen zunehmend eine Regulation der Gefühle sowie eine Unterscheidung von Selbst und Anderen und entsprechende Erkenntnisfähigkeit. Auch wenn diese äußeren Schichten von präfrontalen Funktionen abhängig sind, bleiben sie grundsätzlich mit dem inneren Wahrnehmungs-Handlungs-Mechanismus verbunden. Empathie ist also in unserer Spezies üblich, beginnt früh im Leben, zeigt neuronale und physiologische Korrelate und ist erblich. Während emotionale Antworten auf emotionale Zustände von anderen in vielen Spezies weitverbreitet sind, kommen die besten Hinweise auf Perspektivübernahme (was man als kognitive Empathie beschreiben kann) von Tieren mit einem ausgeprägten Sozialverhalten und einem hohen Grad an Enzephalisation – wie Menschen, Affen, Elefanten und Delphinen (nach de Waal und Preston 2017).

Der evolutionäre Ursprung für Empathie liegt wahrscheinlich im Selektionsdruck zur Pflege der Nachkommen, nämlich eine schnelle und emotional motivierende Verbindung zwischen den hilflosen Neugeborenen und ihren Bezugspersonen herzustellen. Indem sie durch Lächeln und Schreien ihren Zustand signalisieren, veranlassen menschliche Kleinkinder ihre Bezugspersonen zum Handeln. Ähnliche Signale funktionieren in anderen Tieren, bei denen die Fortpflanzung Füttern, Saubern und Wärmen der Jungen notwendig macht. Eltern, die die emotionalen Signale der Nachkommen sehr aufmerksam beachten, hatten in der Evolution wahrscheinlich eine höhere Reproduktionsrate als indifferente Eltern, und dieser selektive Vorteil trifft mindestens auf Säugetiere und Vögel zu. Sobald eine neuronale Untermauerung eines derartigen empathischen Nachwuchsbetreuungssystems existiert, kann es auch außerhalb dieses Aufzuchtkontextes angewendet werden. Es hat dann eine Funktion in einem breiteren sozialen Netz und kann auch durch die Wahrnehmung leidvoller erwachsener Artgenossen aktiviert werden. Für jede Spezies variiert der Umfang der Empathie mit ihrer sozialen Organisation und erzeugt so Unterschiede zwischen einzeln lebenden, paargebundenen, kooperativ jagenden oder in Gruppen lebenden Tieren. Diese Unterschiede treten nicht auf, weil der Empathiemechanismus anders funktioniert, sondern weil Arten und ihre Ökologie unterschiedliche Anforderungen an ihn stellen. Die Tatsache, dass Säugetiere bis ins Erwachsenenalter Notrufe behalten, weist auf den anhaltenden Überlebenswert pflegefördernder Signale hin, etwa solche, die Primaten veranlassen, vorsichtig die Wunden nichtverwandter Artgenossen zu lecken und zu säubern. In Menschen und anderen Spezies können wir beobachten, dass die empathische Antwort durch Ähnlichkeit, Vertrautheit und soziale Nähe verstärkt wird, d. h. in eng verflochtenen sozialen Beziehungen, die entweder genetische Verwandtschaft oder ein gewisses Maß an Gegenseitigkeit beinhalten. In Übereinstimmung mit den Annahmen, die aufgrund der evolutionären Modelle von Kooperation erwartet werden, kann so die Entwicklung der verschiedenen Ebenen (oder Schichten) von Empathie erklärt werden (nach de Waal und Preston 2017).

Man nimmt an, dass emotionale Phänomene (wie das Beachten der Notlage einer anderen Person) in der beobachtenden Person verstreute neuronale Repräsentationen in einem vernetzten System aktiviert – einschließlich ähnlicher Gefühle, Erinnerungen und Assoziationen. Wenn nun eine beobachtende Person auf den Zustand einer anderen Person achtet, entsteht daraus auf eine sehr abgestuften Weise Empathie. Sie steigt aufgrund persönlicher Faktoren und den jeweiligen Zusammenhängen an, kann aber auch auf vielen verschiedenen Wegen gehemmt werden (z. B. Vermeidung der Aufmerksamkeit, Konzentration auf die Antwort oder motorische Hemmung auf verschiedenen Ebenen des Systems). Da die neuronalen Repräsentationen personenspezifisch sind und sich durch Erfahrungen entwickelt haben, reagieren sie grundsätzlich leicht auf die Einzigartigkeit der Geschichte der beobachtenden Person. Das erklärt, warum Empathie mit der Bedeutung der beobachteten Person in Bezug auf die vergangenen Erfahrungen der beobachtenden Person, ihrer Ähnlichkeit und Vertrautheit zunimmt (diese Effekte treten speziesübergreifend auf). Es ist manchmal auch sinnvoll, affektive und kognitive Komponenten von Empathie zu unterscheiden. Beide Formen greifen letztendlich auf neuronale Repräsentationen der eigenen Erfahrungen der beobachtenden Person zurück (nach de Waal und Preston 2017); ◘ Abb. 6.2 gibt dazu einen Überblick.

Wenn wir nach den neuronalen Korrelaten von sozialen Interaktionen suchen, bietet das System der **Spiegelneurone** (engl. *mirror neurons*) eine erste Antwort. Spiegelneurone wurden durch **Giacomo Rizzolatti** und seine Gruppe erstmals als eine Gruppe von Nervenzellen im prämotorischen Cortex von Makaken identifiziert, die sowohl beim Betrachten von Aktionen Anderer als auch bei der Ausführung dieser Aktion durch die Makaken selbst aktiviert wurden (di Pellegrino et al. 1992). Wie ◘ Abb. 6.3a zeigt, wurde seit der Entdeckung der Spiegelneuronen in Affen derartige Neurone in einer Vielzahl von Tieren entdeckt, darunter auch beim Menschen. Typischerweise antworten Spiegelneurone selektiv auf Handlungen Anderer und nicht auf dargebotene Objekte, Werkzeugeinsatz oder nichtbiologische Bewegungen, unabhängig von der Entfernung des Beobachters von der beobachteten Aktion oder der subjektiven Bedeutung. Spiegelneurone werden auch durch das Ausführen von Handlungen in der Dunkelheit aktiviert und zeigen einen klaren Zusammenhang zwischen den visuellen und den motorischen Antworten. Detaillierte Untersuchungen mit nicht-invasiven Methoden an Menschen und Affen zeigen, dass Spiegelneurone Teil eines kortikalen sensomotorischen Netzwerks sind, das während der Ausführung einer Handlung ebenso aktiviert wird wie durch dessen Beobachtung (hellblaues Netzwerk in ◘ Abb. 6.3b). Interessanterweise wirken Gefühlsäußerungen Anderer nach einem ähnlichen Mechanismus: Gefühlsäußerungen können beobachtet werden, sie zeigen eine gewisse Kontextabhängigkeit und sind durch eine viszeromotorische Komponente gekennzeichnet, verbunden mit subjektiver Erregung und emotionalen Gefühlen. Eine Reihe von tiefen Gehirnregionen (rotes Netzwerk in ◘ Abb. 6.3b) versorgt die Ausprägung und Wahrnehmung von Gefühlen in Affen und spielen beim Menschen eine Rolle bei der Koordination emotionaler Reaktionen und sozialen Verhaltensweisen im Umgang mit Anderen (nach Bonini et al. 2022). Allerdings liefern Störungen der Spiegelneurone (engl. *broken mirror theory*) keine (vollständige) Erklärungen für Erkrankungen aus dem Autismus-Spektrum (Heyes und Catmur 2022).

Eine andere Gruppe von Zellen im Gehirn wird ebenfalls mit sozialem Verhalten in Verbindung gebracht: es sind große, bipolar projizierende Neurone mit einem charakteristischen, spindelartigen Zellkörper sowie dicken basalen und apikalen Dendriten. Nach ihrem Entdecker werden diese Neurone als **von-Economo-Neurone** (VEN) bezeichnet. Sie kommen im menschlichen Gehirn hauptsächlich in der 5. Schicht des anterioren cingulären Cortex und dem vorderen (anterioren) Bereich des Insellappens (*Lobus insularis*) vor. Das durchschnittliche Volumen der VENs ist ~4,6-mal größer als das der Pyramidenneuronen in der

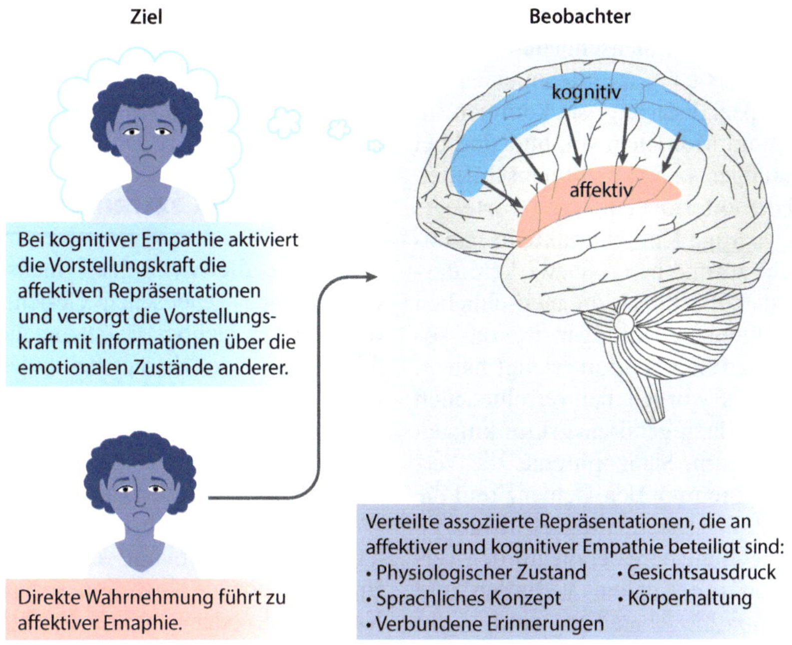

Abb. 6.2 Kognitive und affektive Empathie greifen auf verstreute, personenbezogene affektive Repräsentationen zurück. Affektive Empathie (*rot*) tritt auf, wenn eine betrachtende Person direkt den emotionalen Zustand (z. B. einen traurigen Gesichtsausdruck) einer anderen Person wahrnimmt. Dadurch werden im Beobachter üblicherweise verstreute, persönliche Repräsentationen über den Zustand der anderen Person aktiviert (*violett*). Diese Repräsentationen haben sich im Laufe der Zeit mit den Erfahrungen des Betrachters entwickelt und beinhalten assoziierte Erinnerungen, semantische Konzepte sowie körperliche Zustände und Ausdrücke. Wenn Empathie auf eine kognitive Weise abläuft (*blau*), rufen stattdessen die neuronalen Regionen, die das Arbeitsgedächtnis, die exekutiven Funktionen, die Regulation von Emotionen und räumlich-visuelle Prozesse unterstützen, die affektiven Empathie-Repräsentationen ab (angedeutet durch *Pfeile*). Obwohl also der Reiz im Kopf entsteht und nicht von außen kommt, werden die affektiven Regionen und die assoziierten Repräsentationen gemeinsamen von kognitiven uns affektiven Prozessen genutzt. Die Subtraktion der affektiven Formen von den kognitiven Formen der Empathie zeigt eine größere Gehirnaktivität in den *blauen* Regionen als in den *roten*. Der kognitive Prozess muss also auf die affektiven Regionen und auf ihre gemeinsamen assoziierten Repräsentationen (*violett*) zugreifen, um eine Vorstellung oder Simulation mit Inhalt und Bedeutung zu bieten. (Nach de Waal und Preston 2017; Nature)

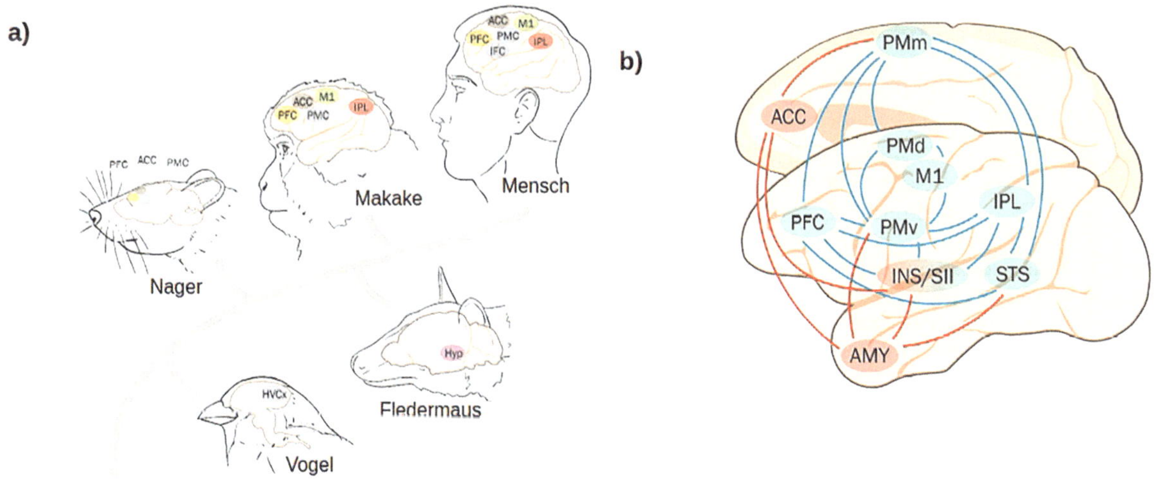

Abb. 6.3 Spiegelneurone und ihre Netzwerke. **a** Spiegelneurone in Gehirnarealen von verschiedenen Spezies. Derselbe Farbcode für verschiedene Gehirnareale weist auf mögliche Homologien bei den verschiedenen Spezies hin. **b** Organisation der sensomotorischen (*blau*) und emotionalen (*rot*) Netzwerke der Spiegelneurone bei Primaten auf der Grundlage neuroanatomischer Studien bei Makaken; dabei wurden solche Gehirnareale untersucht, in denen Neurone mit Spiegelaktivität gefunden wurden. Zu dem sensomotorischen Netzwerk gehören der ventrale prämotorische Cortex (PMv), der primäre motorische Cortex (M1), der untere Parietallappen (IPL), der vordere intraparietale Bereich (AIP), der dorsale prämotorische Cortex (PMd), der mesiale prämotorische Cortex (PMm), der präfrontale Cortex (PFC), und der sekundäre somatosensorische Cortex (SII). Zu dem emotionalen Netzwerk gehören der anteriore cinguläre Cortex (ACC), die Amygdala (AMY) und die Insula (INS). Zusätzlich gibt es beim Menschen Hinweise, dass auch die Basalganglien und das Cerebellum (nicht gezeigt) an diesen Netzwerken beteiligt sein könnten. Weitere Abkürzungen: HVCx: kaudaler Kern des ventralen Hyperstriatums, der in das Areal X projiziert; Hyp: Hippocampus; IFC: unterer frontaler Cortex; PMC: prämotorischer Cortex. (Nach Bonini et al. 2022; CC-by 4.0, ► http://creativecommons.org/licenses/by/4.0)

Schicht 5 des anterioren cingulären Cortex. VENs werden als wichtige Bausteine in der menschlichen Gehirnevolution betrachten, denn sie repräsentieren eine relativ neue evolutionäre Spezialisierung: sie kommen im Wesentlichen in Affen und Menschen vor, und sind bei Menschen deutlich häufiger als bei nichtmenschlichen Primaten. Da sowohl der anteriore cinguläre Cortex als auch der Insellappen wichtige Knotenpunkte in sozialemotionalen als auch autonomen Netzwerken darstellen, wird darüber spekuliert, dass die menschlichen VENs evolutionär wichtige Bedeutungen für das soziale Bewusstsein und die Interozeption erlangt haben. Veränderungen der VENs wurden bei verschiedenen Hirnstörungen berichtet, dazu gehören Erkrankungen aus dem Autismus-Spektrum, Schizophrenie, die Verhaltensvariante der frontotemporalen Demenz und die Alzheimer'sche Erkrankung (nach Yang et al. 2019). Eine Übersicht über die Gehirnareale, die an den verschiedenen Formen von prosozialem Verhalten und insbesondere an Empathie beteiligt sind, gibt ◘ Abb. 6.4.

! Die System der Spiegelneurone und der von-Economo-Neurone stellen neuronale Korrelate sozialer Interaktionen dar. Wir finden sie vor allem im cingulären Cortex, der Amygdala und der Insula.

6.1.2 Genetik extremer Soziabilität

Wenn wir die vielfältigen menschlichen Verhaltensweisen unter genetischen Gesichtspunkten betrachten wollen, ist es wichtig, die entsprechenden Phänotypen zu definieren – wie wir dies bei anderen Merkmalen auch tun. Allerdings ist dies bei nicht-klinischen Verhaltensphänotypen oft schwierig und auch schwierig, sie genau zu messen, besonders solche Phänotypen, die das „soziale Gehirn" betreffen (nach Ebstein et al. 2010).

Als ein möglicher breiter Oberbegriff für soziales Verhalten wird Soziabilität verwendet, dazu gehören auch Empathie, soziale Kognition, soziale Fähigkeiten, soziale Kompetenz oder soziales Funktionieren. Zwar zeigt Soziabilität keine direkte Korrelation zu intellektuellen

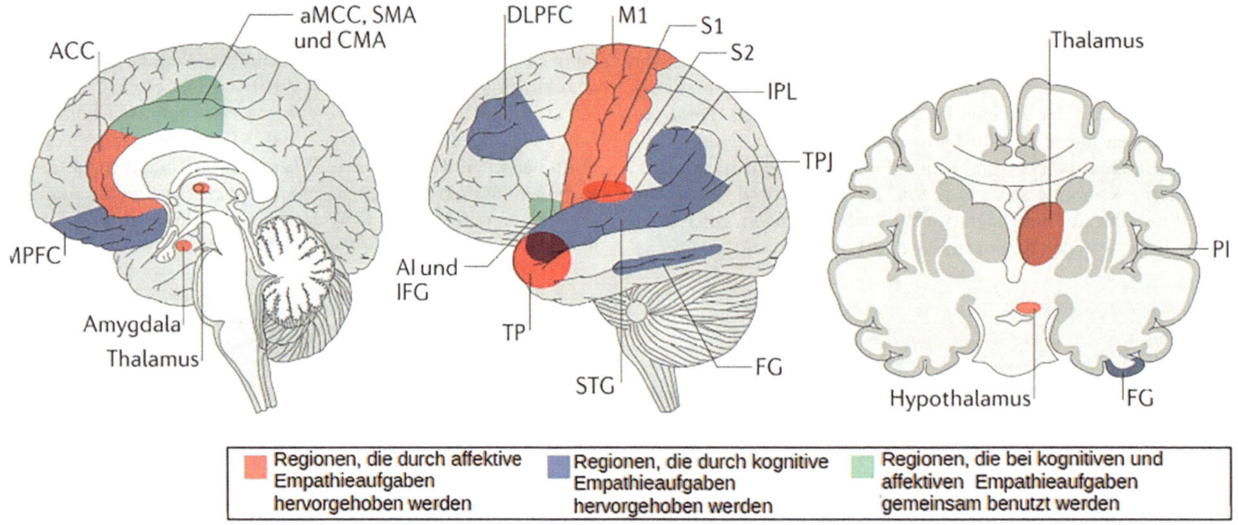

◘ **Abb. 6.4** Neuronale Regionen menschlicher Empathie. Die Abbildung zeigt eine mediale sagittale Ansicht (*links*), eine linke laterale Seitenansicht (*Mitte*) und eine koronale Ansicht (*rechts*) des menschlichen Gehirns. Die relativen Positionen und Funktionen der Gehirnareale mit Beteiligung an Empathie sind angedeutet. Affektive Repräsentationen sind erforderlich, um sich vorzustellen, wie sich eine andere Person fühlt. Abhängig von der Aufgabenstellung wird die beobachtete neurale Aktivität die affektiven oder die kognitiven Gehirnareale stärker hervorheben. Regionen, die eher mit affektiven Empathie-Aufgaben assoziiert sind (wie die direkte Wahrnehmung von Emotionen oder Schmerz einer anderen Person) sind in *rot* angegeben: der anteriore cinguläre Cortex (ACC), die Amygdala, der Thalamus, der Hypothalamus, der primäre motorische Cortex (M1), der prämotorische Cortex (PMC), der primäre und sekundäre somatosensorische Cortex (S1 und S2) und der Temporalpol (TP). Regionen, die dagegen eher mit Formen der Empathie auf höherem Niveau assoziiert sind (wie die Vorstellung, wie man sich anstelle der anderen Person fühlen würde, oder wenn man ihre Perspektive einnimmt) sind in *blau* gezeigt: der dorsolaterale präfrontale Cortex (DLPFC), der untere Parietallappen (IPL), der temperoparietale Übergang (TPJ), der *Gyrus temporalis superior* (STG) und der *Gyrus fusiformis* (FG). Zwei Regionen, die üblicherweise sowohl mit affektiven als auch mit kognitiven Aufgaben assoziiert sind, sind in *grün* dargestellt: die anteriore Insula (AI) und der vordere mittlere cinguläre Kortex (aMCC), der sich dorsal in das supplementär-motorische Areal (SMA) und den cingulären motorischen Bereich (CMA) ausdehnt. Die neuralen Positionen sind näherungsweise dargestellt, sodass die Regionen in allen drei Bildern gesehen werden können. Weitere Abkürzungen: IFG: untere Stirnwindung (*Gyrus frontalis inferior*), PI: posteriore Insula, VMPFC: ventromedialer präfrontaler Cortex. (Nach de Waal und Preston 2017; Nature)

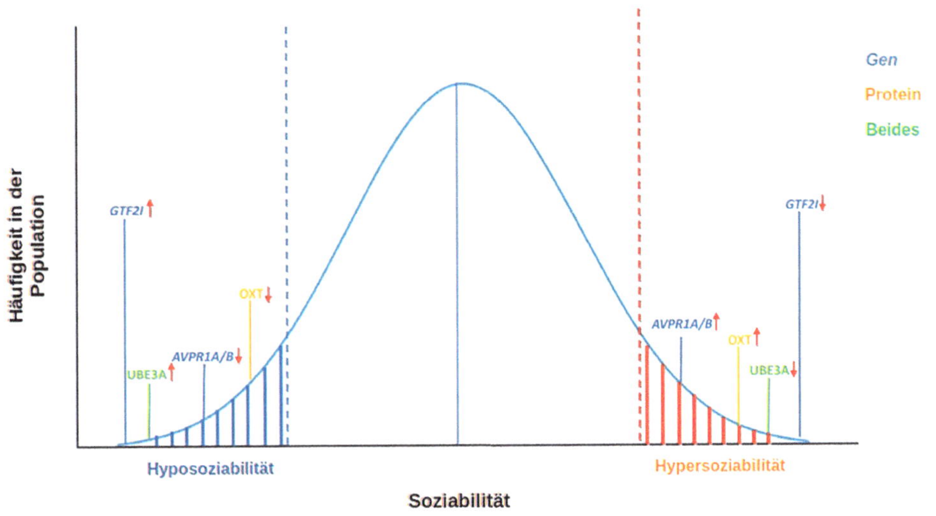

Abb. 6.5 Gene und Proteine mit Wechselwirkungen im Spektrum der Soziabilität bei Menschen; die Außenbereiche sind durch *gestrichelte* Linien und *schraffierte* Bereiche unter der Kurve angedeutet. Es sind die Positionen der molekularen Spieler gezeigt, für die Belege zugänglich sind, dass sie an beiden Seiten des Spektrums der Soziabilität gegensätzlich wirken, und zwar in Bezug auf ihre Genexpression (*blau*), ihre Proteinspiegel (*gelb*) oder beides (*grün*); die entsprechende Richtung der jeweiligen Gen- bzw. Proteindosis ist angegeben (*Pfeile*). *AVPR1A*/*B*: Vasopressin-Rezeptor 1A oder B; Chr. 12q14 bzw. 1q32; *GTF2I*: allgemeiner Transkriptionsfaktor II-I; Chr. 7q11; *OXT*: Oxytocin; Chr. 20p13; *UBE3A*: Ubiquitin-Protein-Ligase E3A, Chr. 15q11. (Nach López-Tobón et al. 2020; CC-by 4.0, ▸ http://creativecommons.org/licenses/by/4.0)

Fähigkeiten, aber verminderte intellektuelle Fähigkeiten treten oft mit Abweichungen in Soziabilität auf und deuten so darauf hin, dass soziales Verhalten von intakten intellektuellen Fähigkeiten abhängt; umgekehrt hat soziales Verhalten an sich keinen Einfluss auf intellektuelle Fähigkeiten (nach López-Tobón et al. 2020).

Die Untersuchung der Verteilung von Soziabilität in Populationen zeigt, dass ihre Erscheinungsform einer Gauss'schen Verteilung folgt, wobei die meisten Individuen in die Mitte des Bereichs fallen (◘ Abb. 6.5). Einige Individuen zeigen aber an jedem Außenbereich der Verteilungskurve ein Verhalten, das als pathologisch oder von der Norm abweichend definiert wird. Innerhalb dieses Spektrums bestehen die Sonderfälle aus zwei Kategorien: am unteren Ende der Skala verringerte Soziabilität, was psychopathische Störungen, Angststörungen und Störungen aus dem Autismus-Spektrum einschließt. Am oberen Ende finden wir übersteigerte Soziabilität, was ein pathologisches Bedürfnis nach sozialem Kontakt, eine emotionale Abhängigkeit von dauerhaftem sozialem Umgang und Fehlen sozialer Hemmungen einschließt (nach López-Tobón et al. 2020). Diese Fokussierung auf die extremen Bereiche eines Verhaltenskontinuums ist in der Genetik allgemein ein bewährtes Mittel, um bei komplexen Eigenschaften wesentliche genetische Komponenten besser herausarbeiten zu können.

An den äußersten Enden des Soziabilitätsspektrums finden wir die Gene *UBE3A* (kodiert für die Ubiquitin-Protein-Ligase E3A; Chr. 15q11) und *GTF2I* (kodiert für den allgemeinen Transkriptionsfaktor II-I; Chr. 7q11) sowie Gene des Oxytozin- und Vasopressin-Systems, die wir gesondert im ▸ Abschn. 6.1.2. besprechen werden.

! Soziabilität als Oberbegriff für soziales Verhalten (Empathie, soziale Kognition, soziale Fähigkeiten, soziale Kompetenz oder soziales Funktionieren) folgt in der Bevölkerung der Form einer Gauss'schen Normalverteilung. Die Untersuchung der Extremen ermöglicht auch eine genetische Analyse.

Das ***UBE3A*-Gen** unterliegt der genetischen Prägung; d. h. es ist im Gehirn nur das maternale Allel exprimiert (in anderen Geweben können auch beide Allele exprimiert sein). Eine Deletion des paternalen Allels führt zum Prader-Willi-Syndrom, das u. a. durch milde bis moderate geistige Behinderung, Zwangsverhalten und Störungen aus dem Autismus-Spektrum charakterisiert ist. Deletionen des maternalen *UBE3A*-Gen führen dagegen zum Angelman-Syndrom, das durch schwere motorische und intellektuelle Beeinträchtigungen sowie schwere Sprachstörungen gekennzeichnet ist. Wenn man das Verhalten betrachtet, zeigen diese Patienten eine allgemeine Fröhlichkeit mit häufigem Lachen und Hyperaktivität. Diese Zusammenstellung von Verhaltensweisen wird wegen der erwiesenen Assoziation zur erhöhten Motivation, mit anderen in sozialen Situationen in Kontakt zu treten, als Hypersoziabilität (übersteigerte Kontaktfreude) bezeichnet. Wenn wir molekulare Mechanismen betrachten, zeigte die Verwendung von Neuronen und Gehirnorganoiden, die über iPS-Zellen (induzierte pluripotente Stammzellen) aus Patienten hergestellt wurden, zum ersten Mal die direkte Beteiligung von *UBE3A* an der Unterdrückung neuronaler Übererregbarkeit (nach López-Tobón et al. 2020).

Das Gen ***GTF2I*** und damit die chromosomale Region 7q11 ist an zwei anderen, unterschiedlichen Erbkrankheiten beteiligt, die im Kontext von Soziabilität wichtig sind: eine Duplikation, die zu Störungen aus dem Autismus-Spektrum führt und deswegen auch als 7dupASD bezeichnet wird – hier beobachten wir also eine Erhöhung der Gendosis von *GTF2I*, aber eine Abnahme der Soziabilität (Hyposoziabilität). Auf der anderen Seite kann man in dieser Genregion Deletionen unterschiedlicher Größe beobachten (in der Regel 25–27 Gene), die zum Williams-Beuren-Syndrom (WBS) führen (Häufigkeit ~1:7500; Adamo et al. 2015; OMIM 194050). Das WBS zeigt neben weiteren Krankheitsbildern auch ein weites Spektrum an Hypersoziabilität, einschließlich eine unübliche Kombination von geistiger Behinderung mit Erhaltung der Sprachfähigkeit. Wenn aber bei Patienten mit WBS das Gen *GTF2I* nicht deletiert ist (atypisches WBS), wird auch keine Störung der Soziabilität beobachtet (nach López-Tobón et al. 2020). Eine erste Übersicht über diesen Mechanismus gibt ◘ Abb. 6.6.

WBS wird durch den pathologischen Verlust der entscheidenden chromosomalen Region für das WBS (engl. *WBS critical region*, WBSCR) verursacht; diese Region umfasst ~1,55–1,83 Mb und enthält 25–27 proteinkodierende Gene auf dem Chromosom 7q11.23. Die WBSCR unterliegt häufig einer Umstrukturierung, weil aufgrund großer, komplexer segmentaler Duplikationen Wiederholungselemente in geringer Kopienzahl vorhanden sind, die einander sehr ähnlich sind und das WBSCR flankieren. Diese Wiederholungselemente erstrecken sich über mehrere hundert Kilobasen und bestehen aus Genen und Pseudogenen, die in verschiedenen Blöcken organisiert sind und entsprechend als A-, B- und C-Blöcke bezeichnet werden. Sie enthalten umfangreiche Abschnitte mit einer Nukleotididentität von > 99 %. Es wird angenommen, dass sie während der Evolution der Primaten entstanden sind, zunächst durch Duplikation von kleineren Segmenten und später durch transponierbare Elemente (z. B. *Alu*-vermittelte Transpositionen), und so entstand die komplexe Anordnung, wie sie heute beim Menschen existiert (nach Kozel et al. 2021).

Diese Wiederholungselemente vermitteln während der Meiose nicht-allelische homologe Rekombinationen zwischen den sehr ähnlichen DNA-Abschnitten, was zu einer erhöhten Rate von *de novo*-Kopienzahlvariationen (engl. *copy number variation*, CNV) innerhalb der Region führt (◘ Abb. 6.7). Die WBS-Deletion erfolgt in der Regel durch nicht-allelische homologe Rekombinationen zwischen den Sequenzen der B-Blöcke in direkter Orientierung zueinander, wobei die spezifischen Bruchpunkte von der genauen Stelle der Rekom-

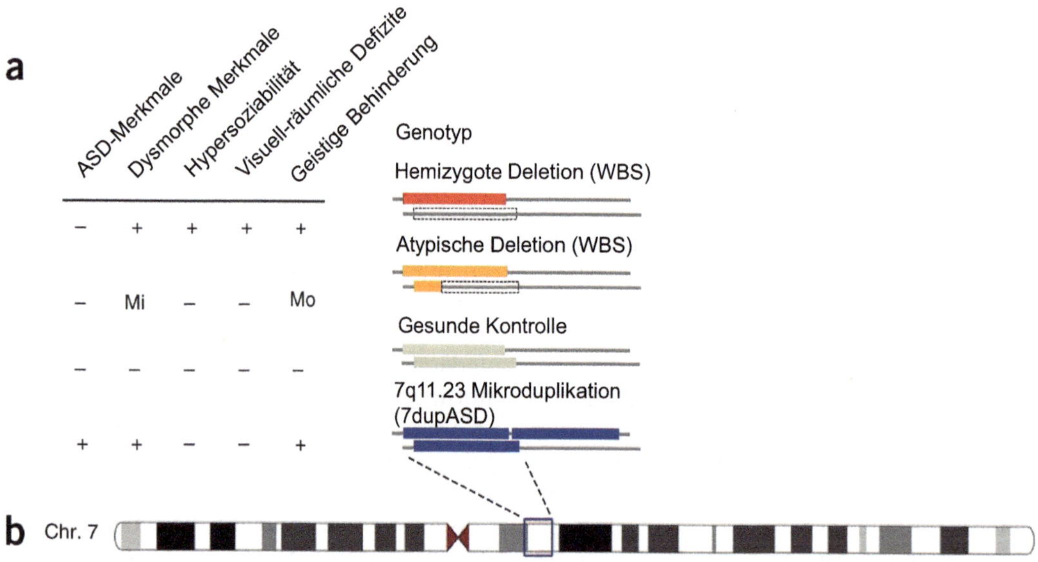

◘ **Abb. 6.6** Patientenkohorten aus der entscheidenden Region für das William-Beuren-Syndrom (WBS) auf dem Chromosom 7q11. **a** Kohorten von Patienten mit einem Diagramm (*links*), das das Repertoire der kognitiven-verhaltensmäßigen Eigenschaften und der dysmorphen Merkmale zeigt (Mi: mild; Mo: moderat). Jeder Zustand ist mit der jeweils zugrunde liegenden genetischen Umstrukturierung in einer bestimmten Farbe dargestellt: *rot*: typische WBS-Deletion; *orange*: atypische WBS-Deletion; *blau*: 7q11.23 Duplikation; *grau*: gesunde Kontrollen. **b** Schematische Darstellung der entscheidenden Region für das William-Beuren-Syndrom (WBS) auf dem Chromosom 7q11. (Nach Adamo et al. 2015; Nature)

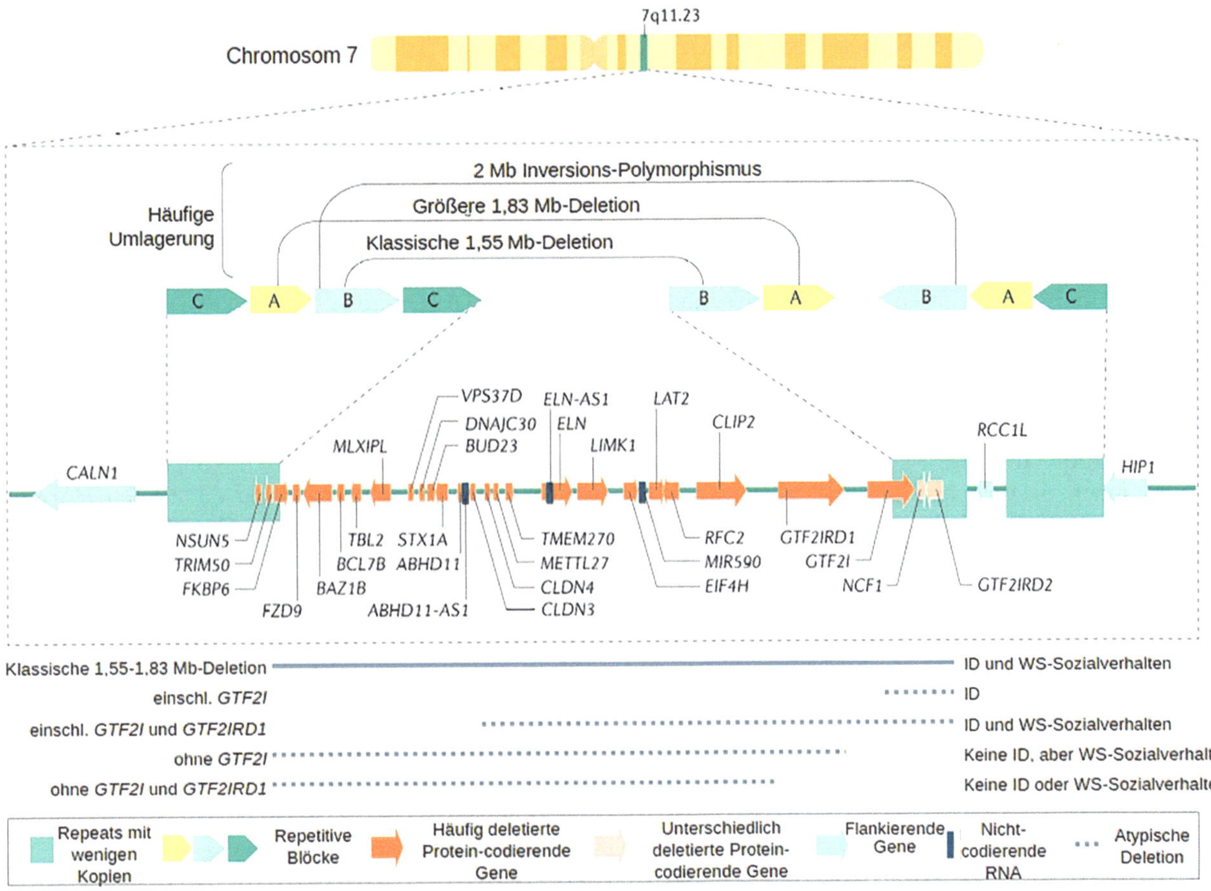

Abb. 6.7 Genomische Organisation der entscheidenden Region für das William-Beuren-Syndrom (WS) auf dem Chromosom 7q11. Die große Mehrzahl der Deletionen (~90 %) umfasst eine Region von 1,55 Mb, die für 25–27 Proteine codiert; der restliche Anteil umfasst eine etwas größere Region (1,83 Mb). Die größere, aber seltenere Deletion tritt zwischen den Wiederholungselementen mit geringer Kopienzahl auf (A-Blöcke), die auch bei den großen Affen vorhanden sind; die kleinere, aber häufigere Deletion tritt zwischen den B-Blöcken auf, die nur bei Menschen vorkommen. Die B-Blöcke stammen aus einer evolutionär jüngeren Duplikation und zeigen eine größere Sequenzidentität als die A-Blöcke. Die WS-Deletion entsteht üblicherweise durch nicht-allelische homologe Rekombination zwischen Sequenzen der B-Blöcke in direkter Orientierung zueinander; es gibt aber auch Rekombinationen zwischen den B-Blöcken in invertierter Orientierung, was zu einer Inversion des dazwischenliegenden chromosomalen Fragments führt. ID: geistige Behinderung. (Nach Kozel et al. 2021; Nature)

bination abhängen. Das reziproke Ereignis (d. h. die Verdoppelung desselben Genombereichs) führt zu einem Zustand, der als 7q11.23-Duplikationssyndrom bezeichnet wird und zu drei Kopien jedes WBSCR-Gens führt (siehe auch Abb. 6.7). Die Rekombination zwischen den B-Blöcken in umgekehrter und nicht in direkter Ausrichtung führt zu einer Inversion des dazwischenliegenden Chromosomenabschnitts (Abb. 6.7). Diese Inversion, die bei ~6–7 % der allgemeinen Bevölkerung auftritt, verursacht keine Symptome, scheint aber die Inzidenz der nachfolgenden meiotischen Rearrangements zu erhöhen (nach Kozel et al. 2021).

Während die meisten Deletionen das typische 1,55–1,83 Mb Intervall bei 7q11.23 umfassen, gibt es Personen mit seltenen Deletionen, die kleinere oder größere Segmente des WBSCR betreffen. Größere Deletionen, die über das WBSCR hinausgehen, verursachen im Allgemeinen zusätzliche Merkmale. Kleinere, atypische Deletionen treten nur selten auf und führen zu einer Untergruppe der phänotypischen Merkmale des klassischen WBS – sie erlauben aber wertvolle Einblicke in Genotyp-Phänotyp-Beziehungen. Wir wollen uns im Folgenden auf das Phänomen der Hypersoziabilität konzentrieren und beschränken daher die Besprechung der einzelnen Gene im WBSCR auf *GTF2I* und *GTF2IRD1* (engl. *general transcription factor II-I repeat domain-containing protein 1*). Sie sind paraloge Gene, die sich hintereinander auf der telomeren Seite des WBSCR befinden. Sie kodieren für Transkriptionsfaktoren und tragen zum typischen Verhalten und zur Entwicklung des WBS bei. GTFII-I ist ein hoch konservierter und ubiquitär exprimierter Transkriptionsfaktor, der die Genexpression durch Wechselwirkungen mit gewebespezifischen Transkriptionsfaktoren und solchen Komplexen reguliert, die mit der Umgestaltung des Chromatins zusammenhängen. GTFII-I wird als Reaktion auf verschiedene extrazelluläre Signale aktiviert und verlagert sich dann in den Zellkern. GTFII-I ist an zahlreichen Prozessen beteiligt – dazu gehören Regulationsmechanismen bei der Embryonalentwicklung, dem Zellzyklus, der Dynamik des Aktin-Zytoskeletts, der axonalen Wegfindung und bei epigenetischer Regulation (nach Kozel et al. 2021).

Wenn wir die Phänotypen betrachten, zeigen Personen mit klassischen Deletionen des WBSCR und solche mit kürzeren Deletionen, die zu einem Verlust von *GTF2IRD1* und *GTF2I* führen, typischerweise intellektuelle Behinderung, hohe soziale Annäherung an vertraute Personen und wahlloses soziales Verhalten gegenüber Fremden (soziale Enthemmung oder Hypersoziabilität) sowie Schwierigkeiten in der sozialen Kommunikation. Im Gegensatz dazu zeigen Personen mit Deletionen, die diese beiden Gene verschonen, typischerweise weder eine geistige Behinderung noch die sozialen Merkmale. Interessanterweise weisen Personen mit kürzeren WBS-Deletionen, die *GTF2I* verschonen, aber *GTF2IRD1* entfernen, in der Regel auch keine geistige Behinderung oder Hypersozialität auf, aber sie zeigen eine verstärkte soziale Annäherung an vertraute Personen (nach Kozel et al. 2021).

6

! An den Extrempositionen der Soziabilität (Hypo- bzw. Hypersoziabilität) sind vor allem die Gene *UBE3A* und *GTF2I* beteiligt. Durch unterschiedliche genetische Mechanismen wird die Expression dieser Gene erhöht oder vermindert und so Soziabilität in die eine oder andere Richtung beeinflusst.

6.1.3 Das Oxytocin/Vasopressin-System

Eine Vielzahl von Studien hat gezeigt, dass prosoziales Verhalten nicht nur einen hohen Anteil an Erblichkeit aufweisen, sondern auch, dass daran das Oxytocin/Vasopressin-System wesentlich beteiligt ist; ◻ Abb. 6.5 deutete das an. Dieses System besteht neben den beiden Peptidhormonen Oxytocin und Vasopression vor allem aus den zugehörigen Rezeptoren. **Oxytocin** und **Vasopressin** werden aus größeren Vorläuferproteinen proteolytisch abgespalten (derartige Mechanismen kennen wir auch für andere Peptidhormone). Die Gene für beide Vorläuferproteine (Gensymbole *OXT* bzw. *AVP*) liegen auf dem Chromosom 20p13 in einem Abstand von ~10 kb und werden von gegenläufigen DNA-Strängen abgelesen; sie sind offensichtlich durch Duplikation und Inversion entstanden und hochkonserviert. Die funktionellen Domänen der Vorläuferproteine werden jeweils durch drei Exons kodiert, die durch zwei Introns getrennt sind. Das erste Exon kodiert jeweils für die Hormone und das zweite Exon kodiert für den größten Teil des Trägerproteins (Neurophysin I im Fall des Oxytocins und Neurophysin II im Fall des Vasopressins) mit einem Molekulargewicht von etwa 10 kDa. Das 3. Exon kodiert nur bei Vasopressin für ein Glykoprotein (Copeptin), das ebenfalls durch proteolytische Spaltung freigesetzt wird; im *OXT*-Gen ist das 3. Exon verkürzt und es wird kein Glykoprotein abgespalten. Eine Übersicht über diese posttranslationalen Spaltungen gibt ◻ Abb. 6.8.

Die Neurophysine binden Oxytocin bzw. Vasopressin und transportieren das entsprechende Hormon vom Hypothalamus über die Axone in die hintere Hypophyse, wo die Hormone freigesetzt werden (nach Richter 1983; Rose et al. 1996; OMIM (#192340 für Vasopressin; #167050 für Oxytocin) und Genecards). ◻ Abb. 6.9 zeigt die Gehirnregionen, in denen Oxytocin und Vasopressin gebildet werden sowie die Strukturformeln der beiden ringförmigen Nonapeptide.

Vermittelt wird die Wirkung der beiden Hormone Oxytocin und Vasopressin durch ihre **Rezeptoren**. Während es für Oxytocin nur einen Rezeptor gibt (Gensymbol: *OXTR*; Chr. 3p25), kennen wir drei verschiedene Vasopressin-Rezeptoren: Vasopressin-Rezeptor 1a (Gensymbol: *AVPR1A*; Chr. 12q14), Vasopressin-Rezeptor 1b (Gensymbol: *AVPR1B*, Chr. 1q32) und Vasopressin-Rezeptor 2 (Gensymbol: *AVPR2*; Chr. Xq28).

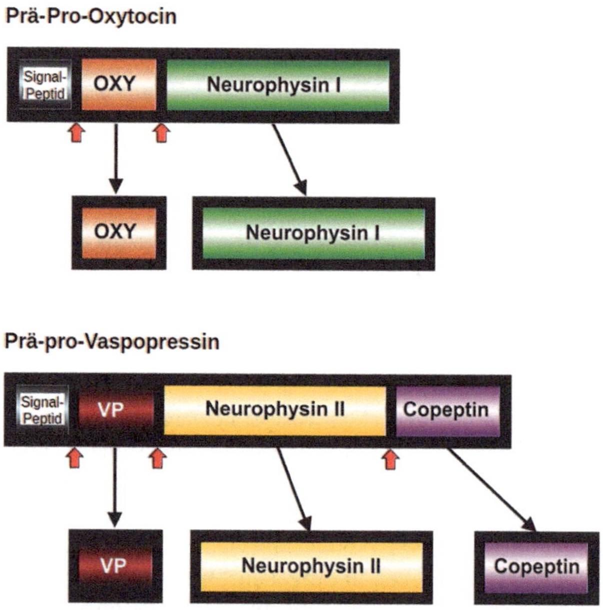

◻ **Abb. 6.8** Struktur und Spaltung der Polypeptid-Vorstufen (Prä-pro-Peptide) von Oxytocin (*oben*) und Vasopressin (*unten*). Jedes Prä-pro-Peptid wird durch ein spezifisches Gen codiert, das das Hormon und ein Trägerprotein (Neurophysin) enthält. Die Prä-pro-Peptide werden proteolytisch gespalten (*rote* Pfeile), um die Signalpeptide zu entfernen und um die aktiven Neuropeptide zu erhalten: Oxytocin wird nach Abspaltung des Signalpeptids in das Peptidhormon Oxytocin (OXY) und das Trägerprotein Neurophysin I gespalten; Prä-pro-Vasopressin wird nach Abspaltung des Signalpeptids in das Peptidhormon Vasopressin (VP), das Trägerprotein Neurophysin II und das Glykoprotein Copeptin gespalten. (Nach Wilkinson und Imran 2018; Cambridge University Press)

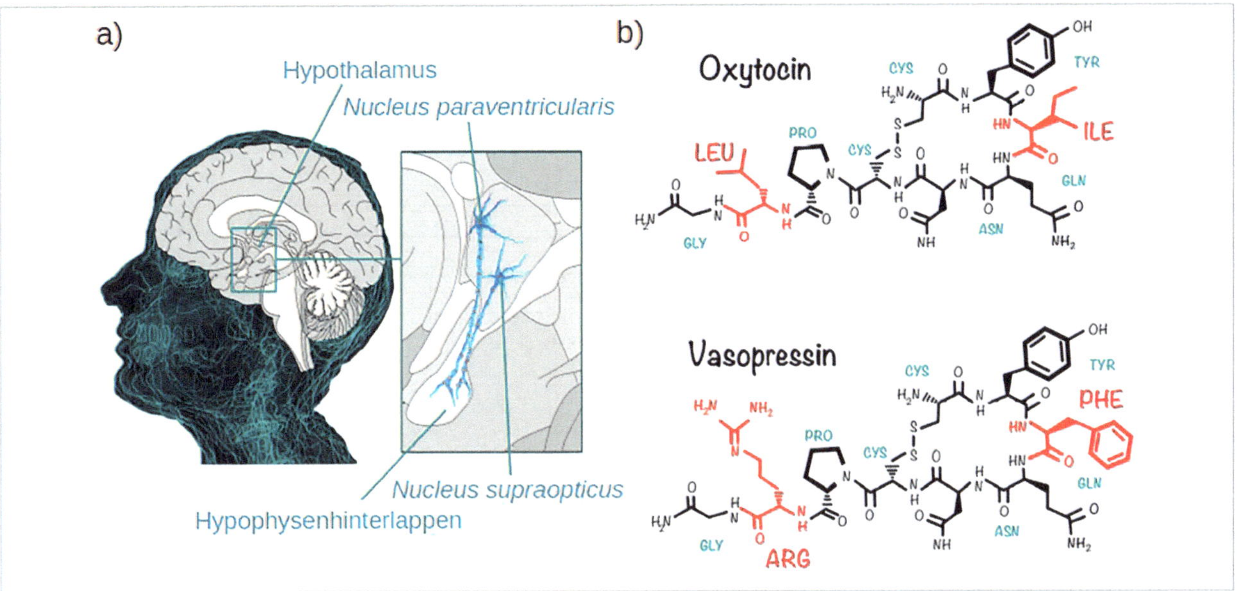

Abb. 6.9 Oxytocin und Vasopressin sind zwei eng verwandte Nonapeptide, die sowohl auf zentrale als auch auf periphere Ziele wirken. **a** Oxytocin und Vasopression werden im *Nucleus paraventricularis* und im *Nucleus supraopticus* des Hypothalamus gebildet. Die peptidergen Neurone in diesen Kernen projizieren Axone in die posteriore Hypophyse, von wo die Peptide in den Blutkreislauf freigesetzt werden. Sie wirken auf die peripheren Gewebe wie Hormone mit genau definierten Wirkungen (z. B. Kontraktion des Uterus und Gefäßverengung). Außerdem setzen die Dendriten der Neurone im *Nucleus paraventricularis* und im *Nucleus supraopticus* die Peptide direkt in das Gehirn frei, wo sie wie Neurotransmitter oder Neuromodulatoren wirken und komplexe soziale Verhaltensweisen regulieren. **b** Oxytocin und Vasopressin unterscheiden sich nur in zwei Aminosäuren: während die Aminosäuresequenz von Oxytocin (*oben*) ein Isoleucin (Ile) an der dritten und ein Leucin (Leu) an der achten Position enthält, zeigt Vasopressin (*unten*) an den entsprechenden Positionen ein Phenylalanin (Phe) bzw. Arginin (Arg). Für beide Peptide ist ein Ring aus sechs Aminosäuren charakteristisch, der durch eine Disulfid-Brücke der beiden Cystein-Reste gebildet wird. (Nach Aspé-Sánchez et al. 2016; CC-by, ► http://creativecommons.org/licenses)

Alle kodieren für verschiedene G-Protein gekoppelte Rezeptoren mit sieben Transmembrandomänen, wie wir das für die Geruchsrezeptoren bzw. das Rhodopsin bereits kennengelernt haben (► Abschn. 5.3.1 und 5.3.2). *AVPR1A* und *AVPR1B* werden in verschiedenen Geweben und Organen exprimiert, darunter in Thrombozyten, der Nebennierenrinde, der Niere, der Milz, der glatten Muskulatur, dem Endothel und in Adipocyten. Im Gehirn werden sie im lateralen Septum, im Thalamus, im basalen Kern der Amygdala und im Hirnstamm exprimiert, aber nicht im Cortex. *AVPR2* ist in der basolateralen Membran des Sammelkanals des Nierenmarks exprimiert. *OTXR* ist dagegen im Uterus, dem Ovar, in der Brustdrüse und in lactotropen Zellen der Adenohypophyse exprimiert; im Gehirn im zentralen und basolateralen Bereich der Amygdala, im medialen präoptischen Areal, im anterioren und ventromedialen Hypothalamus, im *Nucleus olfactorius*, im diagonalen Band von Broca, dem ventrolateralen Septum, dem anterioren cingulären Cortex und den *Nuclei hypoglossus* und *solitarius* (nach Aspé-Sánchez et al. 2016). Abb. 6.10 gibt eine Übersicht über die Expressionsregionen der wichtigsten Gene für die Oxytocin- und Vasopressin-Rezeptoren, *OTXR* und *AVPR1A*, und ihre genetische Organisation.

Wie man aus den Expressionsmustern von Oxytocin, Vasopressin und ihren Rezeptoren unschwer erkennen kann, sind die beiden Hormone und Neuromodulatoren an einer Vielzahl von Funktionen im zentralen und peripheren Nervensystem beteiligt – dazu gehören der Geburtsvorgang, Stoffwechselregulation und soziale Kognition. Die beiden Nonapeptide sind dabei über lange Zeiträume in der Evolution hochkonserviert und ein klassisches Beispiel für den Ursprung eines neuen Gens durch Duplikation eines älteren Gens. Während die älteren Peptide der Vasopressin-Familie wegen der basischen Aminosäuren Arg oder Lys an der Position 8 basisch sind, sind die Oxytocin-Peptide neutral und enthalten an der Position 8 Leu, Ile, Gln oder Val. Nach der Duplikation des Vasopressin-Gens blieb die Vasopressin-Familie enthalten (sie wird zunächst als Vasotocin bezeichnet) und hat sich dann bei den Säugetieren zu Vasopressin entwickelt (Austausch an der Pos. 3 Ile → Phe). Die invertierte Orientierung des Oxytocin-Gens bei Menschen und Nagern ist das Ergebnis einer jüngeren Inversion bei den Plazentatieren, nachdem sie sich von der Linie der Beuteltiere getrennt hatten (nach Gwee et al. 2008); Abb. 6.11a fasst diese Aspekte zusammen.

6

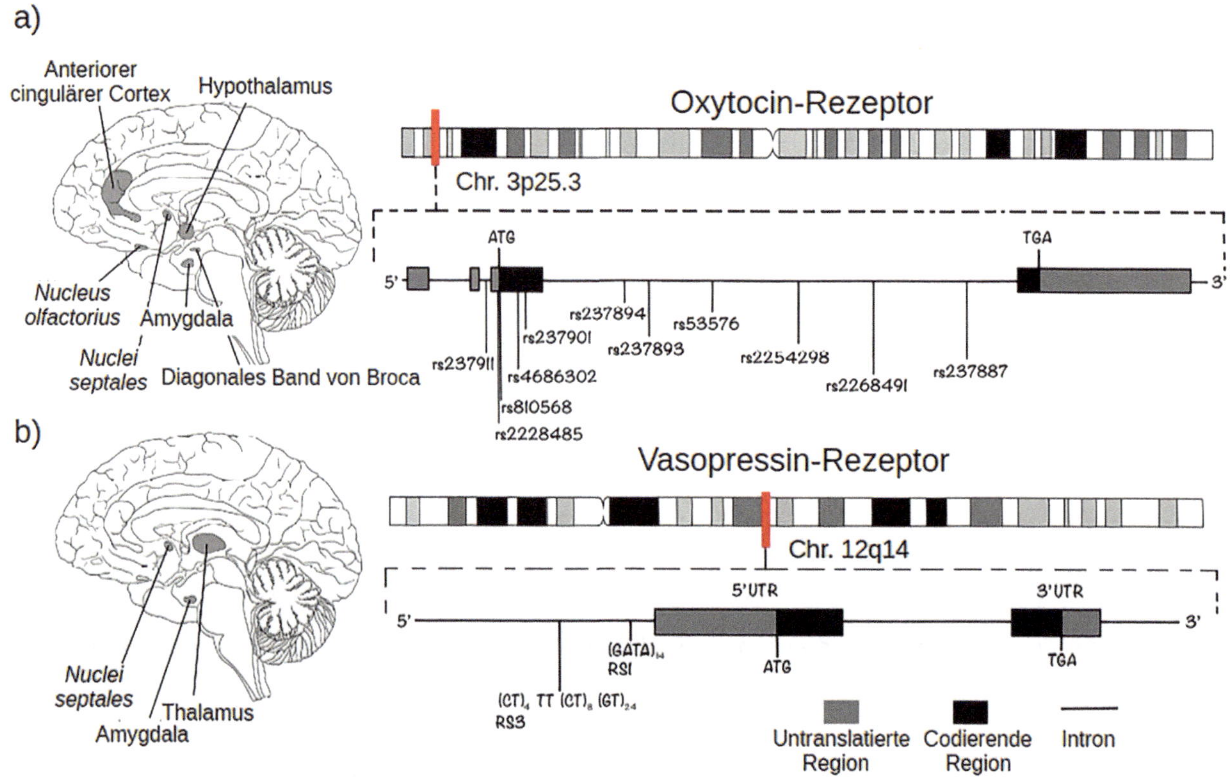

Abb. 6.10 Die Rezeptoren für Oxytocin (Gensymbol: *OXTR*) und Vasopressin (Gensymbol: *AVPR1A*) sind G-Protein-gekoppelte Rezeptoren und werden in Schlüsselstrukturen des Gehirns exprimiert. Ihre Gene zeigen charakteristische Polymorphismen, die mit Unterschieden in menschlichem Sozialverhalten (aber auch mit Krankheiten) assoziiert sind. **a** Im menschlichen Gehirn wird *OXTR* im basolateralen Bereich der Amygdala, dem anterioren und ventromedialen Hypothalamus, im *Nucleus olfactorius*, dem diagonalen Band von Broca, den *Nuclei septales* und dem anterioren cingulären Cortex exprimiert (*links*). Das Gen (*rechts*) ist auf dem Chromosom 3p25.3 lokalisiert (ungefähre Position an der *roten* Linie). Es enthält vier Exons und 3 Introns, die verschiedene bekannte SNPs enthalten. **b** *AVPR1A* ist in den *Nuclei septales*, dem Thalamus und der Amygdala exprimiert (*links*); das entsprechende Gen ist auf dem Chromosom 12q14 lokalisiert (ungefähre Position an der *roten* Linie). Wie *OXTR* enthält es ein Intron vor dem Exon, das die 7. Transmembrandomäne kodiert. Die Zeichnung enthält auch bekannte Mikrosatelliten (engl. *simple sequence repeats*, SSRs) des *AVPR1A*-Gens. (Nach Aspé-Sánchez et al. 2016; CC-by, ► http://creativecommons.org/licenses)

Abb. 6.11 Evolution des Oxytocin/Vasopressin-Systems. **a** Evolution der Oxytocin/Vasopressin-Nonapeptide. Das Vasopressin repräsentiert das phylogenetisch ältere System, wie es in den Neunaugen vorkommt. Durch eine Duplikation („D") entstand das Oxytocin-System; beim Opossum sind beide Gene dupliziert. Die Zahlen innerhalb der Kreise geben die Aminosäureposition an, an denen eine Substitution stattgefunden hat; der Austausch ist im Einbuchstabencode oberhalb des Kreises angegeben. OT: Oxytocin; MT: Mesotocin; IT: Isotocin; VP: Vasopressin; [Lys[8]]VP: Lysipressin, VT: Vasotocin; ASV: Asvatocin; PAI: Phasitocin. **b** Evolution der Oxytocin/Vasopressin-Rezeptoren. Es sind fünf Phasen mit ihren unterschiedlichen Ligand-Rezeptor-Kombinationen gezeigt. 2RGD: zwei Runden der Genom-Duplikation. (a: Nach Gwee et al. 2008; CC-by-2.0, ► http://creativecommons.org/licenses/by/2.0/); b: Nach Yamashita und Kitano 2013; Elsevier)

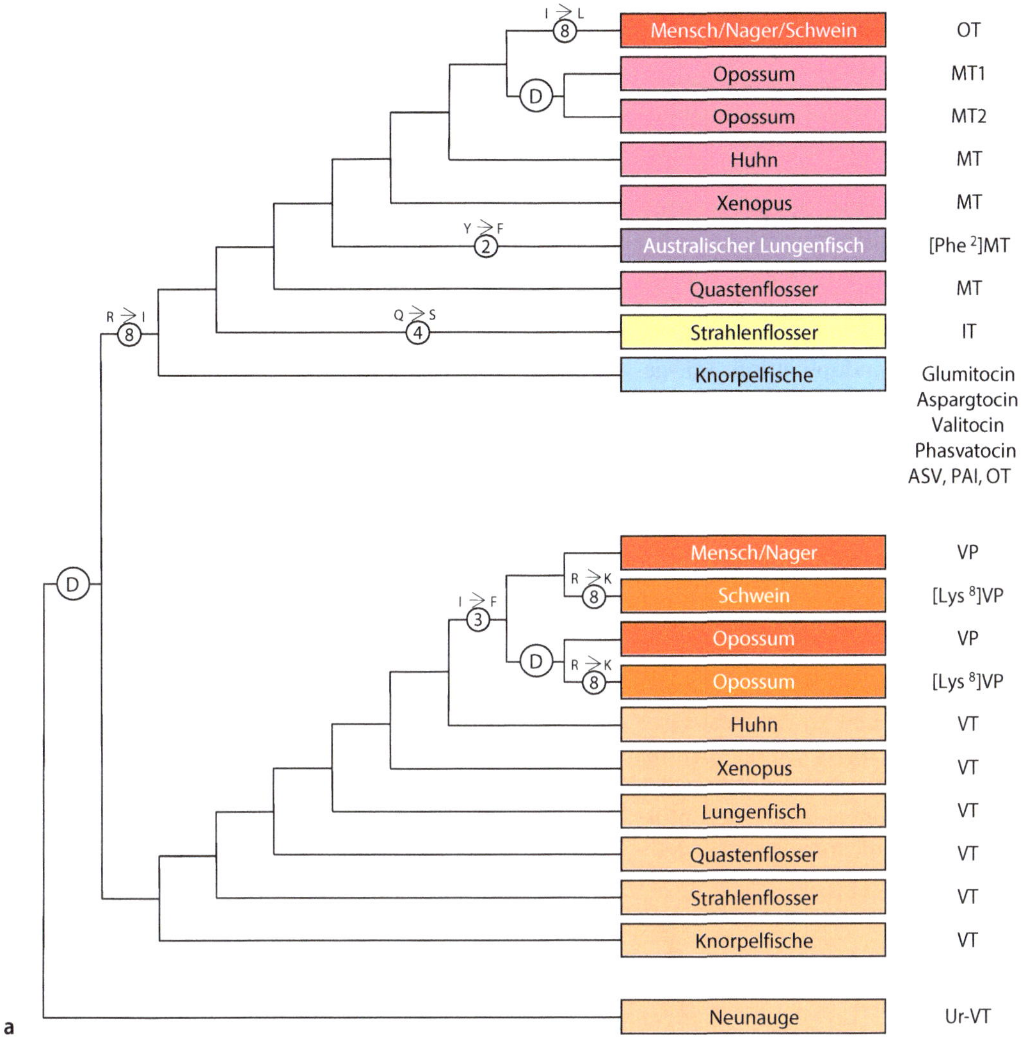
I > L
8
Mensch/Nager/Schwein
OT
D
Opossum
MT1
Opossum
MT2
Huhn
MT
Xenopus
MT
Y > F
2
Australischer Lungenfisch
[Phe 2]MT
Quastenflosser
MT
R > I
8
Q > S
4
Strahlenflosser
IT
Knorpelfische
Glumitocin
Aspargtocin
Valitocin
Phasvatocin
ASV, PAI, OT
Mensch/Nager
VP
R > K
8
Schwein
[Lys 8]VP
I > F
3
Opossum
VP
D
R > K
8
Opossum
[Lys 8]VP
Huhn
VT
Xenopus
VT
Lungenfisch
VT
Quastenflosser
VT
D
Strahlenflosser
VT
Knorpelfische
VT
Neunauge
Ur-VT
a

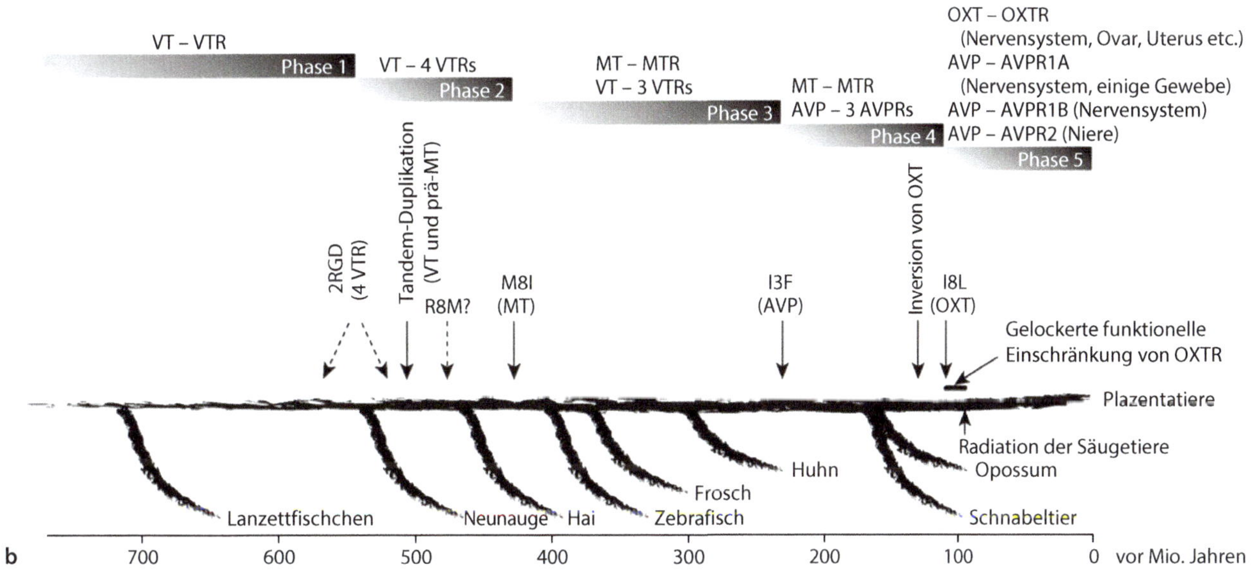
VT – VTR
Phase 1
VT – 4 VTRs
Phase 2
MT – MTR
VT – 3 VTRs
Phase 3
MT – MTR
AVP – 3 AVPRs
Phase 4
OXT – OXTR
(Nervensystem, Ovar, Uterus etc.)
AVP – AVPR1A
(Nervensystem, einige Gewebe)
AVP – AVPR1B (Nervensystem)
AVP – AVPR2 (Niere)
Phase 5
2RGD
(4 VTR)
Tandem-Duplikation
(VT und prä-MT)
R8M?
M8I
(MT)
I3F
(AVP)
Inversion von OXT
I8L
(OXT)
Gelockerte funktionelle
Einschränkung von OXTR
Plazentatiere
Radiation der Säugetiere
Opossum
Huhn
Frosch
Lanzettfischchen
Neunauge
Hai
Zebrafisch
Schnabeltier
700
600
500
400
300
200
100
0
vor Mio. Jahren
b

! Oxytocin und Vasopressin sind zwei evolutionär alte Nonapeptide, die in verschiedenen Gehirnregionen aus Vorläuferproteinen abgespalten werden und peripher als Hormone und im Gehirn als Neurotransmitter wirksam sind.

Parallel mit den Nonapeptiden und ihren Genen entwickelten sich auch die entsprechenden Rezeptoren weiter (◻ Abb. 6.11b). Während der frühen Evolution von Vasotocin und seines Rezeptors in den Chordatieren gab es ein 1:1-Verhältnis von Ligand und Rezeptor (Phase 1). Nach zwei Runden der Genomduplikation im gemeinsamen Vorfahren der Vertebraten entstanden vier Vasotocin-Gene und vier Vasotocin-Rezeptorgene, aber drei der Vasotocin-Gene verschwanden dann wieder (Phase 2). Mit der Trennung der Linie der Knochenfische und der Landwirbeltiere begann die Phase 3, an deren Ende im Vasotocin an der 3. Aminosäureposition Ile durch Phe ausgetauscht wurde und so Vasopressin entstand. Zu Beginn der Phase 4 (~24 Mio. Jahre vor dem Beginn der Entwicklung der höheren Plazentatiere vor ~94 Mio. Jahren) bildete sich das heutige Oxytocin durch den Austausch von Ile→ Leu an der Position 8 (I8L). Nach dem Auftreten des Oxytocin-Liganden bei den höheren Plazentatieren haben sich die funktionellen Beschränkungen bei dem Vorläufer seines Rezeptors entspannt, denn eine Reihe von nicht-synonymen Substitutionen reicherten sich in dem Rezeptorgen an und das Gen des heutigen Oxytocin-Rezeptors etablierte sich (Phase 5). Es ist noch unklar, ob die lokale Inversion des Oxytocin-Gens vor oder nach dem I8L-Austausch aufgetreten ist. In dieser Phase 5 wurden auch die Unterschiede im Expressionsmuster unter den Vasopressin-Rezeptoren allmählich etabliert, und die Expression des Oxytocin-Rezeptors weitete sich auf andere Organe aus (z. B. Brustdrüsen, Eierstöcke und Gebärmutter) (nach Yamashita und Kitano 2013).

Wir haben also gesehen, dass das Oxytocin/Vasopressin-System evolutionär sehr alt und hochkonserviert ist. Allerdings sind die Gene für die Rezeptoren variabler als die Gene für die Nonapeptide und damit besser geeignet, um Verhaltensunterschiede zwischen Spezies und innerhalb einer Spezies zu erklären. Das Gen des **Oxytocinrezeptors** (*OXTR*) kodiert für eine Aminosäuresequenz, die sich durch eine hohe Stabilität innerhalb der Gruppe der Hominiden auszeichnet. Die menschliche Sequenz zeigt drei Aminosäureaustausche (V14A, F51L, und K355R) im Vergleich zu Affen (einschließlich Schimpansen und Bonobos) (◻ Abb. 6.12); die drei Aminosäuresubstitutionen befinden sich in der N-terminalen Region, in einer Transmembrandomäne und in der C-terminalen Region. Im Vergleich zu allen anderen Affen zeigen Bonobos und Schimpansen einen K353R-Austausch in der C-terminalen Domäne (ähn-

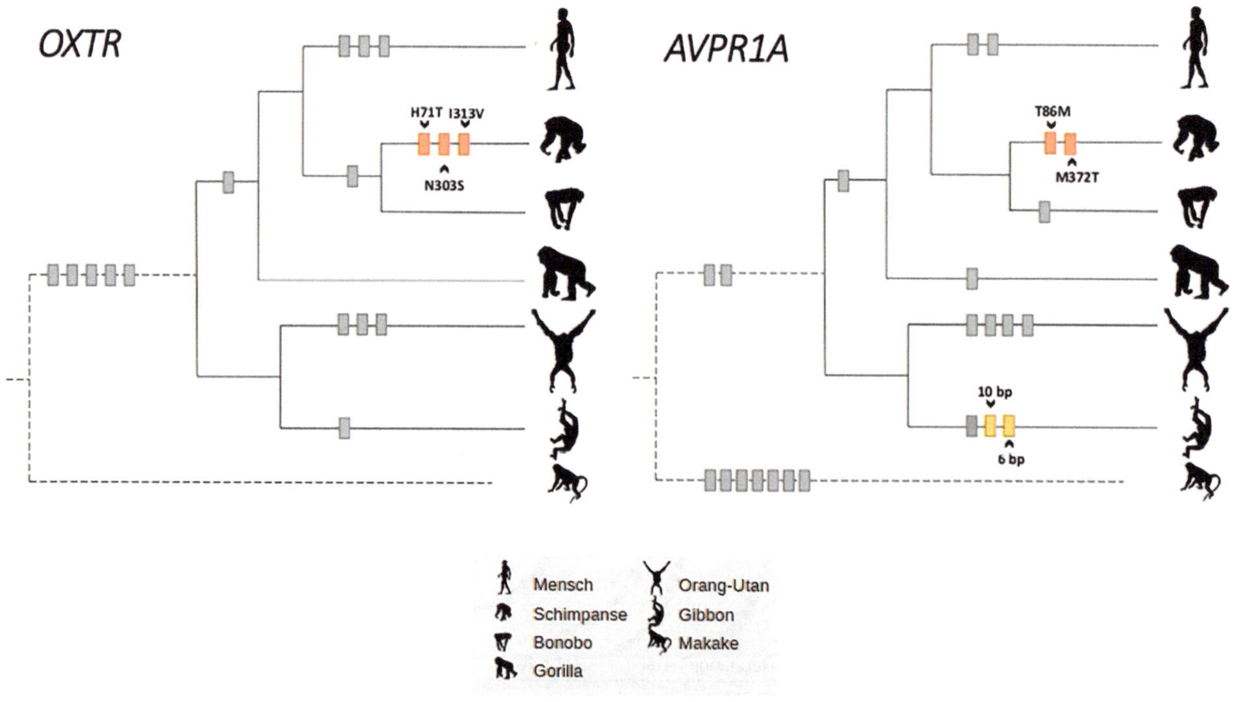

◻ **Abb. 6.12** Unterschiede in der codierenden Sequenz der Gene für den Oxytozinrezeptor (*OXTR*) und den Vasopressinrezeptor 1a (*AVPR1A*) in sechs Spezies von Hominiden (Makaken als Außengruppe). Fixierte Aminosäureaustausche sind grau schattiert. Für Schimpansen und Bonobos sind Polymorphismen mit nicht-synonymen Variationen innerhalb der Spezies in *orange* gezeigt; die Aminosäurepositionen sind angegeben. Deletionen sind *gelb* dargestellt. (Nach Staes et al. 2021; Elsevier)

lich dem K355R-Austausch bei Menschen). Die Strukturvorhersagen der Proteine zeigen in allen Fällen einen eher neutralen Effekt; auch konnte keine positive Selektion nachgewiesen werden. Bei Schimpansen und Bonobos gibt es darüber hinaus noch einige polymorphe Stellen mit synonymen und nicht-synonymen Austauschen, die aber ebenfalls neutrale Effekte zeigen und offensichtlich keinen Einfluss auf das Verhalten haben (nach Staes et al. 2021).

Wenn wir die Gene für *OXTR* und *AVPR* in Neandertalern mit denen moderner Menschen vergleichen, finden wir spezifische Polymorphismen, die nur in der globalen Population moderner Menschen vorkommen, wobei das neue Allele bei modernen Menschen meistens die höhere Allelfrequenz besitzt. Darunter sind drei Stellen in regulatorischen Bereichen des *OTXR*-Gens, die im Gehirn aktiv sind und mit prosozialem Verhalten in modernen Menschen assoziiert sind; einige dieser Bereiche stehen in modernen Menschen unter positiver Selektion. Es handelt sich um SNPs im *OTXR*-Gen (rs6770632, rs1042778, rs237885, im *AVPR1A*-Gen (rs10877969) und im *AVPR1B*-Gen (rs33985287) (nach Theofanopoulou et al. 2022). Eine Übersicht über die regionale Verteilung der ursprünglichen und der evolutionär neuen Allele gibt ◘ Tab. 6.1 (Übersicht über die Großpopulationen und ihre Zusammensetzung siehe ▶ Tab. 1.1). Dabei fällt auf, dass in Afrika die ursprünglichen Allele am häufigsten vorkommen, wohingegen die evolutionär neueren Allele meistens in Asien die höchste Frequenz aufweisen.

Allerdings zeigten funktionelle Analysen in fast allen Fällen, dass die genannten SNPs uneinheitliche Assoziationen mit Kontaktfreudikeit (engl. *sociality*) zeigen, d. h. dasselbe Allel war in der Literatur sowohl mit „prosozialem" als auch mit „antisozialem" Eigenschaften assoziiert. Es gibt also offensichtlich keinen allgemeinen Trend, der das ursprüngliche Allel mit „antisozialen" Eigenschaften assoziiert oder das evolutionär neue Allel mit „prosozialen" Eigenschaften. So ist beispielsweise das evolutionär neuere G-Allel des SNP rs1042778 mit Störungen aus dem Autismus-Spektrum assoziiert, aber ebenso mit altruistischem und trostreichem Verhalten. Eine ähnliche Tendenz für uneinheitliche Assoziationen gibt es für alle anderen SNPs in ◘ Tab. 6.1. Interessanterweise gibt einer der SNPs, der nur in modernen Menschen vorkommt (rs53576 im Intron 3 des *OTXR*-Gens) Hinweise auf das Fingerlängenverhältnis, emotionale (Wut) und kognitive (Feindseligkeit) Aggression in verschiedenen ethnischen Gruppen (nach Theofanopoulou et al. 2022). Der SNP rs53576 ist vielfach untersucht; Details sind in ◘ Tab. 6.2 zusammengefasst. Insgesamt erscheinen die Variationen in rs53576 offensichtlich sehr wesentlich für die Fähigkeit eines Menschen, Empathie zu zeigen und auf Stress zu reagieren. Allerdings gibt es bisher zu wenige Daten über die zugrunde liegenden Mechanismen; man spekuliert, dass die SNPs entweder über DNA Methylierungen und/oder Zugänglichkeit für Transkriptionsfaktoren oder -modulatoren die Expression von *OXTR*- und der *AVPR*-Genen beeinflussen. Dabei sind benachbarte SNPs oft gekoppelt und können in Haplotyp-Blöcke zusammengefasst werden (nach Hasan 2024; Pierzynowska et al. 2023).

Im Promotorbereich des *AVPR1A*-Gens gibt es dagegen andere polymorphe Bereiche, nämlich zwei Mikrosatelliten (engl. *simple sequence repeats*, *SSRs)*, RS1 und RS3 (◘ Abb. 6.10). RS1 ist eine GATA-Wiederholungseinheit, die 553 bp oberhalb des Transkriptionsstarts liegt und die bei Menschen 9 verschiedene Allele zeigt; das Standardallel umfasst 14

◘ **Tab. 6.1** Allelfrequenzen von SNPs unter positiver Selektion

	rs6770632	**rs1042778**	**rs237885**	**rs10877969**	**rs33985287**
Gen und Lage	*OTXR*, 3'-UTR	*OTXR*, 3'-UTR	*OTXR*, Intron	*AVPR1A*, intergenischer Bereich	*AVPR1B*, 3'-UTR
Ursprüngliches Allel	A	T	G	C	C
Afrika	C: 48 %; **A**: 52 %	G: 32 %; **T**: 68 %	T: 47 %; **G**: 53 %	T: 39 %; **C**: 61 %	T: 39 %; **C**: 61 %
Mischlinge Amerika	**C**: 83 %; A: 17 %	**G**: 54 %; T: 46 %	T: 43 %; **G**: 57 %	**T**: 91 %; C: 9 %	**T**: 83 %; C: 17 %
Ostasien	**C**: 99 %; A: 1 %	**G**: 92 %; T: 8 %	**T**: 72 %; G: 28 %	**T**: 85 %; C: 15 %	**T**: 91 %; C: 9 %
Europa	**C**: 75 %; A: 25 %	**G**: 62 %; T: 38 %	T: 49 %; **G**: 51 %	**T**: 87 %; C: 13 %	**T**: 83 %; C: 17 %
Südasien	**C**: 94 %; A: 6 %	**G**: 61 %; T: 39 %	T: 44 %; **G**: 56 %	**T**: 67 %; C: 33 %	**T**: 75 %; C: 25 %

Nach: ENSEMBL; häufigeres Allel **fett**

Tab. 6.2 Effekt der Genotyp-Varianten von rs53576 im *OTXR*-Gen.

rs53576 Genotyp	AA	AG oder GG
Soziales Verhalten	Vermindertes Vertrauen Stärkerer Stress (Selbstauskunft) Unveränderter Cortison-Spiegel bei Suche nach emotionaler Unterstützung Verminderte Reaktionsbereitschaft auf soziale Unterstützung Mangel an Empathie Verminderte einfühlsame Reaktionsbereitschaft auf eigene Kinder Erhöhte Besorgnis wegen negativer Beurteilung durch andere	Größeres Vertrauen Stärkere Neigung, sich emotionale Unterstützung zu suchen Verminderte Freisetzung von Cortison bei der Suche nach emotionaler Unterstützung Suche nach sozialer Unterstützung vermindert Angst
Gehirnstruktur und -funktion	Geringere Menge von grauer Substanz im Hypothalamus Verarbeitung eines emotionalen Gesichtsausdrucks führt zu verminderter Aktivierung der Amygdala und stärkerer funktionellen Kopplung zwischen Amygdala und Hippocampus	Größere Menge von grauer Substanz im Hypothalamus Verarbeitung eines emotionalen Gesichtsausdrucks führt zu erhöhter Aktivierung der Amygdala und schwächerer funktionellen Kopplung zwischen Amygdala und Hippocampus
Neurologische Störungen	Verbunden mit Entwicklung von Krankheiten aus dem Autismus-Spektrum Verbunden mit Entwicklung von sozialer Phobie	Auswirkungen von positivem Sozialverhalten und Wahrnehmung kehren sich um, wenn das Kind in einem ungünstigen Umfeld aufwächst
Allelfrequenz in Populationen		
Global	0,173	0,433/0,394
Afrika	0,038	0,312/0,651
Mischlinge Amerika	0,127	0,458/0,416
Ostasien	0,421	0,458/0,121
Europa	0,109	0,483/0,408
Südasien	0,198	0,501/0,301

Nach Hasan 2024; ENSEMBL: rs53576: „G" ist das das ursprüngliche Allel

Wiederholungseinheiten. RS3 liegt noch weiter oberhalb des Transkriptionsstarts und hat eine wesentlich komplexere Struktur $[(CT)_4TT(CT)_8(GT)_{24}]$; hier gibt es beim Menschen mindestens 16 verschiedene Allele. Untersuchungen dieser polymorphen Bereiche im *AVPR1A*-Gen haben ergeben, dass manche Allele dieser Wiederholungseinheiten mit Störungen aus dem Autismus-Spektrum assoziiert sind (nach Meyer-Lindenberg et al. 2011). Eine sehr detaillierte Darstellung der vielfältigen polymorphen Bereiche in den Genen des Oxytocin/Vasopressin-Systems mit prosozialem Verhalten findet sich bei Bakoev et al. (2023).

Es soll abschließend noch darauf hingewiesen werden, dass das Oxytocin/Vasopressin-System offensichtlich unterschiedliche Auswirkungen auf Männer und Frauen hat. Geschlechtsabhängige Hormone interagieren unterschiedlich mit dem oxytocinergen System. So stimuliert Östrogen beispielsweise die Oxytocin-Produktion im *Nucleus paraventricularis* sowie die OXTR-Dichte in der Amygdala und hat somit eine positive Wirkung auf das Sozialverhalten von Frauen. Im Gegensatz zu Oxytocin ist Vasopressin für das Sozialverhalten von Männern wichtiger als bei Frauen. Dies ist wahrscheinlich auf die stärkere Vasopressin-Expression bei Männern zurückzuführen und darauf, dass Vasopressin häufig mit männlichen Verhaltensweisen wie Aggression und Territorialität assoziiert ist. Die unterschiedlichen Auswirkungen auf Männer und Frauen spiegeln sich auch in Studien zur Oxytocin-Verabreichung wider. Intranasal verabreichtes Oxytocin führte bei Männern zu einer verringerten Aktivierung der Amygdala beim Betrachten von ängstlichen, wütenden und glücklichen Gesichtern, aber zu einer erhöhten Aktivierung der Amygdala bei Frauen, wenn sie ängstliche Gesichter sahen. Insgesamt zeigen viele Arbeiten, dass die funktionelle Rolle von Oxytocin bei der Modulation sozialer Wechselwirkungen über die Amygdala bei Männern und Frauen unterschiedlichen Zwecken dient (nach Tops et al. 2019). Allerdings bleibt in vielen Fällen unklar, welche Mengen von Oxytocin bzw. Vasopressin bei intranasaler Applikation tatsächlich das Gehirn erreichen oder ob die Wirkung über einen anderen Weg erreicht wird (Leng et al. 2022).

! Die Gene für den Oxytocin-Rezeptor und für die Vasopressin-Rezeptoren sind zwar hochkonserviert, aber sie besitzen auch eine Vielzahl von polymorphen Regionen, die in unterschiedlicher Weise mit prosozialem Verhalten oder Störungen aus dem Autismus-Spektrum assoziiert sind. Offensichtlich ist die Verteilung dieser Rezeptoren in Gehirnen von Männern und Frauen unterschiedlich.

Soziales Gedächtnis bezieht sich auf die Fähigkeit, die Identität von Individuen wieder zu erkennen, denen man früher begegnet war – eine Fähigkeit, die für erfolgreiche soziale Interaktionen essenziell ist. Die Fähigkeit zur Gesichtserkennung ist dabei der am besten untersuchte Aspekt des sozialen Gedächtnisses bei Menschen. Die Fähigkeit zur Gesichtserkennung variiert dabei beträchtlich innerhalb der Bevölkerung und ist in starkem Maß erblich (nach Henningsson et al. 2015); im ► Abschn. 5.3.2 hatten wir diesen genetischen Aspekt schon angesprochen und Mutationen im Gen *MCTP2* erwähnt, die zum Verlust der Gesichtserkennung führen können (Sun et al. 2024).

Soziales Gedächtnis ist allerdings mehr als nur Gesichtserkennung – zu einer sozial bedeutsamen Information gehören auch noch verschiedene Ebenen von Vertrautheit, Attraktivität und Gefühlszustand, die dann das Verhalten ausformen (nach Lopatina et al. 2018). Im Hinblick auf die Gesichtserkennung haben funktionelle Daten zur Bildgebung im Gehirn klar gezeigt, dass diese Fähigkeit früh in der Entwicklung beginnt und einen verlängerten Entwicklungsverlauf hat. Ein erwachsenes Niveau an Gesichtskompetenz wird frühestens im mittleren Jugendalter erreicht (nach Haist und Anzures 2017).

Die emotionale Bedeutung von Gesichtern ist auch mit erhöhten Aktivitäten in den visuellen Arealen verbunden: so zeigt der *Gyrus fusiformis* eine höhere Aktivität (in der funktionellen Magnetresonanztomografie) beim Betrachten eines Gesichts, das mit negativen Gefühlen assoziiert ist, als beim Betrachten eines neutralen Gesichts. Bemerkenswerterweise ist die Gehirnaktivität im *Gyrus fusiformis* beim Betrachten von Gesichtern, die eine (negative oder positive) emotionale Bedeutung haben, im Vergleich zu neutralen Gesichtern verringert. Die emotionale Bedeutung von Gesichtern ist also nicht allgemein mit erhöhten Aktivitäten in den visuellen Arealen des Gehirns verbunden, sondern im Wesentlichen nur beim Betrachten von Gesichtern, die mit negativen Gefühlen verbunden sind (nach Lin et al. 2024).

Und an dieser Stelle kommt dann zusätzlich noch das Oxytocin-System als ein Hauptregulator wichtiger sozialer Prozesse ins Spiel: neben der Gesichtserkennung gehören dazu auch soziale Kommunikation, soziales Erkennen, soziales Gedächtnis, zwischenmenschliche Zusammenarbeit und Entscheidungsfindung. Und es gibt Hinweise, dass Oxytocin gerade bei den emotionalen Aspekten der Gesichtserkennung eine Rolle spielt. Zwar sind Assoziationsstudien mit SNPs im *OXTR*-Gen in Familien mit mindestens einem autistischen Kind widersprüchlich, aber SNPs im *OTXR*-Gen zeigen in gesunden Kindern durchaus Assoziationen mit der Gesichtserkennung; insbesondere die Kombination von rs2254298 und rs53576 beeinflussen soziale Verhaltensweisen am stärksten. Insbesondere der SNP rs2254298 leistet dabei einen wesentlichen Beitrag zum Volumen der Amygdala und zur Antwort auf auffällige soziale Auslösereize in Tests zur Gesichtserkennung (nach Lopatina et al. 2018).

Man glaubt auch, dass Defizite in der Oxytocin-Sekretion Autismus-ähnliche Verhaltenseigenschaften zur Folge haben. Deswegen gab es eine Reihe von Untersuchungen, die zeigten, dass Oxytocin als Nasenspray Gesichtserkennung erleichtert – insbesondere berühmte menschliche Gesichter werden nach Oxytocin-Gabe genauer erkannt, wahrscheinlich durch eine Zunahme der Vertrautheit der Gesichter, die im Gedächtnis gespeichert waren. Außerdem verbessert Oxytocin die Erkennung von Gesichtern mit positiven Emotionen; auch hier vermutet man eher eine verbesserte Erinnerung als eine erhöhte Wahrnehmung. Fast alle dieser Effekte sind geschlechtsabhängig und deuten darauf hin, dass Oxytocin in Frauen die Wirksamkeit des Arbeitsgedächtnisses bei der Gesichtserkennung verbessert (nach Lopatina et al. 2018); ◘ Abb. 6.13 fasst diese Effekte zusammen.

! Die Gesichtserkennung ist weitgehend genetisch determiniert (z. B. Mutationen im *MCTP2*-Gen), aber Oxytocin ist (geschlechtsabhängig) mit emotionalen Aspekten der Gesichtserkennung verbunden.

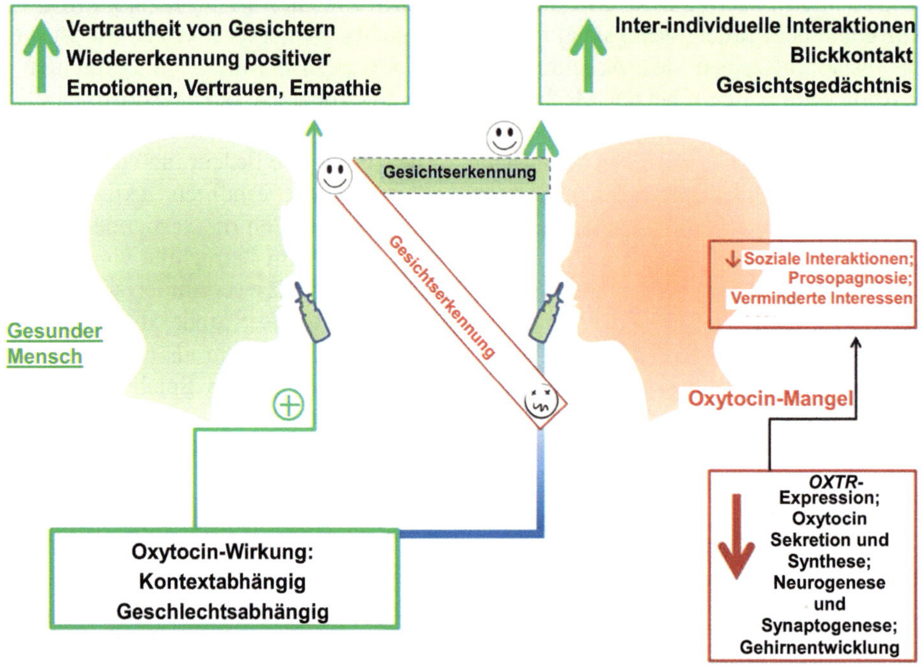

Abb. 6.13 Exogenes Oxytocin erleichtert die Gesichtserkennung bei Menschen. Intranasale Verabreichung von Oxytocin verbessert die Wahrnehmung von Gesichtsausdrücken und beeinflusst das Vertrauen in Teilnehmer. Verabreichung von Oxytocin verbessert die zwischenmenschlichen Interaktionen und Kommunikationen zwischen Individuen mit Defiziten im Sozialverhalten. OXTR: Oxytocin-Rezeptor. (Nach Lopatina et al. 2018; CC-by, ▶ http://creativecommons.org/licenses)

6.1.4 Das Dopamin-System

Neuronen mit Dopamin als Neurotransmitter (**dopaminerge Neuronen**) entwickeln sich aus dem ventralen tegmentalen Areal und aus der *Substantia nigra*. Die dopaminergen Neuronen des ventralen tegmentalen Areals spielen bei der Modulation der angenehmen und aversiven Aspekte sozialer Interaktionen eine wichtige Rolle sowie bei der Steuerung von Prozessen, die mit dem Lernen und der Bildung von Erinnerungen an hedonistische und motavitionale Belohnungen verbunden sind. Sie projizieren auch in *den Nucleus accumbens* und haben eine wichtige Funktion bei der Regulation sozialer Signale und der Verarbeitung von Belohnungen. Die dopaminergen Neuronen der *Substantia nigra* spielen eine zentrale Rolle für die Motorik (ihr Ausfall führt u. a. zur Parkinson'schen Erkrankung), für zielgerichtetes Verhalten und für die Belohnung. Die Dopamin-Forschung hat eine reichhaltige Geschichte, wobei der Schwerpunkt auf der Suchtforschung lag, insbesondere bei der Behandlung von Drogenmissbrauch. Der Einfluss dopaminerger Neuronen geht jedoch weit darüber hinaus und umfasst ein breites Spektrum von kognitiven und emotionalen Prozessen (nach Rappeneau und Castillo Díaz 2024).

Wir kennen vier wesentliche Leitungsbahnen des dopaminergen Systems:

- die mesolimbische Bahn projiziert vom ventralen tegmentalen Areal zum ventralen Striatum. Diese Bahn ist besonders an der Verarbeitung von Anreizen (engl. *incentive salience*), der Erzeugung von Lustempfinden (engl. *pleasure response*) und dem verstärkenden Lernen (engl. *reinforcement learning*) beteiligt.
- Die mesokortikale Bahn, die vom ventralen tegmentalen Areal in den präfrontalen Kortex projiziert, ist dagegen mehr an exekutiven Funktionen beteiligt, obwohl sie auch zur Belohnungsverarbeitung beiträgt.
- Die nigrostriatale Bahn verbindet die *Substantia nigra* mit dem Striatum (Putamen und *Nucleus caudatus*) und trägt entscheidend zur Bewegungskontrolle bei.
- Die tuberoinfundibuläre Bahn verbindet den Hypothalamus und die Hypophyse.

Alle Hauptfunktionen des dopaminergen Systems sind auch für die Belohnungsverarbeitung von zentraler Bedeutung (nach Nummenmaa et al. 2023). Eine Übersicht über die dopaminergen Leitungsbahnen gibt Abb. 6.14a.

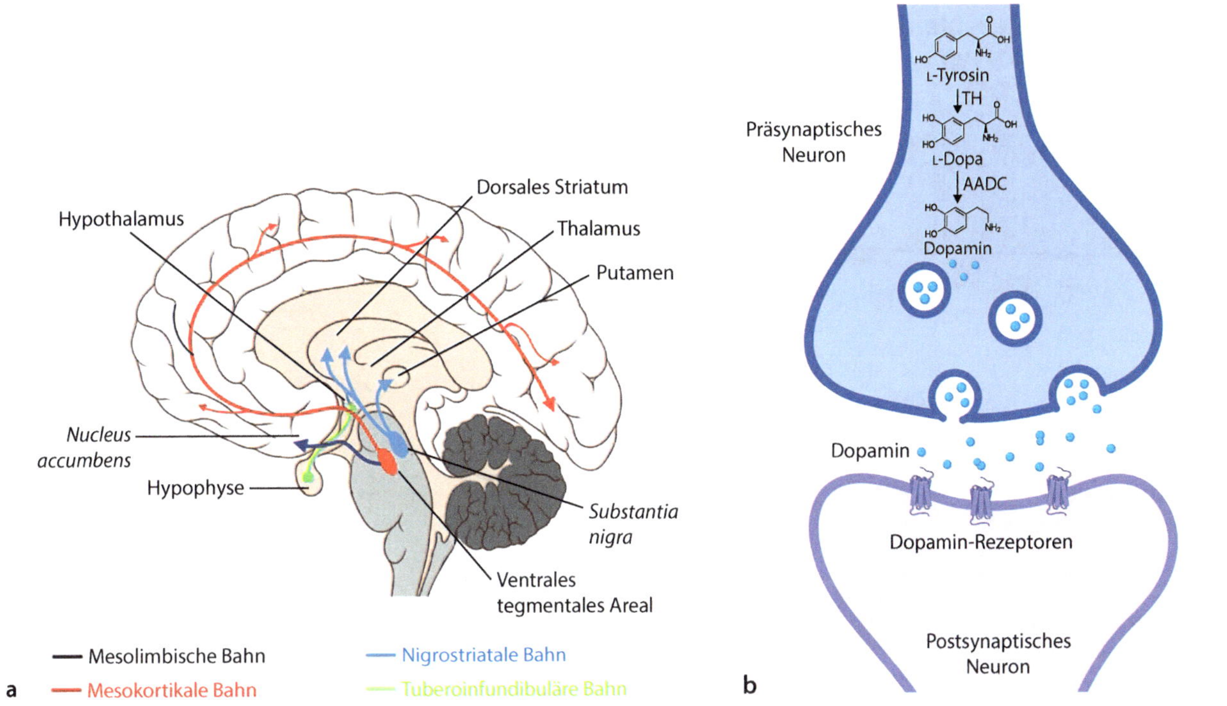

Abb. 6.14 Das dopaminerge System. **a** Dopaminerge Leitungsbahnen. Die mesolimbische Bahn (*dunkelblau*) projiziert vom ventralen tegmentalen Areal zum ventralen Striatum. Die mesokortikale Bahn (*rot*) verbindet das ventrale tegmentale Areal mit dem präfrontalen Cortex. Die nigrostriatale Bahn (*hellblau*) projiziert von der *Substantia nigra* in das Striatum. Die tuberoinfundibuläre Bahn (*grün*) verbindet den Hypothalamus und die Hypophyse. **b**. Dopamin-Synthese und Freisetzung in dopaminergen Neuronen. Die Dopaminsynthese beginnt bei der Aminosäure L-Tyrosin: im ersten Schritt katalysiert die Tyrosinhydroxylase (TH) die Umwandlung in L-3,4-*D*ihydr*o*xy*p*henyl*a*lanin (L-DOPA) und in einem zweiten Schritt wird daraus durch die aromatische L-Aminosäure-Decarboxylase (AADC) Dopamin (*blaue* Kreise). Nach der Synthese wird Dopamin durch den vesikulären Monoamintransporter (VMAT) aus dem Cytoplasma in sekretorische Vesikel transportiert, die Dopamin bei einem entsprechenden Reiz durch Exocytose in den synaptischen Spalt entlassen, wo es auf der postsynaptischen Seite von den entsprechenden Dopamin-Rezeptoren aufgenommen werden kann. (a: Nach Nummenmaa et al. 2023; CC-by, ▸ http://creativecommons.org/licenses; b: Nach Pivonello et al. 2022; CC-by-4.0, ▸ http://creativecommons.org/licenses/by/4.0/)

Dopamin ist ein Katecholamin, das sowohl als Neurotransmitter im zentralen Nervensystem als auch als Hormon im endokrinen System wirksam ist. Die Dopaminsynthese (Abb. 6.14b) erfolgt in zwei Schritten aus L-Tyrosin; im ersten Schritt katalysiert die Tyrosin-Hydroxylase die Produktion von L-DOPA (L-3,4-*D*ihydr*o*xy*p*henylalanin), das im zweiten Schritt durch die Wirkung der aromatischen L-Aminosäure-Decarboxylase (AADC, auch als DOPA-Decarboxylase bekannt) in Dopamin umgewandelt wird. Im zentralen Nervensystem wird Dopamin von dopaminergen Neuronen in vier verschiedenen Arealen produziert, darunter das ventrale tegmentale Areal (VTA) des Mittelhirns, wo es an der Regulierung von Motivation und Lust, Belohnung, Wahrnehmung, Hunger und Sättigung beteiligt ist; in der *Substantia nigra*, wo es für die Regulierung von Fortbewegung und Lernen wichtig ist. Im *Nucleus arcuatus* des Hypothalamus ist es über die Prolaktin-Sekretion der Hypophyse an der Regulierung der Laktation und Fortpflanzung beteiligt. Darüberhinaus wird es in der Retina produziert, wo es zur Regulation des zirkadianen Rhythmus beiträgt (nach Pivonello et al. 2022).

Die Wirkung dopaminerger Neuronen wird durch fünf **Dopamin-Rezeptoren** vermittelt; wir können sie in zwei Gruppen G-Protein gekoppelter Rezeptoren zusammenfassen: Dopamin-Rezeptoren vom Typ D1 (das sind die Rezeptoren D1 und D5) stimulieren die neuronale Aktivität und werden mit belohnungsbezogenen Reaktionen in Verbindung gebracht; Rezeptoren vom Typ D2 (das sind die Rezeptoren D2, D3 und D4) hemmen die neuronale Aktivität und belohnungsbezogene Reaktionen (nach Rappeneau und Castillo Díaz 2024). Auch hier handelt es sich um Membranproteine mit 7 Transmembrandomänen, wie wir das schon häufig gesehen haben. Ihre Wirksamkeit entfalten sie über verschiedene G-Proteine, die entweder die Adenylylcyclase hemmen oder aktivieren und so auch die Konzentration von cAMP entsprechend steuern. Eine dritte Kategorie kommt ins Spiel, wenn die verschiedenen Rezeptortypen als Heterodimere wirksam sind – hier läuft die nachgeschaltete Signalkette über Phospholipase C, Inositol-1,4,5-trisphosphat und Diacylglycerin (nach Kaur et al. 2020). Abb. 6.15 gibt einen Überblick über die verschiedenen biochemischen Signalkaskaden, die den Dopamin-Rezeptoren nachgeschaltet sind.

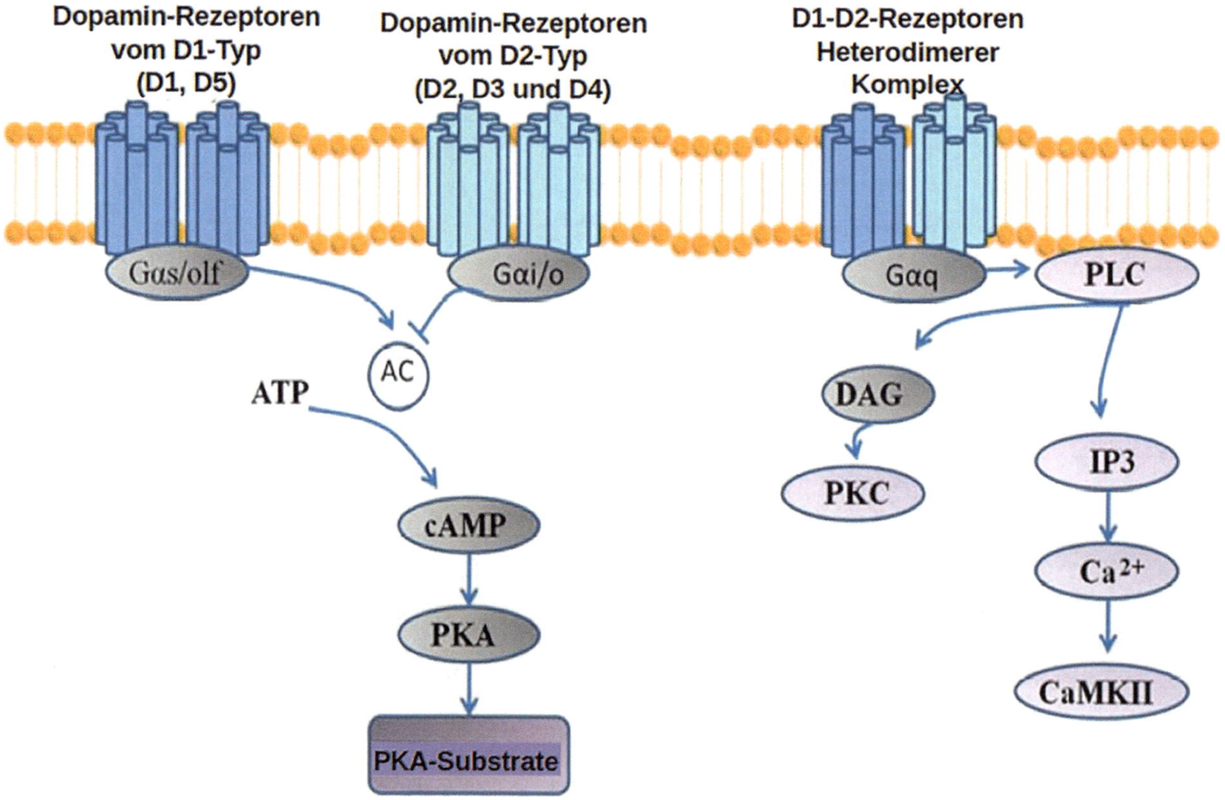

Abb. 6.15 Regulation der Dopamin-Wirkung durch Dopamin-Rezeptoren. Die Dopamin-Rezeptoren vom Typ D1 vermitteln als Homodimere ihr Signal durch das G-Protein Gαs/olf und die Homodimeren vom Typ D2 durch das G-Protein Gαi/o und regulieren dadurch die cAMP-Konzentration über die Adenylylcyclase-Aktivität (AC). Rezeptoren vom D1-Typ aktivieren die Adenylylcyclase und erhöhen damit die intracelluläre Konzentration von cAMP und stimulieren die Proteinkinase A (PKA). Rezeptoren vom D2-Typ hemmen dagegen die Adenylylcyclase, unterdrücken dadurch den cAMP-Anstieg und hemmen so die PKA. Heterodimere Dopamin-Rezeptoren (Typ D1/D2) vermitteln ihr Signal durch das G-Protein Gαq und Phospholipase C (PLC), erhöhen dadurch die Produktion von Inositol-1,4,5-trisphosphat (IP3), mobilisieren intrazelluläres Ca^{2+} und Diacylglycerin (DAG) mit nachfolgender Aktivierung von Proteinkinase C (PKC) bzw. der Calcium-Calmodulin-abhängigen Proteinkinase II (CaMKII). (Nach Kaur et al. 2020; Springer Nature)

Die Dopaminrezeptoren werden durch fünf Gene codiert, die auf verschiedenen Chromosomen lokalisiert sind. Dopamin-Rezeptoren vom D1-Typ werden von Genen kodiert, die nicht durch Introns unterbrochen sind, während Dopamin-Rezeptoren vom D2-Typ von Genen kodiert werden, die 4–7 Exons aufweisen. Die genetische Organisation der Rezeptoren vom D2-Typ bietet die Grundlage für die Entstehung von Spleißvarianten; hervorzuheben ist das Gen *DRD2*, dessen Spleißvarianten zu zwei verschiedenen Isoformen führen, die sich durch das Vorhandensein oder Fehlen von 29 Aminosäuren in der dritten intrazellulären Schleife unterscheiden und unterschiedliche physiologische und pharmakologische Eigenschaften aufweisen. Spleißvarianten wurden auch für den D3-Rezeptor beschrieben – sie kodieren allerdings im Wesentlichen für nichtfunktionale Isoformen. Polymorphe Varianten wurden für den D4-Rezeptor identifiziert, wobei die verschiedenen Isoformen Wiederholungssequenzen in der kodierenden Region der dritten intrazellulären Schleife aufweisen, die auch zu unterschiedlichen physiologischen und pharmakologischen Eigenschaften führen (nach Pivonello et al. 2022); Tab. 6.3 fasst diese Aspekte zusammen.

Wir haben gesehen, dass sich die Dopamin-Rezeptoren vom Typ 1 und Typ 2 ganz grundsätzlich darin unterscheiden, dass die ersteren keine Introns besitzen und die letzteren 4–7 Exons. Wenn wir uns die zwei Gruppen unter phylogenetischen Gesichtspunkten betrachten, dann stellt man allerdings fest, dass sie untereinander nicht näher verwandt sind als mit jeder anderen Klasse von Monoamin-Rezeptoren. Es gibt deswegen die Vermutung, dass sie die Fähigkeit zur Dopaminbindung unabhängig voneinander durch kon-

Tab. 6.3 Dopaminrezeptoren und ihre Gene

Gen	D1-Typ		D2-Typ		
	DRD1	*DRD5*	*DRD2*	*DRD3*	*DRD4*
OMIM	126449	126453	126450	126451	126452
Chromosom	5q35	4p16	11q23	3q13	11p15
Intron/Exon	Codierende Sequenz ohne Intron		7 Exons	7 Exons	4 Exons
Spleißvarianten			2 Spleißvarianten		
Wiederholungs-einheiten					2–10 × 48bp-Einheit
Wichtiger SNP				Gly9Ser	
Pseudogen			2 Pseudogene		
Haupt-expression	Nigrostriatale und meso-limbische Bahn	limbische Regionen des Gehirns	Hippocampus, temporaler Cortex	Ventrales Striatum, Cerebellum	Retina, cerebraler Cortex, Amygdala, Hypothalamus, Hypophyse
Assoziation mit Verhalten	Nikotin-Abhängigkeit Schizophrenie	Aufmerksam-keitsdefizit-Störung mit Hyperaktivität	Drogen-Abhängigkeit Schizophrenie	Schizophrenie	Aufmerksamkeitsdefizit-Störung mit Hyperaktivität, Alkoholismus

Nach Sokoloff et al. 2006; *OMIM*, Online Mendelian Inheritance in Man (▶ www.OMIM.org)

vergente Evolution erworben haben (nach Yamamoto et al. 2012). Andererseits geht die Bildung intronloser Gene oft auf die Wirkung von Retroviren zurück, die Retrokopien von mRNA neu an anderer Stelle im Genom einfügen. So entstanden viele der menschlichen intronlosen Gene durch eine Häufung von Retropositionen in Primaten vor ~38–50 Mio. Jahren, und G-Protein-gekoppelte Rezeptoren sind eine der größten funktionellen Gruppen unter diesen intronlosen Genen (nach Grzybowska 2012). Verschiedene Runden von Genomduplikation fanden zu Beginn der Evolution der Chordatiere statt, sodass es ursprünglich vier Gene für Dopaminrezeptoren vom Typ 1 gab und 5 Gene vom Typ D2– davon sind dann im Lauf der späteren Evolution der Säugetiere jeweils zwei wieder verloren gegangen (nach Yamamoto et al. 2012; Xin et al. 2019).

Wir haben eingangs schon darauf hingewiesen, dass das dopaminerge System einen großen Anteil am Belohnungssystem des Gehirns hat und dadurch wesentlich am Entstehen von Sucht beteiligt ist: die starke Angewohnheit, Kokain, Amphetamine, Opiate, Alkohol, Nikotin, Marihuana, Barbiturate oder Benzodiazepine zu konsumieren, führt zunächst auf unterschiedlichen Wegen zu einem starken Anstieg von Dopamin, vermindert aber langfristig die Expression von Dopamin-Rezeptoren vom D2-Typ auf der Zelloberfläche. Damit werden in der Sucht Auslösereize für Belohnungen oder Belohnungen selbst als die Elemente identifiziert, die Verhalten kontrollieren (nach Wise und Robble 2020).

Allerdings müssen wir auch anerkennen, dass Sucht eine komplexe Mischung aus Verhaltensweisen und Einstellungen darstellt, die von Droge zu Droge und von Nutzer zu Nutzer variiert. Endogene Opiate (▶ Abschn. 6.1.4) und auch GABAerge System spielen bei unterschiedlichen Formen von Suchtverhalten auch wichtige Rollen (nach Nutt et al. 2015).

! Dopamin und seine fünf G-Protein gekoppelten Rezeptoren bilden das dopaminerge System; es ist an der Regulation von Bewegungen und am Belohnungs- und Suchtverhalten beteiligt.

6.1.5 Der Opioid-Rezeptor μ und seine endogenen Liganden

Opium wurde schon im Altertum in vielfältiger Weise zu kultischen und medizinischen Zwecken verwendet, wobei bei den medizinischen Zwecken die schmerzlindernde Wirkung im Vordergrund steht. Die Wirkung erfolgt über den **Opioid-Rezeptor μ**, der sowohl die Wirkungen der endogenen Liganden β-Endorphin und Enkephalin als auch der verschiedenen exogenen Opioidagonisten vermittelt. Der Opioid-Rezeptor μ (Gensymbol *OPRM1*; Chr. 6q25) gehört ebenfalls zur Gruppe der G-Protein gekoppelten Rezeptoren mit 7 Transmembrandomänen. Es gibt zwar nur ein *OPRM1*-Gen, allerdings gibt es erstaunlich viele Spleiß-Varianten, die zu verschiedenen Isoformen des Rezeptorproteins führen: außer Isoformen mit der vollen Länge und 7 Transmembrandomänen (insgesamt 12 Varianten) gibt es verkürzte Isoformen mit nur 6 Transmembrandomänen (insgesamt 4 Varianten) und weitere mit nur einer Transmembrandomäne (insgesamt 4 Varianten) (nach Abrimian et al. 2021).

Außer dem Opioid-Rezeptor μ kennen wir noch die Opioid-Rezeptoren δ (Gensymbol *OPRD1*), κ (Gensymbol *OPRK1*) und einen Opioid-ähnlichen Rezeptor (Gensymbol *OPRL1*). Alle vier Gene für die Opioid-Rezeptoren werden nur bei Vertebraten gefunden. Sie entstanden wahrscheinlich durch zwei Runden von Genomduplikationen aus einem ursprünglichen Opioid-Rezeptor: die erste Runde der Duplikation führte zu dem Vorläufer der Gene *OPRD1*/*OPRM1* bzw. *OPRL1*/*OPRK1*, die sich danach erneut verdoppelten und in die einzelnen Gene *OPRD1*, *OPRM1*, *OPRL1* und *OPRK1* aufspalteten. Die Struktur des *OPRM1*-Gens hat sich im Laufe der Evolution verändert: In Fischen (Knochenfischen) hat das *OPRM1*-Gen fünf Exons, die für die 7 Transmembrandomänen kodieren. In Amphibien sind die Exons 3–5 verschmolzen; diese Struktur ist im Prinzip auch in den Vögeln und Säugetieren erhalten. Allerdings entwickelte sich bei Hühnern ein neues Exon 4, das für 12 Aminosäuren am intrazellulären C-Terminus kodiert und auch bei allen Säugetieren erhalten ist. Es entwickelten sich bei den Säugetieren noch weitere 5'- oder 3'-Exons (wie die Exons 7 und 11), sodass sich daraus die genomische Struktur für das komplexe Spleißmuster des *OPRM1*-Gens entwickelt hat, wie wir es heute kennen (nach Liu et al. 2021). ◘ Abb. 6.16a gibt einen Überblick über diese komplexe Struktur des menschlichen *OPRM1*-Gens, und ◘ Abb. 6.16b–d zeigt aus-

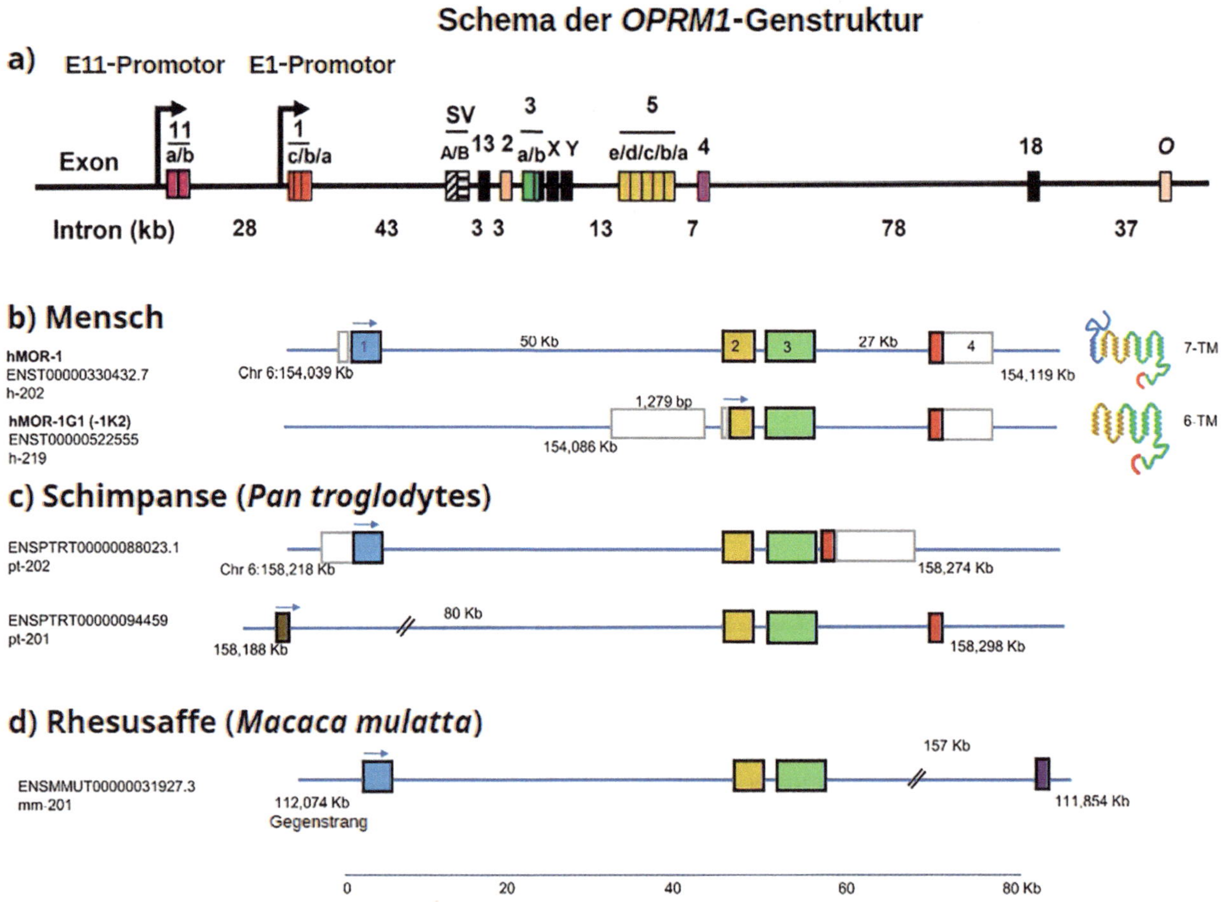

◘ **Abb. 6.16** Schema von *OPRM1*-Genstrukturen und ausgewählter Spleißprodukte. **a** Das menschliche *OPRM1*-Gen. Exons sind durch farbliche Kästchen dargestellt, Introns durch Linien (die Introngröße ist in kb angegeben) und Promotoren durch Pfeile. Die Nummerierung der Exons erfolgt entsprechend publizierter Daten, nicht entsprechend ihrer Reihenfolge. **b–d** Schematische Darstellung der wichtigsten *OPRM1*-Isoformen, die man in Gehirnen von Menschen, Schimpansen und Rhesusaffen nach dem Tod findet. Die farbigen Kästchen stellen translatierte Exons dar; leere *graue* Kästchen repräsentieren nichttranslatierte Exons. Die Exons 2 und 3 sind Bestandteil aller hier gezeigten Isoformen (*rechts* schematisch dargestellt); die Exongrößen sind nicht maßstabsgetreu. Die ENS-Nummern sind von ENSEMBL (► www.ensembl.org). (a: Nach Kang et al. 2022; b–d: Nach Levran et al. 2020; beide CC-by-4.0, ► http://creativecommons.org/licenses/by/4.0/)

gewählte Spleißvarianten und ihre Isoformen bei Menschen, Schimpansen und Rhesusaffen.

Das menschliche *OPRM1*-Gen ist in vielen Bereichen des Gehirns exprimiert; erstaunlich ist seine relativ starke Expression im Cerebellum (das trifft im Übrigen auch auf die Schimpansen zu, nicht aber auf Rhesusaffen). Die traditionelle Ansicht ist, dass das Cerebellum im Wesentlichen an der motorischen Kontrolle beteiligt ist, und dass Sucht vor allem mit dem ventralen tegmentalen Areal und dem *Nucleus accumbens* in Zusammenhang steht (wie wir das vom dopaminergen System kennen) – neuere Arbeiten deuten aber darauf hin, dass sich das Cerebellum während der Evolution der Menschenaffen stark vergrößerte und ausgeprägte anatomische und funktionelle Verbindungen zum Neocortex entwickelte. So gibt es deutliche Hinweise, dass das Cerebellum auch an kognitiven Funktionen und an Sozialverhalten beteiligt ist. Im Laufe der Primatenentwicklung haben sich oberhalb des *OPRM1*-Gens einige transposable Elemente eingefügt; aus einem entstand in der humanen Linie eine Bindungsstelle für den Transkriptionsfaktor CTCF (engl. CCCTC-binding factor), der lange Schlaufenstrukturen in der DNA etablieren kann und so ein wichtiger Regulator der Genexpression ist. In der Umgebung dieser CTCF-Bindestelle des menschlichen *OPRM1*-Gens gibt es eine Reihe von Polymorphismen, die offensichtlich nach dem Auszug der modernen Menschen aus Afrika einer positiven Selektion unterlagen und zu einer höheren Expression des *OPMR1*-Gens führen (nach Levran et al. 2020).

Unter den wenigen Einzelnukleotidpolymorphismen (SNPs) des *OPRM1*-Gens ragt besonders die Variante A118G (auch als rs1799971 bezeichnet) hervor; sie führt zu einem Austausch von Asparagin zu Aspartat an der Aminosäureposition 40 (N40D). Das neuere G-Allel ist vor allem im südlichen und östlichen Asien relativ häufig (~30–50 %), unter Europäern eher moderat (~10–20 %), ebenso wie in der indigenen amerikanischen Bevölkerung (~15–25 %). In Populationen afrikanischer Abstammung findet es sich dagegen eher selten (~5 %), und südlich der Sahara kommt es sogar nur zu ~1 % in den Populationen vor. Das G-Allel führt zu einer verminderten Expression des *OPRM1*-Gens, da die entsprechende mRNA offensichtlich weniger effizient hergestellt wird. Das 118G-Allel ist sowohl bei europäischen als auch bei südostasiatischen Populationen mit Heroin-Abhängigkeit assoziiert, aber aufgrund seiner geringen Häufigkeit leistet es zu der Anfälligkeit für Heroinsucht in der afrikanisch-amerikanischen Bevölkerung keinen substanziellen Beitrag (nach Reed und Kreek 2021). Der SNP rs1799971 des *OPRM1*-Gens steht aber auch in engem Zusammenhang mit der Fähigkeit einer Person, sich in soziale Netzwerke einzufügen. Personen mit dem ursprünglichen AA-Genotyp von rs1799971 im *OPRM1*-Gen fügten sich in der Regel besser in größere soziale Gruppen ein als Personen mit einem anderen Genotyp an diesem Genort. Eine Erklärung ist, dass diese *OPRM1*-Variante die Bewertung des Wertes sozialer Belohnungen und damit die individuellen sozialen Präferenzen beeinflusst (nach Han et al. 2021).

Der endogene Ligand für den Opioid-Rezeptor μ ist β-Endorphin; es hat eine ~100-fache stärkere Wirkung als Morphium. β-Endorphin wird durch mehrere proteolytische Spaltungen aus dem Vorläuferprotein Proopiomelanocortin (Gensymbol: *POMC*; Chr. 2p23) gebildet (◘ Abb. 6.17). Dieser Vorgang ähnelt der proteolytische Spaltung von Oxytocin und Vasopressin aus Vorläuferproteinen, die wir oben bereits besprochen hatten (◘ Abb. 6.8). Das *POMC*-Gen wird vor allem in der Hypophyse, dem *Nucleus arcuatus* des Hypothalamus, dem *Nucleus tractus solitarii* und der Haut exprimiert. In der anterioren Hypophyse wird POMC durch Prohormon-Convertasen gespalten; die ersten Spaltprodukte sind ACTH (adrenocorticotropes Hormon) und β-LPH (β-lipotropes Hormon), aus dem dann in einem weiteren Schritt neben anderen Peptiden auch das β-Endorphin abgespalten wird, das dann an den Opioid-Rezeptor μ binden kann. β-Endorphin ist das einzige Peptid, das von POMC abgespalten wird und das an den Opioid-Rezeptor μ bindet – es ist aber nicht klar, ob das auch für das Vorläuferprotein gilt. Die Bindung an den Opioid-Rezeptor wird durch die ersten 5 Aminosäuren vermittelt, die dem Met-Enkephalin entsprechen, einem Pentapeptid aus 5 Aminosäuren mit Met am C-Terminus (Tyr-Gly-Gly-Phe-*Met*). β-Endorphin wird auch

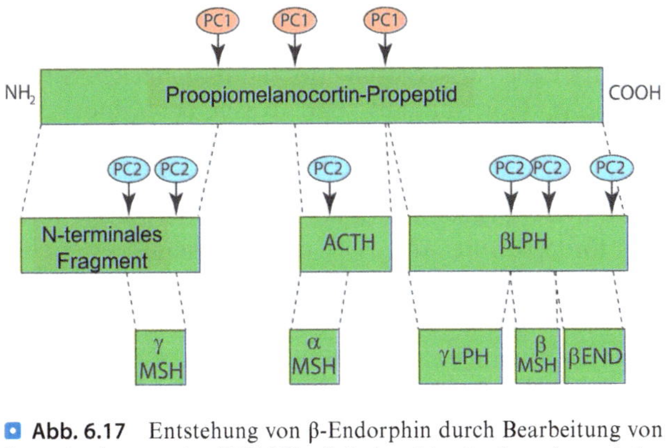

◘ **Abb. 6.17** Entstehung von β-Endorphin durch Bearbeitung von Proopimelanocortin (POMC). β-Endorphin (und andere aktive Peptidhormone) entstehen durch proteolytische Spaltung aus Proopiomelanocortin. Es ist daran ein Paar von Serinproteasen beteiligt, die als Proproteinconvertasen (PC1 und PC2) die entsprechenden aktiven Peptide bilden: PC1 spaltet POMC in drei wichtige Peptidfragmente: ein N-terminales Fragment (aus dem durch PC2 das γ-MSH gebildet wird), ACTH (aus dem durch PC2 das α-MSH gebildet wird), und β-LPH (aus dem durch PC2 γ-LPH, das β-MSH und das β-Endorphin gebildet werden). ACTH: adrenocorticotropes Hormon; LPH: lipotropes Hormon; MSH: Melanocyten-stimulierendes Hormon; βEND: β-Endorphin. (Nach Wolf Horrell et al. 2016; CC-by, ► http://creativecommons.org/licenses)

nicht (wie andere Peptid-Hormone) von der Hypophyse freigesetzt und wird daher auch nicht in peripheren Geweben wirksam. Die höchsten Konzentrationen von β-Endorphin findet man im Hypothalamus und dort besonders im *Nucleus arcuatus*, der *Eminentia mediana* und dem ventro-medialen Nucleus dicht an der Wand zum 3. Ventrikel (nach Harno et al. 2018)

Neben dem oben erwähnten Met-Enkephalin kennen wir noch das Leu-Enkephalin (Tyr-Gly-Gly-Phe-*Leu*) und das verlängerte Met-Enkephaline (Tyr-Gly-Gly-Phe-*Met*-Arg^6-Phe^7 und Tyr-Gly-Gly-Phe-*Met*-Arg^6-Gly^7-Leu^8). Enkephaline werden in verschiedenen Regionen des zentralen und peripheren Nervensystems, in Immunzellen und in der Nebennierenrinde produziert. Wir haben oben schon auf die Abspaltung aus dem β-Endorphin hingewiesen; daneben gibt es aber auch die Möglichkeit der Abspaltung aus dem Proenkephalin (Gensymbol *PENK*; Chr. 8q12) und aus Prodynorphin (Gensymbol *PDYN*; Chr. 20p13). In allen Fällen bedarf es dazu verschiedener Peptidasen wie der Prohormon-Konvertase-1 und -2, der Carboxypeptidase E und Cathepsin H. Met-Enkephalin und Leu-Enkephalin zeigen die stärkste Affinität für den Opioid-Rezeptor δ, können aber auch an den Opioid-Rezeptor µ binden. Auch der Opioid-Rezeptor δ gehört zu den G-Proteingekoppelten Rezeptoren mit 7 Transmembrandomänen (Gensymbol: *OPRD1*; Chr. 1p35). Die Funktion der Enkephaline liegt im Wesentlichen in der Modulation und Linderung von Schmerzreizen, indem es im Hypothalamus die Ausschüttung des Corticotropin-freisetzenden Hormons (engl. *corticotropin-releasing hormone* , CRH) hemmt. Damit verhindern Enkephaline die Überaktivierung der Hypothalamus-Hypophyse-Nebennierenrinde-Stressachse (engl. *hypothalamic pituitary-adrenal*, HPA), indem sie die Ausschüttung des hauptsächlichen Stresshormons Cortisol aus der Nebennierenrinde vermindern. In ihrer Wirkung ähneln die Enkephaline damit der Wirkung exogener Opiate wie Morphin oder Fentanyl. Da Enkephaline auch die Synthese von Dopamin fördern, unterstützen sie das Belohnungssystem des Gehirns und unterstützen so das Suchtpotenzial exogener Opiate (nach García-Domínguez 2024).

Die Beteiligung des Opioid-Systems, also vor allem des Opioid-Rezeptors µ mit seinen endogenen Liganden, an der Entstehung von Suchtverhalten liegt wohl einerseits an der Verflechtung mit dem dopaminergen Belohnungssystem, vor allem im Bereich des *Nucleus accumbens*. Andererseits lindern opioide Substanzen offensichtlich Stress und Missstimmung, indem sie die Beurteilung der inneren und äußeren Welt in eine eher positive Richtung verschieben. Das gilt auch für angenehme soziale Interaktionen und anstrengende körperliche Tätigkeiten, die jeweils die Freisetzung endogener Opioide stimulieren. Kokain-Abhängigkeit führt zu einer erhöhten Expression des *OPRM1*-Gens besonders in corticalen Arealen und im Bereich des *Gyrus cingulus*, wohingegen chronischer Missbrauch von Opiaten mit einer Herabregulierung der *OPRM1*-Expression assoziiert ist; offensichtlich ist die Wirkung verschiedener Drogen auf das Opioid-System substanzabhängig (nach Nummenmaa et al. 2023).

! Der Opioid-Rezeptor µ und seine endogenen Liganden β-Endorphin und Enkephaline lindern Schmerzen und Stress. Zusammen mit dem dopaminergen System ist auch das opioide System an der Entstehung von Suchtverhalten beteiligt.

6.2 Sexualität

In diesem Kapitel sollen einige Aspekte menschlicher Sexualität unter dem genetischen und evolutionären Blickwinkel betrachtet werden. Angesichts der zentralen Bedeutung der Sexualität für die evolutionäre Notwendigkeit – den Fortpflanzungserfolg – besteht ein starkes Bedürfnis zu wissen, wie die Evolution die menschliche Sexualität in der Vergangenheit geformt hat und wie der Einfluss der Selektionskräfte aus der Vergangenheit in der Gegenwart weiterwirkt. Dabei werden wir natürlich auch kulturelle Aspekte zu bedenken haben, da wir ja schon früher (▶ Kap. 4) gesehen haben, dass auch kulturelle Einflüsse evolutionäre Prozesse beeinflussen, zu denen auch sexuelle Selektion (Box 5.1) gehört.

6.2.1 Geschlechtschromosomen und ihre Variabilität

In vielen Spezies mit getrennten biologischen Geschlechtern – und das gilt auch für den Menschen – wird die Entscheidung, ob ein Individuum männlich oder weiblich wird, durch Geschlechtschromosomen kontrolliert. Die Geschlechtschromosomen haben sich aus Autosomen entwickelt und im Laufe der Evolution ausgedehnte Veränderungen erfahren. Die Geschlechtschromosomen können das biologische Geschlecht von Organismen auf unterschiedliche Weise bestimmen, im Fall von Säugetieren (und des Menschen) tragen weibliche Tiere zwei X-Chromosomen und männliche Tiere ein X- und ein wesentlich kleineres Y-Chromosom. Die Evolution des menschlichen Y-Chromosoms und insbesondere die Unterschiede zu den Schimpansen haben wir im Detail bereits im ▶ Abschn. 2.2.2. diskutiert. Wir haben bereits auch gesehen, dass das Y-Chromosom des modernen Menschen das Y-Chromosom in den späten Neandertalern über einen Zeitraum von ~100.000 Jahren ersetzt hat (wahrscheinlich aufgrund eines einmaligen „Einkreuzungspulses" und einem Genfluss von ~5 % mit einem Fitnessvorteil von ~1 %), und dass das X-Chromosom moderner Menschen frei von Sequenzen von Neandertalern ist (▶ Abschn. 3.2); die globale Ausbreitung des Y-Chromosoms und seiner Haplotypen war auch Gegenstand der Box 3.2.

Das humane X-Chromosom ist deutlich größer als das Y-Chromosom; es umfasst ~154 Mb und kodiert für ~1100 Gene (nach Youness et al. 2021). Sowohl das X- als auch das Y-Chromosom stammen ursprünglich von einem autosomalen Chromosomenpaar ab, wobei sich das X-Chromosom vor ~180 Mio. Jahren entwickelte, d. h. vor der Trennung von höheren Säugetieren (*Eutheria*) und Beuteltieren (*Marsupialia*). Die Entwicklungslinien der beiden Chromosomen trennten sich im Wesentlichen aufgrund der Degeneration und des Genverlusts des Y-Chromosoms als Ergebnis der weitgehenden Unterdrückung der Rekombination der beiden Geschlechtschromosomen. Heute ist die Rekombination zwischen dem X- und dem Y-Chromosom auf die homologen Regionen an den Enden der beiden chromosomalen Arme beschränkt. Da sich diese Regionen wegen der Rekombinationen wie Autosomen verhalten, werden sie als **pseudoautosomale Regionen** (PAR1 und PAR2) bezeichnet. PAR1 umfasst 2,7 Mb und hat eine sehr hohe Rekombinationsrate, die ~20-mal höher ist als die von Autosomen. PAR1 des Menschen entspricht den homologen Regionen der anderen Großen Affen und der Gibbons, wohingegen die kleinere PAR2 (~0,33 Mb) offensichtlich nur bei Menschen vorkommt und eine geringere Rekombinationsrate hat (das ~5-fache von Autosomen) (nach Dos Santos et al. 2022). Insgesamt ist PAR1 eine evolutionär sehr dynamische Region des Genoms und Rekombinationen in dieser physikalisch sehr kleinen Region finden nur während der Meiose bei der Entwicklung der männlichen Keimzellen statt. Polymorphismen und Mutationen in dieser Region sind mit verschiedenen Krankheiten assoziiert, darunter Fehlbildungen des Skeletts aufgrund von Varianten im Gen *SHOX* (engl. *short stature homeobox*) sowie mit Schizophrenie, bipolaren Störungen und hämatologischen Malignomen (nach Bergman und Schierup 2022). Eine Übersicht über die Lage der PARs haben wir bereits in ▶ Abb. 2.6 besprochen.

Zusätzlich zu den beiden PARs gibt es bei Menschen noch eine X-transponierte Region (engl. *X-transposed region*, XTR), die vor ~3–4 Mio. Jahren vom X-Chromosom zum Y-Chromosom kopiert wurde, also nach der Spaltung der menschlichen Linie von der Linie der Schimpansen. Die XTR erfuhr zwar eine Reihe von Inversionen und Deletionen, aber sie behielt ~98 % ihrer Sequenzidentität und enthält zwei Gene mit funktionellen X-Y-Homologen; wir hatten darauf in ▶ Abschn. 2.2.2 bereits hingewiesen (nach Cotter et al. 2023). Die Größe der XTR beträgt ~2,5 Mb; sie liegt auf dem Y-Chromosom unterhalb von PAR1 auf dem kurzen Arm des Y-Chromosoms (Yp11), aber relativ zentral auf dem langen Arm des X-Chromosoms (Xq21; nach Veerappa et al. 2013).

Aufgrund des Ungleichgewichts der X-Chromosomen bei Frauen (XX) und Männern (XY) ist eine Regulation der X-gekoppeltenen Gendosis notwendig. Ein unkontrollierter Anstieg der X-gekoppelten Genexpression wegen der Anwesenheit eines zusätzlichen X-Chromosoms bei Frauen führt zu Entwicklungsstörungen. Deswegen wird in weiblichen Säugetieren – und so auch bei Menschen – während der frühen Embryonalentwicklung in jeder Zelle eines der beiden X-Chromosomen zufällig inaktiviert; im Ergebnis wird dadurch die Dosis der Genexpression zwischen den beiden biologischen Geschlechtern ausgeglichen. Da jede Zelle die Inaktivierung des jeweiligen X-Chromosoms auf die Tochterzellen weitergibt, führt diese Form der **Inaktivierung des X-Chromosoms** zu einem zellulären Mosaik, wobei im Durchschnitt die Hälfte der Zellen eines Gewebes die Gene des mütterlichen X-Chromosoms und die andere Hälfte die Gene des väterlichen X-Chromosoms exprimiert. Die Inaktivierung des X-Chromosoms ist dabei abhängig von epigenetischen Faktoren einschließlich der Transkription einer langen, nicht-codierenden RNA, *XIST*, die von einem X-gekoppelten Gen gleichen Namens kodiert wird (*XIST*, Chr. Xq13.2). Auf dem später inaktiven X-Chromosom häufen sich *XIST*-Transkripte in *cis* an und initiieren damit den Prozess der Stilllegung des X-Chromosoms. Die anschließende Aktivierung der repressiven Polycomb-Komplexe 1 und 2 ist dann wesentlich an der stabilen Aufrechterhaltung des inaktiven Zustands des jeweiligen X-Chromosoms beteiligt (nach Youness et al. 2021).

Es gibt allerdings Ausnahmen von der Inaktivierung des X-Chromosoms. Das betrifft in erster Linie die pseudoautosomale Region PAR1, da diese Gene ja sowohl auf dem X- als auch auf dem Y-Chromosom vorkommen (dies gilt nicht für die Gene in PAR2, die der X-Inaktivierung bei Frauen unterliegen und in XY-Individuen ebenfalls inaktiviert werden; nach Tallaksen et al. 2023). Aber es gelingt auch vielen Genen die Flucht (engl. *escape*) vor der X-Inaktivierung: Schätzungen gehen davon aus, dass bei Frauen ~12 % der X-chromosomalen Gene grundsätzlich der X-Inaktivierung entkommen; weitere ~15 % der X-chromosomalen Gene variieren in ihrem X-chromosomalen Inaktivierungszustand zwischen Frauen und Geweben. Die Tatsache, dass eine nennenswerte Anzahl von X-chromosomalen Gene im weiblichen Körper in unterschiedlichen Geweben der Inaktivierung entkommen, führt zu geschlechtsspezifisch unterschiedlichen Niveaus der Genexpression und zu einem Mechanismus, der phänotypische Unterschiedlichkeiten bei Frauen und zwischen Frauen und Männern hervorruft (nach Migliore et al. 2021). Eine grobe schematische Darstellung der X-Inaktivierung und von Genen, die der X-Inaktivierung entkommen, gibt ◘ Abb. 6.18a–c. Interessierte Leserinnen und Leser seien für Details der Inaktivierung des menschlichen X-Chromosoms auf aktuelle Übersichtsarbeiten verwiesen, z. B. Patrat et al. 2020; Peeters et al. 2023.

◘ Abb. 6.18 enthält Gene, die aufgrund ihrer möglichen Flucht aus der Inaktivierung des X-Chromosoms mit der Entstehung von Krebs oder von Autoimmunitätserkrankungen bei Frauen assoziiert sind. Besonders Autoimmunerkrankungen sind bei Frauen deutlich häufig als bei Männern – man schätzt, dass ~78 % aller Autoimmunerkrankungen bei Frauen auf-

6

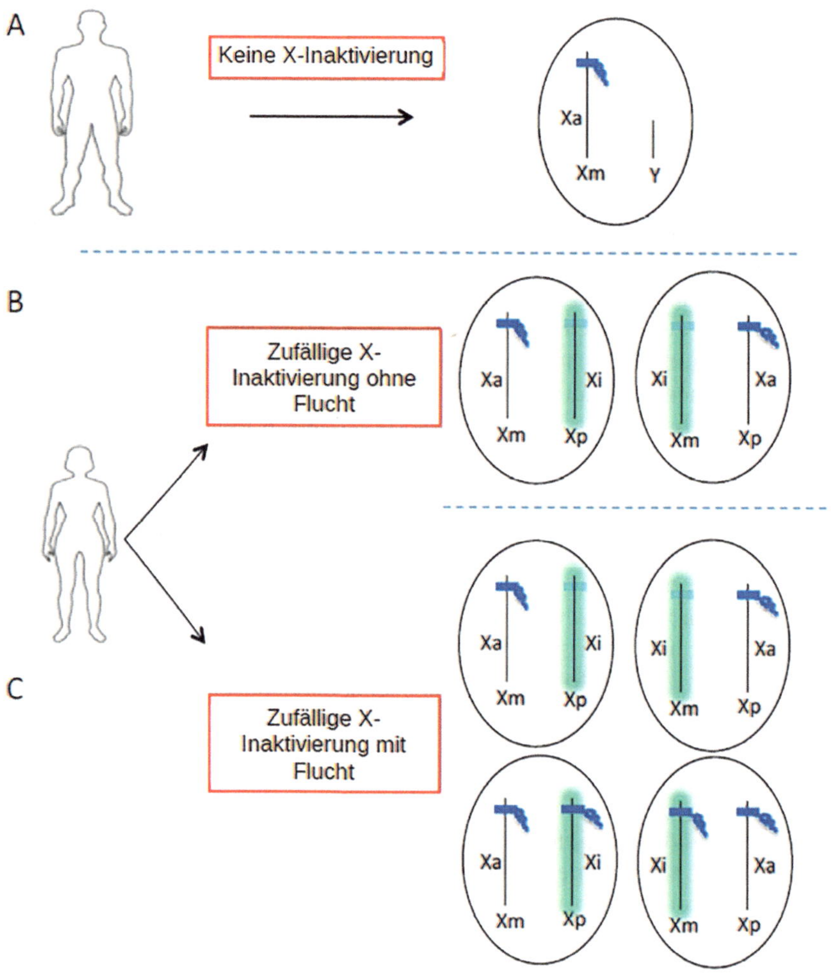

◘ **Abb. 6.18** Inaktivierung des X-Chromosoms und Flucht einiger Gene aus der Inaktivierung. **a** Männer haben ein aktives X-Chromosom (Xa; *blau*) von der Mutter geerbt und Frauen deren zwei, eines von jedem Elternteil (Xm: maternales X; Xp: paternales X). **b**, **c** Um die Dosis der Gene auf dem X-Chromosom zwischen Männern und Frauen anzugleichen, wird bei Frauen zufällig eines der beiden X-Chromosomen während der frühen Embryonalentwicklung inaktiviert. Dieser Prozess wird durch eine lange, nicht-codierende RNA eingeleitet (*XIST*), die in einem der beiden X-Chromosomen stark aktiviert wird und die das später inaktive X-Chromosom (Xi) in *cis* bedeckt (*grün*) und so zur (weitgehenden) Unterdrückung der Transkription auf diesem Chromosom führt. Diese epigenetische Markierung bleibt in den Nachkommen der Zelle erhalten, so dass der Körper einer Frau im Ergebnis aus einem Mosaik von Zellen besteht, wobei die eine Hälfte der Zellen das aktive X-Chromosom (Xa) von der Mutter und die andere Hälfte vom Vater abstammt. Allerdings gibt es einige Gene, die der X-Inaktivierung entkommen und so eine zusätzliche Heterogenität bei der Expression X-gekoppelter Gene hervorrufen. **d** Karte wichtiger Gene auf dem X-Chromosom; Gene, die der X-Inaktivierung entkommen, sind mit einem Stern (*) markiert. *Blau*: Gene, die mit der Entstehung von Krebs assoziiert sind; *grün*: Gene, die mit Autoimmunität assoziiert sind; *schwarz*: miRNA-Gene; *rot*: pseudoautosomale Regionen 1 und 2; *braun*: Zentromer-Region; das Gen *XIST* ist auf Xq13.2 lokalisiert (nicht eingezeichnet). (a – c: nach Youness et al. 2021; d: nach Migliore et al. 2021; beide CC-by-4.0, ► http://creativecommons.org/licenses/by/4.0)

D

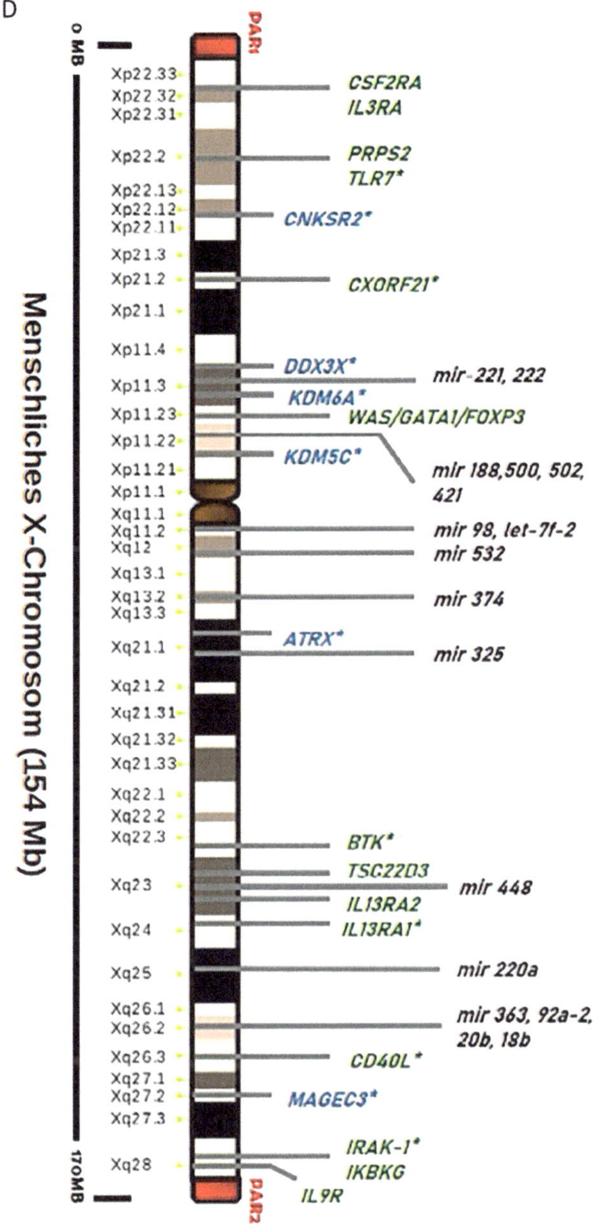

Abb. 6.18 (Fortsetzung)

treten. Unter den Genen, die auf dem X-Chromosom lokalisiert sind, befinden sich einige, die an der Immunantwort beteiligt sind. Darunter ist auch das *TLR7*-Gen; es kodiert für einen Toll-ähnlichen Rezeptor, der einzelsträngige RNA nach viralen Infektionen erkennen kann. Das *TLR7*-Gen kann der X-Inaktivierung entkommen und wird in Frauen in ~7–45 % der Zellen mit beiden Allelen exprimiert. *TLR7* ist in erster Linie in plasmazytoiden dendritischen Zellen, B-Lymphozyten und Monozyten exprimiert. Die biallelische Expression von *TLR7* führt auch zu höheren mRNA-Spiegeln von TLR7, was mit Autoimmunerkrankungen (insbesondere systemischem Lupus erythematodes) assoziiert ist (nach Youness et al. 2021).

Aufgrund der gemeinsamen Abstammung der beiden Geschlechtschromosomen finden wir insgesamt 17 Gene, die außerhalb der pseudoautosomalen Region sowohl auf dem X- als auch dem Y-Chromosom vorkommen; aufgrund der getrennten Evolution beider Chromosomen haben sie sich allerdings unterschiedlich stark auseinanderentwickelt. Die Identitäten der Aminosäuresequenzen schwanken dabei zwischen 99,3 % bei den eukaryotischen Initiationsfaktoren der Translation 1A (*EIF1AX*/Xp22 und *EIF1AY*/Yq11) und 34,1 % bei den Hitzeschockfaktoren (*HSFX1*/Xq28–*HSFY1*/Yq11). 10 dieser 17 Gene auf dem X-Chromosom entkommen der Inaktivierung. Die homologen Gene auf dem X-Chromosom sind wichtig für Chromatin-Modifikation, Transkription und Translation, posttranslationale Modifikationen und Zellkommunikation. Mutationen in diesen Genen führen häufig zu Entwicklungsstörungen und verschiedenen Krebsarten. Im Gegensatz dazu sind die homologen Gene auf dem Y-Chromosom häufig weniger intensiv untersucht. Insgesamt haben genetische und mechanistische Untersuchungen die Hypothese hervorgebracht, dass einige dieser homologen Genpaare für die geschlechtsabhängige Einseitigkeit bei etlichen menschlichen Erkrankungen verantwortlich sind – dazu gehören Autoimmunerkrankungen, neurologische Entwicklungsstörungen und einige Krebsarten. So sterben XY-Individuen wahrscheinlicher an einem Medullablastom als XX-Individuen, und umgekehrt erkranken XX-Individuen wahrscheinlicher an Autoimmunerkrankungen als XY-Individuen (nach Owens et al. 2024; chromosomale Lokalisation nach Genecards). Ähnliche Mechanismen gibt es auch für andere Krankheiten; eine Übersicht über solche geschlechtsspezifischen Häufungen bestimmter Erkrankungen zeigt Abb. 6.19; auf geschlechtsabhängige Unterschiede in der Häufigkeit bei neurologischen Erkrankungen hatten wir im ▶ Abschn. 5.1.4 bereits hingewiesen.

Während das Vorkommen der pseudoautosomalen Regionen und die Inaktivierung eines X-Chromosoms bei Frauen mit den oben besprochenen Ausnahmen zu den üblichen genetischen Ausstattungen gehören, sind **Aneuploidien der Geschlechtschromosomen** seltener: insgesamt kommen sie bei Lebendgeburten mit einer Häufigkeit von 1:500 Fällen vor; allerdings sterben viele bereits während der Embryonalentwicklung, dazu gehört auch der Karyotyp 45,Y – er ist mit dem Leben nicht vereinbar und entsprechende Embryonen sterben (nach Rogol 2020). Es handelt sich bei den Aneuploidien um Veränderungen mit einem kompletten oder teilweisen Verlust oder Zunahme der Geschlechtschromosomen. Diese genetischen Modifikationen sind mit er-

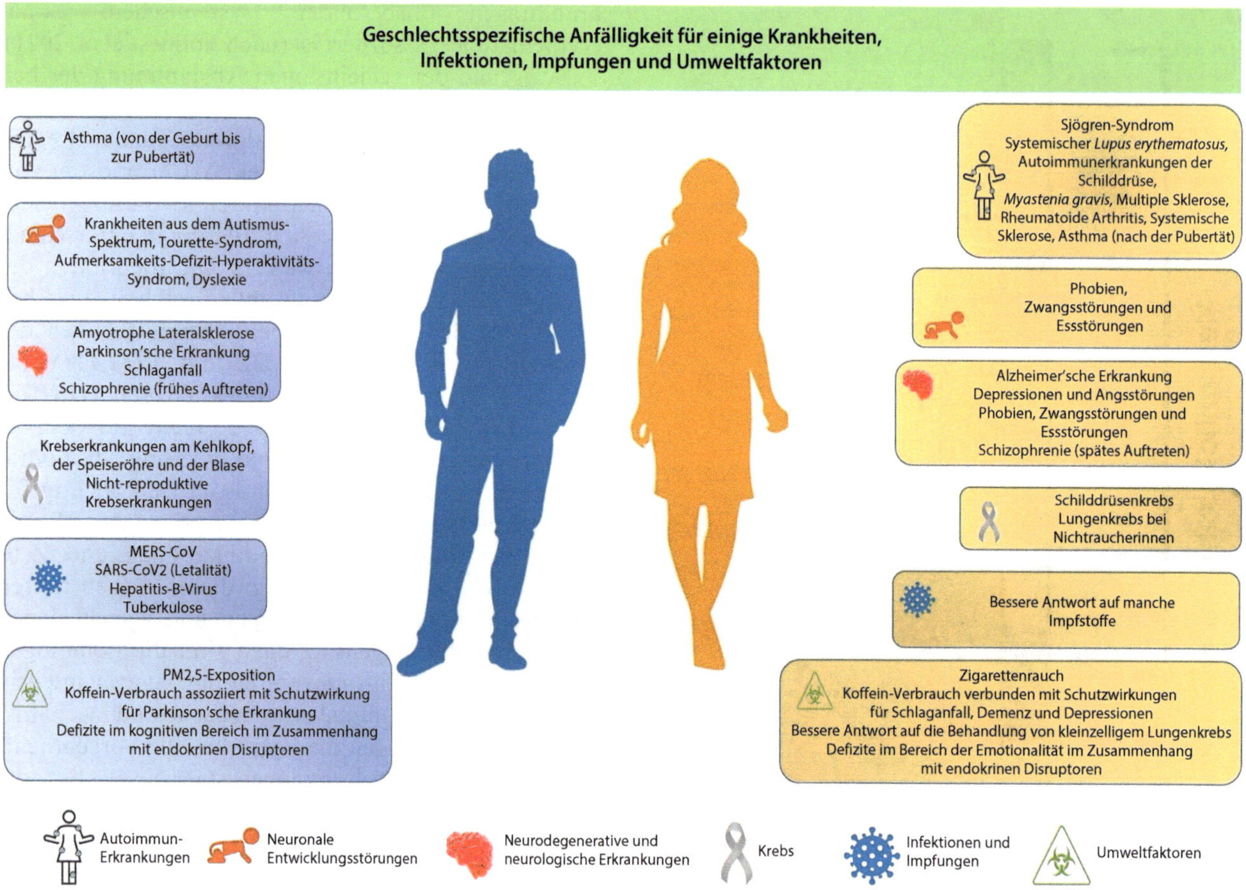

Abb. 6.19 Erhöhte Anfälligkeit für einige Erkrankungen und Infektionen sowie für die Wirkungen von Impfungen und Umweltfaktoren auf Männer (*links*) und Frauen (*rechts*). PM2,5: Feinstaub. (Nach Migliore et al. 2021; CC-by-4.0, ▶ http://creativecommons.org/licenses/by/4.0)

höhter Morbidität und Mortalität assoziiert. Zu den häufigsten lebensfähigen Aneuploidien der Geschlechtschromosomen gehören

- das Turner-Syndrom (45,X),
- das Klinefelter-Syndrom (47,XXY),
- das Triple-X-Syndrom (47,XXX) und
- das Doppel-Y- oder Jacobs-Syndrom (47,XYY).

Aneuploidien der Geschlechtschromosomen sind mit verschiedenen klinischen Phänotypen assoziiert, die eine sehr große interindividuelle Variation zeigen – sogar in Individuen mit demselben Karyotyp. Für diese beobachtete interindividuelle Variation werden mehrere genetische Modifikatoren (z. B. Mosaikbildung, Kopienzahlvariationen und Einzelnukleotidpolymorphismen) verantwortlich gemacht. Daher können viele phänotypische Merkmale, die man bei Aneuploidien der Geschlechtschromosomen beobachtet, als ein Spektrum betrachtet werden, das anstatt einer binären Klassifizierung eher einer Normalverteilung wie in der allgemeinen Bevölkerung folgt – nur etwas nach links verschoben (z. B. Intelligenz bei Klinefelter-Syndrom) oder etwas nach rechts (z. B. Größe bei Klinefelter-Syndrom) (nach Tallaksen et al. 2023).

Das Gen *SHOX* (engl. *short stature homeobox*; Chr. Xp22; Yp11) ist ein Beispiel dafür, wie die Gendosis von PAR1 den Genotyp von Aneuploidien der Geschlechtschromosomen beeinflussen kann. Es erklärt zumindest teilweise den Größenunterschied der Personen mit Aneuploidien der Geschlechtschromosomen, da die Zahl seiner Kopien mit der verminderten Körpergröße bei Menschen mit Turner-Syndrom und mit der erhöhten Körpergröße bei Menschen mit Klinefelter-Syndrom, Triple-X-Syndrom und Jacobs-Syndrom (XYY) assoziiert ist. Allerdings trifft dies nicht auf 49,XXXXY Männer, 48,XXXX Frauen, und 49,XXXXX Frauen zu – offensichtlich ist die Wirkung der Gendosis nicht linear. Bislang ist *SHOX* das einzige Gen, das mit einem *spezifischen* Phänotyp bei Aneuploidien der Geschlechtschromosomen assoziiert ist (nach Tallaksen et al. 2023).

Menschen mit Turner-Syndrom, Klinefelter-Syndrom, Triple-X-Syndrom und Jacobs-Syndrom zeigen eine breite phänotypische (und klinische) Variabilität (unterschiedliche Expressivität), wobei einige dieser Menschen bestimmte phänotypische Eigenschaften aufweisen und andere nicht (unvollständige Penetranz). Menschen mit Aneuploidien der Geschlechtschromosomen stellen sich typischerweise nicht mit dysmorphen körperlichen Merkmalen vor und ihre Phänotypen können eine Reihe von körperlichen, neurokognitiven, psychologischen, Lern- und Verhaltensweisen sowie psychosoziale Symptome umfassen oder können sogar ganz unerkannt bleiben. Ihre Intelligenz liegt im durchschnittlichen bis leicht unterdurchschnittlichen Bereich, ist jedoch etwas niedriger als bei Geschwisterkontrollen. Daher sind Aneuploidien der Geschlechtschromosomen historisch unterdiagnostiziert – nur ~10–30 % der Patientinnen und Patienten wurden in der Vergangenheit während ihrer Lebenszeit entsprechend diagnostiziert. ◘ Abb. 6.20 zeigt die Altersverteilung der Diagnosen am Beispiel von Dänemark in der Zeit von 1970–2014; man kann vermuten, dass durch die Fortschritte bei der genetischen Testung entsprechende Untersuchungen in naher Zukunft häufiger und früher durchgeführt werden können. Derzeit gibt es aber noch große Lücken im

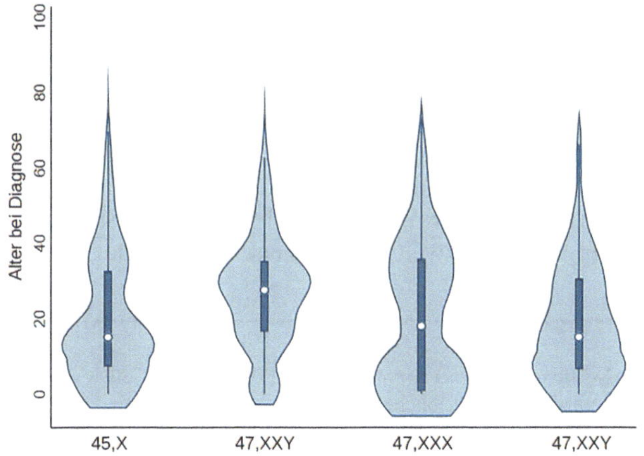

◘ **Abb. 6.20** Alter bei der Diagnose von Aneuploidien der Geschlechtschromosomen. Die Violinenplots zeigen das Alter (in Jahren) bei der Diagnose von Aneuploidien der Geschlechtschromosomen in Dänemark in der Zeit 1970–2014 (45,X: Turner-Syndrom; 47,XXY: Klinefelter-Syndrom; 47,XXX: Triple-X-Syndrom; 47,XXY: Jacobs-Syndrom). Der kleine *weiße* Kreis in der Mitte der Darstellungen gibt das mittlere Alter an (Median), das dunkle Rechteck den Quartilsabstand, die dünnen Linien das 95 %-Vertrauensintervall und die Breite des Plots entspricht der Häufigkeit des Alters bei der Diagnose. (Nach Berglund et al. 2020; Wiley)

Verständnis davon, in welchem Ausmaß und wie individuelle genomweite Variationen die unterschiedlichen individuellen Phänotypen bei Aneuploidien der Geschlechtschromosomen beeinflussen (nach Tallaksen et al. 2023; Riggan et al. 2024).

Ein wesentlicher Grund für die phänotypische Vielfalt bei Menschen mit Aneuploidien der Geschlechtschromosomen liegt allerdings in der Ausbildung von genetischen Mosaiken, d. h., nicht alle Zellen in den verschiedenen Organen zeigen denselben Karyotyp. Menschen mit dem Turner- und dem Triple-X-Syndrom weisen am häufigsten Mosaike (> 30 %) auf, und Menschen mit Klinefelter- und Jacobs-Syndrom deutlich seltener (6–11 %). Dabei ist das allgemeine Bild, dass Menschen mit einem Mosaik-Karyotyp einen vorteilhafteren Phänotyp haben als solche ohne Mosaike; das spiegelt sich im Allgemeinen auch in einem späteren Alter bei der Diagnose wider. Im Einzelnen zeigen Frauen mit Turner-Syndrom mit einem 45,X/46,XX-Karyotyp eine deutlich geringere Mortalität und einen vorteilhafteren Phänotyp in Bezug auf Körpergröße, reproduktive Kapazität und Herz-Kreislauf-Erkrankungen als Frauen mit einem reinen 45,X-Karyotyp. Weiterhin zeigen Frauen mit einem 46,XX/47,XXX-Karyotyp eine geringere allgemeine Sterblichkeit als Frauen mit einem reinen 47,XXX-Karyotyp. Und unter Klinefelter-Männern ist ein 46,XY/47,XXY-Karyotyp eher mit vorteilhafteren Phänotypen assoziiert als bei einem Mann mit einem reinem 47,XXY-Karyotyp (hinsichtlich Hodenvolumen, mittlere Gesamtspermienzahl, Azoospermie, Hormonspiegel und allgemeinen Krankenhauseinweisungen) (nach Tallaksen et al. 2023). Aber auch Männer mit triploiden Geschlechtschromosomen zeigen deutliche Unterschiede: so haben Männer mit einem 47,XYY-Karyotyp normale bis große Hoden und weniger testikuläre Fehlfunktionen als solche mit einem 47,XXY-Karyotyp; sie haben gegenüber der Referenzpopulation eine leicht erhöhte Infertilität, aber nicht so stark wie Männer mit einem 47,XXY-Karyotyp (nach Rogol 2023).

! Menschen haben zwei Geschlechtschromosomen; Frauen besitzen in der Regel zwei X-Chromosomen und Männer ein X- und ein Y-Chromosom. X- und Y-Chromosomen tragen an ihren Enden pseudoautosomale Regionen, an denen Rekombinationen zwischen X- und Y-Chromosomen stattfinden können. Bei Frauen wird ein Großteil eines der beiden X-Chromosomen früh während der Embryonalentwicklung stillgelegt; diese Stilllegung bleibt lebenslang erhalten. Aneuploidien der Geschlechtschromosomen treten bei Lebendgeburten mit einer Häufigkeit von ~1:500 auf und führen zu unterschiedlichen Phänotypen, besonders bezüglich der Größe und der sexuellen Reproduktionsfähigkeit.

6.2.2 Festlegung des biologischen Geschlechts bei Menschen

Während der ersten sechs Wochen der Embryonalentwicklung des Menschen sind – unter geschlechtsspezifischen Gesichtspunkten – alle Embryonen anatomisch, histologisch und funktionell undifferenziert. Die Genitalleisten sind bipotent, d. h. sie können Eierstöcke oder Hoden bilden. Entsprechend bilden XX- und XY-Embryonen zunächst die Anlagen sowohl für männliche als auch für weibliche Reproduktionskanäle, aber jedes dieser Paare ist unipotent: Aus den Wolff'schen Gängen (*Ductus mesonephrici*) entstehen nur funktionelle männliche Genitalstrukturen, wohingegen aus den Müller'schen Gängen (*Ductus paramesonephricus*) nur funktionelle weibliche Genitalstrukturen entstehen. Die Organanlagen der äußeren Genitalien sind ebenfalls zunächst bipotent (nach Grinspon und Rey 2019).

6

Sechs Wochen nach der Befruchtung leitet in XY-Embryonen das *SRY*-Gen (*sex determining region Y*), das auf dem Y-Chromosom knapp hinter PAR1 liegt (Yp11.2), eine Kaskade von genetischen Wechselwirkungen ein, die letztendlich zur Bildung der Hoden aus der undifferenzierten Genitalleiste (Wolff'sche Gänge) führt. Das erste Gen, dass durch SRY aktiviert wird, ist *SOX9* (*SRY-box transcription factor 9*; Chr. 17q24), das wiederum die Expression des Anti-Müller-Hormons (Gensymbol: *AMH*; Chr. 19p13) induziert und damit die Entwicklung der Hoden, die Differenzierung der Sertoli-Zellen und ganz allgemein die Männlichkeit von XY-Individuen kontrolliert; das Anti-Müller-Hormon bewirkt auch den Abbau der Müller'schen Gänge. SOX9 aktiviert darüberhinaus das *FGF9*-Gen (kodiert für den Fibroblasten-Wachstumsfaktor 9, Chr. 13q12), reprimiert dadurch die *WNT4*-Expression (*Wnt family member 4*; Chr. 1p36) und damit auch die Entwicklung der Eierstöcke. Die *SOX9*-Expression wird gemeinsam durch SRY und den steroidogenen Faktor 1 (SF1; kodiert durch das Gen *NR5A1*, *nuclear receptor subfamily 5 group A member 1*, Chr. 9q33) aufrechterhalten (nach Fakhro et al. 2024; Gennamen und Chromosomen nach GeneCards).

In XX-Embryonen ist das Gen *FOXL2* (*forkhead box L2*; Chr. 3q22) der Gegenspieler zu *SOX9*. Die Expression von *FOXL2* wird schon früh in der Entwicklung der Eierstöcke beobachtet, und zwar in den zellulären Vorläufern der Granulosa-Zellen. FOXL2 wirkt als Transkriptionsfaktor auf verschiedene zelluläre Signalwege und inhibiert dadurch die SOX9-gesteuerte Hodenentwicklung (nach Rodríguez Gutiérrez und Biason-Lauber 2019). *WNT4* ist während des bipotenten Stadiums in der Genitalleiste exprimiert und bleibt in XX-Embryonen erhalten, wenn sich die Gonaden in Eierstöcke differenzieren (in XY-Embryonen ist eine *WNT4*-Expression in den Gonaden dagegen nicht mehr nachweisbar). Die *WNT4*-Expression in XX-Embryonen wird durch R-Spondin 1 (Gensymbol *RSPO1*, Chr. 1p34) reguliert, ein sezerniertes Aktivator-Protein, das den kanonischen WNT/β-Catenin-Signalweg aktiviert, und so die Entwicklung der Eierstöcke unterstützt und ebenfalls der Entwicklung von Hoden entgegenwirkt (nach Fakhro et al. 2024). ◘ Abb. 6.21a fasst diesen zentralen ersten Abschnitt der Geschlechtsfestlegung beim Menschen grob zusammen, und ◘ Abb. 6.21b demonstriert vor allem die antagonistischen Wirkungen von FOXL2 und SOX9 auch im weiteren Verlauf der Gonadenentwicklung in männlichen und weiblichen Embryonen und in späteren Erwachsenen.

Wir sehen schon in dieser vereinfachten Darstellung, dass die Festlegung des biologischen Geschlechts bei Menschen auf komplexe Weise reguliert wird. Störungen dieses Systems führen entsprechend auch zu Störungen in der Geschlechtsentwicklung und Fertilität bei Männern und Frauen: Unfruchtbarkeit betrifft ~17 % aller Paare weltweit. Variationen oder Mutationen in

◘ Abb. 6.21 Genetik der Geschlechtsfestlegung bei Menschen. **a** Aus der Genitalleiste entwickeln sich die Müller'schen und Wolff'schen Gänge. In XX-Embryonen entwickeln sich aus den Müller'schen Gängen die Eierstöcke; die Wolff'schen Gänge werden abgebaut. In XY-Embryonen entwickeln sich zunächst unter dem Einfluss des *SRY*-Gens aus den Wolff'schen Gängen Hoden; die Müller'schen Gänge werden abgebaut. Es sind weitere wichtige Gene angegeben, die die Differenzierung der bipotenten Gonaden und der reproduktiven Gänge vermitteln. Die OMIM-Nummern der Gene sind in Klammern angegeben. **b** Die Sertoli-Zellen in XY-Embryonen und die Granulosa-Zellen in XX-Embryonen spielen eine zentrale Rolle bei der Entwicklung der männlichen bzw. weiblichen Sexualorgane, indem sie die Differenzierung der anderen Keimdrüsenzellen orchestrieren und SOX9 bzw. FOXL2 sezernieren. Beide Faktoren wirken in einem empfindlichen Gleichgewicht einander entgegen, und dieses Gleichgewicht muss jeweils durch die verschiedenen Stadien der männlichen bzw. weiblichen Entwicklung aufrechterhalten bleiben. Die Gensymbole sind im Haupttext erläutert; SSW: Schwangerschaftswoche (a: Nach Fakhro et al. 2024; b: Nach Rodríguez Gutiérrez und Biason-Lauber 2019; beide CC-by-4.0, ▶ http://creativecommons.org/licenses/by/4.0)

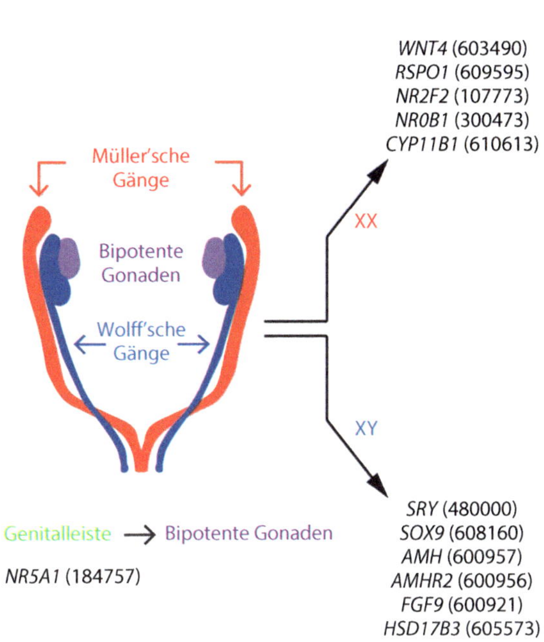
Müller'sche Gänge
Bipotente Gonaden
Wolff'sche Gänge
XX
XY
Eierstöcke
Hoden
WNT4 (603490)
RSPO1 (609595)
NR2F2 (107773)
NR0B1 (300473)
CYP11B1 (610613)
SRY (480000)
SOX9 (608160)
AMH (600957)
AMHR2 (600956)
FGF9 (600921)
HSD17B3 (605573)
Genitalleiste → Bipotente Gonaden
NR5A1 (184757)

a

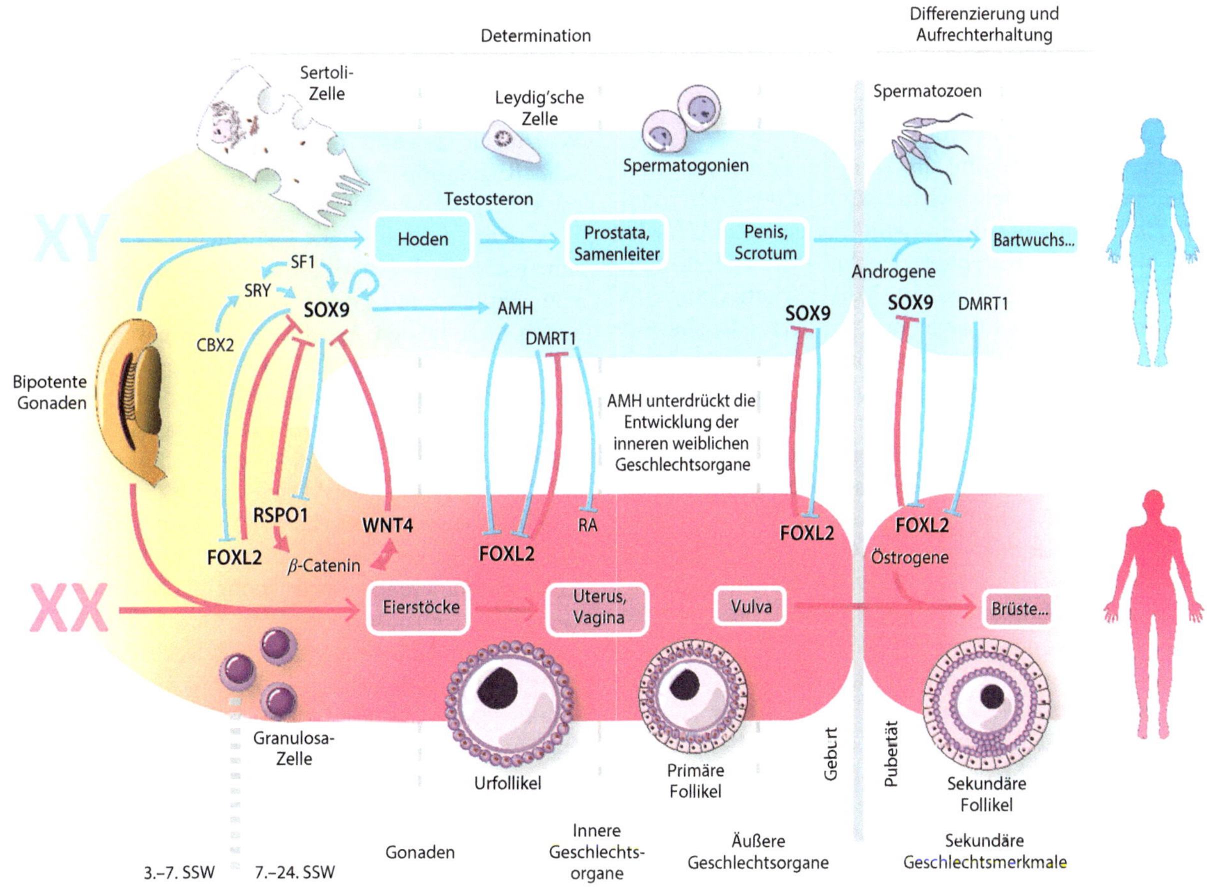
Determination
Differenzierung und Aufrechterhaltung
Sertoli-Zelle
Leydig'sche Zelle
Spermatogonien
Spermatozoen
XY
Testosteron
Hoden
Prostata, Samenleiter
Penis, Scrotum
Bartwuchs...
Androgene
SF1
SRY
SOX9
CBX2
AMH
DMRT1
SOX9
SOX9
DMRT1
Bipotente Gonaden
AMH unterdrückt die Entwicklung der inneren weiblichen Geschlechtsorgane
RSPO1
WNT4
RA
FOXL2
FOXL2
FOXL2
FOXL2
β-Catenin
Östrogene
XX
Eierstöcke
Uterus, Vagina
Vulva
Brüste...
Granulosa-Zelle
Urfollikel
Primäre Follikel
Geburt
Pubertät
Sekundäre Follikel
3.–7. SSW
7.–24. SSW
Gonaden
Innere Geschlechts-organe
Äußere Geschlechtsorgane
Sekundäre Geschlechtsmerkmale

b

SRY und *SOX9* führen zu einer Umkehrung des biologischen Geschlechts, und andererseits entwickeln sich XX-Individuen, die zusätzliche Kopien von *SRY* oder *SOX9* tragen, als Männer. In ähnlicher Weise führen Mutationen im menschlichen *NR5A1*-Gen häufig zu Fehlern der Geschlechtsentwicklung bei 46-XY-Menschen. Das Gen *NR0B1* (kodiert für den *nuclear receptor subfamily 0 group B member 1*; Chr. Xp21) wirkt der Funktion von SRY entgegen; entsprechend sind Duplikationen der X-chromosomalen Region, die *NR0B1* enthält, mit einer Geschlechtsumkehr von Männern zu Frauen verbunden. Mutation, die zu einem Funktionsverlust von *NR0B1* führen, sind mit X-gekopppelter angeborener adrenaler Hypoplasie verbunden; diese Erkrankung ist durch hypogonadotropen Hypogonadismus charakterisiert. Wenn die Genexpression aber zur Unterstützung der Eierstockentwicklung den RSPO1/WNT4/β-Catenin-Signalweg gegenüber FGF9 favorisiert, wird eine andere Gruppe von Genen aktiviert und es erfolgt entsprechend die Festlegung auf das weibliche Geschlecht. Der Abbau der Wolff'schen Gänge in XX-Embryonen ist ein aktiver Prozess, der durch das *NR2F2*-Gen (*nuclear receptor subfamily 2 group F member 2*; Chr. 15q26) gesteuert wird. Funktionsverlustmutationen im *NR2F2*-Gen des Menschen führen zur Entwicklung von Hoden oder Ovotestis in XX-Embryonen (nach Fakhro et al. 2024).

6

Eine Geschlechtsumkehr kann sich auch aufgrund hormoneller Ungleichgewichte während der Embryonalentwicklung manifestieren. Mutationen im *AMH*-Gen oder im Gen des Rezeptors des Anti-Müller-Hormons, *AMHR2*, bewirken, dass die Müller'schen Gänge bei XY-Embryonen nicht abgebaut, sondern dauerhaft erhalten bleiben, und führen so zu innerem Hermaphroditismus. Außerdem sind Varianten in Genen, die die Biosynthese von Hormonen regulieren, häufig mit Phänotypen assoziiert, die die Festlegung des biologischen Geschlechts betreffen. So führt beispielsweise ein Mangel von Enzymen, die die Cortison-Biosynthese regulieren (z. B. Mutationen im Gen *CYP11B1*, kodiert für *Cytochrome P450 family 11 subfamily B member 1*; Chr. 8q24) zu angeborener adrenaler Hyperplasie. Ähnliches gilt für Mutationen im Gen *CYP21A2* (kodiert ebenso für ein Enzym aus der Cytochrom P450-Familie, hier *family 21 subfamily A member 2*; Chr. 6p21); die dadurch verursachte-21-Hydroxylase-Defizienz führt zu einer Geschlechtsumkehr der äußeren Gonaden: sie erscheinen männlich, obwohl alle Zellen einen XX-Karyotyp zeigen. Das *HSD17B3*-Gen kodiert für Hydroxysteroid-17β-Dehydrogenase-3 (Chr. 9q22); dieses Enzym ist für die Biogenese von Testosteron und Dihydrotestosteron verantwortlich. Ein Verlust der HSD17B3-Aktivität führt in 46 XY-Individuen zu beeinträchtigter Reifung von Leydig'schen Zellen und Unter-Maskulinisierung, d. h. zu unvollständig ausgebildeten männlichen Geschlechtsorganen. Einen ähnlichen Effekt können wir in XY-Menschen beobachten, wenn Mutationen dazu führen, dass der Androgen-Rezeptor (Gensymbol: *AR*; Chr. Xq12) das entsprechende Hormon nicht binden kann (Androgenresistenz) (nach Fakhro et al. 2024; Ahmed et al. 2025). Weiterführende Informationen finden interessierte Leserinnen und Leser bei Mäkelä et al. (2019) zu Störungen der Hodenentwicklung und zu Störungen bei der Entwicklung der Eierstöcke bei Yavas Abalı und Guran (2024).

! Die Festlegung des biologischen Geschlechts erfolgt durch das Gen *SRY* auf dem Y-Chromosom. Seine Expression führt zum Abbau der Müller'schen Gänge und leitet die Entwicklung männlicher Gonaden ein; bei seiner Abwesenheit werden die Wolff'schen Gänge abgebaut und es entwickeln sich weibliche Gonaden. Der Prozess unterliegt einer komplexen Regulation und ist störanfällig.

6.2.3 Sexuelle Orientierung und sexuelle Identität

Wir haben im vorherigen Kapitel die komplexe genetische Regulation der Festlegung des biologischen Geschlechts kennengelernt. Wir haben außerdem im ► Abschn. 5.1.4 über die Gehirnentwicklung des Menschen geschlechtsspezifische Unterschiede in Gehirnen von Männern und Frauen kennengelernt. Im Folgenden sollen diese beiden Aspekte verknüpft werden: die Verbindung ist als Hypothalamus-Hypophysen-Gonaden-Achse (engl. *hypothalamic-pituitary-gonadal axis*; HPG) bekannt und steuert in drei Phasen die Geschlechtsreife des menschlichen Körpers bis zur Fähigkeit der sexuellen Reproduktion. Die Aktivierung der HPG-Achse löst eine geschlechtsspezifische Erhöhung der gonadotropen Hormone, des luteinisierenden Hormons (LH) und des follikelstimulierenden Hormons (FSH), sowie der Geschlechtshormone aus (Testosteron in Jungen und Östradiol in Mädchen). Die klassische Pubertät findet zwar in der Jugendphase statt, aber die HPG-Achse wird schon wesentlich früher aktiviert, nämlich einmal in der Embryonalphase und zum anderen in den ersten Lebensmonaten. Diese beiden frühen Aktivierungen der HPG-Achse induzieren geschlechtsspezifische Erhöhungen der Geschlechtshormone - Menschen durchlaufen also insgesamt drei Phasen von „endokrinen Pubertäten" (nach Becker und Hesse 2020) (◘ Abb. 6.22).

Die erste vorübergehende pubertäre Periode findet bereits im Embryonalstadium während der 10. und der

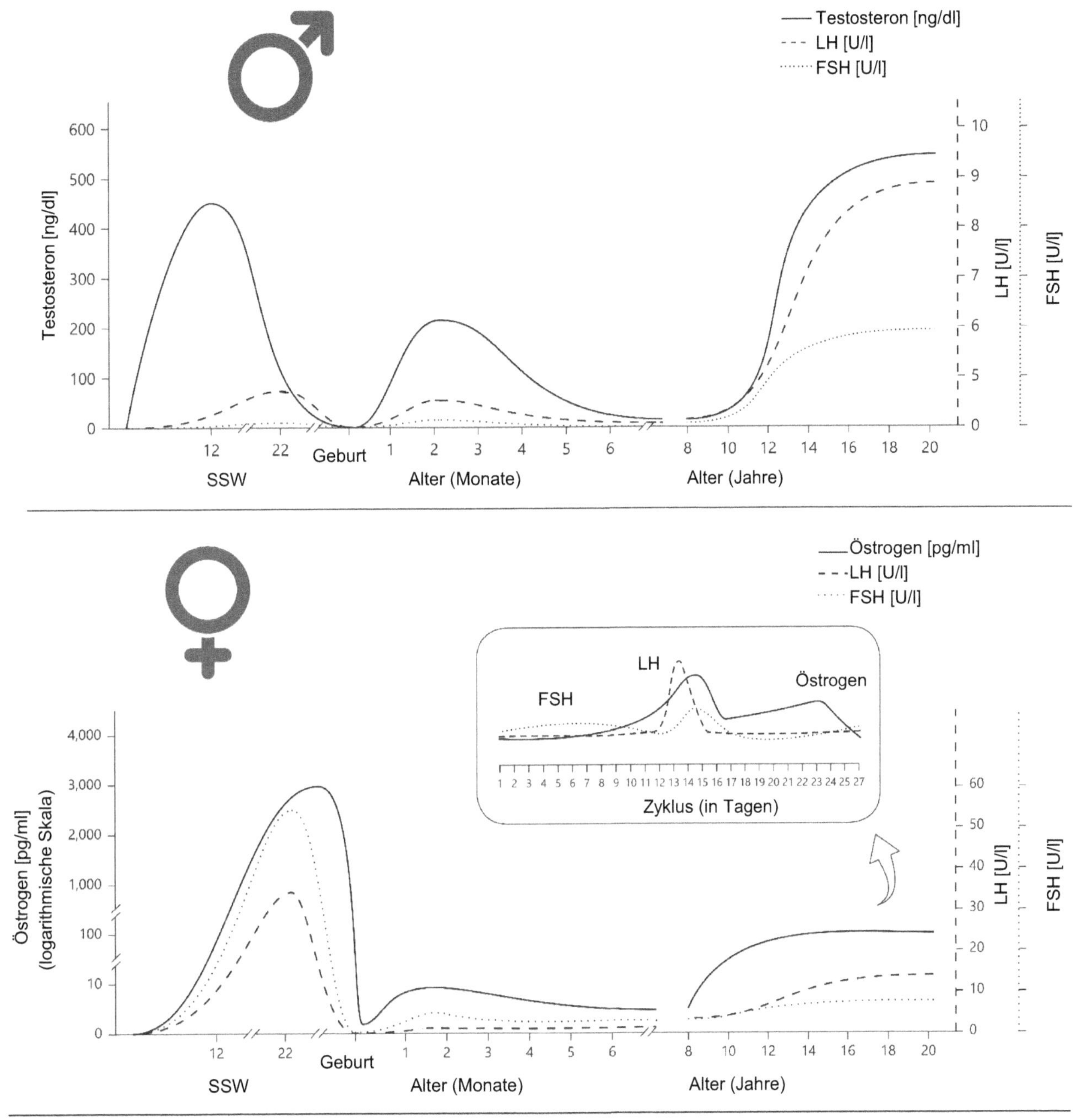

Abb. 6.22 Verlauf der Hormonkonzentrationen. ***oben***: Konzentrationsverlauf des luteinisierenden Hormons (LH), des follikelstimulierenden Hormons (FSH) und von Testosteron während der drei endokrinen Pubertäten in Jungen. ***unten***: Konzentrationsverlauf des luteinisierenden Hormons (LH), des follikelstimulierenden Hormons (FSH) und von Östrogen während der drei endokrinen Pubertäten in Mädchen. SSW: Schwangerschaftswoche. (Nach Becker und Hesse 2020, Karger)

24. Schwangerschaftswoche statt. Die Spiegel von LH und FSH erreichen in der Mitte der Schwangerschaft ihren Höhepunkt und sinken danach wieder ab, bis sie bei der Geburt durch die ansteigende Konzentration des plazentalen Östrogens vollständig unterdrückt werden. Im männlichen Embryo erreicht die Testosteron-Sekretion am Ende des ersten Trimesters der Schwangerschaft (zwischen der 11. und 14. Schwangerschaftswoche) ihren Höhepunkt. Das fötale Testosteron ist für die Entwicklung der Genitalien unerlässlich und beeinflusst auch die sexuell dimorphe Entwicklung des Gehirns. Im weiblichen Embryo wird der Anstieg der Gonatropine ebenfalls beobachtet, aber die Östradiol-Produktion ist überwiegend plazentalen Ursprungs; der Östradiol-

Spiegel hat seinen Höhepunkt im dritten Trimester der Schwangerschaft (nach Becker und Hesse 2020).

Die zweite pubertäre Phase findet im Alter von 1–6 Monaten statt. Der Anstieg von LH und FSH stimuliert bei Jungen die Testosteron-Produktion in Hoden (mit einem Höhepunkt im Alter von 2–3 Monaten) und bei Mädchen die Östradiol-Produktion in den Eierstöcken. Die LH-Spiegel sind in Jungen höher als bei Mädchen – umgekehrt ist es beim FSH-Spiegel, wo sie bei Mädchen bis ins Alter von 3–4 Jahren erhöht bleiben. Diese vorübergehende Erhöhung der Hormonspiegel ist für die Entwicklung der Genitalien wichtig, aber auch für die Entwicklung kognitiver Funktionen wie Organisation der Sprache – und es gibt Hinweise auf ein geschlechtsspezifisches Spielverhalten der Kinder unabhängig von sozialen Einflüssen (nach Becker und Hesse 2020).

Die Hypothalamus-Hypophysen-Gonaden-Achse wird hauptsächlich durch das Neuropeptid **Kisspeptin** gesteuert, zusammen mit dem Tachykinin Neurokinin B und dem endogenen Opioid Dynorphin. Insbesondere Kisspeptin rückte in das Zentrum der Aufmerksamkeit, als Untersuchungen zeigten, dass die Gabe von Kisspeptin die Sekretion der Geschlechtshormone stimuliert, und zwar sowohl bei gesunden Frauen und Männern als auch bei solchen mit häufigen Reproduktionsstörungen. Kisspeptin wirkt über einen Rezeptor (Kisspeptin-Rezeptor; Gensymbol *KISS1R*; Chr. 19p13). Aktivierende Mutationen im Kisspeptin-Gen (*KISS1*; Chr. 1q32) führen entsprechend zu einer frühzeitigen Pubertät. Umgekehrt durchlaufen Menschen mit einer inaktivierenden Mutation im *KISS1*-Gen keine normale sexuelle Reifung; diese Mutationen führen ebenso zu hypogonadotropen Hypogonadismus wie inaktivierende Mutationen im *KISS1R*-Gen (nach Mills und Dhillo 2022).

Im menschlichen Hypothalamus gibt es zwei Regionen, in denen Kisspeptin exprimiert wird: der *Nucleus infundibularis* (auch als *Nucleus arcuatus* des Hypothalamus bezeichnet) und das rostrale präoptische Areal; beide neuronale Populationen projizieren zu den Neuronen, die Gonadotropin-freisetzende Hormone produzieren (GnRH-Neurone) im mediobasalen Hypothalamus. Viele Kisspeptin-Neurone exprimierem außerdem Neurokinin B und Dynorphin (▶ Abschn. 6.1.4); Neurone mit dieser Dreifach-Expression werden unter dem Oberbegriff KNDy-Neurone zusammengefasst. Im *Nucleus infundibularis* wurden bei Frauen solche KNDy-Neurone identifiziert, wohingegen die Kisspeptin-Neurone von Männern im *Nucleus infundibularis* kein Dynorphin exprimieren. Kisspeptin und sein Rezeptor werden darüber hinaus in einer Reihe von Gehirnarealen exprimiert, die dem limbischen System zugerechnet werden; das bietet die anatomische Grundlage für die Annahme, dass das Kisspeptin-System eine wichtige Rolle bei der Regulation des Sexualverhaltens spielt (nach Mills und Dhillo 2022).

Das *KISS1*-Gen besteht aus vier Exons, von denen allerdings nur die Exons 3 und 4 abgelesen werden; das primäre Translationsprodukt umfasst ein Vorläuferprotein von 145 Aminosäuren, das in verschieden große, aktive Peptide mit einem gemeinsamen C-Terminus gespalten wird. Diese Fragmente bestehen aus 54, 14, 13 oder 10 Aminosäuren und werden entsprechend als Kisspeptin-54, -14, -13 oder-10 bezeichnet. Das häufigste Peptid bei Menschen ist das Kisspeptin-54. Die 10 Aminosäurereste am C-Terminus sind für die Bindung an den Kisspeptin-Rezeptor und seine Aktivierung verantwortlich (nach Mills und Dhillo 2022). Eine Übersicht über das Kisspeptin-Gen *KISS1* und die Spaltprodukte des Vorläuferproteins gibt ◻ Abb. 6.23.

Der Kisspeptin-Rezeptor ist ein G-Protein-gekoppelter Rezeptor mit 7 Transmembrandomänen; das Gen besteht aus fünf Exons und kodiert für ein Protein mit 398 Aminosäuren. Der Kisspeptin-Rezeptor wird im Gehirn im Hypothalamus und der Hypophyse exprimiert (Xie et al. 2022; Suzuki et al. 2023) und bindet eines der 4 Kisspeptin-Peptide. Diese Bindung löst eine Signalkette aus (◻ Abb. 6.23b), die in den entsprechenden Neuronen zu einer Aktivierung und schließlich zur Sekretion Gonadotropin-freisetzender Hormone führt – damit steht das KISS1/KISS1R-System an der Spitze der Hypothalamus-Hypophysen-Gonaden-Achse. Mutationen, die einen Funktionsverlust von *KISS1R* bewirken, führen zu hypogonadotropem Hypogonadismus (OMIM 614837); umgekehrt führen Mutation, die zu einer stärkeren Aktivität des Kisspeptin-Rezeptors führen, zu einer vorzeitigen Pubertät (*central precocious puberty-1*, CPPB1; OMIM 604161) (nach Suzuki et al. 2023). Die Hypothalamus-Hypophysen-Gonaden-Achse ist für beide Geschlechter in ◻ Abb. 6.24 im Überblick dargestellt. Dieses aktivierende System der verschiedenen Geschlechtshormone ist während der Embryonalentwicklung aktiv (mit einer Spitze in der Mitte der Schwangerschaft), später im Alter von ~1–6 Monaten und dann in der Pubertät (Mädchen ab ~8–13 Jahren; Jungen ab ~9–14 Jahren mit einer durchschnittlichen Dauer von 3,5–4,5 Jahren). Diese Daten gelten im Wesentlichen für Mitteleuropa (Luxemburg/Berlin; Becker und Hesse 2020) – Daten aus Dänemark (Brix et al. 2018) und Großbritannien (Wood et al. 2019) sind ähnlich; in Indien, Bangladesh und Pakistan tendieren die Jugendlichen zu früherer Pubertät. Man geht davon aus, dass diese Daten zu 50–80 % genetisch festgelegt sind – in welchem Ausmaß außerdem sozioökonomische Faktoren oder der Ernährungsstatus einen Einfluss ausüben, ist unklar; akuter Stress verzögert dagegen die Pubertät. Grundsätzlich erscheint es allerdings offensichtlich, dass in der 2.

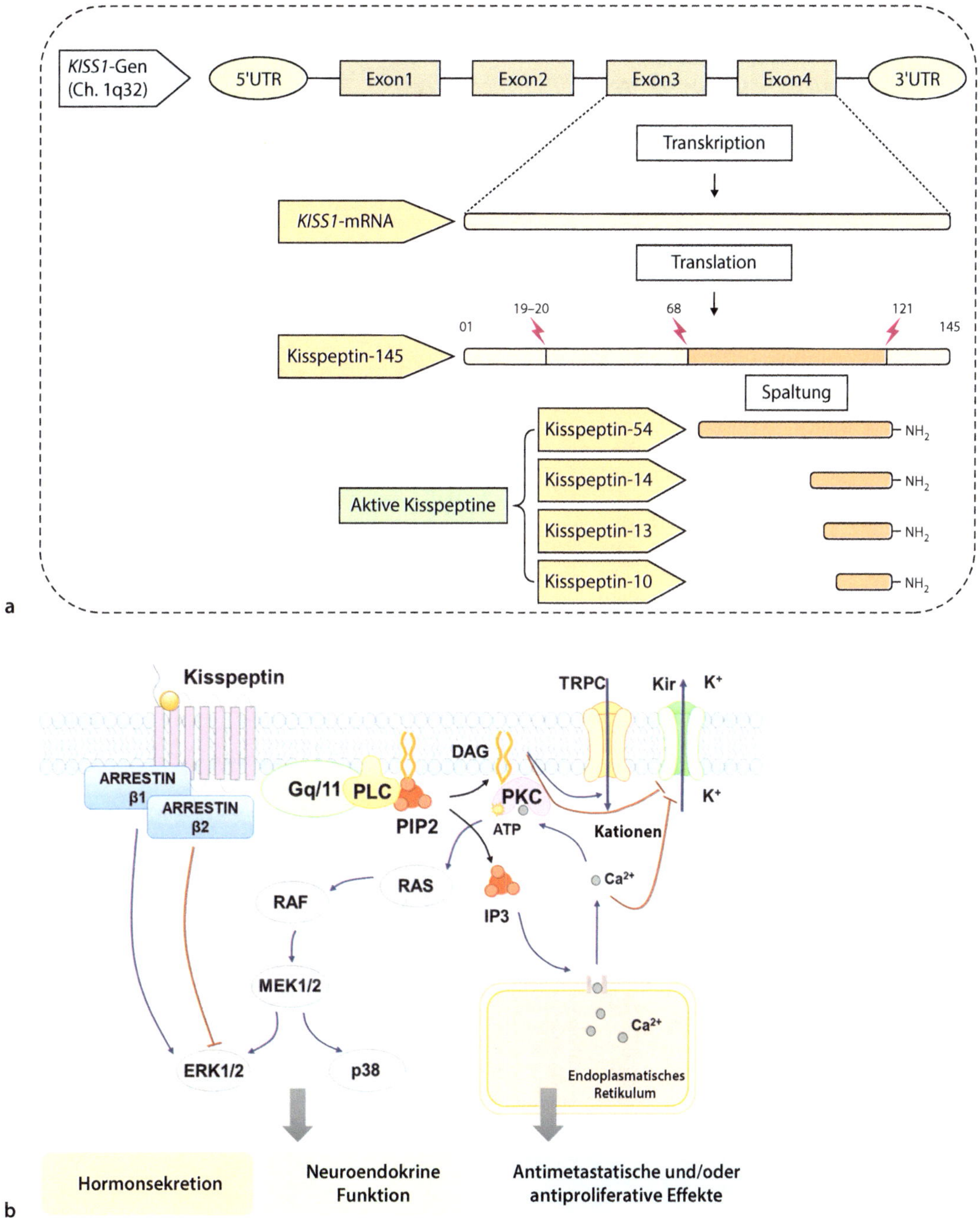

Abb. 6.23 Das KISS-System. **a** Darstellung des menschlichen *KISS1*-Gens. Es ist auf dem Chr. 1q32 lokalisiert und besteht aus vier Exons, von denen nur das 3. und 4. translatiert werden. Das primäre Protein besteht aus 145 Aminosäuren; es wird in vier aktive Peptide gespalten, die entsprechend ihrer Anzahl an Aminosäuren als Kisspeptin-54, -14, -13 und -10 bezeichnet werden. **b** Der Kisspeptin-Rezeptor besitzt 7 Transmembrandomänen und gehört zur Gruppe der G-Protein-gekoppelten Rezeptoren. Nach der extrazellulären Bindung von Kisspeptin wird intrazellulär die Phosphorylierung des gekoppelten G-Proteins (Gq/11) induziert. In der Folge wird die Phospholipase C (PLC) aktiviert und Phosphatidylinositol-4,5-bisphosphat (PIP2) zu Inositoltriphosphat (IP3) und Diacylglycerin (DAG) hydrolysiert. IP3 induziert die Freisetzung von Ca^{2+} aus dem endoplasmatischen Reticulum, während DAG die Proteinkinase C (PKC) aktiviert und damit die Phosphorylierung mitogenaktivierter Proteinkinasen (MAPK, wie ERK1/2 und p38) bewirkt. Die Zunahme der intrazellulären Ca^{2+}-Konzentration verändert die Permeabilität der Ionenkanäle und blockiert den einwärts gleichrichtenden Kaliumkanal (Kir). Die Depolarisation der Neurone, die Gonadotropin-freisetzende Hormone (GnRH) enthalten, wird durch die Aktivierung eines nichtselektiven Kationen-Kanals (TRPC) und die Unterdrückung von Kir durch die DAG und erhöhte Ca^{2+}-Konzentration erreicht. Außerdem bewirkt die Aktivierung des Kisspeptin-Rezeptors auch die Heranziehung von Arrestin-β1 und -β2, was die Zunahme der ERK1/2-Phosphorylierung (Arrestin-β1) bzw. dessen Abnahme (Arrestin-β2) bewirkt. Durch die dargestellten Signalwege aktiviert Kisspeptin verschiedene MAPKs und verursacht die Freisetzung von Ca^{2+}; dadurch werden die Freisetzung von Hormonen, die neuroendokrine Funktion sowie antimetastatische bzw. antiproliferative Effekte unterstützt. (a: Nach Daghestani et al. 2020; CC-by-4.0, ▸ http://creativecommons.org/licenses/by/4.0; b: Nach Xie et al. 2022; CC-by, ▸ http://creativecommons.org/licenses)

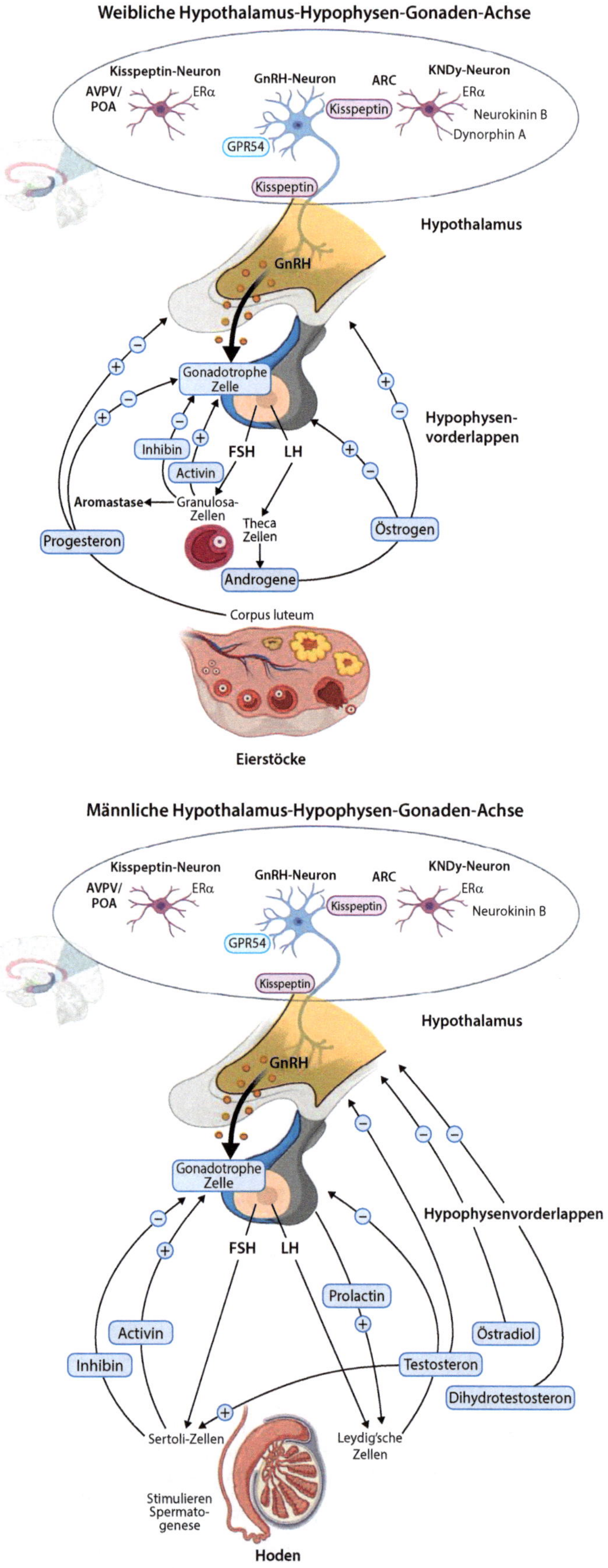

Abb. 6.24 Schematische Darstellung der verschiedenen Hormonproduktionswege der weiblichen und männlichen Hypothalamus-Hypophysen-Gonaden-Achse (HPG). Kiss-1-Neuronen im *Nucleus arcuatus* (ARC) des Hypothalamus bieten einen tonischen stimulierenden Reiz für Neuronen, die das Gonadotropin-Freisetzungshormon (engl. *Gonadotropin releasing hormone*; GnRH) exprimieren und die durch Sexualsteroide reguliert werden. Sexualsteroide aus dem *Nucleus periventricularis anteroventralis* (AVPV; in der *Area praeoptica* des Hypothalamus, POA) aktivieren Kiss-1-Neuronen. Trans-synaptische und gliale Reize lösen die Freisetzung von GnRH in den Blutkreislauf der Hypophyse aus. Das GnRH moduliert das luteinisierende Hormon (LH) und das follikelstimulierende Hormon (FSH), die die Entwicklung der Eierstöcke und Hoden stimulieren. Bei Frauen aktiviert LH die Thekazellen, die Östrogene (vor allem Östradiol) produzieren. FSH wirkt auf Granulosazellen, die die Aromatase modulieren. Im Eierstock setzt der Gelbkörper (*Corpus luteum*) Progesteron frei, das zusammen mit Östrogen eine positive und negative Rückkopplung mit der Hypophyse und dem Hypothalamus bildet. Bei Männern stimuliert LH die Testosteronproduktion in den Leydig'schen Zellen, was sich auf die Funktion des Hypothalamus und der Hypophyse negativ auswirkt. Testosteron wird weiter zu Dihydrotestosteron und Östradiol metabolisiert, was den Hypothalamus und die Hypophyse ebenfalls negativ beeinflusst, während FSH auf die Sertoli-Zellen wirkt, die die Spermatogenese stimulieren. ERα: Östrogen-Rezeptor-α, Gensymbol: *ESR1*; GPR54: G-Protein-gekoppelter Rezeptor 54, aktuelle Bezeichnung: Kiss-1-Rezeptor, Gensymbol: *KISS1R*. (Nach Tammasse und Tamrin 2023; CC-by, ▶ http://creativecommons.org/licenses)

Hälfte des 20. Jahrhunderts der Eintritt der Pubertät zunehmend früher erfolgte (nach Wood et al. 2019).

Während der Pubertät entwickeln sich auch die sekundären Geschlechtsmerkmale. Dabei kommt der weiblichen Brust eine besondere Stellung zu, denn die Brustdrüsen entwickeln sich weit vor der ersten Schwangerschaft und der Milchbildung und bleiben über die gesamte weibliche Lebensspanne hinweg vergrößert, auch über die Fortpflanzungszeit hinaus. Solche vergrößerten, dauerhaften Brüste sind ein einzigartiges menschliches Merkmal. Allerdings gibt es bisher noch keine eindeutige Erklärung für diese Entwicklung, die in der menschlichen Evolution möglicherweise bis in die Zeit des *Homo ergaster* zurückreicht. Als wahrscheinlich gelten Mechanismen der sexuellen Selektion durch männliche Partnerwahl, wie wir das in Box 5.1 bereits diskutiert haben (nach Pawłowski und Żelaźniewicz 2021; Vaill et al. 2023)

Wir sehen also, dass die Entwicklung zur Geschlechtsreife ein vielschichtiger und lang dauernder Prozess ist, bei dem viele Gene und die dadurch kodierten Proteine in verschiedenen Signalketten ihre Wirkung entfalten. Natürlich gibt es entsprechend auch viele Möglichkeiten, dass es aufgrund von Mutationen und Polymorphismen in den entsprechenden Genen zu klinisch relevanten Änderungen im Ablauf der Geschlechtsreife kommt – auf die Folge von Mutationen in *KISS1* und *KISS1R* hatten wir oben bereits hingewiesen. Im Wesentlichen handelt es sich dabei um ein verfrühtes oder verzögertes Einsetzen der Pubertät. Mutationen im ***MKRN3*-Gen** (Chr. 15q11) führen zu verfrühter Pubertät (*central precocious puberty-2*, CPPB2; OMIM 603856); *MKRN3* kodiert für das Makorin Ring-Finger-Protein 3, das an Ubiquitinierungsprozessen und Signalketten beteiligt ist. Das *MKRN3*-Gen unterliegt genomischer Prägung; in diesem Fall ist das maternale Allel stillgelegt und nur das paternale Allel wird exprimiert. Funktionsverlust-Mutationen führen zu frühzeitigem Einsetzen der Pubertät – aber nur, wenn die Mutation im paternalen Allel auftritt. Einzelnukleotid-polymorphismen (SNPs) sind offensichtlich ebenso in der Lage, das Einsetzen der Pubertät zumindest teilweise zu beschleunigen. Vor der Pubertät hemmt das MKRN3-Protein die Aktivierung der Hypothalamus-Hypophysen-Gonaden-Achse, und seine Expression im *Nucleus arcuatus* des Hypothalamus nimmt vor dem Einsetzen der Pubertät stark ab; dadurch lässt auch die hemmende Wirkung auf die Hypothalamus-Hypophysen-Gonaden-Achse nach (nach Faienza et al. 2022).

Auf der anderen Seite sehen wir hypogonadotropen Hypogonadismus, der durch Mutationen in über 40 Genen hervorgerufen werden kann. Drei der wichtigsten Gene, deren Mutationen als Ursache für hypogonadotropen Hypogonadismus identifiziert wurden, kodieren für Anosmin-1 (Gensymbol: ***ANOS1***, Chr. Xp22), für den Rezeptor des Gonadotropinfreisetzungshormons (Gensymbol: ***GNRHR***, Chr. 4q13) oder für den Rezeptor 1 des Fibroblastenwachstumsfaktors (Gensymbol: ***FGFR1***, Chr. 8p11). Durch die genetische Heterogenität wird auch eine gewisse klinische Heterogenität erklärt, vor allem auch die Symptome außerhalb der Geschlechtsreife. Hier ist in erster Linie der verminderte oder abwesende Geruchssinn (Hyposmie bzw. Anosmie) zu erwähnen, da die Wanderungen der olfaktorischen Zellen und der GnRH-sezernierenden Zellen während der Embryonalphase nicht unabhängig voneinander sind. Insgesamt erklären die bisher bekannten Mutationen ~50 % der Fälle von hypogonadotropen Hypogonadismus, wobei häufiger Männer als Frauen davon betroffen sind (typischerweise 3:1–5:1). Detaillierte Darstellungen finden sich bei Boehm et al. (2015) und Louden et al. (2021).

Wir haben gesehen, dass die Regulation der biologischen Festlegung des Geschlechts als Frau oder Mann komplex und durchaus störanfällig ist. Ein Phänomen, das heute viel Aufmerksamkeit erfährt, ist die **Geschlechtsdysphorie** bzw. **Geschlechtsinkongruenz**, d.h. dass manche Jugendliche ihre empfundene Geschlechtsidentität im Widerspruch zu ihrer aufgrund der primären Geschlechtsmerkmale zugeschriebenen Geschlechtszugehörigkeit erleben; umgangssprachlich wird heute auch oft von "Transmenschen" gesprochen. Dabei ist das Phänomen als solches nicht neu: so gibt es beispielsweise Berichte über nicht-binäre Geschlechtsidentitäten und Geschlechtsumwandlungen aus der griechisch-römischen Mythologie und Literatur (z. B. Ovid's Metamorphosen); ein besonderes Beispiel ist Hermaphroditos, der Sohn des griechischen Gottes Hermes und der Göttin Aphrodite, der nach Ovid mit der Nymphe Salmacis verschmolz, wodurch ein Individuum mit männlichen und weiblichen Merkmalen entstand. ◘ Abb. 6.25 zeigt eine entsprechende Säule, die in der Nähe des Pergamonaltars gefunden wurde und ~200 v. Chr. entstand.

Heute gibt es dafür medizinische Diagnosekriterien: so wurde 2013 der Begriff „Geschlechtsdysphorie" im US-amerikanischen *Diagnostic and Statistical Manual of Mental Disorders* (DSM5) eingeführt, und die Weltgesundheitsorganisation hat „Geschlechtsinkongruenz" 2022 in das Kapitel über „Zustände im Zusammenhang mit sexueller Gesundheit" neu aufgenommen (*International Statistical Classification of Diseases and Related*

Abb. 6.25 Griechische Marmorstatue des Hermaphroditos – das Individuum besaß dem Mythos nach sowohl männliche als auch weibliche Eigenschaften. Alter ~200 v. Chr. (© funkyfood London – Paul Williams/Alamy)

Health Problems, ICD11; gilt in Deutschland ab 2027) (für eine ausführlichere historische Darstellung siehe Crocq 2021) (nach Strittmatter und Holtmann 2020).

Auch wenn die Terminologie bei vielen epidemiologischen Untersuchungen heterogen ist und möglicherweise auch die Art der Fragestellung die Antworten etwas beeinflusst, können wir davon ausgehen, dass in den USA und in der EU ~0,5 % der Menschen sich mit dem anderen als dem biologischen Geschlecht identifizieren; ~2–3 % der Bevölkerung leben außerhalb des binären Systems von Männlichkeit und Weiblichkeit. Die Zahlen sind tendenziell etwas höher bei jüngeren Menschen und in solchen Gesellschaften, die einen offenen Umgang mit der Problematik pflegen (nach Küppers et al. 2024).

Wenn wir nach biologischen Ursachen für Geschlechtsdysphorie bzw. Geschlechtsinkongruenz fragen, dann sind die Antworten darauf noch nicht wirklich klar; häufig liegt das an kleinen Gruppen in den Untersuchungen und dem noch relativ jungen Forschungsgebiet. Viele Arbeiten suchen eine Erklärung in den Unterschieden der Gehirnanatomie (und den vermuteten unterschiedlichen Funktionen) zwischen Männern und Frauen; wir hatten diesen Aspekt im ▶ Abschn. 5.1.4 bereits angesprochen. Die darauf aufbauende Idee zur Erklärung von Geschlechtsdysphorie bzw. Geschlechtsinkongruenz ist, dass Menschen, die sich einem anderen Geschlecht als ihrem anatomisches Geschlecht zugehörig fühlen, eine Gehirnstruktur haben, die der Gehirnstruktur des Geschlechts ähnelt, als das sie sich wahrnehmen. Diese Hypothese wird durch Untersuchungen mit bildgebenden Verfahren unterstützt, die zeigen, dass die Struktur der Gehirne von *trans*-Frauen und *trans*-Männern sich in einer Reihe von Merkmalen von denen von *cis*-Männern und *cis*-Frauen unterscheiden. Frauen und *trans*-Frauen (Mann-zu-Frau-Dysphorie) haben ein geringeres Volumen der Grauen Substanz in ihrem linken somatosensorischen und primären Motorkortex im Vergleich zu *cis*-Männern. Dieser Befund spiegelt eine Frauen-ähnliche kortikale Genexpression in solchen Menschen wider, die sich als Frauen identifizieren, und zwar unabhängig von ihrem ursprünglichen anatomischen Geschlecht. Es wird diskutiert, dass hormonelle Ungleichgewichte, die also nicht vollständig auf ein Geschlecht eingegrenzt sind, in Menschen mit Geschlechtsdysphorie bzw. Geschlechtsinkongruenz für diese Veränderungen in der Gehirnanatomie verantwortlich sind (nach Boucher und Chinnah 2020). Solche hormonellen Unterschiede sind natürlich auch im Sport von großer Bedeutung, wenn eine Trennung aufgrund des Geschlechts notwendig erscheint, um faire Wettkämpfe möglich zu machen. Hier gilt für Frauen ein Testosteron-Grenzwert von weniger als 10 nmol/l für mindestens 12 Monate vor und während der Wettkämpfe (nach Hilton und Lundberg 2021).

Die Suche nach genetischen Ursachen gestaltet sich eher noch schwieriger, da auch hier die Fallzahlen relativ gering sind. Aus Familien- und Zwillingsuntersuchungen lässt sich ein geringes Ausmaß an Erblichkeit ableiten: ~25–47 % der gesamten Varianz lassen sich durch genetische Faktoren erklären. Es gibt aber derzeit kein starkes Kandidatengen, dessen Variationen bzw. Mutationen für das Auftreten von Geschlechtsdysphorie bzw. Geschlechtsinkongruenz verantwortlich gemacht werden kann. Vielmehr wird auch hier eher eine komplexe Genetik vermutet, mit vielen beteiligten Genen und geringen einzelnen Effektgrößen. Diskutiert werden vor allem Gene für den Androgenrezeptor (Gensymbol: *AR*; Chr. Xq12), für die Estrogenrezeptoren α und β (Gensymbole: *ESR1*, Chr. 6q25; *ESR2,* 14q23) und für die Aromatase, die u. a. die Umwandlung von Testosteron in Estrogen katalysiert (Gensymbol: *CYP19A1*; Chr. 15q21) (nach Zucker et al. 2016; Batista und Oliveira 2024).

! Die Geschlechtsentwicklung verläuft in mehreren Phasen und wird durch komplexe hormonelle Prozesse gesteuert; Mutationen und Polymorphismen in entsprechenden Genen können zu veränderten Phänotypen führen. In der EU und in den USA identifizieren sich ~0,5 % der Menschen mit dem anderen als dem biologischen Geschlecht; ~2–3 % der Bevölkerung leben außerhalb des binären Systems von Männlichkeit und Weiblichkeit.

6.2.4 Paarungsverhalten von Menschen

Männer und Frauen zeigen verschiedene geschlechtsspezifische Merkmale, die für potenzielle Partner attraktiv sind – dazu gehören breite Schulter, Bärte, tiefe Stimmen und männliche Gesichtszüge bei Männern sowie breite Hüften, Brüste und weibliche Gesichtszüge bei Frauen (nach Wilson et al. 2017).

Dabei ist das Becken der Frau der einzige Teil des menschlichen Körpers, bei dem Frauen im Durchschnitt größere Abmessungen aufweisen als Männer. Es gibt kein anderes Merkmal im menschlichen Körper, das sich im Durchschnitt so stark zwischen Männern und Frauen unterscheidet wie das Becken. Im Vergleich zu Männern haben Frauen absolut größere geburtsrelevante Abmessungen des Beckenkanals und einen breiteren Schambeinwinkel sowie eine breitere Ischiaskerbe. Dies macht das menschliche Becken zur zuverlässigsten anatomischen Struktur für die Geschlechtsbestimmung von Skelettüberresten. Dieses Muster betrifft alle menschlichen Populationen, wenngleich in unterschiedlicher Größenordnung. Man hat lange angenommen, dass ein vergrößertes Becken bei Frauen mit dem zunehmendem Volumen des Gehirns in der menschlichen Evolution zusammenhängt; allerdings zeigen neuere Daten, dass auch bei Schimpansen die Größe des weiblichen Beckens feine Unterschiede im Vergleich zum männlichen Becken aufweist und dieser sexuelle Dimorphismus möglicherweise evolutionär wesentlich älter ist (Fischer et al. 2021).

Das am intensivsten untersuchte dimorphe Merkmal beim Menschen ist allerdings der Gesichtsdimorphismus. Während einige geschlechtsspezifische Gesichtsmerkmale durch die pränatale Exposition gegenüber Sexualhormonen vermittelt werden, erreicht der Dimorphismus aufgrund des Einflusses von Androgenen und Östrogenen nach der Pubertät seine volle Ausprägung. Hohe Testosteronwerte sind in erster Linie für die Entwicklung männlicher Gesichtsformen verantwortlich, während die Entwicklung weiblicher sekundärer Geschlechtsmerkmale auf ein hohes Östrogen-Testosteron-Verhältnis zurückzuführen ist. In verschiedenen Untersuchungen korreliert der Dimorphismus der menschlichen Gesichtsform mit der Beurteilung der Attraktivität als Indikator für den Partnerwert einer Person. Nur die morphologische Weiblichkeit im Gesicht von Frauen beeinflusst die Attraktivitätsbeurteilung durch Männer, während Männlichkeit im Gesicht von Männern nicht durchgängig mit der Attraktivitätsbeurteilung durch Frauen in Verbindung gebracht wird (Kleisner et al. 2021; Lee et al. 2025).

Es gibt viele Hinweise darauf, dass die geschlechtsspezifischen Unterschiede im äußeren Erscheinungsbild zwischen Männern und Frauen durch sexuelle Selektion entstanden sind. Wie wir bereits in Box 5.1 gesehen haben, entstehen viele solcher geschlechtsspezifischen Unterschiede aus der Konkurrenz um Paarungspartner. Diese Unterschiede fallen üblicherweise in zwei Kategorien: solche, die die Attraktivität für Partner des anderen Geschlechts erhöhen, und solche, die die Fähigkeit erhöhen, Konkurrenten des eigenen Geschlechts von der Paarung auszuschließen. ◘ Abb. 6.26 gibt einen Überblick über die wesentlichen äußeren Unterschiede bei Männern und Frauen in verschiedenen Lebensabschnitten.

Die durchschnittlichen Unterschiede in Körperform und Körpermasse sind allerdings noch relativ gering (~16 %) - das ändert sich aber, wenn wir dagegen die stärker ausgeprägten Geschlechtsunterschiede in der Zusammensetzung des Körpers betrachten: über viele Proben von Gruppen mit unterschiedlicher Ernährung haben Männer ~36 % mehr magere Körpermasse, ~65 % mehr Muskelmasse und ~72 % mehr Armmuskeln als Frauen, was einen deutlichen Geschlechtsunterschied hinsichtlich der Stärke ergibt. Diese Geschlechtsunterschiede in Bezug auf Muskeln und Stärke sind vergleichbar mit denen bei Primaten, bei denen aufgrund aggressiver männlicher Konkurrenzkämpfe große Unterschiede zwischen den Geschlechtern entstanden sind. Viele Analysen ergaben, dass auch die geschlechtsspezifische Aufteilung der Arbeit unter sexueller Selektion stand. In vielen Jäger-und-Sammler-Kulturen bedeuteten Jagderfolge Prestige und damit verbunden reproduktiven Erfolg (nach Lassek und Gaulin 2022). Allerdings gibt es archäologische Funde aus evolutionär jüngerer Zeit, dass auch Frauen Großwildjägerinnen waren – eine der bedeutendsten Entdeckungen in diesem Zusammenhang ist ein Grab in Peru, das ~9000 Jahre alt ist und die Überreste einer Jägerin mit entsprechenden

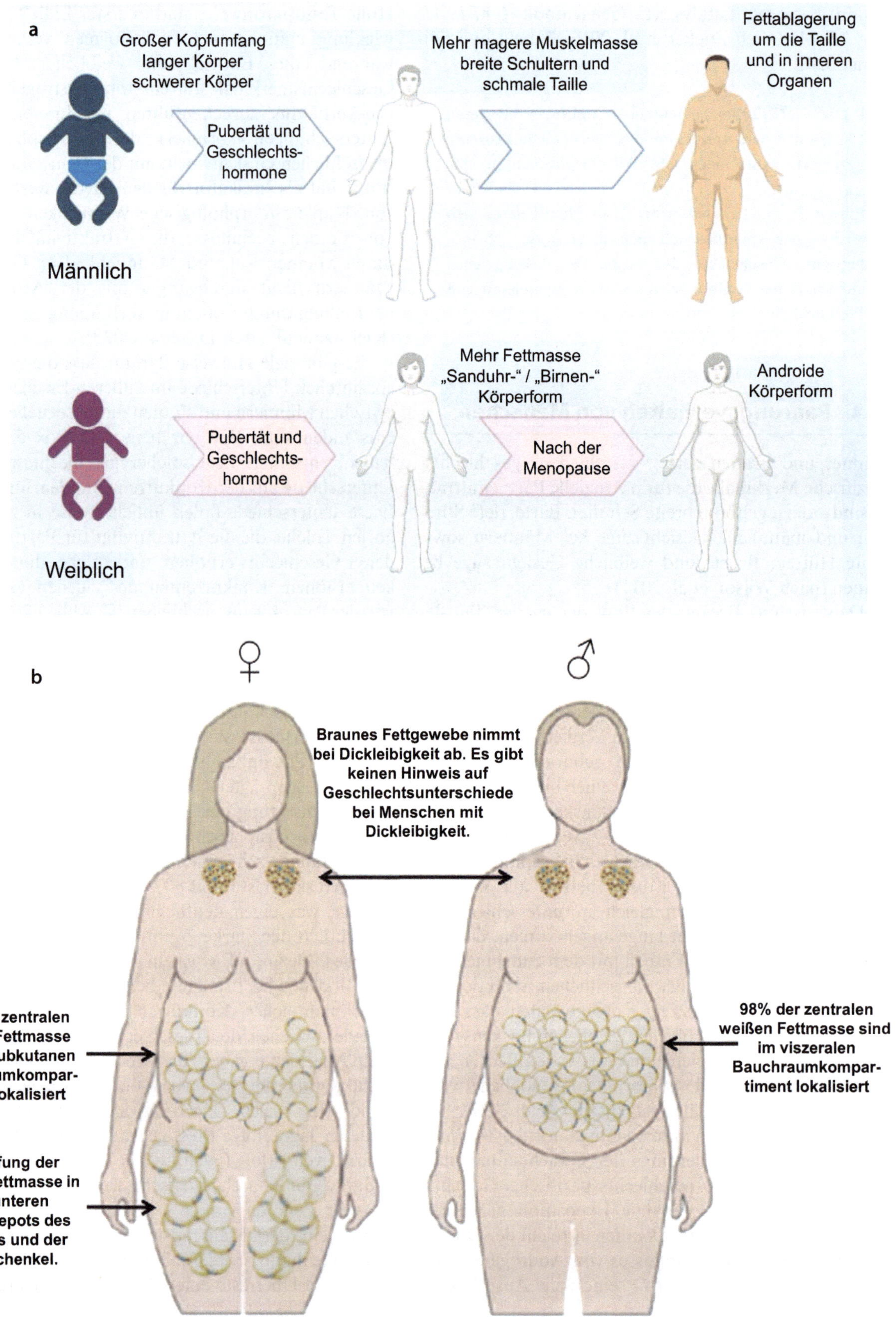
a
Großer Kopfumfang
langer Körper
schwerer Körper
Männlich
Pubertät und Geschlechts-hormone
Mehr magere Muskelmasse
breite Schultern und
schmale Taille
Fettablagerung
um die Taille
und in inneren
Organen
Weiblich
Pubertät und Geschlechts-hormone
Mehr Fettmasse
„Sanduhr-" / „Birnen-"
Körperform
Nach der Menopause
Androide
Körperform
b
♀
♂
Braunes Fettgewebe nimmt bei Dickleibigkeit ab. Es gibt keinen Hinweis auf Geschlechtsunterschiede bei Menschen mit Dickleibigkeit.
50% der zentralen weißen Fettmasse sind im subkutanen Bauchraumkompartiment lokalisiert
Anhäufung der weißen Fettmasse in den unteren Körperdepots des Gesäßes und der Oberschenkel.
98% der zentralen weißen Fettmasse sind im viszeralen Bauchraumkompartiment lokalisiert

Beigaben beinhaltet. In einem Grab aus der Region des mittleren Don fand man vier Kriegerinnen, die dort vor ~2500 Jahren mit ihren Waffen beerdigt wurden; möglicherweise ist das ein archäologischer Hinweis auf die Amazonen, die Kriegerinnen der griechischen Mythologie. Und auch bei den Wikingern gab es Soldatinnen (nach Anderson et al. 2023).

Es zeigte sich aber auch, dass ein muskulöser Körperbau offensichtlich auch mit der weiblichen Beurteilung männlicher Attraktivität assoziiert war. Viele Studien weisen auf eine positive Beziehung zwischen männlichem Reproduktionserfolg und Aggression bzw. physischer Dominanz hin, was die Idee unterstützt, dass die Aggression bei Männern ebenso wie bei anderen Säugetieren das Ergebnis sexueller Selektion ist. Im Gegensatz zu Muskeln zeigt die Verteilung des Körperfetts ein anderes Muster, denn Frauen haben ~1,6-mal mehr Körperfett und lagern es im Vergleich zu Männern auch in unterschiedlichen Körperregionen ab (◘ Abb. 6.28b). Diese unterschiedliche Verteilung kann dagegen mit natürlicher Selektion bei Frauen erklärt werden, die so mehr Ressourcen für die neurologische Entwicklung des Embryos in der späten Phase der Schwangerschaft und für die Neugeborenen während der Stillphase bereitstellen können – denn während dieser Phasen wird bevorzugt auf das Energiedepot an Hüften und Oberschenkeln zurückgegriffen (nach Lassek und Gaulin 2022).

Allerdings können heutige Fitness-Effekte nicht die Selektionskräfte erklären, die das derzeitige Muster der menschlichen Geschlechtsunterschiede in der Vergangenheit geformt haben. Denn es ist ein Eckpfeiler solcher evolutionären Überlegungen, dass die aktuellen Eigenschaften das Ergebnis von Selektionsprozessen sind, die auf Populationen unserer Vorfahren einwirkten – wenn die Lebensbedingungen heute aber anders sind als in der Vergangenheit, dann wirken sich die Fitness-Vorteile, die diese unterschiedlichen Eigenschaften hervorgebracht haben, heute nicht mehr aus (nach Lassek und Gaulin 2022). Neben den bekannten hormonellen Wirkungen gibt es bisher keine Hinweise auf die Beteiligung bestimmter Gene bei der Ausbildung der Geschlechtsunterschiede solcher äußerlichen Merkmale.

Wie wir aber in ► Abschn. 3.4 gesehen haben, wurden die Kulturen der Jäger und Sammler in verschiedenen Teilen der Welt vor ~3000–5000 Jahren von einer eher landwirtschaftlich orientierten und daher sesshafteren Lebensweise abgelöst. In diese Zeit fällt jeweils eine deutliche Verminderung der effektiven männlichen Populationsgröße, bestimmt durch entsprechende Marker auf dem Y-Chromosom. Eine Veränderung der weiblichen effektiven Populationsgröße (bestimmt durch entsprechende mitochondriale Marker) wurde dagegen nicht beobachtet. Dieser Flaschenhals-Effekt für das männliche Geschlecht wurde häufig durch gewalttätiges Konkurrenzverhalten unter Männern interpretiert – es gibt Modellrechnungen, wonach ~15 % der Männer pro Generation dadurch getötet wurden. Andere Modelle gehen dagegen davon aus, dass sich der Rückgang der effektiven männlichen Populationsgröße auch durch Veränderungen der Sozialstrukturen und der Subsistenzsysteme erklären lässt, ohne dass es zu Gewalthandlungen gekommen sein muss. Zu diesen Veränderungen in der Sozialstruktur gehört wahrscheinlich auch der Übergang von der Polygynie (die für viele Jäger- und Sammler-Kulturen charakteristisch war) zu eher monogamen, patrilinealen und patrilokalen Sozialstrukturen (nach Wilson et al. 2017; Guyon et al. 2024).

In Anbetracht der zentralen Rolle der Mutter bei der Embryonalentwicklung der Nachkommen und der Milchversorgung nach der Geburt ist der Mechanismus mütterlichen **Pflegeverhaltens** bei den Säugetieren hochkonserviert; wir hatten die Einflüsse der verschiedenen Hormone weiter oben bereits diskutiert. Im Gegensatz dazu nimmt man an, dass sich nur bei wenigen Säugetierspezies die väterliche Pflege in ihren verschiedenen Formen der Ausprägung entwickelt hat, und zwar hauptsächlich bei den Spezies, die monogam leben. Untersuchungen an Menschen geben Hinweise, dass der vordere Insellappen (*Lobus insularis*), die untere Stirnwindung (*Gyrus frontalis inferior*) und das dopaminerge System (► Abschn. 6.1.3) an paternalem Sorgeverhalten beteiligt sind. Auch das schon beschriebene Oxytocin-

◘ **Abb. 6.26** Sexueller Dimorphismus der Körperform des Menschen. **a** Männliche Babys haben einen größeren Kopfumfang als weibliche Babys; sie sind außerdem größer und schwerer. Während der Pubertät unterscheidet sich die Fettverteilung zwischen den beiden Geschlechtern. Männer haben mehr magere Muskeln und eine Körperform, die durch breite Schultern und eine schmale Taille gekennzeichnet ist. Frauen haben eine größere Fettmasse und eine „Sanduhr-“ oder „Birnenform“. Später im Leben lagern Männer Fett um die Taille herum und in inneren Organen ab („Apfelform“), während Frauen zu einer androiden Körperform neigen. **b** Während der Gewichtszunahme entwickeln Frauen vor der Menopause weißes Fettgewebe (WAT) in den unteren Körperdepots an den Oberschenkeln und am Gesäß; Männer entwickeln dagegen eher viszerales Fett. Darüber hinaus werden bei Frauen nur etwa 50 % des Bauchfetts im zentralen Kompartiment gespeichert, bei Männern dagegen 98 %. Bislang gibt es keine Hinweise auf Geschlechtsunterschiede in Bezug auf die Ablagerung von braunem Fettgewebe (BAT). (a: Nach Kyrgiafini et al. 2023; CC-by-4.0, ► http://creativecommons.org/licenses/by/4.0; b: Nach Bloor und Symonds 2014; Elsevier)

System (► Abschn. 6.1.2) entfaltet offensichtlich seine Wirkung: intranasale Applikation von Oxytocin kann dazu benutzt werden, um das Verhalten von Vätern entsprechend zu verändern und führt zu erhöhter Aktivität im *Nucleus caudatus* und dem visuellen Cortex (intranasales Vasopressin hat dagegen fast keine Auswirkungen) (nach Rogers und Bales 2019). Väterliches Sorgeverhalten ist offensichtlich auch mit vermindertem Testosteron-Spiegel assoziiert (Ziegler und Crockford 2017). Einen Hinweis auf spezifische genetische Aspekte für männliches Pflegeverhalten beim Menschen gibt es bisher nicht.

In menschlichen Gesellschaften gibt es darüber hinaus einen Anteil von Menschen, die sexuelle Kontakte mit Menschen des gleichen Geschlechts (**Homosexualität**; männlich/männlich und weiblich/weiblich) pflegen und nicht mit Menschen des anderen Geschlechts (Heterosexualität). Dieser Anteil beträgt ~2–10 % und ist auch davon abhängig, inwieweit eine Gesellschaft gleichgeschlechtliches Verhalten toleriert oder bestraft; die meisten Daten dazu stammen aus Europa und den USA und sind deshalb nicht unbedingt auf andere Kulturkreise übertragbar. Homosexualität ist allerdings keine typisch menschliche Eigenschaft; wir finden sie auch weit verbreitet im Tierreich. Da homosexuelles Verhalten aber keinen direkten Nutzen für die Fortpflanzung oder das Überleben einer Spezies hat, stellt sich die Frage nach seiner evolutionären Bedeutung. Wenn gleichgeschlechtliches Verhalten in der evolutionären Vergangenheit nur mit niedrigeren Reproduktionsraten assoziiert gewesen wäre, würde man erwarten, dass es nach und nach aus der Population verschwunden wäre. Die Realität entspricht dem aber nicht – wir nennen das deshalb ein „Darwin'sches Paradox" – Daten der Biobank von Großbritannien legen vielmehr nahe, dass die gesamte erbliche Komponente von gleichgeschlechtlichem Verhalten ~32 % beträgt (nach Zietsch et al. 2021).

Genomweite Assoziationsstudien auf der Basis der Biobank von Großbritannien und von Kohorten aus den USA und Schweden fanden fünf SNPs, die mit gleichgeschlechtlichem Verhalten bei fast 500.000 Männern und Frauen assoziiert waren. Homosexualität bei Frauen ist mit einem SNP assoziiert (rs13135637; Chr. 4p14) und bei Männern mit zweien (rs28371400; Chr. 15q21.3 und rs34730029; Chr. 11q12.1); wenn bei der Untersuchung nicht nach Männern und Frauen unterschieden wurde, sind zwei weitere SNPs signifikant mit gleichgeschlechtlichem Verhalten assoziiert (rs11114975; Chr. 12q21 und rs10261857; Chr. 7q31.2). Die funktionelle Bedeutung dieser Assoziationen ist bisher unklar; es ist aber offensichtlich, dass die genetische Komponente von gleichgeschlechtlichem Verhalten nicht auf einem einzigen Gen beruht (nach Ganna et al. 2019)

! Die wesentlichen Unterschiede im Körperbau zwischen Männern und Frauen sind wohl durch sexuelle Selektion entstanden, dazu gehört auch männliches Aggressionsverhalten. Gleichgeschlechtliches Verhalten zeigen ~2–10 % der Menschen in westlichen Populationen; die erbliche Komponente beträgt ~32 %, ohne dass es dafür bekannte Gene gibt.

6.3 Aggressives Verhalten

Aggression ist ein vielschichtiges Bündel von Verhaltensweisen, die darauf abzielen, einem anderen Organismus aus offensiven oder defensiven Gründen Schaden zuzufügen. Bei den meisten Tieren besteht das wichtigste evolutionäre Ziel dieses Verhaltens darin, die Wahrscheinlichkeit der Selbsterhaltung und Fortpflanzung zu erhöhen. Umgekehrt wird die menschliche Aggression auch als eine adaptive Reaktion betrachtet, die darauf abzielt, den sozialen Status aufzuwerten (insbesondere in hierarchischen Organisationen), den Zugang zu Sexualpartnern und zu Ressourcen zu verbessern und Verteidigungsreaktionen gegen Angreifer zu ermöglichen. Das Spektrum der akzeptablen aggressiven Manifestationen in unserer Spezies ist jedoch durch soziale und kulturelle Normen begrenzt. Die Klassifizierung von Aggression, die sich weitgehend durchgesetzt hat, unterscheidet zwei Formen: reaktive und proaktive Aggression. Reaktive Aggression bezieht sich auf die Manifestation von impulsiver, flüchtiger Feindseligkeit, die als Vergeltung für eine Provokation oder wahrgenommene Bedrohung auftritt. Im Gegensatz dazu beinhaltet proaktive Aggression instrumentelle, vorsätzliche Aggression, die in der Regel auf die Erzielung persönlicher Vorteile abzielt (nach Kolla und Bortolato 2020).

Menschliche Aggression ist komplex und kann auf vielfältige Weise zum Ausdruck kommen. Nichtphysische Aggression kann verbal, durch Gesten oder schriftlich ausgedrückt werden, während physische Aggression unter anderem Schlagen, Treten, Beißen usw. umfassen kann. Menschliche Aggression weist außerdem mehrere Merkmale auf, die bei anderen Spezies weitgehend fehlen: Menschen können Waffen (z. B. Steine mit scharfen Kanten, Speere etc.) einsetzen, um ihre Gegner zu überwältigen; der Sieger eines Kampfes wird also nicht unbedingt nur durch körperliche Stärke bestimmt. Schließlich zeigen Menschen viel mehr proaktive Aggression als jede andere Spezies. Obwohl Laborstudien darauf hindeuten, dass Tiere auch einfache aggressionssuchende Verhaltensweisen zeigen können, ist reaktive Aggression in der Natur weitaus häufiger anzutreffen. Der Mensch ist die einzige Spezies, die proaktive Aggression mit extremer Raffinesse zeigt, wobei Krieg das ultimative Beispiel dafür ist (Lischinsky und Lin 2020).

Wir hatten schon im letzten Abschnitt diskutiert, dass aggressives Verhalten einer sexuellen Selektion unterliegt (insbesondere bei Männern). Anzeichen für sexuelle Selektion sind auch bei Primatenarten weit verbreitet. Männliche Rhesusaffen wiegen etwa 40 % mehr als Weibchen und besitzen große, scharfe Eckzähne, mit denen sie ihren Gegnern schwere Verletzungen zufügen können. Unter den Primatenarten weisen Menschen den geringsten Grad an sexuellem Dimorphismus in Bezug auf Körpergrößenunterschiede auf (Durchschnitt Mann/Frau beim Menschen: 1,07; Durchschnitt Mann/Frau bei Primaten: 1,28), was darauf hindeutet, dass der Druck der sexuellen Selektion im Laufe unserer Evolution abgenommen hat. Dennoch sind männliche Menschen im Durchschnitt größer und schwerer als weibliche und zeigen ein höheres Maß an Aggressivität. Männer begehen die meisten Gewalttaten weltweit und machen etwa 85–90 % der Gefängnisinsassen aus. Darüber hinaus unterscheiden sich Männer und Frauen in der Art und Weise, wie sie Aggressionen ausdrücken. Männer greifen häufig zu körperlicher Aggression, während Frauen eher zu nicht-körperlicher Aggression neigen (Lischinsky und Lin 2020).

Nach einem allgemeinen Aggressionsmodell steigert die Wahrnehmung eines aggressionsauslösenden Reizes die aggressive Erregung – ein innerer Zustand, der Aggressivität fördert – bis sie einen bestimmten Schwellenwert erreicht. Dadurch wird die motorische Ausführung aggressiven Verhaltens ausgelöst. Beim Menschen können sich diese Reize durch verschiedene Sinnesmodalitäten manifestieren, die von körperlichen Handlungen bis hin zu verbalen Beleidigungen reichen (nach Santin 2025).

Die Aggressionsschwelle wird stark durch Erfahrungen beeinflusst, was darauf hindeutet, dass Erfahrungen das Überschreiten der Aggressionsschwelle erleichtern und damit die Wahrscheinlichkeit wiederholter Angriffe erhöhen. Bei allen Arten steigt das Aggressionsniveau in einem Zustand des Energiemangels, beispielsweise bei Hunger. Ein weiterer Faktor, der den Aggressionszustand beeinflusst, ist der zirkadiane Rhythmus. Im Laufe des Tages variiert die Veranlagung zu Aggressionen, wobei sie in der Regel am Abend und in den frühen Nachtstunden ihren Höhepunkt erreicht und am frühen Morgen am niedrigsten ist. Der primäre Regulator des zirkadianen Rhythmus im Gehirn ist der suprachiasmatische Kern, der sich im vorderen Hypothalamus befindet. Schließlich kann auch die „Persönlichkeit" eines Individuums seinen aggressiven Zustand beeinflussen. Beispielsweise verstärkt die Verabreichung von Testosteron (im Vergleich zu einem Placebo) aggressives Verhalten schnell, jedoch nur bei Männern mit dominanten oder impulsiven Persönlichkeitsmerkmalen. Dieser Effekt ist wahrscheinlich auf eine erhöhte Reaktivität der Amygdala auf soziale Bedrohungssignale und/oder Provokationen sowie auf die Modulation nachgeschalteter limbischer Strukturen (z. B. Hypothalamus, periaquäduktales Grau) zurückzuführen, die an der Ausprägung reaktiver Aggression beteiligt sind. Auf der Basis dieser und anderer Untersuchungen wurde ein „zentraler Aggressionskreislauf" vorgeschlagen. Innerhalb dieses Netzwerks wurden verschiedene wichtige Bereiche identifiziert, darunter die Amygdala, und der *Nucleus premammillaris ventralis*. Diese neuronalen Schaltkreise, die aggressivem Verhalten zugrunde liegen, sind über verschiedene Spezies hinweg bemerkenswert gut erhalten. Der „zentrale Aggressionskreislauf" ist aber auch unter starker kortikaler Kontrolle. In Menschen ist es der mediale präfrontale Cortex (besonders das Brodman-Areal 25), der diese Kontrolle über den subcorticalen Aggressionskreislauf ausübt und dichte Projektionen zum medialen Hypothalamus und moderatere Projektionen zur medialen Amygdala liefert. Der erste Beweis dafür stammt aus Fällen von frontalen Hirnläsionen bei Patienten, die eine erhöhte Aggressivität zeigten, wobei einer der bekannteste Fälle Phineas Gage ist. Nachdem er durch eine Eisenstange eine Verletzung des Frontallappens erlitten hatte, erfuhr er eine drastische Persönlichkeitsveränderung und verwandelte sich vom „effizientesten und fähigsten Vorarbeiter" zu einem „launischen, feindseligen und unverantwortlichen" (nach Santin 2025).

Patienten mit psychiatrischen Störungen, die mit Gewaltausbrüchen einhergehen, zeigen entweder eine Hypotrophie des präfrontalen Cortex oder eine Hypoaktivität des präfrontalen Cortex als Reaktion auf emotional auffällige Reize, wie z. B. wütende Gesichter. Umgekehrt kann eine Erhöhung der Aktivität des medialen präfrontalen Cortex Aggressionen unterdrücken: bilaterale transkraniale Gleichstromstimulation des präfrontalen Cortex reduziert die selbst berichtete Aggression bei gewalttätigen Straftätern im Gefängnis. Entsprechend haben auch bildgebende Untersuchungen am Menschen eine positive Korrelation zwischen der Aktivität des präfrontalen Cortex und der selbst auferlegten emotionalen Kontrolle gezeigt (nach Santin 2025). Einen Überblick über die neuroanatomischen Bahnen des zentralen Aggressionskreislaufs beim Menschen zeigt ◘ Abb. 6.27.

Wir wollen jetzt die Frage nach aggressivem Verhalten bei Menschen unter genetischen Gesichtspunkten weiter vertiefen. Zunächst zeigt aggressives, antisoziales Verhalten ein relativ hohes Maß an Erblichkeit (~60 %). Wir können aber noch einen Schritt weitergehen: bei der genetischen Analyse von menschlicher Aggression in einer holländischen Familie zeigten alle betroffenen Männer disruptives Verhalten und gewalttätige Ausbrüche, die sich in versuchtem Mord, Vergewaltigung und Brandstiftung manifestierten. Die genetische Analyse ergab eine Transition (c.936C-T) im Exon 8 des

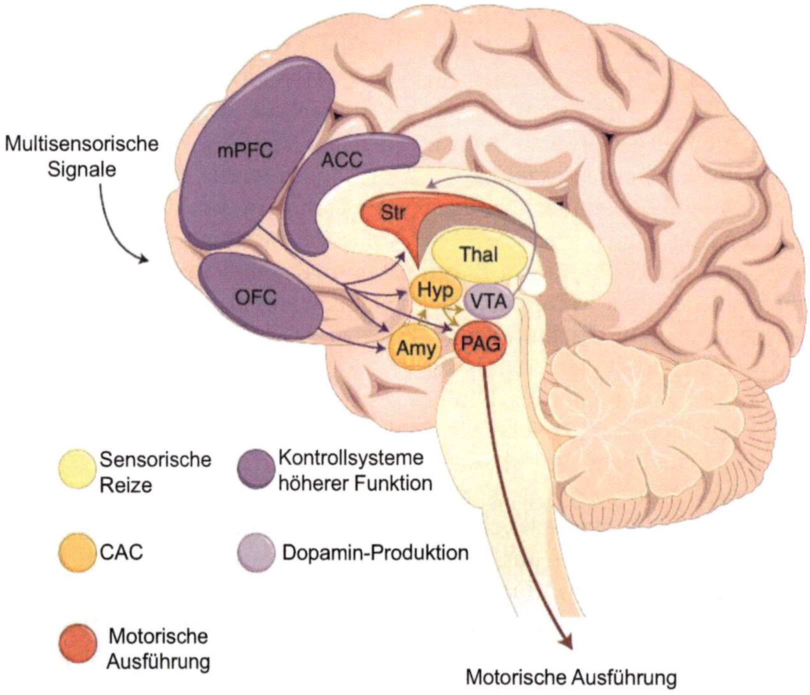

Abb. 6.27 Neuroanatomische Bahnen der Aggression beim Menschen. Beim Menschen werden multisensorische Reize aus der Umgebung zunächst vom Thalamus verarbeitet und erreichen dann den zentralen Aggressionskreislauf (CAC), um über den Basalganglienkreislauf aggressive Handlungen zu fördern. Die Projektionen des präfrontalen Kortex zu mehreren Regionen des zentralen Aggressionskreislaufs spielen eine wichtige Rolle bei der Steuerung seiner Aktivität und den aggressiven Handlungen. *Gelb* kennzeichnet Regionen für die Verarbeitung sensorischer Reize; *orange* kennzeichnet Regionen, die zum zentralen Aggressionskreislauf gehören; *rot* kennzeichnet Regionen, die für die motorische Ausführung relevant sind; *violett* kennzeichnet Regionen für die Kontrolle durch Systeme höherer kognitiver Funktionen, und *lila* kennzeichnet Regionen, in denen Dopamin-Neuronen angesiedelt sind. Pfeile zeigen etablierte Verbindungen an. ACC, anteriorer cingulärer Kortex; Amy: Amygdala; Hyp: Hypothalamus; mPFC: medialer präfrontaler Cortex; OFC: orbitofrontaler Cortex; PAG: Periaquäduktales Grau; Str: Striatum; Thal: Thalamus; VTA: ventrales tegmentales Areal. (Nach Lischinsky und Lin 2020; Springer Nature)

Gens *MAOA*, die zu einem vorzeitigen Stopp-Codon an der Position 296 führt (Q296X). *MAOA* kodiert für die **Monoamin-Oxidase A** und ist auf dem X-Chromosom lokalisiert (Xp11); der Erbgang ist entsprechend X-gekoppelt rezessiv (nach Kolla und Bortolato 2020). Nach dem Erstautor der ursprünglichen Beschreibung (Brunner et al. 1993) wird diese Anfälligkeit für antisoziales Verhalten auch als „Brunner-Syndrom" bezeichnet. Weitere humangenetische Untersuchungen in anderen Familien mit aggressiven Männern zeigten ebenfalls verschiedene Mutationen im *MAOA*-Gen; dazu gehören (nach OMIM 309850):

- eine Transition (c.133C-T) im Exon 2, die zu einem Arg/Trp-Austausch an der Aminosäureposition 45 in der ersten Domäne für die Bindung von Flavin-adenindinukleotid (FAD-Domäne) führt (R45W),
- eine Insertion (c.749insT) im Exon 7, die zu einer Verschiebung des Leserasters und einem vorzeitigen Stopp-Codon in der zweiten FAD-Domäne führt (Ser251LysfsTer2),
- eine Deletion/Insertion (c.797_798delinsTT) im Exon 8, die zu einer Cys/Phe Substitution führt (C266F).

Neben dem *MAOA*-Gen gibt es ein weiteres Gen für eine Monoamin-Oxidase, *MAOB*. Beide *MAO*-Gene liegen auf dem X-Chromosom direkt nebeneinander in einer Kopf-zu-Schwanz-Orientierung. Die beiden *MAO*-Gene sind durch eine Duplikation aus einem gemeinsamen Vorläufer vor ~408–352 Mio. Jahren hervorgegangen; diese Duplikation entstand in Vorfahren der Tetrapoden (Oyarzún et al. 2025). Allerdings haben sich beide Gene hinsichtlich ihrer Expression auseinanderentwickelt: im Gehirn findet man MAOA reichlich im Hypothalamus, gefolgt von der Amygdala und dem *Nucleus accumbens*. Die MAOA-Konzentration ist auch im Cortex sehr hoch (vor allem im präfrontalen Cortex und dem anterioren cingulären Cortex) und eher mittelmäßig im Hippocampus. Geringe Spuren findet man im Thalamus, im Rückenmark, in der Hypophyse und im

Kleinhirn (nach Kolla und Bortolato 2020). *MAOB* ist dagegen überwiegend in den Raphe-Kernen exprimiert. In peripheren Geweben wird MAOA überwiegend in der Placenta und in Fibroblasten nachgewiesen, wohingegen *MAOB* überwiegend in Thrombozyten und Lymphozyten exprimiert wird (nach Naoi et al. 2025).

Aufgrund der genetischen Daten für aggressives Verhalten wollen wir uns im Folgenden aber auf das *MAOA*-Gen konzentrieren. Das *MAOA*-Gen umfasst 15 Exons, und das translatierte Protein umfasst 527 Aminosäuren. Es ist auf der Ebene der Aminosäuren zwischen Menschen, Schimpansen und Gorillas hochkonserviert; es gibt nur vier Aminosäureaustausche zwischen diesen Spezies. Zwei sind konservative Austausche: Thr140Asn (Nukleotid-Austausche C419A) bei Schimpansen und Ile303Val (A907G) bei Menschen. Die beiden anderen Austausche sind nicht-konservative Austausche: Glu151Lys (G451A) bei Menschen, wobei eine negativ geladene, hydrophile Aminosäure gegen eine positiv geladene, hydrophile Aminosäure ausgetauscht wird. Dieser Austausch ist in der menschlichen Linie fixiert; es gibt keinen Polymorphismus an dieser Stelle. Der zweite Austausch ist Ala513Thr (G1537A) bei Schimpansen, wobei eine nicht-polare hydrophobe Aminosäure gegen eine polare hydrophile Aminosäure ausgetauscht wird. Das Gorilla-Enzym zeigt keine spezifischen Aminosäureaustausche (nach Andrés et al. 2004). Eine Übersicht über diese evolutionären Veränderungen bei einigen Primaten gibt ◘ Abb. 6.28.

Das Enzym MAOA ist über eine C-terminale Transmembrandomäne von 22-Aminosäuren an die äußere Mitochondrienmembran gebunden und weist ein Flavinadenindinukleotid (FAD) auf, das an einen Cys-Rest kovalent gebunden ist. MAOA katalysiert die oxidative Desaminierung verschiedener Neurotransmitter wie Serotonin, Dopamin und Norepinehrin in entsprechende Aldehyde; dabei entstehen Ammoniak und Wasserstoffperoxid als Nebenprodukte. Im Zentralnervensystem werden die Aldehydprodukte der MAOA-Reaktion durch eine NAD^+-abhängige Aldehyddehydrogenase (ALDH) typischerweise in die entsprechenden Carboxylsäuren umgewandelt (◘ Abb. 6.29) (nach Kolla und Bortolato 2020).

Im Folgenden wollen wir uns etwas genauer mit der Struktur und Regulation des *MAOA*-Gens beschäftigen. Das *MAOA*-Gen enthält oberhalb des direkten Promotorbereichs zwei verschiedene Polymorphismen, die aus Wiederholungseinheiten unterschiedlicher Länge bestehen (engl. *variable number of tandem repeats*, VNTR; ◘ Abb. 6.30a); im Detail sind diese beiden VNTRs in ◘ Abb. 6.30b und c dargestellt. Die eine *MAOA*-VNTR ist eine funktionelle Wiederholungseinheit aus 30bp, die oberhalb des Promotors des *MAOA*-Gens liegt (− 1142 bis − 1262 relativ zum ATG-Initiationscodon des *MAOA*-Gens; uVNTR). Es sind mehrere Allele dokumentiert, die 2 bis 6 Kopien dieser 30-bp-Sequenz enthalten. Die 30 bp-Sequenz (ACCGGCACCGGCACCAGTACCCGCACCAGT) weist fünf Wiederholungen des 6-Nukleotid-Motivs ACCVGY auf (V steht für G/C/A und Y für C/T). Auf jede dieser 30 bp Sequenzen folgt ein Motiv von 15 bp (ACCGGCACCGGCACC), das der ersten Hälfte der Wiederholung entspricht (einige Autoren bezeichnen deshalb das Allel 4R auch als 4,5R). Die beiden häufigsten Allele beherbergen drei (3R) bzw. vier Wiederholungen (4R). Die Häufigkeit des 3R-Allels wird auf 51–59 % in der afro-amerikanischen Population geschätzt und auf 33–37 % in der kaukasischen Bevölkerung. Das 4R-Allel kommt zu 36–43 % in der afro-amerikanischen Bevölkerung vor und zu 60–65 % in der kaukasischen Population. Dagegen sind die anderen Allele in der allgemeinen Bevölkerung relativ selten; die 2R-Variante wurde in ~5 % der afro-amerikanischen Population dokumentiert und nur in ~0,1 % der kaukasischen Bevölkerung. Die Häufigkeitsdaten anderer Population sind häufig unklar, da sie auf geringen Untersuchungs-

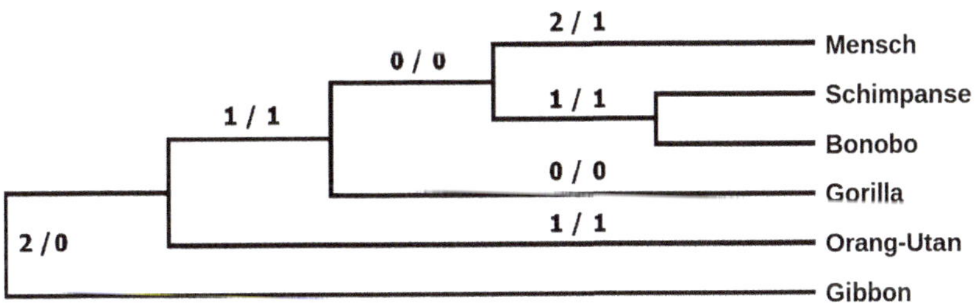

◘ **Abb. 6.28** Evolution des *MAOA*-Gens bei Primaten. Es ist ein Stammbaum für verschiedene Primaten dargestellt, bei dem evolutionäre Unterschiede in den Regionen der Exons 4 und 5 sowie 7 und 8 gezeigt sind. Es ist die Anzahl der nichtsynonymen/synonymen Aminosäureaustausche bei jeder Verzweigungsstelle des Stammbaums angegeben. Ein gemeinsamer synonymer Austausch bei Gorilla und Mensch ist in der Abbildung nicht enthalten; der Stammbaum stellt die bekannte Beziehung zwischen den untersuchten Spezies dar. (Nach Andrés et al. 2004; Springer Nature)

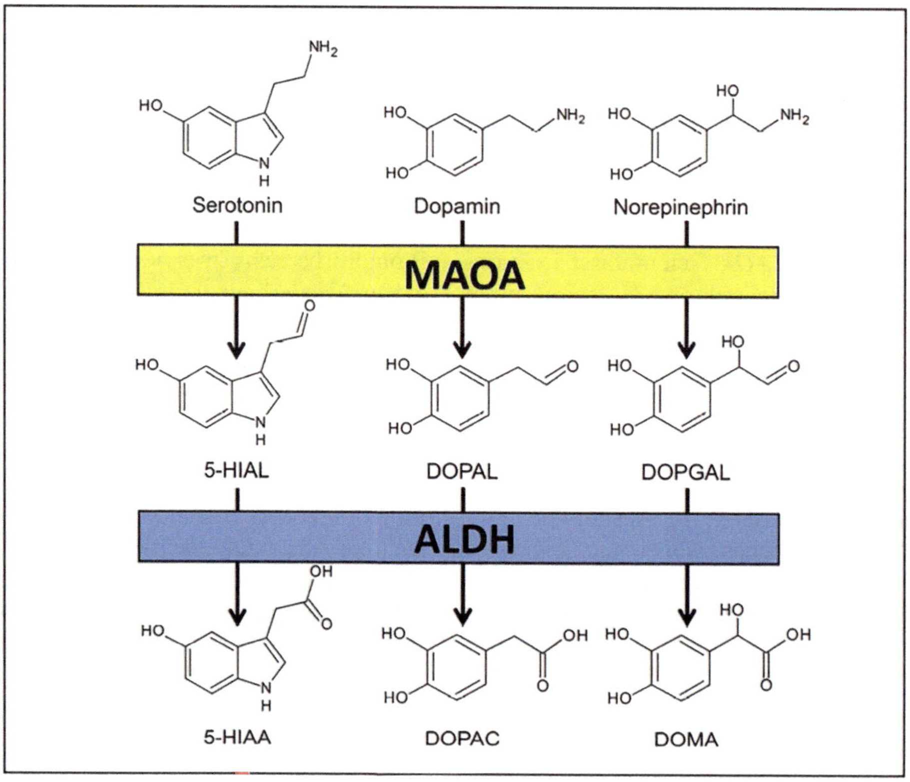

Abb. 6.29 Die Rolle der Enzyme Monoaminoxidase A (MAOA) und Aldehyddehydrogenase (ALDH) beim Abbau von Serotonin, Dopamin und Norepinephrin. 5-HIAL: 5-Hydroxyindolaldehyd, DOPAL: 3,4-Dihydroxyphenylacetaldehyd, DOPGAL: 3,4-Dihydroxyphenylglycolaldehyd, 5-HIAA: 5-Hydroxyindolessigsäure, DOPAC: 3,4-Dihydroxyphenylessigsäure, DOMA; 3,4-Dihydroxymandelsäure. (Nach Kolla und Bortolato 2020; Elsevier)

zahlen beruhen. Viele *in-vitro*-Daten haben gezeigt, dass die 2R- und 3R-Allele mit geringerer Transkriptionseffizienz assoziiert sind, die 3,5R- und 4R-Varianten dagegen mit erhöhter Transkription. Allerdings zeigen *post-mortem* Daten und bildgebende Daten des Gehirns, dass die *MAOA*-Aktivität in erwachsenen Trägern der 3,5R- und 4R-Allele nicht signifikant erhöht ist, was darauf hindeutet, dass andere Elemente für die Regulation der *MAOA*-Expression wichtiger sind (nach Kolla und Bortolato 2020).

Der zweite VNTR-Polymorphismus liegt ~500 bp oberhalb des oben beschrieben uVNTR und wird deshalb als distaler (d) VNTR bezeichnet. Dieser Polymorphismus besteht aus zwei Arten von 10bp-Motiven (Decamere; Decamer A: CCCCTCCCCG und Decamer B: CTCCTCCCCG); es sind fünf verschiedene Varianten beschrieben, die aus 8–12 Wiederholungseinheiten bestehen. Die 9R- und 10R-Alle sind die häufigsten, wobei der letztgenannte zu einer geringeren Transkriptionseffizienz führt. Aufgrund des geringen Abstandes der

Abb. 6.30 Das menschliche *MAOA*-Gen. **a** Die genomische Struktur des *MAOA*-Gens auf dem X-Chromosom (Xp11). Die 15 Exons (schwarze Kästchen) dehnen sich über ~88 kb aus; der Transkriptionsstart ist mit einem Pfeil markiert. Die weißen gerundeten Kästchen stellen die 5'- bzw. 3'-untranslatierten Regionen dar. Die grauen Balken repräsentieren die distalen Wiederholungseinheiten mit variabler Anzahl (engl. *variable number of tandem repeats*, VNTR) (d) und die, die sich oberhalb des Promotors befinden (u). **b** Es sind die distalen Wiederholungseinheiten dargestellt, die aus 8–12 Wiederholungseinheiten bestehen. Jedes Kästchen repräsentiert eine Wiederholungseinheit (R). 9R führt zu einer starken Expression, und 10R zu einer niedrigen. **c** Es sind die wichtigsten vier dem Promotor vorgelagerten Wiederholungseinheiten dargestellt, die aus 2–5 Wiederholungseinheiten bestehen. Jedes Kästchen repräsentiert eine Wiederholungseinheit (R). 2R, 3R und 5R führen zu einer niedrigen Expression des *MAOA*-Gens, während 3,5R und 4R zu einer hohen Expression führen. **d** Schematisches Diagramm der Promotoren der *MAOA*- und *MAOB*-Gene. Transkriptionskontrolle und Wirkungen zellulärer Faktoren (Hormone, Cytokine und intrazellulärer Signale) beeinflussen die Expression der *MAO*-Gene. ARE/GRE: Androgen/Glucocorticoid-Antwortelement; ERE: Östrogen-Antwortelement; KLF11: Krüppelähnlicher Faktor 11; PTSD: posttraumatische Belastungsstörung; RARE: Retinsäure-Antwortelement. (a–c: Nach Manca et al. 2018; CC-by-4.0, ▶ http://creativecommons.org/licenses/by/4.0; d: Nach Naoi et al. 2025, Springer Nature)

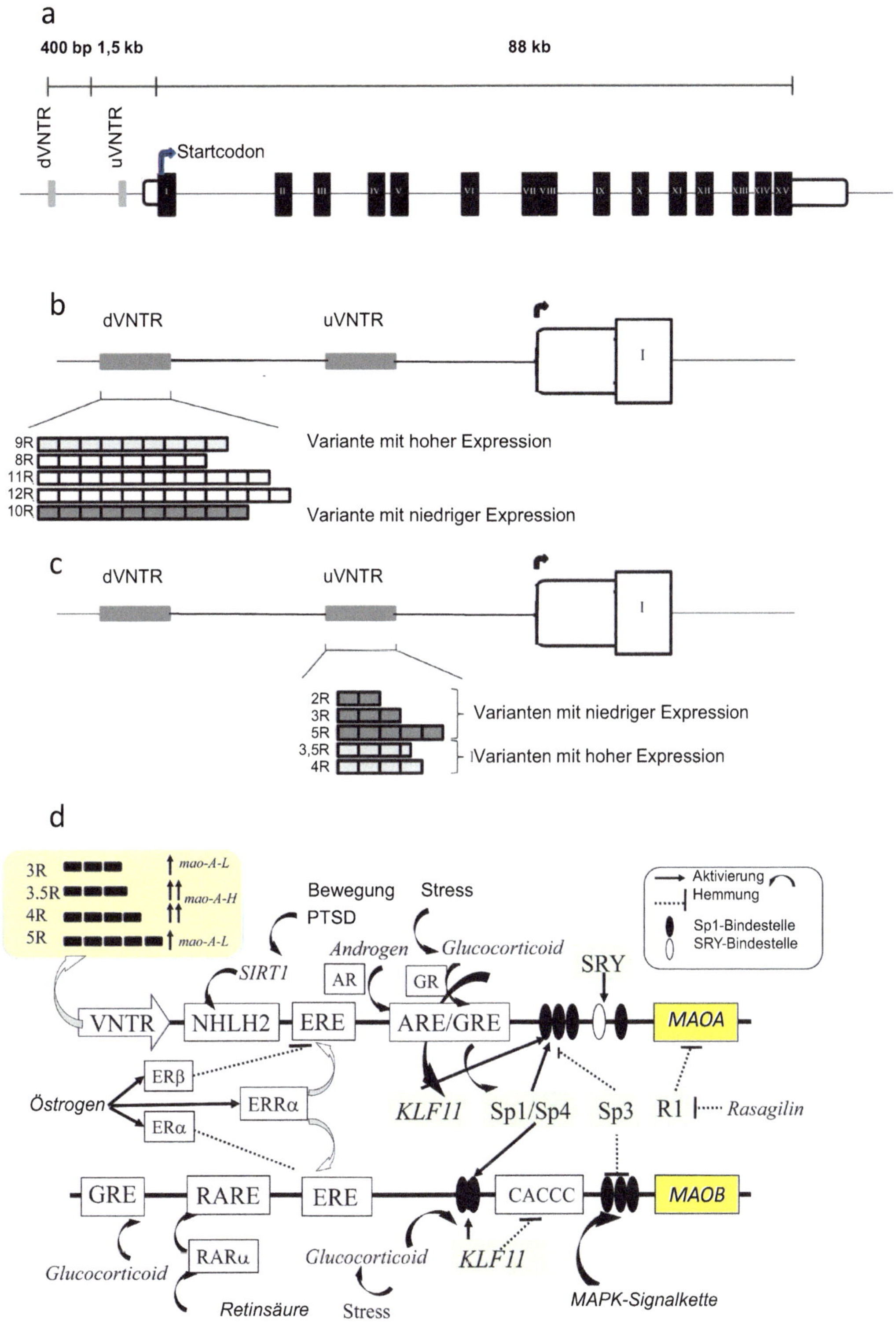
a
400 bp 1,5 kb
88 kb
dVNTR
uVNTR
Startcodon
b
dVNTR
uVNTR
9R
8R
11R
12R
10R
Variante mit hoher Expression
Variante mit niedriger Expression
c
dVNTR
uVNTR
2R
3R
5R
3,5R
4R
Varianten mit niedriger Expression
Varianten mit hoher Expression
d
3R
3.5R
4R
5R
mao-A-L
mao-A-H
mao-A-L
Bewegung
Stress
PTSD
Androgen
Glucocorticoid
SIRT1
AR
GR
SRY
VNTR
NHLH2
ERE
ARE/GRE
MAOA
Aktivierung
Hemmung
Sp1-Bindestelle
SRY-Bindestelle
ERβ
Östrogen
ERRα
ERα
KLF11
Sp1/Sp4
Sp3
R1
Rasagilin
GRE
RARE
ERE
CACCC
MAOB
RARα
Glucocorticoid
Glucocorticoid
KLF11
Retinsäure
Stress
MAPK-Signalkette

beiden Polymorphismen dVNTR und uVNTR sind sie stark gekoppelt, und einige Kombinationen sind deutlich häufiger als andere. So kommen beispielsweise das 4R-uVNTR-Allel und die 9R-dVNTR-Variante fast immer gemeinsam vor. Außerdem deuten *in-vitro*-Daten darauf hin, dass der dVNTR-Bereich für die Expression des *MAOA*-Gens wichtiger ist als der uVNTR-Bereich (nach Kolla und Bortolato 2020).

Wenn wir die Promotoren beider *MAO*-Gene betrachten, so stellen wir fest, dass beide noch eine gewisse Sequenzidentität haben (60 %), relativ GC-reich sind und im Kernbereich des Promotors mehrere Bindestellen für die aktivierenden Transkriptionsfaktoren SP1 und SP4 sowie für den reprimierenden Faktor SP3 aufweisen. Die *MAOA*-Expression (nicht aber *MAOB*) wird auch durch CDCA7L [*cell division cycle-associated 7-like protein* reprimiert (in ◘ Abb. 6.30d als R1 bezeichnet)]. Das *MAOA*-Gen enthält im Gegensatz zum *MAOB*-Gen keine TATA-Box; weitere Einflussfaktoren sind Glucocorticoide, Steroidhormone und Retinsäure, die an ihre Rezeptoren binden und so mit den entsprechenden Antwortelementen in den beiden Promotoren in Wechselwirkung treten können. Von besonderem Interesse ist die geschlechtsspezifische Expression von *MAOA* im menschlichen Gehirn; *MAOA* wird auch durch den Hoden-determinierende Faktor (TDF; engl. *testis determining factor*) aktiviert, einen Transkriptionsfaktor, der durch *SRY* kodiert wird (nach Naoi et al. 2025).

Weitere Schlüsselmechanismen der *MAOA*-Expression beruhen auf epigenetischen Vorgängen. Die Expression von *MAOA* im menschlichen Gehirn ist negativ korreliert mit dem Methylierungszustand der 14 CpG-Inseln innerhalb des *MAOA*-Promotors. Methylierung ist ebenso (mit)verantwortlich für die Regulation einer *MAOA*-assoziierten langen, nicht-kodierenden RNA (*MAALIN*: *MAOA-Associated lncRNA*), die die *MAOA*-Expression im Gehirn unterdrückt (nach Labonté et al. 2020; Kolla und Bortolato 2020).

Wir haben weiter oben in diesem Kapitel gesehen, dass eine Stopp-Codon-Mutation im *MAOA*-Gen zu aggressivem oder antisozialem Verhalten bei Männern führt. Wir haben im Weiteren gesehen, dass es eine Vielzahl verschiedener Mechanismen gibt, die die *MAOA*-Expression (und damit auch die Enzymaktivität) regulieren. Es gab dann in der Folge viele Untersuchungen, die eine reduzierte *MAOA*-Expression (vor allem über die VNTRs) ebenso mit aggressivem und antisozialem Verhalten in Zusammenhang brachten. Die Idee, dass eine niedrige MAOA-Aktivität, verursacht durch entsprechende uVNTR-Polymorphismen (MAOA-L), speziell für Gewaltverbrechen prädisponieren kann, wurde durch spätere Untersuchungen an Gefangenen bestätigt: in einer Studie mit 89 männlichen Häftlingen waren Gewaltverbrechen stark mit dem Genotyp MAOA-L assoziiert, unabhängig von allen anderen psychologischen Variablen. Dieser Zusammenhang erreichte bei kaukasischen Probanden volle Signifikanz, während er bei Afroamerikanern nur geringfügig signifikant war. In weiteren Studien mit mehr und heterogeneren Teilnehmern war der Zusammenhang nicht mehr so klar, und es zeigte sich immer mehr, dass es bei aggressivem und antisozialem Verhalten ein Wechselspiel zwischen der *MAOA*-Genexpression und Umwelteinflüssen gibt. Insbesondere deuten viele Untersuchungen auf Misshandlungen im Kindesalter als einen Ko-Faktor hin. Weiterhin spielen offensichtlich ethnische Hintergründe (unterschiedliche Häufigkeiten der uVNTR-Polymorphismen in verschiedenen Populationen) eine Rolle. In diesem Zusammenhang spielen auch Befunde eine Rolle, die einen Zusammenhang mit dem Serotonin-System herstellen, und zwar mit dem Serotonin-Rezeptor 2A (Gensymbol *HTR2A*): vier Polymorphismen im *HTR2A*-Gen beeinflussen Aggression und antisoziales Verhalten (nach Kolla und Bortolato 2020). Eine Übersicht über diese Zusammenhänge gibt ◘ Abb. 6.31.

Der Befund der genetischen Prädisposition zu Aggression und antisozialem Verhalten durch Varianten des *MAOA*-Gens hat aber über die wissenschaftlichen Fragen hinaus praktische Konsequenzen für den juristischen Umgang mit Verbrechen. Die Frage nach der genetischen Ausstattung straffällig gewordener Männer spielte auch schon in entsprechenden Gerichtsprozessen eine wichtige Rolle und führte vereinzelt zu einem geringeren Strafmaß. Genetische Varianten wie *MAOA-L* können verschiedene kognitive Prozesse (z. B. Impuls-

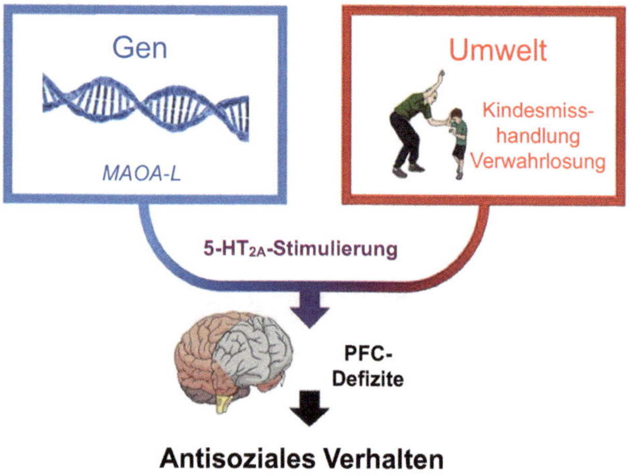

◘ **Abb. 6.31** Hypothetischer Mechanismus der Wechselwirkung zwischen niedriger MAOA-Aktivität und Misshandlungen während der Kindheit, der antisoziales Verhalten erklären kann. PFC: präfrontaler Cortex; 5-HT_{2A}: Serotonin-Rezeptor 2a. (Nach Kolla und Bortolato 2020; Elsevier)

kontrolle) beeinflussen und in Kombination mit Umweltfaktoren den Vorsatz und damit die Absicht beeinträchtigen, eine Straftat zu begehen. Die Betonung der möglichen kriminellen Bedeutung einiger dieser Varianten ist jedoch im juristischen Bereich ein zweischneidiges Schwert, da der fälschliche Glaube an eine deterministische Beziehung zwischen einigen genetischen Varianten und Kriminalität die Träger dem Risiko einer sozialen und rechtlichen Stigmatisierung aussetzt und sie deshalb als latente Verbrecher betrachtet werden können (nach McSwiggan et al. 2017; Oliva et al. 2021).

In klinischen Rahmen zur Behandlung von Hyperaggression werden Medikamente eingesetzt, die als Antagonisten von Dopaminrezeptoren wirken (▶ Abschn. 6.1.3); in ◻ Abb. 6.28 haben wir auch gesehen, dass Dopamin zu den Substraten der MAOA gehört und durch sie abgebaut wird. Im Kontext von Aggression spielt der Dopamin-2-Rezeptor eine wichtige Rolle und ist der Angriffspunkt entsprechender medikamentöser Behandlungsformen. Das menschliche *DRD2*-Gen zeigt verschiedene Polymorphismen in unterschiedlichen Populationen, die auch mit hyperaggressiven Phänotypen assoziiert sind. Ein SNP, der in diesem Zusammenhang schon lange bekannt ist, liegt in der 3'-untranslatierten Region des *DRD2*-Gens (C➔T) und verändert eine *Taq*I-Schnittstelle (TCGA➔TTGA). Dieser SNP (rs1800497) führt zu einer signifikanten Verminderung der DRD2-Verfügbarkeit im Striatum im Vergleich zu Trägern des ursprünglichen Allels. Verschiedene Studien in verschiedenen Population haben übereinstimmend gezeigt, dass besonders junge Männer mit einem heterozygoten Genotyp eher dazu neigen, aggressives Verhalten (wie Zorn und gewalttätige Vergehen) zu zeigen; die Korrelation bei Frauen zeigt allerdings eher weniger Übereinstimmung (nach Dai und Lin 2025).

Neben der klassischen humangenetischen Analyse – wie sie im Fall von *MAOA* zum Erfolg und damit zu einer Erklärung von Aggression und antisozialem Verhalten in einigen Familien geführt hat – sind Untersuchungen von Kandidatengenen eine wichtige Säule zur genetischen Analyse komplexer Verhaltensweisen. Sie benötigen allerdings ein Vorwissen über die Funktion des jeweiligen Gens oder eine Hypothese, warum welche Gene an der Ursache des Charakterzugs beteiligt sein könnten. Für Aggression werden Gene aus dem serotoninergen und dopaminergen System (▶ Abschn. 6.1.3) diskutiert, aber auch solche aus dem Catecholaminkatabolismus sowie Gene, die an der neuronalen Signalübertragung beteiligt sind (nach Odintsova et al. 2023). Mutationen des Gens *CAMTA1* (engl. *calmodulin binding transcription activator 1*) sind mit Ausbrüchen von Aggression verbunden (OMIM: 611501, *allelic variant* 002).

Ein wichtiges modernes Instrument, um komplexe Verhaltensweisen mit polygenen Ursachen aufzuklären, sind genomweite Assoziationsstudien (GWAS). Viele GWAS in Bezug auf Aggression wurden aber nur mit recht kleinen Gruppen durchgeführt – hier helfen dann oft Metaanalysen, die viele gleichartige Einzeluntersuchungen zusammenfassen. Eine der größten Metaanalysen von GWAS in Zusammenhang mit Aggression wurde 2021 publiziert und basiert auf der Analyse von insgesamt über 87.000 Kindern und Jugendlichen. Die stärkste Assoziation in Bezug auf die Signifikanz war ein SNP, der auf dem Chromosom 2 lokalisiert ist (rs2570485). Dieser SNP liegt allerdings in einer Genwüste ohne ein Gen innerhalb von 400 kb in beiden Richtungen (allerdings liegt dieser SNP innerhalb einer lncRNA, deren Funktion unklar ist; ENSG00000236141; ENSEMBL). Die zweitstärkste Assoziation wurde mit dem SNP rs113599846 gefunden; dieser SNP liegt in einem Intron des Gens *TNRC18* auf dem Chromosom 7. Das Ergebnis zeigt ◻ Abb. 6.32. Man kann aber die Signifikanz-Werte von verschiedenen SNPs so kombinieren, dass sie die Kopplung der SNPs berücksichtigen und so eine Teststatistik für einzelne Gene erhalten. Auf diese Weise wurden drei Gene als genomweit signifikant identifiziert: *ST3GAL3* (*ST3 beta-galactoside alpha-2,3-sialyltransferase3*), *PCDH7* (Protocadherin-7) und *IPO13* (Importin-13). Alle drei Gene wurden vorher mit schulischen Eigenschaften in Verbindung gebracht (Ip et al. 2021). Eine Übersicht über verschiedene Gene, die bei verschiedenen genomweiten Assoziationsstudien zu aggressivem Verhalten bei Menschen als signifikant gefunden wurden, gibt ◻ Tab. 6.4. Allerdings ist die Funktion dieser Gene im Zusammenhang mit Aggression in vielen Fällen unklar; es ist auch auffallend, dass von den Genen, die aufgrund funktioneller Überlegungen aus dem Serotonin-, Dopamin- und Katecholamin-Stoffwechsel mit aggressivem Verhalten in Zusammenhang gebracht werden, nur das Gen für den Serotonin-Rezeptor 2b (*HTR2B*) unter den signifikanten Ergebnissen ist.

Aus den Zuschreibungen in ◻ Tab. 6.4 wird auch klar, dass „aggressives Verhalten" nicht in Reinform existiert, sondern häufig mit anderen Erscheinungsformen gemeinsam auftritt. Eine häufige Zuschreibung ist eine entwicklungsmäßige Störung des Sozialverhaltens bei Kindern und Jugendlichen (engl. *conduct disorder*), wozu man u. a. auch ein dauerhaftes Brechen von Regeln und aggressives Verhalten zählt (Odintseva et al. 2023). Ähnliches gilt auch für die Aufmerksamkeitsdefizit-/Hyperaktivitätsstörung (ADHD), die oftmals mit impulsivem und aggressivem Verhalten assoziiert ist. Hierbei sind dann häufig auch Gene beteiligt, die für Proteine des dopaminergen und serotinergen Systems kodieren (nach Neri et al. 2024).

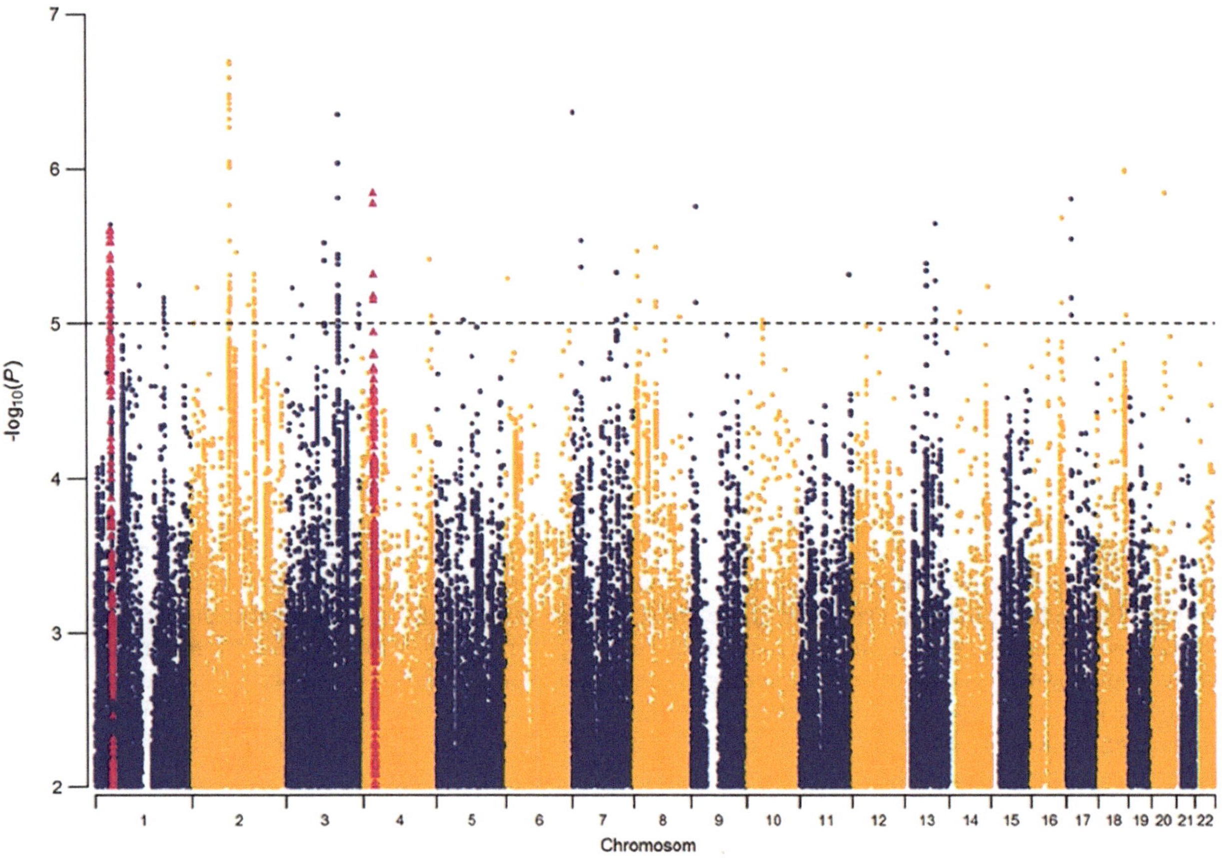

Abb. 6.32 Manhattan-Plot der genomweiten Metaanalyse für Aggression im Kindes- und Jugendalter. Die *roten* Dreiecke repräsentieren die signifikanten SNPs aus der genbasierten Analyse; die SNPS für *ST3GAL3* und *IPO13* liegen dicht zusammen auf dem Chromosom 1. Die signifikanten SNPs auf dem Chromosom 2 (rs2570485) und dem Chromosom 7 (rs113599846) können keinem Gen funktionell zugeordnet werden. Die Geschlechtschromosomen X und Y wurden nicht untersucht. (Nach Ip et al. 2021; CC-by-4.0, ► http://creativecommons.org/licenses/by/4.0)

! Aggressives Verhalten ist in starkem Maß durch genetische Faktoren beeinflusst. Eine wesentliche Komponente liegt in Mutationen des *MAOA*-Gens, das für eine Monoaminoxidase kodiert.

Wir haben am Anfang des Kapitels bereits darauf hingewiesen, dass die Größenunterschiede der beiden Geschlechter des Menschen nicht so groß sind wie bei anderen Primaten und dass daraus der Schluss gezogen wurde, dass die Aggression – zumindest unter Männern – geringer ist als bei anderen Primaten. Eine ganz andere Hypothese unterstützt nun diesen Befund, nämlich die Hypothese der „Selbstdomestikation" des Menschen. Diese Hypothese wird gestützt durch Signale positiver Selektion insbesondere bei den Genen, die mit der Signalwirkung von Glutamat in Zusammenhang stehen und die in „Wüsten der Einkreuzung" zu finden sind (das sind Bereiche unseres Genoms, in denen sehr wenige oder gar keine Allele von Neandertalern oder Denisova-Menschen zu finden sind; engl. *deserts of introgression*. Ein Beispiel dafür ist *FOXP2*, das wir im Zusammenhang mit der Entstehung von Sprache [► Abschn. 4.3.1] diskutiert haben.). Im Kontext von Aggression sind die Gene *CADM2* (kodiert für das Zelladhäsionsmolekül 2), *GRIK3* (kodiert für *glutamate ionotropic receptor kainate type subunit 3*) und *KCND2* (kodiert für *potassium voltage-gated channel subfamily D member 2*) in „Wüsten der Einkreuzung" von besonderem Interesse. Besonders *KCDN2* ist mit Signalen positiver Selektion und kognitiver Flexibilität assoziiert (Boeckx 2023). Es bleibt spannend, ob sich die Hypothese der „Selbstdomestikation des Menschen" weiter belegen lässt.

6.4 Religion

Religion ist einzigartig für den Menschen. Allgemein definiert ist Religion eine Reihe von Überzeugungen und Verhaltensweisen, die auf der gemeinsamen Weltanschauung einer Gruppe beruhen und die das Heilige oder Übernatürliche vom Profanen trennt. Ein Glaube

Tab. 6.4 Gene mit signifikanter Beteiligung an aggressivem Verhalten des Menschen

Gensymbol (Chr.)	Protein	Funktion	Verhalten
C1QTNF7 (4p15)	*Complement C1q Tumor Necrosis Factor-Related Protein 7*	Proteinbindung	schwerwiegende antisoziale und aggressive Verhaltensweisen
HTR2B (2q37)	Serotonin Rezeptor 2b	G-Protein gekoppelter Rezeptor	u. a. impulsives Verhalten
IPO13 (1p34)	Importin-13	Transport von Proteinen vom Cytoplasma in den Zellkern	Aggressives Verhalten bei Kindern
LINC00951 (6p21)	Kein Protein	Lange, nicht-codierende RNA	Antisoziale Persönlichkeitsstörung
MAOA (Xp11)	Monoaminoxidase	Oxidative Desaminierung von Aminen wie Dopamin, Serotonin und Norepinephrin	Aggression und antisoziales Verhalten
PCDH7 (4p15)	Protocadherin-7	Zell-Zell-Erkennung und Anheftung	Epilepsie und Erkrankungen aus dem Autismus-Spektrum
PURG (8p12)	*Purine Rich Element Binding Protein G*	RNA-Bindung	Wut
SHISA6 (17p12)	*Shisa Family Member 6*	Synaptische Übertragung	Wut
ST3GAL3 (1p34)	*ST3 β-galactoside α-2,3-sialyltransferase3*	Glycosyltransferase	Kognitive Einschränkungen und epileptische Enzephalopathie

Signifikante GWAS-Daten aus Odintseva et al., 2023; OMIM (▶ https://www.omim.org/); GeneCards (▶ https://www.genecards.org/)

an übernatürliche Kräfte und die damit verbundenen religiösen Praktiken kommen in praktisch allen menschlichen Kulturen vor. Die Universalität von Religion in allen menschlichen Gesellschaften deutet auf eine tiefe evolutionäre Vergangenheit hin. Einige Aspekte von Religion könnten bereits vor dem Auftauchen des anatomisch modernen Menschen vorhanden gewesen sein, aber eine aufkeimende Religiosität bleibt in archäologischen Funden schwer nachweisbar: frühe Belege für die Verarbeitung und Verwendung von rotem Ocker, der oft als Marker für symbolisches Verhalten angesehen wird, stammen aus der Zeit vor ~400.000 Jahren in Afrika und vor ~284.000 Jahren zur Zeit der Levallois-Klingentechnologie im Europa der frühen Neandertaler. Funde am *Pinnacle Point* im südlichen Afrika belegen die Verwendung und Verarbeitung von Pigmenten bei anatomisch modernen Menschen vor ~165.000 Jahren. Ockerknollen mit eingravierten abstrakten Mustern und perforierte Muschelperlen aus Südafrika aus der Zeit vor ~75.000–100.000 Jahren lassen auf symbolisch vermitteltes Verhalten schließen. Diese und andere ähnliche Funde stützen die Theorie der fortschreitenden Entwicklung von symbolischem Verhalten und komplexer Bildsprache zusammen mit der Evolution der modernen menschlichen Anatomie. Die Jäger und Sammler dieser Zeit besaßen also höchstwahrscheinlich schon die kognitiven und kommunikativen Fähigkeiten, um religiöse Überzeugungen und Praktiken vor der Ausbreitung aus Afrika vor mehr als ~60.000 Jahren miteinander auszutauschen (nach Peoples et al. 2016).

Um religiösen Vorstellungen früherer Jäger-und-Sammler-Kulturen näher zu kommen, können heutige Jäger-und Sammler-Kulturen ein Fenster öffnen: phylogenetisch vergleichende, kulturübergreifende Methoden werden zunehmend auch auf Untersuchungen der Evolution der materiellen und nicht-materiellen Kultur angewandt. So wurden in 33 heutigen Jäger-und Sammler-Kulturen weltweit verschiedene Hauptmerkmale religiöser Vorstellung identifiziert: Animismus (100 %); Glaube an ein Jenseits (79 %); Schamanismus (79 %), Verehrung von Ahnen (45 %) und Höhere Götter (39 %). Das Vorkommen von animistischen Konzepten in den religiösen Vorstellungen aller untersuchten Jäger-und-Sammler-Kulturen deutet darauf hin, dass sie für Religiosität grundlegend sind. Bei Anwesenheit animistischer Konzepte können sich auch der Glaube an ein Jenseits und Schamanismus entwickeln; wenn sich diese beiden Merkmale etabliert haben, ist es unwahrscheinlich, dass sie dann wieder verloren gehen (nach Peoples et al. 2016). Für die weitere Entwicklung religiöser Vorstellungen und die Herausbildung professioneller religiöser Spezialisten (Schamanen) ist die Möglichkeit besonders wichtig, einen Nahrungsvorrat anzulegen bzw. Nahrung zu speichern (nach Watts et al. 2022).

Ein Beispiel für Schamanismus wurde im Jahr 1934 im Kurpark von Bad Dürrenberg bei Halle gefunden: zwei Skelette mit zahlreichen Grabbeigaben. Die Innenwand des Grabes war mit rotem Ocker eingefärbt, die erwachsene Person war in sitzender Haltung bestattet, und auf ihrem Schoß saß ein Kind. Aufgrund moderner genetischer Analysen wissen wir heute, dass das Skelett einer Frau gehörte, die zum Zeitpunkt ihres Todes ~30 Jahre alt war und aus der Zeit vor ~9000 Jahren stammte. Damit gehörte die Frau in die Zeit des Mesolithikums, in der in Mitteldeutschland noch Jäger und Sammler wohnten. Die genetischen Daten zeigten außerdem, dass die Frau eine dunkle Haut, dunkle, glatte Haare und helle (blau/grüne) Augen hatte (siehe auch ▶ Abb. 4.2); außerdem war sie laktoseintolerant (siehe ▶ Abschn. 4.1.1 und 4.1.2). Das Kind auf ihrem Schoß war etwa 6–8 Monate alt und männlich; es war zwar nicht ihr Sohn, aber im dritten oder vierten Grad mit der Frau verwandt. Die Art der Grabbeigaben (Geräte, Schmuckelemente und unbearbeitete tierische Reste) lassen vermuten, dass es sich um eine Schamanin handelt (nach Meller und Michel 2022); eine Rekonstruktion der Schamanin zeigt ◻ Abb. 6.33; die Funde sind im Landesmuseum für Vorgeschichte in Halle/Saale zu sehen (▶ https://www.landesmuseum-vorgeschichte.de/dauerausstellung/menschenwechsel/die-schamanin-von-bad-duerrenberg).

◻ **Abb. 6.33** Lebensbild der Schamanin von Bad Dürrenberg im Ornat. © Landesamt für Denkmalpflege und Archäologie Sachsen-Anhalt, Karol Schauer/Birte Janzen

Schamanismus war in der prähistorischen Welt der Jäger und Sammler weit verbreitet. Schamanen waren Heiler, rituelle Anführer und einflussreiche Mitglieder der Gesellschaft, deren tiefe Einsicht und Erfolg bei der Lösung sozialer Fragestellungen zu Reichtum, Macht und Zugang zu Partnerinnen bzw. Partnern führen kann. Der Schamanismus wirkt als Mechanismus zur Stärkung sozialer Normen, zur Förderung der Zusammenarbeit in der Gruppe durch Rituale und soziale Bindungen sowie zur Beruhigung von Ängsten in Zeiten von Ressourcenstress. Rituale und Feste waren dabei wesentliche Elemente; das gemeinsame Feiern von Festen, Singen und Tanzen regulieren Endorphine (▶ Abschn. 6.1.4) hoch, einen sehr wichtigen neuronalen Mechanismus, der die soziale Bindung bei allen Primaten und auch bei Menschen unterstützt (nach Peoples et al. 2016).

Man geht davon aus, dass Jäger und Sammler in hierarchisch verschachtelten Gesellschaften lebten, mit Gemeinschaften (oder Clans) von ~150 Personen, die auf Wohngruppen (oder Banden) von 30–50 Individuen über das Gebiet der Gemeinschaft verteilt waren. Diese Gemeinschaften wiederum haben sich sukzessive in übergeordneten Gruppierungen zusammengeschlossen (Großbanden und Stämme). Allerdings änderte sich die Situation in denjenigen Regionen der Welt, in denen sich aufgrund der besonderen klimatischen Umstände ein Übergang von Jäger-und-Sammler-Kulturen zu landwirtschaftlich geprägten Kulturformen entwickelte, die mit einem großen Bevölkerungswachstum verbunden waren. Das waren im Wesentlichen die nördlichen, subtropischen Zonen. Diese neuen, eher formalen Religionen begannen sich zu entwickeln, als die Größe der Gemeinschaften ~400 Individuen überschritt. Die Entwicklung der formalen Religionen kann als ein Kontinuum verstanden werden, in dem neue Elemente sukzessive hinzugefügt wurden, ohne dass die Komponenten der vorherigen Phase entfernt wurden. In Jäger-und-Sammler-Kulturen nimmt bei Abwesenheit wirksamer sozialer Mechanismen zur Lösung von Konflikten die Zahl von Tötungsdelikten linear mit der Gruppengröße zu (und betrifft in kleinen Gesellschaften oftmals Frauen). Es scheint so zu sein, dass dogmatische Religionen einen wirksamen Mechanismus anbieten, um Bindungen in sehr großen Gruppen herzustellen – vor allem, wenn es darum geht, diese Bindungen unter einer sehr großen Anzahl von anonymen Individuen herzustellen, weil formalisierte Rituale das Endorphin-System hochregulieren, ohne dass ein physischer Kontakt nötig ist. Ein weiterer Grund ist eine Form der *top-down* Disziplinierung in der Art, dass Götter oder ein Gott „gutes Verhalten" durch die Angst vor einer göttlichen Bestrafung fördert. Große Ansiedlungen wären wohl ohne die Entwicklung dogmatischer Religionen nicht möglich gewesen (nach Dunbar 2023). Allerdings ist die starke Bindungskraft innerhalb der Gesellschaften oft verbunden mit dem Aufbau von sozialen Grenzen zu anderen Gruppen. Diese sozialen Grenzen durch die Religion können auch die Verteilung von Ressourcen beeinflussen und sind ein häufiger Bestandteil gewalttätiger Konflikte zwischen verschiedenen religiösen Gruppen (nach Lynn und Schell 2024).

Die frühesten Siedlungen sind mit der kurzen Natufien-Kultur (vor ~11.000–10.300 Jahren) in der Levante assoziiert, und so ist es nicht überraschend, dass in der Levante auch schon Tempel-ähnliche Strukturen aus der Zeit vor ~9300 Jahren gefunden wurden. Das Bevölkerungswachstum setzte sich fort, und zu Beginn der Bronzezeit vor ~3300 Jahren gab es Städte wie Memphis (in Unterägypten) und Ebla (in Syrien) mit 30–40.000 Menschen, die dort wohnten. Ähnliche Zivilisation entwickelten sich in anderen Regionen des Nahen und Mittleren Ostens (die Reiche von Ebla und Akkad sowie die alten Königreiche in Ägypten), aber auch das Reich der Minoer auf Kreta, in Indien die Harappan-Indus Zivilisation und in China die Reiche in den Regionen des Gelben Flusses und des Jangtse-Flusses aus der Zeit vor der Xia-Dynastie (nach Dunbar 2023). Im Bereich der südlichen subtropischen Zonen waren dagegen die klimatischen Bedingungen schlechter als im Norden, sodass sich hier im Wesentlichen Kulturen der Weideviehhaltung (Pastoralismus) entwickelt haben; landwirtschaftliche Kulturen sind dagegen nur in geringem Ausmaß entstanden: dazu gehören aber die Küstenregionen in Ecuador, Bolivien und Peru, wo die Bevölkerung rasch zunahm. Es bildeten sich kleine und mittlere Reiche, und die frühesten Tempelanlagen datieren aus der Zeit vor ~5800 Jahren (z. B. am Titicacasee) (nach Dunbar 2023). Eine Übersicht über die Ursprungsregionen dogmatischer Religionen gibt ◘ Abb. 6.34.

Wenn man sich also Gedanken über die Ursprünge von Religion und Spiritualität macht, ist ein Aspekt – neben dem in der Evolution immer komplexer gewordenen Gehirn (▶ Abschn. 5.1) – das menschliche Bedürfnis nach engen, kooperativen Beziehungen. Insbesondere Aktivitäten des dopaminergen und serotonergen System wurden mit Religiosität/Spiritualität assoziiert: so reduzieren Medikamente, die die Dopaminübertragung blockieren, religiöse Wahnvorstellungen in psychiatrischen Patienten. Umgekehrt ist ein höheres Maß an Religiosität mit einer höheren Dichte an Dopamin-Rezeptoren (insbesondere DRD4) im präfrontalen Cortex assoziiert. Die Rolle von Serotonin bei der Erzeugung einer religiösen Disposition wird unterstützt durch die Beobachtung serotonerger Aktivierungen durch Drogen (wie LSD, Psilocybin, Meskalin und anderen), die häufig als mystische Erfahrungen und religiöse Ekstasen interpretiert wurden (nach Lynn und Schell 2024).

Es gibt mehrere Untersuchungen, die einen Zusammenhang zwischen der Parkinson'schen Erkrankung und einer verminderten Religiosität herstellen. Dabei wird dieser Zusammenhang durch den Verlust an dopaminergen Neuronen erklärt, der für die Parkinson'sche Erkrankung ursächlich ist. Andererseits sind mit einer Parkinson'schen Erkrankung auch einige andere Symptome verbunden wie Lethargie, kognitive Defizite und Persönlichkeitsveränderungen, so dass eine verminderte Religiosität nicht ganz überraschend ist (nach Gao et al. 2022).

In diesem Kontext muss dann auch das Buch von Dean Hamer angesprochen werden, das 2004 unter dem Titel „The God Gene" veröffentlicht wurde (deutsch 2006: Das Gottes-Gen). Hamer (2006) diskutiert hier das Gen *VMAT2* als einen möglichen Kandidaten; es kodiert für einen vesikulären Monoamin-Transporter (Chr. 10q25; alternative Genbezeichnung: *Solute carrier family 18 member A2*, *SLC18A2*). Das *VMAT2*-Gen kodiert für ein Transmembranprotein, das als ATP-abhängiger Transporter von Monoaminen (wie Dopamin, Norepinephrin, Serotonin und Histamin) wirkt und Neurotransmitter in synaptische Vesikel transportiert. Polymorphismen dieses Gens können mit Schizophrenie, bipolaren Störungen und anderen neurologischen/psychiatrischen Erkrankungen assoziiert sein; Mutationen führen zu seltenen Formen von infantilem Dystonie-Parkinsonismus (nach GeneCards und OMIM #193001). Hamer (2006) beschrieb im *VMAT2*-Gen einen bestimmten A→C-Polymorphismus, der in seiner untersuchten Population zu 28 % vorkam, als einen Marker für die genetische Variation in Bezug auf Spiritualität. Leider ist dieser SNP weder genauer beschrieben noch wurden die Ergebnisse in einer wissenschaftlichen Zeitschrift publiziert und auch nicht reproduziert (nach Silveira 2008) (auch eine aktuelle PubMed-Suche findet dazu nichts). Was bleibt sind einige wenige Hinweise darauf, dass Religiosität und/oder Spiritualität mit dem Dopamin/Serotonin-System assoziiert sind, aber ein „Gottes-Gen" gibt es sicherlich nicht. Im besten Fall hat Religiosität/Spiritualität eine genetische Komponente, die Menschen dafür empfänglich(er) macht. Den evolutionären Vorteil haben wir zu Anfang des Kapitels ausführlicher erörtert: religiöse Systeme erhöhen die Bindungskräfte in größeren Ge-

6

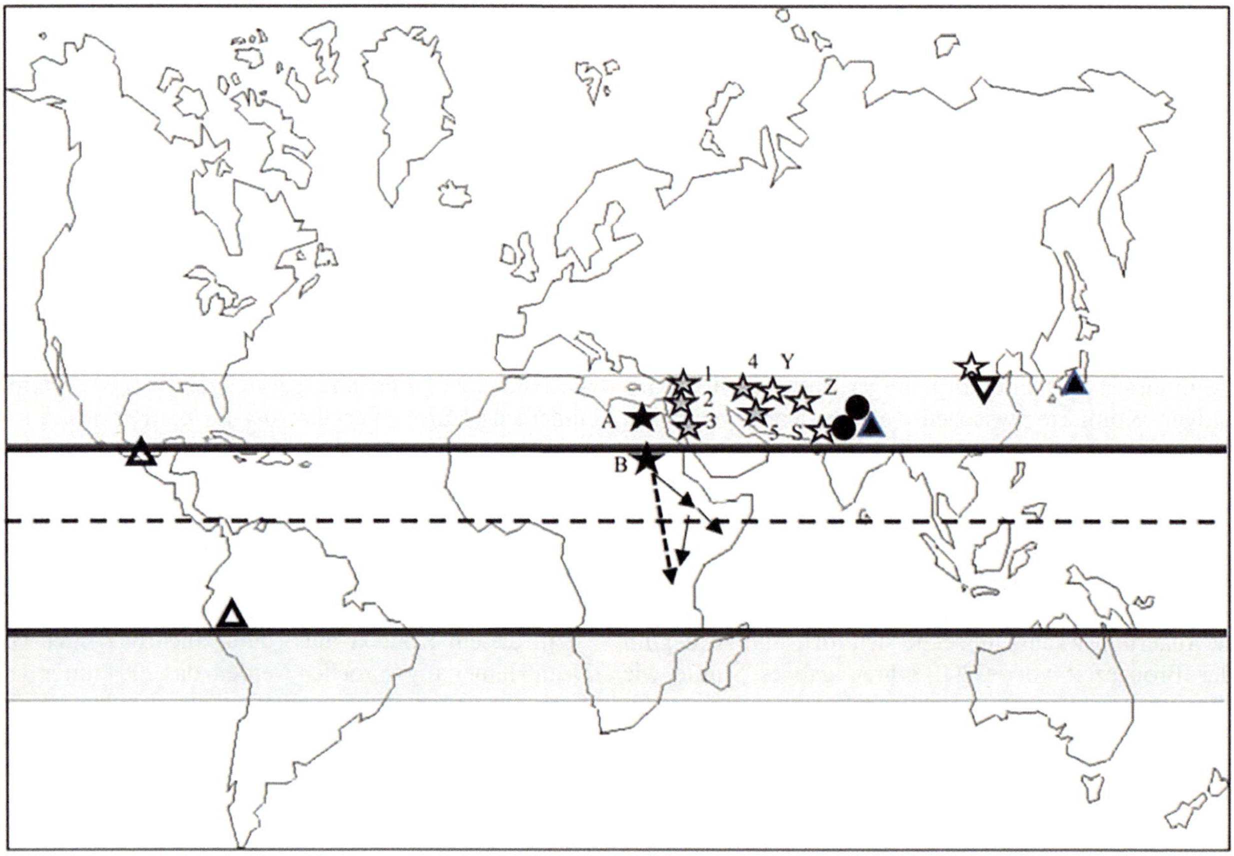

Abb. 6.34 Ursprungsregionen dogmatischer Religionen. Die *gestrichelte* Linie stellt den Äquator dar; die *durchgezogenen* Linien darüber und darunter begrenzen die Tropen, und die *grau-schattierten* Flächen sind die subtropischen Zonen. *Graue Sterne*: Ursprungsregionen der abrahamitischen Religionen: 1: Christentum (~30 n. Chr.), 2: Judentum (vor ~2500 Jahren), 3: Islam (~600 n. Chr.), 4. Mandäismus (~100 n. Chr.), 5: Manichäismus (~250 n. Chr.). *Weiße Sterne*: Ursprungsregionen anderer monotheistischer Religionen in Asien (von *links* nach *rechts*): Jesiden (Y; ~1150 n. Chr.), Zarathustrismus (Z; vor ~3000–4000 Jahren); Sikhismus (S; ~1500 v. Chr.). *Schwarze Kreise*: Nicht-theistische Weltreligionen mit einem Glauben an eine „universale Kraft (Prinzip)": Jainismus (vor ~3000 Jahren) und Buddhismus (vor ~2500 Jahren). *Schwarze Sterne*: Monotheistische Stammesreligionen: A: Atenismus (18. Dynastie im altägyptischen Pharaonenreich; vor ~3500 Jahren), B: Zwei Gruppen von Hirtenvölkern, die ihren Ursprung im zentralen Niltal hatten – die kuschitischen Stämme (darunter die Oromo, Somali, Boran, Rendille und andere), die heute Zentraläthiopien, Somalia und das nördliche Kenia bewohnen (*durchgezogene* Linie mit Pfeilspitze), und die nilotischen Stämme (darunter die Anuak, Shilluk, Acholi, Luo, Samburu, Maasai und andere), die heute den Südsudan und das westliche Ostafrika bewohnen (*gestrichelte* Linie mit Pfeilspitze). *Schwarze Dreiecke*: Wichtige staatliche polytheistische Religionen: Hinduismus (nördliches Indien) und Shinto (Japan). *Weiße Dreiecke mit Spitze nach oben*: Polytheistische Staatsreligionen in der Neuen Welt: die Reiche der Maya (250–1700 n. Chr.) und Azteken (1325–1520 n. Chr.) im südlichen Mexiko, der Tiwanaku in Bolivien (600–1000 n. Chr.) und der Inka in Peru/Bolivien (1200–1530 n. Chr.). *Weißes Dreieck mit Spitze nach unten*: Konfuzianismus und Daoismus vor ~3000 Jahren in China. (Nach Dunbar 2023; CC-by-4.0, ▸ http://creativecommons.org/licenses/by/4.0)

meinschaften, ermöglichen die Bildung großer Städte und Staaten, aber in der Ausbildung von Grenzen zu Andersgläubigen können sie auch zu hasserfüllten Auseinandersetzungen führen.

! Religion hat sich aus frühen Formen des Schamanismus entwickelt; formalisierte und dogmatische Formen der Religion entstanden im Wesentlichen in den nördlichen subtropischen Zonen in Zeiten des großen Bevölkerungswachstums mit der Entstehung landwirtschaftlicher Lebensformen. Ein „Gottes-Gen" gibt es nicht.

Literatur

Abrimian A, Kraft T, Pan YX (2021) Endogenous opioid peptides and alternatively spliced mu opioid receptor seven transmembrane carboxyl-terminal variants. Int J Mol Sci 22:3779

Adamo A, Atashpaz S, Germain PL et al (2015) 7q11.23 dosage-dependent dysregulation in human pluripotent stem cells affects transcriptional programs in disease-relevant lineages. Nat Genet 47:132–141

Ahmed SF, Armstrong K, Cheng EY et al (2025) Differences of sex development. Nat Rev Dis Primers 11:54

Anderson A, Chilczuk S, Nelson K et al (2023) The myth of man the hunter: Women's contribution to the hunt across ethnographic contexts. PLoS One 18:e0287101

Andrés AM, Soldevila M, Navarro A et al (2004) Positive selection in MAOA gene is human exclusive: determination of the putative amino acid change selected in the human lineage. Hum Genet 115:377–386

Aspé-Sánchez M, Moreno M, Rivera MI et al (2016) Oxytocin and Vasopressin receptor gene polymorphisms: role in social and psychiatric traits. Front Neurosci 9:510

Bakoev SY, Korobeinikova AV, Mishina A et al (2023) Genomic signatures of positive selection in human populations of the *OXT*, *OXTR*, *AVP*, *AVPR1A* and *AVR1B* gene variants related to the regulation of psychoemotional response. Genes 14:2053

Batista RL, Oliveira LMB (2024) The genetics and hormonal basis of human gender identity. Arch Endocrinol Metab 68:e240232

Becker M, Hesse V (2020) Minipuberty: why does it happen? Horm Res Paediatr 93:76–84

Berglund A, Stochholm K, Gravholt CH (2020) The epidemiology of sex chromosome abnormalities. Am J Med Genet C Semin Med Genet 184:202–215

Bergman J, Schierup MH (2022) Evolutionary dynamics of pseudoautosomal region 1 in humans and great apes. Genome Biol 23:215

Bloor ID, Symonds ME (2014) Sexual dimorphism in white and brown adipose tissue with obesity and inflammation. Horm Behav 66:95–103

Boeckx C (2023) What made us „hunter-gatherers of words". Front Neurosci 17:1080861

Boehm U, Bouloux PM, Dattani MT et al (2015) Expert consensus document: European Consensus Statement on congenital hypogonadotropic hypogonadism – pathogenesis, diagnosis and treatment. Nat Rev Endocrinol 11:547–564

Bonini L, Rotunno C, Arcuri E et al (2022) Mirror neurons 30 years later: implications and applications. Trends Cogn Sci 26: 767–781

Boucher FJO, Chinnah TI (2020) Gender dysphoria: a review investigating the relationship between genetic influences and brain development. Adolesc Health Med Ther 11:89–99

Brix N, Ernst A, Lauridsen LLB et al (2018) Timing of puberty in boys and girls: A population-based study. Paediatr Perinat Epidemiol 33:70–78

Brunner HG, Nelen M, Breakefield XO et al (1993) Abnormal behavior associated with a point mutation in the structural gene for monoamine oxidase A. Science 262:578–580

Cotter DJ, Webster TH, Wilson MA (2023) Genomic and demographic processes differentially influence genetic variation across the human X chromosome. PLoS One 18:e0287609

Crocq MA (2021) How gender dysphoria and incongruence became medical diagnoses – a historical review. Dialogues Clin Neurosci 23:44–51

Daghestani MH, Daghestani MH, Daghistani M et al (2020) Relevance of *KISS1* gene polymorphisms in susceptibility to polycystic ovary syndrome and its associated endocrine and metabolic disturbances. Br J Biomed Sci 77:185–190

Dai B, Lin D (2025) Dopamine modulation of aggression. Psychopharmacol. https://doi.org/10.1007/s00213-025-06893-w

de Waal FBM, Preston SD (2017) Mammalian empathy: behavioural manifestations and neural basis. Nat Rev Neurosci 18:498–509

di Pellegrino G, Fadiga L, Fogassi L et al (1992) Understanding motor events: a neurophysiological study. Exp Brain Res 91:176–180

Dos Santos CS, Mendes T, Antunes A (2022) The genes from the pseudoautosomal region 1 (PAR1) of the mammalian sex chromosomes: synteny, phylogeny and selection. Genomics 114(4):110419

Dunbar RIM (2023) Why did doctrinal religions first appear in the Northern Subtropical Zone? Evol Hum Sci 5:e15

Ebstein RP, Israel S, Chew SH et al (2010) Genetics of human social behavior. Neuron 65:831–844

Faienza MF, Urbano F, Moscogiuri LA et al (2022) Genetic, epigenetic and enviromental influencing factors on the regulation of precocious and delayed puberty. Front Endocrinol 13:1019468

Fakhro KA, Awwad J, Garibova S et al (2024) Conserved genes regulating human sex differentiation, gametogenesis and fertilization. J Transl Med 22:473

Fischer B, Grunstra NDS, Zaffarini E et al (2021) Sex differences in the pelvis did not evolve de novo in modern humans. Nat Ecol Evol 5:625–630

Ganna A, Verweij KJH, Nivard MG et al (2019) Large-scale GWAS reveals insights into the genetic architecture of same-sex sexual behavior. Science 365:eaat7693

Gao J, Wang Q, Wu Q et al (2022) Spiritual care for the management of Parkinson's disease: where we are and how far can we go. Psychogeriatrics 22:521–529

García-Domínguez M (2024) Enkephalins and pain modulation: mechanisms of action and therapeutic perspectives. Biomolecules 14:926

Grinspon RP, Rey RA (2019) Molecular characterization of XX maleness. Int J Mol Sci 20:6089

Grzybowska EA (2012) Human intronless genes: functional groups, associated diseases, evolution, and mRNA processing in absence of splicing. Biochem Biophys Res Commun 424:1–6

Guyon L, Guez J, Toupance B et al (2024) Patrilineal segmentary systems provide a peaceful explanation for the post-Neolithic Y-chromosome bottleneck. Nat Commun 15:3243

Gwee PC, Amemiya CT, Brenner S et al (2008) Sequence and organization of coelacanth neurohypophysial hormone genes: evolutionary history of the vertebrate neurohypophysial hormone gene locus. BMC Evol Biol 8:93

Haist F, Anzures G (2017) Functional development of the brain's face-processing system. WIREs Cogn Sci 8:e1423

Hamer D (2006) Das Gottes-Gen: Warum uns der Glaube im Blut liegt. Kösel-Verlag, München

Han M, Jiang G, Luo H et al (2021) Neurobiological bases of social networks. Front Psychol 12:626337

Harden KP (2021) "Reports of My Death Were Greatly Exaggerated": behavior genetics in the postgenomic era. Annu Rev Psychol 72:37–60

Harno E, Gali Ramamoorthy T, Coll AP et al (2018) POMC: the physiological power of hormone processing. Physiol Rev 98:2381–2430

Hasan R (2024) The multifaceted role of oxytocinergic system and *OXTR* gene. Glob Med Genet 11:29–33

Henningsson S, Zettergren A, Hovey D et al (2015) Association between polymorphisms in *NOS3* and *KCNH2* and social memory. Front Neurosci 9:393

Heyes C, Catmur C (2022) What happened to mirror neurons? Perspect Psychol Sci 17:153–168

Hilton EN, Lundberg TR (2021) Transgender women in the female category of sport: perspectives on testosterone suppression and performance advantage. Sports Med 51:199–214

Ip HF, van der Laan CM, Krapohl EML et al (2021) Genetic association study of childhood aggression across raters, instruments, and age. Transl Psychiatr 11:413

Kang W, Liu S, Xu J et al (2022) Exploring pharmacological functions of alternatively spliced variants of the mu opioid receptor gene, *Oprm1*, via gene-targeted animal models. Int J Mol Sci 23:3010

Kaur SS, Jaiswal G et al (2020) Pharmacology of dopamine and its receptors. In: Kumar P, Deb PK (Hrsg) Frontiers in pharmacology of neurotransmitters. Springer-Nature, Berlin, S 143–182

Kleisner K, Tureček P, Roberts SC et al (2021) How and why patterns of sexual dimorphism in human faces vary across the world. Sci Rep 11:5978

Kolla NJ, Bortolato M (2020) The role of monoamine oxidase A in the neurobiology of aggressive, antisocial, and violent behavior: a tale of mice and men. Prog Neurobiol 194:101875
Kozel BA, Barak B, Kim CA et al (2021) Williams syndrome. Nat Rev Dis Primers 7:42
Küppers L, Gahr B, Ritz S (2024) Beyond the binary female/male sex classification: the impact of (trans)gender on the identification of human remains. Int J Legal Med 139:267–274
Kyrgiafini MA, Sarafidou T, Giannoulis T et al (2023) Gene-by-sex interactions: Genome-wide association study reveals five SNPs associated with obesity and overweight in a male population. Genes 14:799
Labonté B, Abdallah K, Maussion G et al (2020) Regulation of impulsive and aggressive behaviours by a novel lncRNA. Mol Psychiatry 26:3751–3764
Lassek WD, Gaulin SJC (2022) Substantial but misunderstood human sexual dimorphism results mainly from sexual selection on males and natural selection on females. Front Psychol 13:859931
Lee P, Li J, Rafiee Y et al (2025) Further evidence that averageness and femininity, rather than symmetry and masculinity, predict facial attractiveness judgments. Sci Rep 15:5498
Leng G, Leng RI, Ludwig M (2022) Oxytocin-a social peptide? Deconstructing the evidence. Philos Trans R Soc Lond B Biol Sci 377:20210055
Levran O, Even-Tov E, Zhao L (2020) A hominid-specific shift in cerebellar expression, upstream retrotransposons, and a potential cis-regulatory mechanism: bioinformatics analyses of the mu-opioid receptor gene. Heredity 124:325–335
Lin H, Bruchmann M, Schindler S et al (2024) Acquisition and generalization of emotional and neural responses to faces associated with negative and positive feedback behaviours. Front Neurosci 18:1399948
Lischinsky JE, Lin D (2020) Neural mechanisms of aggression across species. Nat Neurosci 23:1317–1328
Liu S, Kang WJ, Abrimian A et al (2021) Alternative pre-mRNA splicing of the mu opioid receptor gene, *OPRM1*: Insight into complex mu opioid actions. Biomolecules 11:1525
Lopatina OL, Komleva YK, Gorina YV et al (2018) Neurobiological aspects of face recognition: The role of Oxytocin. Front Behav Neurosci 12:195
López-Tobón A, Trattaro S, Testa G (2020) The sociability spectrum: evidence from reciprocal genetic copy number variations. Mol Autism 11:50
Louden ED, Poch A, Kim HG et al (2021) Genetics of hypogonadotropic Hypogonadism-Human and mouse genes, inheritance, oligogenicity, and genetic counseling. Mol Cell Endocrinol 534:111334
Lynn CD, Schell LM (2024) Why religion and spirituality are important in human biological research. Am J Hum Biol 36:e24106
Mäkelä JA, Koskenniemi JJ, Virtanen HE et al (2019) Testis development. Endocr Rev 40:857–905
Manca M, Pessoa V, Lopez AI et al (2018) The regulation of Monoamine Oxidase A gene expression by distinct variable number tandem repeats. J Mol Neurosci 64:459–470
McSwiggan S, Elger B, Appelbaum PS (2017) The forensic use of behavioral genetics in criminal proceedings: case of the MAOA-L genotype. Int J Law Psychiatry 50:17–23
Meller H, Michel K (2022) Das Rätsel der Schamanin – eine archäologische Reise zu unseren Anfängen. Rowohlt Verlag, Hamburg
Meyer-Lindenberg A, Domes G, Kirsch P et al (2011) Oxytocin and vasopressin in the human brain: social neuropeptides for translational medicine. Nat Rev Neurosci 12:524–538
Migliore L, Nicolì V, Stoccoro A (2021) Gender specific differences in disease susceptibility: the role of epigenetics. Biomedicines 9:652
Mills EG, Dhillo WS (2022) Invited review: translating kisspeptin and neurokinin B biology into new therapies for reproductive health. J Neuroendocrinol 34:e13201
Naoi M, Maruyama W, Shamoto-Nagai M et al (2025) Type A monoamine oxidase; its unique role in mood, behavior and neurodegeneration. J Neural Transm 132:387-406
Neri L, Marziani B, Sebastiani P et al (2024) Aggressiveness in Italian children with ADHD: *MAOA* gene polymorphism involvement. Diseases 12:70
Nummenmaa L, Seppälä K, Putkinen V (2023) Molecular imaging of the human emotion circuit. In: Boggio PS, Wingenbach TSH, da Silveira Coêlho ML et al (Hrsg) Social and affective neuroscience of everyday human interaction: from theory to methodology. Springer, Cham, S 3–21
Nutt DJ, Lingford-Hughes A, Erritzoe D et al (2015) The dopamine theory of addiction: 40 years of highs and lows. Nat Rev Neurosci 16:305–312
Odintsova VV, Hagenbeek FA, van der Laan CM et al (2023) Genetics and epigenetics of human aggression. Handb Clin Neurol 197:13–44
Oliva A, Grassi S, Zedda M et al (2021) Forensic value of genetic variants associated with anti-social behavior. Diagnostics (Basel) 11:2386
Owens MC, Yanas A, Liu KF (2024) Sex chromosome-encoded protein homologs: current progress and open questions. Nat Struct Mol Biol 31:1156–1166
Oyarzún GM, Olivares-Costa M, Basile L et al (2025) Evolutionary and functional analysis of Monoamine Oxidase F (MAO F): a novel member of the *MAO* gene family. Genome Biol Evol 17:evae280
Patrat C, Ouimette JF, Rougeulle C (2020) X chromosome inactivation in human development. Development 147:dev183095
Pawłowski B, Żelaźniewicz A (2021) The evolution of perennially enlarged breasts in women: a critical review and a novel hypothesis. Biol Rev Camb Philos Soc 96:2794–2809
Peeters SB, Posynick BJ, Brown CJ (2023) Out of the silence: insights into how genes escape X-chromosome inactivation. Epigenomes 7:29
Peoples HC, Duda P, Marlowe FW (2016) Hunter-gatherers and the origins of religion. Hum Nat 27:261–282
Pierzynowska K, Gaffke L, Żabińska M et al (2023) Roles of the oxytocin receptor (OXTR) in human diseases. Int J Mol Sci 24:3887
Pivonello R, Pivonello C, Simeoli C et al (2022) The dopaminergic control of Cushing's syndrome. J Endocrinol Invest 45:1297–1315
Rappeneau V, Castillo Díaz F (2024) Convergence of oxytocin and dopamine signalling in neuronal circuits: insights into the neurobiology of social interactions across species. Neurosci Biobehav Rev 161:105675
Reed B, Kreek MJ (2021) Genetic vulnerability to opioid addiction. Cold Spring Harb Perspect Med 11:a039735
Richter D (1983) Vasopressin and oxytocin are expressed as polyproteins. Trends Biochem Sci 8:278–281
Riggan KA, Ormond KE, Allyse MA et al (2024) Evidence-based recommendations for delivering the diagnosis of X & Y chromosome multisomies in children, adolescents, and young adults: an integrative review. BMC Pediatr 24:263
Rodríguez Gutiérrez D, Biason-Lauber A (2019) Pluripotent cell models for gonadal research. Int J Mol Sci 20:5495
Rogers FD, Bales KL (2019) Mothers, fathers, and others: neural substrates of parental care. Trends Neurosci 42:552–562
Rogol AD (2020) Human sex chromosome aneuploidies: the hypothalamic-pituitary-gonadal axis. Am J Med Genet C Semin Med Genet 184:313–319
Rogol AD (2023) Sex chromosome aneuploidies and fertility: 47,XXY, 47,XYY, 47,XXX and 45,X/47,XXX. Endocr Connect 12:e220440
Rose JP, Wu CK, Hsiao CD et al (1996) Crystal structure of the neurophysin-oxytocin complex. Nat Struct Biol 3:163–169

Santin MDN (2025) The neurophysiology of aggressiveness: from adaptive behavior to pathology and deep brain stimulation. Neurophysiol Clin 55:103090

Silveira LA (2008) Experimenting with spirituality: analyzing the God gene in a nonmajors laboratory course. CBE Life Sci Educ 7:132–145

Sokoloff P, Leriche L, Le Foll B (2006) Dopamine receptors: structure, function and implication in psychiatric disorders. In: Gorwood P, Hamon M (Hrsg) Psychopharmacogenetics. Springer, Boston, MA. https://doi.org/10.1007/0-387-34577-2_14

Staes N, Guevara EE, Helsen P et al (2021) The Pan social brain: an evolutionary history of neurochemical receptor genes and their potential impact on sociocognitive differences. J Hum Evol 152:102949

Strittmatter E, Holtmann M (2020) Geschlechtsidentitäten im Wandel. Z Kinder Jugendpsychiatr Psychother 48:93–102

Sun Y, Men W, Kennerknecht I et al (2024) Human genetics of face recognition: discovery of *MCTP2* mutations in humans with face blindness (congenital prosopagnosia). Genetics 227:iyae047

Suzuki E, Miyado M, Kuroki Y et al (2023) Genetic variants of G-protein coupled receptors associated with pubertal disorders. Reprod Med Biol 22:e12515

Tallaksen HBL, Johannsen EB, Just J et al (2023) The multi-omic landscape of sex chromosome abnormalities: current status and future directions. Endocr Connect 12:e230011

Tammasse IFU, Tamrin F (2023) Different of hypothalamic-pituitary-gonadal axis in male and female. Reprod Med Int 6:23

Theofanopoulou C, Andirkó A, Boeckx C et al (2022) Oxytocin and vasotocin receptor variation and the evolution of human prosociality. Compr Psychoneuroendocrinol 11:100139

Tops S, Habel U, Radke S (2019) Genetic and epigenetic regulatory mechanisms of the oxytocin receptor gene (*OXTR*) and the (clinical) implications for social behavior. Horm Behav 108:84–93

Vaill M, Kawanishi K, Varki N et al (2023) Comparative physiological anthropogeny: exploring molecular underpinnings of distinctly human phenotypes. Physiol Rev 103:2171–2229

Veerappa AM, Padakannaya P, Ramachandra NB (2013) Copy number variation-based polymorphism in a new pseudoautosomal region 3 (PAR3) of a human X-chromosome-transposed region (XTR) in the Y chromosome. Funct Integr Genom 13:285–293

Watts J, Hamerslag EM, Sprules C et al (2022) Food storage facilitates professional religious specialization in hunter-gatherer societies. Evol Hum Sci 4:e17

Wilkinson M, Imran SA (2018) Clinical neuroendocrinology – an introduction, pp. 154–170, Chapter 9 – Posterior pituitary. Cambridge University Press, https://doi.org/10.1017/9781108149938.010

Wilson ML, Miller CM, Crouse KN (2017) Humans as a model species for sexual selection research. Proc R Soc B 284:20171320

Wise RA, Robble MA (2020) Dopamine and addiction. Annu Rev Psychol 71:79–106

Wolf Horrell EM, Boulanger MC, D'Orazio JA (2016) Melanocortin 1 receptor: structure, function, and regulation. Front Genet 7:95

Wood CL, Lane LC, Cheetham T (2019) Puberty: normal physiology (brief overview). Best Pract Res Clin Endocrinol Metab 33:101265

Xie Q, Kang Y, Zhang C et al (2022) The role of Kisspeptin in the control of the hypothalamic-pituitary-gonadal axis and reproduction. Front Endocrinol 13:925206

Xin J, Fan T, Guo P et al (2019) Identification of functional divergence sites in dopamine receptors of vertebrates. Comput Biol Chem 83:107140

Yang L, Yang Y, Yuan J et al (2019) Transcriptomic landscape of von Economo neurons in human anterior cingulate cortex revealed by microdissected-cell RNA sequencing. Cereb Cortex 29:838–851

Yamamoto K, Mirabeau O, Bureau C et al (2012) Evolution of dopamine receptor genes of the D1 class in vertebrates. Mol Biol Evol 30:833–843

Yamashita K, Kitano T (2013) Molecular evolution of the oxytocin-oxytocin receptor system in eutherians. Mol Phylogenet Evol 67:520–528

Youness A, Miquel CH, Guéry JC (2021) Escape from X chromosome inactivation and the female predominance in autoimmune diseases. Int J Mol Sci 22:1114

Yavas Abalı Z, Guran T (2024) Diagnosis and management of non-CAH 46,XX disorders/differences in sex development. Front Endocrinol 15:1354759

Ziegler TE, Crockford C (2017) Neuroendocrine control in social relationships in non-human primates: field based evidence. Horm Behav 91:107–121

Zietsch BP, Sidari MJ, Abdellaoui A et al (2021) Genomic evidence consistent with antagonistic pleiotropy may help explain the evolutionary maintenance of same-sex sexual behaviour in humans. Nat Hum Behav 5:1251–1258

Zucker KJ, Lawrence AA, Kreukels BP (2016) Gender dysphoria in adults. Annu Rev Clin Psychol 12:217–247

Serviceteil

Stichwortverzeichnis – 283

J. Graw, *Genetische Anthropologie*, https://doi.org/10.1007/978-3-662-72246-6

Stichwortverzeichnis

0-9, and Symbols

1000-Genome Project 8

A

Abstammung 101
Acquired Immunodeficiency Syndrome (AIDS) 129
ADHD (Aufmerksamkeitsstörung mit Hyperaktivtät) 195
Afanassjewo-Kultur 77
Afrika 56, 73
Ägäis 88
Aggression 224, 263
Aggressionskreislauf, zentraler 265
Aggressivität 194
Ägypten 89
AIDS (*Acquired Immunodeficiency Syndrome*) 129
Alaska 91
Albinismus, okulokutaner Typ 2 (*OCA2*) 111
Altruismus 224
Alu-Element 33
Alzheimer-Erkrankung 196
Amazonas 94
AMELX 43
AMELY 43
Amerika 78, 91
Amplifikation 26
AMY1 62
AMY2A 62
AMY2B 62
Amylase-Gen (*AMY*) 61
Anatolien 79, 80
Anden 96
Aneuploidie, der Geschlechtschromosomen 249
Animismus 273
Anosmie 205
Anthropologie 2
Anzick 78
Aphasie 148
APOE 134
Ardipithecus 41
Armenien 81
Asien 77
Athabasken 92
Aufmerksamkeitsstörung mit Hyperaktivtät (ADHD) 195
Augen 206
– blaue 114
Aurignacien 65
Ausbreitung 100
Ausbreitungsroute 65
Australasien 94
Australien 77
Australopethicus 41
Australopithecus 166
Autismus 33
Autoimmunerkrankung 125
Axel, Richard 202
Azteken 94

B

Balearen 90
Balkan 81
Bantu-Expansion 73
basal Eurasian 79
Basken 90
Bauer, anatolischer 115
Baur, Erwin 5
Belohnung 240
Beringia 78
Beringstraße 78
Bewusstsein 213
Bipedie 20, 38
Birkenpech 142
Blindheit 211
Blumenbach, Johann Friedrich 3
Blutgruppensystem 5
Bonobo 20
Broca, Paul 148
Broca-Areal 148
Bronzezeit 85, 88
Buck, Linda B. 202

C

Capra, Galeazzo Flavio (auch Capella) 2
Cavalli-Sforza, Luigi 5, 8
CCR5 (Chemokin-Rezeptor 5) 129
Chemokin-Rezeptor 5 (CCR5) 129
Chromosom 2, menschliches 21
Clovis-Kultur 78
Columbus, Christopher 92
Copeptin 232
Cortex 168
– visueller 211
COVID-19 205
COVID-19-Erkrankung 127
Crossover, homologes 28
cultural diffusion 101
Cyclobutan-Pyrimidin-Dimer 111

D

Darwin, Charles 3
Davenport, Charles 4
Deletion 28
demic diffusion 100
Denisova-Mensch 7, 24, 71
Diabetes Typ 2 82, 86
Diffusion, demische 75
Dobzhansky-Muller-Inkompatibilität 68
Dopamin 240
Dopamin-Rezeptor 241
Duplikation 28
– segmentale 23
Durchmischung 100
Durotriges 90

E

Eigenwahrnehmung 215
Einfühlungsvermögen 224
Einkreuzung 70
Eismann vom Tisenjoch (Ötzi) 85
Empathie 224
Endorphin 245
Enhancer 119
Enkephalin 245
EPAS1-Gen 125
Erbgang
– maternaler 97
– paternaler 99
Erkrankung, CDKL5-assoziierte 192
Erythropoitein 124
Etrusker 90
Euchromatin 25
Eugenik
Europa 78
Europäer 79
Euthanasie 5
Eva, afrikanische 56
Evolution 3
Expansion 100

F

Farbensehen 206
Fasciculus arcuatus 148
Fertilität 26
Feuer 142
Fischer, Eugen 5
Flaschenhals 45
Flaschenhalseffekt 88, 138
Flores-Mensch 45
Florisbad 56
Folat 110
FOXO3 134
FOXP2-Gen 150
Fragiles-X-Syndrom 192
Fragmentlänge 67
Frankreich 78
Frauenstatuetten 144
Fusion, zentrische 22

G

Galton, Francis 5
Gebärdensprache 147
Gedächtnis, soziales 239
Gehirn 166
– gyrencephales 168
– lissencephales 168
Gehirnschädel 56
Gehirnvolumen 167
Genfluss 81
Genitalleiste 252
Georgien 80
Geruchsrezeptor 35
Geruchswahrnehmung 200
Geschlechtschromosom 246
Geschlechtsdifferenzierung 26
Geschlechtsdimorphismus 261
Geschlechtsdysphorie 259
Geschlechtsentwicklung 254
Geschlechtsfestlegung 252
Geschlechtsinkongruenz 259
Geschlechtsreife 254
Geschlechtsumkehr 254
Geschlechtsunterschied 189
Gesichtsareal, fusiformes 213
Gesichtsblindheit 212
Gesichtserkennung 6
Gibbon 21
Gilgamesch-Epos 159
Gliazelle 171
Glockenbecherkultur 83
Gonadenentwicklung 252
Gorilla 20
Gottes-Gen 275
G-Quadruplex 33
Griechenland 88
Grönland 92
Großhirnrinde 168
Gründereffekt, serieller 62
Gründerpopulation 62
Gyrus 169

H

Haare, blonde 116
Haarfarbe 113
Haeckel, Ernst 3
Halbseitenblindheit 214
Hämophilie A 17
Händigkeit 145
Handpräferenz 145
Han-Population 77
Haplogruppe L0 59
Haplotyp 7–9, 59, 99
– des Y-Chromosoms 99
– mitochondrialer 97
HapMap-Projekt, internationales 8
HAR1 30
Haut 110
Hautpigmentierung 82
Herder, Johann Gottfried von 3
Heterozygotie 49
Hethiter 88
Hieroglyphe 88, 159
HIF-Signalweg 125
Hirzfeld (Hirschfeld), Hanka 5
Hirzfeld (Hirschfeld), Ludwik 5
HIV (humanes Immundefizienzvirus) 129
HLA (humanes Leukozyten-Antigen) 126
Hòa-Bình-Kultur 77
Hochland, iranisches 65
Höhenanpassung 123
Höhenkrankheit 123
Höhlenmalerei 159
Hominine 42
Homo
– *erectus* 44, 58, 71, 167
– *ergaster* 167
– *floresiensis* 167
– *habilis* 44
– *heidelbergensis* 46, 167
– *luzonensis* 72
– *naledi* 167
– *neanderthalensis* 46
– *sapiens* 2, 7, 56

Homosexualität 264
Homozygotie 49
Hormon, melanozytenstimulierendes 113
Human Genome Diversity Project 8
humanes Leukozyten-Antigen (HLA) 126
Human Pangenome Reference Consortium 15
Humanes Immundefizienzvirus (HIV) 129
Humangenomprojekt 7
Hundt, Magnus 2
hybrid male sterility 70
Hyothalamus-Hypophysen-Gonaden-Achse 254
Hyposmie 203
Hypothalamus-Hypophyse-Nebennierenrinde-Stressachse 246
Hypoxie 96
– hypobare 123

I

Ilsenhöhle 65
Immunantwort 97
Immunsystem 126
Inaktivierung des X-Chromosoms 247
Indus-Kultur 75
Infektionskrankheit 82
Inka 94
Intelligenz 196
Intelligenztest 196
Interozeption 215
Introgression 69
Inuit 94
Inversion 28
– perizentrische 32
iPS-Zelle 38
Iran 81
Isolation, reproduktive 24
Italien 78

J

Jäger und Sammler 60
Jamnaja-Kultur 83
Jebel Irhoud 56
Jomon-Kultur 77
Jungsteinzeit 88

K

Kaelin, William G. 124
Kanaaniter 88
Karthago 89
Keilschrift 88, 159
Keratinozyt 111
Khoisan-Bevölkerung 58
Khoisan-Sprache 156
Kisspeptin 256
Kisspeptin-Rezeptor 256
KIT-Ligand 114
Klicklaut 156
Koevolution von Genen und Kultur 138
Kopienzahl-Variation 23
Körpergröße 250
Körperplan, orthograder 38
Korsika 85
Kostenki 78
Kreta 88
Kreuzcousinenheirat 88
Kugelamphorenkultur 84
Kultur 138
Kupfersteinzeit 80, 88

L

Lactase-Gen (*LCT*) 118
Lactasepersistenz 118
Lactosetoleranz 118
Landsteiner, Karl 5
Landwirtschaft 73, 78
Langlebigkeit 134
Lapita-Kultur 78
Laughlin, Harry Hamilton 5
Lebenserwartung 131
Legasthenie 160
Lenz, Fritz 5
Lernen, soziales 140
Lese- und Rechtschreibschwäche 160
Leukozytenantigen 126
Levante 79
Line1-Element 33
Linearbandkeramik 82
Linkshändigkeit 146
Linné, Carl von 3, 20

M

Maghreb 81
Makrozephalie 33, 179
Malaria 126
male-specific region of the Y Chromosome (MSY) 27
Matrilokalität 91
Maya 94
Melanin 110
Melaninsynthese 116
Melanocortin-1-Rezeptor 114
Melanopsin 206
Melanososm 111
Melanozyt 111
Mensch, archaischer 48
Menschenaffe 20
Mesoamerika 95
Mesopotamien
Methylierung 110
Migration 100
Miklucho-Maclay, Nikolai Nikolajewitsch 3
Mikrotubuli 147
Mikrozephalie 179
Mitochondriengenom 56
Mittelamerika 94
Moldawien 88
Montessori, Maria 5
Mosaik-Karyotyp 251
Mourant, Arthur 5
MS (Multiple Sklerose) 127
MSY (*male-specific region of the Y chromosome*) 27
mtDNA (mitochondriale DNA) 97
Mukoviszidose 16
Multiple Sklerose (MS) 127

N

Neandertaler (*Homo neanderthalensis*) 24, 56, 68, 167
Neocortex 168
Neu-Guinea 78
Neurocranium 56
Neurogenese 171
Neuron, dopaminerges 240
Neurophysin 232
Neurotransmitter 241
Niger-Kongo-Sprachfamilie 157
Nischenkonstruktion, kulturelle 139
Nordamerika 92
Nukleolusorganisator 25
Nuraghenkultur 90

O

Ocker 143, 273
Olduvai-Domäne 32
Opiat, endogenes 243
Opioid-Rezeptor 243
Opsin 206
Orang-Utan 20
Osterinsel 94
other race effect 6
Out-of-Africa-Hypothese 62
Oxytocin 232
Oxytocin-Rezeptor 6, 236
Ozeanien 77

P

Pääbo, Svante 48
Palindrom 27
Pangenom 13
Papua 72, 78
PAR (pseudoautosomale Region) 26
Paranthropus 41
Parkinson-Erkrankung 205
Patrilokalität 29, 90
Pech 142
Pflegeverhalten 263
Pheromon 204
Pigmentierung 110
Plasmodium vivax 128
Ploetz, Alfred 5
Polymorphismus 7
Pompeji 91
Populationsdichte 140
Populationsgenetik 100
Populationsgröße, effektive 45
Populationsstruktur 67
Proopiomelanocortin 113, 245
Prosopagnosie 212
pseudoautosomale Region (PAR) 26
Pseudogen 35
Pubertät 254
Pyramidenneuron 199

R

Rasse 3
Rassenhygiene 5
Rassismus 3
Ratcliffe, Peter J. 124
Rechtshändigkeit 146
Region
– mit beschleunigter Evolution (HAR) 30
– pseudoautosomale (PAR) 99, 247
– spezifisch männliche (MSY) 27
Rekombination, nicht-allelische, homologe 28
Religion 272, 275
Retina 206
Retinal 208
Rett-Syndrom 192
Revolution, neolithische 79
Rezeptor, olfaktorischer 201
Rhodopsin 206
Rindenblindheit 214
Rizzolatti, Giacomo 155, 226
Robertsonsche Translokation 22
Ruhezustandsnetzwerk 191

S

Sahara 73
Sahelanthropus 41
Sahul 71
Salienznetzwerk 215
Sardinien 85, 90
Schädigung der DNA 111
Schamanismus 273
Schimpanse 20, 166
Schizophrenie 33, 194
Schmerz 246
Schnurkeramik 83
Schrift 147
Schweißdrüse 38
Sehbahn 211
Sehnerv 210
Sehpigment 206
Sehstörung 211
Selbstdomestikation 272
Selektion
– positive 63, 71
– sexuelle 191
Semenza, Gregg L. 124
Sesshaftigkeit 79
sex bias 70
Sibirien 91
Simons Genome Diversity Project 10
single nucleotide polymorphism (SNP) 7
Sizilien 90
SNP (*single nucleotide polymorphism*) 7
Soziabilität 228
Spiegelneuron 155, 226
Sprache 147, 154
– indoeuropäische 90
Sprachentwicklungsstörung 150
Sprachfähigkeit 150
Sprachfamilie 60
– afro-asiatische 157
– indoeuropäische 157
– nilosaharanische 157
– sinotibetische 157
Sprachstörung 148
Sprechapraxie 153
Spurenaminrezeptor 203
Stäbchenzelle 206
Stammbaum 97
Stammzelle, induzierte pluripotente (iPS) 38

Steinritzzeichnung 144, 159
Steinwerkzeug 140
Steppe, pontisch-kaspische 83
Steppe-Expansion 75
Sterilität 70
Störung aus dem Autismusspektrum 194
Sucht 243
Sulcus 169
Sunda 71

T

Teer 142
Tempel 275
Thule-Kultur 92
Transfer, kultureller 100
Tutanchamun 89
Tyrosin 111
Tyrosinase 111

U

UV-Strahlung 110

V

Vasopressin 232
Vasopressin-Rezeptor 232
VEN (Von-Economo-Neuron) 215, 226
Virchow, Rudolf 3
Virusinfektion 205
Vitamin D 110
von-Economo-Neuron
(VEN) 215, 226
Vorratshaltung 79

W

Wanderungsroute 81
Weidehirte der Steppe 77
Wernicke, Carl 148
Wernicke-Areal 148
Wikinger 92

X

X-Chromosom 25, 247

Y

Y-Chromosom 16, 25, 56, 99, 247

Z

Zagros-Gebirge 68
Zapfenzelle 206
Zweibeinigkeit 38
Zweistromland (Mesopotamien) 79

GPSR Compliance

The European Union's (EU) General Product Safety Regulation (GPSR) is a set of rules that requires consumer products to be safe and our obligations to ensure this.

If you have any concerns about our products, you can contact us on ProductSafety@springernature.com

In case Publisher is established outside the EU, the EU authorized representative is:

Springer Nature Customer Service Center GmbH
Europaplatz 3
69115 Heidelberg, Germany

Batch number: 10215392

Printed by Printforce, the Netherlands